绿色建筑一体化设计指南

——可持续性建筑实践新解

［美］七人小组　比尔·里德　著
杨　芸　杨翔麒　译

绿色建筑一体化设计指南

——可持续性建筑实践新解

［美］七人小组　比尔·里德　著
杨　芸　杨翔麒　译

七人小组（7 group）

约翰·伯克尔（John Boecker）　斯科特·霍斯特（Scot Horst）
汤姆·凯特（Tom Keiter）　安德鲁·劳（Andrew Lau）
马库斯·谢费尔（Marcus Sheffer）　布里安·特夫斯（Brian Toevs）
比尔·里德（Bill Reed）

中国建筑工业出版社

著作权合同登记图字：01-2010-8160 号

图书在版编目（CIP）数据

绿色建筑一体化设计指南——可持续性建筑实践新解/[美]比尔·里德等著；杨芸，杨翔麒译. —北京：中国建筑工业出版社，2016.6

ISBN 978-7-112-19460-5

Ⅰ. ①绿… Ⅱ. ①比…②杨…③杨… Ⅲ. ①生态建筑-建筑设计-指南 Ⅳ. ①TU201.5-62

中国版本图书馆CIP数据核字（2016）第114460号

The Integrative Design Guilde to Green Building: Redefining the Practice of Sustainability/7group and Bill Reed, 9780470181102/0470181109

责任编辑：董苏华　　　责任校对：关　健　姜小莲

绿色建筑一体化设计指南——可持续性建筑实践新解
[美]七人小组　比尔·里德　著
杨　芸　杨翔麒　译
*
中国建筑工业出版社出版、发行（北京西郊百万庄）
各地新华书店、建筑书店经销
北京嘉泰利德公司制版
北京中科印刷有限公司印刷
*
开本：889×1194毫米　1/20　印张：21　插页：8　字数：590千字
2016年5月第一版　2016年5月第一次印刷
定价：**88.00**元
ISBN 978-7-112-19460-5
（27797）

目 录

致 谢

本书的编写过程就是一次一体化设计的实践。对于为此贡献才华、学识、见闻以及时间的各位朋友们，我们深表感谢。

首先，也是最重要的，我们需要一位“组织者”，一位将所有关于绿色建筑设计过程中的理念综合组织起来的“组织者”。Shannon Murphy 女士就是这样一位组织者，她是我们不可缺少的合作伙伴。shannon 女士并不仅仅是一位编辑，她还是本书中所涉及的各项复杂的自然系统以及场地评定的作者和译者，她帮助我们重新架构了本书的结构，并成为我们的好搭档。她教会我们不要仅仅把自己当成是传递技术资料和案例研究的工程师，而要以作者的高度去思考，这对我们来说是非常具有挑战性的。我们对于 Shannon 女士的感激不胜言表。

我们要特别感谢美国绿色建筑协会的 Rick Fedrizzi 先生为本书撰写序言，我们也要感谢其他为本书提供他们自己真知灼见的朋友们：Barbra Batshalom，Guy Sapirstein，Alex Zimmerman，James Patchett，Gerould Wilhelm，David Leventhal，Pamela Mang，Michael Ogden，Marc Rosenbaum，Max Zahniser，Elisabet Sahtouris，Christopher Brooks，Victor Canseco，Vivian Loftness，Keith Bowers，Doug Gatlin。

我们还要深深地感谢每一位为本书提供图片资料的朋友，感谢他们的分享与贡献。特别要感谢的是 Corey Johnston 先生，他将一体化的设计方法转化以图像的形式表现出来，效果卓越。

感谢以下朋友为本书的撰写所提供的长期帮助：Cris Argeles，Jennifer Biggs，David Blontz，Alvin Changco，Shannon Crooker，Nicole Elliott，Cam Fitzgerald，Rei Horst，Sol Lothe，Todd Reed，Sheila Sagerer，Gerren Wagner。尤其是 Lura Schmoyer 女士，她拥有将所有事情条理化的超强能力，不断地提醒我们需要重视的细节以及要点。

我们还要感谢 Jennifer Zurick 和 Christopher Magent，他们为我们提供了一些原始的素材，有助于本书建立最初的纲要和框架。

我们要把特别的感激献给我们的家人妻小——她们是我们生活的目的——尤其是 Lisa Boecker 和 Ellen Reed，多少个周末长假，由于我们的工作而失去了合家团聚尽享天伦之乐的机会，她们无怨无悔，精心地照料家庭的衣食起居，由此我们才得以有精力完成每天将近 20 个小时的艰辛写作。

还要感谢系统一体化设计协会的同仁们所给予的帮助：Bill Reed，John Boecher，Marcus Sheffer，Brian Toevs，Tom Keiter，Steve Bushnell，Mike Italiano，Jeff Levine，Markku Allison，Helen Kessler，Sean Culman，Kevin Settlmyre，Mitchell Swan，Gail

Borthwick，Barbra Batshalom，Doug Pierce，Mike Pulaski，Muscoe Martin，Gunnar Hubbard，Alex Zimmerman，Ann Kosmal，Pam Touschner，Guy Sapirstein，Keith Winn，Kimberly Yoho，Rex Loker，Thomas Taylor，Garrick Maine，John Albrecht，Sherrie Gruder，John Montgomery，Thomas Mozina，Rick Prohov，Mandy Wong，Joel Freehling，Julie Gabrielli，John Jennings 和 Vuk Vujovic。

为本书的内容找出不良之处并且寻求改进方法的广大读者们，我们对于您的坚忍不拔深表敬意。假如没有你们所提供的案例故事，那么这本书不过只是一本枯燥的学术性书籍，你们给予这本书注入了活力。我们真的很感激您的分享，使我们得以在可持续性发展的绿色建筑领域发掘全新的道路。

最后，我们一定要对所有在这一领域坚持奋斗，而使我们整个世界朝着更加可持续性方向发展的同仁们致敬。我们有幸与数以百计的朋友们并肩作战——他们的名字不胜枚举——为了我们共同生活的环境健康，他们给予我们无私的分享。简而言之，这本书反映了我们在这个领域向大家学习到的所有知识，而我们只是有幸站在前辈们的肩膀上。

序　言

建筑实践是个相当复杂的过程。数以百计的放线工作必须要先行处理完毕，接下来才能浇筑基础、组立墙体、安装各种室内设施设备，最终人们才能够居住使用。尽管随着时间推移，建筑施工、材料以及技术都在不断发展进步，但是相比较人类刚刚开始有建筑行为的时候来说，我们的建筑建造方法并没有太大的改变。我们在想要居住的地方进行建造，这就是最简单的道理，而我们的建筑物应该是耐久的、美观的，并且与其周围的环境互相和谐。

工业社会的到来改变了这一切。以提高生产率为名，我们在建造选址的时候很少考虑到与周围环境是否相互和谐；建筑设计所考虑的只有美观与经济性；材料选择方面要么就是追求经济廉价，要么就是追赶潮流，在建造的过程中不加思考草率运用；使用的机械设备耗费了太多的能源和水资源；将生活垃圾丢弃到最近的掩埋场；将人们迁移到并不利于健康与适于居住的地方；之后就是再次迁移。

但是在 15 年前，一群来自世界各地建筑行业的先驱们一起站出来发出了呐喊：够了。我们已经在短时间内消耗了太多宝贵的有限资源。我们对待建设的态度就好像是昨天的旧报纸一样可以随意丢弃。我们所追求的价值是以损害我们下一代的健康为代价的，更不用说为下一代的将来考虑了。真的够了！

由此，绿色建筑运动应运而生，对建筑环境的认知态度开始发生改变——他们提倡建筑应该更加健康、更加可持续发展，并且应该给予使用者更多的尊重。其中的道理显而易见：建筑物的使用年限从 50—100 年不等，在这期间，它会持续性地消耗能源、水资源以及其他自然资源，并且释放出大量二氧化碳，这也是影响全球气候变化的一个最重要因素。事实上，全美国每年二氧化碳总排放量的 39% 是来源于建筑排放的。根据每年统计，在美国建筑要消耗掉全美国 40% 的初级能源；72% 的电力供应；13.6% 的饮用水资源；以及全世界 40% 的原材料。

我们要为建筑的可持续发展做些什么样的工作呢，答案很简单。我们的建造活动要争取尽可能节省能源、水资源以及其他有限资源，或是寻求如何能够更有效地重复利用这些资源。建筑实践要探寻更加健康的模式，要尊重居住者，而不要损害他们的权益。建筑实践要着眼于未来，而不要狭隘地仅仅顾及初期的成本。建筑实践要更加富有智慧，要使我们的下一代拥有自己美好的未来。

具体应该怎么做？这本书《绿色建筑一体化设计指南——可持续性建筑实践新解》就给了我们解答，特别是应该怎样进行一体化设计。经过系统性思考，“我们应该怎样建造”这一问题产生了根本性的变化——正如作者在文中指出——这一变化拥有巨大潜力，会使我们的建造活动有益于促进世界朝着更加良性健康的方向发展。

美国绿色建筑协会制定的LEED绿色建筑评估体系，是目前这一领域基础性的评定工具，而它的理论基础就是一体化设计的原则。通过将以下五个方面的思考整合在一起，LEED体系创立了一套完整的建筑可持续性发展的途径。这五个方面分别是：可持续性建筑场地开发、水资源节约、能源使用效率、材料与资源，以及室内环境品质（IEQ）。由于LEED体系为绿色建筑设计及建造的有效执行提供了一个简明的框架，因此在全美都已被列为法定评估标准。

同样重要的是独立的第三方稽核机构，它要求建筑物要符合这些高性能的标准。这确保了建筑的施工与设计相互一致，能够达到预期的效果。

经过各种测试，很明显，绿色建筑的理念正是现阶段我们所需要的。美国绿色建筑协会（USGBC）针对可持续性建筑设计、施工、运转及维护提出了正确的思路：我们可以看到LEED体系注册以及专业认证的相关数据；参加学习班或是网络教育培训、浏览我们的网站；成员、分会以及志愿者的队伍正在不断壮大。

正是这样一些富有才华的先驱们在幕后推动着建筑领域的改革。本书的著者七人小组和比尔·里德先生就是这一领域的先驱，他们为我们带来绿色建筑的理念，并且通过帮助我们更新思路、改善设计以及施工的方法，将理论付诸实践。这本书通过对建筑实例的讲解与分析，作者阐述了他们对于绿色建筑设计和施工方面各自的经验以及一些共同的真知灼见，对读者具有即时性的指导和启发作用。本书作者七人小组和比尔·里德先生为美国绿色建筑协会，以及为促进绿色建筑的实践和整体性思考做出了很多卓越贡献，我非常荣幸与其主要成员相识，并有幸成为他们为之奋斗的这项变革运动中的一员。

现在我们了解了为什么要提倡绿色建筑：因为绿色建筑相较于传统的建筑，节约能源、减少二氧化碳排放量、节约水资源、改善环境健康水平、提高效率、降低运营和维护的费用，进而逐步降低建造成本。通过运用一体化设计的原则，我们就能够了解如何共同努力而建造出更好的建筑，将我们关于绿色建筑的概念传达给每一个人。

S·里克·费德里奇（S. Rick Fedrizzi）
美国绿色建筑协会会长，首席执行官，创始主席

前 言

这是一本工具书。市面上有很多关于绿色建筑的书籍，大多描述了*什么*（*what*）是可持续性——要做什么，要使用什么，要设计什么，要买什么，不要买什么。而在这本书中，我们主要讨论的是*方法*（*how*）问题。如何作出最正确的判断，如何与他人协作有创造性地进行可持续性项目，会破坏生态系统的复杂项目应该如何处理，以及如何更进一步探寻我们到底需要什么，才能够达到可持续性发展的目标。

怎么样做事情是一种方法，而这本书所要描述的就是对设计方法的再设计。

这种方法就叫作一体化设计法（Integrative Design Process），简称 IDP。这种方法并不是我们主观臆想出来的，而是进行在绿色、可持续性设计实践的过程中，自然而然产生出来的。当我们关注于绿色技术、绿色产品以及“设计对象”时，就会接触到这种方法。本书架构的基础是我们汇整起来的一些实践经验，而这些经验的获得则来自对一体化设计方法的关注，它具有创造出建筑、空间与人类更良性互相依存的潜能，会使世界变得更加美好、健康。

绿色建筑因何可以达成最有效地与环境调和、低成本高效率，原因就是一体化设计的方法。现在有很多种等级评定系统，比如说美国绿色建筑评估体系（LEED）、英国建筑研究所环境评估法（BREEAM）等，都是很实用的工具，但是这些体系大多只是通过在设计过程进行计算测量，评估可以到达何种级别。而本书所介绍的一体化设计体系则说明了我们要怎么做——*如何*才能达成目标。绿色建筑就是答案。

在本书中，我们将一体化设计定义为对最优化效果的探索过程——例如，最有效的利用，或是达成最好的和谐效果——环境中所有存在因素之间的相互关系，都会直接或间接地与建筑物发生联系，进而影响对于资源使用的效率。

除了建筑学的一些传统议题，本书特别将“一体化”的概念深入扩大化分析，进而整合成为一个概念化的“完整的”系统。这一完整的系统包罗万象——人类、生物、地球以及与之相关的意识：所有的一切。为了达成整体健康，我们必须要进行自我检讨：要保护所有生命体的健康，面对所有生命体与技术系统之间相互影响的关系，我们应该如何使建筑成为探寻过程中的催化剂。因此，对建筑以外以及场地红线以外存在的各种因素之间相互关系的思考，是贯穿本书的一条脉络，旨在将我们的视野开拓至一体化设计的整个体系。

我们特意使用“一体化”（Integrative）设计这种说法，而不使用“全面”（Integrated）设计。因为后者暗指过去的、已经完成了的工作。而“一体化”一词代表的是一个发展中的过程，而非已经固定成形的方法。它暗指我们尚未达到目标，前面还有漫长的路要去探索。

我们希望读者朋友们能把这本书作为一本实践手册，或是一本指导书籍，它可以划分成三大部分：*第一部分*，介绍一体化设计背后的基本原理；*第二部分*，它是一部专业实践的指导手册；*第三部分*，对一体化设计进行了更深层次的介绍。

第一章至第四章，着重介绍有效的一体化设计法的理论基础和原理。这几章以整体的生态系统的视角，对系统思考、建筑以及社区设计进行了探讨。这一部分是本书的基础，是一个概念性的部分，将读者的思维引领进入可持续性设计方法更深入的领域。

第五章开始就是实践手册的部分——为读者介绍了“应该怎么做”。以探索阶段作为开端——这也是一体化设计法的基础。这是绿色建筑领域最为重要的一个阶段，作者也运用了最大的篇幅进行介绍。第六章至第八章完全是实践手册的部分，这就像是一个“现场指导”，将一个有效率的在一体化设计过程划分成了不同的阶段，在每个阶段各自有需要研究的问题。在本书中，我们明确的划分了十三个阶段，但是这样的划分只是起一个指导性的作用，在每一个实际的项目中，都会有各自不同的限制性条件或是有利条件，根据需要，这些阶段都可以进行压缩或是扩展。方法纲要、实践举例、案例研究以及故事的讲述，以上内容贯穿在这几个章节当中，以揭示出这项工作的本质。

第九章以更深入的视角来剖析一体化设计领域，我们要让每一个人都真正地改变自己的行为，以及转变自己在地球上所扮演的角色。

你可能会注意到，在本书实践手册的部分，一开始我们对各个案例的状况都进行了非常详尽的介绍，而这些内容都一直延续渗透到后面介绍一体化设计方法的章节当中。每一个阶段性的小章节也都是这样处理的——前面的介绍说明比后面要详细得多。这是因为在一体化的设计当中，最重要的工作就是初期的工作。通过这些初期工作奠定了正确的基础，后面我们才能作出恰当的决策。而且，在具体的项目进行过程中，越到后期就越可能出现各种变数。我们不可能在一个单一的设计过程中列举出各种可能性，但是我们可以尽量描绘出一个清晰的框架，可以适用于各种条件以及建筑类型。我们把这个框架留给你们，实践者们，请你们利用这个框架来处理每一个具体的项目以及独特的状况。

我们通过自己的实践总结出了一套方法。一开始我们试图将这种方法转化成任务清单的形式，但是经过几次尝试之后，我们发现通过列举实例与讲故事的方式进行介绍可能会更有效率与趣味性。我们乐观地坚信，一旦你开始执行这套方法，你就会逐渐走上一条我们所说的正确的道路。如果你回头检视之前的工作，那么你自己的方法也会继续得到发展。发展本身就是一种过程与方法—— 一种非常有价值的过程与方法，因为我们始终都有很多未知的领域需要去探索学习。

谨以本书献给盖尔·林迪（Gail Lindeey）

笑一笑……拍照！

第一章

几个观念

人类不喜欢改变却在飞速地改变着，我们正在从一种正常的状态转变为另外一种状态……

——引自小说家特里·帕拉切特（Terry Pratchett）作品《财富积累》中人物莫斯特·冯·列普威格（Moist von Lipwig）的话

从匠师到21世纪：现在我们身处何方？我们是如何到来的？

匠师（Master builder）

工业发展对人类社会产生了很深的影响，特别是对人类营造活动的方式影响尤为显著。在区区150多年前，建筑设计与营造的基础就是当地的材料资源与人力，并且仅限于此。因此，当时所表现出来的建造方式与现代社会存在着相当大的差异。在那个时代，建筑师被称为*匠师*。

匠师通常是以学徒的身份接受职业教育，他们的专业技术以及工艺技巧都是在当地行业内部代代相传的。由于当时机械运输水平低下，所以人们的知识也相对局限，只能了解到当地的材料、劳动技巧、经济、文化、传统习俗、小气候以及土壤条件。他们了解什么样的自然资源在当地是可以流通使用的，也了解当地的条件具有什么样的限制。建筑的设计与营造都与它所处的场地条件紧密联系，由匠师塑造建筑物概念性的整体式样，接下来每一个工匠、技师、工人等都在自己各自小范围内进行丰富多样的创造工作。这样创造出来的建筑以及社区是与其周围环境完全融合的，它们不断生长、呼吸，进而成为场所当中永恒的元素。

现代建筑师马里奥·博塔（Mario Botta）深知这种建筑设计与营造的方法，当他在他的故乡意大利提契诺以外进行了建筑设计的实践之后，提出如下观点："在想要居住的地方进行建造。"凡是曾经到提契诺参观过的人们，都会对这个倚靠瑞士－意大利的阿尔卑斯山脉的古老山城难以忘怀。建筑取材

图 1-1 意大利南部巴西利卡塔地区的多洛米蒂·卢坎山脉，群山环绕中坐落着意大利最美丽的村庄卡斯特尔梅扎诺。这个村庄始建于 10 世纪，它有机的形态与其所处的山地环境融为一体。社区中建筑的朝向可以有效地利用周围山脉来阻挡东北方向冷空气的侵袭，并能够充分吸收南向的日照（照片由约翰·伯克尔提供）。

图 1-2 照片所示是意大利托斯卡纳区著名的山城圣吉米尼亚诺，现存的 14 个 10 世纪兴建的塔楼式民居之一。建筑物与其周围地形、环境紧密结合——1000 多年来为人们提供材料、食物和防护的自然环境（照片由约翰·伯克尔提供）。

于当地的石头与高山树种，运用传统的、世代相传的营建技术，整个城市呈现出一种有机的面貌——它们就好像是从自然环境中生长出来的，建筑与环境之间并没有清晰的界限，表现出一派和谐。直至今日，这些城镇的居民还是大多过着自给自足的生活，这样的社区就是可持续性发展的社区。

有很多我们喜爱而推崇的建筑与社区都是以这种传统的方式建造的，它们的生命力长久以来兴旺不衰——甚至很多都成为当代的旅游胜地。有的时候，人们还模仿这些建筑和社区来建造主题公园，期望借此抓住一些线索，创造出同样的生命力与品质。但是，这种品质是不能靠这样简单的方式进行复制的，因为这样的社区是由特定的匠师根据特定的环境专门设计建造而成的，它是具有专属性的。

当我们运用传统匠师的方法进行建筑设计与营造的时候，我们就会发现这种方法在每个阶段都是那么的整体性。建筑活动的每一个参与者，他们的思想与实践活动都来源于对当地传统的共同理解。

图 1–3　照片所示是坐落在瑞士南部的提契诺山城，建筑与其所在的阿尔卑斯山脉地形紧密结合，营造使用的石材就好像是从山体当中自然产生出来的。这是一个风格独特的意大利式城镇，这里的居民依山作为耕地，并引用附近的河水进行灌溉（照片由约翰·伯克尔提供）。

图 1–4　阿尔贝罗贝洛镇，被联合国教科文组织列为世界文化遗产。这是个包含 1500 多个居住单元的集中式社区，兴建自 14 世纪中期，直至现在仍在居住使用。建筑材料选用石灰石砌块，这是该地区非常丰富的一种自然资源。这些传统的建筑物采用古老的建造方法，不使用泥灰而单纯用石块砌筑，兴建或拆除都十分便捷。建筑富有特色的圆锥形屋顶，有利于在意大利南部炎热的气候条件下，创造出良好的散热效果（照片由约翰·伯克尔提供）。

图 1–5 马泰拉，意大利南部巴西利卡塔地区的“萨西城”（City of the Sassi），自石器时代起就开始有人类居住，现在被联合国教科文组织列为世界文化遗产。该社区包含近 3000 个洞穴式住宅单元和 150 座教堂，这些建筑仿佛镶嵌在其所在的托伦特·格拉维纳峡谷当中，是史前居民理想的、具有良好自我防护作用的居住区（照片由约翰·伯克尔提供）。

图 1–6 马泰拉建筑群采用当地的石灰华作为建筑材料，表面呈现奶油色，坐落于很多天然岩洞的前面，而这些岩洞就形成了建筑的入口。当地居民利用小型蓄水池储存雨水，生活废水则通过一条存在了 9000 年的小运河排放，直到两次世界大战期间由于过度拥塞，马泰拉才逐渐变得不再适于居住。1952 年，政府立法恢复萨西城原貌，多数洞穴式居住单元和教堂建筑都得到整修，将马泰拉建筑群变成了一个令人震惊的“活的博物馆”（照片由约翰·伯克尔提供）。

图 1–7 由于建筑物建造在峡谷中陡峭的岩壁上，所以建筑布局相互叠置。当你在这个古老的城镇中穿行的时候，你可以看到蜿蜒的小径、花园甚至建筑物都可能坐落在其他建筑物的顶部，所以面对面遇到烟囱是很常见的状况（照片由约翰·伯克尔提供）。

而正是这种连贯性的理念确保了每位参与者的劳动成果都与其周围环境紧密联系相互融合。这些参与者们，他们不仅在物质和文化领域具有同属性，他们劳动创造的思想理念也都是一致的。

锡耶纳大教堂

古老的教堂建筑是很好的实例，可以展现出由传统匠师设计建造的建筑物与其所处的环境之间高度协调的关系。最近，我们有机会参观了意大利著名的锡耶纳大教堂，它最初是由匠师尼古拉·皮萨诺（Nicola Pisano）带领他的儿子乔瓦尼（Giovanni）和徒弟阿诺尔福·迪·坎比奥（Arnolfo di Cambio）共同设计的。锡耶纳大教堂的主体是在1215—1263年间建造完成的。在皮萨诺最初的设计理念指导下，遵循一致的思想脉络，接下来由多那太罗（Donatello）、米开朗琪罗（Michelangelo）、G·L·伯尔尼尼（Gian Lorenzo Bernini），以及其他人共同完成了接下来复杂而多层次的设计与建造工作。

锡耶纳大教堂是锡耶纳地区的制高点，整个建筑仿佛从场地中拔地而起，不仅造型高耸，同时也成为这个高原地区精神上的地标。建筑主体由当地的大理石砌筑而成，这些石材都是由这里的居民从附近的采石场开采，再用马车运到城镇中来的。运用这些当地的石材，建筑呈现出整体的黑白条纹效果，并在局部用绿色和黄色予以强化。整个建筑物与其所处的环境水乳交融——它就是从这片人们生活的土地中成长出来的。

锡耶纳大教堂的内部，整齐排列的石柱和柱础支撑起魔幻般美丽的穹顶，柱子同外部尖塔一样，采用了黑白水平条纹的石材。在这次旅行中，我们

图 1–8 令人惊叹的锡耶纳大教堂，整个建筑仿佛从场地中拔地而起，与其周围的环境融为一体。它的造型就像一座尖塔一般俯视着山脚下古老的城镇（照片由约翰·伯克尔提供）。

图 1–9 浪漫而壮观的锡耶纳大教堂钟塔，兴建于 1313 年，其表面装饰黑白相间的大理石造型，是整体建筑外立面造型的延伸。这些石材都是由当地的居民从附近的采石场开采而来的（照片由约翰·伯克尔提供）。

图 1–10 阳光从大教堂中央走廊的窗户倾洒进来，更加强化了大理石柱黑白条纹的鲜明特征（照片由约翰·伯克尔提供）。

注意到有少数一些柱子上面没有这种黑白条纹，而这些特殊的石柱看似是随意排布的。后来经过仔细研究，我们意识到这些石柱的位置并不是随机的，而是为了创造出整个空间的层次感而特别设计的。这种建筑密码传递出一种符号学语言，这是一种自然的语言，表达出更多层次的意义。

教堂内部地面整体铺贴大理石马赛克，其高雅精致的水准时至今日仍然是世界上首屈一指的。每一组马赛克的设计构思都来源于圣经中的故事场景，由熟练的工匠悉心加工而成，浑然一体。1372—1547 年间，这 59 组马赛克装饰地板都是由锡耶纳地区顶级的艺术家雕刻而成的。在旅途中，我们遇到了一位老人并与他攀谈，当时这位老人正在修补一小块大理石地板。他告诉我们，他的祖先曾是 14 世纪当地一位有名的泥瓦匠，他就是在当地学习了这门建筑手艺并深深热爱，于是在他的家族代代相

◀图 1-11　大教堂的马赛克地板，选用当地花色丰富的大理石，并由锡耶纳顶级的工匠悉心加工而成。图案内容描述的是古老的圣经故事当中的场景（照片由约翰·伯克尔提供）。

▼图 1-12　大教堂中精致的几何学造型马赛克地板，唤起人们对于锡耶纳地区常用的地方材料色彩的记忆（照片由约翰·伯克尔提供）。

传超过了 700 年。我们看着老人细细珩磨着 3 英寸厚的石板，使之可以相互紧密拼贴，其接缝处的精密程度甚至可以超过使用钢丝锯的效果。

在 14 世纪，当地的居民开始为锡耶纳大教堂修建袖廊，希望使之成为基督教界规模最大的教堂。这个雄伟的袖廊与主体建筑物遵循相同的空间规划模式，一直贯穿了这座古老的城市中狭窄而逐步攀升的街道。但是在 1348 年，一场瘟疫袭来，城镇中超过半数的居民受到感染，于是袖廊的建造也停顿了下来。当初袖廊的设计构思是要塑造一个有屋顶遮蔽的室内空间，但事实上这里到现在几乎还是一片空地。这个看起来有些恐怖的“城市”空间，一直延续至今 650 年。这个空间之所以引人注意，就是源于它的真实性，成为这个地区一个永恒的历史纪念。

这个壮观的教堂建筑群整体建造时间超过了 350 年，每一代工匠们的劳动都遵循着当初确立于 13 世纪的设计理念，而这种设计理念正是来源于对这片土地独特性的深刻了解，其中包含地形、地貌、建筑材料、劳动力水平、文化、传统、艺术形式、当地的气候、生活环境以及城市发展的模式等等。将近 800 年过去了，锡耶纳大教堂的成就仍令世人惊叹，它所到达的高度甚至超出了当代人们的想象力——在锡耶纳地区炎热的夏季，大教堂是当地最凉爽的地方，可供人们躲避骄阳以作休憩。

专业化的时代

随着工业时代的到来，很多过去匠师们在建筑设计与建造过程中遇到的限制条件现在都可以得到解决了。交通运输与通信系统朝向全球化发展，意味着建筑材料以及其他资源的取得都不必再受到地域性的限制。新材料与新技术飞速引进，我们需要专业人员来解决各种复杂的课题：电力、照明、人体工程学、供暖、制冷、通风、城市排污系统、给水、自动气候调节、智能化建筑等等。目前上述这些系统都是由不同的专业技术人员分别设计与完善的，但是这些专业技术人员的工作彼此孤立没有联系。

在这方面，我们过去曾经有很好的共识——统一的集体智慧——根源于地域性与当地居民的一体化方法，但是现代社会，无论到哪里，建筑设计与营造过程中都会有无数的公司、组织和个人参与其中。换句话说，我们已经进入了一个叫作“专业化”

图 1–13 游人漫步在锡耶纳有机而狭窄的古老街道上，会时常发现一些隐秘的景观不经意间矗立眼前。照片中的门洞将这种舞蹈一般的设计推向极致。门洞形成大教堂钟塔的框景，走出这座大门就是原来打算建造袖廊的室外空间（照片由约翰·伯克尔提供）。

图 1–14 由大门回望，就是这个室外的“城市居室”，它还是维持着 1348 年时的面貌。当初原计划将这里延续建造成为大教堂的袖廊，但是这一计划由于突如其来的一场黑死病瘟疫而搁浅了（照片由约翰·伯克尔提供）。

的时代。我们将一个整体的工作人为地划分成了无数的片段。

在短时间内，我们就从一种合乎常理的一体化时代跨越到了另一个时代——这种状态已经超过了一个半世纪——在这个时代充斥着“这个不是我的工作”和“这个不属于我的权限范围”这些不良的态度。举例来说，最近的一个项目，我们在进行设计之前组织了一次会议，旨在统一业主与所有项目参与人员的思想。为了说服土木工程师参与这次会议，我们费了九牛二虎之力。他说：“我为什么要参加？你们的人根本就还没开始设计，现在的状况和我根本没关系。”但是最终，我们在业主的支持下终于成功说服了这位工程师花费他一整天的时间。那天早上，我们花了两个小时在项目场地周围走了一圈，同时讨论了前期存在的有利条件与限制因素。这时，这位土木工程师就提出他要走了，说：“好了，剩下的就不是我的工作了——我只负责距离建筑物 5 英尺以外的范围，至于里面，你们的人喜欢怎么做就怎么做……到时候只要告诉我从什么地方跟你连接就可以了。”

并不是说只要有分工就是不好的。每一位专业人员在他自己的研究领域都具有很好的设计与优化能力。但是，这样的情况造成我们的设计只是局部优秀，而非整体的成功。每一项专业内容都在其学科范围内进行充分的设计，但这些学科之间的相互关系问题却很少涉及——举例来说，电力工程师必须确保他所设计的电力系统具有足够的容量，可以带动机械工程师设计的暖通空调系统等设备正常运作。建筑中各个独立的系统设计，都在一些一般性与习惯性的经验法则指导下，孤立地进行完善，之后这些系统再分别被安装在建筑当中。

停止与反思：目前我们的设计方法

孤岛（局限）式的优化

我们经常在一个项目的开始阶段向业主提出一些问题，以反思当今的建筑设计与施工方法。我们来看一看，下面描述的场景您是不是感觉很熟悉：项目一开始，建筑师与业主进行讨论，以期确定建筑需要的空间、空间的尺度与使用功能、空间之间的相互关系以及邻近效应。这些议题经过讨论确认之后，建筑师就会花几个星期或是几个月的时间，反复地绘制一系列草图，并与业主进行讨论，直到业主最终确认了空间、尺度等所有问题，“看起来不错”，这样就算是完成了初步方案设计。然后，建筑师将这些确认后的图纸分发给设计团队中各个专业的成员：暖通空调工程师、电力工程师、给水排水工程师、结构工程师、土木工程师、消防顾问、景观建筑师等等——所有这些参与成员都是专业技术人员，每一位在他自己的研究领域都具有很好的优化能力与才干。

建筑中各个独立的系统设计，都在一些一般性与习惯性的经验法则指导下，孤立地进行完善。各个系统设计完成之后，这些图纸又统一交给建筑师——*表面上的*协调者——来确认管路系统有没有撞到结构、有没有影响消防，等等。之后，建筑师完成最终完整的设计文件，并以此为根据进行成本估算。估算出来的结果往往超过了预算，于是我们就得求助于“价值工程”管理了。你可能也听说过这个笑话：价值工程什么都不是，因为它既与价值无关，也与工程无关。换句话说，建筑有时被去掉一些部分，有时被降低一些规格，也有时两者同时进行来降低成本。被放弃的往往是建筑设计中“绿色”的部分，这就像是挂的低的水果先被摘掉，这些绿色的部分被认为属于附加的成分——但实质上，这些被放弃的反而正是当初业主所期望的。通过删减修改，一旦成本估算符合了预算的限制，建筑师就会做出一套最终的设计文件，其中包括一叠图纸和更厚的一叠技术说明，装订成册，再制作成以后的招投标文件。

设计方与建造方之间的裂痕

为了说明这一议题，我们可以举一个造价 2000 万美元的建筑为例。从建筑的初步设计，到招投标文件公布出来，共有多少人参与了其中的工作？可以确定不会少于几十个人，假如算上各个设备制造商和产品代理商的话，很可能会有几百人。整个设计过程需要多长时间？一年？ 18 个月？还是两年？通过上面这些数字，我们可以很容易了解这样的一套招投标文件，需要付出成百上千个小时来调研、分析、作出决策、编制文件才能完成。但是，接下来我们又是怎么做的呢？我们给建筑营造单位（这个单位独独没有参与过整个设计过程）区区四个星期的时间去完成投标工作。实际上他们的作业时间也许只有两个星期甚至一个星期，这完全取决于我们与承包商的讨论。

我们给承包商这一两个星期的时间，不仅要求他们完全理解招投标文件中所涵盖的众多信息，还要求他们在理解的基础上进行*报价*，进而承诺愿意以此报价签订施工合同，之后，我们再从众多投标文件中找到*价格最低标*。这样的操作模式其实意味着，我们施工合同签订的对象，其实是对整个项目了解最少的一个团队！

这样的做法是错的。如果你环顾你现在所处的空间，你会看到很多的产品。你正在坐的椅子、你身上穿的裤子、你喝水用的杯子，等等。每一样产品都是成百上千件的批量生产，不断的生产过程中也会不断出现质量瑕疵品，通常都需要进行不同水平的品质管控工作。但是说到建筑——很可能是一个人一生当中购买的最为昂贵的产品——每一栋新的建筑物都是独特而与众不同的。以前没有盖过，以后也不会再盖——即使一个建筑设计可以成为样板适用于别的地方，但是技术团队与施工团队也是不一样的，因此它仍旧是独一无二的产品。不仅如此，房间中你周围的每一样产品都是由*同一个团队*设计与制造的。但我们的建筑却是不同的，它的设计由一个专门的设计团队完成，而施工则由另一个完全不相干的施工团队来执行。在建造工作开始进行之前，这两个专业团队根本就没有任何的互动经验。在这两个单位之间不仅存在着裂痕，甚至合同的内容也将他们推向彼此对立的位置！这样看来，我们所习惯的从建造到竣工这一整套方法，从头到尾都是不恰当的。

在这种习惯性方式下完成的建筑并不是当初所设计的各个系统的总和——很多情况下都是有缺失的。任何革新出现的时候都会受到限制，就像是在孤岛里面一样与整体隔离，建筑的改革也一样，没有办法产生显著的影响。我们现在建筑设计的方法更像是集成，而非一体化。因为在某种程度上，集成的工作是盲目的，因此我们经常会面临很多重复的、不必要的成本，同时也浪费了大量的时间和人力。

那么，以下的情况就不难理解了。劳伦斯·伯克利（Lawrence Berkley）国家实验室根据 1998 年调研公布数据，美国有 90% 的建筑物，在经过第一年的使用后出现了系统控制故障或是暖通空调系统失灵等问题。而且，我们现在的建筑，有 15% *存在着*

偷工减料的现象。而这些被偷掉的内容，无论是在施工图纸上或是施工合同上都是存在的，业主也为之付费。无论对设计方还是施工方来说，这都已经不再是秘密了。事实上，在过去的10年间，我们曾接触到成百上千位设计与施工专业人员，当被问到“你最近一次参与的建设项目，当建造完成投入使用后没有出现暖通空调系统故障，是发生在什么时候？”只有一个人听完问题后没有低下头。这个人令我们相当兴奋，于是我们说：“请给我们讲讲你的暖通空调系统。”可是他却回答道：“那是一栋森林中的小木屋，根本就没有暖通空调系统。”

增强技术以降低危害

我们可以运用一种评估系统，从设计过程中的几个方面，对绿色建筑进行认证。当我们运用LEED体系（美国绿色建筑协会建立并推行的绿色建筑能源与环保设计评估体系）的时候，我们设计了LEED积分卡，用来记录评估的结果可以达到什么样的分数等级。我们通过对评估结果的分析来了解设计团队，向建筑师、工程师以及设计团队中的所有成员询问，他们如何提高各自负责系统的绿色程度，以达到LEED评估体系的标准。我们要求他们去思考怎样降低他们的工作对环境产生负面影响，减少汽车的使用量，减少对场地的破坏，抵御暴雨带来的水灾，避免热岛效应的产生，以及降低水资源和不可再生能源的消耗。团队中的每一位成员都承诺在他们负责的专业内可以达成目标，最终，我们作出评估的结果，是否可以到达银级、金级还是铂金级的标准。

每一位设计团队的成员都被LEED体系赋予特定的责任，而接下来他（她）从设计的初始阶段就肩负这样的责任，以达到LEED体系要求的标准。举例来说，这些责任可能包含以下这些内容：

*土木工程师*的工作内容增加了蓄水池的设计，以抵御暴雨带来的水灾危害；还要保留一些空地作为停车场。

*景观建筑师*的工作内容增加了在停车场的南向要种植树木来遮阴，要设置自行车架以及多栽种植物，这些植物应该像本土性植物一样不需要长期人工灌溉；景观建筑师还要将场地的铺面材料换成比较明亮的颜色。

*给水排水工程师*要特别区分处理低流动卫生间龙头，无水小便器，以及高效家用热水加热器。

*机械工程师*的工作内容增加了能源回收单元，变速风扇，二氧化碳感应器，空调系统半环保型冷媒（HCFC）代替技术，以及设计地热泵系统来加热和制冷。

图1-15 阿尔岗金族印第安人的小木屋使用壁炉，所以不会发生任何暖通空调系统的问题（照片由托德·麦克菲利（Todd McFeely）提供）。

*电力工程师*的工作内容增加了在停车场设置（低功率的）截光型反光罩路灯，光电板，能源监测感应器，还要设计单个的照明控制以及高能效的紧凑型荧光灯，并且在白天使用光电感应器与调光镇流器。

*建筑师*的工作内容增加了墙体和建筑屋顶的隔热，在白天利用自然采光，绿色植栽屋面，以及使用三层玻璃的窗户系统以提高建筑耐久性，使用一些“绿色”的材料，例如完全利用再生材料制成的清水砖墙。

*室内设计师*选用低挥发性或是无挥发性的涂料，再生地毯，经检验合格的木质装饰材料，以及可以快速翻新的木地板。

*业主*要聘请一些专业机构，对建筑垃圾进行处理，对室内空气品质进行监测。

当上述这些技术都被应用于建筑当中，我们就完成了一个成功的绿色建筑，从而降低了对环境的危害。这样的建筑成百上千地建造，它们都为减少对地球的危害贡献了自己的一分力量。但是之后呢？我们的地球上充斥着无数这种*比较少*危害的建筑，我们还是没有解决根本问题。无数的设计与施工专业人员，正在利用他们的智慧在艰辛工作，我们最终想要的结果并不仅仅是降低危害，减缓对地球的破坏——我们还期望能做得更好。

伴随这种不够整体、非一体化的设计方法，浮现出很多问题，其中最明显的就是我们缺乏一个明确的杠杆支点，或者说缺乏一种可以被大家接受的方法来改变现状。我们面临巨大的挑战，只有彻底的转变，才能从目前的乱象当中走出来。怎么才能发生这种转变？在我们现有的设计方法中，哪里才是获得这种彻底转变的关键点？答案很简单，那就是在有的设计方法中根本就*不存在*。

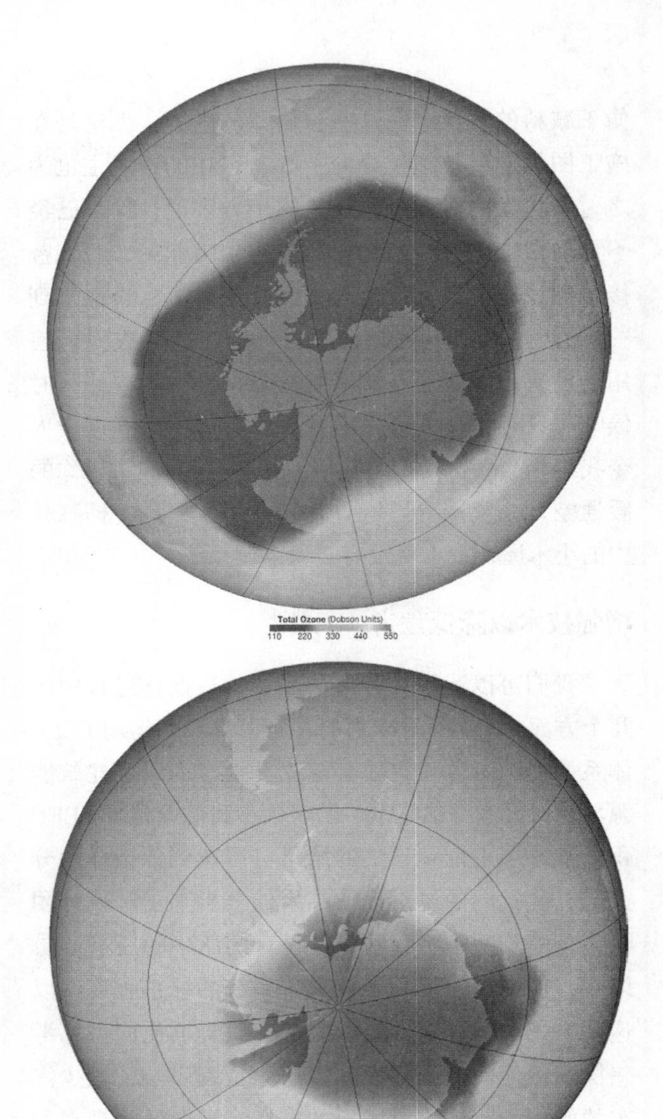

图 1–16（上图） 南极上空巨大的臭氧层空洞，拍摄于 2006 年 9 月（照片由美国国家航空暨太空总署提供）。

图 1–17（下图） 图为 2007 年 12 月拍摄的南极洲上空臭氧层空洞。自从 1989 年蒙特利尔破坏臭氧层物质管制议定书制定并开始生效，情况正在朝良性的方向转变发展（照片由美国国家航空暨太空总署提供）。

前人的呼吁

我们的价值观正在转变，我们追求可持续性的发展，伟大的变革已经开始。无数优秀的专业人员都在研究如何通过设计来提高效能、减少对环境破坏的方法。但是现阶段我们的设计方法还是局限在专业化的时代，因此我们对于可持续性的研究与探索也同样受到局限。当一种被称为绿色建筑的技术议题被提出时，我们终于可以宣布：我们已经有了答案。但是，我们所提出的问题又是否正确呢？

这是一个快节奏的时代，我们只有很少的时间，甚至根本没有时间去改变。在我们之前就有人呼吁——改变我们建造的方法，地球也会为我们做出改变。假如建筑的某一个部分获得了进步，那么

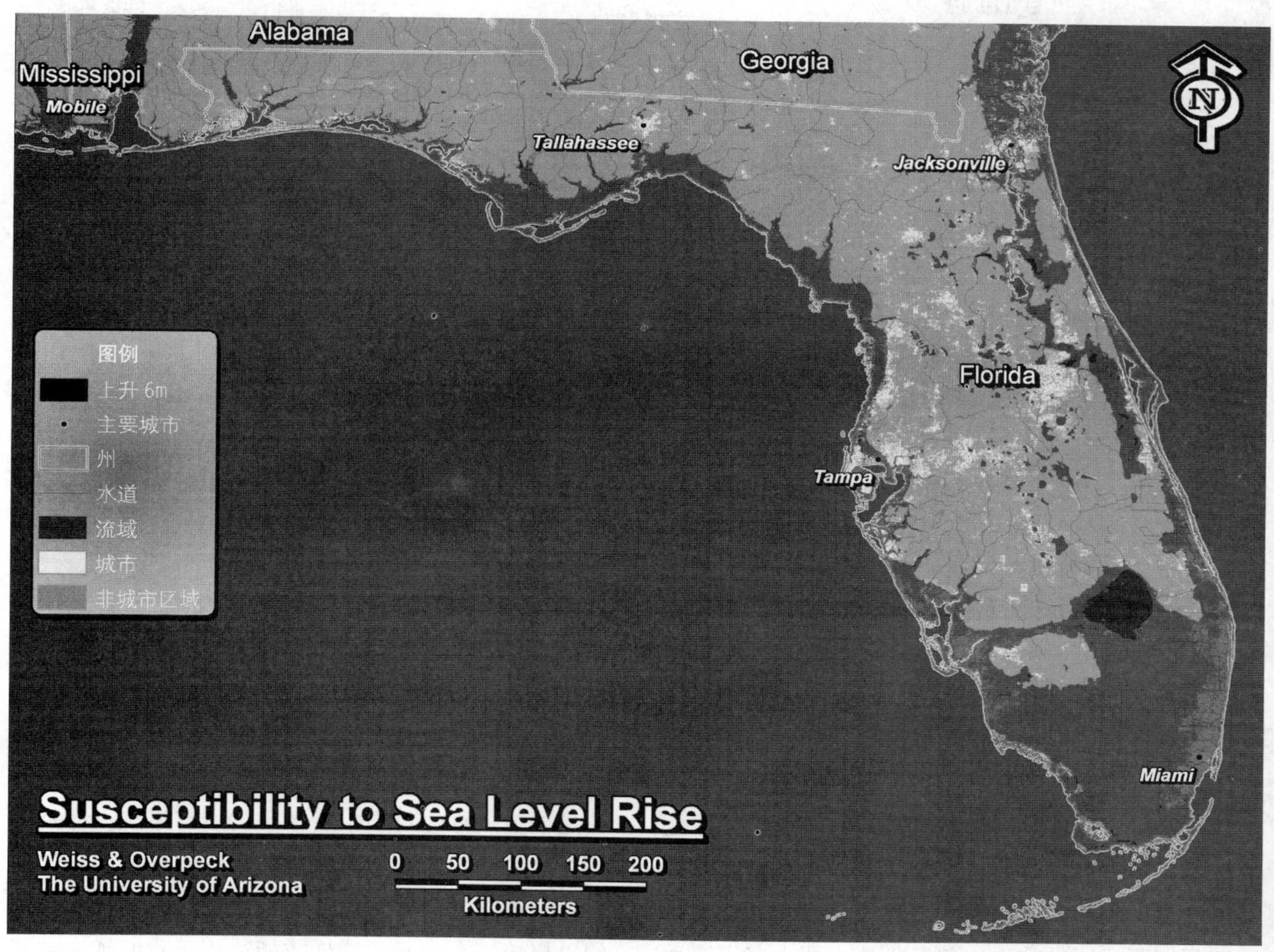

图 1-18 计算机模拟由于全球气候变暖造成的海平面升高，以图示佛罗里达州为例，显示出全世界将有数百万居住在沿海地区的人们需要迁移（照片由亚利桑那州立大学韦斯（Weiss）与奥弗佩斯特（Overpect）提供）。

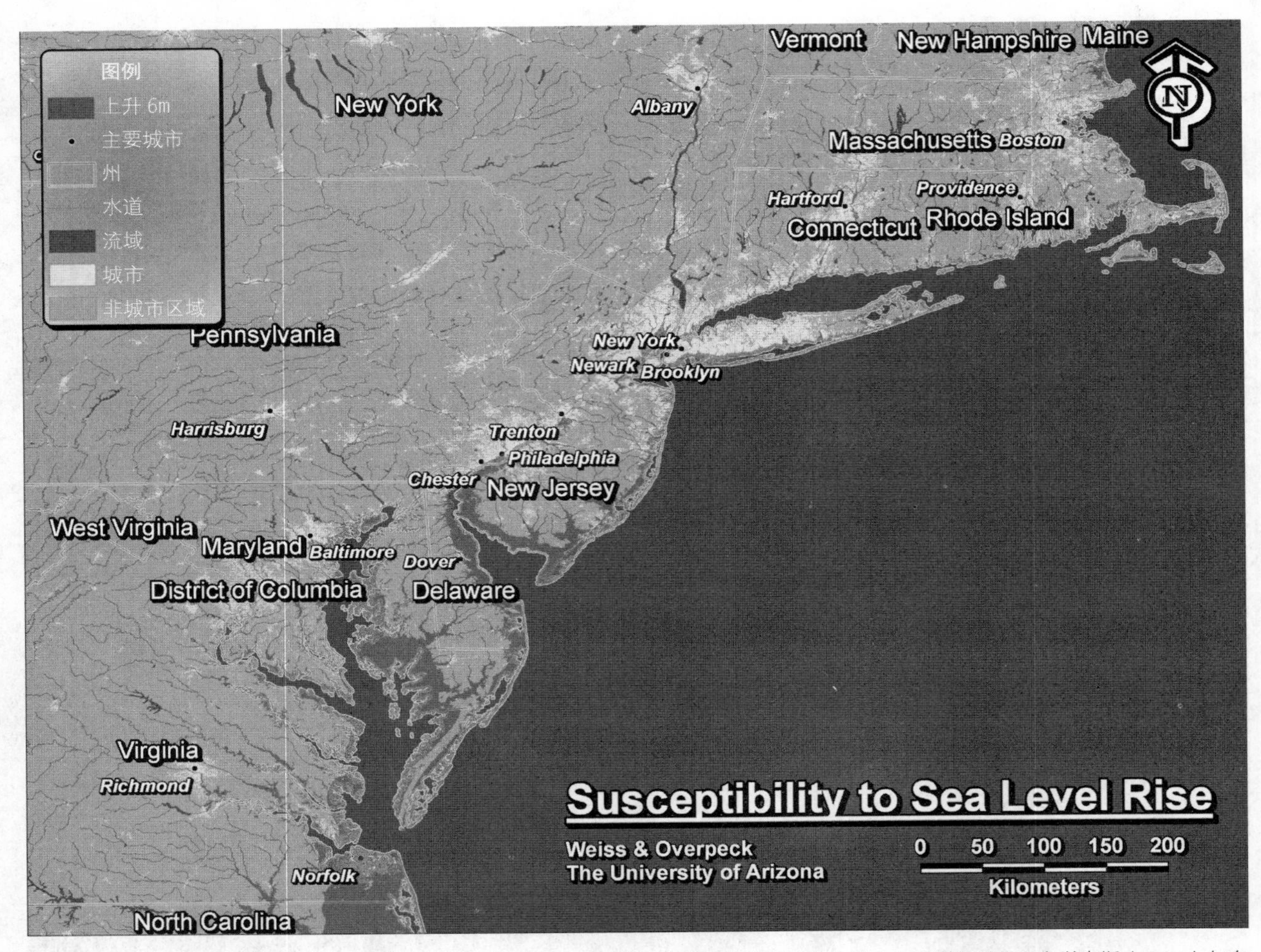

图 1–19 在美国的东海岸，上升的海平面将会彻底毁灭很多重要城市和人口集中居住区（照片由亚利桑那州立大学韦斯（Weiss）与奥弗佩斯特（Overpect）提供）。

这仅仅是进步的一部分。我们努力奋斗，试图在建筑的局部创造出高效能的成果，但哪怕是世界上最高效的暖通空调系统，假如不能与整体形成一体化的关系，那么也不过像是水桶中的一个小水滴那么微不足道。我们需要的改变还有很多很多。过去建筑匠师们所运用的方法，曾经创造出那么多富有活力的不朽空间，但是现在这样的方法已经不适用了，因为对这样的方法而言，现今的实践发展已经变得太过于动态与复杂。对一个人来说，要全面掌握哪怕是单独一栋建筑物中所涉及的所有系统，都是一件相当复杂的事情。所以，现在我们真正需要的是一种一体化的新方法，这种方法将建设项目中众人的思想统一在一起，这样才能适用于我们越来越复杂的建筑。

第二章

有机的建筑

在英语的词汇当中没有一个适当的词可以表达“存在问题的系统”(system of problems)的意思。因此我得自己创造一个单词。我选择了一个单词“乱象”(mess)来描述这种系统。单独去处理乱象当中的每一个问题，是没有办法改善整体状况的。

——引自拉塞尔·阿科夫(Russell L. Ackoff),《重新设计的未来》中“系统、乱象和交互作用的规划设计”。

纽约 / 伦敦：Wiley 出版社，1974 年

思想的转变：不存在孤立的局部或系统

从过去建筑匠师“一个人的智慧”，到如今建筑项目中无数位专家和专业技术人员共同贡献心力，在第一章中，我们描述了这种变化。但是这种集体智慧的汇集并不是问题所在——真正的问题是汇集的方法。拥有这些来自各个专业学科的集体智慧，其实我们也同时拥有了巨大的潜力：现在我们的建筑是由各个局部装配起来的，而这些局部之间的相互作用却处于一种无计划的状态；要改变这种状况，我们就要将这些局部统一成一个和谐的整体，而它们彼此间的关系都应该是相互促进的。这样的做法将会产生历史性的结果，它能够开拓发掘出各个专业学科之间相互关系的潜力，不仅我们从事建筑活动的方法会由此改变，甚至我们居住生活的模式也会由此改变。

要达到这样的目标，我们不仅要从方法上改变，我们的思考模式也必须进行调整。事实上，这两个方法本来就是齐头并进的。在传统的思考模式下，我们把建筑视为一个项目，当作一件事情。但每一栋建筑物其实都是一个完整的系统，其中包含的每个部分都在相互产生作用，建筑物是一个整体。但是在传统的做法中，我们拒绝了解这种相互作用的关系，甚至有意去遮掩它。在早期处理的几个建设项目中，当时我们自以为已经完全达到了一体化设计的标准，但是现在我们了解到还差得很远。

每个人都在从事一体化的设计……至少他们自己是这么说的

巴尔布拉 · 巴察洛姆（Barbra Batshalom） 著

这个神秘的标签是什么？它有什么含义？应该如何判断你所从事的设计工作是否属于一体化设计？业主应该怎样判断哪一个设计团队才是值得信任的？

随着对绿色建筑的需求日益增加，美国绿色建筑协会（USGBC）建立了绿色建筑评估体系（LEED），这是对设计方法一种更高层次的认识。设计方法决定了绿色建筑的成败，也决定了其实施的成本效应。从业者们现在已经意识到一体化的设计方法可以成就一个成功的项目，但是真正的执行却存在很大的难度，因为这要取决于设计团队中每一位成员的态度与意愿。这种一体化的设计方法对参与者的能力具有很大挑战，它要求人们要跨越到本行业以外的领域，以不同的方式工作，当遭遇阻力或困难的时候进行自我调整与改进，而这正是这种方法的难度所在。

当被问到对绿色建筑的看法，设计专业人员的回答不外乎以下两种。第一种人，他们对绿色建筑持否认态度，认为它不过是一个短暂的流行趋势，是附加到“传统”设计的一种昂贵的附加物。而第二种人，他们表示自从20世纪70年代太阳能利用热潮开始，他们就在致力于绿色建筑设计，他们所做的所有工作都是绿色的。

所以，我们要如何判断？我们建议，一个人若想要回答这个问题，他就需要一套指标——这套指标是定性的，并有定性的标准——这样就可以判断一个人是否真的能够在团队中合作作业。美国绿色建筑协会推行的绿色建筑评估体系就回答了这个问题，“什么是绿色建筑？”同样的，我们现在还需要另外一套指标来回答以下的问题——“你的设计方法达到怎样的绿色程度”，或者说是“一体化的程度？”

要回答这个问题，我们首先要进一步了解目前正在运用的设计方法，要诚实地了解，什么样的工作方法是“非一体化”的，或是存在机能障碍的。其中包含以下几个方面：

- 在建设项目概念性初步设计阶段，对基本的目标与方向缺乏清晰的认识和共识。
- 交流沟通的匮乏导致错误和疏忽。对不清楚的状况持假设态度会导致规格超标的系统，重复浪费，以及专业知识与性能分析之间的断层。
- 不同专业之间过分*神秘化*，特别是在专业分析方面（举例来说，建筑师不了解机械工程师设计的方法，或是以假设的态度进行系统的专业分析工作）。
- 会议缺少*价值*、任务和作用——这样的会议包含从“价值工程”（被戏称为什么都不是），到无休止的重复会议，没有明确的结论，大家的时间就这样浪费了。
- 设计团队中成员的工作重复，或是存在断层（特别是在LEED项目中）。
- 孤岛式思维的局限——非合作性的决策（例如，建筑师说：“现在这个设计阶段，让机械工程师、室内设计师或景观建筑师参与进来还为时过早。”）

- 缺乏专业的或专门制订的规划——一体化设计方法与传统的设计方法具有很大的差别。要想获得成功，设计团队必须有意识地制订规划，明确目标、决策的方式，以及专业分析的重点和方法论。假如没有这样的规划，设计团队就没有明确的方向，这只会让专业人员感到头痛而且增加费用。没有专门制订的规划，就很容易又后退到传统设计当中。
- 会议结构和流程——尤其是在一体化设计的前期，团队人员在大型会议中，应该穿插一些脑力激荡和小型讨论会。为了避免工作的局限性，团队成员必须重视专业分析，反馈，共同协作解决问题。

另一方面，当（以下）……时，你知道你正在以一体化的设计方法进行工作

……你需要了解的问题范围十分广泛——也包括超出你专业范围以外的问题。

……很多设计团队中的成员都被推出到他们的“舒适领域”以外的范围。（他们既感到兴奋与鼓舞，也必然要经历最初的困惑与艰难！）

……经过集思广益的会议讨论，对项目目标达成了共识性的理解。

……你有一个明确的、足够详尽的工作期望目标——定向、定量的工作目标。

……其他人的工作需要借助于你的工作成果才能顺利进行，大家的任务相互依存——你不能只是交出自己的作业就藏到角落里，然后使你的作业成果强行通过。一体化的系统来源于一体化的设计过程，在这个过程中所有成员都要共同解决问题。

……你感觉团队的交互作用启发了你的创造力——工作会议更加“有趣”了。

……相比较于传统的设计项目，你感受到了更多的尊重与价值，你感到亲切并以同样亲切的态度回应——你感觉与团队所表现出来的核心价值更进一步的联系，进而体会到与日俱增的自豪感。

……设计过程中有一些重点和要素，其中包括所有团队成员参加的会议（在进行初步设计之前），集思广益确定目标和方向，是大家对目标和优先级别达成共识性的了解。

……设计的过程有清晰的规划——项目的每一位参与者都要真正拿出时间来计划如何共同解决问题，如何以公开透明的方法做出决策——这种规划要与主要的项目进程进度表丝丝相扣。

……鼓励用创新的模式来挑战“经验法则”（创新并不意味着高科技或是高风险策略）。

……决策者（业主）和所有的项目参与人员都沿着一条有效的、有价值的道路行进。

……项目中包含一些课题，往往是传统设计中不常考虑到的——例如保持水体的健康，区域性的生态和社区聚落——保持不间断的探索，思考什么样的设计才是对建筑周边环境有所裨益的。

……在整个团队中，你越来越深地体会到所有者的感觉，而非仅仅是一个单独的个体。

……在设计决策的过程中，有对话，有争论，

这些都使团队变得更加和谐。

但是我们必须要记住，生活中非黑即白的情况是很少见的，建筑设计的方法当然也是如此。大多数的设计过程既不是完全和谐的，但也不会彻底一团糟，情况是复杂多变的。下面就是一个很典型的状况：一个项目团队拥有一个良好的开端，但是后来却逐渐退步。一开始，设计团队将绿色建筑设定为工作的目标并召开了一次讨论会——会议上人们热情高涨，激情澎湃。大家把会议的宗旨当作日后的奋斗目标并开始准备冲锋陷阵……然而，已经根深蒂固的传统可不是那么容易挑战的！这样的会议不是因为没有严谨的前期规划而成为昙花一现，就是由于后续没有足够的建筑设计任务来实践而未能延续下去。

召开一次讨论会是远远不够的。如果团队中每一位成员不能做到时刻关注、从不松懈，哪怕对自己已经习惯的工作也不断质疑，那么整个团队就无法真正达到一体化的标准。在一个真正的一体化的设计过程中，应该包含团队成员们多样性的相互作用——我们需要一系列的大型研讨会，在会议中间还有很多小型的讨论会，每位成员都应该像交响乐一般彼此协调互动起来。在每一次会议中，积极的互动要使探索、分析和决策变得更有价值、更加清晰。否则，前期工作的正确性就应该被质疑，进而继续探索更为有效的方法。

对一体化设计方法的评估指标反映在两个方面，分别是建筑物本身以及工作过程中参与者的相互作用。避免过多的系统或是追赶流行是降低成本的关键，这就是一个固定的评估指标，它要求设计团队不能把精力全部锁定在高科技上面，而忽略了严格仔细的分析方法。因此，高度一体化的建筑系统不能沦为“价值工程”的牺牲品，因为整体中的每一个局部都不可避免会跟其他部分相互影响，我们不可能做到只是删减掉一些局部，却不会使整体中的其他方面受到牵连。对设计本身和设计的步骤具有清晰的认识，这也是一体化设计方法的另一个评估指标——面对自己的工作，真正了解自己在做什么，以及应该怎样做的人少之又少，所以在最终设计阶段一定要具有清晰的认识。

可查核性是一体化设计的另外一个评估指标。可查核性在可以计量的建筑标准体系中，使设计团队可以清楚了解到哪些工作是已经彻底完成了的。在设计过程中想要做到可查核性，就要求每位成员都按照各个时间节点进行自己的工作；每一个人的工作进度表都与其他成员的工作进度息息相关，这样才能确保在规定的时间内如期完成全部工作。

设计师想要熟练掌握一体化的设计方法，首先要做的就是关注你自己的指标——假如你对自己专业和团队中其他专业的工作都有深入的了解，那么你就更有可能会获得成功。换句话说，寻找在设计过程中对合作性评估的回馈，你就会拥有更多获得成功的机会。

多年以来我们可以越来越明显地看到，我们这一代几乎所有的设计人员和工程人员接受的专业训练都是将建筑中各个系统分别进行优化，而不是整体的对待。由于我们总是根据经验法则来思考，因此建筑系统的优化工作在一种虚构的、通用性的相互关系中进行，而不是针对真正的建筑设计中各个系统进行深化与优化。这种虚构的关系来源于例如美国供暖、制冷与空调工程师学会（ASHRAE）制定的标准或是其他的一些设计标准。单纯从某一个专业的角度没有办法看清这些系统之间的关系，因此众人的才智共同作用于设计过程中，却缺乏必要的整合与协调。这就造成我们现在所设计的建筑越来越繁复冗长——超标的系统耗费更多的资源和能源，最终导致对环境的负面影响。这些负面的影响既来自这些系统的运转，也与为了制造与安装这些系统而运用的材料有关。

那么，建筑中各个系统是怎样相互作用的呢？我们可以通过下面这个问题来解释：室内墙面涂料颜色的选择，会怎样影响到暖通空调系统（HVAC）的规格？这些看似风马牛不相干的因素之间却存在紧密的联系，比如说墙面涂料的颜色与反射率，照明，HVAC 系统的规格。它们之间到底是怎样相互作用的呢？

每一位照明设计师在计算一个空间中需要的灯具数量时都会运用下面的公式：

$$\text{灯具的数量} = \frac{\text{英尺-烛光（foot-candles）} \times \text{面积}}{\text{光通量(lumens)} \times \text{LLF} \times \text{CU}}$$

公式等号右边分母中的 LLF 代表“减光系数”（light loss factor），它是指照明设备使用一定时期后，在工作中产生的平均照度与该设备新装时，在同样条件下产生的平均照度之比。照明装置的光输出随时间的衰减主要由于：灯的光通衰减、灯具积尘，材料老化以及镇流器的影响。分母中另外一个指数 CU 叫作“利用系数”（coefficient of utilization），它的数值可以从图 2-1 中查到。设计师使用这个表格时应该先选择顶棚、墙面、地板所使用的表面材料的光反射系数（light reflectance value，简称 LRV）。从表格中可以看到，随着表面材料的光反射系数越高（表格中第一行从右向左逐渐增高），表格下方的利用系数也就越高。回顾前面提到的公式，利用系数增加，需要灯具的数量就会降低——一般情况下灯具数量的降幅是相当可观的。

我们接触的第一个绿色建筑设计是一所学校。我们发现通过选择适当的涂料颜色，平均每个教室安装灯具的数量可以比一般情况下节省 25%。我们是如何学到这些的呢？在初步设计的后期，我们问了建筑师一个简单的问题：在这个项目中，你为每间教室选择的涂料颜色的光反射值分别是多少？在那个时代（1997 年），这样的问题是不常见的，即使在今天也一样少见。建筑师回答不上来。这时光学顾问说：“你也许可以看一看涂料色卡的背面。”结果建筑师看到色卡背面写着：LRV64%。之后光学顾问告诉建筑师：“如果你选用的涂料颜色 LRV 值高于 75%，那么在每间教室我们就可以减少 25% 的灯具。”

在当时，一间普通的 1000 平方英尺的教室大概需要配置 16 套灯具，每只灯具安装 3 支 T12 灯管。而在当时设计的这栋绿色学校建筑中，通过提高墙面涂料的光反射系数，我们将灯具的数量减少到了 12 个，而且改成了三支 T8 灯管，降低了 25%。10 年后，我们现在设计一间 1000 平方英尺的教室只需要配置 9 套灯具，每只灯具安装 3 支 T5 灯管，而

照明利用系数“示范性图表”

地板		空心砖地板光反射系数 =0.20										
顶棚		80				70				50		
墙面		70	50	30	10	70	50	30	10	50	30	10
钢筋混凝土		.72	.72	.72	.72	.62	.62	.62	.62	.43	.43	.43
R	0	.66	.62	.60	.57	.56	.54	.52	.50	.37	.36	.35
	1	.60	.54	.50	.47	.51	.47	.43	.41	.33	.31	.29
	2	.54	.48	.43	.39	.46	.41	.37	.34	.29	.26	.24
	3	.49	.42	.37	.32	.42	.36	.32	.28	.25	.22	.20
	4	.45	.37	.32	.27	.39	.32	.28	.24	.23	.20	.17
	5	.41	.33	.28	.24	.35	.29	.24	.21	.20	.17	.15
	6	.38	.30	.24	.20	.33	.26	.21	.18	.18	.15	.13
	7	.35	.27	.21	.18	.30	.23	.19	.16	.16	.13	.11
	8	.33	.24	.19	.15	.28	.21	.17	.14	.15	.12	.10
	9	.30	.22	.17	.14	.26	.19	.15	.12	.13	.11	.09
	10											

图 2-1 通用性照明利用系数表（照片由雷伊·奥尔斯特提供）。

且仍然能为工作面提供足够的亮度（一般来说，教室空间用于阅读等需求的建议照明水平为 50 英尺烛光）。

回顾前面提到的绿色学校项目，我们节省了 25% 的灯具数量——显然，照明系统的建造成本就随之降低了 25%。除此之外，在以后建筑物的整个使用过程中，我们都会节省 25% 照明所消耗的电力。不仅如此，由于电力消耗减少，发电所需要的矿物燃料消耗量也相应减少，进而对环境的负面影响也会以同比例降低。我们大家都了解，各种系统的运行成本以及对环境的破坏作用，都会远远超过最初的制造成本，特别是照明系统表现得尤为明显（参见图 2-2）。

除此之外还有更多的联系。灯具除了会发光还会产生什么？热量——以及很多其他的产物。这里有一个很好的经验法则：照明系统每消耗 3W 的电能，就需要相应地消耗 1W 的电能才能冷却灯具所散发出来的热量。我们再延伸到暖通空调系统（HVAC）来看一看其中的关联。

商业建筑在一年四季大部分时间里，都要消耗很多能源用于制冷而非供暖，这是因为商业建筑有大量的内部荷载，比如说电器设备和人体自身的散热，但是其中最主要的热源往往还是照明。通常建筑制冷系统的规格就是由这些内部荷载决定的，其中照明通常都是比例最大的一部分。以一个典型的学校建筑为例，照明系统每年所消耗的电力，高达全部电力消耗的 50%，而这些灯具产生的热量又要消耗制冷系统 40% 的负荷。这种由于照明系统产生的热量负荷可以用照明功率密度（lighting power density，简称 LPD）来表示，它等于一个空间中灯具所消耗的功率数（W），除以这个空间的面积（平方英尺）。机械工程师在计算空调冷量以及暖通空调

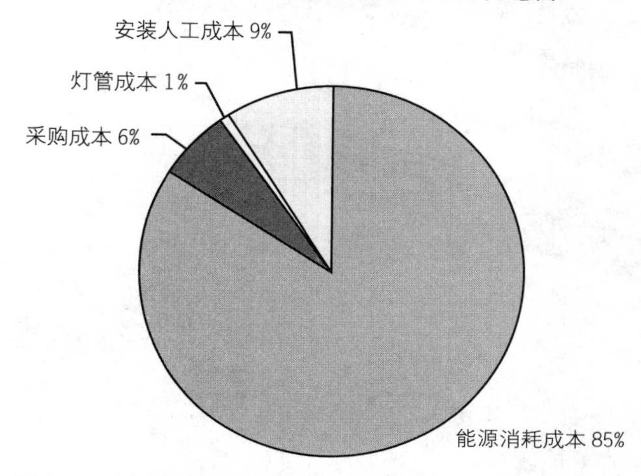

图 2-2 对大多数照明设备来说，在其整个生命周期的各项费用中，对能源的消耗占据最大的比例（照片由马库斯·谢费尔提供）。

系统设备规格时，就会将照明功率密度纳入考虑因素之一。通过减少灯具的数量，照明功率密度就会随之降低，机械工程师也会相应降低暖通空调系统的规格和标准。不仅如此，由于空调的冷量又决定了其配套系统的配置（比如说风管、水管等），故这些配套设施的规格也会相应降低（例如使用断面比较小的风管）。这样的改变不仅降低了初次建造安装的费用，而且在建筑物整个使用年限中都会降低运营的成本。另外使用规格比较低的暖通空调系统，消耗的能源自然也会比较少。

所以，我们做一个总结：我们现在降低了照明系统初次安装的成本，降低了暖通空调及其配套系统初次安装的成本，减少了照明和暖通空调系统运行消耗的能源，而且由于电力消耗减少，发电所需要的矿物燃料消耗量也会相应减少，进而又减轻了对环境的破坏——所有这些改变都是源于涂料颜色的选择吗？

好，但是还有一个问题。

在过去的 12 年间，我们曾问了大概 3000 位电力工程师与照明工程师相同的问题："你最近一次在进行照明设计之前，与项目的建筑师讨论，去了解室内空间表面材料真实的光反射系数是在什么时候？"我们遇到最多的反应是耸耸肩膀，或是直接回答："我从来没这么做过"。之后我们继续提问："那么，既然你不了解表面材料真实的光反射系数，那么在查阅照明利用系数表格的时候，你通常选择顶棚、墙面和地板什么样的光反射系数？"除了个别几个人，几乎所有人的答案都是相同的——简直就像是六字箴言一样——"80，50，20"。

所以我们再提问："但是假如建筑师实际选择的材料，光反射系数是 90，80 和 40 呢？"

他们回答说："嗯，那我们就可以减少很多照明设备的数量了。"

很遗憾，这样的情况几乎从来没有发生过。而且，我们还发现照明工程师在设计及计算过程中，几乎很少将光反射系数纳入考虑，结果导致他们使用的灯具数量往往远大于（甚至成倍于）实际需要的数量。

除此之外还有更糟糕的情况。

我们又向暖通空调系统工程师提问："你最近一次在进行计算制冷系统规格之前，与项目的电力工程师讨论，去了解要设计的空间中真实的照明功率密度是在什么时候？"结果一样，大多数人只是耸耸肩，我们听到的答案十有八九都是"从来都没有"。当被问到那他们一般选用什么样的标准来代替时，这些暖通空调系统工程师们异口同声地回答：采用美国供暖、制冷与空调工程师学会（ASHRAE）根据假想式建筑类型而提供的数据，或是沿用以往

图 2-3 在宾夕法尼亚州汉诺威的一所小学校，图示教室在南北两面都有开窗，于是白天拥有良好的双向采光（（版权所有：© Jim Schafer），汉诺威）。

案例中的数据作为假设值。值得我们注意的是这些工程师们通常会为自己辩解说，在整个设计过程中，当他们要确定系统荷载量的时候，照明设计往往还没有开始进行呢。

在 1997 年，当我们进行早期的绿色学校建筑设计时，根据当时的经验法则，暖通空调系统工程师在考虑灯具散热荷载时大多采用美国供暖、制冷与空调工程师学会（ASHRAE）所提供的数据：将照明功率密度假设为 2 瓦 / 平方英尺。我们已经有超过 10 年的时间没有再从事学校设计的项目了，而当时实际需要的照明功率密度为 1 瓦 / 平方英尺——只有假设数据的一半，当然实际的灯具散热量也只有假设值的一半。同样的情况我们也曾在办公建筑的设计中遇到过（假设照明功率密度为 1.5 瓦 / 平方英尺，而实际需要的照明功率密度只有 0.75——甚至只有 0.65 瓦 / 平方英尺）。

通过这样简单的案例，我们就可以了解到一些外表看起来毫不相干的系统，例如墙面涂料的颜色与暖通空调系统之间却存在着密切的相互关联。但是，我们的工作却往往偏重于对局部的调整优化，却不重视对这些系统间的相互关系作深入的了解：建筑师选择表面材料的时候首先考虑的是美观，照明工程师根据既有的经验法则选择灯具设备，同样，暖通空调系统工程师也是凭经验来确定设备的规格和标准。简而言之，我们现在的设计方法缺乏对于建筑中各个系统间相互影响的了解，进而，也使建筑设计的各个专业之间缺乏联系与相互了解。

建筑物是一个有机体

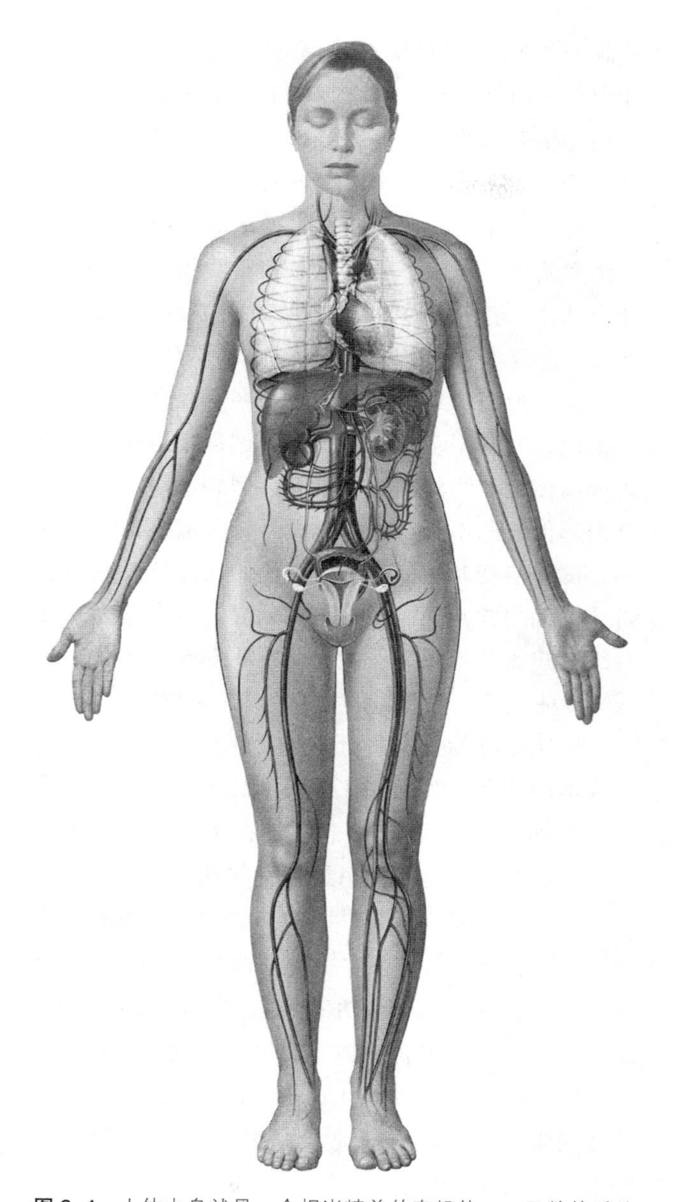

图 2-4　人体本身就是一个相当精美的有机体——无数的系统构成了整体，这些系统彼此依存、相互作用，没有多余的部分也不存在浪费。人体系统同时又与更大的系统相互联结，因此人体产生的废弃物又成为其他生物有机体的食物（*引自核医疗图解，版权所有：© 2008 核医疗艺术；参考网站 hppt://www.nucleusinc.com*）。

> 量子力学首先建立起把研究对象及其所处的环境看作一个整体的概念。因此，新生物物理学的理论基础也是基于对有机体内部、有机体之间以及有机体与其所处环境之间基本的关联。
>
> ——引自德国理论学家马尔科·比斯科夫（Marco Bischof）作品《科学与阿克夏（Akashic）领域：万物一体化理论》中“场所概念与整体生物物理学的出现”。(by Marco Bischof) in: Beloussov, L. V., Popp, F. A., Voeikov, V. L., and Van Wijk, R. (eds.), *Biophotonics and Coherent Systems*，莫斯科大学出版社 2000 年出版

想要开始这种新的设计方法，我们可以把建筑物想象成一个有机体，组成这个有机体的每一个系统彼此之间都是共生的关系，比如说墙面涂料的颜色与暖通空调系统的设备等。想象一下，你的身体就是一个有机体——而且是一个相当精美的有机体。人类的身体由很多相互关联的系统构成：免疫系统、呼吸系统、消化系统和循环系统等。所有这些系统都在互相协调作用下出色的运作。每一个系统都会对其他系统产生影响：例如当你的免疫系统出现了问题，就会继而影响到你的循环系统、消化系统和呼吸系统——反之亦然。一栋建筑物中的系统包括——通风系统、电力系统等——同样也会彼此之间相互影响。也许你可以把建筑的通风系统想象成人体的循环系统，而把电力系统想象成人体的循环系统，以此类推。一体化的设计方法鼓励设计团队去深入了解建筑物中各个系统之间的相互关联，而这正是实现降低建造与运行成本，以及减少环境破

坏的关键所在。

美国洛基山研究所的艾默利·洛文斯（Amory Lovins）先生，与合作伙伴亨特·洛文斯（L. Hunter Lovins）和保罗·霍肯（Paul Hawken）共同撰写了《天生的资本主义：掀起下一个工业革命》（波士顿：Little，Brown and Co.，1999年）一书，在书中概括性的描述了这种相互关系的本质。他们告诉我们："孤立地对各个局部的优化，只会使整体变得更糟——这种糟糕的状况还会一直延续下去。如果想要使一个系统的工作效能降低，你只需要将这个系统与其他的系统孤立开就可以了……假如在初期没有将各个系统设计成相互协作的关系，那么在以后的使用过程中它们就会相互干扰。"

但是我们大多数人所接受的专业训练以及获得的认知，都是来源于习惯以及经验法则，它教我们运用一种支离破碎的方法，将建筑的各个系统以及二级系统分别孤立的进行设计和优化。

在成本控制的障碍中寻找通路

那么，我们为什么还要继续沿用这种已经用了几十年，支离破碎的老方法呢？那是因为将建筑物视为有机体的这种思维方式的转变会遇到很多实际的阻碍。就拿前面我们提到的涂料颜色和暖通空调系统之间关系的例子来说，对设计方法的调整看起来似乎理所当然——只需要照明工程师向建筑师或是室内设计师咨询材料的光反射值——就可以达成期望的效果。但是，我们却忽略了一些更深层次的问题，正是这些问题的存在阻碍了设计方法的改变。为什么大多数设计专业和工程专业人员在工作中都没有注意这些问题？不是因为他们太固执或是不够聪明，而是因为他们的工作都被限制在时间和成本控制的条条框框里面，他们没有办法逃脱这些压力和限制，而这些都是追求高度工业化的结果。任何人想要拓展思路，希望去了解他们专业以外的领域都会受到阻力。这是可以理解的，我们马上就要开始进行设计了：*抓紧干，提高效率，我们必须按时按预算完成工作*。不要在思考和质疑我们传统的设计方法了，这简直就是在浪费时间：*不，该死的，我们还有很多工作要做呢*。

设计师们受到的这种压力是客观存在的：修建一栋建筑要花很多钱，有风险，过程相当复杂。任何偏离传统和经验的新尝试都会遭到反对，甚至还会引起他人的不安与不快。而且，大家还会觉得这种尝试会浪费时间、浪费钱。我们在绿色建筑领域奋斗过程中常常要面临以下的状况：首先站出来反对绿色建筑的不只是业主，还有我们自己团队中的设计专业人员，他们都认为绿色建筑会增加成本。

按照传统的方法进行建筑设计，为了满足时间和成本的控制，我们往往依赖于*价值工程*（这是我们委婉的叫法），这个概念我们在第一章曾经讨论过。我们要研究建筑的可持续发展性，就需要考虑很多复杂的课题：建筑外壳的节能效率、新能源的运用技术、自然光照明、太阳的方位、室内空气质量（IAQ）、照明品质、设备功率密度、建筑环境的毒害、材料资源、材料内含能源、使用寿命成本分析、居民健康问题、水补给、水土保持、低环境影响的设计、土壤健康、土壤改良、对地方经济的影响、运输资源、制造业滥用劳动力等。

要考虑这所有的问题听起来很可怕。我们如何能在时间和预算控制内还能兼顾到这些课题呢？显然，如果只是简单地把这些课题强加于传统的设计过程中，那么再面对时间和成本的限制的确会是一个相当可怕的状况。

换句话说，增加内容就要多花钱，这是个显而易见的道理。但是现在已经有一些开发商和业主开始意识到，尽管绿色建筑可能会导致前期投资额增加（或是基建费用提高），但是*从长远来看却还是物有所值*的。但实际上，如果我们运用一体化的整体设计方法，往往并不会像他们想象的那样造成成本增加。如果设计团队注重建筑各个系统之间的相互关联，并将其视为一个完整的体系去进行优化，那么每一个组成部分就会执行多重的功能，产生*级联效应*。这样我们就可以降低其他系统的规格，甚至可以相互取代，那么无论是今后的运营成本，还是业主更为关注的*前期投资*费用都会相应降低。

为了确保这种级联效应能够真正发挥作用，每当一个项目团队提出一些绿色的建议造成成本增加时，我们都要鼓励他们思考：这个新的策略或元素会对其他系统产生怎样的影响？其他系统是否可以因此而降低规格——甚至可以被取代？这个新的策略能带来这样的改变吗？*"其他系统会受到什么样的影响？"*，这个问题就好像是一体化设计的六字箴言一般。一些系统由于规格降低甚至取消而节省下来的费用，用来弥补执行绿色策略而增加的成本，彼此互为消长，整体的建造成本并没有增加。在《天生的资本主义》一书中，作者洛文斯把这种思想称为"在成本控制的障碍中寻找通路"。

从高效节能窗当中学到的经验

举例来说，被动式太阳能住宅——在低辐射玻璃发明之前——一般要比同样面积（2500平方英尺）的传统住宅造价提高5000美元。这是因为随着玻璃的面积增加，热交换增加，因此还要增强保温材料，

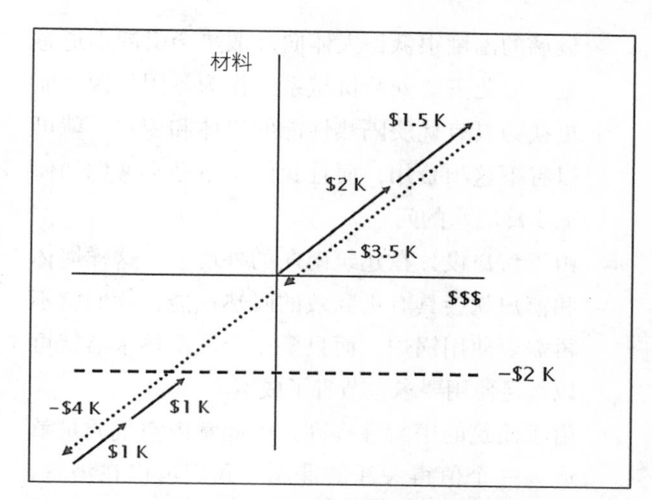

图 2-5 图中的绿色住宅案例比传统住宅能源消耗节省60%，其初期建造成本与节能级联效应的收支情况如下：安装高效节能窗增加成本2000美元，加设保温材料增加成本1500美元，水平管道工程取消节省3500美元，独立式供暖锅炉取消节省4000美元，增加即热式热水器价值1000美元，以及增加热交换通风系统价值1000美元以利室内除湿（由于建筑外壳密封，所以需要机械除湿）。总体来说，初期建造成本比传统住宅节省了2000美元（图片由比尔·里德提供）。

以及安装机械系统作为备用热源。

后来，市场上出现了低反射玻璃和高效节能窗，这就带来了一系列的级联效应，从而使被动式太阳能住宅的造价大幅降低，甚至比传统住宅还要低2000美元，同时每年的能源消耗量也比传统住宅减少了50%—70%（参见图2-5）。

正是因为这种节能窗良好的热性能，使室内空间减少对太阳热量的吸收，继而降低了很多建筑构件或系统的规格：

- 安装高效节能窗可以省掉传统建筑中为窗户提供暖风的管道，这些管道一般都是沿建筑外墙周边铺设的。现在我们只需要保留各个房间内隔墙中的管道就满足使用要求了。以往，由于

玻璃的温度很低，人体向外散热会引起不适感觉，因此需要安装机械系统作为备用热源，而更换为具有优质隔热性能的墙体和窗户，就可以省下这项费用，而且我们也不必再考虑如何减少冷凝水的问题。

- 由于窗户设计在建筑南向的外墙上，这样墙体和窗户就会具有更高效的隔热性能，我们就不再需要使用锅炉，而只要一台大型热水器就可以满足使用要求，节省了成本。
- 由于建筑的密封性提高，因此室内空气质量就成为一个值得关注的课题。我们可以在浴室、厨房这些湿度较大的区域用空气 - 空气的热交换系统取代空气处理器，同样可以达到通风、除湿的效果。

这样的设计方法源于对建筑中各个系统相互关系的了解，我们把从水管和锅炉上面节省下来的钱花在玻璃和保温材料上，但是却节省了大量的能源消耗，同时获得了更好的室内空气品质。

这种方法对商业建筑同样适用。1999 年宾夕法尼亚州环境保护部门（DEP）的一个项目，我们找到建设单位向他推荐一种三层玻璃、低反射率、氩气中空、热断桥节能窗。面对我们的推荐，这位负责人表现出犹豫的神情，并开玩笑说“有这么功能的窗户一定会很贵吧。”我们肯定了他的猜测，告诉他说使用这种节能窗比普通窗户要贵 15000 美元。因为那是一个比较小规模的建筑——只有 30000 平方英尺左右——所以每平方英尺的单位造价仅增加了半美元，而在 1999 年当时建筑每平方英尺的单位造价一般在 93 美元——这样的涨幅确实不算大。

在这个案例中，建设单位是一家私人的开发商，他受雇于宾夕法尼亚州政府，负责建筑设计、建造与管理，建成之后返租给政府环境保护部门（DEP）使用。当初州政府在全州范围内申请提案招标（RFP），而这家建设公司在众多竞争者中以最低出租价格最终胜出拿到合约。他需要先制订一份前期投资的预算计划，然后凭借这份计划申请到贷款，而合约中租金的价格就是根据这些前期数据而核算出来的。因为他被限制在租赁合同上，他也就等同于被牢牢限制在建造前期投资的预算上，所以，他当然不可能接受多花费 15000 美元用于节能窗，这是可以理解的。尽管他知道安装节能窗可以节省能源消耗，很快收到投资回报，但还是拒绝了我们的提议。

尽管如此，但当我们告诉他就算没有以后的投资回报，他也一样可以负担得起这笔费用时，他改变了主意。道理是这样的：在他的成本预算里包括在建筑外墙围绕窗户周圈设置的供暖管路——这是东北部地区建筑的常规做法，因为窗户是在建筑外壳中发生热量损失最大的地方。我们告诉他假如安装这种高效节能窗，根据我们进行的模型测试，平均窗户周长每英尺就可以减少 100Btu 的热量损失，这样当初设定的供暖管路系统就可以全部节省掉，而这部分的预算就高达 25000 美元。

在这个项目中，无论采用供暖管路系统还是高效节能窗，都需要满足业主招标文件中所提的要求：当室外气温为 20 ℉时，要求玻璃的内表面温度不得低于 62 ℉。采用以上两种方式都可以满足这个要求，但是高效节能窗却比较便宜。当然，建设单位愿意选择比较便宜的做法，这样他就省下了 10000 美元——但是故事到这里还没有结束。

由于使用这种高效节能窗，减少了室内外的热交换，我们就可以降低暖通空调系统的规格，继而再降低其配套系统中风管与水管的规格。这些加起来，又可以节省前期建造成本10000美元。所以，我们花15000美元更换性能比较好的窗户，就可以取消或降低其他系统的规格，换来35000美元的回馈——这节省下来的20000美元预算又可以再投资在前期建造中一些会产生长期回馈效应的项目上，例如，在建筑屋顶上设置14kW的光电池阵列等。

在我们这个案例中，完全节省掉了多余的系统（周边供暖管路系统），大幅减低了其他系统的规格（暖通空调系统及其配套系统），前期建造成本没有增加——尽管有这么多好处，但假如没有对建筑各个系统之间相互关系的了解也没有办法实现。项目团队通过对各个系统之间彼此关联的分析，节省掉多余的系统，可以大幅度降低在建筑生命周期内的能源消耗量；我们要将建筑中各系统的运转与减少环境破坏议题联系在一起思考（减少能源消耗，进而减少为了制造这些能源而耗费的矿物燃料）；还要将减少环境破坏的议题与材料的开采、制造和运输、安装等问题联系在一起思考，节省了材料就是减少了对环境的破坏。

图2-6 宾夕法尼亚州政府环境保护部门（DEP）这个项目中，南向外立面上安装的遮阳板在夏季可以阻挡高角度的太阳光辐射，而在冬季低角度的太阳光却可以照射进来。这些遮阳板还有助于白天的自然光线透过玻璃更深地照射进室内空间，从而减少人工照明的需求（版权所有：© Jim Schafer）。

通过这些案例，我们就可以理解为什么假如没有一个整体的项目团队，那么一体化的设计方法就不会顺利执行。如果建设单位的负责人可以在项目设计初期阶段就开始进行成本评估工作，那么他就会在项目列表中看到高效节能窗这一项，并且拿它的技术参数同以往相类似的项目作对比。如果这位负责人不了解系统之间的相互关系，那么他就很可能在成本控制的压力下舍弃节能窗的方案。而且，在初步设计阶段，暖通空调系统的造价都是按照每平方英尺一个固定的单价粗略估算的。因为在这个阶段，所有设备的规格都不可能根据实际准确的状况来确定，那么预算员如果没有对各个系统之间相互关系的深入了解，就不可能降低暖通空调系统的规格。在宾夕法尼亚州政府环境保护部门（DEP）这个项目中还使用了地热泵系统（GSHP）。当时一般地热泵的单位建造成本为19美元/平方英尺，而在这个项目中由于使用高效节能窗以及其他一些节能措施（EEMs），地热泵的实际成本只有12美元/

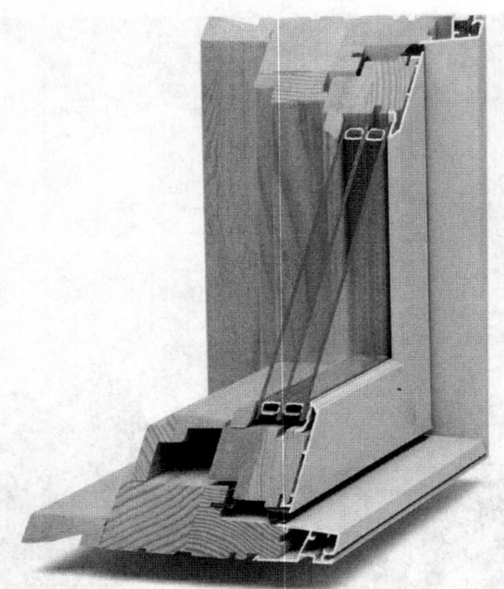

图 2-7（左上） 高效节能窗样品——三层玻璃、木铝复合窗——可以减少热损失，因此不再需要沿建筑周边设置供暖管路系统（照片由洛温（Loewen）提供，版权所有：© C.P.Loewen Enterprises Ltd.）。

图 2-8（右上） 建筑周边供暖系统一般分为供应热风或是热水两种模式，照片中是一个风系统的实例（图片由马库斯·谢费尔提供）。

图 2-9（右下） 周边供暖也可以采用水系统（图片由马库斯·谢费尔提供）。

平方英尺。所以，高效节能窗以及其他一些节能措施（EEMs）又使建设单位平方英尺造价节省下来 7 美元。

项目团队也是一个有机体

一体化的设计方法要求所有团队成员集思广益、积极主动地相互交流，运用*各种各样*的专业技术，制定出高效率的共同目标。好消息是现在我们拥有了很多的工具（这些工具在 15—20 年前对我们来讲是根本不可能的），利用这些工具，我们就可以深入检视这些重要的关系：这些工具包括计算机模拟能源消耗模型、自然光模拟软件，以及生命周期评估（LCA）软件包等。这些工具便于我们分析、优化建筑中各个系统、二级系统和组成部分之间的相互作用，改进过去孤立分析的老办法。由于这些软件可以模拟出各个系统之间的相互作用，所以我们现在就可以在更广阔的领域，将这些系统作为一个整体来探讨它们之间究竟是怎样相互影响的。

但是这些探讨的对象并不是一件*东西*，可以简单地买过来然后附加在建筑设计的过程中。它们是一个整体当中相互作用的各个部分。各个专业领域的专家们都对他们自己的专业知识具有深入的了解。在我们这个专业化的时代，一个人是没有办法掌握所有知识的。这就需要我们采用一种新的设计方法。阿尔伯特·爱因斯坦（Albert Einstein）对这种状况有如下解释：一成不变的设计方法会使我们面临一些问题，而这些问题是根本没办法解决的。这种新的设计方法要求我们着眼于整体，而不是整体当中的各个局部。建筑中的每一个系统都会对其他系统产生影响，因此设计团队中的每一位成员都应该了解他们的工作不应局限在自己的专业领域里，而应该是非线性的、整体的。

回到将*建筑物*比喻成为*有机体*，我们可以从中体会到两层含义。不仅建筑物要被设计成为一个整体运转的有机体——每一个系统与组成部分都与其他系统相互影响作用——而且设计团队也需要像一个有机体一样工作。有机的系统，就像是我们把它比作有机体那样，是通过相互影响与反馈的过程而建立起来的。我们的设计方法必须允许甚至鼓励所有的团队成员深入了解在一个领域内做出的决策，是如何影响其他所有领域做出决策的。运用这种方法，我们就可以组建起高效率的设计团队，从而设计出高效能的建筑。

组建与维持高效率的团队

盖伊·萨皮尔斯坦（Guy Sapirstein）博士　著

所有类型的组织都会面临这个重要的课题：如何建立与保持高效率的团队。特别是对那些拥有很多专业技术人员，而他们的专业技术又互有交集的团队来说，这个课题就更加重要。因为在所有的人际关系当中，有下面两种主要的动态因素会在团队中产生影响：（1）等级的问题，或者说权利；（2）彼此关联的问题，或者说合作。

等级问题与领导者有关。领导者可以是被指定的，也就是说某一个人被授予领导的头衔，被认定为领导。另外一种领导者是应急领导，就是说某人拥有其他人没有的技能，当突发状况出现时就成为实际上的领导。想要在平时识别出谁是应急领导很难，只有当突发状况出现时才能看得出来。大多数的团队都是采用第一种方式指定一名领导者，而不是等到问题出现时再从团队中出现一位领导者。

关联与合作是人类比较复杂的活动表现，在合作关系中体现出人类的天性。这里我们所谈的合作并不是指单纯被动地服从某些规则，还要求人们积极地寻求相互帮助。作为组织与团队的领导者，他所面临的挑战就是如何将团队的成员放在适当的位置上，并使他们在团队中协调统一地工作。

在对领导者、相互关联与合作关系的探讨尝试中，"团队建设"的概念应运而生，它包括相当多样性的活动，从以学习为主要目的的研讨会，到各种户外娱乐休闲活动。我们可以用两种要素来概括这些活动：

- 教学类：说教与实践
- 活动类：工作与休闲

我们可以用下面的图例来表示（在每个象限中都有一些例子）

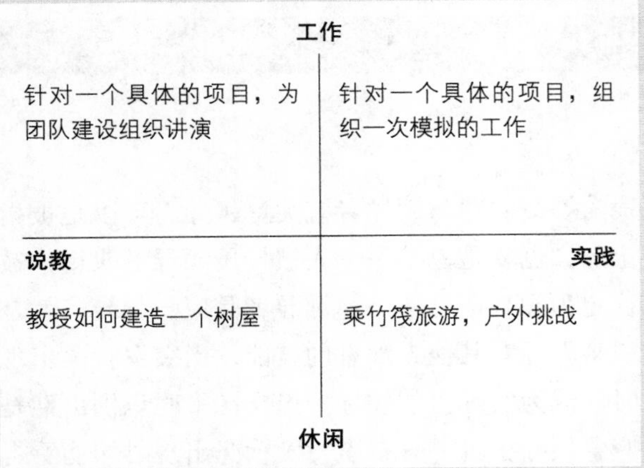

工作

说教	实践
针对一个具体的项目，为团队建设组织讲演	针对一个具体的项目，组织一次模拟的工作
教授如何建造一个树屋	乘竹筏旅游，户外挑战

休闲

教与学的模式

要讨论教与学的模式，必须先区分要教授的知识或信息的种类。认知科学将知识划分成很多种类型，但是对团队建设来说最重要的两种是*显性*知识和*隐性*知识。显性知识是指易于传递的信息，和已经被记录下来编制成教科书的知识。比如说计算管道的管径或是计算建筑中横梁的断面，这些方法和技艺都属于显性知识。

隐性知识是指那些不容易以各种形式记录与传达的知识。这种知识最好的传授途径就是人与人之间的交流与实践。迈克尔·波拉尼（Michael Polanyi）是这样描述这种现象的："我们了解的远大于我们所能讲述的。"很多人都有这样的经历：你想要向其他不在场的人讲述当时的状况，结果却只看到对方空洞的眼神，显示出他根本就没有搞清楚你的描述。我们遇到这种情况的时候常常会嘀咕一句："你当时得在哪儿啊"。这句话就表述出要传递这种隐性的知识，就必须要拥有共同的经历。

了解到知识有不同的种类，我们就应该寻找不同的方法来传授不同的知识。说教式的方法可以适用于显性知识的传授。这种显性知识可以表现为描述性的（对各种事务的信息），也可以表现为程序性的（例如，讲述如何做事情）。老师将技术、规则和方法等等重要的信息清晰地传授给学生。说教式的教学模式不需要拘泥于某一种特定信息来源——它的信息来源可以是一个人，也可以是一部电脑或是一本书。

另一方面是实践性的教学模式。隐性知识没有办法通过书本清晰地传授，因为信息源不会也不可能抓住多因子知识的全部内容。因此，传授这种隐性知识的唯一途径就是参与实践活动。

要帮助一个团队发展成为高效率的团队，重要的一点就是要确保每一个团队成员不仅要掌握显性知识（例如对一体化设计方法的解释），还要了解作为一个高效率团队中一员的经历这些隐性知识——这些是只可意会不可言传的。每位成员都要了解身为团队中一员的感觉，这也是高效团队组建的基础。一个团队及其成员在自我革新的过程中，在发展成为一个高效率团队的道路上，所有进步、冲突和斗争的全过程，都是值得我们分享的宝贵经验。

活动的重点

大多数的团队建设活动，都会陷于该将重点放在工作上还是休闲上的抉择。我们不清楚组织团队进行休闲活动是否能传授所需要的知识，并有助于提高成员在工作环境中的表现，但可以确定的是，这样做可以提升团队成员的士气。所以，令人感觉身心愉悦的休闲活动并不一定比单纯的积极集体工作实践更有效。将重点侧重于工作可能会使人感觉缺乏趣味性，但它的优势在于所传授的知识更适用于工作的要求。

多数情况下，团队建设活动都局限于两个象限之内：休闲－实践和工作－说教，其中后者一般与组织的发展相关联。但是，一个最重要的关联——工作－实践——却常被人们所忽略。这一类型的活动可以表现为对一个工作环境的模拟，在这个过程中，成员可以选择模拟进行团队的工作，换句话说，用一种团队的角度去工作。团队发展过程中的任何阶段都可以进行模拟复制，通过反思与成长，使团队成员了解成为一个高效率团队中一员的感受，进而掌握这种隐性知识。（召开团队研讨会是工作－实践活动的一个很好的实例。）

总结

团队建设活动可以概括为两个方面：教与学的方法（说教－实践），以及活动的重点（工作－休闲）。要发展成为高效率团队所需要的知识和信息是隐性的。根据定义，这样的知识只能通过操作和个人的实践经历才能获得。团队建设中的实践是以工作为重点的，使成员在团队发展的各个阶段都得到亲身实践的机会，这才是组建与维持高效率团队最恰当的方法。

图 2–10 宾夕法尼亚州政府环境保护部门（DEP）坎布里亚项目坐落于埃本斯堡（Ebensburg）（照片由约翰·伯克尔提供）。

培养一种跨学科的方法："车灯前面的鹿"

宾夕法尼亚州环保部门（DEP）坎布里亚办公楼是七人小组为该部门设计的第二栋绿色建筑，但却是我们下定决心执行一体化设计方法的第一个案例。我们以前曾经做过宾夕法尼亚州环保部门的其他项目，而在以后的若干年间，这个单位的另外五个项目都会交给我们处理，这也是我们决定采用新的设计方法的原因。在每个项目中，我们都有两个业主：宾夕法尼亚州环保部门（他们是建筑的使用者）与开发商（他们是建筑的所有者）。开发商负责建筑设计、建造、管理，并将其出租给宾夕法尼亚州政府使用，从中赚取租金作为获利。

就是从这些项目中，特别是从业主之间复杂的关系中，我们学习到了及早确保团队中每一位成员都要参与一体化设计方法讨论会的重要性。在进行第一个宾夕法尼亚州环保部门项目时，我们与该单位坎布里亚项目小组成员召开了一次初步概念性设计讨论会，与会人员包括工程师、建筑师、承包商、开发商以及宾夕法尼亚州环保部门的代表。概念性设计方案是一个长方体造型，包括核心筒及两翼（平面布局参见图 2–11）。建筑物的长向沿东西方向布置，比较长的一翼在西侧，比较短的在东侧。初步讨论决定设计两台地热泵，并在地板下设置送风静压箱；就我们所知，这样的配置在美国还是第一次尝试。

这个项目的建筑师是七人小组中的一员，在这次初步设计讨论会召开之前，他就决定好要将中央暖通空调系统设备放置在屋顶的设备间。以这个决定为前提，在这次会议上大家对风管与水管管路相关议题进行了讨论：从地热泵到屋顶设备间，怎样布置管路系统是最好的，以及在这栋 30000 平方英尺的建筑当中，怎样设计从空气调节端到地板下送风静压箱之间的管路，上下两个楼层都存在同样的问题。针对这些问题，与会成员们彼此交流，讨论管路应该怎么走向，主立管的管径应该是多少，所有的系统应该怎样与核心筒相连接，如何避免这些系统与其他系统发生冲突，比如说电梯、建筑结构，或是消防管道等。当讨论进行了大概 20 分钟左右，建筑师突然意识到这样的方法不对，事实上，这根本就不是一体化的设计方法。不管这样的讨论决策对设备系统布局有怎样的帮助，但是却不利于成员之间的相互合作。而且，他还意识到将中央暖通空调系统设备放置在屋顶的设备间，只是从他个人的专业立场做出的孤立决策，并没有吸收在座的其他专业人员的意见。

于是，建筑师终止了会议讨论。

自然而然的，他转向在座的机械工程师约翰·曼宁（John Manning）。“约翰，”他问，“如果是你设计这栋建筑，你会把中央暖通空调系统设备放在什么地方？最适合作设备间的地方是哪里？”

机械工程师曼宁在那一瞬间惊呆了。他坐在那里，一言不发；过了一会儿，他说他的感觉就像是突然被汽车前灯照到的鹿（一瞬间茫然而不知所措了）。建筑师也注意到了曼宁的不安，于是问他有什么不对的吗。约翰回答说：“以前从来没有人问过我这样的问题。”在这里我们有一位拥有 20 年职业经验的机械专家，但在他的职业生涯中，从来没有遇到一位建筑师会就暖通空调系统设备以及设备间的位置问题向他咨询过专业的建议。

又过了几分钟，曼宁终于回过神来了。他建议将 11 台地热泵分别布置在建筑一层两个独立的设备间（参见图 2-11）—— 一个设备间安装 6 台（供应

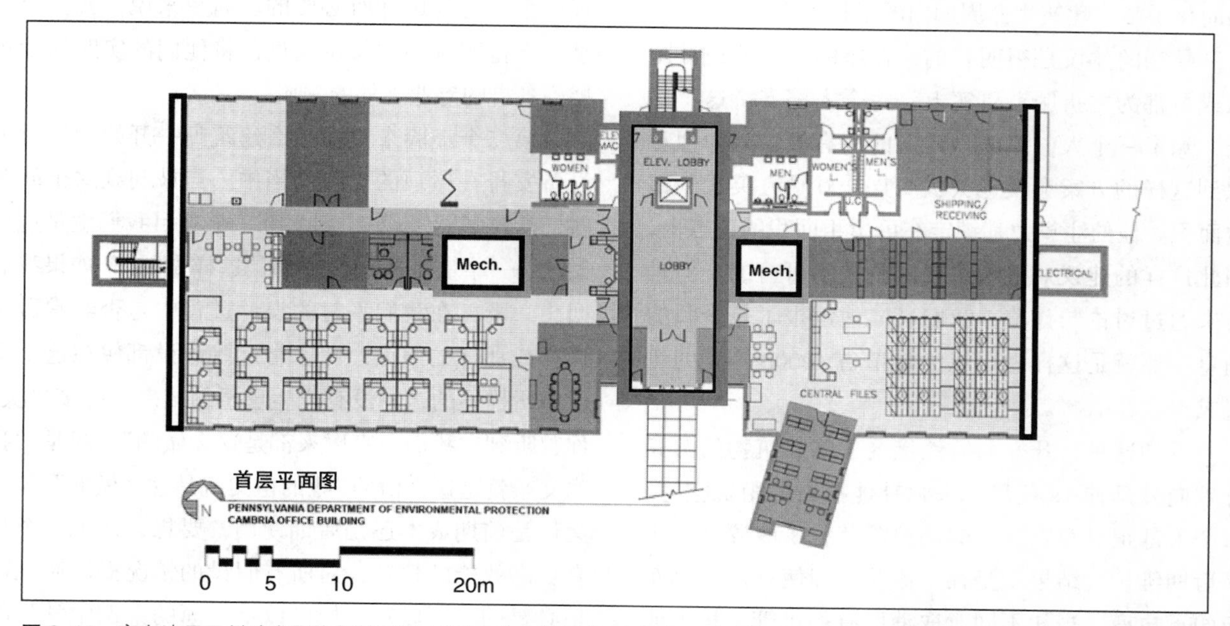

图 2-11　宾夕法尼亚州政府环境保护部门（DEP）坎布里亚项目平面图，包括一个核心，两个侧翼。首层的设备间分别布置在东西两翼，彼此邻近。两翼的最外端扩展出来的空间也是用来出租的，可以弥补设备间所占用的面积（照片由约翰·伯克尔提供）。

西侧一翼使用），另一个设备间安装5台（供应东侧一翼使用）。他解释说按照这样的配置，给水管就可以直接从地热井向上穿过楼板到达每一个地热泵设备，这样就省掉了来回于屋顶阁楼的管线。而且送风可以直接到达一层的送风静压箱，仅仅需要三个方向的1—2英尺的管路。要到达二层的送风静压箱，也只需要5英尺长的立管。事实上，我们几乎节省了所有如果将设备间设置在屋顶而需要配置的管路。不仅如此，曼宁还注意到由于管路变短了，因此气流在管道中由于阻力而受到的损失也会减少，这就意味着我们还可以降低风扇的功率。最后，他又解释说在之前的设计当中，维修工人需要在狭小的管道井里通过梯子爬到屋顶上，无论雨雪天气都要暴露在室外更换过滤网、检修压缩机等等，而现在，这些工作都在室内进行，相对容易了很多，从而大幅简化了整个建筑生命周期内的维护工作。

曼宁的建议是很明智的，在座的每一位设计团队成员都为之折服。事实上，每个人都支持这个主张，除了一个人，那就是建筑的所有者，因为他意识到这样的方案会使他失去一层400平方英尺的租赁面积。他的注意力都锁定在可出租面积的焦点上，因此这样的建议对他来讲根本就是不可行的。但是后来通过讨论与计算，我们又向他汇报了一个新的消息，那就是这样做可以为他节省40000美元的建造成本。

听到这里，开发商欣然接受了将建筑物的两翼分别向外延伸18英尺，来弥补他损失的租赁空间。每个人都很满意。这样的调整既节省了能源又简化了后期维护，结果就是锦上添花。即使是提供金属板的承包商，当初不同意取消所有的风管工程（他认为这样的系统根本就没办法工作），但是后来在项目将近完成的时候也承认，这是他所安装过的最好的系统。

那么，我们可以从这个案例中学到些什么经验呢？有两个经验。第一个是关于我们由自身的专业而在团队中扮演的角色问题。在会议中，那位机械工程师被要求去思考超越他平时专业范围以外的问题。在这个案例中，建筑师并没有站在居高临下的位置上说“就这样决定了”，相反，他邀请机械工程师进入到建筑师的角色当中来。设备间的位置通常都是由建筑师决定的，但是在整个设计团队中，建筑师真的会比机械工程师更了解中央暖通空调系统设备的最有利布置吗？当意识到每一个人所负责的系统都会与所有人的系统相互作用时，思维的模式发生了巨大的变化，因此，每个人都要向他人说明自己的系统是如何与其他系统相互影响的，这是实现一个优秀的设计所必要的。简短来说，我们要鼓励与支持团队中的每位成员，将他们的实践活动拓展到各自的专业之外的领域。

第二个经验来自为什么建筑师一开始会把机械设备安排在屋顶的设备间当中。当被问到这个问题时，建筑师回答说：“因为上一个项目我们就是这样做的——事实上我们一直都是这样做的。”如果我们回想一下，在我们平时的设计过程中是否经常做出这样或那样的假设，而通常这些假设都像在这个案例中所描述的，并没有产生理想的结果。有多少次，你曾听到“我们一直以来都是这么做的”，或是“我的父亲就是这么做的，我的祖父就是这么做的”等？无论是前期成本还是后期使用，要想设计出一个具有更高效能的建筑，对所有假设的情况提出质疑都是必要的。所以，我们可以从上面的案例中学到的第二个经验概括起来就是“对假设质疑”。

找遍所有我们认为成功的案例，都可以得到同样的经验，那就是不要轻易地假设问题。对假设的条件提出质疑，经过跨学科的研究讨论，才能找到新的答案。我们不能期望每一位团队成员都变成百事通，但是我们期望他们能做到对所有认知都抱持怀疑的态度。

合作学习的团队与学习的车轮（循环）

经过持续性的动态、反复的过程，才能达成真正的一体化。所有的议题都应该及早提出，并进行长期持续性的考虑，这样彼此之间相互联系的关系才会日趋理想。传统线性的设计方法是孤立地对待每一个问题（或系统），而一体化的设计方法则是从一个整体的宏观角度，多视角地看待各个问题。经过反复的实践，我们就会对这种方法产生更加深入的了解，知道应该如何调整与改进——这一个循序渐进的过程在学术界被称为“累进”。我们要鼓励研究，要确保团队成员及时发现最好的机会并勇于探索。

“*一体化的设计方法*”，简单解释就是一系列重复的研究、分析与团队讨论。在研究与分析阶段，可以采用全体会议或专题讨论会的形式，要求团队成员通过分析逐渐深入了解系统的各种细节问题。此外，在这个阶段，还需要在团队成员间组织一些临时的谈论会。这种方法在本书第五章“一体化设计方法概述”中会进行详细讲解，并附有图表辅助说明，指导我们如何使这种方法不断改进优化。

我们这里所说的方法，并非仅仅是每次开会大家都在会议桌旁围坐一圈这么简单。每一个建设项目都是独一无二的，所以每个项目也都应该有一个专属性的线路图（关于这点我们后面再进行讨论），这样才能保证在对的时间会有对的人提出正确的议题，以及最终任务顺利完成。要想最高效的利用投资成本，并保持团队成员的热情与活力，那么这种一体化的设计方法就是不可或缺的。

运用这种设计方法，所有的团队成员都会从中受益。在设计初期，建筑的所有者、使用者、管理者、建造者以及设计师们就都积极地参与其中，这样就会产生巨大的收益，因为每个人都有机会提出自己的问题与构思，并得到全体成员的审查与建议。在传统的设计方法中，建筑的所有者和使用者都只是被动接受建筑师对于设计意图与构思的解释，并对此作出回应。但是，在一体化的设计过程中，他们成为整体团队中的一分子，亲身参与，由此可以更深入掌握项目的进展情况（参见图 2-12）。

一体化的设计方法不仅可以创造成更成功的绿色建筑——在建筑的生命周期中节省能耗——还能节省时间、提高工作效率，并降低初期建造成本。那些一直坚持推行传统设计方法的人们，他们认为绿色建筑只不过是在建筑当中添加一些“绿色的材料”，劳民伤财。而绿色建筑事实上可以在以上这些方面达成的节省，常常令他们瞠目结舌。

举例来说，科罗拉多州博得尔的迈克斯泰因建设公司，打算对他们在 20 世纪 90 年代开发的一个住宅项目进行环境改善。这次改善活动的主要目的是：提高能源使用效率、讨论建筑材料的选择，以及改善室内空气品质。

第一个需要解决的议题是如何提高建筑隔热性能，减少室外空气的渗入。为了找出最有利的技术方案，技师在三栋住宅建筑上分别做了测试：第一个使用喷射纤维素，第二个使用加气保温材料，第三个使用玻璃纤维填充材。实验证明，其中最好的

马库斯（Marcus），

由于在本年度的立法机构会议上没有通过 CUNY 法律学院第二期建设项目筹资的申请，所以该项目暂时取消。但是，您可能有兴趣了解 CUNY 法律学院院长是如何评价这个项目的。

戴维·奥尔蒂斯（David R. Ortiz），P.E.
项目负责人

DMJM 哈里斯（Harris）
20 Exchange Place
纽约，NY 10005
电话：（212）991-2141
手机：（646）208-6409

From：格雷戈里·科斯特（Gregory Koster）（mailto：koster@mail.law.cuny.edu）
Sent：2007 年 3 月 30 日，星期五，2 ：29PM
To：戴维·奥尔蒂斯（Ortiz，David）
主题：CUNY 法律学院

亲爱的戴维：

对于您和您的团队在 CUNY 法律学院扩建项目中所取得的优异成果，我深表感谢！

首先我向您保证，这个项目的取消绝不是由于项目经理 DMJM 哈里斯先生工作的品质或是设计方案有任何问题。实际的情况是这个建设项目的资金一直都严重不足，而第二期建设项目筹资申请没有通过，那么我们就不可能与第一期同步建设。

其次，你们在这个项目中所采用的设计过程与方法，是我在本校任职 20 年来所见过最好的。在初步设计阶段，就将各个专业所有的参与人员召集起来，这样我们就有机会可以参与到例如暖通空调系统这样一些议题当中——以及长远考虑的能源问题以及员工们的工作效率——这是一种我前所未见的高度整体化的方法。我有信心，假如我们能够解决资金的问题，那么这个项目的设计一定会优于 CUNY 法律学院之前所有的建设。

最后，与您和您的团队在这个项目上一起工作是很愉悦的。不仅因为你们每一位都在自己的专业内充满自信，而且你们每个人都很乐于相互交流协作。我们感受到一个充满活力的优秀的团队，拥有这样的团队，我们一定会一起走过低谷。

期望与您再次合作的机会。

格雷戈里·科斯特
管理与筹资执行院长
Koster@mail.law.cuny.edu

图 2-12 这封电子邮件表达了业主对一体化设计方法（在设计初期就鼓励所有团队成员积极参与，建立起各学科间的相互关联）的支持（马库斯·谢费尔提供）。

方案是在 2×6 空心墙喷涂纤维素（不同于 2×4 墙），这种做法不仅提高了建筑的隔热性能，还能明显减少室外空气渗入（每小时空气交换次数从 0.5 降低到 0.2）。

建筑外壳的气密性提高了，项目团队转而探索其他的方法。他们修改了之前东西朝向的规划，将建筑的主要采光面设置在南向，再增加遮阳板遮挡夏季高角度的太阳光照射，从而将空调的荷载减少为原来的三分之一。将空对空的热交换系统同空气处理器安装在一起，这样就可以节省一套电动机和风扇系统，进而降低了能耗。热交换系统、保温隔热材料与建筑物朝向，所有这些方案调整共同作用的结果就是我们可以省掉锅炉，每套住宅仅需要一台 50 加仑的即热式热水器就可以满足使用要求。由于这样的调整，管路系统也会简化很多，从而降低了将空气传输到各个房间所需要的能耗；缩短管路的长度，取消 90° 的弯角，这样我们又可以节省下来一些能源。

综合上述所有技术方案，项目团队骄傲地宣布每套住宅只需要多花费 7000 美元，就可以将能耗降低 60%。但是出乎大家的意料，项目负责人（他也是这个项目的所有者）并不能接受这种收支相抵。与大家的预期相反，他强烈建议设计团队将这些绿色的“愚蠢的做法”统统放弃掉。

团队中的其他成员都认为，花 7000 美元就能换来 60% 的能源节省，这是非常划算的——但是要花钱的并不是这些人。然而，设计团队并没有被失败击倒，而是积极地需求解决方案。大家一起聚集在会议桌旁，开始在脑海中搜索还有哪些花费是可以节省的。这个项目的环境顾问戴维·约翰斯顿（David Johnston）注意到，建筑设计中有很多造型山墙，而且屋顶上也有不少装饰性的构件，于是提出疑问这些建筑转角处的“纯装饰性构件”每个要花多少钱。为了回答约翰斯顿这个简单的问题——“每个转角装饰构件值多少钱？”——团队暂时中断了讨论会并开始计算，基础、框架、外壳以及清水墙。答案如何？这样每一个精美的转角装饰构架价值 3500 美元。

学习的车轮

亚历克斯·齐默尔曼（Alex Zimmerman）著

召集全体成员参加讨论会，在会议上介绍发生了什么状况——或是将会发生什么状况，成员们彼此分享自从上次讨论会后他们各自有怎样的工作进展，对项目又有了哪些新的想法和认识，这个过程是一种挑战。如果处理得当，整个过程会使你感觉奇妙而美好，但是若处理不当，那么这个过程就会变得相当艰难，并会使人感到很没有价值。

这里有一种学习的模式叫作“学习的车轮”（Wheel of Learning），在《The Fifth Discipline Fieldbook》一书中进行了相关的描述。《第五项修炼·实践篇：创建学习型组织的战略和方法》，彼得·森格（Peter M. Senge），阿特·克莱纳（Art Kleiner），夏洛特·罗伯特（Charlotte Roberts），里克·罗

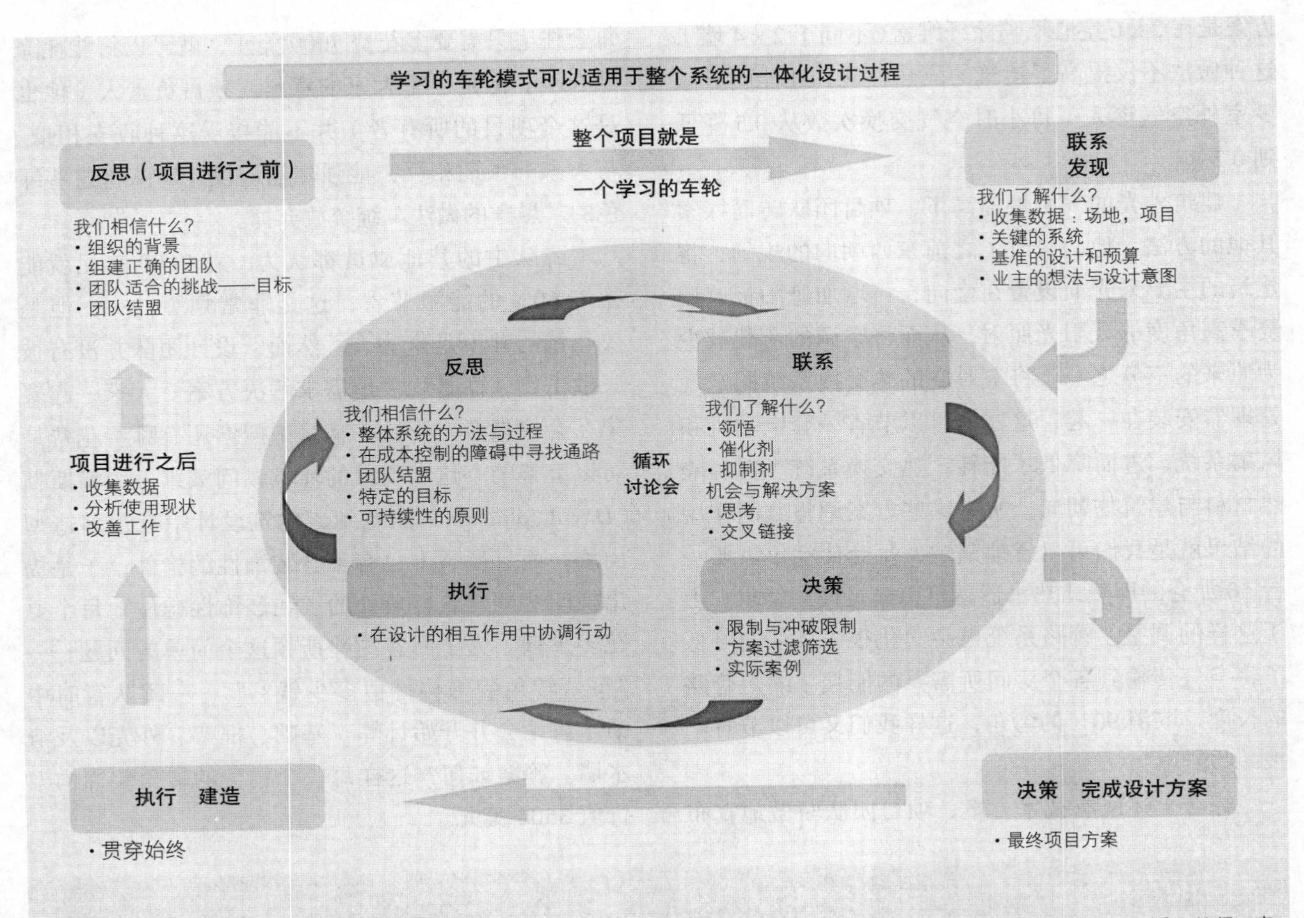

图 2–13 学习的车轮示意图。由亚历克斯·齐默尔曼提供，引自《第五项修炼·实践篇：创建学习型组织的战略和方法》，彼得·森格（Peter M. Senge）著（纽约：双日出版社，1994 年）。

斯（Rick Ross），与布赖恩·史密斯（Bryan Smith）（纽约：双日出版社 / 发行，1994），书中的讲解有助于了解这一过程与方法（参见图 2–13）。

我们可以观察到人类的学习是一个循环的模式，往复于行动与思考之间，抽象性与创造性的思考之间，这就是学习的车轮。建筑设计团队的学习过程也同样遵循这样的模式。这种学习过程的模型有助于我们建立起一体化的设计方法，使我们在从一个阶段进入到下一个阶段之前，可以清晰地掌握工作的要点。这样，我们就可以更高效地利用时间，在开始行动之前就清楚地了解到底是怎么一回事。在学习的各个阶段之间缓慢进步，也许事实上正是快速学习的途径。

这个学习的车轮中包含四个阶段：*反思*、*联系*、

决策与执行。

每一次的讨论会都应该从反思开始，反思我们的想法，反思我们的行为。我们重新检验自己所相信的事情，花时间去思考整个系统，进而"在成本控制的障碍中寻找通路"，团队协作反思目标，反复重申我们对于可持续性发展的承诺。

下一个阶段是建立联系，为接下来的行动进行构思并创造可能性。一开始，我们可以检视自从上次会议之后我们做了哪些工作。之后，我们对这些工作进行摘要，找出其中哪些是对下一步工作有帮助的催化剂，而哪些则是有阻碍作用的抑制剂（这是可持续性发展顾问阿尼塔·伯克（Anita Burke）的说法）。我们对机会和解决方案进行思考，并找到二者之间的协同作用。这一阶段是一个探索与开阔思路的过程。

前两个阶段对分享知识来说是相当关键的。

接下来，我们进入了决策的阶段，筛选出那些富有创造力的可能性。由于在前期已经进行了筛选和过滤，所以剩下来的解决方案必然可以帮助我们冲破预算的限制。现在我们就可以将决策方案付诸实际案例之中。

最后一个阶段是必要的阶段，协调行动——由什么人，在什么时候，做什么事情。

揭开学习的车轮神秘的面纱，有助于团队成员们了解他们各自处于循环中的什么位置，以及接下来该怎么做的理由。当你按照这样一个车轮的模式进行工作时，你还会发现不同的人自然而然就会被牵引到不同的阶段当中。

这种多样性是有益的。团队中的每一位成员除了他（她）们各自的专业不同，个性以及为团队作出贡献的技能也都不尽相同。我们可以辨认出哪些人对于这种方法失去了耐心，哪些人需要开始行动。我们还可以分辨出哪些人会持续地产生新的创意。这个学习的模式图可以反映出各种状态，可以帮助人们了解怎样才能进行最好的工作。

在每次全体成员出席的研讨会上，这种循环都会一次次上演。假如提升到一个比较高的层次，这种车轮的模式也同样适用于整体系统的循环过程。

由于改善建筑外墙隔热性能与机械系统而造成的成本增加，只需要取消两个转角处装饰性构件就可以平衡掉——这样一来完全不需要增加投资，对于正在犹豫不决的业主来说，这样的情形大大出乎了他的意料。设计团队经历了一次共同学习的过程，这一过程不仅造就了一个高效的设计，还使整个团队在面对业主明确拒绝的逆境当中也能保持团结一致，最终出色地找到了解决问题的途径。

想要对系统进行改变，获得兼顾到整个系统的全面的解决方案，那么这种共同学习的过程就是达成目标的基础。对于"有什么地方需要改变，以及为什么改变"这些问题，如果大多数的设计及工程团队成员没有办法达成共识，那么项目通常就又会落入俗套，这样设计出来的作品跟过去没什么两样，无非就是在效能方面有一些提高罢了。在会议中花一些时间进行反思，并且对自己的认知重新检视，会有助于新思路的萌发。在亚历克斯·齐默尔曼编写的"学习的车轮"一文中，就对这一过程进行了简单的解释。

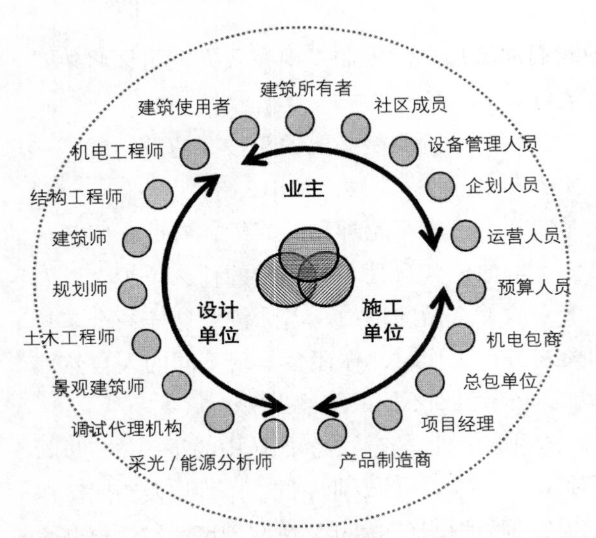

图 2-14 复合的匠师（图片由比尔·里德与七人小组提供；比尔·里德改编）。

复合的匠师

这种系统思考的方法可以适用于各种情况。正如我们所见，没有人能够掌控全部知识和技能，所以我们需要采用一种“复合匠师”的方法，聚集众人一起工作，掌握整体系统中的无数二级系统，进而创造出集体的智慧。

图 2-14 从概念上介绍了一体化的设计团队是如何像复合匠师一样进行工作的。通过图例，我们可以发现这种方法与传统的方法相比，是有很大区别的。传统方法采用的是分层机构，组织形式为金字塔形，每一个团队成员都在一个框框里面，向他上一层同样处在框框里面的成员汇报工作。相比之下，这种复合匠师的方法包含三个主要的单位，他们彼此的工作都处在一个比较均衡的循环模式当中。这三个主要的单位分别是业主、设计团队以及施工单位，他们之下又包含若干个小单位。通过文恩图解（Venn diagram）可以描绘出这三个单位在相互合作的过程中，是怎样彼此重叠、交叉的。这样，众人的思想就会融合起来形成一种集体的统一思想。

一体化的设计方法要求更高标准的合作与协作，并鼓励严谨质疑。从项目的开始阶段，这种方法就向假设的状况和经验法则提出挑战。建筑物和环境系统之间的相互关联要及早考虑并且提出问题，这些工作即便不能在概念性设计之前进行，也要与概念设计同步进行。要想将一个建设项目中各个系统综合在一起，就需要每个专业的成员都汇聚一起，提高各自系统的效率与效能，同时每位成员又都彼此联系——整个团队像有机体一样工作，进而设计出像有机体一样的建筑。

从*片段性*的心态转变为*有机组织*的心态——从线性的方法转变成一体化的方法——我们就有机会得到提升。突然间，每一位团队成员都从对各自专业的深化工作中解脱出来，而将注意力的焦点转向系统间的相互关系。真正的转变就是这样发生的。

改变我们的建筑、环境、工业以及传统，我们就会从专业化的时代进入到一体化的时代，进而攻克所面临的各种挑战。这个新的时代要求我们投入全身心去了解我们居住环境当中各种复杂的系统之间的相互联系。假如我们希望实现可持续性发展，无论在某个地方还是扩展到全球的范围，这种认识都是至关重要的。

第三章

可持续性发展概念重塑

孤立地看待一个对象，那么看到的必定不会是真实的。

——福冈正信（Masanobu Fukuoka），一位日本农夫，他发明了一种可持续发展的农业改革法。引自“一根稻草的革命：自然农业介绍”，埃莫（Emmaus），宾夕法尼亚州:Rodale 出版社，1978 年。

一个好的解决方案可以解决不止一个问题，而且在执行的过程中不会再产生出新的问题。我在这里谈论的是健康而不是任何形式的治疗，是一种整体性的模式，而不是任何一件一件孤立的产物。

——引自温德尔·贝里（Wendell Berry）《土地的礼物》中“解决的模式”，P141，North Point 出版社，1981 年

什么是可持续性？

这是一个信息化的社会，我们在享受其产品和便利的同时，也要面对来自环境的一系列挑战。很多环境问题都是由我们自己使用的产品引起的，所以现在出现了很多的绿色运动，呼吁使用绿色产品代替有毒害，或是会造成资源浪费的产品，比如说无毒涂料、紧凑型节能灯泡等。新技术的发展，不仅需要创造出这些产品，还要衡量这些产品的效能，并且不断改进。通过这样的评估与改善，我们就可以减少对环境的负面影响；但是，如果我们希望在这个我们共同生活的星球上进行一次更为彻底的改变，那么单单靠改进产品是远远不够的。

在第二章中，我们曾讨论过面对日益复杂的各个建筑系统与组成部分，需要建立起一种“生动的”了解。站在将建筑物视为一个有机体的角度，“可持续性”一词相当精准地表达了我们的期望。可持续性不是一种可以交付使用的东西，也不是一件事情。

将它简单地概括成高效的工艺与技术也是远远不够完整的。从字面上来讲，可持续性就是指*可以延续的生命*——通过可持续性的实践活动，所有的生命体，例如森林、人类、商业活动、流域、菌类、微生物和北极熊等等一个长长的生物链，才能够延续生命。乔纳森·波利特（Jonathon Porritt）（地球的朋友组织前任董事，英国可持续发展委员会主席）对这个词做了一个很直白（也被广泛应用）的解释："如果有什么事情是可持续性的，那就意味着我们可以无限期的继续做下去，否则，我们就不能再继续。"

人类的行为破坏了生命的延续，我们并不缺少这样的例子——事实上，这样的情况简直随处可见。在这里，我们可以列举一个最为典型的例子，那就是迪拜的人造岛。为了最大化地追求艺术效果（以及滨海区域线性的景观），从空中鸟瞰，这些岛屿被设计成为棕榈树和世界地图的形状。

图 3–1 位于波斯湾的迪拜人造岛，被塑造成棕榈树和世界地图的造型，岛上极具艺术性的建筑，创造出顶尖级的商业与住宅开发项目。在照片中，我们可以看到（照片左下方）阿里山棕榈岛（Palm Jbel Ali），朱美拉棕榈岛（The Palm Jumeirah），世界岛（从空中鸟瞰，岛屿的形状就像是一幅世界地图）和代拉棕榈岛（The Palm Deira），这个岛还处在起步阶段。尽管出于对环境保护的考虑，这些纪念碑式的开发建设项目中不允许使用混凝土，但是其基础结构的建造需要大量沙子，而过分的挖掘已经将附近的海床消耗殆尽，因此现在都需要从波斯湾北部进口沙子（图片由美国国家航空航天局提供）。

遗憾的是，为了追求这种极端的艺术效果，建造者肆意改变原有地形，这样做所产生的后果极大影响了岛内居民的生活以及周遭环境。首先，建造这些人工岛屿严重破坏了海洋的生态系统，并且潜在威胁到岛内唯一的食物来源。当初出于对生态的考虑，要求这些岛屿的基础和结构都仅限使用天然材料（例如，不允许使用混凝土和钢材）。这样就需要从附近海底挖掘大量的沙子，但还是不够——事实上后来已经没有沙子可挖了！结果，人们为了满足这巨大的需求，只能继续扩大挖掘的范围，直至整个波斯湾。这样长久以来，就更进一步破坏了附近的生态系统。其次，岛上唯一获得饮用水的途径就是通过海水净化，这样做就导致了近海海水中含盐度不断增高，进而威胁到海洋生物的生存。岛上拥有的资源相当有限，几乎所有赖以为生的资源都需要从外面进口（甚至包括沙子）。尽管从以上角度分析，这些人造岛屿可以说是非可持续性发展的典型实例，但事实上，它们却被世人评价为构思顶级的产品和全世界最完美的建筑。

越来越多的人已经意识到，我们生活的环境与人类是否能够继续生存下去是息息相关的。我们如今所推崇的绿色或是可持续性的设计，就是以达到可持续性为最终目标的——假如能够节省 30% 的能源是不错的成绩，那么节省 50% 就更好，而节省到 100% 就达到了可持续性的标准。这种定量的逻辑也同样适用于材料的选择、水土保持以及废弃物处理等方面。但是，当我们从事建造活动的时候，并不仅仅是使用建筑材料与其他资源；我们还将原来自然的环境改造为建筑环境。或多或少的，这种改变都会破坏原有的自然系统，例如我们破坏了植被，而植被可以保持土壤健康；我们的人工铺面覆盖了原来的土壤，而自然土壤可以使雨水渗透到地下之后成为饮用水；我们还占据了本来属于其他物种的栖息地——简而言之，我们破坏了生命延续的根基。

在美国每一个城市的道路上开车，我们都会看到各式铺面，沥青、混凝土、商业街、垃圾食品店等等，这些充斥着我们现在的居住空间。詹姆斯·霍华德·孔斯特勒（James Howard Kunstler）将这种单调的美国景观称为“杂乱无章的景观”。我们现在的建设行为，是有计划地将原来具有自我维护功能的系统改变成为需要投入大量资金才能够维护的系统。单纯靠提高资源的使用效率，并不能解决根本的问题。

比尔·里德于 2007 年在美国西雅图建筑学院举办的建筑教育大会上，首次提出了“生态足迹”的概念。他在会上说道：“很可惜，如今我们追求可持续性发展的大部分方法——混合动力汽车、绿色建筑、智能型增长、新都市化、绿色消费与回收再利用等——都是假设可持续性就是指提高材料和经济上的使用效率。当我们片面的追求减少需求、提高效率的同时，只会加速使我们的社会变得更加不可持续发展。”

安德鲁·鲁丁（Andrew Rudin）在他的一篇名为“Efficology”的网络文章中对这一理念进行了进

图 3–2 在过去，美国的每个地区都有自己独特的特色，可是现在的城市景观却变成了现在一成不变的单调景象。到处林立的垃圾食品丛林，呈现一派“杂乱无章的景象”（图片由特拉维斯（Travis）教会提供）。

一步探讨。他对“Efficology”一词的解释为“关于效率的学问”（www.efficology.com）。作为一名能源管理顾问，鲁丁自1974年就开始测算建筑能源使用状况，为了帮助读者深入了解使用效率在人们生活中所扮演的角色，他收集了上百位作者相关的著作。鲁丁坚信片面地追求高效率的系统，一定会导致很多负面的结果，会增加人们的生活压力，会导致更为严重的滥用自然资源。此外，他还指出，提高能源使用效率并不是减少能源消耗的必要条件。引用布努埃尔定律其中的描述：“做任何事情都是过犹不及，哪怕是有关效率。”

比尔·麦克多诺（Bill McDonough），对于单纯靠提高使用效率来解决环境问题的做法，也作如下比喻。他说这就好比一个人，开车以时速70英里向南行驶，但是正确的目的地却是在北方。单靠减慢车速，你还是没有办法到达目的地。更有甚者，假如你前面就是悬崖，难道仅靠减慢车速就能避免灾难吗？如今我们所做的，提高能源使用效率，“减少对环境的破坏”，这些不过就是减慢了车速——但最终我们还是会驶向悬崖跌落下去；我们的做法不过是使这一灾难推迟一些再发生罢了。

通过一种存在缺陷的设计方法来减缓对环境的破坏，是不可能达到目标的。我们真正需要的是一种新方法，调转航向，驶向正确的目的地。节约能源、水土保持以及废弃物处理，这些都还远远不够。在未来的100年里，我们只有建造零耗能、零废弃的LEED铂金级建筑，才能成功改善对环境系统的破坏，重建生命网络体系，而这些正是地球上维系生命延续的基础。在这种方法中不能够无限制地建造，因为这样就违背了可持续性发展的要求。在已经处于超载状态的设计过程中，再包装一些绿色的技巧，这就好像从一辆超载的车上卸下一些行李，但是这样我们还是不可避免地继续驶向悬崖。

我们并不是说使用效率不重要——事实上它仍然是一个关键性的问题。但是仅仅关注它还不够全面。要想真正改变现状，我们就必须在一个复杂的大环境中，综合考虑提高使用效率的问题。

可持续性实践的轨迹

> 孔子曾说，想要改变世界上任何不良的状况，我们首先要做的事情就是“正名”（rectification the names）。他认为腐败的社会就始于名不副实，而要想改革，最重要的事情就是实现他所说的正名。因此，我们现在常常挂在嘴边的这一对名词，可持续性与非可持续性，到底应该怎么解释呢？
>
> ——迈克尔·波伦（Micheal Pollan），纽约时报杂志，2007-12-16，P.25

当我们对于“可持续性”这一概念的理解存在困难时，我们的问题一般在于均一性的或是模糊性的概念。说到*“绿色”*建筑或设计的时候，我们大多是指一些新的技术、产品或是工艺，与传统相比，这些新的技术都是对地球环境比较有益的。因此，这个词就被人们普遍运用。它可以用来描述的范围相当广泛，从一种构思到一种灯泡都可以用这个词来形容。于是，人们就会在潜意识中把绿色的东西毫无例外地等同于好的东西。同样，可持续性也变成了一个通用性的词汇，用来表示某人、某地、出于某种原因，比较少损害的意思。但这样就真的是可持续性的吗？

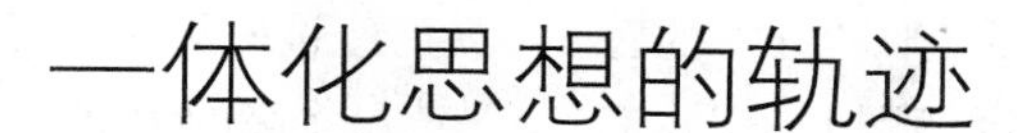

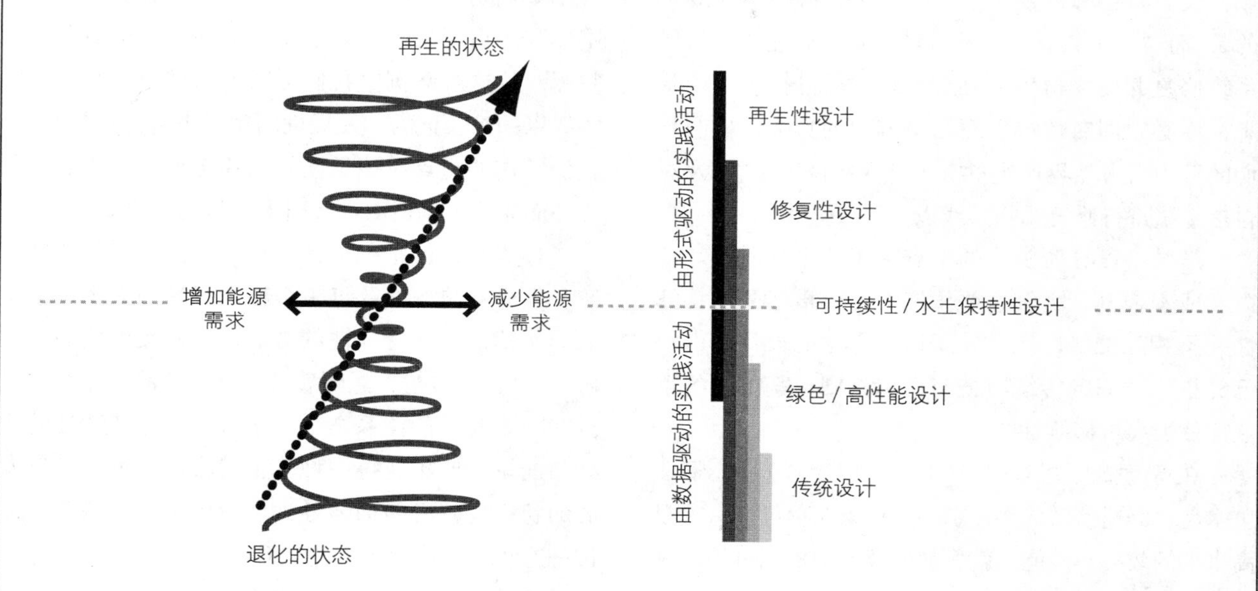

图 3–3 一体化思想的轨迹：

由数据驱动的实践活动（支离破碎的技术性方法）

限制危害

• *绿色、高性能设计*：在设计中实现高效率，减少由于建筑物建造、运转及场地内人类活动而引起的环境影响。它所指的是一种技术上更高效率的设计方法，但也可能会限制更高层次的自然系统受益水平。

中性的

• *可持续性/水土保持性设计*：到达了保持地球有机体及生命系统健康水平的临界点——未来也将包含人类系统。

由形式驱动的实践活动（增加了更多整体生命系统的方法）

修复

• *修复性设计*：这种方法从设计与建筑物的活动性来思考设计，目的在于修复独特的自然系统自我组织和恢复健康状态的能力。

再生

• *再生性设计*：这种设计方法关注于整体的系统，而我们只是系统中的一个部分。以这种逻辑，我们的生活空间——社区、废弃物以及生物区域——就是我们可以参与其中的思考范围。通过将一个地区所有的生命体结合在一起考虑——人类、地球系统以及与之相关的意识——这种设计方法在人们之间建立起连续、健康对话的能力。这是一个不断学习与反思的过程，由此在一个地区的所有系统都会综合成为一个整体——进而共同协调发展。渗透到人类的意识与精神当中，这也许是达成可持续性发展的唯一方法。

（图片由比尔・里德，再生研究小组与七人小组提供，科里・约翰斯顿绘图）

图 3–3 中，我们把可持续性表述为存在于“临界线”或临界点范围内的指标，“低于临界线”的区域，代表将会降低自然系统的等级（哪怕是高效率的），而“高于临界线”的区域，则代表能够对自然系统修复并使之再生。要想达到一种可持续性的状态，你必须同时达成下面两个方向的目标：控制我们的行为对自然界产生危害（临界线以下），以及对自然系统进行修复（临界线以上）。

*传统的*设计所关注的重点在于艺术性、舒适性以及成本控制。尽管这些传统的品质指标与可持续性并不相互抵触，但是处于这一层次的设计，由于已经根深蒂固的传统习惯与经验法则，其关注的重点往往远离可持续性。

在*高性能*设计这一层次上，我们致力于在不牺牲艺术性、舒适性与成本控制的前提下，尽可能追求更高水平的效率与效能。就像前面章节中提到过的，效率是一个相当重要的指标，特别是近几十年来由于在设计理念中缺乏对于效率的关注，而这样的设计带给我们的后果就是疯狂地消耗能源，从而产生大量的废弃物。但是，假如仅仅止步于此，我们所能做到的也只能是减少一些对于环境的破坏而已。

在*修复性设计*这一层次上，由于我们要讨论的是生命体系，所以生命体系运行的方式就是至关重要的：由于生命是不断演变而非静止的，所以我们永远都不可能将一个生命体系修复到其原始的状态。当我们说到修复（比如说森林、河流系统、湿地等），我们是指修复一个系统持续性自我组织与演变的*能力*。举例来说，亚利桑那州的一个项目，渔猎部（the Game and Fish Department）告诉我们，他们很关心接下来的开发会破坏掉现有的沙漠生态系统。但是，一个在这一地区生活居住了超过五代人的家庭，却有着不同的看法；在他们看来，这里的生态系统早就已经被破坏了。现在的沙漠在 100 多年前是一片 3 英尺多高的大草原，并且还有喷涌的泉水。他说，不然我的祖辈为什么要赶着牛羊到这片土地上来放牧呢？从这个案例中我们可以得出结论，修复工作需要以一种长远的、发展性的角度来看待自然系统，我们工作的重点应该是恢复一片土地自然*修复的能力*，而非马上创造出一些引人注目的“修复”条件。

*再生性*设计是一种针对整体的设计：是地球系统、生命系统，以及每一个特定区域的人类（或是人类系统）之间持续性的对话，进而支撑他们一起协同发展。“*再生*”意味着*给予新的生命与能量*。只有在一个完整的体系之中，才可能产生持续性的生命与能量。要想获得一种真正健康的、可持续性发展的状态，就必须加强各种生命体之间的联系，而正是这些生命体构成了整个系统。

开发（development）这个词，其真正的含义中包含以下意义：是*发展*（develop）而不是*占据*（occupy）。我们查阅了很多词典资料，这个词的含义包括“发掘出能力或者潜质；提升到更进一步的阶段；产生或者演变；启示或是研究发展。”从语源学的角度，我们可以看到“*开发*”（developing）一词的词根“de-veiling”。若想实现真正的可持续发展，我们就要致力于开发自身的知识、能力与潜质，使生命在每一个由我们建造起来的环境当中协调发展。

这并不是一种新的理念或是新的实践——只是在现代社会被人们遗忘了。伴随着简化论、工业化、专业化以及单一文化思维的发展，人们逐渐忘记了何谓“开发”的初衷。迷失了开发的初衷，不仅会导致景观环境与生命系统遭到破坏，还会使我们忘记了在每一片独特的土地上，生命是如何运转的。

图 3–4　位于北新泽西州 Willow 学校的创办人，注意到他们所在环境独有的自然风貌，有意识地通过设计将校园与学生，同当地的社区与居民融合为一个整体（照片由比尔·里德提供）。

北新泽西州 Willow 学院，将绿色的技术与高于临界线以上的思想综合在一起，为我们树立了一个很好的示例。

Willow 学校关于技术的故事

Willow 学校是一所容纳 200 名学生，从幼儿园到八年级的新建私立学校。在它所制定的三个基本教学目标中，环境管理工作的教育就是其中之一。这所学校的目标就是将整个校园环境塑造成一个生动的课堂。

学校一个核心的组建原则就是对水体的设计，要求像真正的自然系统一样对待与利用水资源。于是，学校建造了一片湿地用来进行污水处理；使用可渗透性的铺面材料、生态屋顶、生物湿地区，并种植了 6 万株适应本地环境的草本植物以减少暴雨的流量；开辟一个独立的阶梯蓄水池式湿地来容纳暴雨带来的水量；收集雨水用来灌溉并作为卫生间的用水来源。一方面是为我们的建筑提供供给的上游水资源及其他能源，另一方面是从我们的建筑中排放出来的下游水资源，通过这种以自然为基础的设计，在两者之间建立起相互的关联，验证了我们与环境之间的彼此联系。

一个更为引人注目的场所故事

经过我们“场所故事”小组同事们的协助，Willow 学校实现了一体化的设计，将临界线上下两部分的生态实践结合在一起——通过了解在当地生命发展的方法与条件，兼顾到支持高效率建筑的科技与技术，并且致力于探寻社区及当地居民健康的方法。通过这样的设计，这个学校的建设项目处于

图 3-5 Willow 学校通过在花园及林地中种植本土生植物，营造出与当地自然特色一致的环境景观，而这种不断进行的环境管理工作也正是学生们需要学习的课程之一（照片由比尔·里德提供）。

这两种状态之间，成为修复纽带的角色，同时也成为整体系统中的一员。

经过对整体系统的场所评估之后，我们得出结论，Willow 学校在林木生态系统方面取得的成功是与水体不尽相同的。该学校的设计理念着重于最大限度恢复该地区自然的林木多样性景观特色。在校园中种植本土生植物，有助于当地多孔性土壤环境的再生。他们还修建了临时鹿社围篱，重新建立起多样化的生态环境。现在，这片林木还处于初级的生长阶段（比较低水平的生态层级），但是将来它一定会演变发展，容纳更多的生命体在此繁衍生息，并且通过储存、过滤，降低暴雨给人们带来的危害。这所学校校园的设计，通过不断的检测以及从自然系统得到的反馈，名副其实地给予了学生及当地居民一个成功的教学机会。透过这样的学习，环境管理工作就可能变得更加直接与意义深远。

铭记我们在自然界中所扮演的角色

若想在临界线以上获得好成绩，我们就必须超越减少危害的思想桎梏，而去积极寻求新的潜质，促进生命体演变和发展。这就需要我们了解，在每一个特定的环境中，自然系统是如何运转的，进而，认知我们在这个自然的大家庭中所扮演的是什么样的角色。在这一过程中，我们一般会遇到的严重阻碍，就是人类常常会主观地将自己与自然界分离开来。

几十年以来，对于环境问题的基本主张都是保护或保存环境的原始面貌。在过去的 200 年期间，我们对于环境的影响几乎毫无例外都是负面的，因为我们一直坚信，要想对环境有益，那么就要把我们与环境彼此隔离开来。直至今日，在我们的环境保护战略中还是极力提倡，保留环境原始的未开垦状态，避免受到人类生活的影响。这种观念被普遍灌输于那些对环境问题高度关注的人们心中，它揭示出一个几乎可以通用的假设——最重要的，就是要将人类与自然界割裂开来。

认为要拯救地球的唯一途径就是不要有所作为，这种观念本身就是非可持续性的。我们现在已经觉察到全球气候变化的问题，认识到仅仅在自然能源消耗方面取得成绩，并不意味着真正的成功。与这一观念相似，假如我们的环境策略只是为了保护自然系统而牺牲了我们自身的需要，那么在将来，就一定会在保证人类生存的名义下，出现一些自私的举动。如果我们不能将自己视为自然的一部分，明确人类在自然界中所扮演的角色，通过设计使我们的生活与自然形成一种共生共栖的关系，那么我们就不会获得真正的成功。

在现代社会到来之前，我们都是土生土长的人——是与养育我们的土地直接联系的人——具有与现代完全不同的世界观。根据格罗尔德·威廉（Gerould S. Wilhelm）的记载，在北美洲曾经存在260种不同的地方语言，但是在这么多种语言里，却没有一个词表示*自然*。这是因为在他们看来，自己并不是与自然割裂开的；自然并不是一个专属性的、特有的概念。在这些乡土性的概念中，人类是整体自然系统中的一个组成部分，是自然界众多生命体中的一员——是整体保持健康发展的一个参与者。

在《野生抚育：美国本土知识与加利福尼亚的自然资源管理》（伯克利：加利福尼亚大学出版社，2005年）这本书中，作者卡特·安德森（M. Kat Anderson）写道："当代印第安人常常使用'*荒芜*'（*wilderness*）这个词，来表示那些长期以来都没有受到人类照料的土地。举例来说，那些浓密的灌木林或是高耸的丛林，人类身处其中视野与活动都会受到限制与阻碍。"在加利福尼亚州的印第安人中，他们普遍对待自然持不干涉的态度，由此就保留下来很多自然的景观，而这些地区是不适合人类生活的。他们相信当人类离开一个地区太久的时间，他们就会逐渐丧失如何与环境良性相处的实践知识，就会从精神上忽略植物与动物的存在。一位南部米沃克族的老人詹姆斯·拉斯特（James Rust）说："白人把这个国家毁掉了。它又倒退到了荒芜的状态。"

这个不常使用的词汇"荒芜"，揭示出或许人类在自然界中的角色就好像是在花丛间授粉的蜜蜂，在南非水牛的背上享受蜱虫美味的牛椋鸟，或是可以消化植物果实坚硬外壳的动物，这样果实里面的种子才有机会落地生根。现在，我们重新发现了在每一个特定地区都有其完整的生物系统，而非像教科书中教导我们的去关注一个个单独的物种。现在我们提倡重新成为土生土长的人类——成为在一个地区生活，并对当地作出贡献的人类。我们要重新成为自然界中的一员。

对现代思想来说，这些可能初听起来是很恐怖的。探索自然界运行的模式，这样的思想对大多数人来说都过于复杂与神秘。但事实上，不断深入了解正是人类活动的一个自然的产物。人类与自然界直接联系的缺失并不关乎知识和道德问题，真正的原因在于人类的活动与我们周围的自然系统缺乏直接的联系。我们常常引用的数据：美国人有80%—90%的时间是在室内度过的，这只是造成缺失的一部分原因，而我们在城市或是社区中接触到的室外空间，对于帮助我们了解自然运行模式的作用也是相当有限的。传统的保护自然的模式为"不共享、

图 3–6 如今举世闻名的东部大森林，就是放置近三百年不去开发管理的结果（照片由比尔·里德提供）。

图 3–7 这片残存的东部大森林，与当初第一批欧洲移民者，从北加利福尼亚出发探索新大陆（加拿大）时所发现的大森林景观类似——而这片森林在之前的数千年中都是被当地人了解并照料的。

不干涉”，好像只要存在人类行为，就一定会对自然健康起到破坏作用，而这种态度又更加深了人类活动与自然界之间失联的状态。

举一个家庭为例，这个家庭也是我们的业主之一。他们拥有数千亩的土地，经营着一家顶级的庄园和牧场，牧场中饲养了特殊品种的奶牛，而且正在致力于将庄园转变成为一个有机农场。在一次家庭商业会议上，我们讨论到了解自然界运行模式的作用。我们向这一家人解释，这一地区的当地人是怎样在数千年中利用火来作为管理森林的工具。这时，他们的一个女儿就开始讥笑，并问说当地人怎么可能会想出这样的方法。但是，一个年长一些的儿子却马上指出，在他只有 8 岁的时候就已经发现了这个方法。他解释说在某一年的秋天，一片干草地着了火，但是两三年之后这片土地就又重新长出了秣草，而到现在，那里成为最富饶的一片区域。这样的认识来源于关注与观察。

在一个大的系统中各个部分之间相互可逆的关系

要想追求可持续性发展，就需要了解并且欣然接受自然界当中*相互可逆的关系*——在这种关系下，各种生命体构成了大的系统，而这个大的系统反过来又保证了各种物种的生存。相互可逆的关系是构成地球生态系统的各种有机体的基本特性。在这样的系统当中，没有哪一种资源不是产生于废弃物，也没有哪一种废弃物不会重新转变成资源。每一种有机的废弃物，经过一系列自然的处理，比如说再合成或是授粉施肥，又创造出生态系统中其他有机体所需要的食物，就像我们前面讨论过的例子一样。然而我们的建筑，哪怕是那些高效能的建筑，它们以原材料的形式消耗能源，又以污染、未经处理的废水以及垃圾的形式产生废弃物。这些排出的废弃物对上游和下游流域都造成了负面的影响。这就是可持续性系统与非可持续性系统之间显著的区别——或者我们可以说的再直白一些，这就是可以自我供给不断发展的系统，与最终会走向毁灭的系统之间的差别。

这就说明，建筑物并不是仅仅实现了高效能就可以视为可持续发展。在第二章中，伊丽莎白·萨图里斯通过将建筑物比喻为有机体，也讨论过这一议题。我们可以把一所高效能的建筑物想象成为一个健康的肝脏；但是假如脱离开整体人体，那么无论这个肝脏有多健康也不能再进行工作了，这个道理是显而易见的。建筑物、社区与城市，它们之间的相互关系也是如此。我们可以把建筑设计成为独立存在的个体，但是只有在认识到建筑只是其所处的有机整体中一个部分时，它才会变得有意义有价值。

其实这并不是一种新的认知；但是长久以来，这种认知都只是存在于一些传统的乡土文化当中，如今又在众多相关领域中被人们重新发现。在这里，我们的目的并不仅仅是树立一种观点，而是要将其运用于

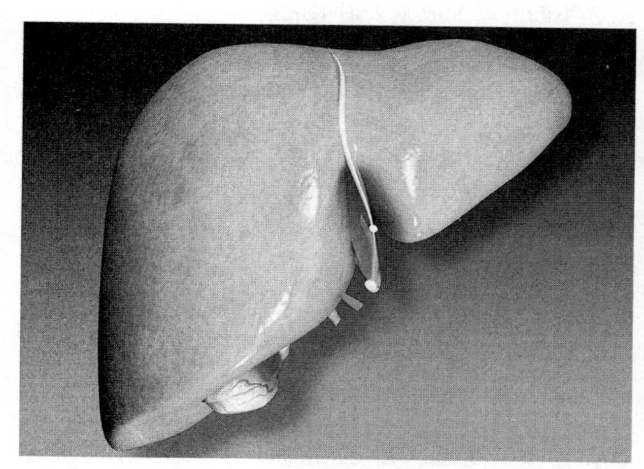

图 3–8 我们可以想象，把肝脏拿出人体之外，就好像将一所高效能的建筑脱离于它所存在的大环境之外一样（图片由 www.med-ars.it 提供）。

建筑设计的方法当中，促进建筑物周围环境与水域的健康——建立一种将建筑的范围与影响拓展到它所处的场所之外的方法。这样的认知，会有助于将自然系统的智慧传递到我们建筑环境的设计中来。

思维模式的任务：从产品到一种新的思维定式

在建筑产业中，我们的设计方法通常都是材料导向的。其中的原因很容易理解，因为我们的建筑物是由各种各样的建材产品建造而成的。但是就像我们所看到的，如果产品仅仅被看作是一个贴在建筑上的附加品，而使建筑变得比较绿色，那么它的功效也是十分有限的。而且，这些建材产品的性能特征都普遍处于一种变化的状态——特别是在现在绿色产品市场不断发展的状态下。当进行绿色建筑设计的时候，假如我们的知识都来源于对这些建材产品的孤立关注，那么我们就会发现自己陷入了一场无休止的游戏，不断的增加成本去追求最新水平的*效率*。

要想善于运用绿色产品，那么我们就需要利用一些*工具*，在概念性设计阶段就对建筑的性能、成本、对于所在居住地的影响、水资源的健康，以及建筑量体、朝向和分区进行评估，如今这种评估工具已经被广泛运用。能源建模程序（LCA），绿色建筑评估体系（LEED）都是这样的评估工具。但当我们在一个比较大的范围内关注一些个别产品时，这些工具往往没有被充分运用。

在一个大型办公建筑设计案中，由于该设计团队希望达到绿色 LEED 指标，于是在设计中期邀请我们加入其中。在第一次设计研讨会上，我们提出要看一看初期的能源建模，这样有助于对现阶段的设计进行评估。结果，这个项目的暖通空调系统（HVAC）工程师告诉我们说："我们在设计方案定案之前不建立能源模型。"

我们问其原因，终于了解了他们这种选择背后的逻辑：这个设计团队把早期的能源建模视为浪费；他们相信假如在设计最终定案之前就进行能源建模，那么这种建模工作就要反复的进行多次。在他们现在的设计过程中，建筑师的工作完全都没有得到暖通空调系统（HVAC）工程师所期待的能源特性的意见反馈。能源模型——这种在一些相关系统中测算综合影响的工具，能够有助于我们挖掘出新的设计潜力——结果却只是为了达到 LEED 的指标，而在设计定案后才补充进行。

那么，我们如何能使这些工具更加富有时效性和意义呢？这些评估工具在本书后面的章节中会进行详尽的讨论。但是现在，我们先来谈一谈在适当的时间、以适当的方式来使用这些工具，需要对我们的设计方法进行一些有意识的改变。在上面的例子中，能源建模工具只是简单地被附加到现有的设计程序中，于是它在整个设计系统中只是一个孤立的部分。要想使用这种工具创造出新的可能性，我们就需要从一开始就将其融入整个设计过程中。每个项目都各有特色，没有什么千篇一律的解决方案，所以我们必须要把设计方法本身也作为一个设计对象来进行探讨，我们称之为*设计方法设计*。这也是本书一个主要的重点，在后面第五章至第八章中详细介绍了具体执行的方法。

目前我们需要认识到的一个问题是，尽管大多数人都会自认为是*系统的*设计师，因为我们的工作是设计复杂的建筑物——但事实上我们的设计工作往往并不是系统化的。孤立的观察各个建筑构件是片面的，我们还需要了解在这些建筑构件之间那些看不见的相互联系（它们之间的相互联系与影响既有直接的也有间接的）。这些看不见的关联也许是相当明显的，举例来说，建筑材料中有毒的物质会影响下游水域，建筑物暖通空调系统与建筑外壳材料的选择会关系到能源使用效率与成本问题，抑或是由于伐木及其他原始材料开采工作而影响到社区的生态系统等。要进行上面这些分析，就需要保持热情，及时与参与者相互沟通，并且善于利用评估工具作为辅助。就像我们在第一章中所谈到的，没有哪个人能够掌握全部的知识，因此团队的角色是非常重要的。

由此就势必要产生出一种新的思维定式——或者称为思维模式。这种思维模式要求我们，对于改变已经习惯了的做事方法要抱持*开放与欣然接受*的态度。这种改变还涉及思维定式的改变，从专业化的时代迈向一体化的时代——这是一种探讨每一个独特*场所*内各种组成部分相互关系的思维模式，而这样的思维模式将有助于该地区的健康与繁荣发展。在这种思维模式下，*场所*同人类、生命体一样，同属于一个特定地区的大系统之中，而我们的意识与之相联系——这就构成了*全部*。

迄今为止，那些我们最成功的绿色建筑项目都为其所在的场所健康发展作出了贡献，这是因为那些设计团队愿意不断深入对于环境议题的了解，关注在整体系统当中那些虽然看不见，但却十分重要的联系，而不是简单地把一些技术或是绿色的名片附加在建筑之上。在所有的系统——建筑、场地、水域与社区——之间的关联中能够挖掘出怎样的潜在利益，设计团队会乐于对此提出很多的问题。简而言之，就是所有假定的条件都会被质疑。对于环境的关注不应该被列为第二位，也不应该占据主导地位，这个议题只是一体化设计过程中的一个部分。

所以，我们需要将集体的思维模式从对*物质*的关注（例如产品、技术等），转变成为有意识的系统性思考；如果我们要对整体进行探讨，那么就要按照从上到下的顺序重点关注以下四个方面的议题（参见图3–9）：

思维模式

设计方法

评估工具

建筑产品与技术

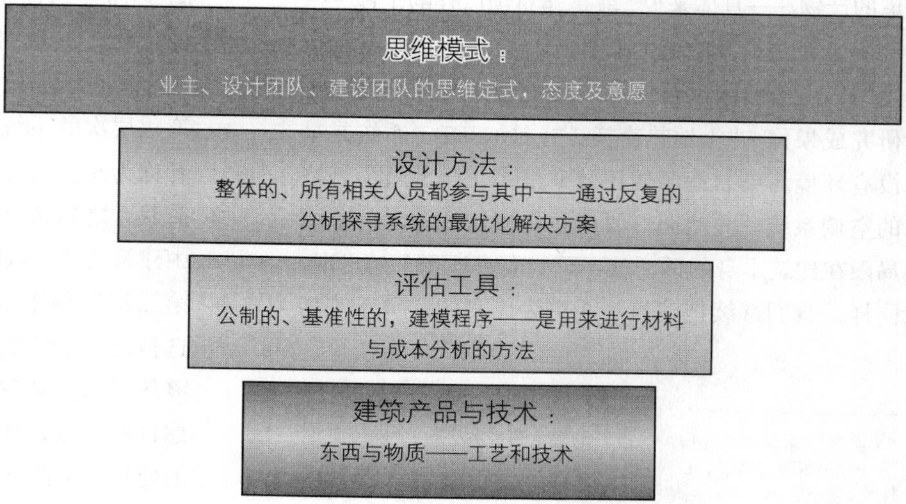

思维模式：
业主、设计团队、建设团队的思维定式，态度及意愿

设计方法：
整体的、所有相关人员都参与其中——通过反复的分析探寻系统的最优化解决方案

评估工具：
公制的、基准性的，建模程序——是用来进行材料与成本分析的方法

建筑产品与技术：
东西与物质——工艺和技术

图3–9 成功实现一体化的设计程序，要求我们转变集体的思维模式，从对产品和技术的关注转变为有意识地系统性思考。图例中所列出的这四种思维模式都是十分重要的，但是我们对其关注的优先顺序应该是从上而下，而不是由下至上的（图片由比尔·里德，巴尔布拉·巴察卢姆以及七人小组；马林（Nadav Malin）与约翰·伯克尔绘图）。

嵌套式的二级系统

如果一个问题没办法解决，那么就把它放大。

——德怀特·艾森豪威尔（Dwight D. Eisenhower）

由于我们的建筑物无论在能源使用还是废弃物处理方面，都与更大的系统相互联系，因此要想做到真正的可持续性发展，就需要我们将关注的重点从单独的建筑物，扩展到*超越*建筑物的更广阔的范围——场地状况、流域、社区以及更大的区域。事实上我们已经发现，随着我们不断扩展思路到更大的系统，我们就更可能不断对建筑设计进行优化改进。相反的，假如我们把设计局限在一个很小的系统当中（例如，仅仅关注建筑物本身，而不去考虑它所处的周围环境），那么我们就会发现自己在遇到问题的时候常常只有妥协，因为没有什么其他的选择。

一个大家都很熟悉的例子就是地热泵（GSHP）的使用。这种技术就是把建筑与更大的系统综合考虑的产物——具体来说，就是建筑物以外的土地——利用土地热交换的能力服务于建筑。一项经常被引用的，由美国国家环保局（EPA）在 1993 年发表的研究成果称："土地热交换（或是 GSHP）系统是最没有环境污染、能源使用效率最高，以及最为经济的空调系统。"* 然而，假如我们仅仅把思考的范围局限在建筑本身的话，就不可能会有地热泵的出现。同样，我们继续把建筑物同更为广阔的二级系统相联系，也会得到类似的收益。（我们在这里还需要指出，考虑到对建筑场地以外的影响，在某一些案例中设计团队可能会不选择使用地热泵系统，在后面的章节中将会详细介绍。）

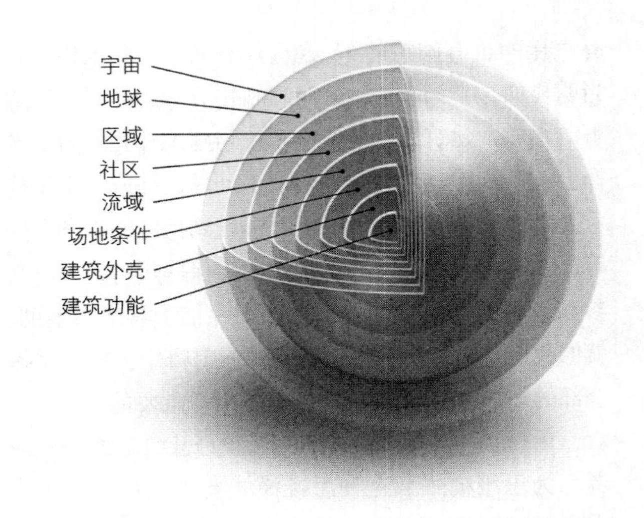

图 3–10 嵌套式的多重系统（图片由比尔·里德和七人小组提供，科里·约翰斯顿绘图）。

图 3-10 中所建立的模型，描绘了建筑物与其外部更大的系统之间的相互关系：

- 第一层次的系统：最优化的建筑内部系统，或者称为*建筑的功能*。具体来说，首先减少内部荷载；之后选择最高效的设备，满足初步设计中建筑荷载参数的要求。
- 第二层次的系统：优化建筑*外壳*。举例来说，选择适当的建筑朝向，利用自然光照明，保温隔热材料，减少渗透，窗户的性能等，通过考虑这些因素，建筑师可以将本身就已经很高效的地热泵负荷再降低至少 30%。

---

* 美国国家环保局（EPA），空气与辐射研究办公室，"空气调节：下一个开拓的领域"，EPA 430-R-90-004（华盛顿：美国国家环保忆，1993 年）。

- 第三层次的系统：*场地条件*。利用场地内的现有元素产生阴影，考虑土壤水分蒸散量，流行风向的引导等，通过这些因素，我们又可以获得5%左右的效能。
- 第四层次的系统：*流域*。了解自然的水流状态可能并不会对能源使用有什么直接的影响，但是却会与建筑中的水系统关联密切，从而间接地影响到能源消耗（水与能源之间重要的联系，将会在后面的章节中详细介绍）。
- 第五层次的系统：*社区*。举例来说，研究社区的交通运输问题会关系到建筑物的选址；这通常与矿物燃料的消耗、温室气体的生成以及全球暖化问题息息相关。在很多案例中，一栋建筑在其生命周期内，用于交通和运输的能源消耗量，竟然高达建筑本身能源消耗量的8倍之多。
- 第六和第七层次的系统：*区域*和*地球*。对这些领域更广泛的思考，会带给我们更多的选择（本书的讨论未能涵盖这部分的内容）。

另一个例子是马里兰州巴尔的摩附近的一所公园，向我们解释了应该如何同更大的系统间建立起共生的关系，从而获得更大的收益。在这所公园里，有一条小河从中贯穿流过。在小河的北岸，大部分土地都被不具有渗透性的人工铺面所覆盖，建筑物、停车场和人工草皮，于是每当暴风雨来临时都会出现周期性的河水流量暴涨现象。这种河水暴涨的状况可能会在将来引起河床断裂，将大量土壤以及营养物质冲刷进入切萨皮克湾。总悬浮固体物（TSS）慢慢沉积在切萨皮克湾就会形成严重的污染，因为它们会吸收阳光而造成水温升高，并且使水生植物的数量减少（同时引起水中含氧量的减少）。而且，这些冲刷而来的泥土还会将河床中原本的砾石覆盖，由此影响到鱼类在此产卵，并使一些昆虫的幼虫窒息死亡。

为了解决总悬浮固体物（TSS）问题，业主聘请了土木工程公司，并且认识到解决问题的关键在于减少上游区域不可渗透性铺面的比例，通过种植植物来还原多孔性的地表特征，从而缓解暴雨引起的河流暴涨现象。但是，事实并不如人们想象的那样，这样的方法在这个案例中行不通，主要是因为公园的边界限制了工程师们的工作范围；尽管工程师团队确实有意愿来解决这个问题，但他们还是发现要越权处理属于他人执掌范围的问题实在是太难了（而这种状况是很常见的）。

没有办法解决河流上游的流量问题，工程师的工作就受到了很大的限制。为了解决总悬浮固体物（TSS）问题，就必须要把河流中沉积的淤泥清除出去。于是，工程师们在河床的表面铸造了混凝土，如图3-11。这听起来好像是一个合理的解决方案，在条件限制的前提下，这也似乎是唯一的选择。但是，假如我们只是试图稳定自然，而非尊重并去配合自然运转的模式，我们最终只会带来更多新的问题。

首先，要建造混凝土河床，就需要对原来的河床进行清理，包括提供鱼类产卵、昆虫幼虫生长的砾石。其次，在混凝土河床中的河水非常浅，河水不断吸热，变成为不再适合生物繁殖的环境，长期以来也会导致河流下游流域的水温相应增高。浇筑混凝土堤岸还需要把原来河岸边的树木砍伐掉，失去了树荫的遮蔽，河水的温度又会进一步升高。地下水不再能经由河流得到补给，而由于地下水的匮乏，又导致河流没有办法维持长流不息。飘落水中

图 3-11 “混凝土河”原始的模样。马里兰州巴尔的摩暴雨雨水输送系统（图片由生态公司提供）。

图 3-12 短短几年之后，通过对比较大的系统的认识，重新将河流恢复成为自然的一部分，解决了暴雨问题的同时，也促进了环境的健康，得到了互惠性的收益（图片由生态公司提供）。

的树叶原来为水生昆虫、微生物和鱼类提供了食物，但是现在却需要利用机械进行清理，才能保证水流的畅通。河岸旁边的植物要人工修剪（使用二冲程内燃机械工具）和保养，这样才能及时清理落叶。由于缺乏多样性的平衡的生态系统，于是蚊虫大量繁殖，而居住品质的下降，又导致这一地区的地价也相应下滑。最后，经过很长一段时间，由于河水不断冲刷，混凝土河床也开始破裂，这就意味着这条混凝土的“河流”需要不断耗用大量资金来进行修复，成为一个新的负担。

最后，面对这一系列的新问题，我们一位研究生态结构的同事提出了一种新的方案：仅仅用了几年时间,同一个地区（图 3-11）的面貌就变成图 3-12 中的模样。这种新的方案顺应自然的发展，不仅仅着眼于不断恶化的表象，而是去探寻表象背后更深层次的原因。我们现在已经认识到，只有自然界和健康发展的自然系统，才能够带给我们清新的空气和干净的水源，而仅仅局限在美学的狭小范围内是没有办法解决这些问题的。于是，马里兰州政府颁布了一个成熟的雨水（包括暴风雨）治理条例，兴建了一座防渗透表面的蓄水池，这样就可以比较长时间的储存雨水，并相对缓慢地释放。这种从大局考虑的调整，将这所公园中的河流从之前河水泛滥的状态，转变成为现在一个能够自我组织的综合系统。不仅总悬浮固体物（TSS）问题得到了解决，鱼类也又回到了河流当中繁衍生息；生态系统变得越来越健康与多样化；地下水得到了补给；经过植物根部微生物的过滤作用，地下水质得到净化；降低了维护的费用，以及我们都可以想象到的，这里的地价也提升了——哪一张照片（图 3-11 或图 3-12）是你更愿意看到的呢？实际上，所有这些收益都来自大自然*免费的服务*，而我们要做的只是调整自己的思维模式，认识到比较大的自然系统之间的相互关系。

这些大的系统关系，必须放在具体的项目中分别对待。有的时候由于项目所在环境特殊的状况，最好的设计方案很可能是违反人类直觉认识的。举例来说，我们的一个业主——美国东北部的一所私立学校——已经进入到深化设计阶段，希望能够得到 LEED 的认证。那个时候，该项目的承包商为这所学校订购了一台地热泵系统，并且已经在运输的途中了。从表面上看这似乎是一个很不错的选择，因为我们都知道，采用地热泵系统进行温度调节是一种相当高效的办法。

我们要说的是，在适当的地质状况、热交换条件以及建筑使用模式下，地热泵系统的确是温度调节（供暖或制冷）的高效途径。但是在这个项目中，美国东北部的夏天室内外温差并不大——由于室内外温差小，所以要获得理想的室内舒适温度所需要消耗的能源就也比较少。*

建立能源模型时一个重要的问题是建筑的使用状况。当我们向业主询问，在这个项目中建筑物的使用状况时，业主告诉我们学校在整个夏季都是放假的。这就意味着在一年当中地热泵系统本应该使用效率最高的时间，它却是处在停机的状态。当被我们问到那为什么还要选择使用地热泵系统时，业

* 在美国东北部，利用地热泵系统（GSHP）制冷是一种很高效的方式。该地区的土壤温度恒定不变（大约为 55 ℉），室内舒适温度范围为 68—72 ℉（或者为 70 ℉），温差在 15 ℉左右；夏季室外环境温度为 80 ℉左右，与室内目标舒适温度 70 ℉之间只有 10 ℉的温差，冬季室外环境温度为 20 ℉左右，与室内目标舒适温度 70 ℉之间存在 50 ℉温差。但事实上在某些气候条件下——特别是私立学校在夏季都是放假的——制冷并不是必要的。那么在这个案例中，基于对初期成本投入以及减少对全球气候变化的影响的综合考虑，安装地热泵系统所能获得的收益是有限的。假如用来供暖，使用锅炉烧天然气，这种方式的能源使用效率超过 90%。由于电力产品的能源使用效率为 25%—33%，而对整个 GSHP 系统进行评估，它的能效比（COP，即能量与热量之间的转换比率）为 3.3，使用 GSHP 系统的效率稍高于使用当地能源（约为 110%）。假如使用矿物燃料（当地主要使用煤）发电，那么为产生 GSHP 系统所需要的电力而排放的二氧化碳，是使用天然气二氧化碳排放量的四倍，尽管 GSHP 系统的能源使用效率稍高一些。从温室气体的角度来总和分析，GSHP 系统不仅比传统系统在初期需要投入比较高的购置成本，而且 GSHP 系统还会为当地的生态系统带来更大的（起码是相同的）负担。所以，从初期投资、运行成本和对环境的影响这些角度综合分析，GSHP 系统并不一定永远都是最好的投资。

主回答说："因为它的效率高！"

由于在一年当中，地热系统使用效率最高季节应该是夏季，但是这个时候学校却正处假期，所以我们就没有必要花费成本来安装这样一套系统。事实证明，安装一套高效率的天然气锅炉在冬季供暖，这种方式从能源使用的角度来看更加高效，而且由于不用像地热系统那样需要燃烧矿物燃料来发电，还会减低（至少不会增加）温室气体排放量（参见脚注）。从这个案例中，我们学习到的经验是在设计个体的系统*之前*，对整体进行全面考虑是相当重要的。在与比较大的系统相互联系进行分析之前，就草率购买地热泵设备，这个简单的例子正是说明了这种分析（或是称为思维定式）的重要性。

再次重申，要在一个大的环境中，对*整体系统*进行优化，这才是我们取得成功的关键。要想取得理想的结果，那就必须要考虑到方方面面的各种关系，因为在一个大系统当中会存在很多种的嵌套关系，而这些关系都会对系统的选择产生这样或那样的影响。就拿上面学校的案例来说，设计团队可以去假定，地热泵系统是为学校使用者提供舒适条件的最好选择（从能源使用效率的角度看）之一。而且，就学校系统的范围来看，比较各种设备的能耗效率，这种选择也的确是正确的。但是，我们在选择系统形式以及确定规格的时候，还需要从大局去综合考虑。前面我们介绍过的嵌套式二级系统模型，就能够帮助设计团队从比较大的系统入手进行思考。这样的思考模式会帮助我们做出与环境相互关联的更为整体性的决策——相比较之前局限在传统学科限制的建筑设计，这种整体思考的结果更会对环境产生正面的影响。

解决模式问题

> 任何有机的模式都会包含在更大的有机模式之中，这就是自然规律。所以，在一种模式下，一个好的解决方案也会同时保护其上级模式的整体性。
>
> ——引自《土地的礼物》中"解决模式"(solving for pattern)，P，144，温德尔·贝里，North Point出版社，1981年

在人类与自然界之间发展彼此*互惠*的关系，使我们得以享受到来自自然系统的"免费服务"。这就意味着我们在建造建筑物的时候可以减少材料与技术的使用量，反过来这又意味着可以减少错误、减少工作、降低成本以及获得更好的品质——所有这些收益都是可以通过设计获得的。以上这些被乡村诗人温德尔·贝里称为*解决模式问题*——找到"对各个方面都有益处"的解决方案，不仅对现在出现问题的那个部分有帮助，同时也有益于整个系统的各个部分——所有二级系统的全部组成部分。农村住宅开发业者迈克尔·科比特（Michael Corbett）说，"如果你在解决一个问题的同时，附带解决了很多其他的问题，那么你就知道自己做对了。举例来说，你为了减少矿物燃料的消耗而提倡减少使用机动车，那么同时也做到了减少噪声危害，减少公路与停车场这样的硬质铺面从而保护了土壤健康，创造出更多的社交机会，美化了社区的环境景观，还会使孩子们出行更加安全。"科比特所解决的就是模式问题。克里斯托弗·亚历山大（Christopher Alexander）在其著名的设计教科书中介绍了*模式语言*（*A Pattern Langua*）："当你建造一样东西的时候，你不能孤立

图 3-13　爱达荷州这个地区，在蒂顿河旁边成片的农田下方，依稀可见冲积扇区域（由数千年来形成的无数条河道构成）（图片由蒂姆·墨菲（Tim Murphy）与比尔·里德提供）。

地仅仅建造这一个对象，你还必须要修复其周围以及内部的世界，只有这样，才能使这个地方变得更加和谐、更加整体，你所建造出来的东西才能够按照你的意愿，坐落在它所处的自然环境当中。”

我们可以看到随着时间的推移，自然运转的模式会塑造出一个地区的面貌，这时就会出现新的发展可能性。下面介绍的案例是爱达荷州一个近期的项目。从图 3-13 的航拍照片中我们可以看到，沿着大洞山东侧（就在大提顿山的西边）分布着大约 3500 英亩的农地，这片土地就是我们打算开发的对象。仔细观察，我们可以从照片中看到在冲积扇的顶端，在山谷中的溪流（照片中间）与河流之间重重叠叠散布着大片农地。从空中鸟瞰，我们还可以勉强辨认出三角洲地带，揭示出几千年来河水从山脚经过，就像一条“水龙带”一样穿越平原，河流

图 3-14　图 3-13 中所拍摄地区的地图，显示出在人类人为地变换河道之前河流的分布状况（图片由蒂姆·墨菲与比尔·里德提供）。

中携带的泥沙沉积下来形成了这样的地貌。从照片中我们还可以看到残存的一条河流（照片右侧）从山中的河谷流出。

之前，这片山地中的水资源与冲积扇为很多动

植物提供了生存的条件，海狸、水獭、野生鳟鱼、大马哈鱼、火鸡、松鸡，还有大型的野生动物，例如鹿、麋鹿、驼鹿等。这些动物的活动将自然界中的营养成分带回到山谷中的河流上游流域，滋养着森林，使水生与陆地生态系统都保持着丰富的多样性。从照片上，我们可以看到那些洼地就是已经断流的河流河床——它们从山间溪流与平原地区交界的地方呈放射状分布——从空中我们能够一眼就看出，而在陆地上假如不借助地图是很难辨认方位的（图 3-14，是这一地区的地图，可以更清晰地反映出这一地区的地貌）。在人们来到这片土地进行耕作之前，这些呈放射状分布的溪流，就是野生动物们往来于山河之间的公共通道。而当农民们来到这片土地，他们将这些多年来川流不息的河流改道，以方便灌溉，并将这里改变成为更富有经济效应的草原生态结构。这样的行为严重干扰了之前存在的生态环境，使得生物物种急剧减少。农作的模式没有保留形成这片土地整体化的模式，而是把农业摆在第一位，于是，这些大范围的健康模式就这样被毁灭了。

如果我们只是简单地使用这种广义的"绿色策略"，将从绿色建筑中抽象出来的理念运用于这一地区，那么我们很可能会决定努力发展这里的农业。举例来说，运用 LEED 的标准，我们就会得出这样的结论。一般情况下，这都不失为一个好方法。但是在这个案例中，成片的农地显然对生态系统起到了负面的作用。它阻断了溪流，破坏了动物的多样性，影响营养物质的流动，更不用说这些农地还使空气中氮气浓度增加，以及河水流经这些施肥的区域时而引起的河流污染。这个冲积扇地区的生态功能，就是在山脉与西方的蒂顿河之间搭建一条"生命的桥梁"，这也是这一地区生态系统所呈现的一种核心的模式。通过缩小农地的面积、减少灌溉，原始的生态系统模式得以保留，生命的桥梁重新呈现自然的状态，由此，无论是东部邻近的河流还是西部的山区，都逐渐恢复了之前健康的状态。

要想减少农地，我们有三种选择：投资一大笔钱给农民（现阶段从经济上是不可能的），让他们改变从事农业生产的生活方式；找一家非营利性的组织买下这片土地，缓解环境与生态的压力（这个方式也不现实）；或是第三种方法，鼓励尊重自然的人类开发，使这片土地得以休养生息。在这个案例中，事实上只有最后一种方法是可行的，因为利用住宅开发项目的盈利，可以用来支付修复河流与生态走廊的费用，而它们从前正是山脉与蒂顿河之间联系的纽带。我们需要开阔的、一望无际的场地，大规模的公共走廊，以及本土生的植物（或许也可以保留一些有机农场，供给社区居民自己食用），由此就可以使这些新建的社区与河流健康发展——现在水资源不再匮乏，因为不再有大规模的农田需要灌溉。河流川流不息，养分流通的"桥梁"重新建立起来，通过人类解决了模式的问题，促进了环境健康以及生命体系的共同发展。通过这个案例，证明了人类的建设开发，也可以重塑生态系统的健康。在这样的状况下，建设开发可以视为*创造出新的潜力*——而创造出新的潜力反过来又可以看作是建设开发真正的目的。

第四章

对价值、目标与方法统一认识

环境保护是“人类”与土地之间一种和谐的状态，因为土地承载了世间万物的生息。同土地的和谐关系就像是与朋友之间的和谐关系；你不可能珍爱他的右手却又砍断他的左手。这也就是说，你不能喜欢狩猎却厌恶肉食性动物；你不能保护水资源却浪费牧场资源；你不能保护植树造林却破坏农田。土地本身也是一个有机体……土地的伦理学会反思对生态的尊重，还要思考为了土地健康，我们每一个个体的责任。保持健康是土地拥有的一种自我更新的能力。环境保护就是我们认识到这种能力，并对其进行保护的努力。

——引自奥尔多·利奥波德（Aldo Leopold），沙县年鉴，纽约：牛津大学出版社，1949，P.176/P.236

世界上本没有路，走的人多了，也便成了路。

——安东尼奥·马卡多（Antonio Machado）

探索阶段的导言

一旦一个建设项目确定执行，一般情况下都是马上就会投入到设计工作当中。但是我们却发现，假如从一开始我们就运用一体化的设计方法，那么在我们在开始绘图之前就会有很多问题值得探讨。

带着这样的理念，我们最近访问了一个刚刚开始的国家合作总部项目，并提出了以下问题。下面就是该公司执行副总裁与我们讨论的情况：

你们为什么需要这栋建筑？（抱歉，我们知道原因是很明显的）

我们需要更多空间。

为什么你们需要更多空间?

为了容纳我们不断增加的员工。

你们为什么要容纳不断增加的员工?

为了实现更高水平的交流效力与团队精神。

为什么你们建造了这栋已经把设计概念贴在墙壁上的建筑之后，员工们之间的互动状况就会变得更好?

这位执行副总裁在沉默了大约半分钟后，突然大声说我们刚刚为他节省了300万美元。听到这里，我们自然相当好奇，并向他询问原因。他向我们解释说当他刚刚被问道，为什么一个设计概念的结果会使员工互动情况改善时，他才忽然意识到几乎没有哪个公司员工会从这个建设项目中得到收益。公司资讯部门和呼叫中心的职员们一整天都戴着耳机，彼此交流不是靠电话就是靠网络。只有在每周一次的例会上，他们才会有机会面对面的接触，与其每天上下班，他们应该更愿意在家里工作。

意识到这些问题之后，这位负责人决定将新建筑的规模减少为原计划的四分之一，也就是说减少了150000平方英尺的建筑面积。从环境建筑的角度开始讨论不失为一个好办法——我们的提问开拓了减少这栋建筑对环境产生负面影响的可能性，更不用说还为业主节省了大笔的建设资金。在这里，我们追求可持续性的方法从减少建筑开发开始起步了。

提高能源使用效率，并不意味着就会减少能源消耗，这是个值得一提的问题。1865年，斯坦利·杰文斯（Stanley Jevons）对这个问题是这样评论的："假设节约地使用燃料就等同于降低燃料消耗，这是一种混乱的思维。事实恰恰与之相反。"* 思维模式引导行为，我们要追求"建设可持续性"，就需要不断追求对能源使用的高效率，就像我们在第三章中讨论过的，反而导致了更加不可持续性的状况出现。

提出问题的主要目的在于学习。但是我们当中很少有人在准备提问之前就能够意识到这一点。这就是我们为什么总是偏好产品与技术的原因，而关注产品与技术可能是最不利于实现市场转变的方法——假如我们计划可以通过一种技术就能解决绿色建筑的问题，那就意味着我们已经知道了问题的答案。但实际情况真的是这样吗？我们是否想当然地提出了需求？在开始阶段我们有没有提出正确的问题？如果我们的目标是创造可持续发展的环境，那么我们需要提出的问题是什么？我们怎么样才能发现这些问题？我们在进行方案设计之前已经发现了这些情况，我们必须要努力找到这些正确的问题。这一阶段，我们称之为*探索*的阶段。

四个E

*探索*阶段是一体化设计过程中的起步阶段。在一体化的设计方法中，当我们对于要设计的客观存在的建筑做出任何决定之前，大家一起进行探索是非常重要的。

有关建筑设计的探索阶段可以被概括成四个E：

Everyone（每个人）

Engaging（参与）

Everything（每件事）

Early（及早）

换句话说，每一个团队成员都应该参加讨论，确定每一个系统的性能目标，在项目进行中及早思考各种问题。

与其将问题的解决方案强加于设计团队与建设项目，不如大家一起通过提出正确的问题而共同学习，共同探索出问题的解决办法。要想成功地探索建筑设计，我们就一定要共同关注一些重要的关系——建筑中各个系统之间的关系，设计团队中每

---

* 引自威廉·E·里斯（William E. Rees）博士，英国皇家化学会资深会员，题为"可持续发展的城市：一个都市神话？还是日趋严重的都市可持续性问题"，美国建筑师学会研究所，建筑教育会议，西雅图，华盛顿，2007-09-16。

一位成员工作之间的关系，进而发展到建设项目与其所在地大的系统之间的关系。想要弄清楚这些关系，我们就必须从以下开始着手：

- 质疑假设情况
- 统一思想达成共识
- 培养一体化的设计方法

质疑假设情况

要想顺利开始探索阶段的工作，我们必须首先做到摒除预先假设的答案或是解决方案，这样才能对所有可能性保持清晰的认识。我们常常感觉自己知道答案，可事实上果真如此吗？我们假设技术就是解决问题的途径，或者是回到我们之前熟悉的做法，什么是熟悉的——就像是第二章中介绍的，在宾夕法尼亚州环保部门项目中把设备间放在屋顶上这样的做法。在开始建筑设计之前，我们没有去检视所做出的决定背后潜在的状况，我们也没有给自己足够的时间去分辨假设状况的真伪。很多时候，这些假设是如此根深蒂固，我们甚至都不会意识到它们是假设的状况。

在20世纪90年代后期，我们受雇于纽约市锡拉丘兹公园董事会，在一个综合性的公园中设计并建造一座教学设施。董事会与执行董事表示他们希望建造一栋达到LEED铂金级的建筑（那个时候LEED还没有正式发布）；而且，他们希望这栋建筑成为“全美国与环境最为和谐的建筑”。他们清晰而坚定地表达了自己对于环境尊重的态度。

董事会的意见是在原有的大量建筑群以外建造一栋新的建筑物，而我们却认为不应该忽视通过改建公园中现有的闲置建筑，而取代新建筑的可能性，因为这样的做法比较符合尽量减少建设的原则——甚至尽量不要进行新的建设——这是最能实现环境保护的一种选择。我们找到执行董事并向她说明了我们的想法，但是她向我们解释说董事会希望这栋新建的“门面式的”建筑物能够使整个公园面貌一新，而且所有进行的募款活动都是围绕着这个主题而进行宣传的。因此，利用现有的建筑进行更新改造，而使之呈现新的面貌这种做法是不可行的。

但是我们的设计团队却认为，放弃既有建筑更新的可能性，这种做法根本就是与环境保护的目标背道而驰的。所以一个星期之后，我们再次找到这位执行董事与她进行讨论，希望她至少能够允许我们对旧建筑改造这一构思进行可行性研究以及成本获益分析。这次我们得到的回答仍旧是坚定的“不行”。经过再次思考，我们的设计团队还是没有办法将董事会的要求与他们所追求的环境保护目标统一起来；于是我们又一次提出了之前的建议。这次我们得到的回复是：“你们是建筑师，而我们才是业主——就到此为止吧。”

不久之后，召开了一次为期两天的设计讨论会，与会人员包括全体董事会21位成员，MEP（机械、电力与给水排水系统）工程师、土木工程师、建商，以及其他的几位与本项目无关的建筑师。第一天的上午我们提出了设计方案。这时一位列席的建筑师，由于不了解我们之前已经就新旧建筑进行了讨论，注意到公园中既有的闲置建筑，于是提出问题：“我们为什么要建一栋新的建筑物呢？”基于讨论会开放探索的精神，在未经过董事会许可的状况下，我们当即就作了一个决定：请这位建筑师召集与会者的三分之一成员成立一个单独的小组，讨论通过既有建筑更新的可能性，而其余三分之二的成员则继

图 4–1 纽约市锡拉丘兹，锡拉丘兹公园，希望建造一栋全新的建筑，体现出建筑物对于环境的尊重。但是经过探索，他们发现采用对既有闲置建筑进行改造并局部加建的方式，比全部新建可以节省 10000 平方英尺的建筑面积（图片由比尔·里德提供）。

续讨论新建筑的设计问题。

在这一天的下午，这个小组就提出了他们初期的发现与设想。而到了晚上，全体董事会 21 位成员都意识到，通过对一栋现有的建筑进行改造，在其一部分增建一个楼层，就完全可以实现他们所期望的"一栋美丽的建筑"的目标，并认识到坚持全新的建设是个错误的决定。而在此之前，他们根本就没办法想象这样的解决方案竟然是可行的。

但很遗憾的是这个项目的承建单位，也是我们希望改造的那栋建筑的建商，提出要增建楼层就需要对建筑基础进行加强，而这会是一笔不小的开销。董事会经过讨论认为他们没有办法拿出这笔预算，于是只能勉强接受了增建二楼的方法是不可行的。我们的设计小组最终找到了一种折中的方案，对现有的闲置建筑进行改造，再加建 10000 平方英尺的新建筑，而不是完全新建一栋 20000 平方英尺的建筑物。

在这个案例中，一体化的设计方法深深地挑战了假设的状况，最终帮助我们找到了一种更好的解决方案（无论是从环境保护的角度看，还是使用功能上都是更好的，更不用说艺术性与经济性）。在项目进行的过程中，及早组织所有相关人员一起坐下来对假设的状况提出疑问，这就是成功实现目标的关键。

统一思想达成共识

在团队内部达成共识

任何设计讨论会上列席的成员都各不相同，于是我们就一定会遇到各种不同的价值观、意见、期待以及看问题的角度。这种不可避免的多样性可以是好事也可以是坏事——全凭我们如何管理——依靠的是恰当的方法。通常情况下，项目之所以不能成功，多是由于对共同的目标与理解方式缺乏统一。将来我们会发现，要想介绍一种全新的、不同于以往的思考与设计方式，那么帮助业主和设计团队了解“怎样”和“为什么”一定要改变传统的设计方法是十分重要的。

一所专业大学想要建造一座教师图书馆，并获得LEED认证。在项目进行初期，我们为确定LEED目标而召开了一个研讨会，全体设计团队成员与业主代表都出席了这次会议。在会上，业主与建筑师都对于使用可开启窗的构思感到热情高涨，因为这样就可以在春天打开窗户，使室外清新的自然风吹进室内空间，而平时则关上窗户节省能源消耗。学校的机械工程师，属于学校基建小组的成员，非常支持这种做法，因为他曾读过一篇文章，讲述的是另外一所大学的图书馆设计就运用了这样的技术，而那所大学所在地的气候条件与我们这个项目也是很类似的。后来在确定了建筑功能目标之后，这一构思又被大家热烈地讨论——并且，设计团队在讨论到LEED体系对于热舒适系统的可操控性评分时，更加强了使用这种技术的决心。

突然间，可能是由于意识到设计团队真的打算使用可开启窗了，暖通空调系统（HVAC）工程师猛一拍桌子大声说道：“在我负责的图书馆项目中就不能使用可开启窗！”他的突然爆发使大家都安静了下来。会议失去了原有的激情与讨论的焦点，转而慢慢说服HVAC工程师，这个想法是值得一试的。但是情况并不乐观，经过两个小时的耐心说服，设计团队对于这个构思的热情已经消耗殆尽，最终放弃了。

在这个案例中，很显然，这位HVAC工程师看问题的角度与期待，都与团队的目标存在着不小的分歧。简而言之，虽然我们的目标是建造一栋绿色建筑，但他最为关心的却是在接下来的工作中不能让自己受到伤害。他有这种焦虑也是合理的，而我们却失去了把问题放在桌面上直接讨论的机会，或是讨论出一种补救的办法。我们本来可以花上一整天的时间来探讨这个问题，更直接更清楚地征求每一个团队成员的意愿。可事实是当HVAC工程师提出反对意见（表现出焦虑）的时候，这种反对意见就胜过了团队的共识并将达成的共识反转过来，陷入了潜意识中的假设。很遗憾，这种思维模式是如此的根深蒂固，因此一直没有得到解决，而我们也因此丧失了重要的机会。

在HVAC工程师表示出他的焦虑之后，我们应该针对这个问题以及它潜在的影响进行更为开放与富有活力的讨论（例如缩短制冷系统的回路、保持热舒适的状态，以及增加费用安装自动窗控制器等），但是当我们意识到这一点时已经为时过晚了（至少对这个项目而言是太晚了）。假如我们在对技术问题进行更为深入的探讨之前，能够及早更清楚地了解每一位团队成员的价值观、意愿与目标——并且在团队内部达成共识——那么我们就会在使用可开启窗这件事上统一团队的思想，并有助于实现他们很多的节能目标。这些目标包括降低能耗、减少温室气体排放量、增加热舒适控制、更良好的通风效果，以及增加与室外环境接触的机会等等。团队有了明确而一致的价值观与意愿，我们就会有更多的机会去探索——或者至少是讨论——在不突破预算限制的基础上找到可以安抚HVAC工程师焦虑的解决方案。

另一个项目团队就是这样做的。在马里兰州安那波利斯的切萨皮克湾基金会总部，就将一种新奇的技术运用在可开启窗当中，不仅实现了上面提到

图 4-2 在马里兰州安那波利斯的切萨皮克湾基金会总部，设计团队通过安装感应器与控制装置，就解决了横在 HVAC 使用效率与使用可开启窗之间，使大家进退两难的问题。当室外环境的温度与湿度都达到了人体舒适范围时，控制装置就会自动切断机械系统的运转，同时亮起写有“开窗”字样的指示灯（图片由马库斯·谢费尔提供）。

过的种种收益，还缩短了制冷系统的回路，降低了能耗。他们使用的控制系统相当简单：当室外环境的温度与湿度都达到了人体舒适范围，一个写有“开窗”的指示灯就会亮起来，同时制冷系统自动关闭。于是，人们只要看到指示灯亮，就会自己操纵把手打开窗户。

与业主统一思想达成共识

与业主统一思想达成共识也是相当重要的。最近，有一对夫妻——桑德拉·卡恩（Sandra Kahn）与戴维·利文撒尔——领导的开发团队邀请我们与我们“再生研究小组”的同事加入他们维瓦海滨休闲胜地项目的设计，这是他们刚刚购买的一片位于墨西哥西海岸的生态胜地。我们对设计对象首次探访的目的在于了解当地的自然生态系统，并探索当地生态系统运转的模式。我们评估与调查的对象包括土壤结构、地质情况与考古学历史、当地原住民的愿望、文化上的联系、栖息地及水文状况等。换句话说，我们突破项目的限制，着眼于大尺度的运转模式与相互关系，因为这些都会由于开发项目而受到严重的影响。当在讨论会上我们提出这些调查报告时，桑德拉变得非常烦躁，因为我们并没有按照她的预期，谈到那些她认为在自然历史评估中的重要问题——比如说树木对她来讲就是一个关键的问题。这就是她看待问题的角度所存在的主要缺陷。

戴维利用这个机会暂停了会议，以确保这个项目团队，包括他的搭档在内，都能够统一在相同的方法中。桑德拉之所以会感到心烦意乱，是因为我们正在使用的是一种不同于常规的设计方法，而这种方法与她的认知和期待存在着很大的差异。换句话说，她希望我们关注场地当中的树木问题，或是其他的具体问题，而不是大的系统之间的相互关系。然而，戴维却花费了一些时间与生态学家蒂姆·墨菲进行讨论，认识到要想追求可持续性发展的目标，就一定要接受一种完全不同的设计方法。所以，在会议中间休息的时间，我们针对设计方法问题与管理团队进行了长时间的讨论，使他们认识到想要实现可持续性发展的目标就需要了解比较大的生态系统，而这种新的设计方法是不可或缺的。经过我们的讲解，管理团队统一了思想，接受了这种从大局入手的设计方法，会议继续进行，最终成功落实了一体化的设计方法。关于在研讨会或是专题讨论会上如何达成共识的更为有效的方法，我们会在本章“试金石式的训练”小节中进行介绍。

图 4–3　位于 Juluchuca 的维瓦（Viva）海滨休闲胜地，沿着墨西哥西海岸这个海湾建造（图片由戴维·利文撒尔提供，维瓦海滨休闲胜地网页 http：//www.PlayaViva.com）。

图 4–4　维瓦海滨休闲胜地的设计突破项目的局限，从大尺度的生态系统运转模式与相互关系入手，发展出“树屋”建筑物的概念，将对场地内自然水域的影响降到最低，并有助于保护沿海沙丘地比较薄弱的生态系统（“再生”研究小组与艾里·坎利夫（Ayrie Cunliffe）设计，艾里·坎利夫绘图，图片由戴维·利文撒尔提供，维瓦海滨休闲胜地网页 http：//www.PlayaViva.com）。

图 4–5　维瓦海滨休闲胜地“树屋”的设计理念（“再生”研究小组与艾里·坎利夫设计，艾里·坎利夫绘图，图片由戴维·利文撒尔提供，维瓦海滨休闲胜地网页 http：//www.PlayaViva.com）。

培养一体化的设计方法

一体化的设计方法鼓励任何层面的交流，因此每一位团队成员都会了解他们个人的设计工作与整体之间存在着怎样的关联。通过不同的学科之间一次又一次地沟通，建立起整体性的认知，我们才能够创造出像第二章中所描述的多才多艺的匠师们所掌握的方法。

在新泽西州 Willow 学校项目中，土木工程师通过使用混凝土管道建造的干井、暗渠，以及符合当地法规要求的污水处理系统组成了一套暴雨雨水管理系统。在概念性设计的后期，两位新的成员加入到这个项目中，一位负责恢复土壤与栖息地，另一位负责探索处理人类废弃物的新方法。几个星期以后，这两位顾问在脱离团队的状态下，针对他们各自负责的课题独立地进行了研究与分析。

在下一次的团队讨论会上，他们向大家汇报了各自的研究成果。土壤顾问指出，这片土地上本来生长着原始森林，后来由于不良的农业行为破坏了水补给的能力，因此土壤的渗透性可以通过恢复其多孔性特性得到很大的改善。关于废弃物处理问题，我们的顾问建议用湿地系统取代已经获得审批的污水处理系统，前者可以将废水净化至饮用水的标准。在这次会议上，他们建议通过这样的调整，可以大规模简化土木工程的基础构造。

但是，土木工程师却对修改他设计的建议不感兴趣，因为这些新的构思并不是大家所熟悉的，而且也未经过实践的验证。我们又经过了三次会议，认真分析了这些提议，但是土木工程师仍然不同意修改他原来的标准化设计；无论如何，他就是没有办法接受这些不一样的概念。最后，历经反复的挫折，我们只能请土木工程师在不使用任何管道、截流井或路缘石的前提下，建立起场地的雨水管理系统。

一个星期之后，这位工程师带来了令人兴奋的解决方案。考虑到要建造一个新的生态栖息地，他用栽种了植物的生态湿地代替了原来方案中 50% 的基础构造。只有在湿地会干扰到路边树木的地方，以及车道路面积水在冬季会结冰的地方才需要增设排水管道（参见图 4-6 与图 4-7）。

两位顾问所提出的方案，没有参考其他学科的专业意见，最终也没有得到土木工程师的认同，差一点让我们采用了一种成本较高而又不够环保的方案。利用自然的系统取代实体的建造，尊重水体自然的意愿，这就是最好的选择。有关湿地系统建造的详细情况将在后面进行介绍。

在项目进行的初期，就同团队成员一起跨越学科的界限进行反复探讨，这就是这种方法的关键——通过跨学科的讨论，寻找更加整体的潜在可能性，逐步深入细节，找到更高效率的解决方案。在*探索*的阶段，建立这种跨学科的调查研究模式是相当重要的——它与团队明确的目标相互一致。

目标明确的一体化

探索阶段的工作重点在于明确系统相互之间的关系——不仅包括建筑内部各个系统之间的关系，还包括建设项目与它所在的大环境之间的关系。在探索阶段需要解答一个基本的问题——这个问题为所有相关人员指引出共同的方向——这个问题就是：这个建设项目的*目标*是什么？

几年前，布拉特尔伯勒消费合作社的业主们邀请我们与我们“再生研究小组”的同事，为他们讲

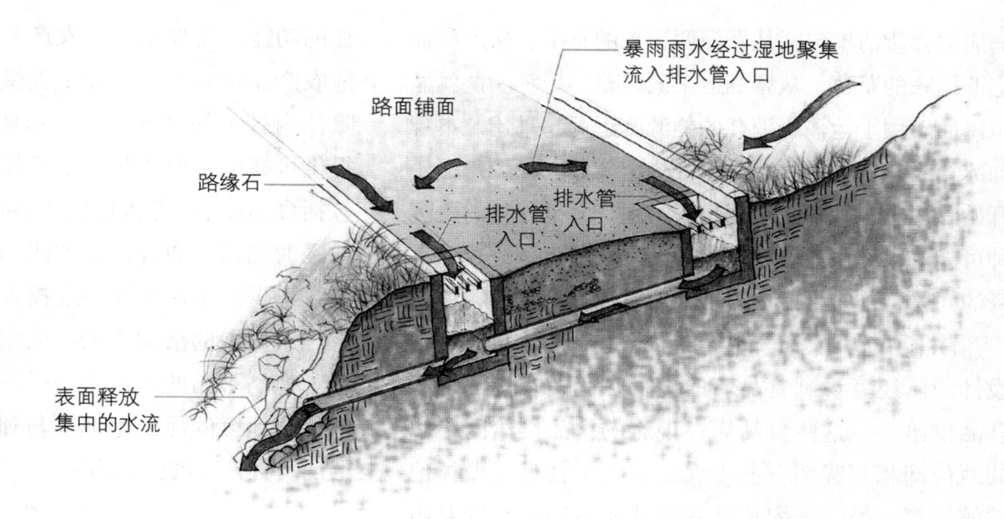

图 4-6 新泽西州 Willow 学校原来采用路缘石结合排水沟的构思，这是一种传统的排水系统，经过收集、运输，最后将（排水管中的）雨水排除到场地之外（图片由“回到自然”与杰夫·查尔斯沃思（Jeff Charlesworth）提供）。

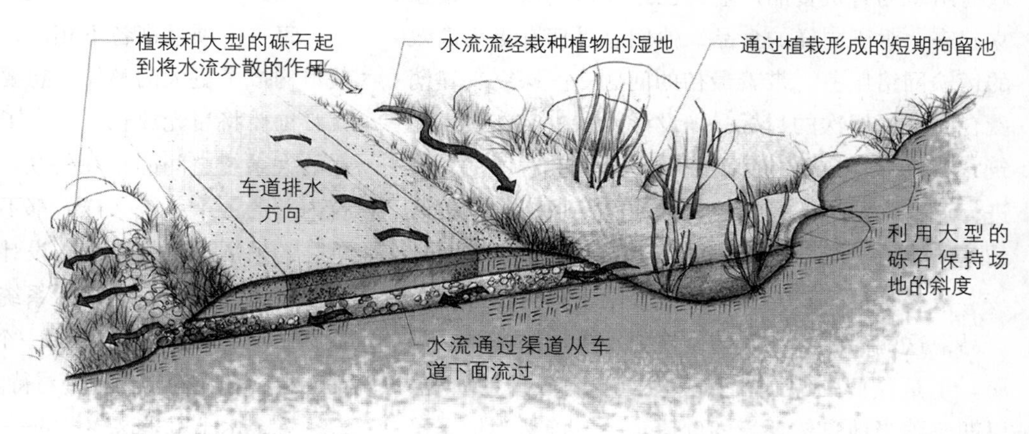

图 4-7 Willow 学校后来采用的生态湿地的解决方案。经过生物过滤与渗透作用，湿地系统将经过净化的雨水渗透到场地的土壤当中，这种系统不仅有利于环境健康，而且相比较由路缘石、排水沟与排水管组成的传统系统，还节省了建造费用。

解食品商店怎样可以达到 LEED 金级标准。这些业主们表示对于突破建筑的局限去寻求高能效的方式非常感兴趣，并且也表示出对“可持续性”与“再生”概念的好奇。

通过实验，我们了解到假如将一些绿色建筑的做法运用到这些商店，例如提高建筑外墙材料的保温性能、利用自然光线照明、使用更高效的制冷设备等等，就可以使这些商店的能耗量减少 30%。但是，我们还可以做得更好吗？除了“降低危害”，我们还可以做些什么有更大收益的事情吗？

带着这样的疑问，我们开始研究能源使用与农食产品之间的相互关系。通过调查，我们很快就了解到商店的存货清单包括从新泽西运来的苹果、从加利福尼亚运来的草莓、从智利运来的蓝莓，等等。这就显示出商店用于运输所消耗的能源，远远超过建筑本身与冰箱设备所消耗的能源。一个全新的*能源消耗足迹*开始浮现出来，随之浮现出来的还有降低能耗的更多种可能性，而假如局限在常规的思路仅仅考虑建筑本身的问题，这些可能性是不会被发现的。

除了看到能源消耗与食品运输之间的联系外，设计团队还意识到食品店的生存在于拥有持续性的食品供给，但这些食品店在现有的食品供给网络中的地位却相当脆弱——一次菜农罢工就足以毁掉他们的生存。另一个困扰这些经营业者们的问题是由政府组织的有机食品产业链已经在他们这个小镇建立起来，对于同样的食品，他们总是拥有更为高效的运输网络服务。带着最初的问题——探究兴建消费合作社深层次的目标——设计团队决定在投入建筑方案设计，或是利用 LEED 检验清单对评估对象进行评断之前，还是要首先关注有关可持续性发展的基本问题。

依照这种方式，我们首先着眼于投资本地农食产品，这就需要分析如何恢复当地土壤与水域的品质。于是我们的课题就转变为对当地条件的研究，以期改善当地自然环境的健康水平，确保当地居民享有充足健康的当地农食产品的供给。这样，这个项目的目标由最初一个简单的食品商店建筑，转变成为一个为地区与居民创造健康环境的参与者。

最后，对食品商店的设计中，包含了对于食品商店存在目的的深入探讨，以及寻找获得充足持续产品供给的途径。食品商店在产业链当中所扮演的角色，不过就是一个为当地居民提供农食产品的中介。因此，我们在重新规划的时候可以发掘更多潜在的功能，比如说包括农产品与肥料推广服务；当地农产品罐头加工制作；提供猎人整理猎物（剥皮除掉内脏）的区域；支持本地农业与贸易信用社；提供可持续性农业教育；日托中心等等，当然，还包括食品商店。我们向小镇的居民征询他们有关该地区的知识，通过这种方法，我们现在已经聚集了为数不少的小镇居民一起投入到这个有助于促进地区健康发展的活动中来。就像锡耶纳的居民一起建造了他们不朽的大教堂一样，现在佛蒙特州布拉特尔伯勒地区的居民也都参与到了“建造”他们自己的消费合作社的活动当中。

四个关键的二级系统

每一个项目都各不相同，正是这些各不相同的项目构成了更大的整体。想要研究目标问题，我们就必须要将目光放长远，去了解每一个项目与其所在的大系统之间的相互关联。这些大的系统，同建筑内部的各个系统一样，都不可能与整体割裂开而单独的发展。在一体化的设计方法中，我们需要持久反复地分析小系统与大系统之间的关系。要想做到这些，一个方法就是将每一个系统，或是二级系统，都放在嵌套式的结构中去看待。

炼金术士就是这样做的——对他们来说，土、风、火和水就是必要的四个元素。在这四个元素中，太阳（火）是处于我们的掌控之外的，我们能做到的只是如何利用它，以及以能源形式（例如矿物燃料）储存下来的能量。但是，剩余的三种元素却是在我们的直接掌握之中，并且对于追求可持续性发展的健康环境至关重要。没有健康的土壤（土），清新的空气（风）和干净的水源，我们就无法取得所有物种都需要的食物资源——这是生命体延续的重要基

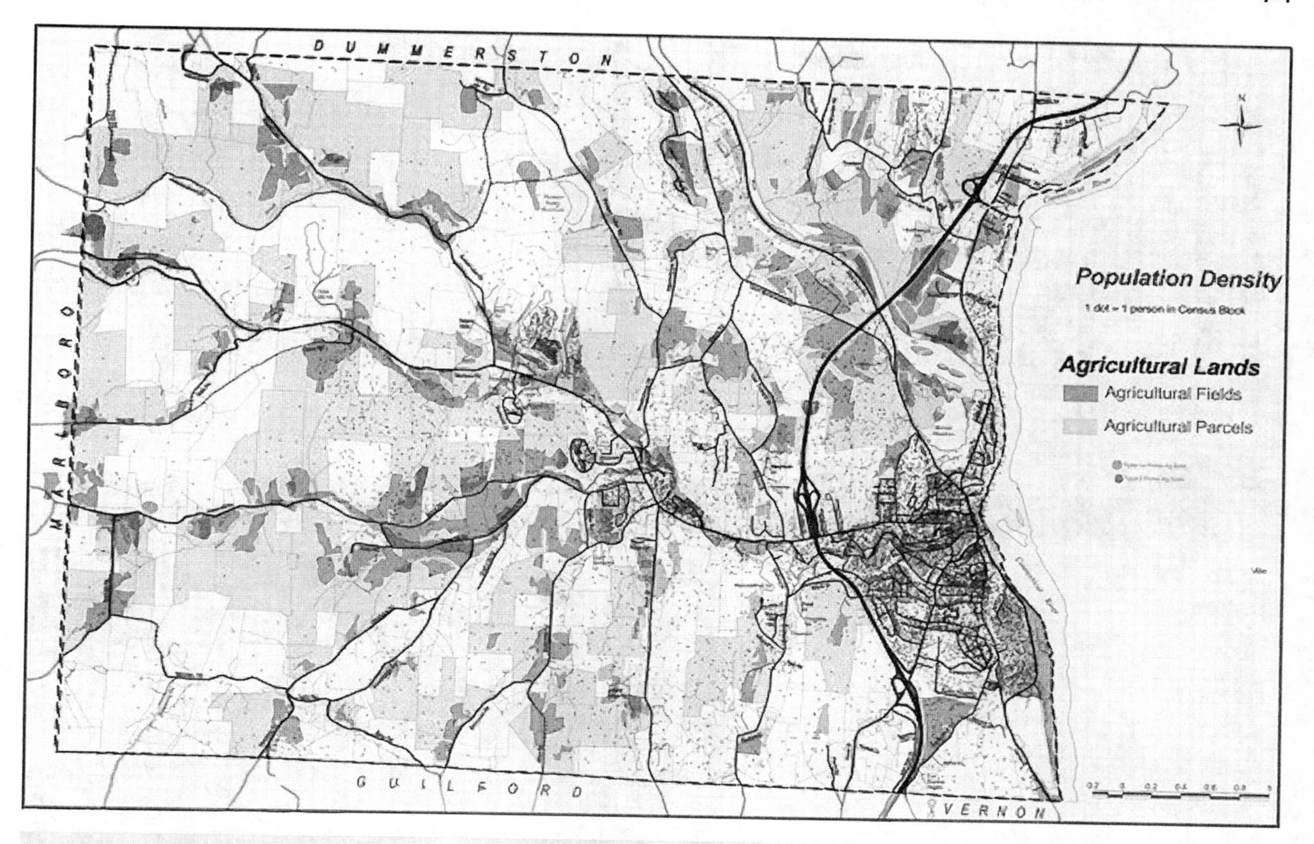

图 4–8　在决定不仅仅是建造一个具有更高能效的食品商店之后，布拉特尔伯勒消费合作社的业主们通过探寻能源、社区与农食产品之间的相互关系，追求更深层次的目标，调查如果只销售本地农产品的话，商店的生存能力实在堪忧。再生研究小组的成员蒂姆·墨菲借助地球科学情报学会（GIS）的资料，绘制了佛蒙特州布拉特尔伯勒地区的地图，用来分析当地农食产品的生产能力（版权所有：© 地图技术有限公司提供，2003 年）。

图 4–9　佛蒙特州布拉特尔伯勒地区及周边环境（图片由 K. Gallager 提供）。

图 4–10　在得克萨斯州埃尔帕索市的一座海水淡化工厂（图片由得克萨斯州水资源发展委员会提供）。

图 4–11　马萨诸塞州布罗克顿市附近，陶顿河上兴建的海水淡化工厂，始建于 2006 年（版权所有：© InimaUSA）。

础性条件。

场所当中存在的并不只有场地与建筑物。很显然，如果没有水、生态群（人类与其他生物）、能源与材料，建筑物就不会具有任何功能。因此，无论我们是否能够意识到，所有的开发项目都与它所在的大系统之间，以及与整体当中的各个主要的二级系统之间，存在着固有的、无法摆脱的关联。要实现本书的目的，我们需要锁定四个最基本的二级系统：

- 生态群（包含人类与其他生物体系）
- 水资源
- 能源
- 材料

在本书中我们会对各个二级系统进行详尽介绍，并说明如何透过每一个系统来揭示小系统与大系统之间有目的的相互联系。但是现在，我们要介绍的是所有二级系统之间都存在紧密联系这一观念。首先，我们来看一看水系统与其他系统之间的相互联系。

在马萨诸塞州，由于地下水资源日益匮乏，目前至少有两个城市兴建了造价高昂、能源密集型，并且会造成污染的海水净化工厂。可事实是马萨诸塞州每年都拥有40英寸的充沛降水量，那么这些工厂为什么还一定要存在呢？

让我们从一个系统的角度来回答这个问题：地下水资源是如何生成的？土壤获取了雨水，经过植物、动物、微生物以及土壤的多孔性结构，使雨水得到净化。假如土壤失去了多孔的特性来获取与净化雨水，那又会怎么样呢？答案是我们的地下水资源就会开始消失。简而言之，要想获得健康的水资源，就需要由健康的生态群构成的健康土壤，这样才能够维持人类的生存，如果没有饮用水，人类大概很难活过三天。在这两个世纪，马萨诸塞州这两座城市几乎都已经被硬质铺面与建筑物覆盖了——在这种高度发达的建设过程中，他们已经彻底破坏了低能耗、甚至是免费的净化水源的自然机制。

失败的设计伤害了自然系统，使我们自己处于一种被动的位置上，不得不采用昂贵的技术来获取干净的水源，而在健康的环境下这本是可以自然形成的。不仅如此，这些海水净化工厂的运转需要消耗巨大的能源，而这些能源又都是通过矿物燃料的消耗而获得的。随着工厂运转，对环境产生污染，还排放出很多有毒物质（例如造成海水盐浓度增加，二氧化硫、氧化亚氮的排放，更不用说二氧化碳的排放引起气候变化等等），进而引起类似于酸雨等现象，又进一步污染了地球上新鲜的水资源。材料系统也存在关联性：舍弃利用自然的生态湿地与屋顶花园来收集、储存与过滤雨水的方法，我们去兴建复杂的、材料密集型的雨水输送系统将雨水排出到城市之外——这些系统的构造、安装都需要消耗能源，而使用过程中的维护还是需要消耗能源。

所有这些与建筑设计有什么关系呢？当我们建造建筑物的时候，就占用了本来可以使雨水渗透入蓄水层的土地。机动车道、屋顶以及停车场，这些不具有渗透能力的硬质表面使雨水流向表层水体而形成洪水。即使没有形成大规模的洪涝灾害，也会严重威胁到地下水的供给，特别是在那些古老的城区，雨水排水管与污水排水管是合并在一起的，这种情况就会更为严重。不仅如此，雨水还会在铺面或是其他不具有渗透能力的硬质表面形成小水洼，进而聚集污物。这些被污染了的水最终流入雨水下水道，又直接排放到当地的河流与湖泊当中。由于有一些表层水体会经由河床渗透到地下的蓄水层，所以无论是表层水体还是地下水都受到了污染。相比较自然的植栽地表，水在不具有渗透能力的硬质铺面上流动会产生比较高的温度。由此产生的热冲击，也会严重影响到开发项目周围表层水体中的生态群。

当我们欣然使用水龙头里流出来的水来洗涤污物时，很少有人会考虑到水在更大的系统中所扮演的角色——水资源保证了生命系统的存在。但是在我们消费水资源的时候，却往往忽略了这个系统中重要的相互关系与运转方式。我们常常忽略了水的生态学；以一种不可能“持久”的方式，我们的建筑物从地下蓄水层提取干净的水并排放污水，特别是我们在具有渗透能力的地表（或栖息地）上铺设硬质铺面、兴建建筑物，使之丧失了为蓄水层补给的能力，而蓄水层是我们生命的源泉。

摘录“水资源的生态性与文化性”

詹姆斯·帕切特（James M. Patchett）与格罗尔德·威廉 著

所有地区以及所有生命体，都可以通过它们运用水的方式来进行划分。人类与水的关系，是与当地生物系统以及矿物资源之间复杂关系的基础。整个地球的地标环境：地质、土壤、地形、植物群与动物群的存在，都是以水资源作为中介的。所有的生命体根据其遗传学的发展，都需要水资源作为中介。

尽管对所有的生命系统都至关重要，但是水资源却仍然是地球上不为人们所了解并且疏于管理的资源之一。当我们对于自己同水资源之间的关系无知、忽视，肆意挥霍水资源以及其他自然资源的时候，水就会从一种有用的资源转变成为一种为我们带来麻烦的废物，甚至可以带来毁灭性的灾难。

现代文明的人们已经变得不再了解自然的世界是如何围绕着我们发展的，我们无视于自然的存在，对它的能量漠不关心。在人类与土地、水源之间的关系上，因为我们失去了同这种可持续性发展的文化的接触，在很大程度上对于人与自然环境的关系弃之不理，于是也由此威胁到自身的生存……

现代景观中的水

在传统的教条中，雨水被视为一种讨厌的废物，而在文化层面上则给雨水起名叫“stormwater”，而我们对待雨水的方式不外乎就是收集、输送、排放。几乎在每一个建设开发项目中，雨水都被视为一种需要“管制”的对象。在传统的观念中，美国人把水看作是一种负担，是传染病的源头，或者仅仅是一种日常用品。尤其是在1972年通过了净水法案之后，政府培训了很多专业人员对地表的水体进行收集与输送，而这些水资源都是被当作废弃物处理的。随着净水法案迅速而有效地宣传贯彻，从存在不良问题的地区蔓延到这些地区以外，人们都依照这种方式处理地表的水资源。他们分析、设计与建造了雨水排水系统以及隔离系统，希望通过临时的隔离，来降低地表水对当地的危害——形成洪涝灾害。

在这些对地表水的评估中，很少有人考虑到地区的自然水文特性，或是经过漫长的地质年代形成的场地与周遭自然系统的水文环境。地质时间不同于十进位或是生命周期的计数方式，它是指数千年来自然系统的发展进化，而这些进化的过程贯穿于整个水文系统。自然界中动植物的发展，人类文化的进步都要依赖于水资源的存在，但是如今却处于被人类强制性管理的状态……

大多数落在人工环境中的水都没有办法再渗透到自然土壤当中，但是只有水分顺利渗透，才能够保证地下水得到充足的补给，即使在长期干旱的气候条件下，也能够保证河流流域的稳定性。地表水的存在除了能够保证流域的稳定与地下水源的充足，还有很多系统仰赖它而生存。河流中水流速度以及流量的变化，很大程度上是受地表水的排放情况影响的。汇集起来的雨水的流动作用主要影响着陆地及水生的生态系统以及它们赖以生存的土壤、动物群、植物群，形成了一个完全不同的水文环境，而这种变化了的水文环境的侵蚀与破坏能力是惊人的……

再造文化与土地和水资源的联系

当我们说要再造一个景观，或是要恢复地球健康的时候，到底有什么含义呢？我们要恢复的对象是什么？我们如何判断什么时候地球算是健康的？如果没有认识到人与地球之间是整体的关系，那么就很难回答上面这些问题。这种整体的关系不仅反映在长久以来的人类文明，还反映在地球生态表面的更新。在人类社会中想要了解这些问题的答案，一个有效的方法就是长远地看待文化健康，通过每一代人、每一个家庭的努力使之更新。文化的健康依靠每一个人的贡献……

着眼于明天，年长的人们检验经由他们的祖先流传下来的知识，并结合自己的实践活动对这些知识进行细微的调整，然后再传授给年轻一代的人们。通过这种方式，就确保了文化的健康性。人类的文明也是如此。我们继承前人的经验，并根据地球细微的变化而作出调整，由此，通过一代又一代人年复一年的实践活动，文化得以永远传承下去……

由于内部的多样性，减缓了人类文化与生态系统恶化的进程，这种多样性的存在，有助于避免整体过分扩张，受到未经验证的个人行为影响，或是产生遗传的畸形状态。假如失去了这些保护，急剧的系统改变就可能会摧毁系统自我更新的能力，以及长久保留下来的地方知识。

生态系统的健康或是文化的退步，都取决于其打破稳定性及自我简化的程度。假如一个系统内部失去了足够的多样性，之前没有足够的资讯传承，未来也没有继续存在的足够潜力，那么系统的进化与发展就只能停滞不前了。

想要在地球上建立可持续性发展的关系，就需要对改变的力量重新认识。不恰当存在的水资源是引起文化与生态系统不稳定性的主要因素。所以，我们与水之间的关系同我们保护文化的能力息息相关，而文化则具有保护地球上生物物种的能力。

我们所面临的挑战

我们相信在我们与土地和水之间的关系中，可持续性是一个贯彻始终的原则。为了保证水生系统的循环、生态系统的稳定，以及其他重要的自然发展过程，我们就必须要考虑各个层面上的土地使用问题——本地的、区域性的，甚至是全球范围内的土地使用问题。与这种可持续性的方式相反，如今我们大多数的基础设施建设与传统的设计方法，都仅仅是为了追求视觉美观而产生的做作的产物，很少能够理解在一片独一无二的土地上系统之间的相互关系。

这样的方法在文化上体现为对于自然系统的功能漠不关心的态度，甚至包括维护这些基础设施的能源，更不用说考虑什么长远的后果了。对水资源的关心更是如此。场地规划与开发是一个整体，我们必须要评估当地的自然系统，并且将其中的重要部分同技术问题结合在一起考虑，这样的设计就是根源于当地地形地貌、水文、气候条件的设计。

要与地球建立起可持续性发展的关系，就要求我们根据环境的实际情况来进行建筑活动。在如今这个文化导向的社会，做到这些需要道德的支持。因为在全新世的开始，甚至在第四纪的大部分时间里，塑造景观的绝大部分工作都是由人类完成的。掌控人类命运的除了与生态系统随机的互动以外，还有通过选择来确定。人与自然之间基本的互动例如猎食、竞争、采集食物等，都由于人类具有判断行为方式的能力而变得日趋复杂。人类的行为往往没有办法依靠直接的生态学的参数来限定，靠的是人类的道德。

根据利奥波德编写的1996年“沙县年鉴”，

> 迄今为止，所有的道德发展都有一个同样的前提：个人是由无数个人组成的团体中的一员。人类的本能促使他为了在团体中获得一席之位而与他人竞争，然而道德却促使他与别人合作。在土地伦理中，只不过是把团体的界限放大到包含土壤、水分、植物、动物，或者综合在一起来说：土地。只有在我们能够看得到、感觉到、理解、爱或是信仰的事物中，我们的道德才会体现出来。土地的伦理能够反映出人类对生态的关心以及一种信仰——保护土地健康是每一个人的责任。

在环境中，人类与其他有机体相互作用，互动又引起再互动，就是在这样的过程当中，未来建立在对过去的理解与感激中。优秀的设计就是对环境的尊重。不论设计对象的尺度如何，可持续性发展的环境设计就意味着促使人类的目标与自然发展的进程相互一致。

一旦我们了解了一个地区现实存在的状况，那么我们就会有无数机会创作出富有创造力的设计。只有在这种限制中，设计才能获得真正的自由。由于每一个地区都具有独一无二的特性，所以设计也需要具有新的创造力、革新与技术。当我们成功完成了对整体系统的设计，那么围绕着这些基础建设的方方面面，都会呈现出一种全新的美学。这就要求设计的方法一定要根植于自然系统间的相互关系，对每一个具体的区域与其周围的环境、甚至更大的范围之间存在的相互关系不断深入了解。如果能将基础的自然情况与解决方案整合在一起，那么这样的设计产品不仅会拥有视觉上的吸引力，还有利于可持续性的发展。

节选自詹姆斯·帕切特与格罗尔德·威廉《水资源的生态型与文化性》，环境保护研究委员会，2008-03 修订版，参考网站 hppt：//www.cdfinc.com/images/download/Ecoligy_and_Culture_of_Water.pdf

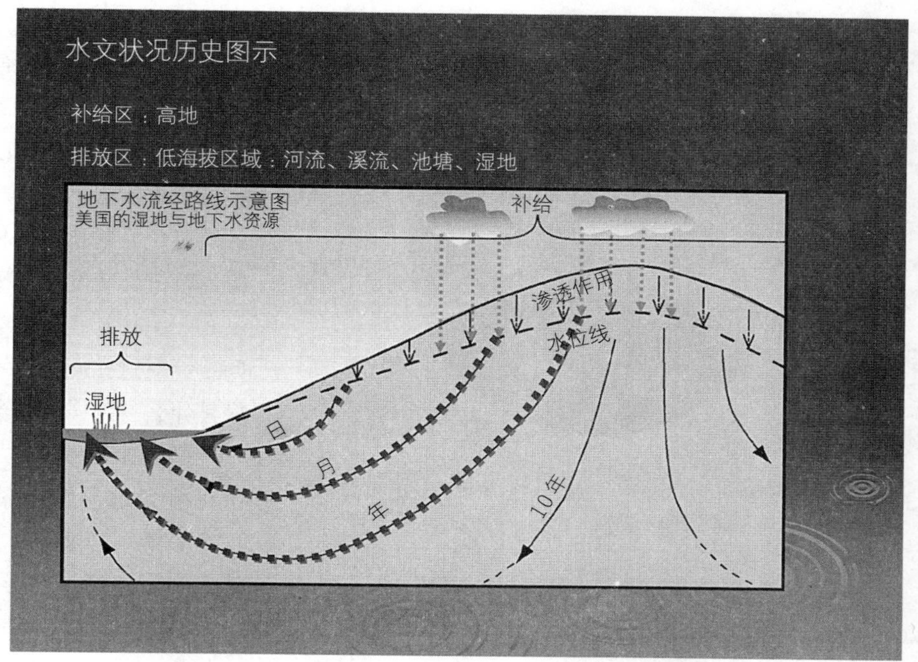

图 4–12　雨水由高海拔的“补给”区向低海拔的“排放”区（河流、溪流、池塘、湿地）流动，通过这种自然的流动将雨水收集起来，年复一年，可以获得持续而洁净的水资源，使表层与地下水都拥有充足的供给，以及稳定的水温和化学成分。图为历史情况下地下水流动路线示意图（图片由水土保持设计论坛提供，节选自安德鲁·W·斯通（Andrew W. Stone）与阿曼达·J·林德利·斯通（Amanda J. Lindley Stone）著“美国的湿地与地下水资源”，1994 年）。

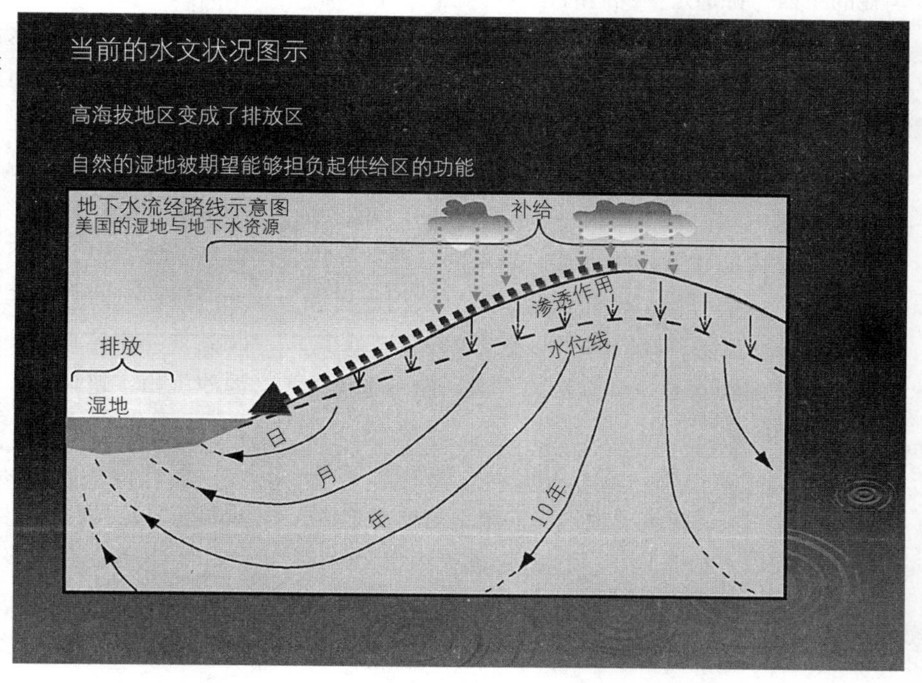

图 4–13　当前的地下水流动路线示意图。受教条的设计理念影响——收集、运送、排放，颠覆了历史的水文状态：现在高海拔的地区变成了“排放”区，并期望低海拔的地区能够发挥“供给”区的功能，但这根本就是不现实的。这种反其道而行的水文模式引起了沉积物、石油、油脂、农药化肥等都进入水流当中，升高的水温破坏了之前适合生物生活的系统，引起了水文状况和品质的彻底改变。而且更为严重的是，由于我们对土地过度的开发，以及现代化工业农业发展的影响，使得雨水的渗透与过滤作用遭到严重破坏，因此供给区域急剧减少。这些变化所造成的后果包括不断发生的洪涝灾害以及水源污染（图片由水土保持设计论坛提供，节选自安德鲁·W·斯通与阿曼达·J·林德利·斯通著“美国的湿地与地下水资源”，1994 年）。

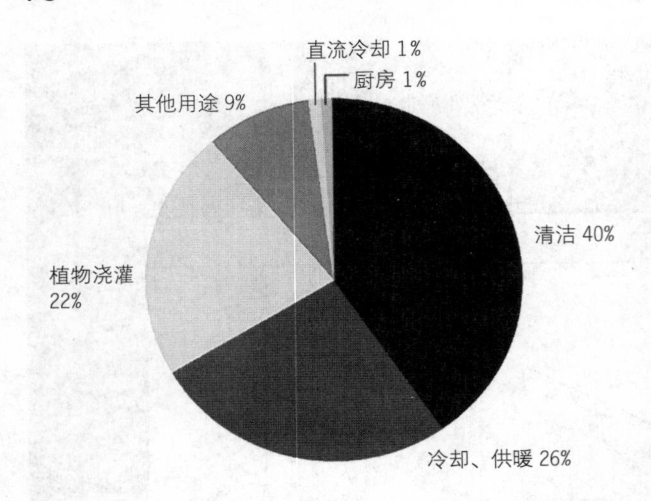

图 4-14 图示为一个典型的办公建筑中水资源消耗的细目［图片由美国国家环保局（EPA）提供］。

然而一直以来，水资源一直被认为是可以无尽消耗的东西，特别是在我们的建筑行业中。在美国，有将近一半的建筑行业用水需要占用到饮用水，而饮用水资源则几乎被运用到各种各样的用途中，甚至被用来洗涤污物。而与此同时，我们却斥资兴建了昂贵的排水系统，将雨水排放到我们的居住地以外，进而又引起河流下游流域环境破坏的问题。当我们的设计团队转变思维方式，以不同以往的态度来看待水资源的时候，他们就会了解到饮用水资源是有限的，而且随着我们的开发建设正在急剧减少。他们开始了解到水是一种宝贵的资源，而不是可以随意挥霍的废物。

在建筑场地范围内的水可以以各种形式存在，比如说小的支流、溪流、池塘，甚至是河流与湖泊，存在于地面以上或是地下。这些水域有相当大的一部分都被道路铺面、建筑屋顶和 / 或人造草皮（格罗尔德 · 威廉是这样形容人造草皮的："它是一种毒瘤，覆盖在黏土层上，使土地失去水分，它就像是新奥尔良城市中的大便"），造成环境干燥、污染、失去水分，以及温度急剧变化，重金属、碳氢化合物、毒素、氮气、亚磷酸以及沉积物的浓度不断增高。这些沉积物覆盖了鱼类产卵的地方，由超营养作用引起的碳氢化合物增多，使得很多水生和 / 或海洋生物灭绝，整个环境健康水平的衰退是显著的——这是一种不利于生物延续的趋势。所以，现在我们需要扪心自问：针对这些问题，我们进行建设开发项目的目的到底是什么？怎样做才会有助于解决这些问题？

举例来说，将雨水收集系统结合在建筑设计当中综合考虑，就是探索这些问题答案的一个开端。这个系统可以将雨水收集起来，储存，之后运用于建筑当中。通过这样的方式，我们就可以减少从蓄水层抽取水资源，或是减少对市政供水的需求量。比如说，我们如果通过减少非渗透性铺面、建造屋顶花园以及设置蓄水池这些前期措施，将雨水储存在场地当中，这些前期开发建设的数量与比例绝对不会超过（甚至情况更好，会少于）事后再进行处理所需要消耗的资源。通过储存雨水，可以使地下水得到补给，并通过渗透作用将悬浮的固体物质保留在场地当中，而不会使它们随着雨水的排放而进入河流、海湾与海洋之中。与此同时，洪涝灾害以及其他与雨水相关的问题——例如侵蚀、水污染、泥沙沉积、超营养作用，以及为兴建雨水处理排放基础设施所需要的巨额资金——也都会相应减少。

这种雨水收集系统只是一体化设计的一种表现，它只是我们前面所提到过的四种基本的二级系统之一，本书会对这四个基本的二级系统逐一进行讨论——但是，这四个二级系统之间也存在着紧密的关联。这四个基本的二级系统之外，本书会对其他的二

图 4-15　图为宾夕法尼亚州的诺瑞斯市，环境保护部门（DEP）东南部地区总部建筑。在这个项目中，雨水通过从屋顶延伸下来的落水管被收集、储存在门廊的水箱中。通过沉积物过滤装置和泵，将这里收集到的雨水供卫生间冲水之用（可以满足这栋建筑物中所有卫生间使用）。沉积物过滤装置和泵就安装在一个玻璃隔断后面邻近的房间，整个系统都是可见的，可以作为雨水运用的教育示范（参见图 7-11）（版权所有：©Jim Schafer）。

级系统——生态群（包含人类与其他生物）、能源与材料系统——以及这些二级系统与整体之间的相互联系，在一体化设计的各个阶段进行分别的详细介绍。

*这四个关键的二级系统*与下面所描述的基本原则相互联系。

生态群（人类、土地，以及其他的生物系统）

保护生态群的健康是我们的责任和义务。这样做不仅有利于与我们人类共生于同一个星球的其他物种，更是出于对我们自身的考虑。假如没有一个健康的生态群，那我们基本的生存也同样会受到威胁。我们必须开始担负起这种责任，为了生存，建立起与其他生物系统间相互和谐的关系——这关乎所有生物系统的生存问题。因此，我们建立起由人类生态群与其他生物生态群共同构成的一个二级系统，需要遵从下列原则：

1. 所有人类的行为都要有利于同其他生命体系之间相互关系的长远发展——建设开发项目应该有助于其所在地区生命体系与水域的健康发展。
2. 了解并尊重当地的生态及社会系统状况。
3. 建立起基本的反馈机制，促进这种健康的关系持续性发展。

水资源

1. 制定年度用水计划，计划用水量应该等于或小于当地的年降雨量。
2. 节约用水。
3. 保留场地中的所有雨水资源。
4. 管理水资源（雨水或是废水），模拟自然水流的模式，尽量减少水资源流出场地以外的比例。
5. 如果水资源一定会流出场地以外，那么要对其进行多级利用，使之服务于所有生命体（人类以及其他生物系统）。
6. 最大限度地补给地下水。
7. 在水资源流出场地以外之前，将其净化处理达到饮用水标准。

能源

1. 通过使用保温隔热材料，调整需求模式，降低荷载等方式减少对能源的需求量。
2. 使用当地可用的能源——例如河流的水源与污水池——阳光、风、地球耦合（例如土地耦合、水体耦合等），以及昼夜循环。
3. 提高能源使用效率——例如机械、设施设备、多样性的因素、寄生损失以及部分负荷性能等等。
4. 减少或中和碳的遗留。

材料

1. 尽可能减少使用量——没有使用，就不会对环境造成负面的影响。
2. 使用储存量充沛的材料、可再生的材料，以及开采、制造与废弃处理过程中不会对人类与/或地球生态系统产生危害的材料。
3. 尽可能使用地方性材料、可再生材料、无毒害的材料与/或低隐含能的材料。生命周期评估工具（Life Cycle Assessment，简称 LCA）可以协助我们有效地评估综合的环境影响（参见第五章与第六章对 LCA 工具的讨论）。

一旦我们开始以这种思维模式进行探索，结合上文中所介绍的基本原则，那么我们很快就会发现建设开发项目开始转变成为对*整体*自然环境健康发展的贡献者，而不是破坏者。但是，新的问题又出现了。比如说，建设项目中对雨水的处理方式，是怎样对更大的水域健康发展提供助力的呢？

如果我们问到这个问题，那么可能会有很多种不同的、富有创造力的解决方法，将水资源保留在场地当中。我们可能会想到种植根深植物，这样就可以减少侵蚀作用，并保住土壤中的水分。这些深深探入土壤中的植物根部增加了土壤当中的营养成分与含碳的物质，这样的土壤环境有助于微生物的繁殖。通过微生物的作用，可以将净水过滤至蓄水层，进而创造出动物群需要的生存环境，同时又能反过来刺激更多种类的植物生长。

通过这种方式恢复土壤多孔性的特征，地下水资源就会变得日益充沛，经过过滤作用的水资源会对更大的水域产生多层次的良性影响。最终，就会有更多的健康水资源（经由地下下游的传输）补给到表层水域，进而影响到超出建筑物与场地之外的大范围地区。当这种理想的状况发生时，鱼类、昆虫和鸟类就会重新将营养物质带回到上游区域，促进场地内部、外部及水域当中生物的多样性发展……如此就构成了良性的循环。

还要顺便说一下，运用上述方式将雨水保留在场地内，要比完全依赖于机械技术成本低得多。而且，采用上述方案还比较节省能源，减少现在使用不到的隐含能消耗，并减少（在一些案例当中）水过滤设施与泵对能源的需求量。不仅如此，下游地区为解决水量增加与泥沙沉积问题而设置的机械装置也能够相应减少，这种良性的影响还可以涉及超出建筑场地以外的很大范围，减少整体的建造成本。在本书后面的章节中，会逐一详细介绍很多类似的成本对比分析。

将金钱与资源统一考虑

> 不是所有重要的东西都可以量化，也不是所有可以量化的东西都重要。
>
> ——阿尔伯特·爱因斯坦（Albert Einstein），新泽西州普林斯顿

在第二章中，我们大略讨论了怎样通过一体化的设计方法来降低建筑的造价。除此之外，我们还需要

分析成本与资源之间的相互联系。当我们把关注的焦点拓展到建筑物以外更大的系统，我们就会发现自然系统具有为我们提供“免费的服务”的能力（在第三章的末尾我们进行了描述）——但是只有在我们致力于维持它们的生存能力时，才有可能享受到这种服务。然而，在我们的经济学体系当中，却没有完全掌握这些由自然系统提供的“服务”和“资源”内部的核心价值。

当初，当我们刚刚开始与项目团队一起实施这种新的设计方法时（大约在 1999 年），我们很高兴遇到一位对绿色建筑很感兴趣的校长。这位校长和她的学校组委会成员打算建造一所规模相当大的高中，并且针对资源使用问题，邀请专家召开了一次研讨会，讨论的内容包括一体化的设计原则、能源、水资源、材料，以及室内环境品质（简称 IEQ）。在当时，要找到已建成的成功案例相当重要，因为我们需要用很多实例来证明绿色建筑的建造成本，并不一定会高于传统建筑。

当时在一个具有代表性的建设项目当中，对于“资源”一词的定义就意味着长期投资预算。在我们的研讨会上，有一种理论一直浮现出来，那就是资源并不仅仅意味着金钱，它还包括学校所要占用的这块土地，这片土地中的水资源，建筑物和人类所需要使用到的能源，用来兴建的建筑材料，以及为了生产这些材料所消耗掉的资源。在历时两天的讨论中，我们一直在研究为何建设项目中对资源的重新定义还是无法突破资金资源的限制，另外我们还探索发掘一切潜力来运用到*所有*的资源，包括通过与自然系统建立起良好互动的关系而享受到的“免费服务”。我们讨论了很多构思，包括调整建筑物的方位来获取太阳能；优化建筑物开间的尺寸，充分利用建筑材料，避免由于材料生产而发生的多余的自然资源消耗（也包括能源消耗）；改变窗户的尺寸和热性能指标；提高建筑外墙材料的保温隔热性能等。我们对于每一种构思，都通过将资金资源与所有资源统一在一起的角度进行了分析讨论。

遗憾的是，这个故事并没有一个理想的结局。由于在建筑师已经投入了大量的时间并完成了初步设计之前，并没有召开这样的研讨会，于是业主发现他们处在一种很为难的境地。他们一方面希望追求节约资源的可能性，而另一方面却迟迟不能决定为调整设计而付出额外的费用。最后，只是对原有的方案进行了几处很细微的调整。但是我们很清楚，尽管他们没有调整初步设计，节省下来了几千美元的设计费，但是在其他的资源方面却会付出巨大的代价，包括水资源、矿物质燃料、建筑建造、后期使用维护所需要花费的大笔资金，这些都将会直接转变为未来的资源消耗。

显然，金钱与价值观是紧密联系在一起的。我们的一位同事詹姆斯·韦纳（James Weiner）说：“通过一个人花钱的方式就可以了解到他的价值观。由于我们花费了大笔的金钱用于建设，所以我们建设的方式就反映出我们的价值观。”不仅如此，我们还发现到在金钱与资源之间也存在着紧密的联系。莫利·贝蒂（Mollie Beattie）指出了这种联系：“从长远来看，经济与环境其实是一回事。如果不利于环境健康，那么就一定不利于经济增长。这就是自然的法则。”换句话说：假如不利于经济的持续性发展，那就不是真正的可持续性发展。

这个结论的逻辑在于，通过建设开发实践活动，我们要将我们的价值观同众多不是以金钱形式表现出来的资源联系在一起。只有认清保护这些“免费资源”的重要性，并将其作为评价建筑成败的强制性因素——

为了追求可持续性发展的目标而决不能妥协——我们才能面对环境与经济的挑战时仍然处于不败之地。

“试金石”式训练

当我们起初以顾问的角色开始进行一个项目时，我们第一个步骤总是进行一项训练，旨在了解团队如何评估这些资源的价值；在初期，我们把这种训练称为*核心价值*训练。在与每一个项目团队进行的第一次工作会议（或称为研讨会）上，在开始讨论设计、甚至是方案之前，我们总是简单地问这样一个问题：通过这个项目的建造，你期望达到什么样的目标？之后，我们会针对具体的与可持续性相关的课题再次提出这个问题，并通过下列五个关键的环境影响要素，确定团队的价值观。

- 气候变化
- 饮用水资源
- 资源破坏
- 栖息地破坏
- 污染与毒素

我们通常都是以召开讨论会的方式来探讨以上这些问题，会议的主题是团队成员认为一个成功的项目是如何对待上述问题的——当然也包含同项目与所在地区具体情况相关的其他问题——以及这些问题是怎样彼此关联的。换句话说，我们要确定主要的目标，或者说是*检验标准（试金石）*。而在项目的开始阶段就能够确定明确的目标，将有助于为团队指明方向——从概念设计阶段一直到项目完成交付使用。通过几个项目中与团队的互动实践，我们逐步建立起一种尚为粗浅的方法，通过这种方法，可以抓住具体项目中的检验标准，并且为团队记录下来。在接下来介绍的实际案例当中，我们发明了一种根据重点排列问题的方法。

项目开始阶段，全体团队成员参加项目目标设定讨论会。在会议上我们提出一个问题：在这个建设项目中最需要研究的关键问题是什么？接下来，我们就鼓励所有团队成员们开展脑力激荡式的讨论，针对上面的问题，回答什么才是他们所认为的一个成功项目的本质。成员们的答案全都记录在白板上。在列出了20项或是30项答案之后，我们发给每一位与会者一定数量的选票（举例来说，建筑 / 机械 / 景观设计团队成员每人10张选票，业主团队的成员每人20张选票），请他们为白板上列出的项目投票。经过大家的投票选择，我们就建立起来了一个具有重要性优先级别的指导清单。

图 4–16 和图 4–17，就是我们近期在所参与的两个项目目标制定会议上进行这样的训练时所罗列的清单：其中一个项目在纽约锡拉丘兹市一个忽视环境建设的地区，期望通过 LEED 铂金级认证；而另外一个项目在北卡罗来纳州查珀尔希尔市，在一个环境日益恶化的地区开发多单元住宅项目。我们现在称这种训练为“试金石”训练（这个词是我们从桑迪·威金斯那里学到的），而不再使用之前的名称“核心价值训练”，因为它的作用不仅仅是可以帮助我们抓住每一位团队成员心目当中的核心价值，还是确定团队目标的有效工具。不仅如此，这种训练还可以使我们获得很多收益，不容小觑——例如，团队的工作会统一围绕着这些问题进行，这些问题都是由团队成员自己发现的，因此每一位成员都愿意为之投入心力。而且，通过这种训练还有助于建立“业主项目要求”文件，这种文件的作用在于从项目开始阶段一直到建造阶段，追踪业主最初的、以及后来逐渐发展变化的意愿。

但有一点值得提醒，这种训练只是一种入门级的方法，它本身也具有局限性。通过这样的训练，使团队成员的工作能够统一围绕着该项目所需要研究的基本课

试金石训练（1）

King & King 建筑师事务所新办公建筑——纽约，锡拉丘兹市

	设计要素 / 课题（价值观 / 意愿）	得票数
1.	能源与资源的使用效率	56
2.	越过三重底线（社会与环境的效益成功）的环境保护模式	52
3.	获得 LEED 铂金级认证	44
4.	建立邻里间的联系，成为邻里关系转变的催化剂	43
5.	美丽的地标式建筑	40
6.	增加绿色的空间	40
7.	为居民、常住居民和职员提供更好的生存条件（生活的品质）	38
8.	亲善的步行空间	37
9.	在设计中考虑到邻里的关系 / 共享 / 合作	35
10.	安全与保障	32
11.	使建筑物成为可持续性的教育工具	28
12.	激发责任感的产生	24
13.	具有视觉艺术性的街道景观	21
14.	可再生能源的生产	17
15.	自然系统的利用	17
16.	对未来的期望 / 寻找邻里和谐的机会	10
17.	成为艺术与文化的目的地	10
18.	减少雨水资源外流	10
19.	未来的适应性 / 灵活性	9
20.	改善小溪流状况	9
21.	使用公共交通	6
22.	减少热岛效应	5
23.	改善周遭住宅的环境	4
24.	亲善的脚踏车环境	3
25.	减少机动车使用	2
26.	迷人的租用空间	2

图 4–16　纽约锡拉丘兹市一个旧建筑改造的案例，通过“试金石”训练得到的成果（由约翰·伯克尔提供）。

试金石训练（2）

多单元开发项目——北卡罗来纳州查珀尔希尔市

	设计要素 / 课题（价值观 / 意愿）	得票数
1.	社区交流（多元文化 / 多年龄层之间的交流）	40
2.	经济效益 / 市场导向	27
3.	生命周期评估 / 使用对环境影响少的材料	21
4.	可再生 / 太阳能的产生与运用	19
5.	地区的环境健康 / 生物多样性	18
6.	退化的生态足迹	18
7.	水资源保护	17
8.	精神上的 / 历史的认知	13
9.	灵活性 / 可持续性 / 耐久性 / 传承	12
10.	促进建设开发方式转变的催化剂	11
11.	具有教育意义	11
12.	成为社区的参与者 / 与之融为一体	9
13.	尽量避免浪费——建造与使用过程中	8
14.	增进社会互动	7
15.	记录一种可以重复运用的方法	7
16.	当地的农食产品	6
17.	亲善的步行环境	4
18.	地区的骄傲	3
19.	碳中和	3
20.	资源输出	2

图 4–17 北卡罗来纳州查珀尔希尔市一个新建的多单元住宅开发案例，通过“试金石”训练得到的成果（由约翰·伯克尔提供）。

题来开展进行，但是有的时候我们却会发现，有一些也同样被列举出来的相当重要的环境课题，只是因为获得的选票比较少就往往被大家所忽略了。然而，所有的问题都应该是重要的；你不能“对大自然投票表决”。

在另外一个项目，我们就一度使自己陷入了这种投票表决的限制中。这是一个重要的市政开发项目，不仅期望通过 LEED 铂金级认证，还希望参加“人居建筑挑战”评比。在进行试金石训练之后，我们就开始一起进行概念设计。在这两天概念设计的讨论会上，我们不断参考试金石训练中所列举出来的问题，来对概念设计的成果进行评估。后来，我们讨论到如何满足项目停车的需求，特别是在一些特殊活动期间对停车的需求量就会暴增，而每年会举办这些活动的机会大概在 15—20 次左右。

针对这个问题，大家提出了很多富有创造力、可持续性的建议，所有建议的主旨都在于减少硬质铺面的面积（考虑到雨水处理的问题）；尽量增加开阔空间的数量，种植本地生耐候性的植物利于雨水渗透；修建教育花园，为民众提供可持续性景观的教育，以及拟建湿地等。在这些概念中还包括铺设植草砖或是采用非封闭式透水停车场、在其他指定的地方停车、提供多个待客泊车服务点，以及在活动期间开放街道停车以应付暴增的车流量等。越来越多的潜在概念不断浮现出来，并且开始汇总为综合的解决方案，团队成员都十分兴奋。就在这个时候，突然一位业主成员说：“等一下！”

这位业主成员说：“在试金石训练中，我们大家一致评选出来的重要性第一位的议题就是保证经济的可持续性。这些举办的活动就是我们主要的经济来源，只有人们来参加活动的时候拥有方便的就地停车条件，才能说整个项目是成功的。”他提出这样的主张，是因为停车问题是试金石训练中列在第一位的问题，所以设计团队必须在靠近入口的地方，尽可能提供更多的就地停车车位。之后，这位业主成员坚定的表示，没有其他任何环境问题能够比得上停车问题重要，停车问题是大家公选出来的“第一位”优先级别的问题。并且，业主团队的其他几位成员也表示赞同他的观点。

接下来的两个小时，我们讨论的主题就始终没有离开过停车问题。事态的发展看起来在迅速恶化。于是我们暂停讨论，并请业主团队内部召开一个核心会议，为我们明确在停车问题上，他们到底可以接受什么，不可以接受什么样的解决方案。这时，有几位业主团队的成员提议应该更加关注试金石清单上其他一些问题，例如“建造一个超越绿色的模范式建筑”，“年度水资源平衡”，“使建筑成为教育的工具”等，最终核心会议上做出了折中的决定，只要求稍微增加活动期间停车能力就可以了。我们终于又回到了正轨，但是却不得不分散注意力在好几个课题上。这就是在投票表决时罗列过多重点问题的后果。

这次的经历促使我们继续对试金石训练方法进行改进。我们现在不仅会罗列出优先级别的研究课题，还会要求团队成员在会议上找出任意三个课题之间的相互联系。之后，我们会请团队成员再选出两个与之前三个课题相互关联的课题，之后再选择两个，如此类推。通过这种方法，项目团队就会开始发现这些课题不再是一个一个彼此孤立的，进而更多发现它们之间内部的联系。

将目光放在整个系统的范围内去思考，我们就会了解到对于探索可持续性、更不用说探索可再生条件的关键问题来说，“对大自然投票表决”并不是一种十分*整体*的方法。就像我们的人体是一个完整的有机体，我们没有办法投票表决，到底是肝脏的功能比较重要还是肺的功能比较重要……我们可以进行这样的比较和选择吗？

事实上，我们在紧急医疗处理的时候总是要进行这样的选择。当一个人受到创伤、浑身是血，被送到急救中心的时候，医生第一个要做的事情就是止血，第二个是处理伤口，而排在第三位的才是处理骨折的问题。在非紧急状况下的西方医学标准实践中，我们还是采用独立的思考模式，重点关注于一个系统或是一个器官，并对其进行单独的治疗。把这种分析运用于建筑与环境设计当中，我们所处的就是一个紧急的状况，简单地以优先级别来划分各种需要考虑的问题，就会缺乏对整体系统的进一步思考，不利于我们长远的健康。无论如何，是该超越“头痛医头脚痛医脚”的时候了。

医学界现在正在通过对生命全方位的研究，来寻找促进人体健康的方式。比如说心理治疗，精神治疗，通过饮食、运动及冥想促进身体健康，视觉治疗（利用影像产生“注意力集中”，进而迅速引起身体的变化，

试金石训练（3）

学院建筑

	设计要素 / 课题（价值观 / 意愿）	得票数
1.	经济的可持续性	85
2.	功能效率，促进团队合作	75
3.	使建筑成为教育 / 研究的工具	65
4.	顺应市场变化	56
5.	超越绿色的模范	50
6.	在建筑物生命周期内产生可量化的结果	39
7.	成为匹兹堡市可持续性开发项目新的标杆	37
8.	融合室内外之间的界限	34
9.	对公众 / 参观者来说做到系统一目了然	31
10.	为未来的可持续性建设开发项目提供指导	31
11.	验证建筑物与环境之间的联系	31
12.	为未来的法规建设提供指导	28
13.	对社会行为产生影响	27
14.	为改善气候变化问题点燃希望之光	25
15.	成为一处胜地	24
16.	灵活性 / 可适应性的设计	24
17.	结合场地状况优化建筑结构	23
18.	展示三重底线（社会与环境的效益成功）的成果	22
19.	突破单个项目的界限，促进地区生态系统的健康	21
20.	令人难忘的空间经历	14
21.	鼓励对可持续性问题的探索	13
22.	建立动态的建筑信息模型	11
23.	点燃改革的星星之火	11
24.	与附近的公园、大学与文娱康乐场所建立起清晰的联系	11
25.	使设计与规划更好地服务于大众	11
26.	成为未来革新的催化剂	9
27.	展示一体化的设计方法	8
28.	建造活动实现零浪费	8
29.	成为影响人类 / 环境界面的实际案例	7
30.	对建筑健康的含义重新定义	7
31.	合并仿生学	7
32.	使建筑表现出理想的状态	7
33.	成为匹兹堡市的毕尔巴鄂	6

图 4–18 宾夕法尼亚州匹兹堡市，一个期望通过 LEED 铂金级认证，并参加“人居建筑挑战”评比的项目，通过“试金石”训练得到的成果（由约翰·伯克尔提供）。

这种研究非常具有吸引力），以及作用于身体当中的能量流（针灸、脊椎指压治疗、印式按摩等）。我们的建筑设计，作为自然与社会整体系统中的一部分，与人体是相当类似的。通过对设计团队以及所有项目相关人员的教育，使他们了解到，每一片我们将要设计与开发建造的土地上生命系统运作的情况，这样就可以开发出一种整体思考的能力。我们的目标就是花时间去评估与了解，所有与各个二级系统相关联的课题之间存在着怎样的相关性，然后解决这些相互关联的问题，进而实现整体的健康发展。

还有另外一种方法，可以帮助业主与设计团队的成员们了解并评估这些相互关联的课题，同时确立起建设项目的核心目标，并始终围绕这个目标开展后续的工作。这种方法就是以重要的课题为基础进行研究探索，用一个术语来描述这些重要的课题，就是"基本原则"。通过这样的方法，设计团队的检验标准、目标和性能指标——假如早期能够清晰地确立——被记录下来，并且作为项目的"基本原则"为后续的工作提供参考。因此，通过这样的途径确立下来的原则更容易被所有团队成员所接受，并且最终达成目标获得成功。花费时间去了解这些与项目所在地之间紧密联系的基本的、无可争辩的原则问题，将为我们的工作沿着正确的道路进行提供有力的指引作用。

举例来说，下面所列出的九条毋庸置疑的"基本原则"，就是在爱达荷州蒂顿河附近的一个建设开发项目（在第三章末尾有所介绍），由项目团队人员参加的一次讨论会上确定下来的。

1. 食物（健康的食品）供应是社区存在的基本要素之一。
2. 高效率的运输能够减少对大气环境的负面影响，同时也会对生态系统和社区的发展有利。
3. 材料开采与获得的方式应该有利于生态系统以及地方经济的发展（比如说兴建轻工业、提供就业机会等）。
4. 能源的开采不能以危害生态系统或是大气环境为代价——无论是当地的还是远距离的。自然的持续性现象——日照、风与水的流动——应该得到充分利用，因为这些都是不会对环境造成负面影响的最为可持续性的能源资源。
5. 土壤是健康的生态系统，以及保证所有物种生活品质的基础。
6. 无论是从河流的上游还是从地下蓄水层抽取水资源都不是可持续性的做法，最终将会对生态系统以及上游和下游区域的健康产生负面的影响。
7. 由于多样性、自给自足的、复杂的物种间相互关系，提倡本土植物的栽种。从长远的角度来讲，这些生命体的存在对于生态系统的繁荣兴旺以及整体的健康都是至关重要的。
8. 生态系统的健康要依赖于鸟类（本地鸟类与迁徙鸟类）、鱼类与大型陆生动物等物种的多样性。这片土地上的生态能力将会重建，成为该地区生命活动不可或缺的一部分。
9. 生命系统的自我组织是围绕着自然系统的流动进行的（例如水和营养物质的流动）；如果人为切断了这种流动，那么生命系统的延续也会受到威胁。

价值观的统一

一个真正一体化的设计方法，绝不仅仅意味着制定说明书、列出重要问题清单、按照规定好的模式，或是按照优先顺序解决问题。真正一体化的方法还要求个人和集体之间的联系与统一——团队成员之间的联系并不只包括信息的往来传输，还要通过彼

维瓦海滨休闲胜地项目以业主的角度看待价值观的统一

戴维·利文撒尔（David Leventhal） 著

当我们开始进行墨西哥 Juluchuca 的维瓦海滨休闲胜地与住宅社区（参考网站：www.PlayaViva.com）设计的时候，我们还不了解绿色建筑运动，但是我们拥有一致的价值观，那就是要建造绿色的、自然的建筑。大约三年前，我们组建了一个非营利性质的机构（现在这个机构叫作 Rainforest2reef.org），并且对于追求生态健康怀抱满腔的热情。

当我们鼓励我们的设计和开发团队投入到更为综合的再生发展研究中时，来自“再生研究小组”的顾问们所说的语言，在一开始对我们来说是相当陌生的。不仅如此，他们还使用一些不同于传统的技术。在召开第一次工作会议（研讨会）之前，我们花了不少的时间来研究这些语言，研究它的语法以及专有名词。我们很好奇这些顾问所说的“地区的历史”、“整体系统的思考”和“生命体系”等等到底是什么意思。由于刚刚进入建设开发行业不久，而这个行业的发展更新迅速，我甚至不能确定这些到底是不是新的语言，抑或是这些家伙们已经按照这种新的、不同于以往的方法在做事了。

在第一次研讨会上，顾问团队带领我们经历了一个非常严格的过程。首先，我们用了一整天的时间去了解项目的目标以及更深层次的追求。他们向我们提出了很多问题，例如我们为什么要进行这个开发项目？作为宝贵的遗产，我们希望为后代子孙留下些什么？他们要求我们以多世代的角度来思考上面这些问题。于是，我们清晰地总结出了项目的目标，可谓志向远大，比如说：

- 创造出一个活的人类遗产
- 做到净能源持平或是达到正值
- 创建出一个社区
- 使整个流域中都有更为干净的水源
- 创造出一种不同以往充满变化的体验
- 创造一个促进生物多样性的保留地

我们都同意上面这些以及其他更大的原则，这些原则就是我们后续设计工作的向导，指引我们沿着正确的方向开展工作。当讨论到小套房要不要设置厨房的问题时，团队成员中间发生了激烈的争论。在我们之前的一个开发项目卡萨维瓦（Casa Viva）中，我们的设计工作是围绕着一个现在被称为“社会型建筑”的核心理念开展的。社会型建筑是指只对建筑和场地进行简单的设计，旨在维持私人空间与公共空间之间的平衡，鼓励居民在社会与社区当中的交往行为。在卡萨维瓦开发项目中，主要的套房里都没有设置厨房，所以饥饿的客人们必须来到一个公共的社区中心一起就餐。共同就餐就是卡萨维瓦项目一个关键的特色所在。它是我们所建立起来的一些重要价值观的核心，包括“创造出一个社区”。

但是，项目团队中一些成员确认为，在新开发的维瓦海滨休闲胜地中不配置厨房是不符合市场需求的。有谁愿意花钱买一栋没有厨房的豪华生态别墅呢？厨房是必要的。否则，你买回家的食物要储存在哪里？你怎样给家人做饭（这是假期中每个人都愿意为家人做的事情）？怎么样满足全家人一起就餐的需求？婴儿要喝的牛奶怎么保存？项目团队内部的讨论逐渐升级成争论，并且以性别划分为两大阵营。

一个工作组已经针对我们提出的“做到净能源持平”目标进行了能源评估。接下来，他们将评估的结果向更上一级的工作组汇报，说明假如每一个套房都要配置厨房的话，那么我们的能源消耗量将会增加一倍。听到这样的数据，工作小组内部出现了分歧，一些人坚持配置厨房，而另一些人则持反对意见。增加了一台冰箱就是引起能源消耗问题的一大部分原因。争论发展得愈发激烈，特别是当两个阵营是依据性别而划分时，激烈程度就更为严重。

直到设计小组向我们提问，是不是增设一个厨房就可以满足在我们第一天的讨论会上所确定的总体目标时，我们这场讨论才又回到了正轨。增设厨房就可以创建出社区吗？增设厨房就可以帮助我们达成净能源持平吗？通过再次检视最初确立的基本原则，我们都认识到了增设厨房并不能帮助我们达成任何一个目标。

回顾我们对于要不要设置厨房、冰箱、冰柜这些问题的争论，我们意识到这些不过是一些琐碎的问题。通过这个围绕着设备问题进行的争论，使我们明确了统一的目标，达成共识，这将会指引我们如何面对更为严峻的问题。我们可以深入讨论这些具有争议性的设计问题，并且分析怎样的选择是对我们整体目标更为有利的。为了满足希望拥有私人就餐环境的客人，我们一致同意提供客房服务就是一个很好的解决方案。最后，人们会意识到，我们所希望的是让他们走出自己的房间，大家围坐在篝火旁，一起煮饭，一起吃饭，互相认识，形成一个社区，拥有一段不同寻常的经历，假期结束回到家中的时候感觉在维瓦海滨休闲胜地度过了一段美好的时光。

此间的联系共同创造出成果——运用集体的智慧确立出项目的基本原则与核心价值，也就是项目的目标（参见有关“维瓦海滨休闲胜地项目”参考文献，说明坚持项目基本原则与核心价值的好处）。

有效的一体化设计方法会鼓励每一位参与者提出更深层次的问题，我们可以从剖析“我们是谁”这个最基本的问题开始。我们是谁？在与其他人的相互关系中我们是谁？在与建设开发项目之间的相互关系中我们是谁？这些问题有助于将人们引入相互关系的思考当中，每一个与项目相关的人员都参与其中，贡献他或她的专业知识，并同时尊重其他成员的专业知识。在互动的过程中目标是清晰的，那就是围绕着项目基本的目标去探讨更深层次的问题，将大家带向一个更加健康的共同点，这样，团队才能够开展真正富有创造力的工作。

资讯汇集，目标明确，构思开始酝酿，这就是互动活动的三个目的。因此，在开始讨论到项目设计、组成部分，甚至是设计方案*之前*，我们要提出下面的问题，使所有的因素结合在一起：

1. 通过这个项目的建设，你期望达到什么样的目标？
2. 在这个项目建成并投入使用之后，定义是否成功的标准是什么？会实现什么？
3. 这个项目在将来会如何促进它所在的社区与地区健康发展？

换句话说，如何定义一个项目对于它所在的地区是成功的，不仅是现在的成功，也是未来发展的成功？

这种方法鼓励人们了解到他们自己的价值观，并将这些价值观体现在他们的工作当中。通过这样的方法，研究、评估选择以及最终找到解决的方案，整个过程会变得更加整体化。在明确了核心价值的前提下，非人类的参与者们也同样拥有它们自己的位子，它们的利益在于被保护，以及清晰地表达出自己的声音。每一位团队成员都变得更加投入——因为这不再只是一个建设项目，或者是一份工作。

这些对具体实践有什么帮助呢？在最为简单的入门级别，假如我们开始打算进行 LEED 认证过程，考虑什么事情应该做，什么事情不能做，那么之前在试金石训练中归纳出来的那些检验标准，就经常会激发会议室里面的某个人讲出大概这样的话："好吧，既然我们把'建筑使用者的健康'摆在了前面的位置，那么我们最好要讨论与室内空气品质相关的通风问题，以及二氧化碳探测器的问题"，这就会对能源的使用产生影响，类似的例子还很多。团队共同的价值观与期望变成为一个框架（而不仅仅是需要讨论的问题列表），这个框架不仅在最初的目标设定讨论会上，而且在接下来的设计与建造阶段，甚至在交付使用之后的运转过程中，都会帮助我们做出正确的判断与选择。总之，所有这些工作都是围绕着我们所确认的基本目标进行的——既不是*材料*，也不是技术。

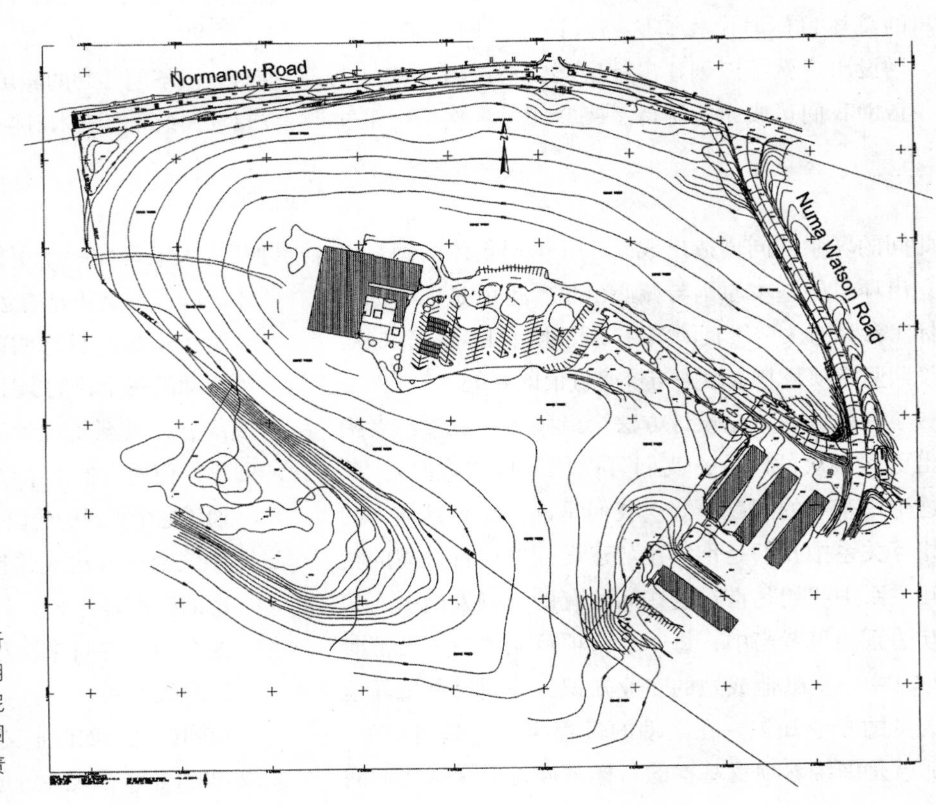

图 4-19 查特维尔学校设计进行之前的场地状况平面图，建筑用地紧靠一条山脊，位于加利福尼亚州海滨前奥德堡军事基地范围内（GLS 景观 / 建筑师事务所负责初步景观设计）。

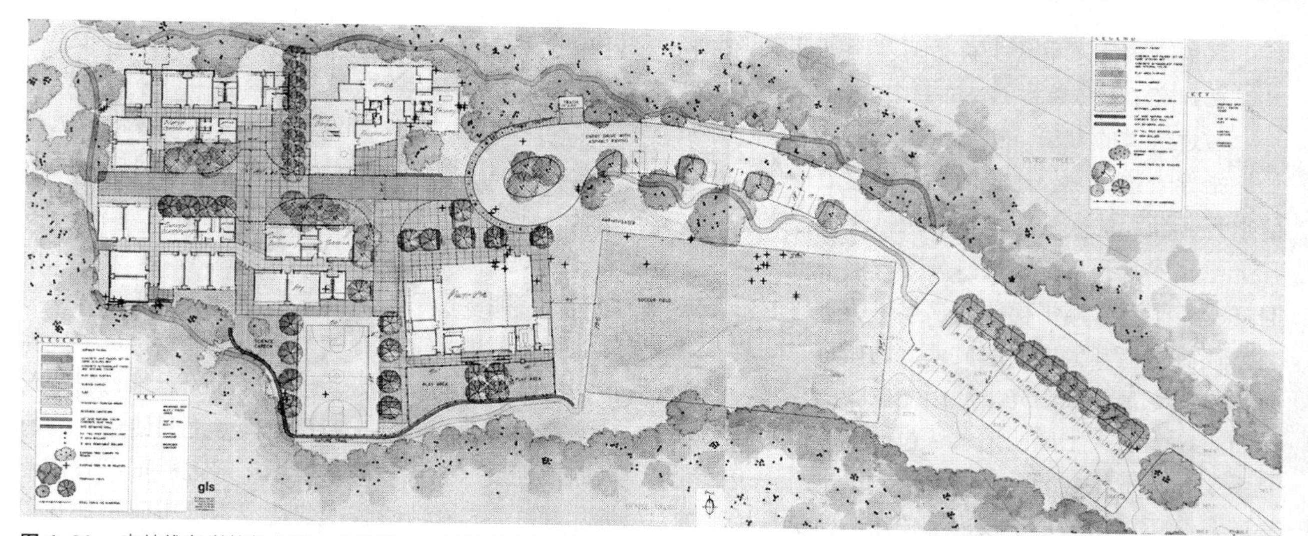

图 4–20　查特维尔学校规划图，它的项目用地为前奥德堡军事基地一个废弃了的军官俱乐部建筑所在地，规划图描绘出该项目发展的足迹（GLS 景观 / 建筑师事务所负责初步景观设计）。

道格拉斯·阿特金斯（Douglas Atkins），查特维尔（Chartwell）学校的执行董事，在加利福尼亚州蒙特雷附近新建的 LEED 铂金级学校项目中，为了能够达成预定目标，开始了一种可持续性的、一体化的设计方法。他深深地了解从一开始就把全体团队成员的思想统一于核心价值的重要性——在开始进行任何设计工作之前的探索阶段——只有这样才能使项目获得成功，特别是在当时有好几位董事会的成员都对绿色建筑持怀疑态度的情况之下。他是这样介绍这种方法的：

> 在这个项目开始规划的初期，我们的目标并不是要建造一个绿色建筑，而是要建造一个最好的教学设施，使学生们获得积极的教育成果和经验。所以，我们为了能够达成这个目标，而去寻找合适的方法。在朝着目标努力的过程中，我们发现绿色建筑和一体化的设计方法，能够指引着我们对最初确定的核心价值进行反思。
>
> 我们发现绿色建筑的标准以及一体化设计的要素，正是可以帮助我们达成最初确立的“创造积极的教育成果”核心价值的方法。比如说，我们可以确定，我们将要营造出来的环境就是对孩子们最为健康的环境，所以我们可以敏感地鉴别出哪些是可以增长教学经验的元素，而哪些是会阻碍获得积极的教学经验的元素。
>
> 在这个方法实施的初期，我们召集全体教职员工参加了很多次的讨论会，讨论会的主题涉及广泛，并与七人小组进行了会谈。在这些会议上，我们确立了自己最为重要的核心价值；这个核心价值与 LEED 协议书所规定的条款相互融合，由此做出的规划报告可以确保我们自己的理想最终能够实现。通过这种方法，我们不再执着于某一些具体的问题，而这些问题当初对

我们来说都是最为重要的问题——最终，我们也拥有了一栋获得 LEED 铂金级认证的建筑。

透过这样的方法，初期所确立下来的清晰目标始终指导着这个学校建筑的设计和建造工作，并最终取得了预期的成功。举例来说，查特维尔学校运用光电技术，满足了学校二分之一的用电需求，并且还为将来对于栅平衡的追求提供了重要的研究资料。还有一些其他方面的成就，例如每一间教室都可以接受充足的太阳光，利用光电管的控制可以减少将近一半的人工照明要求；包含水闸门的雨水收集系统，它不仅是老师向学生们介绍水流知识的教学工具，还可以满足学校内部使用，使学校用水量减少了大约 70%；设置了自然科学花园，同学们可以在那里自己种植有机蔬菜，自己堆肥，并且学习有关食物链的知识，而种植出来的作物不仅可以供学校师生食用，剩余的部分还可以继续转化为肥料滋养花园的土壤；自然通风；通过互联网控制的能源监测系统，将这个系统与课程结合在一起，帮助学生们追踪他们自己的能源消耗状况，了解建筑性能因素与能源消耗之间的关系，在班级之间展开节能竞赛；利用从前奥德堡军事基地兵舍建筑中拆除下来的废弃材料，作为学校的一部分建筑材料；设计全部采用预制标准化构件，构件之间使用专门的紧固件连接，当建筑到达使用年限之后可以方便地拆除。总之，这所学校的建造成本低于同年加利福尼亚州小学校平均的建造成本，而运转成本的节省

图 4–21 作为查特维尔学校规划设计中的一个部分，我们请学生们描绘出他们心目当中新的校园。在这些图画中，展现出一些大家潜意识中相互一致的主题，并激发出一些很好的灵感。在图例所示的这幅绘画中，小朋友就画出了自然的山脊地形，并且希望建筑物与其所在的环境是充分融合在一起的（图片由约翰·伯克尔提供）。

图 4-22　查特维尔学校主体教学楼建筑主立面朝北向，并在南向形成一个入口广场。所有建筑构件的尺寸都经过精心设计，符合 24 英寸的模数，减少材料损耗。这个项目共节省材料 28%，这笔节省下来的费用用来支付项目所使用的经检验品质达标的木材（版权所有：© Michael David Rose/Morp）。

图 4-23　查特维尔学校公共教室北向大面积的玻璃窗使室内拥有充沛的自然光线，而使用可开启的窗户为孩子们提供了自然通风（版权所有：© Michael David Rose/Morp）。

则更为显著。在学校建成并投入使用之后，道格拉斯·阿特金斯的总结报告中还明确指出，学校的旷课情况减少，由于室内空气品质（IAQ）而引起的健康问题减少，教学品质提高，学生们学习过程中的趣闻轶事层出，大部分同学都对投入学习展现出更加高昂的热情。

图 4-24 查特维尔学校的室内材料包括暴露在外的结构绝缘板（structural insulated panels，简称 SIPs），经过林业管理协会（FSC）检验品质达标的木材，之前军官俱乐部建筑废弃的材料，以及其他高回收率的材料。不仅如此，该项目还对将来到达使用期限后的拆除工作做了详细的设计，通过对构造技术的深入分析，尽量使拆除工作简单易行，并利于建筑构件的再利用（版权所有：© Michael David Rose/Morp）。

图 4-25 查特维尔学校将雨水收集系统，与校园休闲广场以及教育课程结合在一起（版权所有：© Michael David Rose/Morp）。

摘录自“查特维尔学校规划报告，2002-09-30”

查特维尔学校的任务是为存在特殊学习障碍的学生们（阅读障碍，以及相关的符号语言处理障碍）提供学习的工具以及个性化的支持。他们需要在“真实的世界”条件下有效地学习。查特维尔学校最为重要的一条哲学可以简单归纳为“教育所有的孩子”，这就意味着要帮助每一位学生获得自我认知。它还意味着要从内心深处去改变每一位学生，使他或她不再将学习困难的问题视为一种自身的缺陷。

报告的目的

查特维尔学校组委会制定出学校的发展目标，要在2004年于加利福尼亚州奥德堡建造一个永久性的教学设施。通过这一发展目标，可以使学校扩大招生量，提供更为丰富的课程，以及逐渐开发出一系列的研究与实践课程，为社区提供更广泛的服务。

提出这份规划报告的目的，在于记录为了使这个新的教学设施取得成功而必须达成的目标。因此，这份报告要将查特维尔大家庭对于新设施的期望以及最好的决策记录下来。它将为设计团队提供我们对规划要素与优先级别最初的描述，指引设计团队开始他们的设计工作。从本质上来说，这份报告并不仅仅是列举了功能需求、空间与尺寸的清单。事实上，它意味着设计过程的开始，起码是探索过程的开始。

查特维尔学校认识到通过投入于这样的设计方法，学校的管理人员、全体教职工、家长、学生以及组委会的成员都会成为这样一个动态方法的参与者。因此在这份报告中，由问题而浮现出来的答案，将会随着探索的不断深入而不断变化发展，不断统一。这些浮现出来的答案将会成为设计阶段专业人员们绘制草图不断探索的基础。由此，这份报告旨在为学校设计的专业人员提供一个经过深思熟虑的清晰的起点。我们了解它的内容一定要保持动态性，要对我们朝向建造的前进过程中所学习到的东西做出回应。

规划的过程

在2002年6月，这个项目的规划工作开始进行了。接下来会召开九次系列会议，旨在通过提出问题，刺激对话，找到富有创造力的解决办法，来共同勾勒出大家想象中的新校园的模样——这代表着发展过程的开始，而非终结。针对这些问题而收集起来的答案很可能会产生一种张力——这是一种富于创造力的综合的状态——在这种状态之下，在整个设计过程中都会不断有富有创造力的方案浮现出来，并且得到发展完善。的确，我们可以把设计描绘成一个过程，一个由复杂的状态中发现简单的过程。因此，规划的土壤变得愈加肥沃，就会产生出更多健康的机会，规划的探索中就会浮现出更好的解决方案。

问题举例

- 描述查特维尔学校的使命宣言；如何通过这

规划报告

内容纲要

第一部分——背景和哲学

1. 本篇报告的目的
2. 规划的过程
3. 使命的陈述
4. 教育的哲学与授教原则
5. 查特维尔学校的过去与现在
6. 查特维尔学校的未来
7. 组织结构
8. 既有的学校设施

第二部分——对于新设施定性的展望

1. 一体化的设计以及对环境问题的关注
2. 好的价值
3. 建筑与教育之间的共生现象
4. 对于新校园的展望
5. 入职培训
6. 针对需求的特殊规划
7. 功能的相互联系与彼此作用
8. 校园交往
9. 建筑物的性格

第三部分——规划的数据资料

1. 场地的资料
2. 所有权
3. 需求空间的定量的规划

附录

A. 规划报告讨论问题与论点

图 4–26 查特维尔学校规划报告的内容分为三个部分，其中最为重要的是项目的核心价值与展望。对于具体定量的功能性规划数据，文中只有很少的几页篇幅（由本报告撰写人约翰·伯克尔提供）。

个项目提高这种使命感？

- 假如以未来5年的长远眼光，你怎样看待学校的规划问题？ 10年呢？ 20年呢？
- 你想象当中新校舍的模样是怎么样的？
- 在查特维尔学校的教育哲学中，最为重要的是什么？
- 你了解查特维尔学校特殊的教育原则吗？
- 为了支持这些教育原则，应该如何对建筑的空间和场地进行设计，并使它们之间的关系有利于促进这些原则的落实？
- 对于下列问题，怎样做才是最好的：
  - “纾解压力”的空间？
  - 促进与室外空间的交流？
  - 为采用多种方式组织学生提供潜力？
  - 最大限度利用自然采光与直接照明？
  - 提高声学的品质与性能？
  - 提高室内空气品质与自然通风？
  - 利用“将建筑物视为有机体”的模式，通过一体化的设计方法，精简建筑中多余的组成部分与构建，或是降低系统的规格，从而达到节能与降低使用成本的目的？
- 通过“嵌套式”的策略，对于在一个空间内部以及不同空间之间同时激发出多种功能，会产生怎样的影响？
- 在学校这个相对大型的有机体中，怎样的空间组团与/或嵌套的方式是最好的？
- 怎样的空间、功能，与场地内部建筑物组团与/或嵌套的模式，最有利于创造出健康的相互关系？
- 如何在教学空间与“交流”空间之间形成协同的关系？
- 通过以下设计，提供内在的学习机会，是否建筑物本身就能成为一个教学的工具：
  - 利用交通空间创造学习的机会，提高认知的感觉，刺激接受能力的提升？
  - 利用交通空间，使之成为学生们开展劳动或艺术活动的长廊？
  - 使学生们与自然系统及环境进行视觉上以及身体上的接触？
- 如何使空间同场地结合在一起，利用室外空间来激发学生们的学习热忱？
- 是否能通过建筑构件来向学生们说明我们与自然现象之间的关系，比如说被动式太阳能以及日冕现象？
- 是否能将类似于雨水收集系统以及光电技术这些保存能源的办法同建筑设计结合在一起，为学生们提供教育的机会？
- 通过这个项目的建造，是否能对其所在地区的环境健康作出贡献？

这些提出参与讨论的论点和问题意味着一个发展阶段的开始，而不是终结……（我们的目的并不是）要找出正确的答案；而是期望通过将针对这些问题的回答汇整起来，能够形成一种张力——这是一种富于创造力的综合的状态——在这种状态之下，整个设计过程中都会不断有富有创造力的方案浮现出来，并且得到发展完善。的确，我们可以把设计描绘成一个过程，一个由复杂的状态中发现简单的过程……

查特维尔学校大家庭中的每一位成员都被邀请参加到这一过程中来，一起发现各种各样的机会。他们被告知，他们的参与以及所提出的意见都是至关重要的，都会对设计出一个成功的教学设施产生莫大的帮助。在这个成功的教学设施中，对环境的建设与学校的教学原则将会彼此融合，呈现出一种共生共栖的互利关系。

这份规划报告的大部分内容都是由这些调查研究的结果构成的。我们记录并编辑了九次讨论会上得出的结论，这些宝贵的资料将会为设计团队确定规划要素、优先级别、原则以及目标等原始的信息来源，帮助他们度过设计过程的开始阶段。

对于成功的再定义

通过对前面这些项目的介绍和描述，我们有必要对于成功的概念重新定义。仔细审视我们心中最强烈的愿望，无论是建造一个住家、一所学校、一个食品商店、一座医院，或是一栋办公建筑，我们一遍又一遍地审视这些愿望，就会发现其实它们彼此之间具有很大程度的兼容性，都是与环境的可持续性统一在一起的。当我们朝着目标开展工作时，我们所要追求的也正是这种一致性。*在探索阶段*，我们需要去发现的并不仅仅是建筑与场地系统之间的关系，还要去探讨我们自身与更大的系统——整体——之间的关系，从深层次去寻找良性共处的方法。所以，这里没有所谓的“正确”答案，我们要将成功视为一种进行中的过程，而不是意味着终结，这样的思维模式会对我们产生很大的帮助。我们要去解释系统是如何思考的，而一体化的方法并不是一个答案，而是帮助我们达成目标的方法——假如没有目标，那么一体化的设计就并非是真正的一体化，而系统的思考也将会失去方向。

第五章
探索阶段

建筑越高，基础就要埋得越深。

——中世纪晚期德国僧侣，神秘主义者，作家托马斯·肯皮斯（Thomas à Kempis）

设计一座伟大的建筑物，必须从不可测度的地方着手，并在不可测度之中进行设计，其成果也是不可测度的。

——建筑师路易斯·康（Louis I. Kahn），引自 Green, Wilder: Louis I. Kahn, Architect, New York, New York, Museum of Modern Art, 1961

这本书不是一份菜单

走进任何一家书店，你会发现有大量的自助性书籍供你选择，它们所涉及的内容相当广泛，从教人如何更好地跑步、滑雪、远足或是登山，到如何提高健康水平、改善人际关系或是积累财富等。同样，杂志架上也充斥着这一类的文章，如何自我提升、提高性生活品质、经营婚姻、学习厨艺等，不胜枚举。这些文章与书籍通常都是针对一些提出的问题给予说明性的方法。举例来说，假如你每个月都拿出一笔钱进行一项投资建设，那么经过一段时间之后你就会变得足够富有，可以过退休生活了。

本书关于设计方法的介绍，并不希望为读者提供自助式的建议。它的内容并不是说明性质的。我们不想提供一份菜单，引导您或是您的设计团队照章一步步执行，或是为您提供一栋建筑，具备您所期望的所有特质。与此相反，我们所要呈现给您的是项目的实例，说明怎样通过一体化的设计方法建造出更好的建筑成果。之所以要提出这些实例，是因为我们发现大家对于一些问题普遍存在着疑惑，这些问题类似于 LEED 这样的工具或是等级评定系统会对我们有什么作用，以及我们如何从这些工具当中受益等等。因此，本书的重点在于介绍如何更好地使用这些工具，如何在一个更大的相互关系当中工作，使我们提升自己的能力，创造出更加契合于更大整体的建筑物。

在这里，我们的观点是假如我们提供了一个设计方法的菜单，有助于降低对环境的危害，那么你们——读者们——就会马上在第一时间尝试运用这种方法，但是很有可能在书中所介绍的情况与你正在进行的项目环境并不相符。这样的方法看起来好像建立在一个完美的世界中，而这个完美的世界是可望而不可即的。与此相反，我们希望读者们能够了解本书的重点在于关系。不仅包括系统之间的关系；还包括人与人之间相互影响的方式，以及他们应该如何互动才更加高效——针对以上这些课题，鼓励读者们产生自己的想法。

一本关于如何改善婚姻关系的书可能会为读者提供很多的建议和思路，比如说更好地倾听，关心对方，信守承诺等。于是，你可能会在一段时间里尝试着运用书中所介绍的一两种方法，但是却发现你们的婚姻关系并没有如你期望那样得到明显改善。只有当你自己真正认识到你们的关系*需要*改变的时候，当你和你的配偶对于这个问题的理解完全达成共识的时候，你们的婚姻关系才会出现实质的变化。

同样，要想真正落实本书中所提出的理论，就需要你和你所在设计团队的其他成员达成共识，建造这栋建筑物的原因（为什么）以及设计的方法（如何）。首先，你需要适应并认识到你现在所使用的设计方法*需要*改变，之后，你需要将这种认识在设计团队成员内部达成共识。一旦这种共识形成，大多数的设计团队都会发现，实施本书所提出的理论将会对更高效地运用现有的工具——比如说 LEED 体系——协助建筑创作有所裨益，而且最为重要的是，通过这样的方法创造出来的建筑物不仅在功能上更为完善，而且还会与社区及自然系统产生更为紧密的联系及链接关系。

因此，我们希望为读者提供的思路在于如何改善设计的方法，在头脑中始终将了解系统之间的相互关系设立为目标是非常重要的，而对于本书中所介绍的设计方法纲要也要灵活运用。比如说，一个相对简单的小型项目，可能我们只要花费几个星期的时间，就可以完成探索阶段问题的讨论，但如果是一个复杂的大型项目，这个阶段很可能就需要花费好几个月的时间。

这样说来，现在是时候要改变我们的讨论了，从建立起支持一体化设计的基础，到勾勒出必要的步骤去完成。关于实施纲要的内容会在接下来的四章中进行介绍，其中包括详细的步骤，以及在一体化设计过程当中每一个阶段的具体工作内容。在这里有一个问题需要提醒读者朋友们注意，这种方法之所以是一种最为理想的方法，就在于它可以通过调整、修改，从而适用于具体项目的参数以及环境状况。因此，实施纲要假设一体化的设计工作是从一个最佳的起点开始进行的——即项目的开始。贯穿后面的四章，我们将会使用一体化的方法图解（参见图 5–2 与图 C–1）作为指导，界定出将要讨论的每一个特定的阶段。

值得再次提起注意的是，这些图示以及图示中描述的各个阶段，并非要规定出一种线性的方法；

相反，我们的目的在于提出一种理想化的结构框架以及一系列的工作，这些工作都要根据每一个具体的项目与团队的实际状况而相应作出调整。换句话说，我们建议利用每个阶段的纲要，为你实际的设计工作提供指导，而不要把这本书当作一份只有固定食谱的菜单。

就像上一章中所讲的，一体化的设计过程开始于探索的阶段。想要开始这一阶段的探讨，就让我们首先来看一看，当在使用传统的设计方法时，项目的开始阶段可能会出现怎样的情节；看看是否这些情节听起来是很熟悉的。

这就是我们的现状

一家大型公司打算兴建一座新的总部办公大楼，并通过 LEED 银级认证。业主已经聘请了整套的建筑师与工程师团队，接下来还打算再聘请一位 LEED 顾问，协助设计团队顺利通过 LEED 体系的评估认证过程。

一份由业主与建筑师共同编写的项目规划文件，被提交给 LEED 顾问，使他或她可以明确自己的服务范围，帮助设计团队更好地了解 LEED 体系，并将建筑师从 LEED 清单中选择出来的项目评分记录下来。接下来，LEED 顾问就会在获得业主认同的前提下提交一份建议书，然后紧接着就是召开团队工作会议，因为在一个月之后就一定要完成土地开发计划，这样才能获得所有权的审批，开始安全的融资。

第一次讨论会召开，项目团队逐条浏览 LEED 清单，核对建筑师最初的评估。当整个团队对 LEED 目标评分达成共识的时候，经过些许犹豫，项目经理也同意了大家的意见，确认只要去掉几个部分，整个规划方案就可以在预算范围内完成。土木工程师也同意去掉这几个部分，认为其他部分都可以在预算范围内完成。各位项目团队的成员为了追求 LEED 评分这一共同目标而达成一致性的任务，在进行土地开发设计图绘制工作进行之前，将这些所需要的措施融入场地规划当中。场地规划的绝大部分工作都是由建筑师与土木工程师完成的。

四周以后，一套场地规划方案图被送到 LEED 顾问那里进行再次检视与评估，确保为了达到 LEED 所规定的评分而设定那些措施确实已经体现在设计当中了。经过对设计文件的仔细检阅，LEED 顾问提交了一份简要的报告，其中包含少量的说明与修改（比如说再增设两处停车场；将人行步道的铺面材料由沥青变成混凝土；在项目场地红线之内再增加几处有植栽的开放空间等），并且表示这个项目所追求的所有场地规划评分都已经实现了。简而言之，整个项目团队错失了一些细节处理，但是却交上了一份好的答卷。

建筑师和土木工程师参照 LEED 顾问的建议，对土地开发规划图纸进行修正，提交，并获得了初步的市政审批。有了这份审批在手，业主就可以进行安全的融资活动，并计划召开第二次团队工作会议，这是一个设计讨论会，会上我们会宣布：“我们现在就要开始进行建筑设计了！”

停下脚步，进行反思

这听起来确实不错，对不对？经过短短的几个程序，业主就拿到了审批并且开始融资。建筑师和土木工程师通过这一阶段的工作履行了他们的合约义务，而整个项目也没有偏离追求 LEED 目标的正常轨道。

好的方面是什么？

理想的结果如期而至，并且没有超出预算的限制。在这个项目中我们实现了一种非常高效的方法——这种方法以依照惯例被大家所接受的一套价值为基础，具有以下特点：

- 可以迅速完成这个阶段
- 便于明确成本参数
- 便于通过法规的要求
- 便于安全融资
- 清晰而简单地限定出设计的任务与范围
- 便于调整造价，满足业主的期待
- 达成了最初的 LEED 目标追求

不好的方面是什么？

在这个案例中，他们把 LEED 清单看作是为创造出一个更加可持续性的项目而列举出来的所有可能性。一旦一些议题从清单当中被挑选出来，那么接下来的所有工作，都将围绕着如何使这些措施在设计中得到落实而进行。而那些会对建筑产生重大影响的，更大的系统关系却都被忽略了，于是，关于场地的可持续性，以及更大范围的嵌套式二级系统的可持续性这些重要的议题都没有进行探讨。

这会带来怎样的结果？

- 就像我们所看到的，我们常常还没有质疑假设的状况就开始了工作，结果就失去了一些机会。
- 我们还可以看到设计团队的成员都是单独开展各自工作的，缺乏对于跨学科间交流的认识，因此又丧失了更多的机会。
- 通常情况下，建设项目的成功都会由于缺乏共同的目标，以及缺乏对一体化设计方法的认识而遭受阻碍。

你可以回想一下在第三章中讲到的故事，在一个大型办公建筑设计案中，由于该设计团队希望达到绿色 LEED 指标，于是在设计中期邀请我们加入其中。在第一次设计研讨会上，我们提出要看一看初期的能源建模，这样有助于对现阶段的设计进行评估。结果，这个项目的 HVAC 工程师告诉我们说："我们在设计定案之前不建立能源模型。"

我们问其原因，终于了解了他们这种选择背后的逻辑：这个设计团队把早期的能源建模视为浪费；他们相信假如在设计最终定案之前进行能源建模，那么这种建模工作就要反复修改不止一次。在他们现在的设计过程中，建筑师的工作完全都没有得到 HVAC 工程师所期待的能源特性的意见反馈。能源模型没有被当作一种辅助设计的工具，而只是为了达到 LEED 指标，而在设计定案后才被补充进来评估建筑的性能。整个设计团队共同的目标就是得到 LEED 的认证。

这就留给我们下面的三个问题：

- 我们应该如何建立一种方法，鼓励质疑假设的状况，由此，我们就不会在界定与扩展了探索的范围之前就开始进行设计工作——这是关于探索的问题，旨在促进反复的探索。
- 我们应该如何建立一种跨学科的方法，探讨科技、技术和二级系统之间的相互联系，进而了解每一个具体的建设项目与场地条件最为优化的相互关联——这是跨学科的方法与单纯多学科方法的对比。
- 我们应该如何建立一种方法，了解每一个项目的所有相关者所持的各不相同的见解和期待，鼓励大家围绕着共同的价值观、方法和目标达成共识？（这里所说的相关者包括所有相关的系统，人类与非人类，有机体和非有机体都包含在内。）

在一体化的探索过程中假如缺少了对上述三个方面的思考，就会导致出现一些没有结论的会议和/或是具有机能障碍的建筑。在新项目的创建过程中，假如业主、顾问、施工人员、社区所有相关者与使用者们不能做到有意识地各司其职，那么就不可避免地会出现沟通不良的状况，进而导致失误。在对话的过程中（而不是争吵），将众人的意见汇集起来并获得深入理解的能力，是设计团队的每一位成员都必须掌握的技巧，因为只有这样才能够改变我们过去对于环境问题的狭隘理解。在探索阶段投入到这些问题的思考，会为我们在人与人之间、以及人与环境之间搭建起交流的桥梁，避免不经意间产生的过失，追求更为长远的利益。

面对这样的区别，我们应该怎样做（怎样看待）？

我们现在所运用的设计方法是狭隘的和自我局限的。我们探索的范围被有条件的期望以及偏见局限在一个狭窄的区域，这些在传统设计方法中产生的偏见长期以来已经深入人心，我们甚至都还没有意识到需要质疑它们。甚至当我们运用 LEED 体系作为指导性框架或是辅助工具的时候，我们还是会发现自己的思维又会被这些工具本身所列出的问题所限制住，最后，往往沦为*为了工具而进行设计*。

一体化设计方法概述

一体化的设计方法就是一种完全不同的方法。就像我们已经看到的，它区别于传统的设计方法，或者说区别于线性的设计方法。假如我们希望在成本以及环境性能方面都能获得最高的效率，那么就要确保所有人员以及所有议题都能及早进入状态。

你应该还记得第二章中对一体化设计方法的介绍，简要描述它的过程，就是反复的*研究/分析*与*团队讨论*。在后面四个章节的*实施纲要*中，我们将会把每一部分工作划分为一个“阶段”，并且概要性地归纳每一阶段的具体内容。在研究与分析阶段纲要中所罗列出来的工作，并非呈现线性的状态。与此相反，它们应该接近于一种重复的反思过程。在第二章中我们介绍了学习的车轮，这是一种在作出决策的过程中允许新思路不断浮现的方法论。这种方法论在假设的问题之间不断变换——通过研究与分析刺激假说的产生——之后再运用定量的工具以及召开团队工作会议，来对这些新的思路进行检验；这样的过程一遍又一遍周而复始。这种不断重复进行的最基本的模式，研究分析与团队讨论，在图 5-1 中进行了简要描述；这个简单的模型就是本书所介绍的一体化设计方法的基础，归纳起来如下列描述：

- 研究/分析：在工作会议召开前，各个专业的每一位团队成员都要对与项目相关的议题进行粗浅的了解——比如说，生态与生境系统、水系统、能源系统、材料资源与预算资源等。有了这样的初步认识，在设计过程的开始阶段，大家才能有一个对基本议题的共识。
- 团队讨论：在第一次的团队讨论会（目标设定大会）上，全体设计团队成员与项目相关的所有人员都会出席，大家对比各自的想法，确立性能目标，并开始组建起一个具有凝聚力的团队，这个团队将是项目的核心设计者。随着彼此间的交流，每一位团队成员都逐渐将各自执掌的议题与系统联系起来，并将同整个系统的相互关联视为自己的责任，这样，就会收获到更加一体化、更加完善的结果。

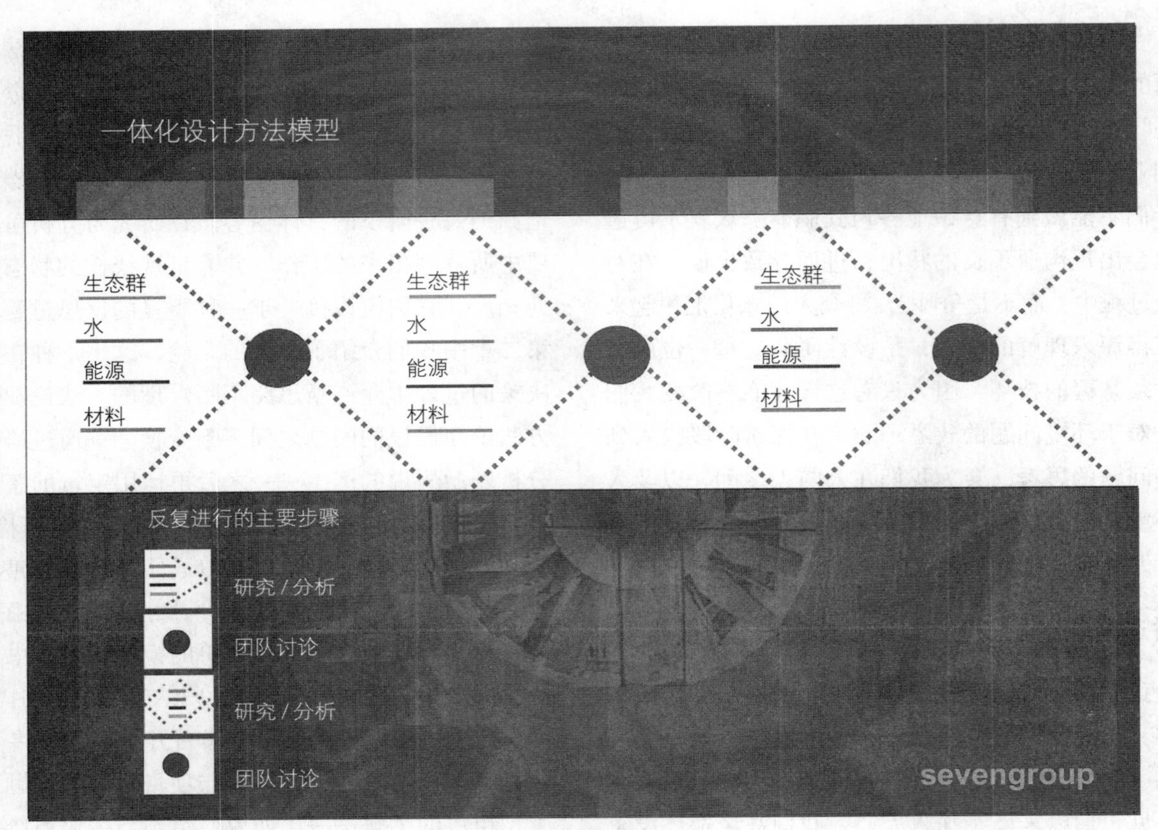

图 5-1 一体化设计方法模型（图片由七人小组和比尔·里德提供）。

- 研究 / 分析：团队成员们再回到他们各自执掌的议题当中——进行改良性的分析、对待选择的方案进行测试、比较，并召开一些小型的会议激发新思路。
- 团队讨论：项目团队成员们再一次召开会议，深入讨论获得多重收益机会的问题——举例来说，如何更好地利用一个系统产生的“废弃”产品，使之成为其他系统需要的资源。随着这样的深入讨论，大家不断发现新的机会、对其进行剖析、跨学科的检验，之后又会提出新的问题。
- 研究 / 分析：团队成员再次分散开进行设计与研究工作，主要集中在一些重点议题上，继续挖掘潜力，获得更大的收益。而新的构思也会继续浮现出来。
- 团队讨论（若干次）：团队讨论会再一次召开，完善设计、优化系统（建筑与设备系统），整合系统同项目之间的联系（水、生态群、能源、材料等）。

这样的模式反复循环周而复始，直到解决方案完善到业主与团队的理想状态为止。

我们发现在一个项目的设计过程中，至少需要召开 3—5 次的团队工作会议或是研讨会（取决于项目的规模大小），这些会议要求所有相关人员都要参加。在这几次大型会议中间，还需要穿插一些比较小规模的讨论会。何时召开及如何召开这些会议，是由项目经理或一体化方法推动者来决定的。尽管如此，假如团队成员们没有办法做到至少每两个星期就组织一次会议，有意识地进行整体的交流（及时研究，不断完善），那么大家探索的热情就很可能会慢慢冷却。

在本书后面几章，我们将会把图 5-2 所示的图表作为对一体化设计方法的示意说明和优化的方式。它是对图 5-1 中所介绍的简要模式的放大。

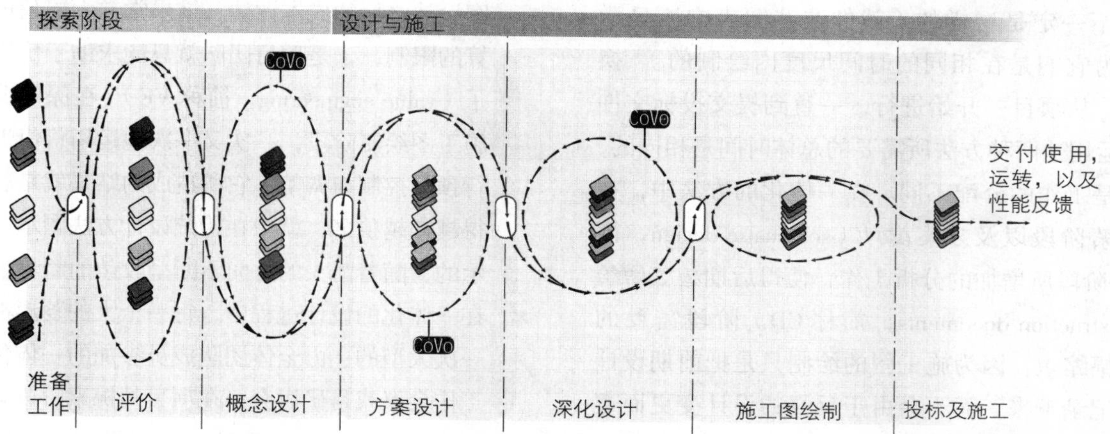

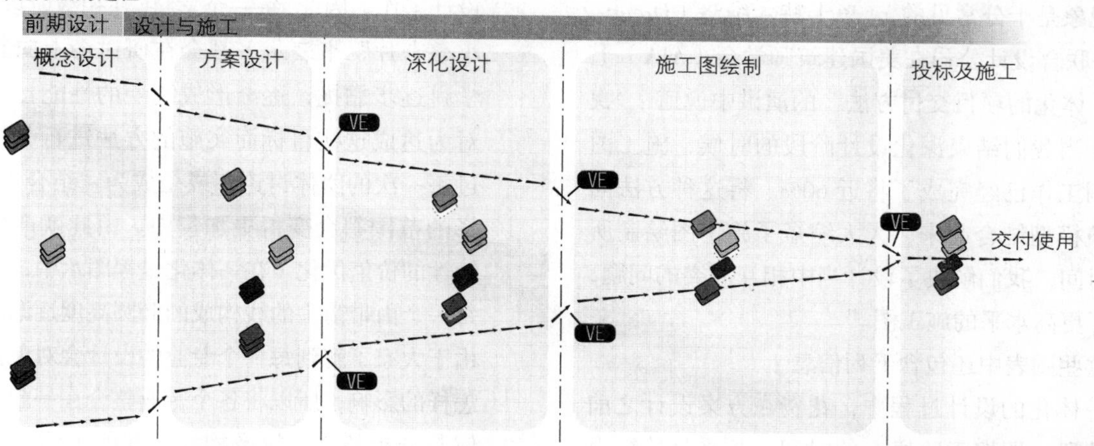

图 5-2　一体化方法的过程与传统方法的过程（参见图 C-1）。沿着同样的时间线进行对比，显示出一体化的方法是最佳的（图片由七人小组和比尔·里德提供，绘图科里·约翰斯顿）。

从图表中我们可以看到，整个项目的设计阶段，使用*一体化的方法*（integrative process，简称IP）与使用*传统的方法*（traditional process，简称TP），二者所需要的总体时间是相同的。由于一体化的方法中，设计前期需要进行大量的分析，所以大家通常会认为使用这种方法需要更多的时间；但事实并不一定是这样的（就像这些图表中所显示的，因为它们是在相同的时间尺度内绘制的）。换句话说，从项目一开始进行，一直到提交投标文件结束，运用这两种方法所需要的总体时间是相同的，差别只是工作的分配不同。在一体化的方法中，在前期*探索*阶段以及*方案设计*（schematic design，简称SD）阶段所增加的分析工作，使得后期*施工图绘制*（construction documents，简称CD）阶段需要的时间大幅缩短，因为施工图的绘制只是把前期设计的内容记录下来，而不会由于反复的设计变更而遭受干扰（在我们现在大多数案例中，这种设计反复变更的现象是十分常见的）。奥卡特－维洛（Orcutt-Wislow）联合设计公司在美国建筑师学会（AIA）上题为“一体化的项目交付方法”的演讲中说道：“我们发现，当我们结束深化设计阶段的时候，施工图纸的绘制工作已经完成了将近60%。将这种方法同虚拟建筑模型结合起来，大大缩短了施工图绘制所需要的时间，我们解决了设计当中相互冲突的问题，绘制出了更高水平的施工图。”

在这些图表中还包含下列信息：

- 在一体化的设计过程中，花费在方案设计之前的阶段（即探索阶段）的时间，几乎是传统设计过程中相同阶段（即概念设计阶段）所需要时间的两倍，但是一体化设计过程中深化设计（design development，简称DD）阶段所需要的时间却比较短，而用于施工图绘制（CD）的时间更是被减少了三分之一，甚至更多。
- 在传统的设计过程中，每一个学科都被表示为一叠卡片，而每一叠卡片都在自己附近的范围内浮动，各自孤立地进行系统分析，缺乏联系。这种分散的状态会一直持续到方案设计阶段，经过方案设计之后的成本评估，结果常常大幅超过了预算的限制，于是项目团队就只能求助于价值工程了（value engineering，简称VE）。在深化设计与施工图绘制阶段，一次又一次地运用价值工程进行预算控制与调整，它所造成的结果就是思路变得越来越狭窄，就像在传统设计方法图示中所表示的，随着箭头的方向不断呈收敛的趋势。
- 在一体化的设计过程中，每一个大的菱形都代表一次大型的、由全体团队成员参加的一体化设计工作会议或是研讨会；在项目的探索阶段就包含两次这样的会议，而这时，还没有人开始进行设计工作。因此，每一个学科（在初级阶段用“一小叠卡片”来表示）都会在研讨会上向其他的学科逐步靠拢，逐渐形成统一的性能目标，并对为达成这些目标而实施的方法进行分析。经过每一次的团体讨论，或是成为“结合点”，选择的范围都会变得更加集中。由此就产生了持续性的价值优化（在一体化过程图示中，表现为每一个由带箭头的线构成的椭圆高度逐渐减小），由于大家了解到每一个专业的设计会对整体产生怎样的影响，所以将各个专业整合在一起，去了解与分析整个系统及构件之间的关系与相互作用。这样的结果是通过不间断的重复分析而获得的，就像一体化过程图示中所表现的，带箭头的线形成一圈又一圈的循环。

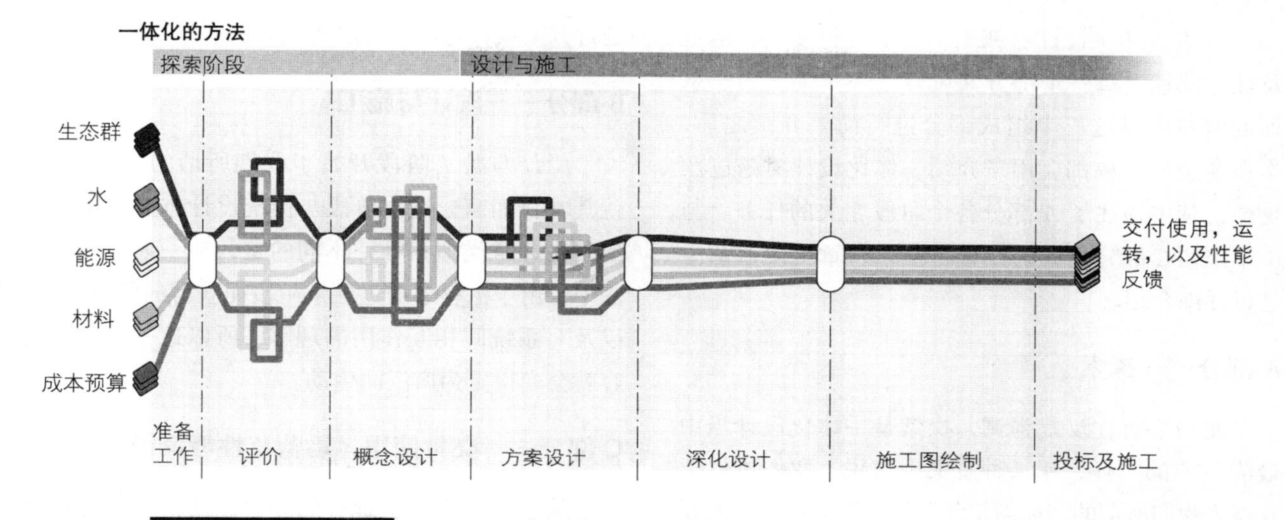

图 5–3 通过一体化的方法（参见图 C–2）可以展示出二级系统、成本和各个学科之间的相互作用（图片由七人小组和比尔·里德提供，绘图科里·约翰斯顿）。

我们曾在第四章中讨论过，一体化设计方法的基础就是探索阶段。事实上，以往的经验也同样告诉我们，假如没有经历探索阶段，那么一体化的设计就不可能发挥出最大的成本效益。在进行任何有形的、切实的设计工作之前，必须要对主要的系统以及与项目有关的二级系统之间无形的关联具有一定的了解。每一个关键的二级系统议题（伴随着相关的预算和成本问题）都需要被纳入考虑——越全面越好。这就要求业主、设计与施工团队的成员、社区的居民，以及所有与关键的议题和二级系统有关联的相关人员都要参与进来，形成彼此之间的联系，这样才能产生综合的探索成果。图 5–3 和图 C–2 就描述了这种相互作用，同时也是从另一个角度对图 5–2 和图 C–1 中一体化方法的描述。

如何在人类、生物、技术与地球系统（生态群、水、能源和材料）之间的相互关系中获得更大的收益，对这个问题的回答就是设计过程的开始。这个问题听起来很复杂，但是这种方法就与科学家们（和结构工程师们）所说的进步相当类似，图 5–3 就描述了这种方法。了解这些关系是进行任何设计的基础，无论设计的目的在于节约资源，还是保护自然系统的健康和利益，或是致力于研究人类的任务，使人类成为服务于地区健康的高效管理者。在项目进行的过程中，无论设计、施工还是运转阶段，团队成员都必须积极地对这些关系进行优化——换句话说，为了更好的将来，可持续性地（更好地）利用资源，无论是技术资源还是自然资源。

三个组成部分

为了使读者便于理解实施一体化设计方法基本的构成，我们将这种方法拆分为三个基本组成部分：

（A）探索；（B）设计与施工；（C）交付使用、运营及性能反馈。每一个部分又可以进一步细化为一系列的阶段。对这三个组成部分进行简要介绍之后，本章剩余的篇幅都会用来介绍一体化设计*实施过程纲要*，其中描述了A部分各个阶段相关的任务。与B部分和C部分相关的任务将在第六章至第八章中进行详细介绍。

A部分——探索

我们一直在反复强调，探索是一体化设计当中最为重要的一环，从某种意义上来说，我们可以把它视为我们所谓的"*前期设计*"有意识的扩展。假如这个阶段没有被当作一个明确定义的阶段而严密地执行，那么项目的环境目标就不大可能会符合理想的成本效益目标——或者说，根本就不可能达成理想的成本效益。这也是一种思考设计过程的新方法。

无论你选择如何实施这一阶段（即A部分），也无论你选择什么顺序来开展研究工作，最为关键的一点就是在A部分中描述的所有相关工作，都必须在你"拿起铅笔"之前完成——也就是说，在开始进行方案设计之前，必须要完成探索阶段的工作。

B部分——设计与施工

*设计与施工*阶段开始于我们所谓的*方案设计*，就其本身而言，这个阶段与传统设计方法当中相应的阶段非常类似，唯一不同的是，在一体化设计方法中，由于汇整了通过探索阶段而获得的所有成果，以及对系统间相互作用的理解，所以这一阶段的内容就会变得更为广泛而生动。

C部分——交付使用，运营及性能反馈

从各个方面详细地介绍*交付使用，运营及性能反馈*这一阶段已经超出了本书的范围，恐怕还需要其他的书籍才能够对这一部分有一个全面的了解。但是，在经历了A部分与B部分之后，我们还是要把C部分提出来，因为如果没有建筑使用者与他们的环境之间关系的反馈，那么我们的工作就不会真正变得生动起来。换句话说，假如没有使用后的意见反馈，那我们就无法评估前面两个部分（A部分与B部分）的挑战结果成功与否。

A 部分——探索

A.1　阶段

研究与分析：准备工作

A.1.0　准备提案

- 为初次的目标设定讨论会明确服务范围与取费问题。

A.1.1　为第一次工作会议所做的基本调查

- 场地选择：对备选的场地进行评估（假如还没有确定的话）。
- 项目周遭状况：明确基本的生态条件，以及针对四个关键的二级系统进行初步分析：
  - 生态群；
  - 水；
  - 能源；
  - 材料。
- 相关者：识别出关键的相关者：社会的与生态的。
- 规划：提出初步的功能性的规划要求。

A.1.2　原理与测量

- 选择等级评定系统以及性能指标评估标准。

A.1.3　造价分析

- 准备一体化的成本控制框架模板。

A.1.4　工作进度表与费用问题

- 建立工作进度表模板——一份任务分配线路图——有助于统一任务；
- 为第一次团队工作会议准备会议议程。

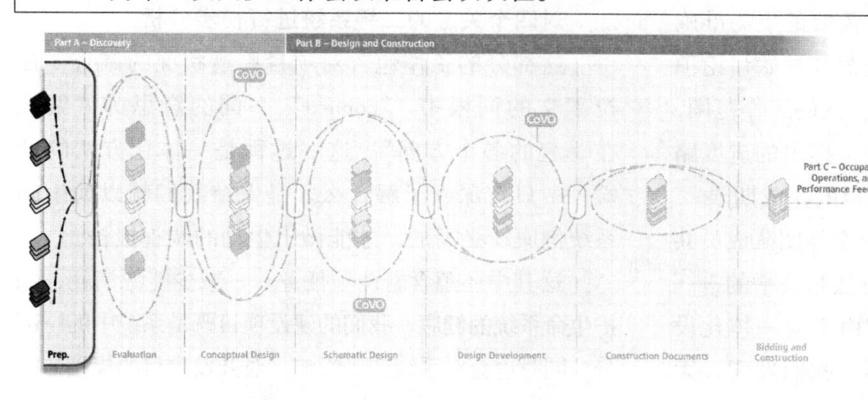

图 5–4　一体化方法的第一部分（A.1），研究与分析："准备工作"（图片由七人小组和比尔·里德提供，绘图科里·约翰斯顿）。

A.1 阶段

研究与分析：准备工作

A.1.0 准备*提案 A*

- **为初次的目标设定讨论会明确服务范围与取费问题**

由于绿色建筑设计的方法是一种全新的方法，而且团队成员们所掌握的技能也都各不相同，所以项目设计的费用问题可能会有一个比较大的调整空间。我们发现以下的方法对于清晰而公正地确定服务范围与取费标准是非常有效的。

- 提案 A：找到主要的顾问或是几个核心的团队成员，请他们提交一份取费计划书，这份计划书只是在第一次的目标设定会议上使用。另外，他们还要为这次会议准备一些必要的背景调查资料。通过这些背景调查资料以及第一次的目标设定会议召开，关于项目的工作目标就可以明确下来，同时还可以提出一体化进程线路图，这是一种制订工作进度表的工具。有了明确的目标和进程线路图，顾问就会对这个项目剩余部分的工作范围有了更为现实的思路。
- 提案 B：随着对工作范围和进度表越来越清晰的认识，所有的团队成员们现在都对为完成该项目剩余部分的工作而需要的更为准确的取费有了共识。之后，提案 B 开始讨论项目完成期限问题，依据大家公认的工作范围，以及在第一次目标设定会议上提出的进度路线图，由每一位顾问写出项目的完成期限。

通过提案 A – 提案 B 的方法，使全体团队成员共同提出一个现实的取费标准。这种方法是公平的——减少了猜测的成分，也减少了人们由于对一体化设计方法的不熟悉而遭遇到的挫折感。我们发现，无论是我们的业主，还是他们的设计团队成员，对这种方法都是十分赞同的。

A.1.1 为第一次工作会议所做的基本调查

为第一次工作会议，即目标设定会议的召开进行基本的调查与分析工作（这是在提案 A 中所明确的一项工作）。假如没有初期的调查，那么我们所讨论的潜在的绿色建筑设计机会就会失去高水平的理论依据（换句话说，这就将是一个“脱离实际”的会议）。收集关于四个关键二级系统的资料，对于在召开目标设定会议之前开展调查和分析工作是非常有帮助的。它可以为将要召开的第一次工作会议铺设台阶，为整个项目持续性的分析与发展提供初级架构。因此，下面的几个方面就是在目标设定会议召开之前需要探讨的问题：

- **场地选择：对备选的场地进行评估（假如还没有确定的话）**

假如还没有选定场地，那么从环境的正面与负面影响方面，对备选的场地进行评估是相当有好处的。在“场地周遭状况”下面所列出的各项任务，对于提出架构、指引业主对备选的场地进行评估，并作出正确的选择是很有帮助的。在现实的工作中，对场地的选择往往都没有注意到这些方面。

- **项目周遭状况：明确基本的生态条件，以及针对四个关键的二级系统进行初步分析**

这部分的工作包含对项目周遭状况的调查；在拉丁文的词根中，“context”一词的意思为“编织在一起的各个方面”。这一过程是一体化方法的开端——只有深入了解什么才是保持我们赖以为生的系统健康所必需的，才能做出生动的调查报告。

这其中还蕴含着两项任务——减少能源消耗，保护生命系统的健康。我们的建设项目既是系统中的一部分，同时也会对系统产生影响。对开发项目的规划与四个关键二级系统基本状况之间的关系、互动情况以及经济性进行初步分析是我们必须要做的工作。在前面第四章中，我们对这四个关键的二级系统进行过介绍：

- 生态群（包含人类和其他的生物系统）
- 水资源
- 能源
- 材料

这些二级系统之间的相互关系，可以帮助我们对于整体形成更加完整的认识，同时也是获得成功设计作品的必要基础。

- **生态群**
  - 调查室外空气质量，比如说，场地旁边高速公路或是其他污染源所产生的粉尘，场地周围平均二氧化碳浓度水平等。
  - 通过对人类、土地和生态系统的调查研究，了解该地区的模式——这是解决模式问题的第一步工作。其中包含花时间与场地共处。再生研究小组的蒂姆·墨菲把这一过程描述为与场地的“约会”，通过这样的约会，也许你还会发现一个潜在的浪漫模式。
  - 调查生态系统（水文地质、土壤以及当地的生态群等等）和社会系统（历史、聚落的形式等）。也就是说，人类与其他生命体与生态系统间的相互作用，是如何对这一地区产生正面与负面影响的？提出问题，我们现在有什么不同的处理方法？从这一地区过去数千年来发展的模式中，如何使这个建设项目学习到经验？对于该地区的持续发展，建立起更健康的相互关系，我们如何获得更为深入的领悟——并为此作出自己的贡献？
  - 调查当地流域的生态模式，再调查50年前的状况，100年前、300年前、500年前、1万年前，以及100万年前的生态状况……这样的分析是为了探索社会的、文化的与自然系统之间相互关系的模式——其中包括植物与动物种类、土壤类型、水文、农业、制造业、天气、地质、以及地震活动等——不仅要了解现在存在什么，还要了解之前存在什么，以及经由我们的参与，将来会有怎样的发展，促进生物多样性、使环境恢复生机勃勃的面貌。

由探索而设计——一个关于设计如何由场所而生的故事

帕梅拉·曼格（Pamela Mang）　著

2007年9月，再生研究小组应亨利·米勒（Henry Miller）可持续性发展联合事务所以及“相信可持续性发展之路”组织的邀请，撰写一篇关于场所的故事，将会在11月召开的得克萨斯州麦卡伦中央公园建设项目研讨会上演讲。

麦卡伦在地理位置上位于Borderplex地区（或是Rioplex地区）的中心，其中包含里奥格兰德山谷中的四个隶属美国的县，以及从马塔莫罗斯到米耶尔城的几个北墨西哥边境城市。Borderplex地区拥有超过2500万人口，人口数位居全美国前25名。同时，这里也是全国生物种类最为丰富的地区。

麦卡伦本身是一个快速发展、欣欣向荣的地

区，这里是国际零售、贸易与金融中心，该地区的收入增长速度以及零售业绩经常在全国高居榜首。在2000年，麦卡伦市发起号召，呼吁在保持经济高增长率的同时，停止对自然环境的持续破坏，拯救失去的文化景观，阻止开发的品质不断恶化。其中最近的一份报告表达了这个城市的愿望：在保持经济持续高速增长的同时，"保持独一无二的区域特性，强化城市物质的形象与特征，继续保持领头羊的位置。"在这项号召活动开展后的几年间，中央公园开发项目是所有项目中规模最大最为复杂的。

这个项目的场地，是面积约为70英亩的国有土地，非常靠近市中心区和飞机场，容纳一个新的会议中心以及一座大型购物中心，平均每年吸引来自墨西哥及周边地区将近百万的观光人潮。根据城市的征求建议书（Requests for Proposal，简称RFP），该项目的目的是"为游客、参加会议的人员，以及周围地区的参观者和麦卡伦本市居民，创造一个充满吸引力的旅游胜地"。

不难想象，由于这个项目非同寻常的重要性，市府收集了一份相当周详的清单，上面列举了很多的要求，包括"开放区域和私密区域混合搭配，设置高端的专业零售商、餐厅以及独特的集会场所，提高生活的模式"，还要包含"旅馆、住宅、专用的商业空间、饭店、小商店、夜总会……以及一座公园和圆形剧场，还要为将来可能兴建的博物馆和天文馆保留规划用地。"

开发商的队伍中包括国际知名的"新城市规划者"的几位领导者，他们组建了整体规划设计团队，综合操作这个城市中心的规划案。专业团队的阵容是如此强大——而场地事实上就是一块空白的画布，在过去的60年间只有一个废旧的储水池，市府打算把它移往其他地方——在一般情况下，都会由过去的开发商负责将这块场地的状况表连同财务状况一起转交给新的设计团队，但是这里却根本不存在过去的开发商。

这些开发人员对于可持续性建设开发项目有着丰富的实践经验，他们开始意识到，尽管绿色建筑的技术与伟大的设计都是必要的因素，但是仅靠这些还远远不够。他们认识到，最富有生命力、最有利于持续性发展的开发项目，必然要植根于将场所视为一个生命系统这一深刻理解之上。他们知道这样的理解才是规划与设计的根基，有了这样的根基，才能够创造出更加优秀的设计，以及更加高效的绿色建筑技术。

出于这样的考虑，开发商找到再生研究小组，请他们为该项目开始为期5天的研讨会准备一篇关于场所的故事。故事所要表达的内容有以下两个方面：（1）将设计团队（他们当中的绝大部分成员在本次研讨会之前从来没有去过项目所在地）与麦卡伦独有的特色与动态的情况联系起来，包括区域、人民、土地；（2）统一思想，鼓舞人心，成为大会创造性工作的组织核心。

再生研究小组开始进行故事的准备工作。他们查阅历史文献以及现在的资料，深入城市中，以及该地区几个具有代表性的生态系统地区进行参观。准备工作中一个重要的部分，就是对麦卡伦以及里奥格兰德山谷的很多居民进行访问。他们谈论的主题涉及广泛，从历史的、现在的背景资料，到对于未来的展望与期待。访问的对象包括自然主义者、环境科学家、环保积极分子、文化历史学家、与中央公园项目有关的城市与社区相关人员、政治领导人、文化与社会活动积极分子，思想领袖，以及对麦卡伦的未来发展表达了期望的广大民众。

将项目场地、城市和地区视为三个嵌套式的系统，每一个系统都会对其他的系统产生影响，同时也会受到来自其他系统的影响。运用这样的框架，设计团队寻找塑造出这片土地面貌的模式，以及这种模式的核心；人类塑造土地的核心模式，以及人类被土地塑造的核心模式；人类文化发展的核心模式，以及现今文化发展的状况。此外，他们尤其重视的是生态系统与人类的发展模式相互影响，随着时间推移彼此放大，这也是开始了解麦卡伦（以及更大的区域）所特有的核心或本质的一种方法。而在中央公园规划案的设计中，这种区域的本质与核心都是需要被塑造与反映出来的。

第一个发现是所谓的里奥格兰德山谷实际上应该是里奥格兰德三角洲——“山谷”（valley）一词的用法是不恰当的，那不过是因为早期的移民者觉得山谷一词从某种意义上更具吸引力罢了。这是一个相当重大的发现，因为在三角洲地区与山谷地区的自然力的作用、生态系统与人类之间的关系与相互作用都是不同的。将三角洲地区视为一个自然的构造、一些层层相套的系统，以及人类的生活是如何在这样的环境条件下开展并逐渐繁盛，设计团队在这些问题之间反复地探讨。每进行一次探讨，他们对于区域本质的了解就会更深入一层。一个三合一的框架慢慢浮现出来，它描绘出由核心动态塑造着场所内部的相互关系（类似于图 5–5 所示）。这个基本模式的框架图就成为撰写关于场所故事的组织架构。

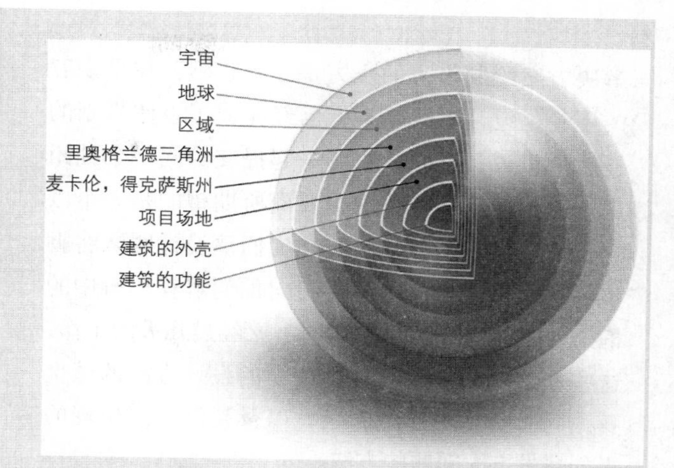

图 5–5 得克萨斯州麦卡伦嵌套式的系统示意图（图片由七人小组和比尔・里德提供，科里・约翰斯顿绘图）。

研讨会从星期一的早上开始，我们在会上为设计团队的成员讲述了这篇关于场所的故事。设计团队的成员是在会议的前一天晚上到达的，一起出席会议的还包括 20 位当地的相关人员，他们中的大部分都曾参与再生研究小组的调查访问。框架图被贴在墙壁上，并利用 PowerPoint 软件帮助大家认识到所放映的这些图片、事实和轶事之间的相互联系，以及它们对于项目与社区的现实意义及长远意义。

讲演结束后就是讨论，项目团队成员聚集起来开始进行他们的工作。马上开始将设计思路与解决方案绘制出来的压力是如此强烈，在星期五的下午，设计团队基本上已经完成了总体规划的概念性设计，连同分析图一起提交给同一个社团进行讨论。这个项目的开发商所期望的是一个以场所为出发点的设计，于是他们请设计团队将脚步放慢，以便再生研究小组向他们解释故事中的框架,并将其转化到设计当中。又经过几天的工作，这些框架成为一种富有创造力的设计方法的试金石，同时又是灵感的源泉，以及帮助解决出现的工程技术方面问题的方法。

那么后来的结果如何呢？城市和社区的居民们对概念性总体规划设计结果相当满意，非常感谢设计团队为他们设计了一个具有特色的项目，可以真实地反映出这一区域独一无二的特性。设计团队与开发商团队中的一些成员表示，这种设计方法为他们带来了一种全新水平的创造能力。他们还指出，根据他们过去的工作经验，绝对无法想象能够获得这样成功的效果。

就像一位开发人员所说的，这种方法是真正的由探索而设计，而非由判断而设计。

或许，这种方法为麦卡伦社区所带来的潜力是同样重要的。一个共享的故事框架——一个通过对场所深入的了解而组织起来的框架——鼓励我们在这个框架里创造出属于自己的故事。我们应该如何塑造我们的社区？如何定义我们的身份？我们拥有哪些独特的能力为社区作出贡献？这些问题会使故事的过程保持生动。通过麦卡伦自己的故事，运用模式的框架，这个相对小型的项目为设计团队与社区提供了继续以这种讲故事的方式开展工作的基础。通过这种方式，使他们可以从基本的框架出发不断拓展，进而再造出实体、景象、特色，以及他们所居住的场所的感觉。

- **水资源**
  - 调查水的流向、水的质量、保存方法、地形、水文地质、土壤、湿地、邻近的水体，等等。
  - 调查降水率，进行基本的水平衡研究（潜在的资源和浪费：输入与输出）
  - 为第一次工作会议准备一下基本资料：
    - 年降水量（英寸 / 年）
    - 平均月降水量（英寸 / 月）
    - 污水处理厂设备的位置（地图以及到项目场地的距离）。下列问题的答案：工厂有没有超负荷使用？有没有新建工厂的计划？配置性基础设施的泄漏比例（评估地下水渗透到污水系统，或是污水系统渗透到地下水）？污水处理的水平和种类如何？每加仑污水处理的碳足迹是多少？
  - 水资源（蓄水池、含水层、井、湖泊、河流等的地图与说明）
  - 场地内地下水的深度与流向；测定地下水的品质
  - 平均水处理费用（每适用单位）
  - 平均饮用水供应成本（每适用单位）

尤克罗斯（Ucross）——新建筑水资源收集以及灰水管理总结
国际自然系统 11-06-2008
下列计算为尤克罗斯新建筑水资源收集与灰水管理的大略估算。建筑物可以采用其中的一种系统，也可以独立使用下列三种系统。

1. 雨水收集情况计算——单纯利用屋顶收集

屋顶雨水流量
面积
工棚 1400 平方英尺
公共建筑 1250 平方英尺
现有建筑 1000 平方英尺
总面积 = 3650 平方英尺

C= 0.9 屋顶薄膜 *径流系数*
收集效应： 0.85 屋顶薄膜 *收集效应*

流量（V=P/12× 面积 ×C×7.48× 收集效应）

月	雨量	收集雨水量（加仑/月） 工棚	公共建筑	现有建筑	汇总
1月	0.65	434	387	310	1131
2月	0.74	494	441	353	1288
3月	0.79	527	471	377	1375
4月	0.94	628	560	448	1636
5月	1.33	888	793	634	2315
6月	1.05	701	626	501	1828
7月	2.35	1569	1401	1121	4090
8月	2.17	1449	1293	1035	3777
9月	1.52	1015	906	725	2646
10月	1.11	741	662	529	1932
11月	0.62	414	370	296	1079
12月	0.71	474	423	339	1236
	13.98	9333	8333	6666	24332

2. 主动式雨水收集方法

下列方法使用地下水箱，并设有灌溉泵及溢流孔

建议水箱尺寸 3000 加仑（可以储存 7 月份大部分降水）
水箱大概费用 2.00 美元/加仑，含安装
水箱大概费用 6000 美元含安装（地下水箱）
灌溉泵大概费用 1250 美元含安装
整体水箱费用估算 = 7250 美元

整体能源成本
Ha= 550× 灌溉泵马力 × 灌溉泵功率/质量流动速率
灌溉泵马力 =Ha× 质量流动速率 /550× 灌溉泵功率
每天灌溉运转小时数 1 小时/天
泵流量大概值 = 13 加仑/分钟泵流量 1.75 磅/秒质量流量
754 加仑/天
灌溉泵设计扬程（英尺）= 78 英尺 TDH 33.9 磅/平方英寸
灌溉泵功率 = 0.5
能源成本 = 0.10 美元/千瓦小时
灌溉泵马力 = 0.50 马力（灌溉泵）
能耗 = 0.37 千瓦
0.37 千瓦小时/天
0.04 美元/天

3. 被动式雨水收集方法

下列方法使用盲沟或“浮石渗透”被动式收集雨水，并减缓雨水的排放速度。在水沟的两侧均种植景观植栽。

设计降水深度 = 1 inch storm
岩石孔隙比 = 0.4 porosity for 3/4" gravel or pumice
渗透区尺寸： 3 ft deep
2 ft wide
大概费用 20.00 per linear ft

芯吸效应尺寸	工棚	公共建筑	现有建筑	汇总	
设计总降水量	668	596	477	1,741	加仑
所需渗透量	223	199	159	582	立方英尺，总体积
所需砾石数量	8.3	7.4	5.9	21.5	立方码，砾石
渗透区长度	37	33	27	97	总长，英尺
大概费用（美元）	743.75	664.06	531.25	1939.06	大概费用

能耗＝ 不含泵/活动构件

图 5–6 降水趋势分析示例。这种分析图通过多年的记录，用于计算场地内可用的水资源平均数量，以及建筑物可以获得的水资源平均数量，这些资料有助于确定储水水箱的最适合尺寸（版权所有：©2008 国际自然系统）。

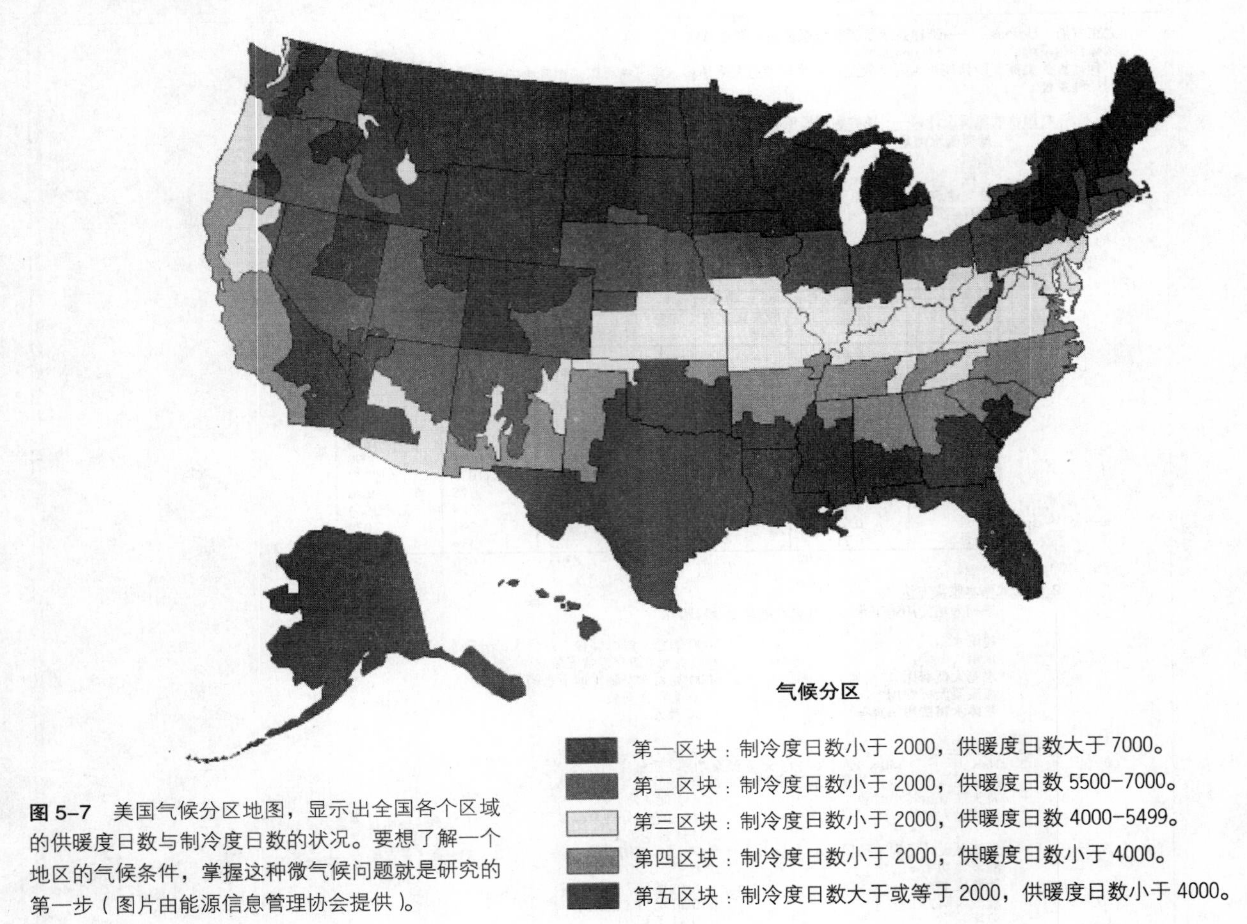

图 5–7 美国气候分区地图，显示出全国各个区域的供暖度日数与制冷度日数的状况。要想了解一个地区的气候条件，掌握这种微气候问题就是研究的第一步（图片由能源信息管理协会提供）。

■ 能源

- 了解项目所在地区的气候条件，并为第一次团队工作会议收集可以获得的气候资料，例如日照能力与风力、供暖度日数、制冷度日数、风向玫瑰等——这些资料对于大多数建筑设计来说都有很重要的指导性意义。
- 调查能源资源、微气候条件、设备供应商、潜在的财务收益，以及任何有可能会对项目的能源供给产生影响的因素。
- 了解建筑物的终端能源消耗有可能的分布状况。
- 创建一个简单的“盒子型”能源模型（后面会进行介绍），模拟建筑的形态，使设计团队成员了解终端能源消耗的分布状况，进而判断在哪里放置杠杆的支点可以发挥出最大的效应。
- 由上面提到的简单的盒子模型发展为能源荷载分布图，识别出哪里是最主要的能源荷载，进而通过一体化设计的方法找到节能的措施。要想了解终端能源消耗的分布情况，那么掌握具有代表性的供暖和制冷荷载分布与建筑物的类型及尺度是相当重要的。不同的项目，它们的能源荷载分布状况可能会有很大差异，这取决于当地的气候条件以及建筑物的类型。举例来说，在学校建筑中，一般情况下用于照明的能源消耗，可能会远大于一栋具有高设备荷载与通风荷载的建筑，比如说医院。

- 这个简单的盒子型（或是建筑体量模型）能源分析模型，可以用于各种可能的能源策略进行初步评估，例如日照方向、保温隔热系数，以及窗户的性能水平等

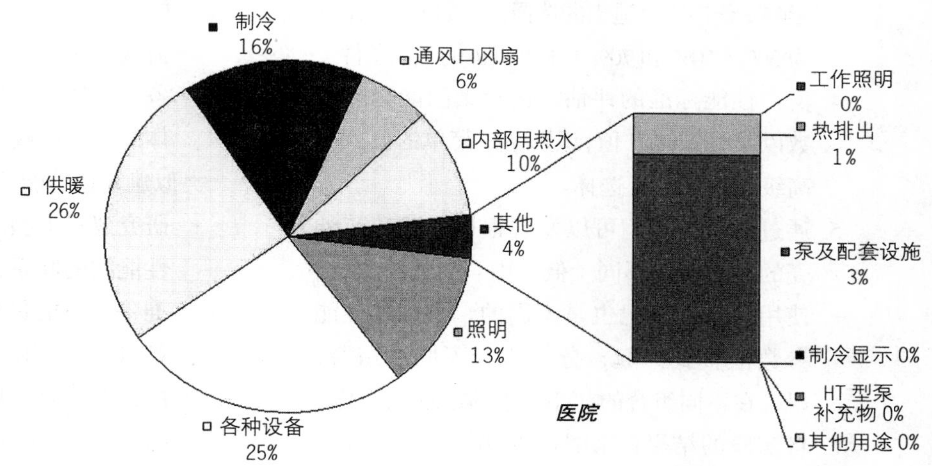

图 5–8 不同的项目，它们具有代表性的终端能源消耗分布状况可能会有很大差异，这取决于当地的气候条件、建筑物的类型，以及项目的其他具体条件。医院建筑的能源使用以供暖和制冷荷载为主，这主要取决于通风量及设备的需要（图片由卡姆·菲茨杰拉德提供）。

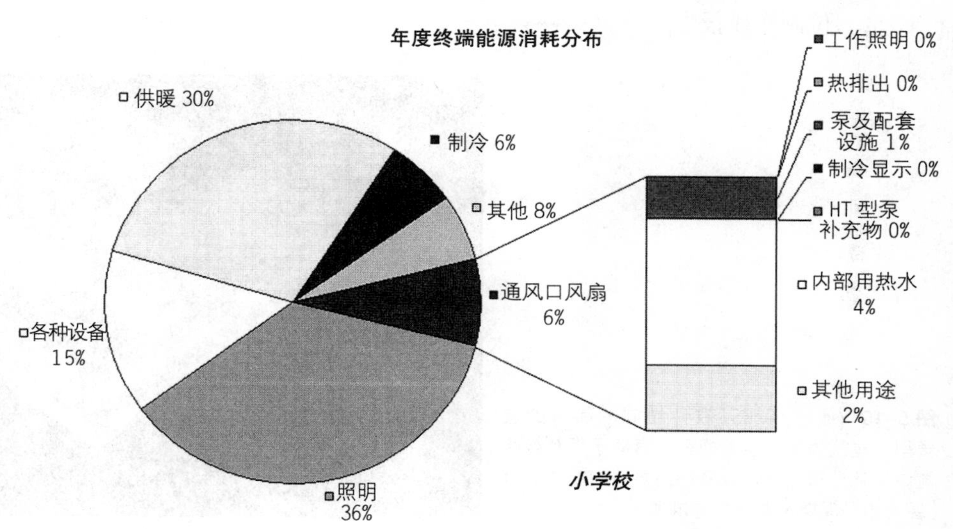

图 5–9 在学校建筑中，具有代表性的设备荷载远小于医院建筑：供暖与制冷的需求主要取决于建筑外墙材料的保温性能，而通常情况下，照明是最大的能源消耗项目（图片由卡姆·菲茨杰拉德提供）。

等。开始建立的模型可以包含以下几个方面内容：

1. 建筑物转向评估，将建筑物以90° 角为单位转向，分析各种情况下对能源荷载的影响。
2. 墙和屋顶材料的 R 值（绝热值）评估，识别简单的低、中、高级的不同等级选择。
3. 开窗尺寸的变化——例如，依照百分比调整开窗的大小，研究窗户的尺寸对能源荷载的影响；作出三个适当的选择，比如窗 / 墙比例为 30%，50% 和 70%（根据具体的气候条件）。
4. 窗户性能标准的评估，包含太阳能得热系数以及整体的 U 值；识别窗户简单的低、中、高级的不同等级选择。
5. 通过模型，我们可以发现根据上述建筑外壳的性能参数不同（低、中、高级），它们使用能源的情况也是不同的。将这些性能参数汇整到一起，分别进行不同的组合，研究在不同组合的状态下总体的性能变化。
6. 将实验的结果以 KBTU/ 平方英尺 / 年为单位制作成报告。

- 根据上面的分析，了解建筑物的供暖与制冷荷载
  - 判断项目属于以外部荷载为主的建筑，还是以内部荷载为主的建筑。小型的商业建筑以及大部分的住宅都是以外部荷载为主——这也就是说，室外的状况相比较于室内的状况，更能影响建筑供暖与制冷荷载情况。因此，建筑物的外壳保温隔热性能对能源荷载的影响比较大，而室内的荷载——例如照明——的影响比较小。大型的商业建筑都是以内部荷载为主的；建筑内部荷载——例如人、设备、通风——相比较室外的气候因素，对整体的能源荷载状况具有更为显著的影响。
- 类似建筑物的能源性能基准
  - 研究建筑类型及位置与其具有代表性的能量性能间的联系，并且为第一次团队工作会议准备一份能量性能报告。制作这份报告的时候可以利用由美国环境保护署（EPA）提供的目标探测工具：这种工具可以由网站 www.energystar.gov/index.cfm?c=new_bldg_design.bus_target_finder 下载（2009 年 1 月开始使用）。

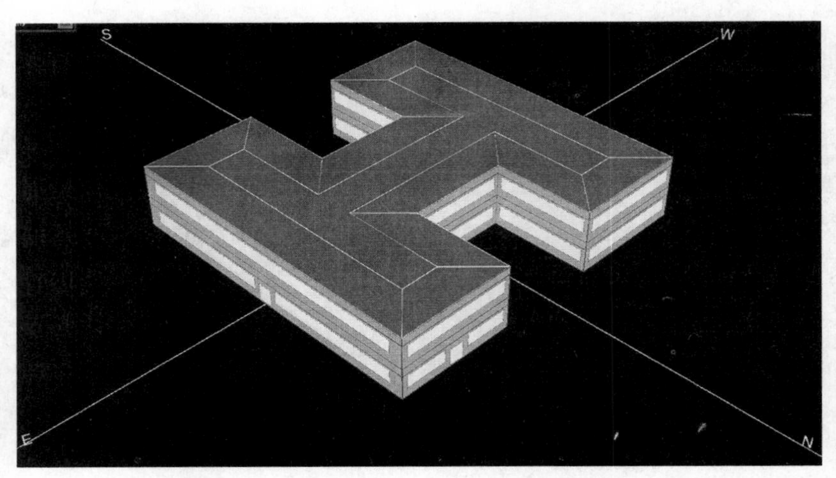

图 5–10 通过 eQUEST 软件绘制的简单的盒子型（建筑体量）能源模型，有助于了解终端能源消耗分布概况，以及评估早期的能源决策（图片由马库斯·谢费尔提供）。

住宅建筑——以外部荷载为主

荷载的构成	制冷		供暖
	可感知的	潜在的	
屋顶	405	0	2203
墙	2543	0	13023
玻璃	29717	0	30616
小计——建筑外壳	32665	0	45842
照明	5732	0	0
设备	2159	0	0
人	1000	800	0
通风	992	1171	3486
小计——建筑内部	9883	1971	3486
总计	42548	1971	49328.0
平方英尺／吨	646.9		
英热单位／平方英尺			20.6

办公建筑——以内部荷载为主

荷载的构成	制冷		供暖
	可感知的	潜在的	
屋顶	8500	0	46240
墙	24442	0	113366
玻璃	216720	0	202560
小计——建筑外壳	249662	0	362166
照明	204729	0	0
设备	373325	0	0
人	104895	188811	0
通风	173442	204768	609452
小计——建筑内部	856391	393579	609452
总计	1106053	393579	971618.0
平方英尺／吨	480.1		
英热单位／平方英尺			16.2

图 5-11　办公室与单一家庭住宅建筑，暖通空调系统的供暖和制冷计算对比。在住宅建筑中，对荷载起支配作用的是建筑外壳材料的属性，而在办公建筑中，起支配作用的则是内部的荷载状况（由卡姆・菲茨杰拉德提供）。

- 美国环境保护署目标探测工具现在所使用的资料，来自 2003 年商业建筑能耗统计资料（CBECS），它是由美国能源部（DOE）能源信息管理协会提供的；这种线上工具可以为使用者提供全国很多不同地区、不同建筑类型的能耗资料；至于其他的建筑类型，目标探测工具还为使用者提供了一种基准法，使用公共建筑能耗统计的数据以及其他资料。这种工具界面极具亲和性，操作简便，只要花费几分钟的时间就可以掌握。第一步要做的是输入项目所在地的邮政区码以及项目本身的一些主要特性，比如说建筑类型、总建筑面积、营业时间等。基本资料输入之后，这个工具就会根据公共建筑能耗统计资料中类似的建筑，帮助设计团队建立起能源性能目标。举例来说，选择目标评定等级 50 级（根据美国环境保护署所制定的 1—100 性能等级，达到 75 级或以上的建筑就被评为能源之星建筑），目标探测工具就会显示出类似的类型、规模与位置的建筑平均能耗情况；如果将目标等级设定为 90，那么目标探测工具就会显示性能达到 90% 的建筑能源使用情况（或是前 10% 的低能耗资料），其他的条件依此类推。利用这个网站，使用者还可以通过选择节能目标来确定能源性能目标。节能目标是指对一个基准的建筑物来说，希望能源使用量能够降低的百分比数。目标探测工具中的基准是指一些类似的建筑物（美国环境保护署的目标评定等级为 50）的平均能源消耗情况。因此，假如你选择节能目标为 60%，它所提供的就是一些类似的建筑物相比较基准能耗节省 60% 的情况下的能源使用资料。
- 项目的能源性能还可以通过“2030 年的挑战”获得，如想了解更多信息请参考网站 www.architecture2030.org/home.html。相比较于公共建筑能耗统计资料中的平均建筑能耗，“2030 年的挑战”网站设定今后的新建建筑的能源消耗量要减少 50%。2010 年，经过再次修正，又将节能目标增加为 60%。之后每经过 5 年，就会将节能目标上调十个百分点，直到 2030 年，我们有能力建造碳中和建筑为止。

- 其他潜在的基准可能包括类似设备的能源使用。所有者现有的设备可以用来比较，这样的比较对于建立能源性能目标是有所帮助的。
- 一份能源性能报告——包括从上述所有基准资料中获得的信息——将成为第一次团队工作会议上非常有效的工具，它将会为与会者提供确定能源性能目标所需要的信息资料（参见图 5–12）。

■ **材料**

- 找出本地的建筑材料：原材料资源，以及基础性材料或类似于混凝土、石材、砖、混凝土砌块、钢材、木材、玻璃等材料的制造工厂。
- 找出取代性的建筑材料，及在当地过去一直使用的本土建筑材料及建筑技术。
- 识别当地再生的基础设施，确定回收再利用拆建废弃物的能力。
- 评估潜在的取代性运输资源，调研选择项目所在的位置。
- 研究关于获得建筑使用年限内相关资料库的潜力，包括项目的位置，以及类似于材料等信息。

■ **相关者——识别关键的相关者——社会的与生态的**

从关键的人、土地以及其他生态系统中找出相关者，他们都将会与建设项目产生互动的影响。以往的经验告诉我们，当所有与项目有关的人员一起投身到一体化的方法当中时，来自多学科的专业知识汇总在一起，就会创造出具有复合才能的匠师，就像我们在第二章中所讨论的（参见图 2–14）。你应该还记得有三种具有代表性的参与者是最重要的：（1）所有设计团队的成员；（2）业主（包含所有者）；（3）施工专业人员（我们甚至希望包括建筑工人在内）。在图 2–14 中并没有包含绿色建筑项目团队的所有成员，但是每一类型的成员都负责项目的一个系统或是组成部分，并且会对其他的系统产生相互的影响。另外，生态的、社会的以及社区周边范围的代表，常常在设计阶段被排除在外。这些代表也应该被纳入项目的团队当中，具体情况依项目的规模而定。

■ 在开始进行方案设计之前，汇整所有关键相关者及设计团队成员的意见是相当必要的，这是因为与环境影响相关的 70% 的重要决策，都是在设计过程中这前 10% 的阶段所做出的。

■ 根据专业的需要，选择出正确的团队成员，探索每一个关键的二级系统；还要包括那些能够对项目的目标与机遇做出反应的团队成员。评估对于这些二级系统所需要的专业知识的探索，是否可以通过几个独立的个体，或是一个人综合的知识而完成。这取决于项目的具体特征参数。

■ 为了达到高效的一体化，认识到除了与四种关键的二级系统相关的代表性专业以外，哪里还需要其他专业的经验；向具有以下工作经验的人员咨询：一个有经验的能量模型建模人员；自然采光建模人员；灯光设计师；具有生态系统知识背景的景观建筑师或是土木工程师；建筑科学专家；绿色材料专家；团队工作会议的推动人员，等等。

■ 调试（Cx）：为争取调试服务设计一份征求建

建筑能源性能评估——迈阿密中学项目

七人小组

设计意向

通过建筑设计，相较于标准水平大幅降低建筑能耗及费用。一般情况下，建筑设计中很少会考虑到将来的使用成本问题。我们运用由美国环境保护署提供的目标探测工具，建立起建筑物的能源性能目标，评估建筑物的性能，并使之成为对美国环境保护署提供的能源模型的实际检验。

能源之星目标探测

美国环境保护署的能源之星目标探测，是一种帮助设计团队根据场地能源使用强度，以及估计的总体平均能源消耗量，而设定项目能源性能目标的工具。其中所使用的数据资料来源于美国商业建筑能耗统计资料（CBECS）。通过输入一些项目的特征参数（例如项目的位置，当地的天气和气候资料，建筑种类、面积、楼层以及营业时间等），就可以得到美国商业建筑能耗统计的标准化资料。这些标准化的资料划分为 1-100 等级。在设计的过程中，预估的平均能耗状况通过与公共建筑能耗统计的标准化资料对比，就可以监控到设计的能源性能。

建筑特征参数

邮政编码	43160	城市	华盛顿	州	俄亥俄州
空间类型（见下面注释）		总建筑面积	使用者人数	PCs 数	营业时间（小时）/ 周
K-12 学校		92000	622	300	60

实用率

电力	NA	天然气	NA

能源之星目标探测结果

能源资料	50	75	90	100		
目标探测比率	50	75	90	100		
场地能源使用强度（千英热单位/平方英尺/年）	73.5	58.8	44.3	27.7		
估计年度使用能源总量（千英热单位）	6764050.0	5405912.0	4075473.0	2544147.0		
年度能源总价值（美元）	103876	83019	62587	39 071		
场地能源价值强度（美元/平方英尺）	1.13	0.90	0.68	0.42	0.00	0.00

注释

目标探测工具中所使用的美国商业建筑能耗统计资料，建筑物的类型有限。

能源之星目标探测工具免责声明：

"不完全的能源使用记录可能会导致不准确的比率。预估的年度能源使用总量必须包含电源插座、加工处理，以及所有非常规性的荷载；设备荷载必须在图纸中标明；还要包含所有燃料资源。"

能源机会，公司免责声明：

由于在方案设计阶段缺乏足够详细的资料，所以在利用 eQuest 软件进行能源分析时采用了一些假设值与默认值。对于上述结果公司不能担保其准确性，仅做参考。

建筑能源性能评估——迈阿密中学项目

七人小组

美国能源部——能源信息管理协会

商业建筑能耗统计资料，2003 年

商业建筑能耗统计资料由美国能源部每四年公布一次，来源于对全国数千栋公共建筑的调查，统计其真实的能源消耗及费用状况。这个资料是数千栋建筑的平均值，这些建筑的规模、年龄、构造的类型、位置以及能源资源都各不相同。将建立模型所得的结果与这些数据相比较，对于建立项目可实现性目标是非常有帮助的。

能源强度（千英热单位 / 平方英尺）					能源费用（美元 / 平方英尺）		
建筑类型	全国平均	东北地区	大西洋中部	气候分区 3	建筑类型	全国平均	东北地区
所有建筑类型	89.8	98.5	98.3	98.5	所有建筑类型	1.43	1.65
教育	83.1	101.6	103.1	93.5	教育	1.22	1.49
餐饮服务	258.3	272.8	290.2	247.6	餐饮服务	4.15	4.84
保健	187.7	212.2	219.0	191.4	保健	2.35	2.82
零售	73.9	65.0	72.3	97.1	零售	1.39	1.33
办公	92.9	101.2	98.0	95.4	办公	1.71	2.07
公共集会	93.9	89.2	98.0	87.3	公共集会	1.47	1.27
公共秩序与安全	115.8	132.5	NA	NA	公共秩序与安全	1.76	2.09
宗教崇拜	43.5	52.1	58.1	52.8	宗教崇拜	0.65	0.68
仓库	45.2	41.6	49.2	49.5	仓库	0.68	0.69

2030 年的挑战

美国建筑师学会，美国市长会议，美国绿色建筑协会，以及很多其他组织都已经采用"2003 年的挑战"，来减少建筑中的矿物燃料能源的消耗。所有的项目都尽量降低能源使用强度，相比较上面所示的国家平均值，力争降低 50%。随时间发展，降低的比例也会逐渐增加：

2010 年，比国家平均值降低 60%

2015 年，比国家平均值降低 70%

2020 年，比国家平均值降低 80%

2025 年，比国家平均值降低 90%

2030 年，达到碳中和（建筑物使用过程中，利用不需要经过矿物燃料燃烧而释放出温室气体的能源，）

通过可持续性的设计革新，这些目标都是可以实现的。产生当地可再生的能源，和/或取得（最多 20%）可再生能源，和/或证明可再生能源的可用性。更多资料请访问网站 http：//www.architecture2003.org

迈阿密中学项目目标	？？ kBTU/ 平方英尺 / 年

图 5-12 能源基准报告，其中包含使用目标探测工具的结果，以及商业建筑能耗统计资料（CBECS），有助于在第一次团队工作会议上确立能源性能目标（图片由马库斯·谢费尔提供）。

议书（RFP）。我们发现使用一种模板作为征求建议书，可以在第一次团队工作会议之前提交给业主；这个模板有定制的尺寸、限定的范围、需要进行调试的系统等，随着每一项具体工作的进展，与其专业意图相互匹配。如果可能的话，业主收到征求建议书后就应该委任调试专员（CxA），这样才能确保调试专员（CxA）不会错失参加第一次团队工作会议的机会。

- 还有一点需要说明，后期可能还会需要再增加团队成员；这取决于第一次团队工作会议上确认的未来需求情况。
- 为了能实现一种更为全面的方法，还需要一些其他方面的专业知识，可能包括：一位系统生态学家或系统永续发展专家；水文地质学家；保育生态学家；社团的推动者，以及社会历史学家等。
- **规划：提出初步的功能性的规划要求**

不断加深对于基础领域、功能、周遭的环境，以及邻近的建筑规划等资料的了解，或是制作成“摘要”。这个初步的规划文件是制作业主项目需求（the Owner's Project Requirements，简称 OPR）文件的首要资料，之后才能开始 A.2 部分的调试过程。

A.1.2　原理与测量

- **选择等级评定系统以及性能指标评估标准**

LEED 程序，以及其他的绿色建筑等级评定系统及评估工具，都可以成为确立项目目标的有用工具。利用这些工具中所建立起来的基准和标准计量方式，通过一种公认的过程，我们就可以计算建筑的性能指标。其他的等级评定工具和分析工具包括：健康护理绿色指南（GGHC），21 实验室居住建筑的挑战，二氧化碳平衡，生态的足迹，生命周期评估（LCA），自然的脚步，国际倡导的可持续性建筑环境工具（iiSBE），以及英国的 BREAM 和日本的 CASBEE 等。

我们已经发现通过 LEED 体系，可以为将要探讨的议题勾勒出一个框架，便于介绍与识别。我们还可以利用它来发现各个评分项目之间的相互作用，探索可以同时获得多项收益的方法，也就是可以获得多项评分，因为 LEED 系统纲要中的很多议题，都是需要综合进行考虑的。无论如何，LEED 只是一种工具——假如对这个工具使用不当，它就会把项目团队带向一个类似于“定点购物”的经历当中（参见 A.2. 阶段“将 LEED 作为一种工具”）。

A.1.3　造价分析

- **准备一体化的成本控制框架模板**

现在就开始分配各个系统与组成部分的预算可能还为时尚早；但是在这第一个阶段就根据广义的功能建立起一个预算的框架列表，对以后的工作相当有帮助，比如说基础、建筑外壳、机械系统、电力系统等。这个列表为团队成员认识、联系以及记录各个系统间的关系提供了一个参考点。换句话说，它以电子表格的形式，为一体化的成本控制（参见 A.3.3 阶段）提供了一个框架的模板。在这份文件中可以保留一些空格供以后使用；它具体的使用方法将在后面的阶段中进行详细介绍。

A.1.4　工作进度表与费用问题

- **建立工作进度表模板——一份任务分配路线图——有助于统一任务**

建立一份工作进度和任务的电子表格模板，或是称为一体化方法的路线图（在下面 A.2.1 阶段会进行讨论），其中可能会包含一些假设的时间框架，以及假设的探索与方案设计阶段的任务，这些内容将会在第一次团队工作会议上进行修正（图 5–13，是我们近期进行的一个项目，在 A.3 阶段的一体化方法路线图示范）。这将会有助于团队成员们更好地理解：

- 该项目一体化设计工作（包括相互作用以及任务）详细的范围。
- 那些需要去探讨的议题。这些议题可能之前在征求建议书中有所提及，但是却 是相当笼统的或是不够明确的。
- 团队成员之间专业性的任务和相互作用，这样才能够编写出更为准确周密的提案建议书 B。
- 团队成员一起检查这份详尽的工作进度表的过程，会为成员们提供更有利的机会，围绕着相互影响的需求统一思想，达成共识。这一过程经过一次又一次的进行，可以帮助团队成员们不再像之前那样，总是在已经习以为常的假设情况下开展工作。

- **为第一次团队工作会议准备会议议程**

我们发现要为第一次团队工作会议准备会议议程，提前向一些主要的团队成员征询意见是相当重要的。我们可以通过安排一些电话会议，来取得几位团队领导人的意见。电话会议讨论的核心在于项目团队所期望达成的结果是什么，通过这样的讨论，有利于促使团队的工作统一围绕着共同的期待而进行。

在这里我们要谈一谈有关会议议程的本质概念：根据我们的经验，一成不变地按照会议议程中所设定的内容和时间框架，来组织会议的召开，这样死板的做法会导致很多有价值的讨论半途而废，限制了成果的出现。会议议程最重要的功能在于建立起讨论会的主题目标，将团队成员的思想统一，达成共同的目标，这才是判断一个会议成功与否的底线，而不是会议是否如议程中所预设的任务和时间框架进行。所以，灵活地运用会议议程才能获得理想的收效。想要在会议上获得成功的结果，当我们在推动、管理与努力奋斗的时候，有一个核心原则是需要牢记的：“因势利导”。

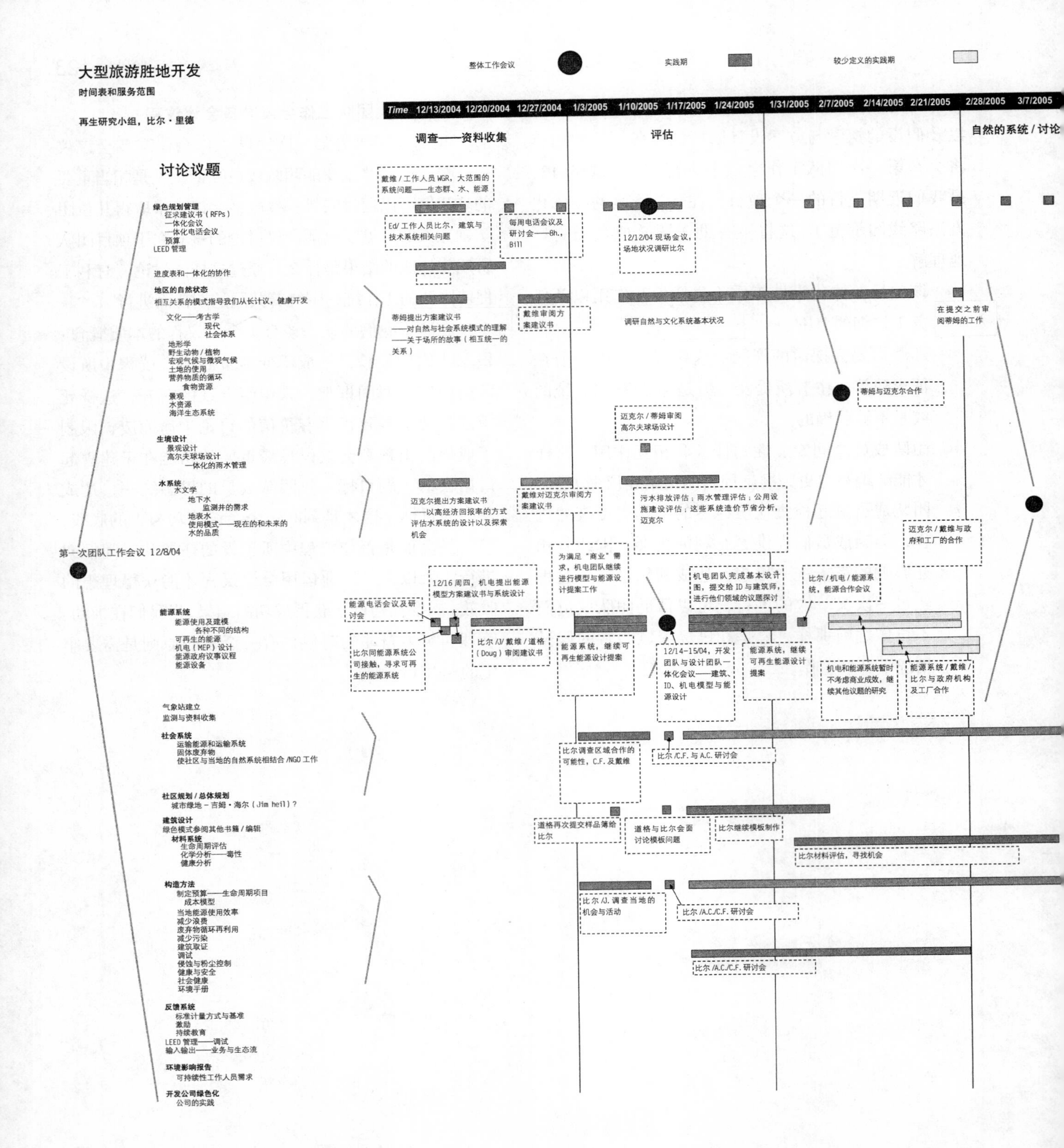

大型旅游胜地开发
时间表和服务范围
再生研究小组，比尔・里德
整体工作会议
实践期
较少定义的实践期
Time 12/13/2004 12/20/2004 12/27/2004 1/3/2005 1/10/2005 1/17/2005 1/24/2005 1/31/2005 2/7/2005 2/14/2005 2/21/2005 2/28/2005 3/7/2005
调查——资料收集
评估
自然的系统 / 讨论
讨论议题
绿色规划管理
征求建议书（RFPs）
一体化会议
一体化电话会议
预算
LEED 管理
进度表和一体化的协作
地区的自然状态
相互关系的模式指导我们从长计议，健康开发
文化——考古学
现代
社会体系
地形学
野生动物 / 植物
宏观气候与微观气候
土地的使用
营养物质的循环
食物资源
景观
水资源
海洋生态系统
生境设计
景观设计
高尔夫球场设计
一体化的雨水管理
水系统
水文学
地下水
监测井的需求
地表水
使用模式——现在的和未来的
水的品质
第一次团队工作会议 12/8/04
能源系统
能源使用及建模
各种不同的结构
可再生的能源
机电（MEP）设计
能源政府议事议程
能源设备
气象站建立
监测与资料收集
社会系统
运输能源和运输系统
固体废弃物
使社区与当地的自然系统相结合 /NGO 工作
社区规划 / 总体规划
城市绿地 - 吉姆・海尔（Jim heil）?
建筑设计
绿色模式参阅其他书籍 / 编辑
材料系统
生命周期评估
化学分析——毒性
健康分析
构造方法
制定预算——生命周期项目
成本模型
当地能源使用效率
减少浪费
废弃物循环再利用
减少污染
建筑取证
调试
侵蚀与粉尘控制
健康与安全
社会健康
环境手册
反馈系统
标准计量方式与基准
激励
持续教育
LEED 管理——调试
输入输出——业务与生态流
环境影响报告
可持续性工作人员需求
开发公司绿色化
公司的实践
戴维 / 工作人员 WGR，大范围的系统问题——生态群、水、能源
Ed/ 工作人员比尔，建筑与技术系统相关问题
每周电话会议及研讨会——Bh.，Bill
12/12/04 现场会议，场地状况调研比尔
蒂姆提出方案建议书
——对自然与社会系统模式的理解
——关于场所的故事（相互统一的关系）
戴维审阅方案建议书
调研自然与文化系统基本状况
在提交之前审阅蒂姆的工作
蒂姆与迈克尔合作
迈克尔 / 蒂姆审阅高尔夫球场设计
迈克尔提出方案建议书
——以高经济回报率的方式评估水系统的设计以及探索机会
戴维对迈克尔审阅方案建议书
污水排放评估；雨水管理评估；公用设施建设评估；这些系统造价节省分析，迈克尔
迈克尔 / 戴维与政府和工厂的合作
为满足“商业”需求，机电团队继续进行模型与能源设计提案工作
12/16 周四，机电提出能源模型方案建议书与系统设计
能源电话会议及研讨会
机电团队完成基本设计图，提交给 ID 与建筑师，进行他们领域的议题探讨
比尔 / 机电 / 能源系统，能源合作会议
比尔同能源系统公司接触，寻求可再生的能源系统
比尔 /J/ 戴维 / 道格（Doug）审阅建议书
能源系统，继续可再生能源设计提案
12/14-15/04，开发团队与设计团队一体化会议——建筑、ID、机电模型与能源设计
能源系统，继续可再生能源设计提案
机电和能源系统暂时不考虑商业成效，继续其他议题的研究
能源系统 / 戴维 / 比尔与政府机构及工厂合作
比尔调查区域合作的可能性，C.F. 及戴维
比尔 /C.F. 与 A.C. 研讨会
道格再次提交样品簿给比尔
道格与比尔会面讨论模板问题
比尔继续模板制作
比尔材料评估，寻找机会
比尔 /J. 调查当地的机会与活动
比尔 /A.C./C.F. 研讨会
比尔 /A.C./C.F. 研讨会

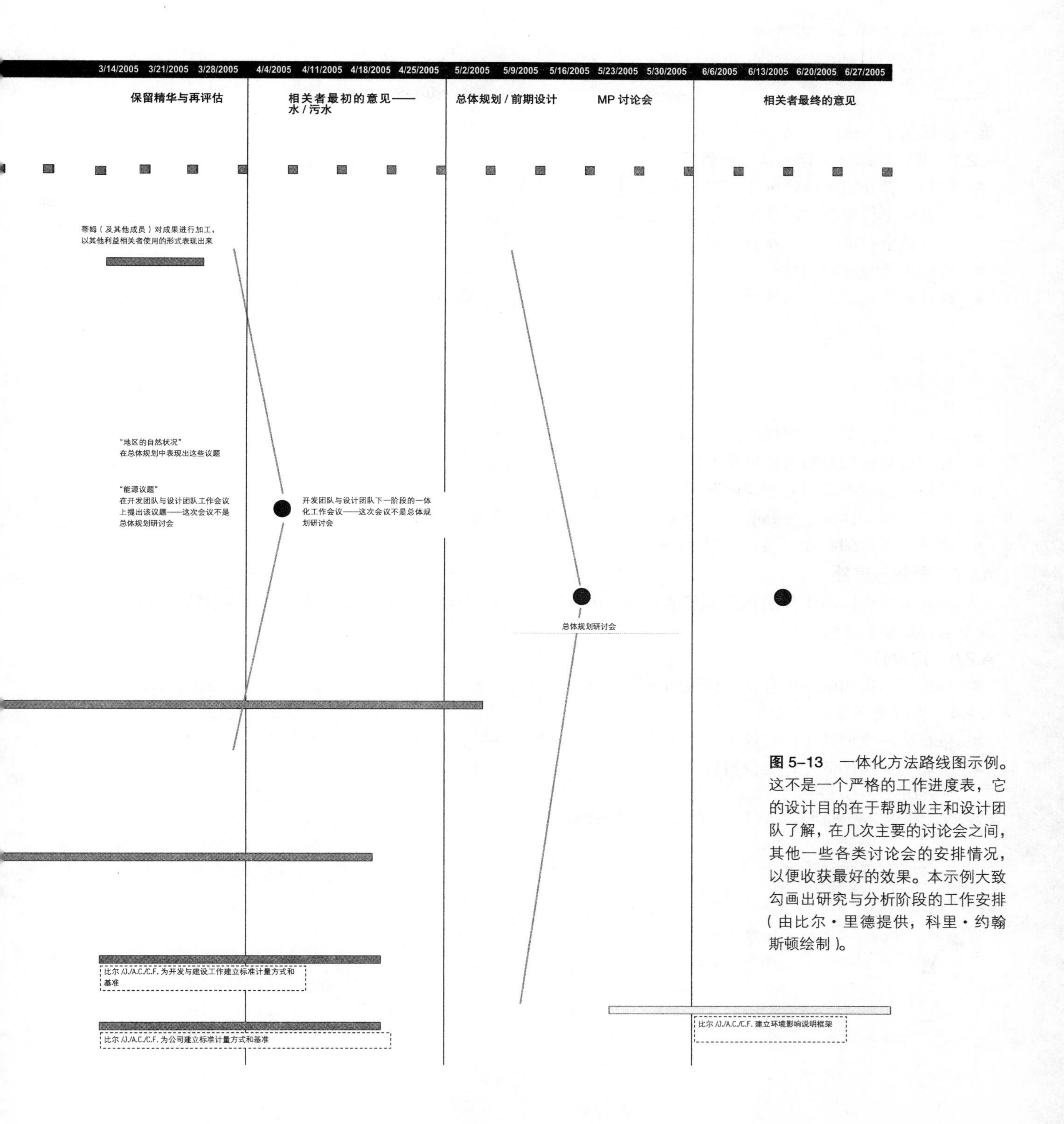

图 5–13 一体化方法路线图示例。这不是一个严格的工作进度表，它的设计目的在于帮助业主和设计团队了解，在几次主要的讨论会之间，其他一些各类讨论会的安排情况，以便收获最好的效果。本示例大致勾画出研究与分析阶段的工作安排（由比尔・里德提供，科里・约翰斯顿绘制）。

A.2 阶段

第一次团队工作会议：统一思想，确立目标

A.2.1 第一次团队工作会议：任务与行动

- 向与会者介绍一体化设计方法与系统式思考的基本知识
- 启发业主将对项目深层次的意愿表达出来
- 进行试金石训练，激发利益相关人员的价值与愿望的表达
- 明确功能与规划的目标
- 建立基本的原则、标准计量方式与基准，实现四个关键二级系统的性能目标：
  - 生态群
  - 水资源
  - 能源
  - 材料
- 产生潜在的策略，实现所制定的性能指标
- 确定所提议的策略对造价影响的等级
- 花费时间倾听来自业主与团队成员的意见反馈
- 绘制一份一体化进程路线图，上面注明责任、可交付成果和时间
- 调试：开始编制业主项目需求（OPR）文件

A.2.2 原则与度量

将在第一次团队工作会议上确定的检验标准（试金石）、原则、标准计量方式、基准以及性能目标记录下来并编制成文件

A.2.3 造价分析

- 反思第一次团队工作会议上提出的方案，将所提议的方案对造价影响的等级记录下来并编制成文件

A.2.4 进度表与下一步工作

- 依据第一次团队工作会议上提出的信息，对一体化方法路线图进行修改
- 发布第一次团队工作会议报告

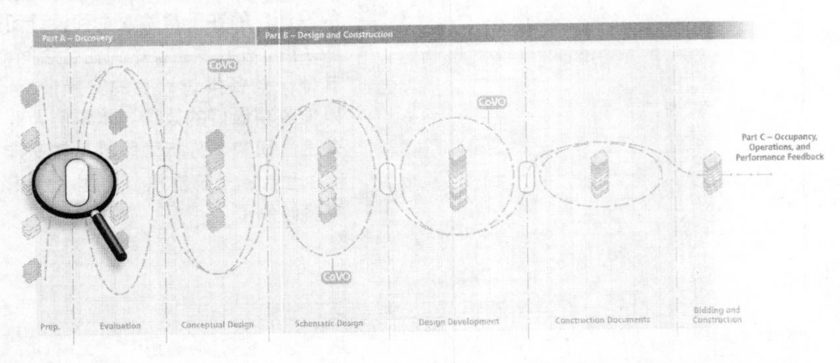

图 5-14 一体化方法 A.2 阶段，第一次团队工作会议："统一思想，确立目标"（图片由七人小组与比尔·里德提供，科里·约翰斯顿绘制）。

A.2 阶段

第一次团队工作会议：统一思想，确立目标

最近，我们受聘于一个加勒比海岛生态胜地的开发项目，帮助该项目筹备一次为期两天的目标确立研讨会。大约在距离预定会议召开时间的一周前，开发商的老板打电话来，表示她对于我们提交给她的会议议程有些担心。她所担心的问题有两点：1）时间与金钱（“我们是不是真的有必要请所有这些人都来参加会议？”）；2）感觉可能对目标缺乏共识（“在这个会议议程中没有一个地方提到零碳足迹，而这才是我们的目标。我感觉我们之间并没有达成共识。”）

我们问：“你如何定义你的碳足迹目标？”

她回答说：“我的目标是零碳。”

“你的意思是达到碳中和吗？”

她说：“不，不是碳中和，我说的是零碳。”

“恕我直言，零碳根本就是不现实的；我们认为你的意思是要中和你的碳足迹。”之后，我们又向她提问：“如果是这样的话，在计算碳足迹的时候你打算涵盖多大的范围？”

她回答说：“所有的一切都包含在内。”

“OK，那是不是也要包括与建筑材料有关的能源排放——比如说建筑材料的开采、加工制造、运输以及建造？”

她说：“是的，这些都包含在内。”

“那是不是还包括建筑使用期间运输的影响？”

她说：“是的，我说包括所有的一切。”之后她又解释说：“我们计划利用岛上很多餐厅的植物油，作为我们所有交通工具的燃料。”

我们回答道：“这个主意确实不错，但是这样也不能完全中和碳足迹，因为这还是涉及燃料的燃烧。”

她回答说：“我现在确实很担心，因为我认为你根本没有了解我的意思。我们要做到的就是零碳。”

这个时候，一个念头闪现过脑海，关于我们对于这个项目的兴趣所在，以及我们建立一种共同学习关系的能力，或许在这场对话中已经到达了一个“可以继续走下去或是此路不通”的关键决定点。

因此我们继续提问：“那么这个项目的用水是从哪里来的？”

她回答说：“我们正在建一座海水脱盐工厂。”

“哦，如果是这样的话，那我们就需要计算一下，应该怎样去中和海水脱盐过程中所使用的大量能源而带来的碳排放了。”

突然间她安静了下来。过了很长的一段时间，她说：“哦，或许是我不了解所谓零碳的真正含义吧。”

在这段对话中所发生的情景，就说明了为什么目标确立会议在整个一体化的过程中是相当重要的一环——因为它建立了共识。假如没有围绕着项目目标的来源以及意义的共识，我们就没有办法了解他们背后真正的意图，进而失焦于更大的目标及其本质的内容。通过这个例子，还验证了为什么我们要成为相互学习的伙伴；简而言之，我们需要通过学习来了解业主目标的本质，以及在他们背后真正的意图——反过来，业主也同样需要向我们学习。这样的讨论有助于我们与业主之间更有成效的互动，在第一次团队工作会议上统一认识，只有这样才会更加接近成功。

在第三章的结尾介绍过的爱达荷州蒂顿山开发项目，一旦我们的业主清楚地了解了项目目标背后的基本原理，他们就会变得更加执着于这些目标——比如说不使用杀虫剂、种植本土生植物等。一旦业主代表完全了解了这些原理，他们就会把这些原理视为“无可争辩的原则”，就像我们在第四章中所讨论过的。于是，每一项性能目标（也包含 LEED 中的指标）都会变得更加富有意义，而不再会使人产生武断的感觉。

为了达成这样的共识，所有项目团队的关键成员都需要出席第一次团队工作会议，这样大家才能够一起投入,并且唤起一种“主人翁”的意识。因此，我们发现至少以下人员是一定要参加这次会议的：

- 所有者
- 接受主要责任委托的业主代表
- 业主的企业经理以及建设项目经理
- 建筑使用者代表
- 建筑师
- HVAC 工程师
- 电力工程师
- 给水排水工程师
- 土木工程师
- 景观建筑师
- 建筑工人和/或施工经理
- 委任专业机构

以上这些团队成员名单应该可以满足这次会议，及以后的工作会议的专业需要。我们并不需要上面所列出的每一个专业都要有一个专门的代表出席会议——团队中的一个人也可以同时具备多个领域足够的专业知识。换句话说，关键的问题是，与会人员在项目所涉及的各个专业领域都应该有足够的能力，担当起相应的责任。

在这里值得一提的是建筑工人在团队里面所扮演的角色。根据我们的经验，在早期就邀请今后项目的建筑工人参与项目讨论的过程中——建筑工人越早加入项目团队，他们的专业知识就越能融入整个发展过程——将会在各个方面都获得更好的收益。他们所拥有的专业技能不仅体现在施工能力与成本方面，也会对设计的品质与美观多所裨益。在某些方面，建筑工人加入项目团队，也会对一体化设计方法产生一定的完善作用。但是，本书讨论的重点并不在于设计与施工的问题，也不在于分析我们在这方面的优势与劣势；我们真正想要表达的是，越早让所有人员参与到项目当中，收益也就会越大。还记不记得第四章我们谈到过的四个 E？ Everyone（每个人），Engaging（参与），Everything（每件事），Early（及早）。

根据一体化的程度、建设项目的复杂程度，以及具体项目特殊的需求，可能还需要包括其他的成员和顾问参加：

- 能源建模工程师（如果 HVAC 工程师不具备这方面专业技能的话）
- 日照分析师
- 照明设计师
- 声学工程师
- 建筑取证专家（关于模具、建筑外壳等等）
- 系统生态学家
- 生物学家或植物学家
- 永续农业学家
- 生态保护顾问
- 生产率分析师
- 材料与生命周期顾问
- 社区成员
- 法规工作人员
- 市政官员
- 交通工程师
- 规划者
- 产品制造商

A.2.1 第一次团队工作会议：任务与行动（目标确立研讨会）

我们在这里有必要说明，本书并不是一本会议管理入门手册，或是研讨会推进指南；因此我们假设读者对于工作会议所有相关的后勤工作（例如会议议程的发布、安排合适的会议地点、进度安排更新、掌握视听的需求，或是提供技术设备等）已经有所了解，或是可以通过其他途径去查阅。* 我们发现运用下面所列出的提纲，就可以为第一次团队工作会议创建一份会议议程，而且还可以根据不同项目的具体情况量身定做。

- **向与会者介绍一体化设计方法与系统式思考的基本知识**

我们发现在第一次团队工作会议上，首先通过图例说明以及具体的项目案例分析来解释一体化设计的概念（总介绍时间大概在一个小时左右为宜），是为团队成员们开启系统式思考的一个不错的方法。如果项目团队在此之前已经经历过一体化的过程，那么概念介绍就不必过于详细了；但是，一个项目团队中所有的成员都具有同等水平经历的情况非常少见，所以我们还是不能假设所有的团队成员都已经对这种方法有了很好的了解。在某些项目中，设计团队的成员确实对于一体化的方法已经非常熟悉，但是业主却对此所知甚少，所以，利用这种方法进行一定的教育还是不容忽视的。

- **启发业主将对项目深层次的意愿表达出来**
  - 假如可能的话，将业主的使命（目标）和愿望充分利用起来。花上一些时间来反思，如何通过项目的实施，来帮助业主朝着他们深层次的目标与方向迈进。植根于业主所宣称的价值观，以及业主的公司所制定的使命与方针，这就是一个有效的方法。
  - 我们应该认识到，从建设中获得利益并不是唯一重要的事情，或许我们可以说更为重要的事情是我们进行建设活动的理由。举例来说，我们的业主们常常会这样表述他们的愿望：为后世子孙留下一个伟大的文化遗产，帮助人们获得更高品质的生活。这些策划者们认清自己的责任是非常重要的，因为他们可以通过一个项目获得技术上与经济上的收益，但是他们更能塑造一个项目可持续发展的目标。
- **进行试金石训练，激发与会者价值与愿望的表达**
  - 这种训练（以及在我们使用中的发展完善）已经在第四章中进行了详尽地介绍。它是一种非常有价值的工具，可以帮助团队成员集思广益列举出项目的目标，并且围绕着性能目标统一思想达成共识。
  - 围绕着团队成员与所有项目相关人员真实的愿望达成共识，这一点是非常重要的——假如无法做到，那我们的设计方法很可能就又退回到传统的设计模式当中。

---

* 其他会议推进资料包括如下："A Handbook for Planning and Conducting Charrettes for High Performance Projects"，国家可再生能源实验室，葛尔登市，科罗拉多州，2003-08，http://www.eere.energy.gov/buildings/highperformance/charrette_handbook.html（2008-10-1 开放使用）；"Planning and Conducting Integrated Design (ID) Charrettes"，Joel Ann Todd，环境顾问，Gail Lindsey，美国建筑师协会会员会资深会员，校长。Design Harmony(5/22/08 更新)，in the Whole Building Design Guide（华盛顿：国家建筑科学学院，2008），http://www.wbdg.org/resources/charrettes.php（2008-10-1 开放使用）；"Eco-Charrettes Save Resources, Build Teams"，Nathan Good（华盛顿，美国建筑师学会，2003），http://www.aia.org/SiteObjects/files/18-11-02.pdf; The Charrette Handbook（仅提供网络资料，或是接受课程教育），以及国家研讨学会（the National Charrette Institute，简称 NCI）提供的其他资料，参考网站 http://www.charretteinstitute.org。

- 我们发现假如时间允许的话，尽可能多地进行这样的训练，探索更加深入的核心价值，就会有助于团队成员们更为紧密地团结在这些原则与目标周围——这样就可以使团队成员有机会进行更深层次的反思，之后提出一些非常有价值，但是却不常被讨论的问题。团队对于价值与愿望的探究越深刻——这个基础就建立得越深——项目就会越接近成功，无论在环境收益方面还是经济效益方面。
- 有助于确保这些价值、愿望以及环境目标，不会在设计、建造与使用过程中被丢掉。拥有一位“领军人物”是很有帮助的，根据他们的专业，将他们特别关心的问题以及他们的专业应该负责的问题集中起来。一位经理人，或是合作伙伴水平的人，从理论上来讲应该是可以担当起这个领军人物责任的，因为他们都是在团队当中很有发言权的人。而刚刚入行的成员或是实习生则不适宜担当此任，因为这样的员工在团队中很少能拥有足够有力的声音。
- 此外，关注于这些价值与愿望的发展，还可以建立起一个核心的团队。核心团队应该由关键的团队成员，以及对项目持有高度渴望参与态度的相关人员组成。尽管其中某些成员可能处在管理者的位置上，但是这个核心团队并不负责日常事务的管理工作。核心团队的责任在于使建设项目在其生命周期内一直保持发展的能力。它的目的是保持、建立、提高、进化项目的发展志向，追求长期可持续性发展的性能目标。

- **明确功能的与规划的目标**

检验与厘清传统的功能规划——空间与场地的功能、面积、邻近建筑物、停车的需求等。有的时候，需要在团队工作会议中安排一个单独的议程，以便更为明确地定义业主的项目规划需求，以及使所有团队成员都能更加深入地了解这些需求。

- **建立基本的原则、标准计量方式与基准，实现四个关键二级系统的性能目标**

开始这段讨论之前，我们首先要看一看下面一个定义：

原则（Principle）：基本的真理，它是行动的基础

标准计量方式（Metric）：我们计算的方式

基准（Benchmark）：标准，它是我们进行性能计算的根据

性能目标（Performance Target）：由团队所建立的一个可测算的、可计量的、可以接受检验的性能目标。

在这次团队工作会议中，针对四个关键二级系统的性能目标达成初步共识就是最首要的目的。有了初步的共识，每一个成员都朝着同一个方向出发，并且都由这些原则指引，拥有共同的性能目标。接下来我们会提供一个示例，说明四个关键二级系统及其相关性能目标的一条原则。请读者们注意，在实际的案例中可能会包含很多的原则，这取决于团队希望探索生命系统间相互关系的深入程度；以下所列举出来的条款只是针对某项原则的示范，帮助读者们了解。

- **生态群**（包含人类以及其他生物系统）

我们先来回顾一下第四章中所介绍的，与生态群相关的一些基本原则：

- 所有人类的行为都要有利于同其他生命体系之间相互关系的长远发展——建设开发项目应该有助于其所在地区生命体系与水域的健康发展。
- 了解并尊重当地的生态及社会系统状况。
- 建立起基本的反馈机制，促进这种健康的关系持续性发展。

下面有一个例子，示范如何将其中的一条原则转化为一个性能目标：

- *原则*：建设开发项目应该有助于其所在地区生命体系与水域的健康发展。
- *性能目标示范*：从备选植物物种当中挑选 100% 的物种，栽种到项目的景观区域中，这样就可以使这一地区现有的，或是以前曾经有的所有鸟类及陆生生物再回到这里来繁衍生息。
- *为了达成这一目标*，以下方面都是需要探索的：类似于旱生植物的景观设计、本地植物物种的栽种、恢复地下水流以及河流的形态、建立生态走廊的联系，避免与 / 或尽可能避免单种栽培的情况，等等。

■ **水资源**

我们先来回顾一下第四章中所介绍的，与水资源相关的一些基本原则：

- 制定年度用水计划，计划用水量应该等于或小于当地的年降雨量。
- 节约用水。
- 保留场地中的所有雨水资源。
- 管理水资源（雨水或是废水），模拟自然水流的模式，尽量减少水资源流出场地以外的比例。
- 如果水资源一定会流出场地以外，那么要在其流出之前进行充分的多级利用，使之服务于所有生命体（人类以及其他生物系统）。
- 最大限度补给地下水。
- 在水资源流出场地之前，将其净化处理达到饮用水标准。

下面有一个例子，示范如何将其中的一条原则转化为一个性能目标：

- *原则*：建设项目要做到保留场地中的所有雨水资源。
- *性能目标示范*：项目的水资源消耗量不应该超过当地的年降雨量；100% 的降雨都要收集储备起来，由建筑产生的废水 100% 都应该经过处理，并在当地循环再利用。
- *为了达成这一目标*，需要进行当地的水资源平衡分析，计算当地的年降雨量，建筑对于水资源的年消耗量，以及每年产生污水的总量；另外还需要探讨其他一些相关的议题，例如水的品质、废水处理方案的选择、水箱的形式和尺寸等。

■ **能源**

在第四章中，我们列举了以下与能源相关的基本原则：

- 通过使用保温隔热材料，调整需求模式，降低荷载等方式减少能源的需求量。
- 使用当地可用的能源——例如河流的水源与污水池——阳光、风、地球耦合（例如土地耦合、水体耦合等），以及昼夜循环。
- 提高能源使用效率——例如机械、设施设备、多样性的因素、寄生损失以及部分负荷性能等。
- 减少或中和碳足迹。

下面有一个例子，示范如何将其中的一条原则转化为一个性能目标：

- *原则*：项目将尽可能减少碳足迹。
- *性能目标示范*：与公认的基准值相比，建设项目将会减少年度能源消耗量的一半。剩余的这一半能源需求采用当地可再生能源供给，仍然不足的部分采用绿色能源。

- *为了达成这一目标*，所有的能源性能目标、具体的性能参数以及与这些目标相关的度量标准，都需要通过建立能源参数模型的方式进行反复探讨——性能参数包括建筑物外壳的选择、目标照明功率密度、制冷设备容量（ft^2/t），以及电源插座荷载功率密度等。

在第一次目标确立研讨会上，对所有能源性能的期望值进行讨论是非常重要的。那句老话“没有调查就没有发言权”，运用在建筑设计也是相当贴切的。有很多的团队，他们不去建立特定的项目目标，只是在那里空泛地高喊口号：“该项目将会高效地使用能源”，没有任何可以计量的目标，这样的口号对团队来说是丝毫没有意义的。在项目的准备阶段（A.1 阶段），在第一次团队工作会议上，应该把在会前准备的调查与分析资料再拿出来重新审阅，并且进行讨论。国家环保局所提供的目标探测工具、商业建筑能耗统计资料（CBECS）、2030 年的挑战，以及其他的信息资源，都可以帮助团队建立起项目的性能目标。

很多时候，我们发现设计人员会提出很多能源使用的议题，而这些议题都是超出他们掌控能力以外的。比如说，建筑插座荷载的能源消耗就是一个例子。但是在一定的范围内提出这些讨论议题是正确的，设计团队能把自己设想成为一个完整的项目团队——这个完整的项目团队中包含业主以及业主代表——充分计算所有的建筑能源使用情况，这一点非常重要。超出设计团队掌控范围的能源消耗议题也是值得讨论的，因为这样业主才能获得更为全面的信息，进而对项目设计作出更加合理的评断。

迈阿密中学项目目标	40 千英热单位 /（平方英尺·年）

图 5-15 能源的使用效率可以用一种标准的单位来表示，一般表示为千英热单位 /（平方英尺·年）。在第一次团队工作会议上经过讨论并得到大家公认的能源性能指标，被记录在能源基准报告上（参见图 5-12）（图片由马库斯·谢费尔提供）。

如果我们希望建造*能源高效型*的建筑，我们就必须在每一个具体的项目中去认真落实。在目标确立研讨会上初步的讨论，就是我们朝向目标所迈出的第一步。

■ **材料**

我们先来回顾一下第四章中所介绍的，与材料相关的一些基本原则：

- 尽可能减少建材的使用量——没有使用，就不会对环境造成负面的影响。
- 使用储存量充沛的材料、可再生的材料，以及开采、制造与废弃处理过程中不会对人类与 / 或地球生态系统产生危害的材料。
- 尽可能使用地方性材料、可再生材料、无毒害的材料与 / 或低隐含能的材料。

下面有一个例子，示范如何将其中的一条原则转化为一个性能目标：

- *原则*：项目将尽可能使用地方性的材料。
- *性能目标示范*：50% 的建筑材料，将会在方圆 100 英里的半径范围内，通过对旧建筑材料的回收、加工、再利用而获得。
- *为了达成这一目标*，项目团队可能需要进行一些产品调查。项目团队最好能利用生命周期评估（LCA）工具，整体评估材料选择及其相关的重要指数——例如隐含能、人体毒性、超营养作用、臭氧层破坏等——对环境的综合影响。

就像我们在 A.1 阶段曾经讨论过的，LEED 是一种非常有效的工具，*我们可以利用它所提供的标准计量方式及基准*，罗列出一系列的项目预期目标，之后经过一种共识的方法，对建筑物的性能指标进行度量。因此，随着 LEED 的普及，以及对 LEED 原则的市场转型，这些性能目标就成为我们使用率非常高的资料。想要将项目团队的注意力转移到 LEED 中每一项评分标准上并非难事，因为这些目标条例就是 LEED 中标准计量方式与基准的基础。在目标确立研讨会（即第一次团队工作会议）上，带领项目团队穿越 LEED 一条一条的评分基础，挖掘其背后的真实意图，这样就可以建立起项目的原则。通过这些原则，我们可以深入思考隐藏在项目 LEED 目标下面的深意，而性能目标又形成了 LEED 评分的雏形。它对于以下方面是很有帮助的：

- 鼓励团队去寻找 LEED 评分之间的协同作用。
- 判断是否能够达到 LEED 性能目标的最低门槛，而这个最低门槛对项目团队来说是否足够：团队是不是还有意愿去追求更高层次的目标？

■ **产生潜在的策略，实现所制定的性能指标**

前面我们一直都在介绍关于性能目标的团队讨论，而接下来要讨论的一个话题——要达成这些性能目标，可以采用什么样的潜在策略——既有意思也很有意义。我们可以把对这个问题的讨论视为一次脑力激荡活动，它不受任何特别方法的限制，也跟性能的水平无关；如果我们找出这些性能目标以及实现的方法，并有意识地在 A.3 阶段以及其他阶段接受研究与分析的检验，那么这将是相当有帮助的。

■ **确定所提议的策略对造价影响的等级**

同团队成员一起确认所提议的策略预计会对造价影响的等级。这项工作可以用如下方法进行。首先，团队成员要建立起所谓“无，低、中、高”级别的造价阈值，之后再按照这四种等级，分别对每一项提案的策略进行评估划分。我们还可以使用这样的

将 LEED 作为一种工具

强调 LEED 是一种方法而非终点，这是非常重要的。就是这样，LEED 仅仅是一个工具。工具可以被运用得很好，也可以被运用得很糟糕。举例来说，我们的一个朋友专门制作 18 世纪造型的家具。由于在 18 世纪还没有电，所有他在制造过程中也从不使用任何电动工具。几年前，他买了一套非常棒的 18 世纪的手工圆凿。在他的手中，这些圆凿都是相当精细的工具。但是假如放在其他人的手中——不熟悉如何使用这些工具的人——这些圆凿就丝毫没有价值，甚至可能还会有一点危险呢。

LEED 也是同样的道理。作为一种工具，它的功能就在于采用一种非常清晰的格式，将需要探讨的环境议题呈现出来。把 LEED 视为一种工具并且很好地运用，就是指根据每一项评分标准追求相应的性能目标，了解每一项“评分”都代表着一个或是更多的环境议题，而这些环境议题相互之间都存在着很深的联系。而不能很好地运用 LEED 是指浏览它的评分列表，然后再从中挑出几项设定为自己要追求的目标，就像从一份菜单里

挑出几样最便宜的东西一样。当我们利用 LEED 程序来解决整体问题的时候，它是相当有效的。它可以帮助我们将所有需要解决的问题一一识别出来——但我们不能孤立地对待一个一个的问题。我们必须始终关注这些问题之间，以及它们同整体之间的相互联系。

在目标确立研讨会上，这句话常常是很有用的："如果能找到一种绿色的策略，可以开始至少三项评分或是三个环境议题的研究，那么你就应该是走对方向了。"这样的话，在目标确立研讨会上（整个团队一起）一条一条地分析 LEED 的评分条款，并且在这个框架之下建立起项目的性能目标，这是非常有价值的工作。

完成这项工作的一个方法就是对 LEED 评分条款逐条讨论，判断这是一个你打算去追求的目标（那就是一个"YES"评分），或者不打算去追求的目标（包括那些不适合于具体项目的条款），那就意味着这是一个"NO"评分。很多时候，会出现很多条款属于"MAYBE"评分，可能是因为针对这些条款，团队还不能确定应该用什么方法来处理；但是团队仍然希望先将这些条款保留下来，留待以后再进行研究与分析。除此之外，我们还发现它对于分配团队成员的工作，追求每一项评分，并探讨每项评分对造价的影响也是很有帮助的。

也许，这些听起来与我们之前所说的统一的价值有直接的冲突，所以请容我们再深入解释一下。我们发现有一种方法可以用来确定这些项目对造价的影响，那就是根据项目具体的情况，以低、中、高级来划分每一项评分条款的造价水平。首先，全体团队成员一起讨论："我们可以花费多少钱——只要能从中收获一些好处——而不必担心会不会太多？"通过这个问题，我们可以得出一个公认的低造价影响评分的下限。举例来说，一个总造价 500 万美元的项目，这个下限值可能是 1 万美元。下一步就要确定高造价影响评分的上限了，我们问："达到多少钱以上，我们就不得不思考很久而很难决定花费下去——哪怕我们非常清楚这样做将会得到很大的好处？"这两者之间的就是对造价会造成中等影响的评分。

这样的成本等级划分，绝不是为了要将所有被选出来放在积分卡上的项目评分的造价影响都累加起来——我们只是希望采用一种切合实际的方法，对可能的评分选项相互比较进行评估。了解对造价影响的目的在于明确设计团队要通过一体化的设计策略，想办法节省下来多少成本，才能冲销这部分增长出来的花费。换句话说，通过对造价影响的分析，我们可以马上分辨出哪些一体化的设计策略是最重要的。

如果你只是把每一个 LEED 评分条款，简单地附加在传统设计之上，你可能还是会获得一些边缘的环境收益——但是你为之所付出的成本又是多少呢？你可以采购能源回收设备、绿色环保屋顶，以及日光照明组件等，但是假如项目团队没有办法将注意的焦点汇集在这些系统之间的联系上，并将性能问题和成本问题综合在一起考虑，那么这些工具不过就是贴在传统之上的附加物，不会得到最适当运用。

方法对每一项 LEED *评分条款对造价的影响进行划分*，但我们这样做的用意绝不是要将它们通通累加起来得到总的造价影响；相反，我们确认这些策略对成本的影响等级，只是为了要了解需要在什么地方再利用一体化的方法来节省成本，冲销这些潜在的策略以及 LEED 评分条款所造成的成本增加。（参见前文参考文献“将 LEED 作为一种工具”及图 5-16。）

- 尽可能确定项目施工的发包方式——设计 - 投标 - 发包，还是设计 - 议价 - 发包等——这样就可以及早确认承包厂商。在第一次的目标确立研讨会上，最好能邀请承包厂商或是工程项目经理（CM）一起参加。
- 如果承包厂商没有办法出席会议——因为设计 - 投标 - 发包这种模式一般都需要公共采购合同——那么就要请工程项目经理和 / 或预算人员或计量人员出席会议，参与讨论关于造价以及施工方案可行性等议题。

■ **花费时间倾听来自业主与团队成员的意见反馈**

我们需要确认所有的关键决策人员都参加了确立项目目标与方向的讨论过程；这就可以避免研讨会由于缺乏重要的支持或是足够的投入而出现中途逆转的状况。你应该还记得我们在第四章中讲的那个关于大学实验室可开启窗户的故事，机械工程师之所以会突然打断会议的进行，其根本原因就在于缺乏对目标的共识。因此，我们学习到要有意识地在会议进行中安插一些反思的时间，请与会人员暂时停下脚步，反思一下会议应该如何进行才可以尽量减少类似的问题发生。安排意见反馈有不同的方法，比如说可以在上午会议结束后请团队的老板一起吃午餐，期间与他讨论团队到目前为止所发现的种种问题，然后下午再将讨论的内容反馈给小组成员。有些人可能会由于个性的因素感觉在大庭广众之下与大家分享自己的想法很不自在，那么这种方法就可以令这些人有机会在小范围内说出自己的意见，与同事们更为轻松地交谈。另外一种方式就是简单的中场休息——在会议讨论到关键点，或是将要转换到下一个议题的时候暂停 5—10 分钟——向每位与会者咨询，他们对于这一阶段有什么想法需要反馈。

■ **绘制一份一体化进程路线图，上面注明责任、可交付成果和时间**

一份一体化方法的路线图（参见图 5-13）就是一份详尽的电子表格，上面确定了所有团队成员各自的责任，以及清晰定义的、可以管理的一体化设计进程中可交付的成果，并注明了相对应的具体任务及交付时间。

- 路线图所确认的内容包括：各个项目的工作责任以及各个环境议题的领头羊；详细的、分阶段性的可交付工作成果（这样才能够进行下一步理性的系统优化）；以及会议安排，并注明会议的目的以及希望参加会议的人员名单。这份工作进度表与进度路线图，规定了做出决策与解决问题的各个联结点（并不是单纯的个人工作分配，之后再汇整到项目当中）。
- 实际的工作进度表应该由全体团队人员一起制定，或是由那些他们的工作会贯穿整个过程的小组来制作。之后，我们要邀请所有团队成员对进度表进行评论，说明为了达成环境目标与性能目标，他们（或是整个项目）在什么地方需要其他人的协助。在这一过程中，要特别注意观察有时可能会出现类似于下面的情况——比如说“我不知道这一个小时的模型是归我负责的，”或是“我没想到在项目一开始就要参加这么多次的会议，”甚至是“被卷入到这个项目中来，我真觉得我们是不是选错了公司。”

- 通过非常详细的表述，这种制作路线图的方法使团队成员了解到工作的范围，以及项目所期望达成的目标。经过这样的方式，项目的顾问人员也会产生更强烈的归属感，作出更准确的费用判断，并且更积极地投入到一体化的方法中，进而使项目也能在节约成本以及提高环境收益方面获得更高的成就。除此之外，可能还会减少团队当中出现的抱怨的声音。一体化的工作过程可以用这种路线图的形式在3—6个月时间内详细表示出来，随着项目的实际进行，还会由于具体的原因（比如出现不可避免的情况变化）经常进行修改。这不是一个最有趣的过程，但却是一个相当具有启发意义的过程。

多年以来，我们挥动着手臂奋力疾呼，呼吁开发商、建筑师、工程师，以及施工人员一定要重视在一体化的过程当中路线图的制定，*但他们却总是意识不到这一环节对于一体化的工作效率到底会产生怎么样的影响*。有些人可能会说：“好了，我们知道该如何进行一体化的工作；我们常年在处理的都是些复杂的建筑项目。”但是实际的情况是我们当中并没有多少人有过真正的一体化整体系统思考的经验。即使真如他们所说的那样，曾经经历过真正的一体化的过程，但是大家还是可以从路线图中有所收益，比如说下面这个例子。项目进行中途，一个专业的项目经理突然由于特殊的原因必须离开这个项目。出现了这样的变故，那么接下来首先要做的一件事可能就是马上另外指派一名建筑师工程师来接替原职——但是这位新的到任者可能对一体化的作业并不熟悉——但却没有办法适应在第一次团队工作会议上确立下来的工作模式。这时，他或她就很可能会按照他们以往熟悉的方式重新组织一种工作模式，一般情况下都是线性的工作模式，于是，继续探讨更为深入的一体化的机会就这样丧失了。

- 我们习惯使用Microsoft Excel软件进行路线图的绘制，因为这是一个大家都非常熟悉的软件，而且很容易修改进度。
- 在团队工作会议中，针对下一步如何加强路线图的制作问题安插一个讨论，将会是很有帮助的。

就像之前所讨论的，在第一次团队工作会议之后，就可以制作一份提案B，其中会对服务内容有更加清晰的理解与准确的定义。在这个服务范围内，各个团队成员的任务以及取费都会描述得更加准确。这些任务和取费可能包括——但并不局限于——下面列出的项目，实际状况视项目目标与具体的情况而定。

- 会议安排如一体化工作进程路线图所示，如需顾问人员参加另外的会议，就需要额外的收费。
- LEED认证项目管理及一般的咨询
- LEED文件编制及应用支持
- 能源使用状况建模与咨询
- 一体化设计的推进与规划
- 调试（确定需要进行调试的系统范围）
- 日光照明模型
- 编写一份测量与检验（Measurement and Verification，简称M&V）计划
- 针对测量与检验（M&V）计划而进行的监控与控制系统
- 建筑材料调研与/或生命周期评估（LCA）

- 绿色和/或 LEED 认证
- 成本效益分析
- 起草一份施工废弃物管理计划
- 绘制照明示意图，分析光害污染情况
- 编写一份建筑室内空气品质（简称 IAQ）管理计划
- 绿色客房服务的策略与计划
- 制定绿色的和/或 LEED 承租人指南
- 为项目提供绿色教育和/或营销材料
- **调试：开始编制业主项目需求（OPR）文件**

这个时候最好能安排调试工作，所以在第一次目标确立研讨会上邀请调试专员（CxA）出席，有助于带领团队将焦点放在随后的基本叙述性文件的筹备上，这些基本的叙述性文件以后会发展成业主的项目需求（the Owner's Project Requirements，简称 OPR）文件。

业主项目需求（OPR）文件

委任工作的第一步，应该由对第一次团队工作会议上所得出的结论概括性的描述开始。这篇概括性的描述文件将会在业主项目需求文件（OPR）中首先通过。在第一次团队工作会议上，我们要尽量启发业主找到项目的目标与核心价值，而业主项目需求文件就是对这些结论的概述。

业主项目需求文件的形式很可能是非技术性的叙述——以项目所有者的角度和立场——说明怎么样做能够使项目获得成功。在我们一体化的工作进程中，这份文件应该及早提出，这样才能够避免在进入设计与施工阶段之后，发生反复调整修正的恶性循环，给工作带来极大的干扰。一般情况下，在设计和施工阶段之所以会出现反复的调整，只是因为在那个时候业主才刚刚开始了解设计的理念，才刚刚开始了解到这些并不是他或她——业主——真正想要的东西。

根据我们的经验，当我们要求将业主项目需求文件纳入 LEED 必要的文书作业范围内时，人们最初的反应常常会是冷漠的——但是假如没有这份文件，业主的期望往往就会在忙碌而混乱的设计过程中被大家抛在脑后。设计团队一般都会对项目有自己的主见——这些想法可能来源于他们过去的经验、他们所熟悉的知识甚至是他们各自的专长——这会影响他们真正地去了解到底什么才是业主所需要的。多数情况下，在设计工作全部完成之后施工人员才会开始接触项目，而他们最为关注的问题只不过就是追求利润的最大化。于是，尽管设计人员和施工人员可能都感觉不错，（1）因为设计的成果确实像设计师所预料的那么酷；（2）施工单位也从中赚到了钱，但是业主却可能会说：“等一下。这根本就不是我想要的建筑。我的目标和我的需要又体现在哪里呢？”

业主项目需求文件的目的就是用简单的文字——所以对每个人都是简单易懂的——去抓住什么才是业主真正需要的东西。它就是业主罗列出他或她的希望，并与设计团队的概念性思考相互交流的桥梁（比如说，设计团队关于项目的规划、性能议题，以及为了达成项目的目标而采用的方法等），反之亦然。站在业主的立场上，这份文件所要表达的内容就是："如果你能够按照文件所示，提供这些设施并且合理地安排规划，满足这些功能要求，顺利运作，那么我就很满意了。"在设计进行的过程中，这份文件的内容也会随着不断出现的新发现而进行相应的调整。随着业主项目需求文件的不断完善，无论业主还是设计团队都能从中获得更大的收益。但是，现实的状况却常常令我们感到迷惑，几乎每一个项目为了要求提交这份文件，都要经历一场激烈的斗争。这份文件的制作，需要调试专业人员耐心地倾听与不断地激励和推动，这样才能够抓住业主心目中真正的核心诉求。

每一个项目的业主项目需求文件都是各不相同的。而且正如上面提到的，业主项目需求文件是一个动态性的文件，会随着项目的发展而不断相应调整。业主项目需求文件在一体化的设计方法中扮演着非常重要的角色。简而言之，我们可以说这份文件需要持续性地记录思路的变化、随之相应发生变化的决策，以及对业主和设计团队期望值的影响。当我们的想法改变了，业主项目需求文件就要根据想法的改变而作出相应的调整。当由设计阶段进入施工阶段之后，这样的调整可能会更为频繁地发生。同样的，每一个变化都要反映在业主项目需求文件上——但是从一个建筑调试的立场上来看，业主项目需求文件的用词准确并没有那么重要，真正重要的是它必须如实地将业主当时对项目的想法记录下来，将业主在设计阶段以及施工阶段对项目不断变化的想法记录下来。

要克服取得业主项目需求文件的困难，我们发现交给业主一份"业主项目需求问卷调查"是很有帮助的，它可以将业主项目需求文件所涵盖的内容范围限定出来——引导业主去思考建筑有什么需求，以及如何实现这些需求。这份问卷调查表就是为业主完成业主项目需求文件所做的前期铺垫。这些问题或许看起来措辞考究，但其真正的目的在于引发业主对于一些重要问题的思考。我们希望业主在阅读完所有问题之后能够起到抛砖引玉的作用，在头脑中引发其他需要回答的问题。经过这种重要的思考过程，就可以转化为对于"什么样的项目是业主理想中成功的项目"这个问题叙述性的描述——这样的描述就是业主项目需求文件。然而，问卷调查表上框架式的提问以及相应的回答并不单单是为了完成业主项目需求文件；这份问卷调查表还会激发业主主动思考，为业主提供一个清晰的框架来记录他们的需求、愿望以及性能目标（参见下页"业主项目需求问卷调查表"示范）。

业主项目需求问卷调查表示范

1. 项目概述——项目的纲要

以下大部分信息都可以从试金石训练和/或核心价值训练中，以及建筑规划文件和设计会议中提取出来。

a. 这个项目为什么有必要进行？

b. 通过这个项目的建造，业主期望达成什么目标？

c. 这个项目有什么可用的历史资料（对决定这个项目当前形式有帮助的历史资料）？

d. 兴建这个项目首要的目标是什么？

e. 这个建筑的主要用途是什么？

f. 项目的工作进度表安排如何？

g. 执行中存在哪些潜在的障碍？

1. 资金限制
2. 时间限制
3. 许可或授权制约
4. 合作的局限性

h. 这个项目的核心价值是什么？

i. 如何建造这栋高性能的建筑，并实现项目的核心价值？

j. 描述一下这个项目基本的建筑规划当中与上面列举的核心价值相关的部分。

k. 有没有设定材料品质等级，建造成本等级，以及预估的使用成本等级？如果已经设定了，具体这些等级是什么？

2. 第二位的项目目标

a. 这个项目是否是一个大型规划当中的一部分？

b. 这个项目有没有将来继续扩建的准备？

c. 这个项目会不会按期完成？

d. 是否在现阶段开始筹备某些为适应将来需求而进行的工作？

e. 在后续的发展阶段是否打算追求LEED和/或LEED-EBOM认证？

3. 环境保护与可持续性发展目标——对环境或可持续性目标的具体描述

a. 这个项目的总体环境目标是什么？

b. 这个项目的总体设计与性能目标是什么？

c. 判断这个项目成功与否的可计量的性能标准是什么？

4. 能源使用效率的目标——详细说明如何达成通过前期回顾（例如对LEED清单的回顾）所制定出来的目标

a. 在这个项目中，有哪些具体的规划和/或场地参数会对能源使用状况产生影响？

b. 在这个项目中，有哪些特殊的景观特色或是方位的影响，会对能源使用状况产生影响？

c. 在这个项目中，有哪些具体构造方法会对能源使用状况产生影响？

d. 这个项目的高能效目标是什么？

5. 室内环境品质方面的需求

a. 有哪些当地的建筑法规和能源法规可以适用于这个项目？

b. 这个项目是否存在哪些一般性的限制和制约？

c. 建筑的机电系统有没有对将来的扩建或更新作出任何前期准备？

d. 为满足将来出租或是扩建的需求，原始的系统是否需要增建？
e. 在这个项目中有什么操作系统？

6. 对设备和系统的期待

a. 建筑物中的哪些系统需要调试？
b. 请对这些系统的质量水平、可靠性、可塑性，以及后期维修的期望状况进行描述。
c. 在质量保证方面有什么需求？
d. 在这些系统当中是否存在已知的效率目标、首选的制造商，或是操作特性？
e. 在这个设施的系统中允许存在的误差值是多少？
f. 对建筑管理系统具体的控制能力有怎样的要求？
g. 系统的一体化需求是什么，尤其在跨学科的领域（例如照明控制与暖通空调系统控制的整合）？

7. 建筑使用者的需求

a. 建筑使用者对整体空间的要求有哪些？
b. 建筑使用者对每一个具体空间的要求有哪些？
c. 各个空间交付使用的时间安排如何？
d. 有哪些未来的使用需求是在现阶段就已经考虑在内的？
e. 在本项目现阶段的空间规划当中，有没有考虑到未来使用者改变的不同需求？

8. 操作与维修人员的要求

a. 项目的需求性文件（系统指南）？
b. 业主今后主要的维修厂商是哪家公司？
c. 业主的员工需要进行哪些操作培训？
d. 除了标准的一年保修期以外，是否还需要额外的保修服务？如果需要，具体的需求是什么？
e. 设施设备的操作与维修标准是什么？（这些标准要反映出业主的需求，也要反映出设备的能力与实际状况。）
f. 设备和系统的维护有哪些要求，其中包括操作的局限性与专业维修人员，业主有没有配备？
g. 建筑物预期的使用寿命为多少年？

A.2.2 原则与度量

- **将在第一次团队工作会议上确定的检验标准（试金石）、原则、标准计量方式、基准以及性能目标记录下来并编制成文件**

后续的报告记录了第一次团队工作会议上所得出的结论。假如这份报告能够以项目的原则为基础，那么它就会有更高的效力。这是因为它其中包含着项目的原则、价值观以及团队的期望，必将会带来更高效的一体化的结果。因此，这些项目的原则应该就是这些叙述性描述的基础（甚至围绕着四个关键的二级系统建立起组织的架构），为团队在后续的探索与设计决策过程中指明正确的方向。除此之外，这份报告还应该包括对 LEED 清单的扩展和注解（对 LEED 建设项目来说），用来具体说明可能的策略、责任以及对造价产生的影响。这部分内容将在下面 A.2.3 阶段进行详细介绍。

A.2.3 造价分析

- **反思第一次团队工作会议上提出的方案，将所提议的方案对造价影响的等级记录下来并编制成文件**

所提议方案对造价影响的等级，根据第一次团队工作会议上针对每一条策略所定出的对造价影响的“无，低、中、高”级别划分，就像前面所描述的，应该被记录下来。这份文件可以确定与每一条策略相关的经验法则与单项成本。而且，这份文件不应该仅仅局限于绿色的策略，而应该将所有的策略都包含在内，这样才可以与传统的基准相比较，进而发展成为造价模板，这部分内容将在 A.3.3 阶段进行详细介绍。经过这样的比较，可以了解采用绿色的策略与采用传统策略之间造价的差异情况，这种差异情况是定量的、具备可研究性，并且在后面的阶段可以进行更为详细的比照。

A.2.4 进度表与下一步工作

- **依据第一次团队工作会议上提出的信息，对一体化方法路线图进行修改**

这部分资料包括除第一次团队工作会议以外，任何团队成员和 / 或项目相关人员后来提出的意见。

- **发布第一次团队工作会议报告**

每一次团队工作会议之后，将会议的结果记录下来并分发给每一位与会成员，这是非常重要的。这份会议记录应该涵盖从第一次团队工作会议中总结出来的以下信息：

- 会议议程
- 与会人员名单
- 会议照片
- 试金石（和 / 或核心价值）训练结果
- 原始的业主项目需求文件，或是什么时间，将由谁提交业主项目需求文件
- 最初设定的原则、标准计量方式、基准以及性能目标（包括上文提到过的 LEED 记分卡）
- 造价分析（如上文描述），包含所有原始的造价模板信息输入
- 一体化进程路线图电子表格，包含工作进度表和任务
- 下一步工作的项目表

（目标确立研讨会会议报告实例 pdf 格式文件，可由七人小组资料室网站 www.sevengroup.com 下载。）

学校建筑 LEED 清单：迈阿密中学项目

Yes	?	No	可持续性建筑场地	共 16 项	Cost Implications No	Low	Med	High
6	5	5			6	2	1	2
Y			前提要求 1： 施工活动污染防护	必需	N			
Y			前提要求 2： 建筑场地环境评估	必需	N			
		N	计分项目 1： 建筑场地的选择	1				
		N	计分项目 2： 建设开发密度与社区间的联通性	1				
		N	计分项目 3： 棕地的开发	1				
		N	计分项目 4.1：可替代性的交通运输方式：公共交通	1				
		N	计分项目 4.2：可替代性的交通运输方式：自行车使用	1				
Y			计分项目 4.3：可替代性的交通运输方式：低排量与节能型机动车	1		L		
Y			计分项目 4.4：可替代性的交通运输方式：停车场容量	1	N			
	?		计分项目 5.1：场地开发：栖息地保护或恢复	1		L		
Y			计分项目 5.2：场地开发：开放性空间最大化	1	N			
	?		计分项目 6.1：雨水设计：流量控制	1				H
Y			计分项目 6.2：雨水设计：品质控制	1	N			
	?		计分项目 7.1：热岛效应：非屋顶	1				H
	?		计分项目 7.2：热岛效应：屋顶	1			M	
Y			计分项目 8： 降低光害污染	1	N			
	?		计分项目 9： 建筑场地总体规划	1	N			
Y			计分项目 10：公共设计使用网点	1	N			

Yes	?	No	水资源利用效率	共 7 项	No	Low	Med	High
5	2				6	1		
Y			计分项目 1.1：园林绿化水资源利用效率：节省 50%	1	N			
Y			计分项目 1.2：园林绿化水资源利用效率：不使用饮用水或不灌溉	1	N			
	?		计分项目 2： 改良废水处理技术	1	N			
Y			计分项目 3.1：水资源消耗量减少：减少 20%	1	N			
Y			计分项目 3.2：水资源消耗量减少：减少 30%	1	N			
Y			计分项目 3.3：水资源消耗量减少：减少 40%	1		L		
	?		计分项目 4： 制程用水量减少	1	N			

Yes	?	No	能源与大气	共 17 项	No	Low	Med	High
13	2	2			12		1	2
Y			前提要求 1： 建筑物能源系统基本调试	必需		L		
Y			前提要求 2： 最小能耗	必需	N			
Y			前提要求 3： 基本冷媒控管	必需	N			
Y			计分项目 1.1： 优化能源性能：10.5% 新能源、3.5% 现有能源	1				H
Y			计分项目 1.2： 优化能源性能：14% 新能源、7% 现有能源	1	N			
Y			计分项目 1.3： 优化能源性能：17.5% 新能源、10.5% 现有能源	1	N			
Y			计分项目 1.4： 优化能源性能：21% 新能源、14% 现有能源	1	N			
Y			计分项目 1.5： 优化能源性能：24.5% 新能源、17.5% 现有能源	1	N			
Y			计分项目 1.6： 优化能源性能：28% 新能源、21% 现有能源	1	N			
Y			计分项目 1.7： 优化能源性能：31.5% 新能源、24.5% 现有能源	1	N			
Y			计分项目 1.8： 优化能源性能：35% 新能源、28% 现有能源	1	N			
Y			计分项目 1.9： 优化能源性能：38.5% 新能源、31.5% 现有能源	1	N			
Y			计分项目 1.10：优化能源性能：42% 新能源、35% 现有能源	1	N			
	?		计分项目 2.1： 当地的可再生能源：2.5%	1				H
		N	计分项目 2.2： 当地的可再生能源：7.5%	1				
		N	计分项目 2.3： 当地的可再生能源：12.5%	1				
Y			计分项目 3： 增强调试	1	N			
Y			计分项目 4： 增强基本冷媒控管	1	N			
Y			计分项目 5： 测量与验证	1			M	
	?		计分项目 6： 绿色能源	1	N			

图 5–16 第一次团队工作会议上制作的 LEED 积分卡，其中包括对造价的影响等级，有助于使团队认识到哪里需要成为一体化设计过程中的重点。一般情况下，这个积分卡的右侧还有几列，内容分别是可能的策略以及主要的责任，便于针对每一个评分选项汇集团队的力量（由约翰·伯克尔提供）。

Yes	?	No			No	Low	Med	High
5	2	6	材料与资源	共 13 项	5	1	1	
Y			前提要求 1：　可再生材料 / 资源的储存与收集	必需				
		N	计分项目 1.1：建筑物再利用：保留现有 75% 的墙体、地板、顶棚	1				
		N	计分项目 1.2：建筑物再利用：保留现有 100% 的墙体、地板、顶棚	1				
		N	计分项目 1.3：建筑物再利用：保留 50% 的室内非结构性构件	1				
Y			计分项目 2.1：施工废弃物管理：50% 转移处理	1	N			
	?		计分项目 2.2：施工废弃物管理：75% 转移处理	1		L		
		N	计分项目 3.1：建筑材料的再利用：5%	1				
		N	计分项目 3.2：建筑材料的再利用：10%	1				
Y			计分项目 4.1：回收物质含量：10%（用后 +1/2 用前）	1	N			
Y			计分项目 4.2：回收物质含量：20%（用后 +1/2 用前）	1	N			
Y			计分项目 5.1：当地建筑材料：10% 当地开采、处理、制造加工	1	N			
Y			计分项目 5.2：当地建筑材料：20% 当地开采、处理、制造加工	1	N			
		N	计分项目 6：　迅速再生材料	1				
	?		计分项目 7：　经认证的木材	1			M	

Yes	?	No			No	Low	Med	High
13	5	2	室内环境品质	共 20 项	14	2	1	1
Y			前提要求 1：　室内空气质量（IAQ）性能的最低值	必需	N			
Y			前提要求 2：　二手烟害（Environmental Tobacco Smoke，简称 ETS）控制	必需	N			
Y			前提要求 3：　声学性能的最低值	必需	N			
Y			计分项目 1：　户外空气检测	1			M	
	?		计分项目 2：　加强通风	1	N			
Y			计分项目 3.1：施工室内空气质量管理计划：施工期间	1	N			
	?		计分项目 3.1：施工室内空气质量管理计划：交付使用前	1		L		
Y			计分项目 4：　低排放性材料：胶粘剂与密封胶	1	N			
Y			低排放性材料：油漆与涂料	1	N			
Y			低排放性材料：地板系统、顶棚系统或墙体系统	1	N			
Y			低排放性材料：复合木或家具与设备	1	N			
		N	计分项目 5：　室内化学物质与污染源控制	1				
Y			计分项目 6.1：可控制性的系统：照明	1	N			
Y			计分项目 6.2：可控制性的系统：热舒适性	1	N			
Y			计分项目 7.1：热舒适性：设计	1	N			
Y			计分项目 7.2：热舒适性：查验	1		L		
Y			计分项目 8.1：日光照明与可见度：教室空间 75% 日光照明	1				H
Y			日光照明与可见度：教室空间 90% 日光照明	1	N			
	?		日光照明与可见度：其他空间 75% 日光照明	1	N			
	?		计分项目 8.2：日光照明与可见度：90% 空间达到可见度光线	1	N			
	?		计分项目 9：　提高听觉性能：40dBa/RC 32	1	N			
		N	提高听觉性能：40dBa/RC 32	1				
Y			计分项目 10：防霉	1	N			

Yes	?	No			No	Low	Med	High
5	1		革新与设计方法	共 6 项	6			
Y			计分项目 1.1：设计革新：示范性能 SSc5.2	1	N			
Y			计分项目 1.2：设计革新：示范性能 WEc3	1	N			
	?		计分项目 1.3：设计革新：	1	N			
Y			计分项目 1.4：设计革新：	1	N			
Y			计分项目 2：　LEED 认证专业人员	1	N			
Y			计分项目 3：　使该学校项目成为一个教学的工具	1	N			

Yes	?	No			No	Low	Med	High
47	17	15	项目总计	共 79 项	49	6	4	5

合格级：29-36 点；银级：37-43 点；金级：44-57 点；铂金级：58-79 点

LEED 目标评分造价影响

	Totals	No	Low	Med	High
Yes	47	40	3	2	2
?	17	9	3	2	3
Totals	64	49	6	4	5

A.3 阶段

研究与分析：对可能执行的策略进行评估

A.3.0 准备*提案 B*

- 准备*提案 B*：根据第一次团队工作会议，确认服务范围与取费标准

A.3.1 研究与分析：第一次反复

- 作出决策之前，在大范围内对各种机会以及可能的策略进行探索与识别
- 对四个关键二级系统进行展开性的分析
  - 生态群（人类与其他生物系统）
  - 水资源
  - 能源
  - 材料

A.3.2 原理与测量

- 根据第一次团队工作会议上所确立的性能目标，对设计概念进行评估
- 调试：准备概念性阶段的业主项目需求文件

A.3.3 造价分析

- 填写一体化的成本捆绑模板的单位预算

A.3.4 工作进度表与下一步的工作

- 更新一体化进程路线图，为第二次团队工作会议做准备
- 为第二次团队工作会议准备会议议程

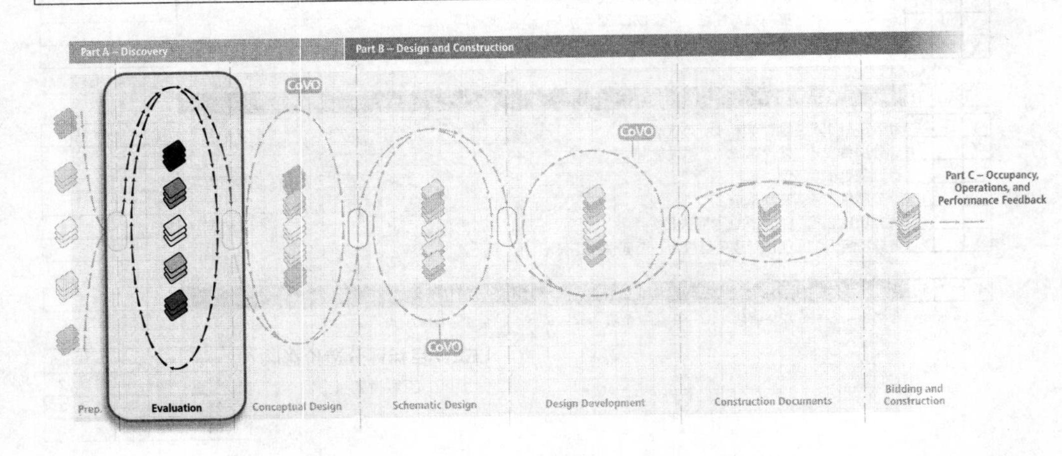

图 5–17 一体化方法 A.3 阶段，研究与分析："评估可能的策略"（图片由七人小组与比尔·里德提供，科里·约翰斯顿绘制）。

A.3 阶段

研究与分析：对可能执行的策略进行评估

从这一刻起，我们又要开始重复进行在本章开头所介绍过的团队工作会议之后的研究与分析工作。在这一次的研究与分析阶段，项目团队在第一次工作会议的基础上继续深入学习，验证设计理念与性能目标的可行性。这一过程需要反反复复地多次进行。

A.3.0 准备*提案 B*

- **准备*提案 B*：根据第一次团队工作会议，确认服务范围与取费标准**

如果我们运用两段式的取费提案，就像在 A.1 阶段所讨论的，提案 B 用来确定所有团队成员的服务范围，包含任何可能增加的顾问人员。

- 我们发现一体化的方法往往需要重建传统的取费提案，将每一阶段的取费标准重新设置，以符合各阶段的工作所花费的精力。在本章开头一体化设计方法概述中我们曾经讨论过，与传统设计方法相比，一体化设计方法需要在前期阶段花费更多的时间，特别是在探索阶段。但是到了施工图绘制（CD）阶段，所需要的时间却比传统设计短，而且工作也变得相对顺畅，不会由于缺乏足够的设计决策信息而造成拖延，影响工作效率。所以，一体化设计方法与传统设计方法相比较，整个设计与施工图绘制阶段所需要的总时间是相同的，但是前期工作所投入的比重却比较大。
- 设计团队现在可以按照美国建筑师学会（AIA）2007 年发布的“业主与建筑师标准协议”（已经取代了原来的 AIA B141 协议）中所规定的，执行施工图绘制阶段应该做的工作。
- 我们发现改变传统的工作方法，在前期阶段投入更多的分析，有助于在方案设计（SD）阶段更为高效的作出决策。而在传统的设计方法中，这一阶段（方案设计阶段）往往会向后拖延不能如期完成。我们可以将造成这种拖延的主要原因称为“设计僵局”，这种状态又会反过来造成系统规格过高，多余、低能效，当然也会导致成本增加。我们可以再回顾一下第二章中讲过的涂料 / 照明 / 暖通空调系统的故事：
- 最后的照明设计一般都在施工图进行到后期才会开始（很多人开玩笑说施工图的附录没有编列出来，照明设计就不会开始进行）。之所以会出样这样的状况，原因在于照明设计师在拿到建筑师的顶棚设计详图之前，一般是不会开始照明设计的。而且，就像我们在第二章中所讲过的，照明设计一般都是依照墙面和顶面反射率的经验法则进行计算的。大多数情况下，照明设计师都会根据估计的反光率 80–50–20（顶棚 – 墙 – 地板），来计算空间中需要的灯具数量，而不是根据空间中实际表面材料真正的反光率来计算。照明设计师一般都采用这样的假设值，因为建筑师或室内设计师还没有选定最终涂料的颜色或是顶棚的装修样式——有些时候，即使施工合同签订之后，这些问题也还没有完全确定下来。因此，照明的强度往往都是超标的，有时甚至会超出实际需要两倍之多。
- 由于在施工图阶段后期才开始进行照明设计，所以机械工程师也没有办法计算真正的照明负荷，只能采用假设的代码值。代码值——指的是照明功率密度（LPD），单位是瓦/平方英尺——只能选择最大允许值，而实际值可能是比较低的——在高能效建筑中往往会更低。在前期设计阶段缺乏必要的协调，这就会导致暖通风空调系统设计严重超标。

在这里，我们想要表述的重点就是在进入施工图阶段之前，整体的设计工作必须已经全部完成。在这个具体的案例中，项目团队应该在设计阶段——或是在开始进入设计阶段之前——就将照明功率密度确定下来，这样照明设计师才有一个正确的（不会超标的）目标，而机械工程师在计算建筑供暖与制冷荷载的时候也才可以有据可循。这就要求照明设计师在早期就开始进行系统设计工作，会同建筑师或室内设计师一起，在进入施工图阶段之前，就将顶棚和墙面的真正的反射率明确下来。

A.3.1 研究与分析：第一次反复

- **作出决策之前，在大范围内对各种机会以及可能的策略进行探索与识别**

这一阶段的探索包括脑力激荡，分析如何将荷载、规划的元素以及系统规格尽可能降低，甚至有可能的话取消掉一些部件，以达成所期望的节能目标。设计团队需要根据各个组成部分之间的关系、技术、工艺、材料以及需要考察的系统，将设计理念和各种可能性一一罗列出来。

- 我们还没有开始优化；我们现在只是在探讨各种各样的可能性，以便达成在A.2阶段所确立的性能目标。
- 我们鼓励设计团队不要被这一阶段具体的问题所牵绊而限制了思路。这是我们寻找更为广阔天空的机会，尽可能发挥想象开拓思路，哪怕遇到听起来不大可能的情形也不要气馁。

换句话说，我们现在所关注的重点并不是要得出结论；相反，我们要在这一阶段探索任何可能的领域。

- **对四个关键二级系统进行展开性的分析**

在A.1阶段对项目周遭情况与场地状况分析的基础上，针对具体项目的特殊情况进一步展开研究与分析。包括在前期团队工作会议上所制定的性能目标，与项目规划的基本条件之间，分析水流的状况、系统间相互关系以及经济问题（包括建造成本与后期的使用成本）。举例来说，在一个LEED建设项目中，这一阶段我们要做的工作包括讨论在第一次团队工作会议上确立的LEED评分目标现在是否依然具有可行性，或是探讨那些悬而未决的“MAYBE”（可能的）选项现在是否可行。更为重要的是，我们要与项目团队的成员一起——无论是个人还是大规模的团队——验证同四个关键二级系统相关的各个系统，是否如以下示例中所描述的：

- **生态群**（人类与其他生物系统）

  开始初步分析我们的建设项目可能会对当地的生态群产生怎样的影响，有什么可能的方法能够避免这些负面的影响，以及/或发展生态保护的设计理念。在这个时候，我们可能会需要更多的专业知识，或是更加全身心地投入到生态议题的研究中来；在A.5.1阶段生态群的讨论中，列举了一些可能的系统参考。

  站在人类的角度上，我们讨论的重点在于室内环境的品质问题（IEQ），比如说建立日光照明标准、初步建立热舒适性参数（包括设计温度）、潜在的适宜的热舒适性策略（参见参考文献“适宜的热舒适性”），以及自然通风和其他通风系统等。

适宜的热舒适性

我们个人的热舒适性取决于很多的因素。显然，在众多的因素当中，温度和湿度水平是最为重要的，但它们并不是唯一决定热舒适性的环境因素；从周围材料的表面散发热量的方式、空气流动状况、人的运动水平以及衣服的保暖程度，这些因素都会影响到一个人的热舒适性。

热舒适性是一个关系到个人工作效率的重要因素；假如能令使用者感觉更加舒适，那么他们很可能就会感到更加满足、快乐，在工作当中比较不易分心；因此，他们就会更加专注于手上的工作（参见第八章参考文献“建筑投资决策支持（BIDS）：POE 框架”）。除此之外，热舒适性还是一个关系到暖通空调系统规格以及整体建筑能耗的重要因素。举例来说，大多数的办公室设计案例中，都将一年中舒适的温度范围设定为 72—75 ℉之间，而在夏季的湿度水平不得超过 55%RH。假如这些热舒适性的范围能够放宽些，那么就有可能降低暖通空调系统的规格，从而节省能源。

下表（参见图 5-18）证明衣服的保暖性能可以影响可接受温度的设定。在冬季穿着保暖的服装，而在夏季穿着清凉的服装，这会对温度设计产生显著的影响。举例来说，我们的办公室着装规定允许职员在夏季穿着短裤工作。通过这一规定，可以使我们将夏季温度设定在 80 ℉左右，这样我们就做到了节约能源。而且，在这种情况下，制冷系统的规格只需要约 1000 平方英尺 / 吨（而正常情况下，同样季节办公室空间的制冷系统规格为 350 平方英尺 / 吨）。还有其他的方法可以让我们提高温度设定，比如说安装吊扇促进空气流动、使用高性能的可开启窗户、增加建筑结构体的保温隔热性能、通过优秀的日光照明设计，减少灯具使用产生的热量（因为大部分工作时间都不需要灯具照明），以及阻挡夏季高角度的太阳照射等等。

建筑环境研究中心在 2007 年发表一份名为“可开启式窗户与热舒适性”的研究报告，在报告中解释了可开启式的窗户是如何对热舒适性产生影响的；这份研究包括指出：“我们发现了一个概念，那就是假如使用者可以自行操作控制环境的条件，那么他们认为可以接受的舒适条件的范围就会变得比较宽。”在很多情况下，个人可操控性的程度都会对热舒适性产生重要的影响。这其中的原因

白天，坐姿状态工作（≤ 1.2met），相对湿度 50%，室内空气流动速度≤ 0.15 米 / 秒 a 条件下，最佳作业温度水平以及可接受的舒适性温度范围

季节	具代表性的着装描述	I_{cl}（clo）	最佳作业温度	作业温度范围（10% 不舒适标准）
冬季	厚衣服，长袖衫和毛衣	0.9	22℃	20-23.5℃
夏季	薄衣服，短袖衬衫	0.5	24.5℃	23-26℃
	最少情况下	0.05	27℃	26-29℃

图 5-18 一个能够决定个人热舒适性的因素就是着装。这个表格显示了根据不同的着装情况，室内空间可接受的舒适性温度范围的变化（引自美国供暖、制冷与空调工程师学会（ASHRAE）标准 55-2004。版权所有：© 美国供暖、制冷与空调工程师学会，参考网站 http：//www.ashrae.org）。

可能大部分属于心理作用，因为每个人对于环境的舒适度都有自己的偏好，不同个体之间的差异可能还很大。即使只是感觉到自己可以进行一些控制，还是会对热舒适性产生作用。过去有一则笑话说为了节约能源，摆上一台不通电的恒温器，大家也会觉得暖和一些，但是假如这种可控制性是真实存在的，那么它的作用一定会更为显著。

举一个例子，你所坐的椅子就会对热舒适性产生很大的影响。办公室的座椅排放方式应该有利于空气的流通。取代坚硬的座椅和靠背材料，在这些部位增加多孔性质地的材料，可以有助于热量的流通以及我们身体上水蒸气的发散。这样，即使身处一个比较高温的环境，使用者还是会保持舒适的感觉。

我们需要记住的一点是，很多小的行动，汇集起来却可以产生重大的影响。建筑物的所有者应该积极检视他们的一些假设因素，这些因素可能从表面看起来与建筑物的性能并不相关，比如说员工的着装规定以及家具的选择。在早期的设计阶段扩大假设的热舒适性参数范围，之后在建筑使用过程中也以此调节温度设定，项目团队有能力帮助业主降低设备的规格，既节省能源又节省了资金。

图 5–19 安装吊扇是一种富有活力的、适宜的热舒适性策略，通过增强空气流动，在需要人工制冷的炎热季节里，能够让我们把温度舒适度的点设定在比较高的温度。而在供暖的季节使用吊扇，促进顶棚附近热空气的循环，这一直以来都是一个能源的神话。使用吊扇并不能节约能源，但是却可以让我们在供暖季将温度舒适度的点设定得比较低（图片由马库斯·谢费尔提供）。

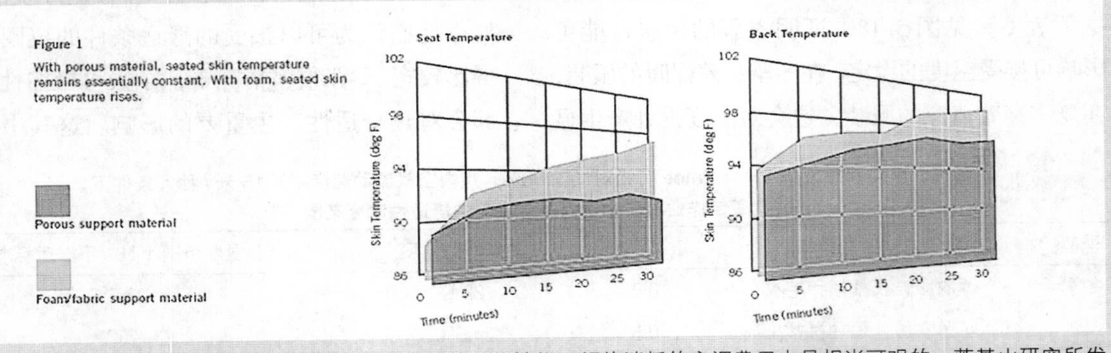

图 5–20 在某些气候条件下，为了抵消装饰性座椅的隔热性能而额外消耗的空调费用也是相当可观的。落基山研究所发表一份研究报告，指出一个装饰性的办公室座椅，会对人体表面 20%—25% 的范围起到保温隔热的作用，而由此花费在每个员工身上的这部分多余的暖通空调系统安装及运转的费用，高达 140—290 美元。（Houghten et al.1992，引自《The Attributes of Thermal Comfort》，赫曼·米勒（Herman Miller）股份有限公司，2005）而非隔热性的座椅，则不需要供暖，而且需要比较小功率的制冷，就可以保持正常的人体温度与热舒适性（经赫曼·米勒股份有限公司授权使用）。

■ **水资源**

调查与水资源品质与节约用水（包括雨水、土壤的渗透性、年度水资源消耗量以及产生废水量的初步量化分析）相关的策略，结合初步的水资源流入流出模型分析，考察达成最初设定的性能目标的能力（参见水资源平衡的讨论及 A.5.1 阶段的“水资源平衡”）。

■ **能源**

- 在第一次团队工作会议上确立的总体能源性能目标与相应的能源策略基础上，这一阶段的分析将更加着重于具体项目特殊的性能指标与实施方法。本阶段的策略分析重点在于测量，这将会对建筑设计产生深远的影响。
- 在前面的两个阶段，工作的重点在于建立总体的能源性能目标，一般用 kBTU/ 平方英尺 / 年为单位来表示。在这一阶段，我们要建立一些其他与建筑设计和系统设计有关的性能参数，这些参数都是总体目标的子集。在不同的项目中，这些参数值可能变化很大，这主要取决于建筑的类型与规模。大多数建筑类型都可以适用的一些参数目标包括：制冷，以平方英尺 / 吨为单位表示；照明，以 W/ 平方英尺为单位表示；电源插座荷载，以 W/ 平方英尺为单位表示；以及热舒适性指标，如前所述（参加图 5–21）。
- 如果我们希望达成项目总体的能源性能目标，那么建立起这些性能参数就是必不可少的。每一项这些具体的参数都要求设计人员要在整体目标的框架之下，对其对应的具体系统进行研究——要注重每一个系统同其他众多系统之间的关联。这就有助于解决同建立总体能源性能目标相关的一个难题——没有哪个人可以宣布单单凭借自己的能力就可以实现所有的性能指标，因为我们需要的是团队全体成员的共同协作。
- 利用简单的建筑体量能源模型来探讨一些“大趋势”的议题，例如：场地特定的日照方向；建筑外轮廓线与体量间的关系（例如配置两个楼层还是三个楼层）；建筑物外墙开孔（例如，将 20%—25% 作为起点）；建筑物内部荷载的分布情况；利用自然光照明的机会；风力的分布情况；利用自然通风的可能性等等。利用我们在第一阶段所介绍过的“简单的盒子”能源模型，可以大致确定建筑物内部荷载的分布状况，进而得到粗略的性能参数。在这一阶段我们建立初级的能源模型，检验上述在第一次团队工作会议上确立的项目目标相关议题实现的可能性；我们发现在这一阶段，团队成员会面临对所规定的性能阈值，或是预想的建筑体量、结构以及朝向等问题的争议，但这只是一个方面；另一方面，我们也可以利用建模工具完全不同的图像输出，在不同的方案之间进行可计量的比较。利用这种方法产生高效的替代性方案，其作用更加令人信服（参见图 5–22—图 5–25）。

■ **材料**

利用 LEED 的标准建立材料对比，以及 / 或使用类似于雅典娜 ®“建筑影响预估”的工具，对建筑结构以及外壳系统的不同选择进行对比式的分析，开始进行初步的生命周期评估（LCA）工作。在第六章中“生命周期评估（LCA）工具及环境收益”部分，我们对于这种工具进行了详细介绍，并附有实例说明。在接下来的 B.2.1 阶段中“材料”部分也有相关的描述。

能源预算	
所有空间	新建设项目——与美国供暖、制冷与空调工程师学会（ASHRAE）标准 90.1-2004 基准建筑相比较，减少能耗预算 30%。改建项目——与 2003 年基准改建建筑标准相比较，减少能耗预算 20%。
实验室空间	< 300 千英热单位 /（平方英尺・年）
办公空间	< 40 千英热单位 /（平方英尺・年）
计算机中心	< 50 千英热单位 /（平方英尺・年）
托幼中心	< 25 千英热单位 /（平方英尺・年）
照明系统预算	
所有空间	不超出 IESNA 照明手册第 9 版所建议的照明水平
实验室空间	1.00 瓦 / 平方英尺
办公空间	0.65 瓦 / 平方英尺
计算机中心	0.50 瓦 / 平方英尺
托幼中心	0.80 瓦 / 平方英尺
暖通空调（HVAC）系统冷却荷载	
实验室空间	>250 平方英尺 / 吨
办公空间	>550 平方英尺 / 吨
计算机中心	>400 平方英尺 / 吨
托幼中心	>600 平方英尺 / 吨
通风系统	
所有空间	依美国供暖、制冷与空调工程师学会（ASHRAE）标准 62.1-2004
实验室空间	二氧化碳水平不超过 500ppm
办公空间	二氧化碳水平不超过 700ppm
计算机中心	二氧化碳水平不超过 700ppm
托幼中心	二氧化碳水平不超过 700ppm
玻璃窗	
所有空间	当室外温度为 20 ℉时，室内表面温度高于 62 ℉
测量与验证	
所有建筑项目	依“新建建筑 IPMVP 概念与确定节能选择”第三卷选项 B 或 D 要求
自然光照明	
所有规则的使用空间	依国际 /IESNA 方法计算 2.0% 日照因素
所有规则的使用空间	日照达 25—30 英尺 - 烛光
热舒适性	
所有空间	依美国供暖、制冷与空调工程师学会（ASHRAE）标准 55-2004
水资源预算	
办公空间 / 托幼中心	饮用水消耗量不超过 3 加仑 / 人 / 天
可再生能源	
所有建筑项目	本地可再生能源
所有建筑项目	100% 电力消耗使用绿色能源，满足 Green-e 要求

图 5-21 北卡罗来纳州一所公立学校项目的能源性能参数示例。总体的能源性能目标往往需要被分解成很多的分项目标，分别与不同的建筑系统相关联。比如说照明功率密度（照明系统），或是平方英尺 / 吨制冷（冷却系统）。这些参数值为各系统的工程师们提供一致性的指导，例如照明系统、机械系统，等等。这些参数将在第二次团队工作会议上，在项目总体的能源效率目标框架下进行讨论（图片由马库斯・谢费尔提供）。

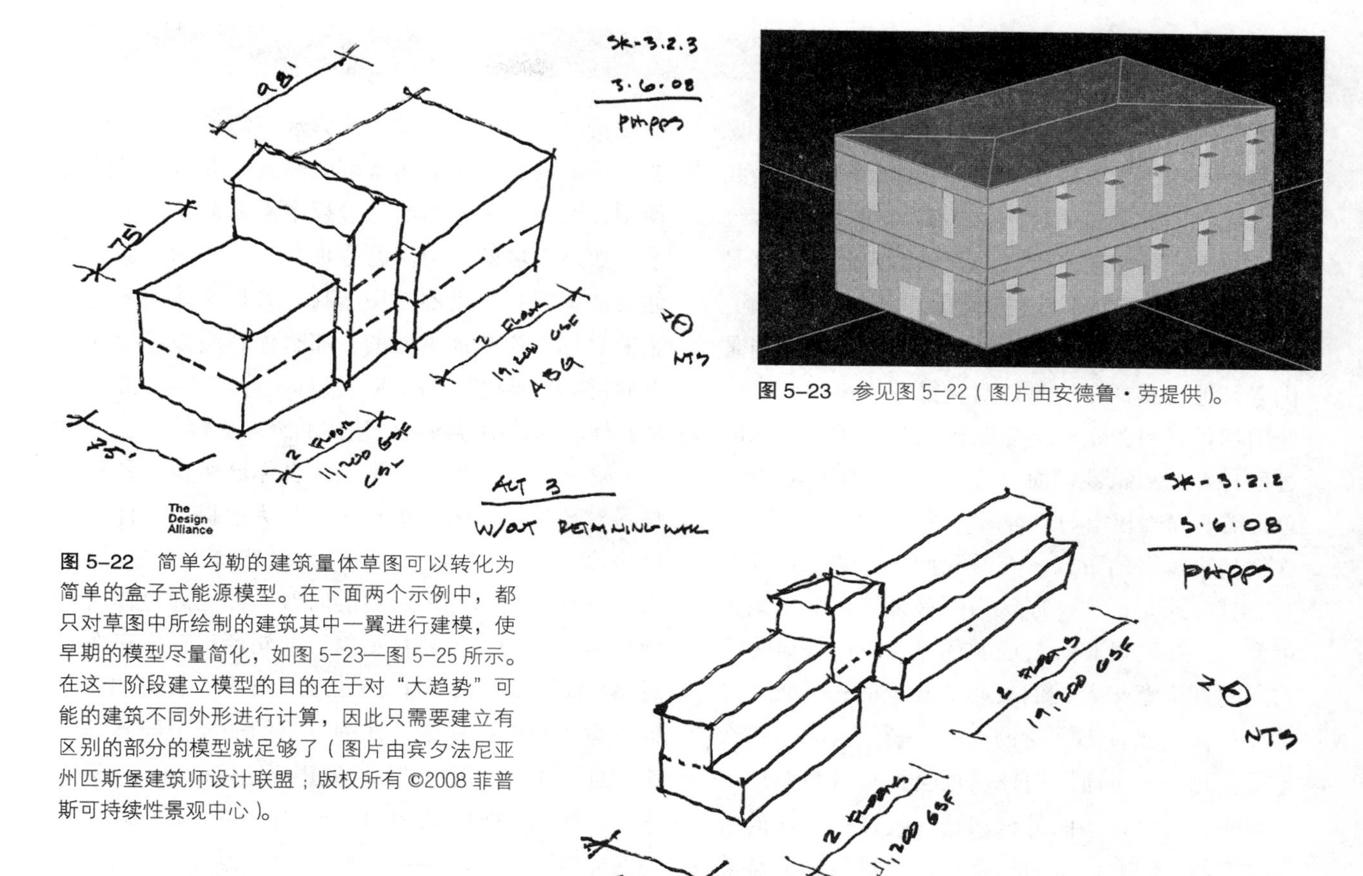

图 5–23　参见图 5–22（图片由安德鲁・劳提供）。

图 5–22　简单勾勒的建筑量体草图可以转化为简单的盒子式能源模型。在下面两个示例中，都只对草图中所绘制的建筑其中一翼进行建模，使早期的模型尽量简化，如图 5–23—图 5–25 所示。在这一阶段建立模型的目的在于对“大趋势”可能的建筑不同外形进行计算，因此只需要建立有区别的部分的模型就足够了（图片由宾夕法尼亚州匹斯堡建筑师设计联盟；版权所有 ©2008 菲普斯可持续性景观中心）。

图 5–24　参见图 5–22（图片由宾夕法尼亚州匹斯堡建筑师设计联盟；版权所有 ©2008 菲普斯可持续性景观中心）。

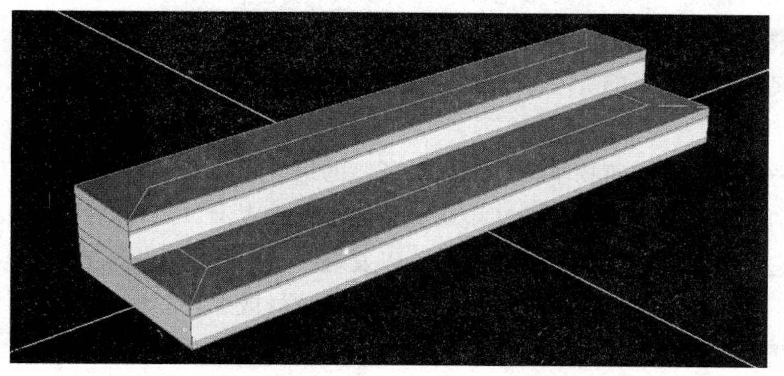

图 5–25　参见图 5–22（图片由格伦・瓦格纳提供）。

生命周期评估概述

生命周期评估（LCA）是一种建立在整体性思考基础上的科学方法论。这种整体性的思考为我们带来了一种全新的建筑材料决策模式。在传统的方法中，我们在进行材料评估时总是说，这是对环境“好”的材料或是对环境“不好”的材料。而生命周期评估（LCA）则告诉我们有一些材料是优于其他材料的；但是，对大部分人来说，选择使用哪种材料，实际上是明确何为最重要议题的过程。换句话说，我们面对材料对环境的影响问题，总是需要面临权衡与取舍。对这些权衡做出决断，这就是决策者的责任。有时我们也称这一过程为“权重”。换句话说，你认为哪种环境影响是最为重要的？在这里有必要说明的是，我们提出这样的问题并不意味着我们关心比较少的——或是经过权衡认为比较不重要的——议题就真的不那么重要。此外，生命周期评估还会根据材料对环境的影响，为设计团队的材料选择提供框架性的指导。例如，假如你认为二氧化碳的排放问题是最重要的，那么你可能就需要寻找其他的材料来取代混凝土（因为混凝土中水泥的生产过程会排放大量的二氧化碳），或许你还可以寻找水泥的替代品，来降低使用混凝土的碳影响，比如说利用高粉煤灰或是粒状高炉矿渣（GGBFS）来代替传统的波特兰水泥。如果说你认为水资源保护是最重要的环境议题，那么你就可能需要放弃对钢材的使用，因为在钢材的冶炼过程中需要消耗大量的水。如果土壤的使用问题是你最为关注的，那么你可能就需要尽量不使用木材。如果整体的环境影响对你来说是最重要的，那么你就应该寻找现有的材料，寻找既有的建筑进行改造，以及/或是从其他的建筑中寻找可以使用的废弃材料。

这种决策的模式，是以假设你已经根据各种材料对环境的影响而进行了选择为前提的。你永远也没有办法面对一团空气做出选择。很显然，当你选择不使用一种材料的时候，你也同时在选择使用另外的一种替代材料。换句话说，你正在运用生命周期评估（LCA）工具，将各个提案的设计方案（当中一种或是几种材料的选择）同基准案例进行比较；例如，你可能想要比较单纯的混凝土地板抛光处理和铺设地毯这两种方案，各自对环境的综合影响。另外一个例子可能关系到结构构件的优化，比如对不同宽度的柱距空间进行对比性分析。由此，生命周期评估（LCA）工具可以帮助设计人员量化各种材料以及/或它们汇集在一起对环境造成的影响，以便做出理想的设计决策。在后面的阶段，我们会对这种方法进行更为详尽的介绍。

生命周期评估（LCA）是将建筑物视为一个完整的过程，特别是关系到材料使用与能源消耗的部分，要贯穿整个建筑生命周期进行分析。它为我们带来一种全新的材料选择模式。我们开始不仅仅局限于分析单个材料的属性，而是将目光放在整个建筑物生命周期内对环境的综合影响，这些影响通过很多种的环境影响指标参数来表示。当我们开始使用这种工具时，可以发现一个明显的状况：其实所有的材料都会对环境造成这样或那样的影响，想要决定哪种材料是“最好的”，这通常都是建立在权衡取舍基础之上的个人主观选择（参见上文参考文献“生命周期评估概述”）。

使用LCA工具，以建筑物整个生命周期的角度思考，需要用到下面几个主要的概念。这些概念包括：*使用寿命*（*service life*）、*耐久性*（*durability*）、*分层*（*delamination*）、*可拆卸性*（*deconstructablity*）。第一个概念，使用寿命，是指设计建筑物将会使用多长时间。根据佩罗（J. C. Perrault）的说法：“建筑物使用寿命，就是指建筑物在使用中没有严重的破损，经营运转符合合理的经济性，并具备其应有的功能性的时间。”* 确定建筑物准确的使用寿命是非常重要的——积极思考建筑物使用寿命问题，对这一阶段的设计决策将会产生深远的影响。

在项目进行初期，我们向设计团队询问他们是否已经有计划的使用寿命。他们一般都会说有，而这个使用寿命无一例外的都是50—60年。但是我们却发现，事实上他们根本就没有认真思考过这个问题，至少没有进行深入量化地思考。当我们再以同样的问题询问业主意见时，他们一般都不会愿意接受50—60年后就必须重新建设的状况，尤其是公共机构的项目。假如没有这些对话，那么关于建筑材料的耐久性就只会是一场模糊的讨论，而“耐久性”这一概念就会被视为“使用寿命”的代名词（后面将会对使用寿命进行更加详细的介绍）。

耐久性，这个概念需要被放在*使用寿命*这个大的框架下去解释。任何一个建筑系统能够使用多长时间，都取决于这个系统的各个组成构件能够使用多长时间。举例来说，一扇窗户能够使用多长时间，往往取决于它最薄弱的构件，而这个构件可能是橡胶密封条。玻璃镶嵌在木窗框中可以经历百年风雨；可是一旦密封胶条破损，那么玻璃和窗框也就变成了没有用的东西。建筑物中其他的部分也是同样的道理。假如设计团队能够在心目中有一个理想的使用寿命，并将其与后期的设计相互结合思考，那么效果将会是很明显的。一个我们所见过的，运用这种思路最有说服力的例子就是一所公共教育机构，他们（在聘请建筑师之前）作出决定，要使建筑物通过设计与建造达到三百年的使用寿命。这一决定几乎改变了随后所有的设计决策。

*分层*这个概念是指“不需要的东西就不要使用”，尽量简化材料的层次。比如说，直接对混凝土地板进行抛光处理，取代铺设任何铺面材料，例如树脂地砖、橡胶地砖、陶瓷地砖或是地毯等。

*可拆卸性*是指通过设计，使建筑物到达使用寿命之后便于拆卸，便于将拆下来的材料重新运用到新建项目当中，就像我们在第四章结尾提到过的查特维尔（Chartwell）学校。

在这个阶段，我们需要结合第一次团队工作会议上所确立的原则与性能目标，对所有的这些可能性都进行研究与探讨。

A.3.2 原理与测量

■ **根据第一次团队工作会议上所确立的性能目标，对设计概念进行评估**

我们需要在对上文中提到过的四个关键二级系统进行一定程度分析的前提下，才可以开展本阶段的评估工作。在这一阶段，我们要对第一次团队工作会议上所确立的性能目标进行更加详细的评估，通过开拓思路研究各种可能的方案，检验这些目标到底是可以

---

* “建筑物外壳使用寿命”，是建筑科学技术文献资料中的一篇论文，“使用状态下材料的特性”，1984年在加拿大几个主要城市分别举办了一系列关于这个专题的研讨会，详细资料可访问国家研究委员会加拿大网站 http://irc.nrc-cnrc.gc.ca/pubs/bsi/84-1_e.html。

达成的，还是确实超出了能力所及的范围。

一位近期与我们在一起工作的建筑师，向我们讲述了在一个希望获得 LEED 认证的拉维加斯赌城项目中，他所在的设计团队如何将节约能源与回收再利用制定为项目的原则，并在此基础上开拓思路，对各种可能的设计策略进行探讨与研究。除了为使用者遗留下来的大量废弃物提供资源回收基础设施，以及增加建筑材料的回收再利用比率，设计团队还将这个赌城项目本身视为一种资源，探索今后再建造的可能性。当这位建筑师了解到这类建筑的使用寿命只有区区 10—15 年时，他自然而然就想到了建筑再利用的问题；将这个建筑设计成可方便拆卸的模式，那么在经过其短暂的生命周期之后，这里就会变成一个丰富的材料资源库，进而对环境保护产生不可磨灭的作用。在接下来的设计中，团队更多考虑的是关于资源消耗的原则性问题，而不是如何达成 LEED 所需要的先决条件，比如使用者废弃物回收或是相应的评分——这是一个了不起的飞跃，但却很遗憾地被项目的业主视为太过激进……至少对现在来说。

- **调试：准备概念性阶段的业主项目需求文件**
  - 运用“业主的项目需求（OPR）”以及 A.2.1 阶段“业主项目需求问卷调查表示范”中所提供的问卷调查框架，设计团队和业主开始从调查表的答案中将业主对于项目的概念性需求提取出来，之后再进行又一次的 OPR 文件编写工作。在这一阶段，大多情况下业主代表都不止一人，所以我们要将问卷调查表分发给业主团队中很多位重要的成员。如果在项目进行初期，就可以将不同的业主团队成员各自关注的重点议题提列出来，那么从这些调查表当中就可以提取出 OPR 文件的纲要。我们将所有的答案汇整在一起并经过筛选过滤，就可以形成概念阶段的 OPR 文件——与第一次的 OPR 文件相比，本阶段的 OPR 文件更加全面与综合，能够体现出整个业主团队对项目的需求，并最终成为项目发展的指导性资料。
  - 在业主针对 OPR 问卷调查表进行回答的基础上，调试专业（CxA）人员可能还需要为业主提供一些指导，才能够使业主与项目团队完成概念阶段的 OPR 文件制作。记住，这份文件会随着设计决策的产生而不断发展完善；因此，从概念性设计一直到项目完成，我们需要反复进行这项类似的工作。
  - 调试专业人员所提供的资料有助于识别出各种选项，并汇整编列入一体化的成本捆绑模板，这对于接下来要进行的成本预算工作是相当有价值的。预算工作将会在 A.3.3 阶段（下面）进行详细介绍。举例来说，建筑物的控制系统应该选用复杂的还是简单的配置？或是需不需要设置建筑物的控制系统？换句话说，什么才是最适当的选择？

A.3.3　造价分析

- **填写一体化的成本捆绑模板的单位预算**

现在我们可以开始将资料输入成本控制框架，或是在 A.1 阶段建立的电子表格模板，并根据第一次团队工作会议上确定的方案对其进行扩展。我们也可以把这一阶段通过研究与分析而收获的新数据资料补充进去。利用这个模板，可以准确地描述出建设项目的初期建造成本，以及生命周期内的运营成本。内容具体如下：

- 对各种备选系统（或是系统组群）对初期建造成本影响的了解，可以由建立单项单位预算开始。我们要将这些备选系统的单项成本制作成一个“项目调色板”，使团队成员可以看到所有可能的项目系统的成本，进而对这些系统进行集合、捆绑，形成相互关联的系统“组群”或是“组合的”系统及构件。换句话说，我们通过这些彼此联系的单项项目，可以了解到它们在成本方面的相互影响。在这里需要说明的一点是，我们没有必要在每一个单项成本上耗费太多的精力；我们应该将探讨的重点放在每一个备选的“组群”或是“组合”上。
- 对生命周期成本的净现值分析包括以下几个方面：
  - 备选系统的初期建造成本
  - 运行、维护与替换的成本
  - 如果可能的话，分析生产率与环境的成本影响

这也就是说，将模板上面每一个备选系统的项目（或“调色板”），扩展到其生命周期内对成本的综合影响。即使在尚未完全确定项目的特异性之前，这种方法也可以帮助我们建立起预算的框架，罗列出同样类型的一般建设项目所包含的各种元素，进行比较并制定出基准。而且，按照功能性进行分类建立起这个表格，对项目团队来说无异于掌握了一项工具，在以后的阶段系统地了解一个二级系统和其他二级系统之间的相互影响。

- 当我们运用单项成本分析，发现某一种特定的策略所需要的成本过高时，就应该去分析是否存在其他系统的规格可以降低下来的可能性，或是干脆可以取消掉，以平衡多出来的这部分费用。正如我们所见，在一个项目中，每一个系统都会同其他系统存在千丝万缕的联系，所以它们的成本也是可以相互抵消的。我们应该鼓励项目团队不要把自己局限在一个个单一项目中，而忽略了一个系统的成本也会同时对其他项目或构件的成本产生影响——这就是“成本捆绑”一词的来由。

A.3.4 工作进度表与下一步的工作

- **更新一体化进程路线图，为第二次团队工作会议做准备**

同项目团队一起对进程路线图进行修改与完善，并明确下一步工作的方向。在这个时候，路线图中的任务进度表、团队电话会议、会议以及分析的进程都需要进行必要的调整，才能够配合在两次主要团队工作会议之间临时会议的日期、时间以及可以提交的资料情况，制定出完善的规划。

- **为第二次团队工作会议准备会议议程**

为第二次团队工作会议准备会议议程，并明确目标，我们必须要了解这一工作的重要性。这项工作在本质上与 A.1.4 阶段为第一次团队工作会议准备会议议程是很类似的，只是这一阶段的工作更为重要。与之前一样，我们还是可以通过与团队中的关键成员进行一两通的电话会议，来完成这项工作。除了需要明确他们所期望的结果之外，它还可以为团队成员提供一个机会，去评估他们研究与分析工作的状况，而这部分工作应该在第二次团队工作会议准备阶段就已经全部完成了。

A.4 阶段

第二次团队工作会议：概念设计探索

A.4.1 第二次团队工作会议：活动

- 对 A.3（研究与分析）阶段的四个关键二级系统的发现进行评估：
  - 生态群（人类及其他生物系统）
  - 水资源
  - 能源
  - 材料
- 由以下几个方面入手，形成概念性的场地及建筑设计理念：
  - 检验标准与原则
  - 场地的不可抗力
  - 社区与流域的生命系统模式
  - 功能性的规划
  - 分组工作会议
- 强化对检验标准、原则、标准计量方式、基准以及性能目标的共识
- 在发展中对成本捆绑研究进行检视
- 检视与调整进程路线图
- 花费时间倾听来自业主与团队成员的意见反馈
- 调试：检视业主项目需求（OPR）

A.4.2 原理与测量

- 根据第二次团队工作会议，对项目性能目标进行调整
- 调试：根据第二次团队工作会议，对业主项目需求文件进行调整

A.4.3 造价分析

- 根据第二次团队工作会议，更新一体化的成本捆绑模板

A.4.4 工作进度表与下一步的工作

- 根据第二次团队工作会议，更新一体化进程路线图
- 提交第二次团队工作会议报告

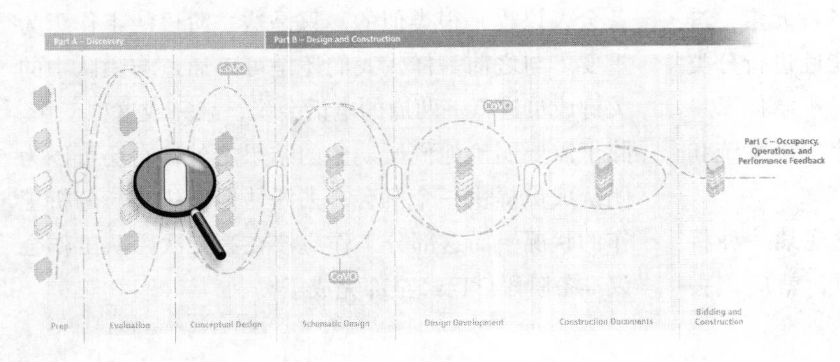

图 5-26 一体化方法 A.4 阶段，第二次团队工作会议："概念设计探索"（图片由七人小组与比尔·里德提供，科里·约翰斯顿绘制）。

A.4　阶段

第二次团队工作会议：概念设计探索

这一次团队工作会议，或称为研讨会，开始由研究与统一目标而进入到真正的设计阶段。在这次研讨会上，最好能将工作的重点放在创造概念性的设计理念上；但是假如项目并不是从开始就采用一体化的设计方法，那么本次研讨会的重点也可以放在对已经存在的概念性设计理念进行检验与评论，并探索其他的备选方案。

曾经参加第一次团队工作会议的项目团队关键成员也一定要参加本次会议（第二次团队工作会议），只有这样才能确保整个团队的投入，并将“主人翁”的感觉一直延续下去。

我们在上文中所提到过的实施纲要就可以作为第二次团队工作会议议程的模板，之后具体的内容再根据每一个项目具体的情况量身定制。然而，在这次研讨会期间，会议议程仍然要保持灵活可变性，允许它随着“房间中的能量”变化而做出相应的调整（这种情况是经常发生的），随着每一项活动的进行，对每一个新发现的探索，不断发展完善。我们还需要说明的一点是这次工作会议可以安排一整天的时间，也可以一直延续 3—4d，具体的时间安排取决于项目的复杂性以及团队所制定的目标。

如果直到现在这个阶段才邀请施工人员参与到项目中来，那么他们的参与将会变得相当有价值。特别是他们富有创造力的丰富经验，以及看待设计理念的独特视角都是非常宝贵的财富，更不用说他们对于设计影响可实施性与造价的想法，却常常被大家所忽略。换句话说，我们最好将施工人员视为另外一个合作设计者。

A.4.1　第二次团队工作会议上的活动

- **对 A.3（研究与分析）阶段对四个关键二级系统的发现进行评估：**

对整个项目团队在 A.3 阶段所进行的分析成果进行评估，包括项目规划与基本条件之间的关系，以及在经济方面的影响（建造预算及运营成本）。

图 5–27　工作会议以检视整个团队在前期进行的研究与分析工作成果作为起始，汇报贯穿四个关键二级系统的概念性设计探索（图片由马库斯·谢费尔提供）。

■ **生态群**（人类及其他生物系统）

回顾并检视A.3阶段的分析，包括项目建设可能会对当地特有的生态群造成的影响以及解决的策略，可以适用于本项目的提高室内空气品质（IEQ）的方法，以及所有相关的经过量化的结论，为概念性设计的讨论提供素材。

■ **水资源**

回顾并检视A.3阶段的发现，以及为了达成有关提高水资源品质与节约用水的原始性能目标（包括雨水、土壤的渗透性、年度水资源消耗量以及产生废水量的初步量化分析等），而可能适用于项目的潜在策略。

■ **能源**

回顾并检视之前提出的关于暖通空调系统的规格、照明功率密度、可再生能源的贡献、自然光照明，以及人体的热舒适性等的性能参数。对这些具体的参数进行讨论与调整，并运用这些参数来指引概念性设计的方向。在这个阶段，我们应该鼓励团队成员勇于挑战他们的目标。因为这些目标值在以后必要时还要进行再次调整。

回顾在A.3阶段，利用简单的建筑量体模型对各种能源模型选择（或是参数的组合）的比较与分析，为概念性设计提供新的资料与素材。讨论并找出潜在的降低荷载的方法，并将会在A.5（研究与分析）阶段利用参数化建模的方式进行详细探讨。此外，在A.5阶段我们还会针对交通运输问题对能源的影响展开分析。

■ **材料**

回顾材料选择的原则以及在A.3阶段进行的对比性分析，例如初始的材料生命周期评估结果，找出建筑材料对于结构以及外壳系统选择的影响。

■ **形成概念性的场地及建筑设计理念**

本次团队工作会议是设计研讨会，旨在形成初步的概念性设计理念，并在以后的工作中进行更加深入的探索，以及通过A.5阶段的研究与分析进行检验。概念性的场地与建筑设计理念，可以由研讨会中以下活动开始入手：

■ **检验标准与原则**

我们发现，大略性地回顾一下我们在第一次团队工作会议上制定的检验标准与原则是非常重要的。这样做可以确保在这一整天的概念性设计理念探索过程中，保持团队成员围绕在性能指标与项目目标周围的共识。

■ **场地的不可抗力**

在本次研讨会上，概念设计工作通常是由一组对场地不可抗力的分析开始的。这种分析包含一系列的场地规划示意图，上面标明了各种流入场地以及流出场地的状态。这些场地所特有的流动状态就可以被视为“场地的不可抗力”，其中包括日照方向、流行风向、步行交通与机动车交通动线、大众交通运输站点、公共设施服务网点、地形地貌、雨水的流动状况、视觉景观、噪声污染源，以及同周围邻里的联系等（参见图5-28及图5-30）。

■ **社区与流域的生命系统模式**

一个更加整体性探讨场地周遭环境状况的方法，就是请一位团队成员（比如说系统生态学家、永续农业学家、生物学家或是其他专业的顾问）向其他团队成员介绍场地与其周遭环境之间的相互联系，这种方法与我们在A.1阶段曾经介绍过的，帕梅拉·曼格提供的“由探索而设计——一个关于设计如何由场所而生的故事”很类似。

通过对生物系统的模式以及它们在过去存在状

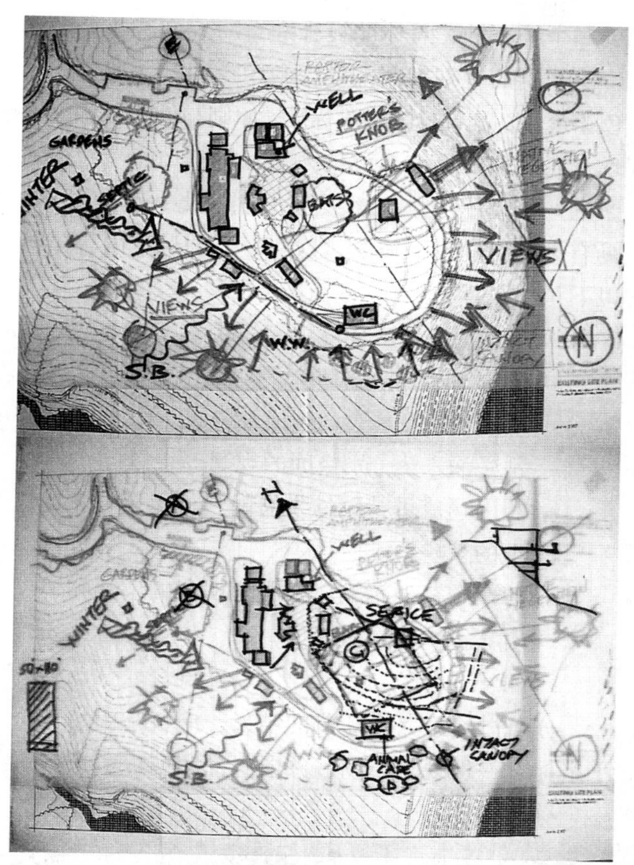

图 5–28 宾夕法尼亚州谢弗湖环境保护中心开发项目，项目团队通过对场地不可抗力的分析得出了以下几个结论：

- 现有的本土生植物，以及场地西侧与南侧完好的树冠，都是需要保留下来的。
- 朝向场地西侧的湖面，需要开辟出一条视觉走廊。
- 对外应该建立起与猛禽展示区、草地以及蝙蝠生活区之间的联系。

关于新建建筑的位置选择，我们一共提出了四种不同的配置方案，如下面的草图所绘，分别编号为 A、B、C、D。经过实验与分析，团队最终公认方案 C 为最好的选择，新建建筑大致坐落在一个接近于方形的区域，如图。这样的配置，可以使建筑物能够最大限度支持附近生态群的发展，并且与场地存在的坡度完美结合在一起（图片由约翰·伯克尔提供）。

态（参见第三章参考文献“解决模式问题”）的理解，我们就可以去创造——或是再次发现——在场地的生态群与文化领域、建筑物的使用者、来访者、社区和流域之间，未来更加健康、更为久远的利益关系。比如说，我们发现一个坐落在加利福尼亚州巴哈半岛上的开发项目，这片场地现在是几近荒芜的沙漠，而在 400 年前，这里却是一片繁茂的橡树林。只有了解过去曾经的状态，我们才能够寻找出路去恢复，在某种程度上使场地复原到它之前的面貌。

■ **功能性的规划**

我们经常会发现上述对于场地不可抗力的分析以及 / 或是对生物系统存在模式的探索——伴随着在研讨会期间分组讨论（后面会进行详细介绍）的发现——会引导我们对项目功能性的规划作出调整。例如，我们可能会建议将几个功能相类似的空间组织在一起彼此靠近，或是将几个设备区合并在一起，这样对于初期建造以及后期运转的经济效益的提高都会是帮助的。因此，在研讨会期间，任何针对功能性规划的潜在的调整都具有十分重要的价值。不仅如此，这个阶段的建筑规划常常在某些地方存在着一些模糊性，而通过这项工作就可以帮助项目团队清晰地了解到有关功能性的“未知领域”，或是帮助大家对整个规划方案进行改进与完善。我们曾经参与过的一个项目，在该项目为期三天的研讨会上，第一天的首要目标就是集体明确功能性的规划方案；这将会有利于所有项目团队的成员更加深入地了解项目所设定的目标。因此，在本次工作会议上，利用一个单独的活动使大家更加精确地掌握业主对于项目规划的需求是非常重要的，因为团队的成员有必要彻底了解关于规划的所有需求。

分组工作会议

很多情况下，我们发现采用分组设计会议的形式进行上述讨论会有助于效率的提高。根据不同的因素，比如说项目的设计已经进行到什么程度了（进行的越少越好）、项目的复杂性、项目的范围、场地存在的限制条件、参加研讨会的人数，以及这些与会者们所表达的专业见解等，这些分组工作会议的讨论重点也各有不同。于是，根据上述因素，我们发现有两种基本的分组讨论方法是最为有效的。第一种基本的方法是利用分组讨论的形式，将所有的问题视为一个整体而进行探索。第二种基本的方法是首先围绕着每一个关键的二级系统进行讨论，之后再将它们结合在一起进行整体的研究。简而言之，我们发现与团队成员们一起讨论采用哪一种方式更适应具体的项目条件，灵活地进行变通，这是非常重要的。

第一种基本的方法一般由两个环节的分组工作会议构成；在第一个环节，我们要求每一个小组找到一个统一的、总体的设计理念——不需要去深入解决个别的规划细节问题。利用草图纸、标签、彩色铅笔，以及项目的检验标准、原则与性能目标——现在还要加上场地不可抗力的分析和功能性的规划回顾——每一个小组都要努力创造出一套整体的、具有说服力的设计概念。这一环节的讨论内容包括以下几个方面：

- 场地与其周遭环境之间的联系
- 周围的治理措施环境
- 功能性的及规划的组成部分（只要大的概念，不必深入至个别空间的规划）
- 帮助达成可持续性发展的目标以及 LEED 认证的策略
- 停车、交通运输以及服务网点的位置和解决方案
- 形象与特色

分组讨论第一个环节的结果，应该是由每一个小组提供一份规划草图，并向全部团队成员进行讲

图 5–29 各个分组讨论会的形式、安排以及目标都各有不同，但是每一个分组讨论都要求成员们进行跨学科的表述（左侧图片由马库斯·谢费尔提供，右侧图片由桑迪·威金斯提供）。

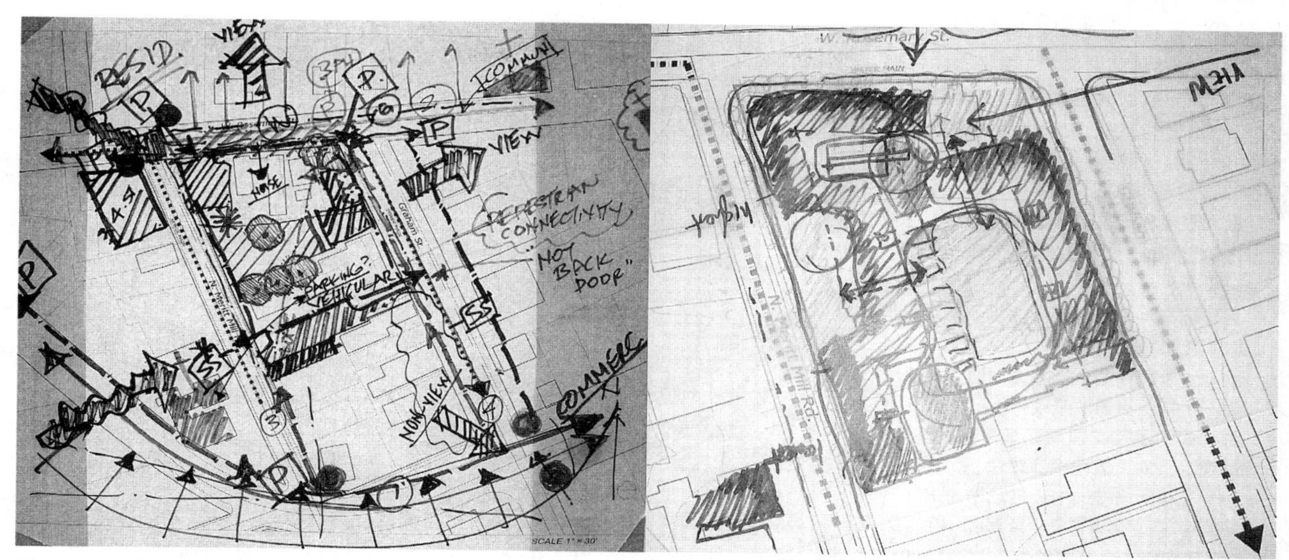

图 5-30　北卡罗来纳州查珀尔希尔市规划项目，经过对大范围的社区联系以及场地条件（如左侧草图所绘）进行探索之后，一个小组将讨论的重点集中在建筑的体量、朝向、绿化区域、机动车出入口以及停车问题，以便通过分组讨论的第一个环节绘制出右侧的规划草图（图片由马库斯·谢费尔提供）。

解。这份场地的规划方案草图应该清楚地描述出全部的设计理念（或是理想的设计理念），表达出所有重要的策略，提出场地的解决方案以及规划要素大项目的分类。

在每一个小组的代表对他们在工作会议中所产生的思路进行讲解之后，最好能请所有团队成员都将他们的想法反馈出来。当所有分组讨论的工作都已经汇报完毕，我们就要开始进行所谓的“绿帽子、红帽子”的活动。* 我们向全体团队成员提问，根据他们所看到的几个方案，其中有哪些概念或思路是他们认为绝对要“保留下来”的，并将这些答案记录在一块挂板上。之后，就是摘下“绿帽子”戴上“红帽子”的时候了。我们再向他们提问，有哪些问题是他们认为绝对要避免的，并同样将答案记录在挂板上。这些排列出来的优先选项，对探索阶段后面的工作进行是具有非凡意义的。

接下来，我们向项目团队成员提问，应该如何同时考虑这些“需要保留下来”的概念，使它们彼此协调，以产生更为整体性的解决方案。接下来，全体团队成员会共同评估应该如何解决存在的冲突（我们要做到的是使它们相互调和，而不是相互妥协），找到综合的解决方案。在这一过程中所产生的思路也同样需要记录下来，以便将来再一次的回顾与完善。通常情况下，这一次团队讨论之后还要再安排一个概念设计分组讨论的环节，假如时间允许，各个小组要将在全体成员研讨会上大家所提出的反馈意见重新进行思考，继续完善自己的思路。

第二种分组工作会议的基本方法，是请每一个

* 感谢桑迪·威金斯（Sandy Wiggins），为我们这项活动取了这样的名字。

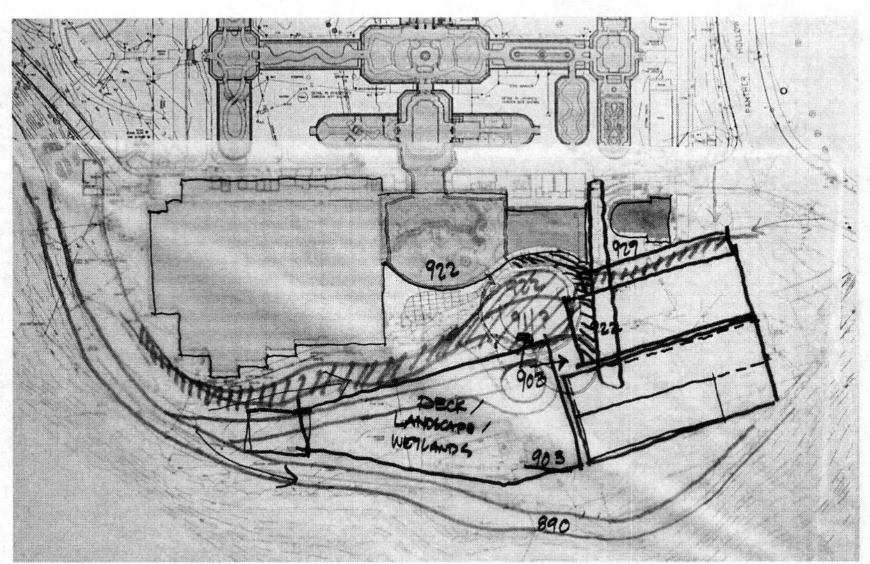

图 5–31 宾夕法尼亚州匹兹堡市一个环境相当复杂而恶劣的区域，菲普斯学院计划兴建一个新的教学机构。这份草图是在分组第一轮的讨论中，由四个小组中的一个小组提出的，他们对各种可能的状况进行了探索，包含以下几个重点：

- 最大限度利用改建既有的建筑物（右下方的建筑），或是至少将其部分保留下来重新利用。
- 对建筑的东西轴向进行优化，充分利用太阳能。
- 沿着一条贯穿整个场地的坡道，设置成为一个东西贯通的景观带。
- 阶梯式的屋顶花园与场地自然的坡度、景观以及人工湿地相互融合。
- 一个与花园连接的中心广场塑造出“室外的居室”，将来可能会发展成一个温室（图片由马库斯·谢费尔提供）。

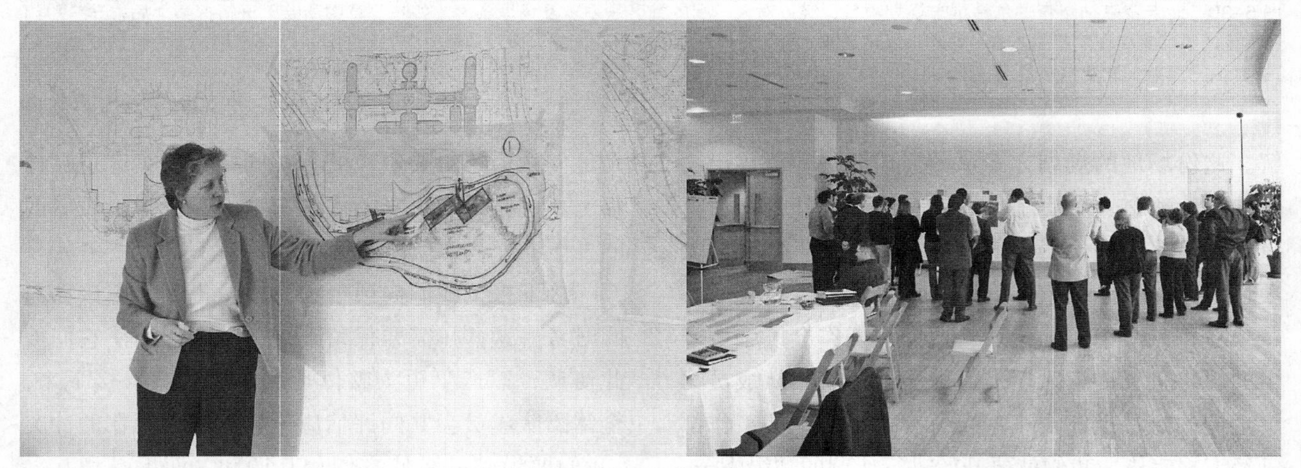

图 5–32 菲普斯学院项目，另外两个小组在向全体团队成员讲解他们的规划构思（图片由马库斯·谢费尔提供）。

小组在第一个环节着重探讨一个关键二级系统的解决方案。在向全体团队成员进行工作汇报的时候，团队讨论的中心应该围绕着如何整合这些二级系统的解决方案与策略。一个小组，举例来说，讨论在重点在于与能源相关的议题，而另外一个小组讨论的重点则在于水资源与场地之间的互动关系，另外还有其他小组的讨论重点在于建筑设计，以及/或室内环境品质等议题。这种方法尤其适用于比较复杂的建设项目。如上文中所介绍的，在这次小组讨论之后，还可以再安排一个概念设计分组讨论的环节，着重于概念性设计思路的产生。

通过这次研讨会，一般都会产生一些概念性的

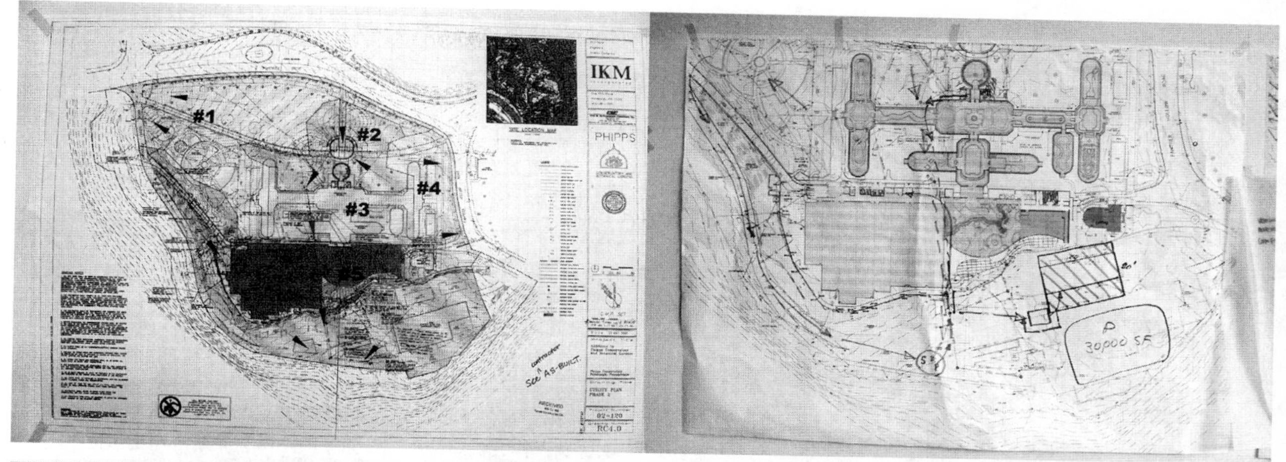

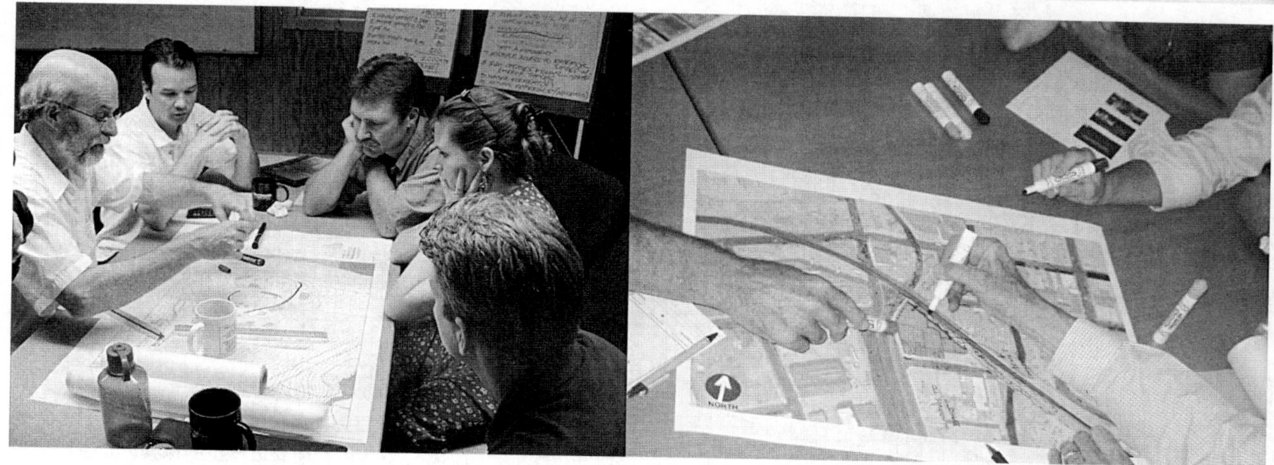

图 5–33　菲普斯学院项目在召开第二次团队工作会议之前，通过研究与分析，确定了四个主要的、彼此独立的雨水收集区。着重研究水资源的小组提出了这份草图（右侧草图），通过查看雨水与生活污水流动的状况，探索除了每年的自然降雨而不再消耗其他的水资源，可以达成以下这些一体化的策略：38in/a 的降水已经足够使用，所以这些充沛的水资源可以同其他的系统结合在一起，包括生态生境、雨水、流域、制冷（能源）、水的品质、污水排放、材料，以及通过合并污水管线达到美观的效果，创造湿地（图中带斜线的方块表示合适的尺寸），将清洗用水引向山脚下的湖泊以及莫农加希拉河，而使本地的生态环境恢复健康状态，通过学习了解水的特性，也许可以引导水从地板下面流过而达到被动制冷的效果——所有这些措施都不需要设置路缘石与截流井，而只需要很少的管路就可以实现（图片由马库斯·谢费尔提供）。

图 5–34　分组工作会议上，我们鼓励所有团队成员动手绘制出自己的设计理念。右侧的图片就描绘了多人一起探讨，关于一个旧区改建的项目与其周围比较恶劣的环境（纽约锡拉丘兹）之间联系的场景（左侧图片由汤姆·凯特提供，右侧图片由马库斯·谢费尔提供）。

草图，这些草图所涵盖的范围不尽相同，具体情况由项目的复杂程度而定。在过去的经历当中，我们曾经见过通过这次研讨会得到粗略的总体规划，或是确定了建筑物位置的场地规划，也见到过可以深入到建筑物外轮廓线、楼层平面图以及相关的建筑剖面的状况。

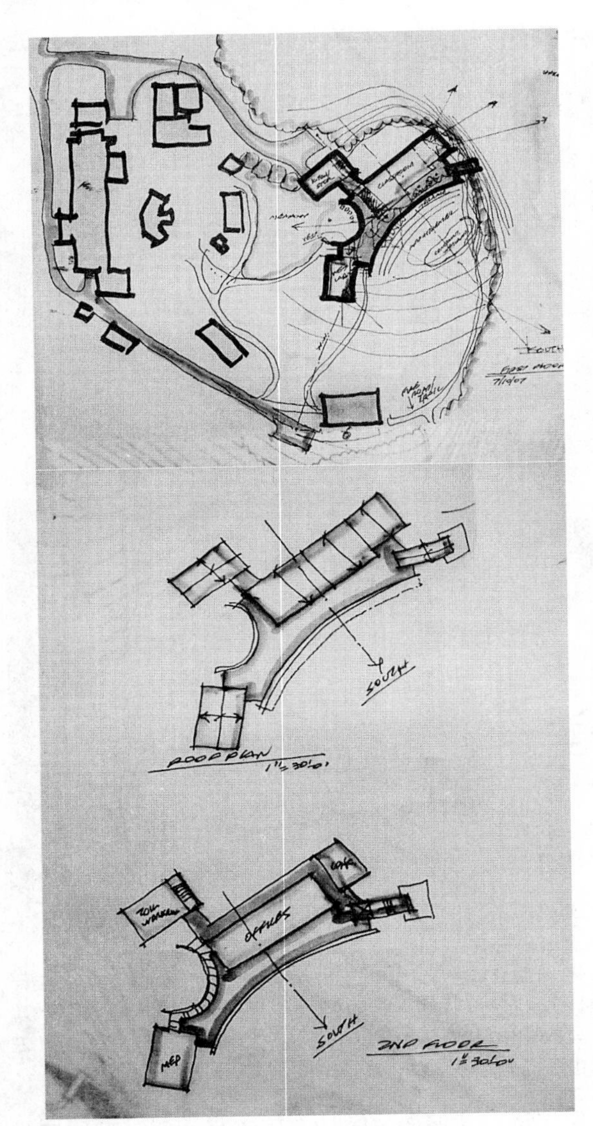

图 5-35 这份草图是谢弗湖建设项目经过一天的概念设计研讨会后得出的结论（图片由约翰·伯克尔提供）。

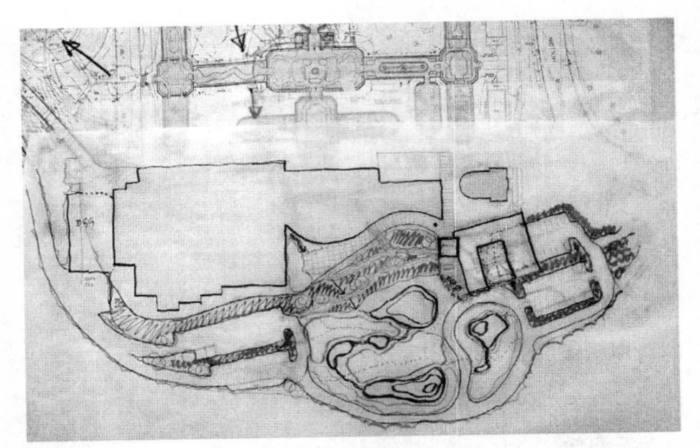

图 5-36 这份草图是菲普斯学院建设项目经过为期两天的第二次团队工作会议后得出的结论（图片由马库斯·谢费尔提供）。

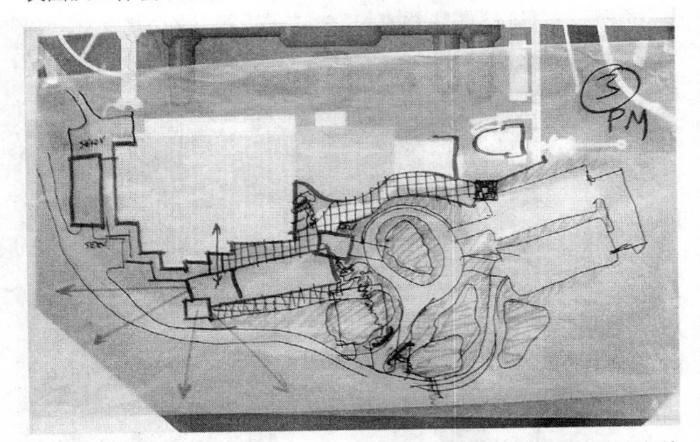

图 5-37 在菲普斯学院项目为期两天的团队工作会议将近结束的时候，一个新的构思浮现出来，需要进一步的探索，并在接下来的研究与分析阶段接受检验（图片由马库斯·谢费尔提供）。

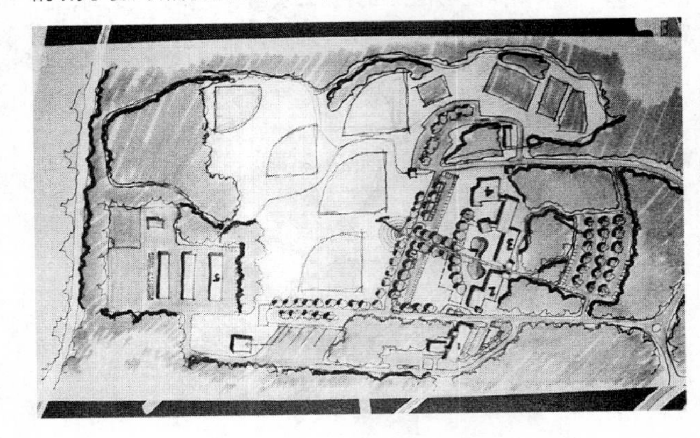

图 5-38 纽约州南安普顿一个环境条件日趋恶化的市中心区开发项目，召开了为期三天的研讨会（有超过 80 位设计团队的成员与社区成员参加），期间分为 6 个小组，分别针对几个重要的议题进行讨论，图为将 6 个小组的作业成果汇整在一起而得到的规划方案（图片由桑迪·威金斯提供）。

- **强化对检验标准、原则、标准计量方式、基准以及性能目标的共识**
    - 根据对在第一次团队工作会议上所制定的项目原则与性能目标的集体共识，小组成员对可能的解决方案进行评估并进一步发展。而这些项目的原则与性能目标在必要的时候也会进行调整。
    - 小组成员对项目的基准、标准计量方式及其绿色建筑评估工具的目标进行再次检视，例如，参照项目 LEED 目标以及目标评分的各项要求，重新针对各种策略以及提出的概念设计成果进行评估。
    - 有的时候，我们发现通过第二次团队工作会议上对概念设计理念的探讨，常常会产生一些协同作用，使我们可以将那些在之前的工作会议上被否决的提议重新拿回到桌面上进行讨论。而这些提议很可能会对性能目标的达成具有重要的作用。比如说，有一些 LEED 条款，我们之前可能认为执行起来会存在困难，或是根本没有希望达成，现在却发现其实是可行的；反之亦然，那些我们之前认为可行的提议，现在也可能会发现根本行不通。
- **在发展中对成本捆绑研究进行检视**
    - 必要的话，与团队成员一起再次改进。
    - 就像上文中所讨论过的，在团队工作会议期间会不断涌现出新的发现，这些新的发现涉及以后各个系统之间的相互关系，并与造价的增减平衡相关。这就需要我们对成本捆绑模板上的单项、组成部分以及 / 或大的分类也相应进行调整。

到此刻为止，你应该已经注意到我们工作的模式开始重复进行，无论是对设计方案的讨论、制定性能目标、进行成本分析，抑或是下一步的工作。所有这些反复都是有目的性的；对所有前期进行的工作进行反思与再发现具有相当重要的作用（参见第二章参考文献“学习的车轮”）。因此，我们在对每个阶段的任务进行描述的时候，都要回顾前期同样的任务，这样就可以避免重复的语言，而我们对于这些任务的描述也会变得越来越精炼。这就要求你要经常回顾以及参考前期阶段的各项任务。

- **检视与调整进程路线图**
    - 必要的话，与团队成员一起再次改进项目进程路线图，并明确接下来的工作。
    - 就像上文中所讨论过的，在团队工作会议期间会不断涌现出新的发现，这些新的发现涉及以后各个系统之间的相互关系。这就需要我们对一体化进程路线图的各个组成部分也相应进行调整，包括任务、时间安排以及需要出席的会议等。
- **花费时间倾听来自业主与团队成员的意见反馈**

这一概念已经在 A.2.1 阶段进行过讨论，这里请允许我们再重复一遍：我们需要确认所有的关键决策人员都参加了确立项目目标与方向的讨论过程，以避免在研讨会过程中由于缺乏重要的支持或是足够的投入而出现中途逆转的状况。而且，另外一种可以令大家更为投入的方式就是简单的中场休息——在会议讨论到关键点，或是将要转换到下一个议题的时候暂停 5—10 分钟（或是利用邀请业主团队共进午餐的机会进行一次核心成员讨论）——

向每位与会者询问，他们通过这一阶段的讨论有什么样的收获与期待。

- **调试：检视业主项目需求（OPR）**

由设计团队和/或业主向全体团队成员简报业主项目需求文件，有助于强化大家围绕着项目目标而形成的共识，并开始进入下一步调试过程中对基础性设计（Basis of Design，简称 BOD）文件发展的阶段（有关基础性设计，参见下文 A.5.2 阶段的介绍）。

A.4.2 原理与测量

- **根据第二次团队工作会议，对项目性能目标进行调整**

随后的团队工作会议报告，应该根据在第二次团队工作会议期间所进行的所有探索与发现，比如说资料更新以及对 LEED 条款的注释等，对项目的性能目标也进行相应的更新。

- **调试：根据第二次团队工作会议，对业主项目需求文件进行调整**

项目团队也需要对业主项目需求文件进行更新，以确保该文件与第二次团队工作会议结论的一致性。

A.4.3 造价分析

- **根据第二次团队工作会议，更新一体化的成本捆绑模板**

如我们在 A.4.1 阶段所讨论过的，在第二次团队工作会议期间，会不断涌现出关于系统之间相互关系的新发现，而这些新发现都是与成本捆绑息息相关的。因此，我们需要对成本捆绑模板的构成也进行相应的调整。

A.4.4 工作进度表与下一步的工作

- **根据第二次团队工作会议，更新一体化进程路线图**

如果有必要的话，与团队成员一起检讨和调整，明确下一步的工作方向。在这一过程中，我们需要所有没有出席第二次团队工作会议的个别团队成员以及/或项目相关人员，都要表达出自己的意愿。同样的，进度表中的任务、团队电话会议、会议安排以及分析的进程都需要进行必要的调整，才能够配合在两次主要团队工作会议之间临时会议的日期、时间以及可以提交的资料等情况，制订出完善的规划。

- **提交第二次团队工作会议报告**

同所有的工作会议一样，会议的结论要以总结报告的形式分发给每一位团队成员。第二次团队工作会议总结报告中应该包含以下几个方面的内容：

- 会议议程
- 与会者名单
- 会议活动现场照片
- 关于场地不可抗力的草图
- 所有概念性设计草图
- 会议注释，包括会议期间的新发现、结论、反思，以及“需要保留下来的思路”等。
- 检验标准、项目的原则、标准计量方式、基准以及性能目标——如果可以的话，还包含对 LEED 项目列表的更新。
- 更新一体化的成本捆绑模板
- 包含任务以及进度安排的进程路线图电子表格
- 下一步的工作

（有关设计研讨会会议报告的实例 pdf 格式文件，可由七人小组资料室网站 www.sevengroup.com 下载参阅。）

A.5　阶段

研究与分析：对概念性的设计理念进行检验

A.5.1　研究与分析活动：在单一学科以及比较小的分组范围内进行探讨

- 在与四个关键二级系统相关的实际规划以及指导原则的范围内，对第二次团队工作会议上得到的概念设计方案进行检验：
  - 生态群（除人类以外的其他生物系统）
  - 水资源
  - 能源
  - 材料
- 在开始进入方案设计阶段之前，对新的发现进行整合及分析，得出合理化的结论

A.5.2　原理与测量

- 对标准计量方式、基准以及性能目标进行再一次的确认与巩固
- 调试：发展基础性设计（BOD）

A.5.3　造价分析

- 对每一项策略以及二级系统的造价进行标注，之后再将这些信息汇整进一体化的成本捆绑资料当中

A.5.4　工作进度表与下一步的工作

- 更新一体化进程路线图，为第三次团队工作会议的召开做准备
- 准备第三次团队工作会议议程

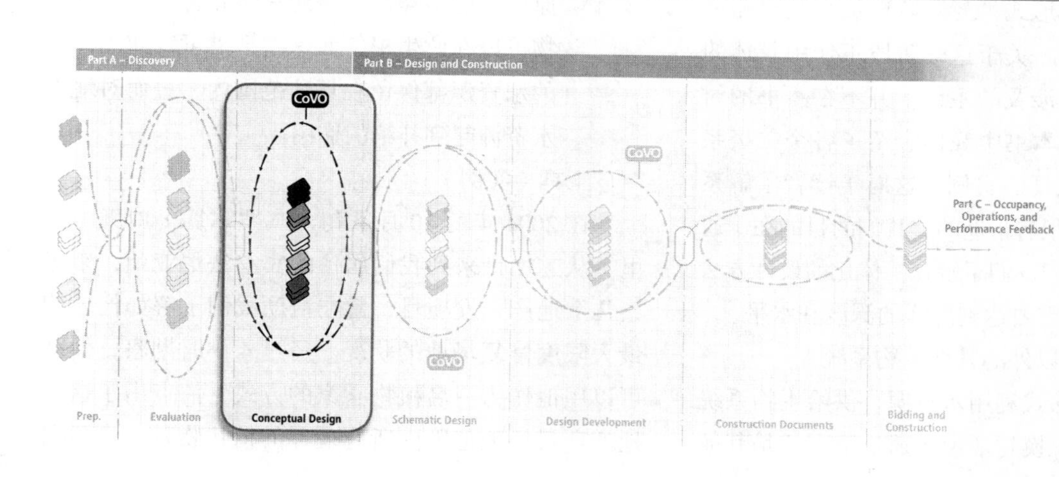

图 5-39　一体化方法 A.5 阶段，研究与分析："对概念性的设计理念进行检验"（图片由七人小组与比尔·里德提供，科里·约翰斯顿绘制）。

A.5 阶段

研究与分析：对概念性的设计理念进行检验

这个阶段是整个一体化设计进程中的一个至关重要的阶段，是将前期的探索工作与接下来的方案设计联系在一起的桥梁。我们在进入有关建筑具体形式的研究工作之前，一定要确保自己已经对于那些关键二级系统的重要议题进行了深入的研究。只有对这些重要议题的研究达到一定深度，我们才能够在有限的几个设计方案中将这些议题综合考虑进去。

A.5.1 研究与分析活动：在单一学科以及比较小的分组范围内进行探讨

- **在与四个关键二级系统相关的实际规划以及指导原则的范围内，对第二次团队工作会议上得到的概念设计方案进行检验：**

对四个关键的二级系统进行更为深入的分析，从规划的具体要求、预算限制、项目的原则以及性能目标几个方面，对在第二次团队工作会议上产生的设计理念以及概念性设计方案进行检验。这项工作一般都是在单一学科内进行，或是通过小规模的跨学科分组讨论会的形式，与团队成员一起对相关的系统问题进行设计。关于这一阶段工作中具体的分析、工具以及可能涉及的主题，并不在本书的讨论范围内。但是，在本书中我们介绍了各个二级系统很多有关分析与工具的实例，这对于读者了解系统之间的相互关系是很有帮助的。我们的目的在于通过这些实例，使读者朋友们了解在一体化的设计方法中，这一阶段的工作需要达到怎样的深度和水平。

- **生态群**（除人类以外的其他生物系统）
  - 寻找机会阶梯式利用水资源，供给生物系统的生存需要。换句话说，通过下列或是其他的方法，在一个单位的水流出场地范围外之前，对其进行多种途径的利用：
    - 灌溉
    - 建造人工湿地环境
    - 屋顶植栽
    - 地下水的补给
    - 就地开挖形成雨水收集池
    - 修建雨水花园和生态湿地，使雨水得到处理与浸透
  - 通过对建筑物本身的设计，调研适合于微气候条件的种植材料。
  - 寻找能够将对雨水的管理同对当地植物物种的保护结合在一起的机会。
    - *实例*：减少人造草品以降低雨水资源的流失，以及雨水输送基础设施的兴建。
    - *实例*：你应该还记得我们在第三章和第四章曾介绍过的 Willow 学校的案例。在这个项目中，设计团队研究这片土地被不良的农业生产耗尽了资源之前，当地的土壤以及动植物栖息的情况。之后，设计团队开始致力于还原生物的多样性，修建临时鹿舍围篱，使植物可以在此生根，而这些举措可以使大部分的水资源都保留在场地范围内，进而对地下水资源起到补给的作用。
  - 工具（实例）

在 2004 年的 10 月下旬，杰罗尔德·威廉（杰里）从芝加哥来到我们居住的宾夕法尼亚州，来考察几个地产开发项目，旨在帮助我们了解如何才能最大限度修复场地的状况。经过 4 小时勘察，他就可以用他作为一名植物学家的方式，清点出了这个地产项目场地范围内所有现存的植物物种，进而揭

示出这一区域历史的植物存在模式，并对其生物多样性的水平进行评估，为下一步的修复工作准备资料。他做这项工作所使用的是植物等级评估法（Floristic Quanlity Assessment）（参见参考文献），这个方法是由他在20世纪70年代发明的。大概勘察了8英亩的土地（一半的面积都是树林），他罗列出了一份现存植物物种的清单，以便确定这个地产项目共30英亩土地的平均C值。之后，再确定每一种植物物种的C值，C值的范围从1—10不等，取决于下列评定标准：

C值为0：该种植物物种来自本土生残留物种的可能性小于5%。

C值为5：该种植物物种来自本土生残留物种的可能性为95%，但是不能证明该残留物种的品质。

C值为10：该种植物物种来自本土生高品质的残留物种的可能性为95%。

经过他的清点工作，杰里几乎可以告诉我们在这片区域，每一平方米的土地上在过去的300年间曾经发生过的事情。另外，他还告诉了我们下面的一些情况：

> ……你可以看到，这个开发项目整体的平均C值为3.8——即使花费再大的代价，进行再多的修复工作，也没有办法达到超过3.5的C值，“他们”通常只是达到一些比较低品质的系统；而且，对于已经遭到砍伐破坏的森林，要恢复原貌几乎是不可能的事情。因此，一片土地的完整性是无价的，在本质上是不可能恢复原貌的……一个从外地来的植物学家，在植物处于休眠状态的季节里就能够找到85种本土生的植物物种，好好思考一下这片土地所蕴含的潜力吧！我知道这里接下来一定会有大量的工作，而有些工作可能会让人觉得气馁。可是不管怎样，不要因为这些困难的存在而意志消沉，要知道，你就是这些曾经在加利福尼亚州生存并残留至今的植物物种的管理员。

这样的资料对于每一个场地来说都是宝贵的，它可以指引我们对设计方案作出决策，下面这个新泽西州普林斯顿的案例就可以充分说明这一点（参见图5-40）。在上面的案例中，杰里为我们提供的资料，还会促使我们对于土地的健康产生坚定的责任感；了解到我们是“这些曾经在加利福尼亚州生存并残留至今的植物物种的管理员”，以及“一片土地的完整性是无价的，在本质上是不可能恢复原貌的”，这使我们与土地更加紧密的联系在一起，并对土地产生了全新的爱。因此，一种与土地以及土地的健康更深层次的联系，驱使着我们为了目标而努力奋斗。

- 植物等级评估（参见参考文献）：这是一种工具，就像上文中所描述的，可以为我们提供非常有价值的原始场地评估，同时也可以用来追踪同一块土地在过去的若干年间所发生的变化。在我们一体化的设计方法中，越早运用这种工具进行评估，就会有越多的机会获得信息，为设计的决策进行指导。
- 观察生物系统：这是指在任何一个特定的区域，观察生物系统存在的模式，以及它们之间的相互关系。要了解这些生物系统的存在模式，我们可以查阅历史资料、对科学的数据资料进行分析，并且需要具备必要的相关知识，才能够支持与强化对于模式的理解——单纯的数据或是现状，并不能揭示出生物系统生存的模式问题。
- 列举清单：通过列举土壤、植物物种的种类、动物的栖息状况、微气候条件，以及长期以来人类进化与环境之间的互动作用，我们就可以了解到这一地区生物进化的模式，以及它们是在什么时候、以什么样的方式发生变化的。这样的工作，可以帮助我们找到为环境健康贡献

保守性系数与植物等级评估*

摘录自 www.fhsu.edu/biology/ranpers/ert/fqa_cc.htm 资料

植物等级评估

植物等级评估是一种用于自然地区评估的标准化工具，由弗洛伊德·斯温克（Floyd Swink）和杰罗尔德·威廉（1994 年）发明。这种方法取代了传统方法对于植物等级相当主观的评价，比如说“高等级”或是“低等级”，尽管在这种方法中还是存在一些主观的成分，但它通过定量的指数表示而相对更为客观公正。“植物等级指数”可以用来比较不同地区植物等级的差异性，也可以用来追踪同一地区长期以来植物等级的变化情况。通过这种方法，我们根据植物物种对于干扰的耐受程度，以及某一植物物种局限于前欧洲殖民时期植物群落的局限性程度，确定每一种本土生植物的保守性系数。将所有植物物种的评估结果汇集在一起，就可以得出一个地区的植物等级指数。有关植物等级指数的计算，可参考弗洛伊德·斯温克和杰罗尔德·威廉（1994 年）对于该种方法的详细介绍。

保守性系数，C 值

物种保守型的概念是植物等级评估的基础。根据斯温克和威廉（1994 年）、威廉、马斯特斯（Masters）（1995 年）所提供的方法，每一种本土生的植物物种都有一个保守性系数（C 值）。保守性系数的范围从 0 到 10，表示出一种植物能够保持其在殖民前时期的状态相对不发生变化的可能性。举例来说，一个 C 值为 0 的物种，比如说羽叶槭、梣叶槭，被证实很少会局限于某一特定的自然区域内，这也就是说，我们差不多可以在任何地方发现这些植物。同样的，委陵菜（灌木委陵菜属植物）是一种 C 值为 10 的植物，这种植物几乎只能在前欧洲移民时期芝加哥附近的地区生长，也就是说，这是一个高等级的自然区域。还有一些植物不属于前欧洲殖民地区的植物区系范围内，所以没有可适用的 C 值。

然而，C 值是通过在一定的区域内广泛收集植物区系而确定的数值，因此还是具有一定的主观性。C 值为 0 和 C 值为 1，或是 C 值为 9 和 C 值为 10，在概念上的差异是很微小的，但是 C 值为 0 和 C 值为 3 就会有明显的区别。尽可能扩展调查的范围，不要丢掉对任何一个物种 C 值的评估，这样通常可以弥补植物等级评估方法的不足之处，因为运用这种方法需要在一个区域内对所有物种评估之后得出平均的 C 值。

*** 参考文献**

Swink, F., and G. Wilhelm. 1994. *Plants of the Chicago Region*, 4th ed. Indianapolis, Ind.: Indiana Academy of Science.

Wilhelm, G. S., and L. A. Masters. 1995. *Floristic Quality Assessment in the Chicago Region and Application Computer Programs*. Lisle, Ill.: Morton Arboretum.

Herman, K. D., L. A. Masters, M. R. Penskar, A. A. Reznicek, G. S. Wilhelm, and W. W. Brodowicz. 1996. *Floristic Quality Assessment with Wetland Categories and Computer Application Programs for the State of Michigan*. Lansing, MI.: Michigan Department of Natural Resources, Wildlife Division, Natural Heritage Program.

射手山野生花卉保护

射手山野生花卉保护项目植物管理指数

描述

旧区

场地状况摘要

列表包含 29 种植物物种，其中 52% 属于新泽西州本地品种

植物管理指数	整体平均 C 值	本地品种平均 C 值	植物等级指数
3.73	0.96	1.80	6.97

描述

刘易斯学校树林区

场地状况摘要

列表包含 43 种植物物种，其中 70% 属于新泽西州本地品种

植物管理指数	整体平均 C 值	本地品种平均 C 值	植物等级指数
18.12	3.31	4.30	23.55

图 5–40 类似于保守性系数（C 值）这样的指数，通过对一个地区所有现存物种进行盘点与清查，可以用来评估一个地区的生态健康水平，以及追踪这一地区长期以来生态健康水平的变化情况（图片由杰罗尔德·威廉提供）。

心力的方法和途径。

- 下面我们列举了一些可能会为我们提供必要工具、评估以及清单的专家顾问，实际的需要视项目具体情况而定：
  - 环境修复学家
  - 河流形态学家（河流专家）
  - 地形地貌学家（大尺度的地理学）
  - 土壤与土质研究顾问
  - 湿地专家
  - 水资源品质分析师
  - 永续农业学家
  - 系统永续农业学家（大尺度的生态系统）
  - 生境生物学家（动物和植物）
  - 水文学家（地表水与地下水）
  - 社会人类学家
  - 考古学家
  - 历史学家

对大多数场地来说，对其进行生态方面的评估，更好地了解这片土地以及在这片土地上栖息的生物，进而决定应该如何保护它们，这都是非常重要的。一个位于普林斯顿附近的刘易斯（Lewis）学校项目，该项目的业主打算在一块目前是田野和树林的场地上兴建一座新的校舍。对场地的评估工作是由一位景观建筑师和一位植物学顾问共同完成的。植物学家使用一种叫作植物管理指数的工具（可参见射手山野生花卉保护），这种评估工具的应用基础也同样是上文中提到过的 C 值（保守性系数）。评估的结果如图 5–40 所示。还有一部分分析工作是由景观建筑师负责的，结果如图 5–41—图 5–44。也许在一个外行人的眼中，这片土地上有草场、有树林，一派田园风光,不失为一个远离都市喧嚣的僻静之所。但是，通过运用生态评估工具仔细检查之后，我们发现这片土地存在着严重的，而且是长期的水土流失问题，进而影响到生物物种的多样性。非土生性的物种充

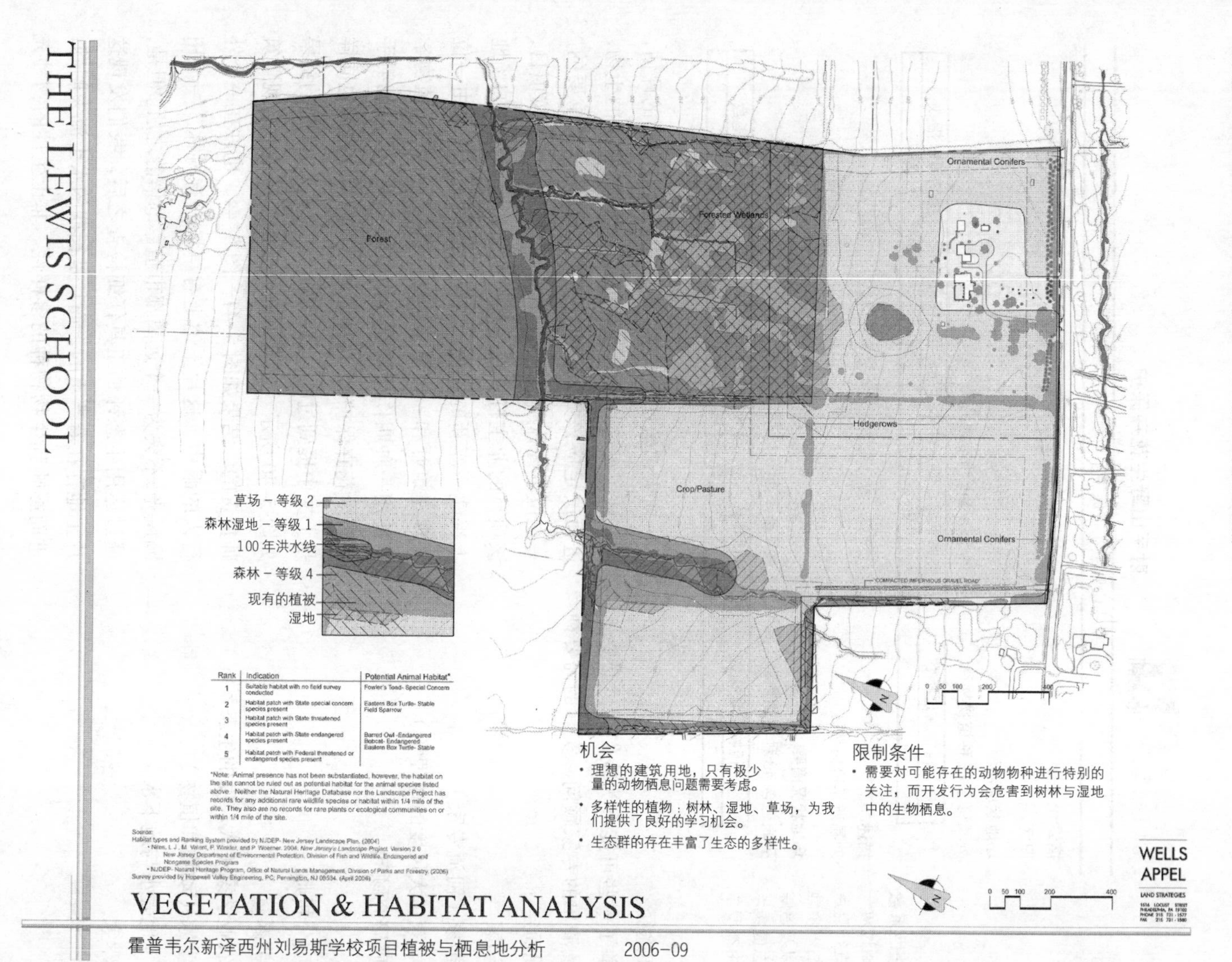

图 5-41 针对植被和栖息地公共走廊，在早期的探索阶段进行的场地评估分析，以明确在现有条件中存在的机会以及局限性（参见图 5-42—图 5-44）（图片由威尔斯·阿普尔（Wells Apple）景观建筑与规划事务所提供）。

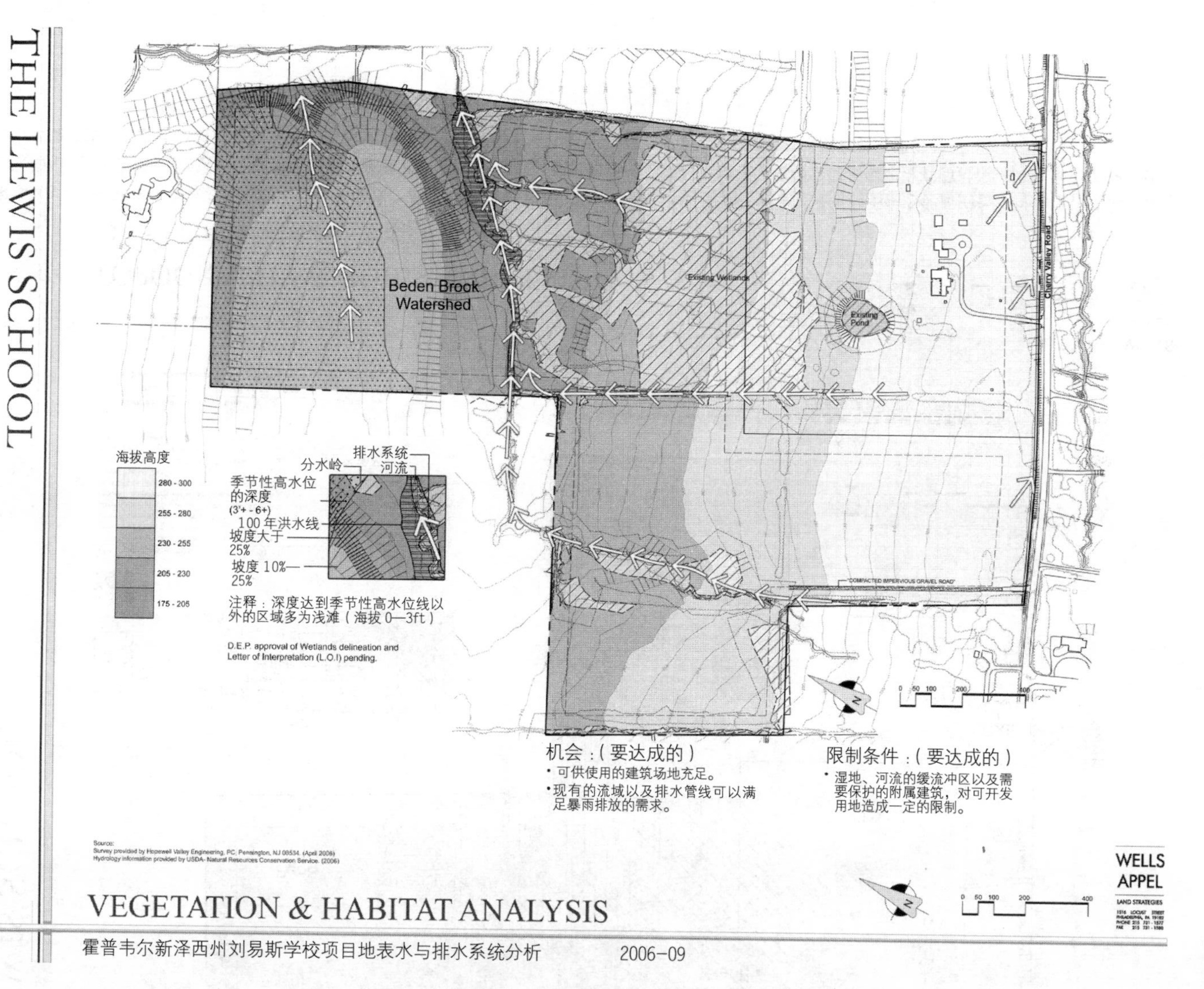

图 5-42 针对历史的及未经开发时期的地表水及排水模式，在早期的探索阶段进行的场地评估分析，以明确在现有条件中存在的机会以及存在的局限性。比如说，道路的走向以及建筑物的定位都需要尊重水流的现况（图片由威尔斯·阿普尔景观建筑与规划事务所提供）。

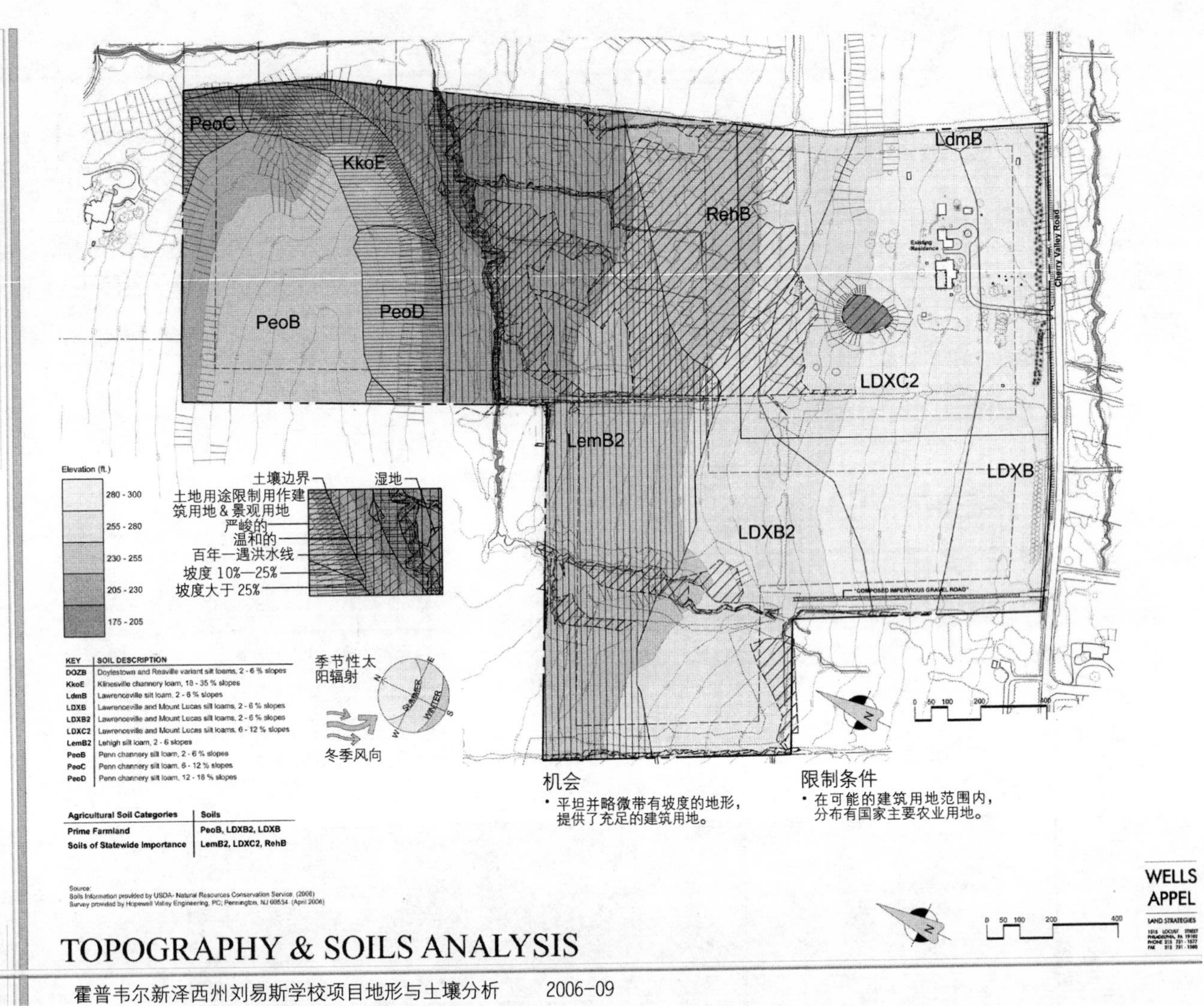

图 5-43 在召开第一次以及第二次团队工作会议之前进行地形与土壤分析的准备工作，有助于明确将来有利于生态健康的各种可能性，并帮助设计团队指引设计的方向，使这一区域具备最基本的生态生产力的潜力。我们最终的健康是取决于土壤的，但是假如没有通过设计降低水流的速度或是减少水的流失，那么土壤资源也会随着水的流失而很快变得贫瘠（图片由威尔斯·阿普尔景观建筑与规划事务所提供）。

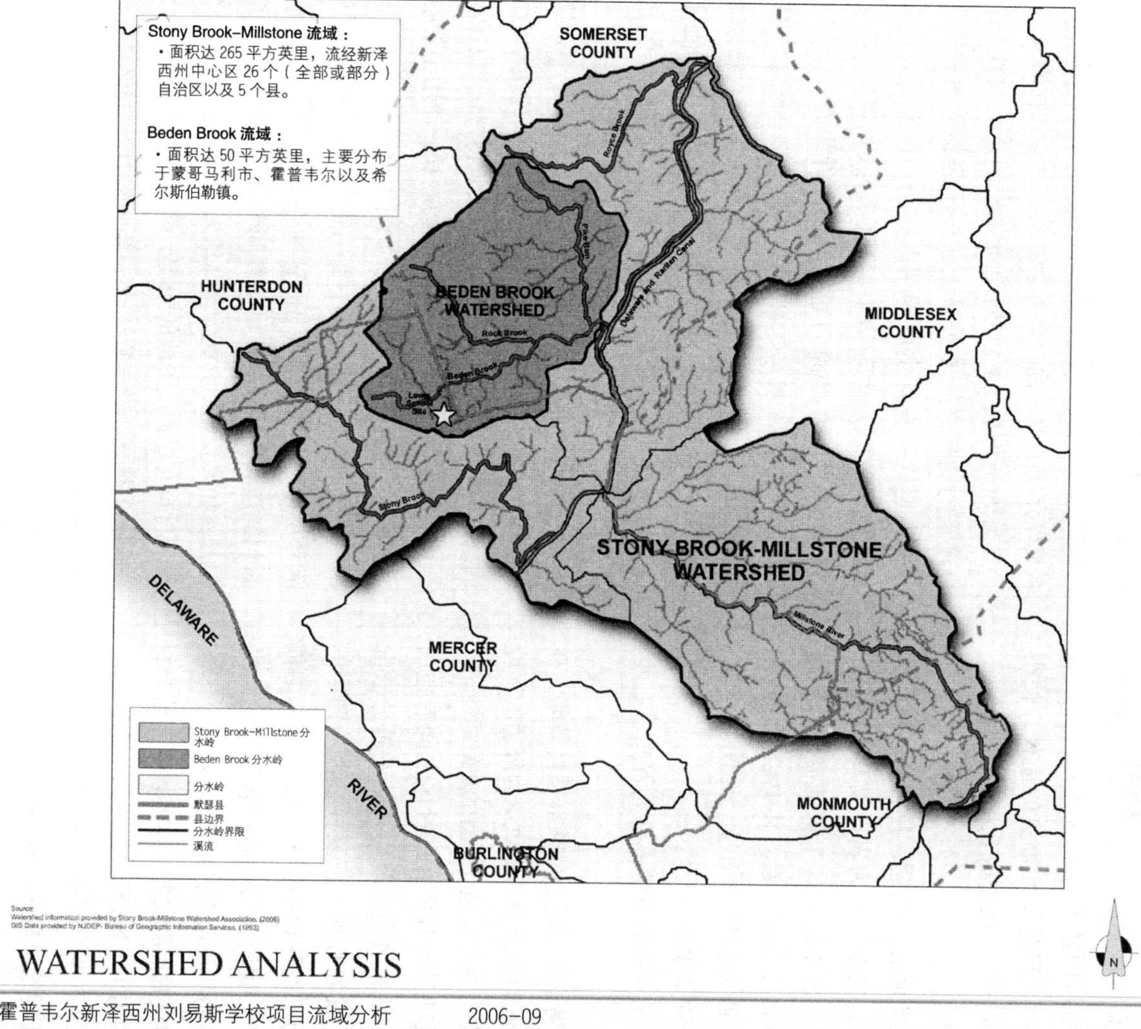

图 5-44 针对流域了解的研究与分析，有助于在第一次以及第二次团队工作会议上使大家了解场地周遭的水流状况。进而，项目团队就可以了解到上游流域会对场地产生怎样的影响，以及场地的使用又会对下游流域的生物造成怎样的影响。我们要通过设计促进流域的健康，而在进行任何建筑设计与场地规划的时候，都要综合考虑到地表为这些流域提供补给的排水口状况。对所有建设项目来说，我们都要将最大型的可控制的水域，视为最细微的场地周遭条件而进行审慎思考（图片由威尔斯·阿普尔景观建筑与规划事务所提供）。

斥着这片土地，即便在植被覆盖的区域也同样存在严重的土壤流失问题，大部分的森林中入侵树种过分繁殖，导致含有高浓度氮成分的雨水大量流失。掌握了这些情况，项目团队最好能够从对这片土地的认识开始，进而针对问题找到解决的途径，使得这片土地上栖息的所有生物都能得到相互的收益。

- **生态群（人类）**
  - 因为涉及人类栖息的问题，包含会影响到人类健康状态、安全、行为表现以及生活品质的所有因素，所以针对这个议题需要我们进行更加严谨的考察与检验，其中包括：室内空气品质、通风、热舒适性、照明、声学、气味以及视觉景象等等。
  - 研究利用日光照明的方法（参见下文“工具”的讨论）。
  - 开始讨论与考虑运用适当的热舒适性策略，在节约能耗的同时为使用者提供更为舒适的环境（参见 A.3.1 阶段参考文献“适宜的热舒适性”）。
  - 识别出建设项目与其所在的社区之间有益的相互关系；举例来说，改变基础设施分散混乱的状态，发展有利于恢复社会环境健康的机构，有助于使建设项目成为强化目标的催化剂（例如，我们在第四章中曾经讨论过的布拉特尔伯勒消费合作社项目）。
  - 明确潜在的资源控制议题，这些议题与建筑材料在其生命周期内释放毒素问题息息相关。

对材料以及建筑毒性的评估是一个值得详细讨论的议题，特别是关于建筑材料和其他二级系统之间相互影响的关系问题。我们在思考使用绿色环保材料的时候，一般采用的方法就是寻找材料的负面特性，比如说毒性，然后再去寻找不存在这些负面影响的替代性材料。这样的处理方法是一个好的开端。举例来说，我们知道在建筑室内使用不会发散出挥发性有机化合物（VOCs）的材料，会有益于人体的健康。但是在建筑物外部空间散发的有毒物质呢？在建筑材料的生产制造过程中，以及废弃物处理过程中会不会散发出有毒的物质呢？

另外一种思考的方向是将关注的重点放在材料与建筑物能耗之间的关系上，而不是材料本身，因为一栋建筑物在其生命周期内所消耗的能源，一定远远大于为制造建筑用的材料而消耗的能源。但是，将注意力集中在能源问题上只能告诉我们一个故事中的一部分内容——尽管是比较重要的一部分内容。举例来说，在我们的世界中还是有很多有毒物质的释放，有的时候我们并不能确切地掌握具体的时间，在建筑材料开采、制造、使用以及销毁处理的过程中，都有可能散发出有毒的物质。

在这里我们要说明的是，如果只有看到一栋建筑的材料使用对能源的影响，或是只有看到建筑物生命周期内材料的影响，那么我们可能会觉得材料并不是那么重要的议题，因为在一栋建筑物漫长的使用年限中，它一直都会是一个污染源，对周围的环境持续性地产生巨大的负面影响（比如说伴随着能源消耗与运输而释放到环境中的有毒物质），在这些巨大的影响面前，由于材料制造和使用而产生的能耗问题就显得微不足道了。但是，如果我们能够更为整体地去考虑问题，我们就会发现材料有毒物质释放的问题，对于人类健康、其他生物物种的栖息以及水资源的品质等都会产生持久的、重要的影响，而这些影响会贯穿整个材料的生命周期，从开采一直到废弃处理。这些有毒物质的发散既可能发生在室内（影响建筑物的使用者），也有可能会发生在室外环境（影响更大范围的社区以及整个生态系统）。

我们可以运用材料生命周期评估（LCA）工具，

来计算与评估材料在其整个生命周期内的毒性影响。但是有一点需要说明，很多影响目前仍然很难计算，特别是对土地使用的影响以及对某一个人健康水平的影响；这些问题并不适于使用LCA工具，而是需要具体问题具体对待，而且通常需要采用一些更为主观的方法来对影响的程度进行评估。但是，对所有材料毒性影响的评估，都应该考虑到材料完整的生命周期，从原材料的开采，一直到材料使用后的废弃物处理——这是一个完整的周期，来自自然，又回归到自然。我们可以将整个的过程划分为几个阶段；这几个阶段通常以如下方式描述：

- 从生产地到建筑工地：包括材料的开采及加工制造过程
- 建造：在建筑工地所发生的事情
- 使用：材料的维修与更换
- 生命的终结：掩埋回填对土壤的影响或是再生使用

以上的每一个阶段，都包含从环境中的开采以及回归流入到环境中去的过程，这些过程大多都是可以计算的。我们可以利用生命周期评估（LCA）工具，对材料在这些过程中所产生的毒性影响进行量化。运用一种更为整体性的方法，突破时间的限制，思考与对比各种备选材料对于环境更大范围的影响，这对于设计决策、材料选择是非常有帮助的。

- **工具**（实例）

研究自然光照明的策略：利用自然光线照明是一种非常有价值的策略，不仅有助于节约能源（可以获得不止一项的LEED评分），而且运用自然光线照明对于居住者的健康水平以及工作效率都有很大的改善作用。因此，项目团队在进行建筑设计的初期阶段，就应该有意识地提高他们利用自然光照明的能力。物理实验模型是一种用来准确评估自然光作用的工具，同时也是一种性价比很高的分析方法。目前，已经有越来越多的软件可以用来模拟自然光的照明效果并对其进行分析。这些模拟自然光的工具将会在B.2.1阶段进行详细的介绍。

目前，LEED程序可以通过一种简单的计算方式来检验自然光照明的性能，这种计算方法所参照的是玻璃的因素，其中包括开窗的面积、房间地板面积、窗户的几何形状、窗户的高度，以及玻璃的可见光透射率（或称为Tvis）。但是，这种计算方法只是一种近似法，它并没有全面考虑到建筑的朝向、房间开孔比率、屋顶的开窗影响、建筑物所处的纬度，以及室内表面材料的反光性能等因素。这种具有一定局限性的方法只能用来粗浅地评估自然光线的量。但是，要想得到良好的自然光效果，我们不仅要关注量，也要关心质。运用简单的玻璃因素计算，就可能得到LEED关于自然采光的评分，但是通过这样计算所设计出来的空间当中真正的采光效果却可能是很糟糕的。优秀的采光设计并不仅仅是在房间中安装窗户那么简单。优秀的采光设计一定是整体建筑设计中不可分割的一部分——它是深入整体建筑设计基因当中的。要想高效利用自然采光，我们就不能在建筑设计完成之后才开始着手考虑这一课题。相反，从一开始，这个课题就必须成为主要的设计指导因素之一。

与人工照明不同，自然光线具有丰富的变化性，并且难以控制。对大多数商业空间来说，最好的采光设计是在空间当中引入可见光的同时，又能避免光线直射，因为直射光线不仅会带来眩光，还会长生产生我们不需要的热量。双侧采光——从不止一个方向将自然光引入室内空间，最好是从南向和北向——能够提供一种高品质的自然采光条件。我们的视觉敏锐度是很复杂的，既能够感受到光的量，

图 5-45 优秀的采光设计从简单的建筑物体量草图与开孔分析开始。举例来说，图为从“整体建筑设计指南”中摘选的部分草图，展示了不同的建筑配置、可能的剖面状况，并且特别考虑了采光屋顶以及遮阳板因素（图片由“整体建筑设计指南”提供；版权所有：©2006 国家建筑科学研究学院）。

也会涉及能够感受到光的品质。如果我们能够通过采光设计提供一个高品质的采光环境，那么空间中所需要的光量［以英尺烛光（fc）计算］就会相应减少。

有很多建筑师都对采光设计都有一定程度的了解，但是对大多数人来说，我们发现重新提醒他们什么才可以称为优秀的采光设计仍然是很有帮助的。在设计初期所考虑的因素——比如说朝向问题、建筑物的体量、室内空间的配置、室内材料的光反射值、窗户的尺寸和位置、形状等——在概念设计阶段就应该进行讨论与评估。因此，我们发现在这个时候召集一个临时会议，邀请项目的建筑师与其他一些团队成员，对有关采光问题的设计建议进行讨论会是非常有帮助的（关于采光设计的建议纲要文件 pdf 格式，可由七人小组资料室网站 www.sevengroup.com 下载）。

- 自然采光模拟工具：有几种采光模拟软件分析程序，可以帮助项目团队设计出高品质的采光环境，在 B.2.1 阶段我们列举了这些应用软件。
- 雅典娜（ATHENA）® 建筑影响预估工具：这种生命周期评估（LCA）工具，可以用来评估建筑材料毒性的影响，相关内容在第六章开头“LCA 工具与环境收益”部分会进行详细介绍。

■ **水资源**

这一阶段的主要工作就是进行水资源平衡分析。水资源平衡包括对所有注入到建筑及场地范围内的水资源，以及所有流失到建筑及场地范围之外的水资源的了解。我们进行这项分析的主要目的，就是要通过对所有流经建筑物及场地范围之内的水资源进行保存、处理、补给，尽可能使它们留在场地范围内，进而做到在年度降水预算范围之内满足生活的需要。除此之外，我们还要尽可能对水资源进行阶梯式的利用，使水资源可以多次服务于所有的技术以及生活系统。就像杰里·威廉（Gerry Wilhelm）告诉我们的，关于水资源平衡问题有一条谚语：“雨水降落在哪里，我们就把它保留在哪里。”

水资源平衡

迈克尔·奥格登（Michael Ogden）著

水资源平衡——对资源的计算以及对水的利用——这是一种对开发可持续发展项目来说非常重要的工具。在水资源平衡背后的基本原理是非常直观而易于理解的；道理很简单，不过就是关于有多少水进入到建筑物中，以及在建筑物中以何种方式利用的问题。一般情况下，设计专业人员往往不会花费太多时间，去思考他们的设计在水资源利用方面会产生什么样的结果。建筑师所接受的专业训练，只是将各种会消耗水资源的设备放在建筑当中，然后就将剩余的给水系统和排水系统设计统统交给工程师来处理。这样看起来，建筑设计（或是建设开发）也不过就是两条管路而已：一条管路输送干净的水，另一条管路排放污水。景观建筑师们也常常不够重视这个问题。

全球暖化、石油价格节节攀升、干旱、水源污染，所有这些存在的现状都在鼓励设计专业人员应该运用另一种更为整体性的视角来看待水资源平衡问题，对我们设计的结果提出问题，无论这些设计是独栋的住宅项目还是新城区的大型规划。很多设计专业人员已经清晰地认识到，每一栋新建的建筑物或是一个新的建设开发项目，都会对水的供给产生重要的影响，所以我们必须首先回答关于水源的问题。直到近些年，也只有一些西方国家会在核发建筑许可证之前要求确保水源问题。但是，当我们看到佐治亚州的立法机构，为了获得田纳西河流域的水源，甚至已经在考虑将州界线向北移动 1 英里（而在佐治亚州拥有 52 英寸的年降水量），我们更加坚信在规划与设计的过程中，需要长远看待水资源的问题，不要认为水资源会永远在那里等着我们去无尽的使用。

在造价清单上，我们只有看到泵、过滤器、消毒设备，以及设备资本的摊提和人工成本，但是水资源本身却似乎是免费的。河流与溪流就是我们“使用过的”水的载体，而决策者们希望下游流域的使用者们不要有太多的反对意见。于是，水资源在大多数社区都是一种廉价的资源，人们很少会去思考水资源的取得以及使用的结果。而水资源平衡则是一种比较成熟的方式，它使我们开始认识到水的宝贵价值：在美国的西部，没有水就不可能有任何的发展。对于将来的发展，有些人在争论，因为随着干旱面积的不断扩大，在不久的将来也许类似的干涸景象也会在美国东部地区上演。

认识到了水资源的供给正在日益减少的事实，我们就需要运用更为成熟的工具与方法来确保合理的供给。最重要的改变必须从总体规划开始。规划者、建筑师、土木工程师、景观建筑师、暖通空调（HVAC）工程师、电力工程师，以及业主/开发商必须积极参与研讨会，清楚地了解在建设开发过程中水资源的作用。水资源平衡就是一种处理有限资源的潜在工具，而这种有限资源的可获取量也是在不断变化的，它取决于未来不可预知的条件。我们一旦认识到水资源对于建设开发的重要性，就要在设计的过程中整体考虑尽量减少水资源的消耗量，减少水资源的调度，节省能源，降低雨水与废水对下游流域的危害，减少对地下水的抽取，并改善饮用水的供给及安全卫生水平。

以下列出了一些关于水资源平衡的要素，其中包括水的来源与供给以及相关的要求。

■ *来源*。没有水资源的供给，我们什么事情都做不了。在任何项目的设计过程中，以下问题都是需要立即进行确认的：

1. 市政或是地区性的水资源供给。（这部分水资源主要依赖于使用蓄水池，比如说纽约、洛杉矶，其源头还是雨水。）

2. 建筑物或是开发项目场地内的降雨。（美国西部水法对于雨水的收集有复杂的条例规定。）

3. 地下水流。速度、方向、数量及品质，都是需要考虑的因素。

4. 再生水。废水经过处理，达到一定的卫生标准，可以再用于灌溉，或是供卫生间坐便器和小便斗使用。

5. 海水。海水脱盐工厂为沿海地区的用水提供了另外的一种选择。但是这些工厂都属于能源密集型产业。

■ *使用*。建筑物的类型不同，对于水资源的需求也是不同的。了解建筑类型以及对水资源的使用情况，是非常重要的第一步工作。举例来说，办公建筑中每人每天用水量大概在8—13加仑，而在住宅建筑中每人每天用水量则需要45—150加仑。大家庭比小家庭用水多；大面积的住宅比小面积的住宅用水多。住在公寓里面的居民用水量少于住在市郊的居民。建筑物以及大型开发项目中，水资源的使用一般包含以下几个方面：

1. 盥洗用：淋浴、盆浴、洗衣店
2. 烹调用及饮用
3. 卫生间坐便器及小便斗冲洗用
4. 制冷（冷凝器）与供暖（散热器，蒸气浴）
5. 灌溉
6. 游泳池、温泉、建筑使用
7. 工业及/或食品加工用

对水资源的需求也会随着时间以及季节的变化而有所不同，建筑用途、景观的要求以及制冷的要求，都会影响用水量在一年内随季节变化而变化，在一天内随时间变化而变化（例如奥斯本的滑雪旅游胜地，亚利桑那州的温泉等）。

景观的类型也会对水资源的使用产生重要的影响。在各种景观配置中，草地可能是水资源消耗最为密集的一种形式。建造本土景观，或是在景观设计中尊重当地的气候条件，都有助于水资源的节省。

为促进水资源平衡，下面列举了一些重要的信息。在实际的建设开发项目当中，可能包含下面列出的建筑类型中的一种或是几种。所有的需求都要列举出来。

1. 住宅建筑的数量，每个家庭的平均人口数，屋顶面积，建筑物的类型（单一家庭住宅，集合式公寓，公寓等），以及卧室的数量。

2. 办公建筑的面积及屋顶面积。还要包含停车位的数量以及停车场的总面积。

3. 商业零售类建筑面积及屋顶面积。还要包含停车位数量以及停车场的总面积。

4. 餐厅、自助餐厅、咖啡厅等类型建筑，列举所有的座位数以及每天点餐的次数。

5. 旅馆和娱乐场所类建筑。列举出房间数、等级（经济型、四星级等）、餐厅、酒吧、温泉、屋顶面积、停车场，以及最大的季节性住宿率。

6. 列举其他的建筑类型，例如仓库、实验室、工业建筑或是食品加工工厂。明确屋顶面积及停车场的面积。

7. 景观区域，理想的情况下依类型进行划分（水资源使用高、中、低等级）。（如果不了解准确的状况，可根据场地的状况以及气候条件进行一些合理的假设。）

8. 全部的铺面面积；地形、现有的植被以及地表状况。

当我们明确了水的来源问题以及使用情况——建筑物的类型、景观等——现在我们也许可以开始探讨一些会影响水资源平衡的设计目标问题：

- *精确度*。了解每一天以及每个月对水资源的需求有什么重要意义？在一栋办公建筑当中，每天对水资源的需求变化要比住宅建筑明显得多。我们以月为单位进行水资源需求分析是否足够精确？降水情况如何？利用国家海洋与大气环境管理局（NOAA）所提供的历史资料进行降水量分析，对于预估可能的雨水收集量、决定径流量、以及确定当地的雨水储备需求都具有指导性意义。通过统计学的预测科技以及最近的天气预报，我们就可以进行比较粗略的水资源平衡计算。
- *整合*“绿色设计”。绿色设计的原则包括对再生水资源的再利用，以及/或收集雨水用于灌溉、卫生间以及制冷使用；雨水既可以被视为一种宝贵的资源，同时也是一个需要解决的问题。饮用水的供应、降雨，以及可以被应用于散热器或是热源的再生水。设计师同暖通空调系统工程师一起合作，可以利用水所拥有的热能，提高建设项目的能源使用效率。
- *建设项目分阶段进行*。随着项目的发展，在建设开发的每一个阶段，我们都可以利用建立模型的方式，来确定水资源平衡问题。
- *运用灵活性*。水资源平衡可以方便而快速地反映出视觉上以及范围上的变化。

当我们对所有相关的信息都进行了计算，就可以开始建立水资源平衡模型，通过这种模型，可以为我们提供从项目开始，一直到20年之后甚至更长时间的水资源相关信息。图5-46所示的示意图，显示了新墨西哥州阿尔伯克基一栋具有代表性的办公建筑年度用水需求，而该地区的年降水量在8.8英寸左右。

这个模型表现了一种非常简单的水资源平衡状态，但它只是描述了一种可能的结果，具体的情况每年都是不一样的。建筑类型的不同也会增加其复杂的程度。进行地区性的水资源平衡分析需要高配置的计算机系统，但是对于大多数的建设开放项目或是小规模的社区来说，普通的个人电脑就可以完成水资源平衡计算工作。

图 5-46 水资源的输入与输出状况，示范了水资源如何进行多次的使用，以及阶梯式的相互关系。每一个建设项目都可以通过这样的示意图，帮助项目团队了解这些充分利用水资源的机会，并对设计进行完善。图示水资源平衡示意图是针对一个西部干旱地区的综合开发项目准备的，这个开发项目中大概包含 150 个家庭。图例表示了流经住宅、学校、市政与商业建筑以及景观区域的水量。通过雨水收集以及污水处理，可以满足景观区域的用水需求。通过这样的策略可以减少对饮用水的需求达 6.14 英亩 - 英尺 / 年（AFY），或是大约 2×10^6 加仑（6.14×43560 立方英尺 ×7.48 加仑 / 立方英尺）。从图中，我们还可以发现在商业建筑当中的洗手间及小便斗冲洗，并没有使用收集的雨水或是经过处理的污水。但是，商业和市政建筑中都配置了双管道，以便将来有可能实现上述用途。通过一种“土壤应用系统”，每年可以有 15.8 英亩 - 英尺（即 5.15×10^6 加仑）的水资源会返回到土壤中的蓄水层。这样可以抵消长期以来对蓄水层水资源的需求，达成水资源的可持续性发展（版权所有 © 国家自然系统）。

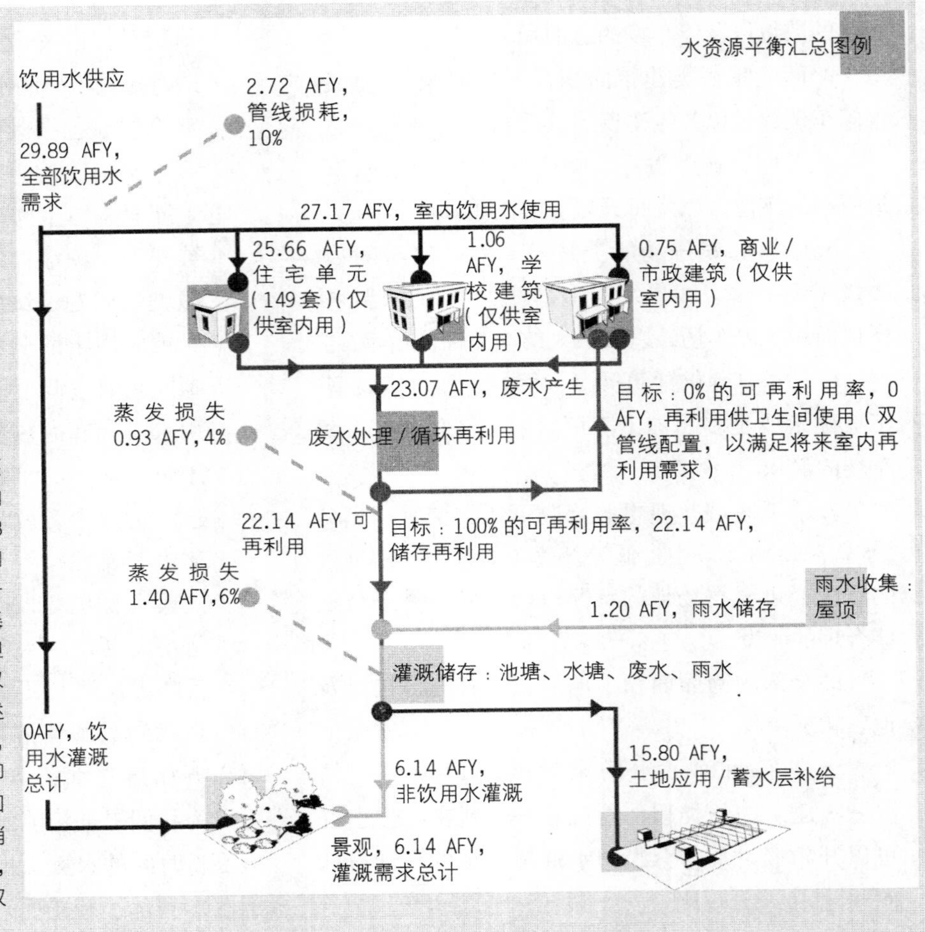

- **工具**（实例）

在这一阶段，我们要根据水资源循环的范围进行分析与思考：举例来说，利用雨水收集池，相对抗水资源的自然循环而得到阶梯式的收益，这也就是说通过建造湿地对废水进行处理，再利用经过处理的废水进行灌溉以及补给地下水，即利用土壤来作为水资源储存的载体。电子表格是有助于我们进行这类分析工作（参见图 5-47）的有力工具。此外还有水资源平衡示意图也是一种研究的方法，它可以形象地描绘出系统的勘察情况（参见图 5-46）。

■ **能源**

在这一阶段的分析工作高度仰赖于第二次团队工作会议上概念性设计的进展程度，但是，以下的讨论都是以假设建筑物的外形及大概的体量关系都

环保局诺里斯镇办公建筑：月雨水收集状况汇总

新建硬质屋顶总面积：23629 平方英尺
绿色屋顶总面积：850 平方英尺
硬质屋顶径流量：95%
绿色屋顶径流量：50%
年度卫生间用水需求量：250000 加仑
每天卫生间用水需求量：1000 加仑
每天软管龙头用水需求量：50 加仑，中庭绿化软管龙头洒水 5 加仑 / 分钟 ×10 分钟 / 天 =50 加仑 / 天
年度工作日：250 天
水箱的储水能力：4250 加仑，5500 加仑额定容量 ×85% 实际使用效率：尺寸根据四天需求的供水量确定，1050 加仑 / 天 ×4=4200 加仑。

硬质屋顶径流系数缺省值	95.00%
雨水的循环再利用	41.47%
经调整的硬质屋顶径流系数	53.53%

月份		平均降雨量（英寸）	降雨量（立方英尺）	降雨量（加仑）	绿色屋顶降雨（加仑 / 月）	硬质屋顶降雨（加仑 / 月）	屋顶降雨总计（加仑 / 月）	平均工作日（每月）	每天卫生间用水需求量（加仑 / 天）	每天软管龙头用水需求量（加仑 / 天）	每月卫生间用水需求量（加仑 / 月）	每月软管龙头用水需求量（加仑 / 月）	灰水需求量总计（加仑 / 月）	雨水回收利用率（%）
1 月	硬质屋顶	3.3	6498	48605		46175	**47049**	20.83	1000	50	20833	1042	**21875**	**46.49**
	绿化屋顶		234	1748	874									
2 月	硬质屋顶	3	5907	44186		41977	**42772**	20.83	1000	50	20833	1042	**21875**	**51.14**
	绿化屋顶		213	1590	795									
3 月	硬质屋顶	3.5	6892	51551		48973	**49900**	20.83	1000	50	20833	1042	**21875**	**43.84**
	绿化屋顶		248	1854	927									
4 月	硬质屋顶	3.7	7286	54496		51772	**52752**	20.83	1000	50	20833	1042	**21875**	**41.47**
	绿化屋顶		262	1960	980									
5 月	硬质屋顶	4.2	8270	61861		58768	**59880**	20.83	1000	50	20833	1042	**21875**	**36.53**
	绿化屋顶		298	2225	1113									
6 月	硬质屋顶	3.6	7089	53023		50372	**51326**	20.83	1000	50	20833	1042	**21875**	**42.62**
	绿化屋顶		255	1907	954									
7 月	硬质屋顶	4.5	8861	66279		62965	**64158**	20.83	1000	50	20833	1042	**21875**	**34.10**
	绿化屋顶		319	2384	1192									
8 月	硬质屋顶	4.1	8073	60388		57368	**58455**	20.83	1000	50	20833	1042	**21875**	**37.42**
	绿化屋顶		290	2172	1086									
9 月	硬质屋顶	4.1	8073	60388		57368	**58455**	20.83	1000	50	20833	1042	**21875**	**37.42**
	绿化屋顶		290	2172	1086									
10 月	硬质屋顶	3	5907	44186		41977	**42772**	20.83	1000	50	20833	1042	**21875**	**51.14**
	绿化屋顶		213	1690	795									
11 月	硬质屋顶	3.8	7483	55969		53171	**54177**	20.83	1000	50	20833	1042	**21875**	**40.38**
	绿化屋顶		269	2013	1007									
12 月	硬质屋顶	3.6	7089	53023		50372	**51326**	20.83	1000	50	20833	1042	**21875**	**42.62**
	绿化屋顶		255	1907	954									
年度总计		44.4	90572	677481	11762	621258	**633021**	250			250000	12500	**262500**	**41.47**
调节径流系数年度总计					5881	590195	**596077**							

L·罗伯特．金博尔事务所

图 5–47 雨水收集测算可以表示出水资源供给的能力（根据收集区的面积、径流系数，以及当地月平均降水量的气候资料），并将其与年度卫生间冲洗用水需求量作比较。在这个项目中，计算结果显示系统年度收集雨水的能力为 596077 加仑。根据经验法则，在干旱的年度，一年中的最低降水量一般可以预估为平均年度降水量的 50%，也就是说系统一年至少可以收集雨水 298039（596077×0.5）加仑。通过软管龙头每年消耗的水资源为 12500 加仑，从雨水收集总量中减去这部分消耗，还剩余 285539 加仑的水资源可以用于卫生间冲洗使用。而年度卫生间冲洗用水需求量为 250000 加仑，供给比需求多出 14 个百分点（资料由七人小组提供）。

已经初步确立为前提的，这样我们才能够对概念设计进行第一轮的检验；如果概念设计还没有达到这样的深度，那么下面所介绍的这些分析工作可能就需要延后到 B.2 阶段再进行。

- 根据对于建筑物能源分布与荷载状况、性能目标、具体的参数、项目的目标、早期建筑体量模型，以及在团队工作会议期间对各种可能的策略进行的讨论，我们现在可以建立更具有针对性的模型，去评估每一条策略的效能，以及将各项策略整合在一起的效能。
- 我们首先要做的工作就是明确一个合适的基准方案来作比较。在设计的过程中建立能源模型的目的就在于使设计团队可以进行相对的比较，而不是绝对地进行预测。在缺乏绝对准确的能源实际用量的前提下，利用相对的比较可以得到准确的答案。但是由于存在的变数确实很多，所以要非常精准地描述出未来的状况，或是与将来建筑实际使用过程中的能耗情况完全匹配也是不可能的。只要模型所表现出来的结果在合理的范围之内，各个备选策略（相对比较）所表现出来的结果的差异百分比，就已经足以为这一阶段的决策工作指引方向了。将模型所表现出来的结果输入由环境保护署（EPA）提供的目标探测工具（参考 www.energystar.gov/index.cfm?c=new_bldg_design.bus_target_finder），可以帮助团队确认这个结果是否属于合理的范围之内。除了我们在 A.1.1 阶段介绍过的，目标探测工具可以为使用者提供基准之外，我们还可以利用这种工具将模型能源假设状况（即设计能源）与目标值进行比较，操作非常简单，只要将模型所表现出来的结果中的一个推测值输入就可以了。目标探测工具会显示出相对应的环境保护署目标等级评定或是节能目标——即与同类型的基准建筑物相比，能够节省能源消耗的百分比数（参见 A.1.1 阶段“能源”部分对目标探测工具的介绍）。
- 建立概念性的参数模型，对各种设计选择与节能措施（energy-efficiency measures，简称 EEMs）进行尝试与分析，为方案设计的选择提供资料（例如，不同的建筑外壳热性能参数、降低照明功率密度、采光，以及其他降低荷载的方法等）。根据具体项目类型的不同，其适用的节能措施也是千差万别。
- 在这个时候，在分析不同的机械系统选择之前，模型分析的重点应该完全放在降低荷载的策略上；这也就是说，我们应该减少，减少，再减少建筑物对能源的需求，而不是简单地将精力放在寻求更高效的机械设备上。
- 我们建立参数模型，首先针对每一条策略进行单独的分析。这第一步的工作可以帮助我们对于各项节能措施的有效性进行排序。对每一项节能措施的分析过程中，我们要同时关注节约能源与降低荷载这两个方面的影响。之后，我们再将各项节能措施整合在一起，来评估它们在造价、节能与降低荷载能力之间的协同作用。利用基准模型进行对比分析，这些工作需要反复的进行。
- 在利用模型对备选的暖通空调（HVAC）系统进行评估之前，先对降低荷载的策略进行分析是非常重要的。通过这一轮的模型分析，我们要达到的一个目标就是探索降低 HVAC 系统规格的可能性。如果我们根据基准模型的荷载和参数来评估 HVAC 系统的选择，那么我们根本无法准确估算出对系统规格以及造价降低等全面的影响，因此，我们必须首先通过最有利的节能措施组合，将模型中的所有荷载尽可能降低下来，再开始对 HVAC 系统的选择进行评估。如果我们了解可能选用的 HVAC 系统，那么可以先假定降低的荷载再对这些系统进行建模。根据所使用的能源模型软件，可能需要 HVAC 系统荷载的性能参数，并通过专门的软件进行系统计算。

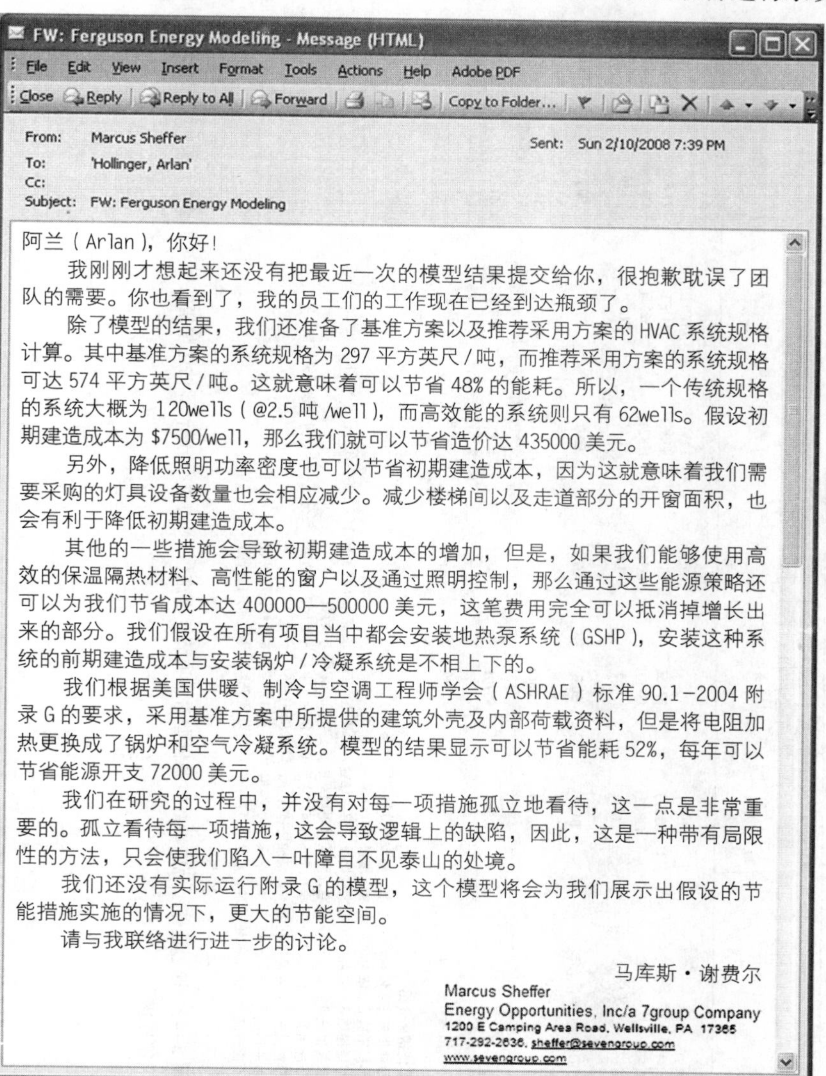
FW: Ferguson Energy Modeling - Message (HTML)

File Edit View Insert Format Tools Actions Help Adobe PDF

Close Reply Reply to All Forward Copy to Folder...

From: Marcus Sheffer
To: 'Hollinger, Arlan'
Cc:
Subject: FW: Ferguson Energy Modeling
Sent: Sun 2/10/2008 7:39 PM

阿兰（Arlan），你好！

我刚刚才想起来还没有把最近一次的模型结果提交给你，很抱歉耽误了团队的需要。你也看到了，我的员工们的工作现在已经到达瓶颈了。

除了模型的结果，我们还准备了基准方案以及推荐采用方案的 HVAC 系统规格计算。其中基准方案的系统规格为 297 平方英尺 / 吨，而推荐采用方案的系统规格可达 574 平方英尺 / 吨。这就意味着可以节省 48% 的能耗。所以，一个传统规格的系统大概为 120wells（@2.5 吨 /well），而高效能的系统则只有 62wells。假设初期建造成本为 $7500/well，那么我们就可以节省造价达 435000 美元。

另外，降低照明功率密度也可以节省初期建造成本，因为这就意味着我们需要采购的灯具设备数量也会相应减少。减少楼梯间以及走道部分的开窗面积，也会有利于降低初期建造成本。

其他的一些措施会导致初期建造成本的增加，但是，如果我们能够使用高效的保温隔热材料、高性能的窗户以及通过照明控制，那么通过这些能源策略还可以为我们节省成本达 400000—500000 美元，这笔费用完全可以抵消掉增长出来的部分。我们假设在所有项目当中都会安装地热泵系统（GSHP），安装这种系统的前期建造成本与安装锅炉 / 冷凝系统是不相上下的。

我们根据美国供暖、制冷与空调工程师学会（ASHRAE）标准 90.1-2004 附录 G 的要求，采用基准方案中所提供的建筑外壳及内部荷载资料，但是将电阻加热更换成了锅炉和空气冷凝系统。模型的结果显示可以节省能耗 52%，每年可以节省能源开支 72000 美元。

我们在研究的过程中，并没有对每一项措施孤立地看待，这一点是非常重要的。孤立看待每一项措施，这会导致逻辑上的缺陷，因此，这是一种带有局限性的方法，只会使我们陷入一叶障目不见泰山的处境。

我们还没有实际运行附录 G 的模型，这个模型将会为我们展示出假设的节能措施实施的情况下，更大的节能空间。

请与我联络进行进一步的讨论。

马库斯·谢费尔

Marcus Sheffer
Energy Opportunities, Inc/a 7group Company
1200 E Camping Area Road, Wellsville, PA 17365
717-292-2636, sheffer@sevengroup.com
www.sevengroup.com

图 5-48 这封 e-mail 中概括了初始参数化能源模型的结果，以及对暖通空调系统规格的影响，包括可能的前期建设成本的节省（资料由马库斯·谢费尔提供）。

弗古森小学 eQuest（建筑能耗软件）v3.6 版模型试验结果总结
单项节能措施（EEMs）建筑能源终端使用汇总

单项节能措施设计运行	基准建筑，美国供暖、制冷与空调工程师学会（ASHRAE）标准 90.1-2004 附录 G，修改暖通空调系统	节能措施 1：R20 屋顶	节能措施 2：R30 屋顶	节能措施 3：三层玻璃窗	节能措施 4：降低照明功率密度 LPD=0.75 瓦 / 平方英尺	节能措施 5：降低照明功率密度 LPD=0.75 瓦 / 平方英尺，增设照明开关控制	节能措施 6：增加墙体保温，总体 Rt=18.5	节能措施 7：板材边缘隔热	节能措施 8：消除冷桥以及南侧楼梯井的开窗
运转费用推测值（美元）									
电力	70611	70472	69838	72361	61214	58 646	70959	71583	68914
燃气	68210	67155	65771	55850	71150	71 620	63631	46499	65424
总计	138821	137627	135609	128211	132364	130 266	134590	118082	134338
费用 / 平方英尺	**1.56**	**1.55**	**1.52**	**1.44**	**1.49**	**1.46**	**1.51**	**1.33**	**1.51**
建筑物能耗量									
KBTU/ 平方英尺 / 年	91.4	90.6	89.1	80.9	90.6	90.2	87.5	71.2	87.8
建筑物电力使用量（千瓦小时）									
总计	726722	730864	725871	754987	634267	610662	734861	730443	701324
建筑物燃气使用量（千卡）									
总计	56587	55704	54547	46290	59033	59424	52772	38497	54265
节能措施节省费用									
节能措施节省费用	NA	1194	3212	10610	6457	8555	4231	20739	4483

节能措施介绍

节能措施 1：依 ASHRAE 标准，增设 R20 保温隔热屋顶

节能措施 2：依 ASHRAE 标准，增设 R30 保温隔热屋顶

节能措施 3：依 ASHRAE 标准，增设三层玻璃窗，LowE IG w/3rd LowE pane，U=0.16，SHGC=0.37，Vt=0.61

节能措施 4：依 ASHRAE 标准，降低照明功率密度 LPD=0.75W/ 平方英尺

节能措施 5：依 ASHRAE 标准，降低照明功率密度 LPD=0.75W/ 平方英尺，周边空间三分之一的灯具增设开关控制

节能措施 6：依 ASHRAE 标准，增加墙体保温，总体 Rt=18.5

节能措施 7：依 ASHRAE 标准，增设 R10 24 英寸 垂直与水平方向板材边缘隔热

节能措施 8：依 ASHRAE 标准，消除所有窗户的冷桥以及 75% 南侧楼梯井的开窗

图 5-49 通过这些示范的参数能源模型对单项节能措施（EEMs）进行分析，评估这些措施相对于基准方案（参见图 5-50）的节能效果（资料由希拉·塞杰尔提供）。

弗古森小学 eQuest（建筑能耗软件）v3.6 版模型试验结果总结

单项节能措施（EEMs）建筑能源终端使用汇总

节能措施组合运行	基准建筑，美国供暖、制冷与空调工程师学会（ASHRAE）标准 90.1-2004 附录 G，修改 HVAC 系统	节能措施组合 1：节能措施第 2、3、5、6、7、8 项组合，修改暖通空调系统	节能措施组合 2：节能措施第 2、3、5、6、7、8 项组合，地热泵及办公室自动化热回收
运转费用推测值（美元）			
电力	70611	55864	64652
燃气	68210	27188	1280
总计	**138821**	**83052**	**65932**
费用 / 平方英尺	**1.56**	**0.93**	**0.74**
建筑物能耗量（兆英热单位）			
千英热单位 / 平方英尺 / 年	91.4	46.5	26.7
建筑物电力使用量（千瓦小时）			
总计	**726722**	**555385**	**671554**
建筑物燃气使用量（千卡）			
总计	**56587**	**22409**	**836**
节能措施节省费用			
节能措施节省费用（美元）	NA	55769	72889

节能措施介绍：

基准建筑依美国供暖、制冷与空调工程师学会（ASHRAE）标准设计，参见“Baseline Input Summary”界面

节能措施组合 1：依美国供暖、制冷与空调工程师学会（ASHRAE）标准设计，使用冷凝器 / 锅炉 HVAC 系统，增设第 2、3、5、6、7、8 项节能措施：R30 屋顶；增设三层玻璃窗，LowE IG w/3rd LowE pane，U=0.16，SHGC=0.37，Vt=0.61；降低照明功率密度 LPD=0.75 瓦 / 平方英尺，建筑外缘空间三分之一的灯具增设开关控制；增加墙体保温，总体 Rt=18.5；增设 R10，24 英寸垂直与水平方向板材边缘隔热；消除所有窗户的冷桥以及 75% 南侧楼梯井的开窗。

节能措施组合 2：依美国供暖、制冷与空调工程师学会（ASHRAE）标准设计，使用地热泵及办公室自动化热回收系统，增设第 2、3、5、6、7、8 项节能措施：R30 屋顶；增设三层玻璃窗，LowE IG w/3rd LowE pane，U=0.16，SHGC=0.37，Vt=0.61；降低照明功率密度 LPD=0.75 瓦 / 平方英尺，建筑外缘空间三分之一的灯具增设开关控制；增加墙体保温，总体 Rt=18.5；增设 R10，24 英寸垂直与水平方向板材边缘隔热；消除所有窗户的冷桥以及 75% 南侧楼梯井的开窗。

图 5–50 这份能源模型测试结果汇总，显示出将各种节能措施进行不同的组合，对节省能源产生的综合的影响。在节能措施第二种组合中包含了与第一种组合不同的暖通空调系统（在这个项目中，所采用的是地热泵系统），因此，我们可以将暖通空调系统单独拿出来，在相类似的荷载条件下进行比较（资料由希拉·塞杰尔提供）。

弗古森小学建筑能源性能评估

设计意图：

通过设计，我们要使弗古森新建建筑成为“高性能的建筑”。在早期的设计图试制阶段，掌握现有设计中的能源使用效率，对我们今后工作的顺利进行是非常有帮助的。美国环境保护署开发了一种叫作“能源之星目标探测”的工具，这种工具可以适用于设计的任何阶段，帮助我们快速评估设计的能源性能。

能源之星目标探测：

由美国环境保护署开发的"能源之星目标探测"工具,可以帮助设计团队根据一个区域内的能源使用强度建立能源性能目标,并预测年度能源消耗总量。能源之星所使用的数据库,来自美国能源部所提供的商业建筑能源统计数据库（CBECS）。通过输入一些项目的特征（例如项目所在位置、当地的气候条件、建筑类型、面积、入住率水平，以及营运时间等），就可以得到商业建筑能源统计的标准化数据资料。这些标准化的数据分为 1-100 个等级。因此，在设计过程中，我们就可以通过将估算出来的年度能源消耗量与 CBECS 标准化数据相对比，来检验项目的能源性能。

将能源模型所显示出来的结果输入能源之星目标探测软件，并将这些结果进行对比，进而从能源使用效率的三个层面来检验该项目的能源性能。结果如下：

建筑物特征参数				
邮政编码	城市		州	
设施特点				
空间类型（见下面）	总建筑面积	使用者人数	PCs 数	营业时间 / 周
K-12 学校	89021	1017	80	35
总计（平方英尺）	89021	1017	80	35

设备费率		
电力	美元 / 千瓦小时	0.096 / kWh
天然气	美元 / 千卡	1.416 / CCF

能源之星目标探测结果					
能源资料	50%	75%（能源之星）	90%	节能措施 W/ 锅炉 / 空气冷凝系统	节能措施 W/ 地热泵供暖系统
目标探测比率	50	75	90	86	90
场地能源使用强度（千英热单位/（平方英尺·年））	44.7	35.8	26.7	29.3	26.7
估计年度使用能源总量（千英热单位）	3975966.3	3183490.2	2380302.2	2612562.6	2374949.1
年度能源总费用（美元）	108824	87133	66099	71507	65951
平均费用（美元 / 千瓦小时）	0.096	0.096	0.096	0.096	0.096
污染排放					
二氧化碳排放（吨 / 年）	620	496	375	415	375
二氧化碳排放量降低（%）	0%	20%	40%	33%	40%

图 5-51 我们可以利用由环境保护署（EPA）提供的目标探测工具报告，将团队建立的能源模型，与同类建筑实际的能源消耗情况进行对比，从而对模型的结果进行验证（资料由希拉·塞杰尔提供）。

建立能源模型的需求

马克·罗森鲍姆（Marc Rosenbaum），埃内金史密斯（Energysmiths），梅里登（Meriden），新汉普县（New Hampshire），马库斯·谢费尔　编辑

两个原因决定了能源建模的重要性——其一是在设计阶段有助于我们选择更好的建筑外壳形式，而另外一个原因则是出于LEED的要求，在一些辖区的很多案例中都会遇到这样的需求。

资料输入

无论业主还是建筑师，都要对输入与输出的资料进行全面的了解。

报告中需要涵盖下面列举的所有输入资料：

- 建筑外壳资料（热导系数及蓄热体资料输入）；
- 地板、墙面、屋顶及开窗的面积等，并说明所在区域及朝向；
- 窗户玻璃的热导系数（U-value）、可见光透射率（Tvis）以及太阳能热增益系数（SHGC）；
- 建筑内部的热量来源，比如说人和设施设备；
- 照明荷载及设计方案；
- 气候资料，如日射（针对一个给定的表面积，计算其获得太阳光照射的能量），供暖度日数，制冷度日数，风向玫瑰等；
- 季节性的设计温度；
- 室内条件——有人使用与无人使用情况下的温度设定点；
- 空间使用率；
- 通风量及设计方案；
- 通风设备采收率；
- 渗入的假设状况；
- 传送设备的种类及效率，包含风扇及泵在内；节能器装置等；
- 暖通空调系统的类型，效率以及其他详细资料。

业主和设计团队在开始建立能源模型之前，应该再次仔细检视以上这些资料。对于高级的机械系统建模，有些软件可能没有办法达到要求；我们要选择适当的软件，并且假如要超出其正常应用程序进行工作时，明确自己所制定的假设条件。

资料输出

输出资料（或称为模型的结果）应该包含一些内容：

- 以下使用终端项目月度及年度能耗量：
- 空间供暖
- 空间制冷
- 风扇与泵的运转
- 建筑内部热水供应（DHW）
- 室内照明
- 室外照明
- 设施设备，包含电源插座的荷载
- 其他各种辅助荷载（例如电梯等）
- 根据建筑构件的不同类型，供暖与制冷荷载的变化情况——随着墙体、屋顶、窗户、渗透状况、流通空气、照明以及人等条件的变化，对供暖与制冷荷载会产生怎样的影响。这些资料可以帮助我们了解从什么地方可以获得最大的节省。无论是基本的建筑（比如说满足美国供暖、制冷与空调工程师学会ASHRAE制定的

90.1 标准，或是地方法规，或是其他一些基本的规定）还是提案的建筑，我们都需要这些资料。

方法

当所有的输入资料都准备齐全后，我们就可以开始运转基本的建筑模型。然后，对其输出的资料进行研究，与实际的建筑或是同类建筑（例如目标探测工具中提供的能源使用资料）的能源使用情况进行比较。我们第一步需要确认的是我们所建立起来的建筑模型是符合现实状况的，接下来就可以设计参数，通过模型的运行来检验结果的变化。

参数

对提案建筑建立模型进行运转，还需要更深入的研究。输入不同的资料，检验相对应的结果。一般情况下，我们调整的输入资料包括建筑外壳及玻璃的等级、设备类型与效率、照明水平与控制，以及自然采光的各种策略等。

报告

无论对设计团队还是业主来说，报告的通俗易懂性都是非常重要的。报告应该采用一种叙述性的形式，对上述所有信息一一进行罗列，便于项目团队了解。这些资料应该包含建筑的各个部分，以便可以根据模型对全面的能源消耗状况进行检验与分析。我们可以采用电子表格或是其他易于理解的形式，描述出各种方案下建筑模型的能源消耗状况及对比，以及通过运用各种节能措施对于资金方面的影响。这份报告中还应该包含通过对上述能源终端使用的调整，达成整体节约能源与节省资金的目标。

- **工具**（实例）

有几种能源模型软件程序，可以用来模拟整体建筑的能源消耗状况。在这些工具当中，最为简单的恐怕要数 Energy-10 了，这是一种在个人计算机上就可以运行的程序，适用于 10000 平方英尺以下的商业建筑或住宅建筑，可以帮助建筑师迅速地确认成本效益以及节能措施（详细资料可参考网站 www.nrel.gov/buildings/energy10）。比较大型，或是相对复杂的建筑需要运用一些更为复杂的软件，下面我们列举了一些常用的软件：

- eQUEST：这种建筑能源消耗分析软件，可以通过 www.doe2.com 免费下载。
- VisualDOE：这是一种能源模拟程序，可由网站 www.archenergy.com/products/visualdoe 获得。
- HAP：该软件由 Carrier 公司开发及所有，这是一种以每小时为单位进行分析的程序，可由网站 www.carrier-commercial.com/software 获得。
- TRACETM：这是一种针对制冷设备分析程序，由 Trane 开发及所有，可由网站 www.trane.com/commercial/software 获得。
- EneryPlus：这个能源模拟程序由美国能源部提供，整合了流行的特色以及由国防部开发的 BLAST 与 DOE-2 软件的功能。目前图形界面还在开发之中。该软件可由网站 www.energyplus.gov 免费下载使用。
- TraNsient Systems Simulation，或称为 TRNSYS：这种工具模块化的结果，可以支持使用者自定义配置——该软件可由网站 http：//sel.me.wisc.edu/trnsys/ 获得。

■ **材料**

- *材料表*：根据环境的条件，将所涉及的材料以电子表格的形式罗列出来，这种方法可以帮助设计团队方便地进行材料对比与选择。这些环境的条件，除了包含LEED所探讨的所有议题之外，还包含更为广泛的内容：回收的内容、木材认证的内容、材料所释放出来的气体、与材料开采与加工厂的距离、迅速再生的内容、内涵能源、废弃物的产生、材料制造厂商的所在地、便于拆卸、材料制造过程中有毒物质的产生、致癌物质与对内分泌的影响等等。
- *生命周期评估（LCA）*：就像前面我们所讨论过的，材料生命周期评估工具可以帮助我们对于材料对环境的影响进行更为准确与深入的分析。这些工具根据对项目的适用性，对不同的材料进行比较，并且基于量化的环境条件，对整个建筑物生命周期内材料对于环境的影响进行分析。
- *使用寿命规划*。就像我们在A.3.1阶段曾经讨论过的，要确定建筑物的使用寿命规划：建筑物对于环境的影响，大多集中在建筑物运转使用的时期内。关于这个议题，能源与水资源的使用就是一个很有代表性的例子，当能源与水资源被使用的时候，它们对于环境的影响就会表现出来。另一方面，材料对环境的影响可能早在建筑物产生之前就已经存在了（开采、制造与安装），并且这些影响会一直延续到它们生命周期的终结（废弃处理）。这就意味着，假如我们希望最大限度减少材料对环境的负面影响，那么根据建筑物的使用寿命来进行早期的建筑材料评估是一种关键性的认知——跨越的周期时间越长，这些材料的废弃处理与/或替换过程中对于环境的负面影响就会越少。

最近由雅典娜学院进行的一项研究，为我们对于材料在建筑中的使用提供了一些启示。该项研究以探寻建筑物为什么要被拆除为脉络，获得了一些在一年当中被拆除的建筑的基本资料。研究人员同这些被拆除的建筑的业主联系，并向他们询问建筑物被拆除的原因，以及建筑物所使用的结构及外壳材料情况。一个非常有趣的发现就是其中很多建筑的规定使用寿命都很短暂（通常少于20年）——这类建筑包括小型商业建筑、零售商店、快餐店建筑等——但是在建造的时候却使用了最为耐久的建筑材料，比如说混凝土、钢材或是砖。在建筑物被拆除之后，这些材料中的绝大部分都最终沦为垃圾废物。其中的一部分材料可以再生利用，但是却需要耗费大量的能源，在很多案例中，一些高性能的建筑材料，例如波特兰水泥，只是被用作基层材料而已。

看到这里，可能有人会提问，假如不使用这些材料，那么针对短期使用寿命的建筑，到底应该使用什么样的材料呢？是的，或许这些材料通过正确的组合就能够发挥出更好的效用，可以更易于拆卸并且重新利用。

我们运用这样的思路来分析美国的邮政服务设施。在初期的工作会议上，我们被告知这些建筑物的规模。但是，相比较其所在当地社区的规模，这些建筑物的尺度似乎过大了，于是我们提问“为什么需要这么大？”结果，我们发现这些服务设施的位置以及规模都是根据规划发展的模式而确定的。在这个案例中，该设施所服务的区域被设定为一个快速发展的区域，建筑规划要满足十年的发展需求。用项目经理的话说：“基本上，在前十年的时间，职员们都会在像舞厅那么大的空间里工作。”

接下来的讨论得出了如下结论：建筑物应该使用结构保温板（SIPs）建造。我们强调这些结构保温板不仅易于拆卸，而且还很方便加建。于是我们调整了设计方案，初期建造的服务设施可以满足社区五年之内的发展需求，而建筑的形式以及材料系统非常易于加建，在不会破坏原结构的情况下，可以满足后五年发展的需要（也不一定以五年为限，我们可以在任何需要的时候进行扩建）。扩建部分的柱子提前浇注起来，这样在今后扩建的时候就会尽可能减少对使用的干扰。所有的结构构件与外壳构件都被设计成以 24in 为模数，这样可以有效减少浪费。每一个建筑构件都是易于拆卸的，因此所有的建筑构件都可以重复利用。换句话说，无论是初期建造还是后期扩建，所有的损耗都是经过设计的。不仅如此，使用结构保温板还会对提高建筑的能源性能具有重要的作用。

- **工具**（实例）
  - 雅典娜®*“建筑影响预估”*工具：这是一种生命周期评估工具，如前文所述，将会在第六章“生命周期评估工具”中进行详细介绍。运用这种工具，我们可以对比与分析各种不同建筑使用寿命条件下，建筑材料对环境产生影响的多项指标。在这些环境影响的众多指标当中，其中重要的一项便是碳的排放，通过这样的评估工具，可以帮助我们定量地分析一个项目的碳足迹状况。

碳足迹

碳足迹是一种方法，用来确定一个人或是一个有机体在其活动的过程中所释放出来的二氧化碳的数量。越来越多的人已经认识到，二氧化碳的排放是引起全球气候变化的一个主要因素。

对碳足迹的研究，以列举所有与二氧化碳产生有关的行为调查表开始。现有的计算工具，可以帮助我们对二氧化碳的生成进行量化，针对每一项不同的活动分别赋予排放系数。现有的各种计算工具在计算这些系数的时候所采用的资料来源各不相同，而运用这些资料来源进行计算的方法也不尽相同，从精确的计算到未知的领域，因此所得出的结果也是千差万别的。根据调查表所涉及的范围，对于“能源”如何定义，以及很多其他的技术性因素，这些计算工具可以产生各式各样的结果。

因此，明确建立碳足迹调查表的目的性是非常重要的。如果只是想要了解在哪些地方你的活动会产生最多的二氧化碳，之后有意识地减少二氧化碳的排放量，那么通过对比的方法就可以满足你的需求——而不需要精确地计算出具体的数值。另外一种情况，假如你的目的在于运用这些资料来传播节能减碳的理念，或是志愿监管碳排放市场状况，那么掌握精确的数值就显得非常重要了。

为了便于更好地了解调查表范围的问题，我们可以参考下面这个具有代表性的办公建筑实例。具有代表性的调查范围可能从以下几个方面开始进行：

- 建筑物所使用的当地的燃烧能源
- 根据所使用的燃料类型不同，比如说烧煤与天然气或是采用水力发电，建筑物的电力使用状况。
- 员工从事商业活动所使用的交通工具（汽车、火车与飞机）

■ 员工上下班所使用的交通工具

现在，我们可以把这份调查表视为针对一个新的建设项目而建立的。那么，在这份调查表中是否还应该包含建筑材料的开采与制造加工呢？是否还应该包含将这些建筑材料运到施工现场所使用的交通工具？是否还应该包含项目的设计和/或现场工作会议对环境的影响？是否还应该考虑到施工建造活动？提到施工建造活动，那么是否还应该包含接送工人们到公司的交通工具？承包商的设备是否也应该考虑在内，或者说这样的影响因素是否与承包商有关？换句话说，有关范围的问题是非常广泛而丰富的，而这些问题的答案并不能被人们普遍接受，因此，当你从事碳足迹研究的目的在于宣称自己可以达到碳中和的时候，我们必须要接受这样一个事实，也就是在“中和”这个词的背后还存在着太多复杂而不确定的因素。

在从事这项工作的时候，应该以一些能够得到大家公认的标准作为开始。有了公认的标准才能制定可以被大家所接受的原则，这样我们所宣称的“节能减碳”以及“碳中和”的概念才能获得真正的意义。下文中我们列举了国际标准化组织（International Organization for Standardization，简称ISO）所制定的相关标准。

由于大多数对于碳足迹的研究都是为了这样一个目的，那就是达到——或者说宣称自己达到——碳中和，所以有关碳排放的议题就变得越来越复杂。要达到碳中和，最为现实与有效的方法就是运用各种策略，通过多种途径减少碳对于环境的影响。通常情况下，我们都是通过购买“碳抵消”来减少碳足迹的。在管理得当的状态下，这些“碳抵消”可以创造出一个市场，转变规划与建设项目的资金流向，为环境改善作出贡献。比如说，在一些建设项目中，假如没有这部分的资金支持，很多节能减碳的措施就没有办法真正落实。但是假如管理不利的话，所谓“碳抵消”不过就是一些金钱，它们对于环境改善并不能产生多大的帮助。目前，随着碳足迹研究的发展，我们需要重点探讨的课题在于，在所有被称为“抵消”的策略当中，分辨出哪些属于真正的“抵消”。

标准实例：

■ 协助确定使用寿命规划，参见ISO 15686

■ 协助确定碳足迹，参见ISO 14064，14065

■ 了解生命周期评估，参见ISO 14024

■ 在开始进入方案设计阶段之前，对新的发现进行整合及分析，得出合理化的结论

前面我们所描述的A.5阶段所涉及的分析工作，听起来是非常可怕的一系列繁杂的工作——因为这些工作的确是千头万绪。这些分析会令我们在探索阶段消耗更多的时间与精力，但是却可以帮助我们在早期就作出一些明确的决策，于是在后面的阶段，我们就不会因为面对太多的选择而感到混乱和束手无策。这一阶段的方案设计可能更加侧重于细节的处理，而不必再回过头去对一些基本的议题质疑。简而言之，就像我们在A.3阶段曾经说过的，经过前期缜密的分析工作，达到施工图阶段后，我们的工作就只是单纯的图纸绘制，因此会比传统的方法更为高效而节省作业的时间。最终，全部设计工作

的时间框架并没有改变，只是前期的工作会变得比较侧重于集中。

在方案设计阶段之前，我们花费大量的时间与精力对一些重要的议题进行整合，这样当进入方案设计阶段，项目团队就可以将工作的重点放在设计的整合上，而不是去关注要产生多少新颖的构思。换句话说，在方案设计阶段，进一步突破与创新的范围已经在很大程度上被限制了，因为在这一阶段我们已经确定了系统的分析，并且已经决定了很多可能的形式问题，过多的创新可能会——事实上通常就是这样的——超过方案设计阶段正常的探讨水平。

在这里需要说明的一件事是我们在这一阶段会得到一些团队成员的反馈意见，他们在这个时候可能会感到有一些困惑，或是感觉这种方法非常可怕，因为他们在确定建筑的具体形式之前就已经完成了所有的分析工作，面对大家的这些困惑，我们的回答是："这样的情况很好，这是一个很好的征兆……这说明你可能已经走上了正确的道路。"

A.5.2 原理与测量

- **对标准计量方式、基准以及性能目标进行再一次的确认与巩固**

在这一阶段对与四个关键二级系统相关内容的分析，进一步巩固了项目的性能目标，并将初期所制定的性能目标的范围进行集中。在这个阶段，我们可以开始将这些性能目标安插到基础性设计当中，这部分内容在接下来的"调试任务"中会再进行详细介绍。这一阶段的检验与分析工作，也会有助于使项目的参数及性能指标更加明确，以保证进入方案设计阶段之后具有明确的目标与方向。

对 LEED 项目来说，所要追求的每一项评分内容的状态都需要不断地进行更新与调整，无论是在这一阶段，还是在其他任何阶段。如果在一个项目的设计过程中，团队成员能够做到对以上所有的系统议题进行分析研究，那么这样的项目一般情况下就可以获得 LEED 金级甚至铂金级的认证，而无须更多的努力与资金投入。这是因为我们针对四个关键二级系统所制定的性能目标，同时也是对环境议题的探讨，而这些环境议题也正是 LEED 体系评分的基础。然而，假如我们不能深入了解 LEED 体系目标与基准背后所蕴含的真正意义，那么项目的目标有些时候也会与 LEED 体系目标和基准不尽一致。在某些案例中，项目团队只有深入到 LEED 体系的基准当中去进行详细分析，才能够彻底了解与每一项评分相互联系的具体的影响与作用。

目前，我们所运用的 LEED 体系中的能源基准，所参考的是美国供暖、制冷与空调工程师学会（ASHRAE）制定的 90.1–2007 标准附录 G，根据建筑物的类型、规模、楼层数以及燃料来源，选择一种暖通空调系统作为标准化建筑配置。在附录 G 中，还对建筑外壳、照明系统等内容的基本参数进行了规定。在某些案例中，假如目标在于更加准确地测量节能的状况，那么这些基准也有可能是不适用的。如果在一体化的设计过程中，这些 LEED 体系中我们用于比较的基准，并不能反映出实际的建造情况，那么项目团队就应该找到一种适宜的基准来进行对比，并分析其组成部分，进而计算 LEED 评分。

举例来说，如果我们正在设计的是一个学校项目，而当地的校区规定要使用砖石构造作为承重结构（不考虑使用钢结构），那么我们所建立的基准模型的墙体就也要采用砖石结构，而不能刻板地按照附录 G 中的规定采用钢框架墙体。同样的道理，尽管附录 G 中规定电阻热为学校类建筑的标准系统，但是假如在实际的状况中不能接受这种形式，那设计团队就要进行讨论变更基准，找到与当地建造习惯更加匹配的其他形式。所以，我们经常会发现自己需要运用模型来对两个不同的标准进行比较，其中之一是为了达到 LEED 的要求，而另外一个则是由实际的状况而决定的。

为了能够建立起这样的基准建筑以及更为准确的标准，我们通常会鼓励团队成员对于当地习惯性的建造活动进行讨论。通过这样的讨论，我们才能突破附录 G 的局限性，找到更具典型性的建筑形式来作比较。

■ **调试：发展基础性设计（BOD）**

在这个阶段，项目团队已经根据第二次团队工作会议的结果以及后续的研究，完成了一份最初的基础性设计文件。这份设计文件将业主对项目需求的叙述性文字转换成为技术性的描述，以每一个系统为基础制定出性能目标与标准计量方式，内容涉及所有的机械、电力与给水排水系统（MEP）及建筑系统。

基础性设计的目的在于采用技术性的形式说明各项设计参数，并对项目所建立起来的性能目标进行量化。基础性设计的进行应该优先于方案设计。理想的状态下，往后各个阶段的设计工作都应该将基础性设计作为参考，而同时又通过反馈不断对基础性设计进行更新与完善。随着每个阶段的设计发展，基础性设计都需要及时更新，这样才能持续性地反映出各种新的决策与/或设计过程中的变化（参见参考文献“基础性设计纲要实例”）。

这一阶段的调试工作需要由项目团队本身来执行，而不是委任调试专业人员（CxA）来进行。调试专业人员的任务实际上是帮助设计团队的成员与业主认识到，由哪些内容需要合并到这些设计文件中，以及其中的原因。我们发现由于项目团队对于委任工作的生疏，经常导致错误的理解。因此，我们有必要再一次向设计团队的成员们重申，大家应该认识到亲自投入这些“业主项目需求文件”（OPR）以及“基础性设计文件”（BOD）的重要性，这是成功的执行委任工作的基础，同时也是最终获得项目建设成功的基础。我们不能也不应该将这部分工作全部推给委任权威人员来完成。

A.5.3 造价分析

■ **对每一项策略以及二级系统的造价进行标注，之后再将这些信息汇整进一体化的成本捆绑资料当中**

之前我们已经提到过，假如设计团队发现一项潜在的策略会导致成本增加，那么团队就要去研究一下其他的策略（或是系统以及系统的组合）是不是可以节省成本，将这部分增加出来的成本平衡掉，同时还可以降低对环境的负面影响；这就叫作成本捆绑。针对单独的某项策略进行成本影响的“捆绑”工作很难达成共识，我们应该将各种可能的策略对于整个系统在成本方面的影响综合在一起进行考虑。

在实际的案例中，我们发现在所有的策略当中，有些策略的出现对关键的设计决策问题会产生决定性的影响，而其他的策略则是可以晚一些再做决定的——举例来说，在这个阶段，确定结构开间（可以减少生命周期对环境的影响）就远比选择坐便器与小便斗的抽水形式问题（可以减少对水资源的消耗）重要得多。当然了，水资源消耗的议题会影响到水系统的选择，而这个议题也是这个阶段的任务之一。但是我们知道，对于坐便器我们有很多选择，比如说低流量坐便器，以及/或复式抽水坐便器等，它们的形式与造价都不尽相同，因此可以灵活地决定，但是有关结构开间尺寸的问题则是需要立刻就明确下来的。

基础性设计纲要实例

下面我们罗列了一些基础性设计纲要的实例，可以为将来实际操作的具体项目提供一些借鉴，有助于我们进行技术性设计参数的文件制作，并对项目的性能指标进行量化分析。

1. 主要设计假设

a. 根据业主项目需要（OPR）文件制定的空间使用状况

b. 冗余程度

c. 多样性问题

d. 气候条件

e. 空间分区

f. 使用类型及进度表

g. 对于室内环境条件的特别要求

2. 标准

a. 一般性的建筑法规、指导方针及规则

b. 与 LEED 相关的其他要求（例如节约能源、节约水资源等）

c. 与产业相关的特别要求（例如医院、信息技术及制造标准等）

3. 叙述性的说明及性能要求（按照时间的先后顺序，对主要的系统在项目设计以及建造阶段的不断演变发展进行描述）

a. 建筑系统

b. 暖通空调系统

c. 建筑自动化系统

d. 照明系统

e. 水系统

f. 动力系统（正常情况下 / 紧急状况下，专用计量）

g. 通信系统

h. 信息技术系统

i. 安全与生命保障系统

A.5.4 工作进度表与下一步的工作

■ **更新一体化进程路线图，为第三次团队工作会议的召开做准备**

与之前的各阶段一样，同项目团队的成员一起对项目进程路线图进行检视与修正，如果必要的话，对接下来的发展问题进行探讨，并明确下一步的工作要点。与我们之前所介绍的研究与分析阶段相类似，工作的进度表、团队的电话会议、工作会议以及分析的方法等问题都需要进行调整，才能符合临时会议的时间、次数，以及在主要的工作会议期间所呈交的作业成果。

■ **准备第三次团队工作会议议程**

同样的，大家可能还不能完全理解制作第三次团队工作会议议程的重要性，特别是当项目团队已经通过广泛分析而获取了大量的资料与信息的时候，也就更容易忽略这项工作的重要性。编制一份简报，将这些分析工作传达给团队成员们，这可能是一项具有挑战性的工作，但是我们要对将这些成果向其他团队成员更好地传达的方式进行设计，这是很重要的，因为这些经过整合的信息将会在第三次团队工作会议上提出并进行讨论，是由之前的阶段开始进入接下来方案设计阶段探索的基础。在下一个章节中，我们会对方案设计阶段进行更为详细的介绍。

第六章

方案设计

我们总是习惯于将一件已经完成了的作品称为设计，这种习惯相当普遍，然而却是错误的。所谓设计，是指你要去做什么，而不是指你已经做了什么。

——布鲁斯·阿彻（L. Bruce Archer），机械设计师，设计理论家及学者，任伦敦皇家艺术学院设计研究教授

设计不是一项职业，而是一种态度……是对所存在的各种关系的思考。身为设计师，我们必须既要关注核心问题，也不能放过周边的问题，既要考虑目前的状况，也要重视最终的结果……设计师必须能够在纷繁复杂的整体当中紧紧地坚守他自己的工作。

——拉斯洛·莫霍伊－纳吉（László Moholy-Nagy），摄影师，平面设计师，包豪斯建筑学派创始人之一。本文引自《视觉运动》(Vision in motion)，芝加哥：设计学院 1947，P.42

美不是通过设计制造出来的，而是由选择、亲和力、整合与爱当中自然而然浮现出来的。

——路易斯·康(Louis Kahn)，建筑师、作家、教授，本文引自纽约：Rizzoli 出版社，1991，“Oders Is” 58-59

设计，是对任何我们所向往的、期待的、具有可预知性的结果而付诸行动的规划……所有想要把设计割裂开的想法都是违背事实的，设计不是一项独立的事物，它是我们生活当中重要的内涵。

——维克多·帕帕内克（Victor Papanek），工业设计师，本文引自《真实世界的设计》（Design for the Real World），伦敦：Thames & Hudson 出版社，1985 年

开始进入 B 部分——设计与施工

现在，我们要开始进入 *B 部分*的工作了——*设计与施工*。就像我们在第五章中所讲的，这一阶段是由进入方案设计（这是我们目前的叫法）工作开始；而本阶段的施工作业则是与传统的作业方式比较类似的。在这个阶段，我们需要参照所有在 A 部分，

即探索阶段所进行的工作，以及对各个系统之间相互作用的理解，开始进入到更为生动的、涉及内容更为广泛的设计过程。因此，项目团队进入方案设计阶段会拥有更加丰富的信息，并准备开始对其进行深入优化，相互整合出完善的设计解决方案。

在一体化的设计方法中，这一阶段我们需要考虑的问题是前期根据建造规划而做出的概念性设计成果，它们对于环境会产生怎样的影响，以及它们与其周遭更大尺度空间之间的相互关系。方案设计就是要专门针对这些概念性设计理念进行*深化与发展*。我们会发现在这句话中的“深化”（develop）一词——据其来源——是指“启示”（reveal）或是“带来新的可能性”的意思。在这个阶段，我们的机会就是通过对这些设计理念更加深入的思考，进一步寻求可能性，找到更完善更优化的解决方案。这是一项需要不断反复进行的工作。在传统的设计方法中，我们会在一开始就立刻把这些设计理念确定下来，并且尽快地将其转化为图纸以及固定的建筑形式。这种传统的设计方法，由于过早地将我们限定在有局限性的设计方案之中，从而使我们丧失了进一步探索的机会——一旦进入图纸作业阶段，设计团队的成员们通常就会开始全身心地投入到这项工作当中而无暇他顾，设计活动沦为工作与换取报酬而已。

为了获得一体化的解决方案，人们常常会推荐使用*建筑信息模型（Building Information Modeling，简称 BIM）*这种技术性工具。但是，我们必须要告诫设计团队的一点就是，计算机只是一种工具而已，我们不能假设只要使用了这种工具，就会理所当然地获得成功。如果团队的成员们不能维持相互之间紧密的联系，那么他们所设计出来的技术系统与建筑构件都是没有意义的。于是，储存在计算机当中的大量复杂的信息也就没有什么价值了。

有一个名为“Bioteams”的组织（详细资料可参考 www.bioteams.com），他们就运用众多的研究资料来宣称支持这种“分离”（disconnect）的方式。在该组织的宣言第 2 页，有这样的叙述：“采用全新的工具，却没有支持运用这些新工具的新文化的相应发展，这些全新的媒介为我们开启了机会的大门。在运用这些新工具的过程中，我们现在还没有办法揭示所有的收益，我们只是接近于自然地运用，合作，给予团队高度的激励。”*

汤普森（Thompson）与古德（Good）的 Bioteams 宣言告诉我们：“如今的团队，是与那些在你成长过程中所接触过的团队完全不同的……如今的团队应该拥有一个新的名称，”比如说“虚拟网络团队：虚拟意味着团队是依靠着网络技术而存在的，与传统的团队概念完全不同。而网络则说明团队成员由彼此分散的、在物理距离上很远的众多个体组成，他们通过网络相互联系，形成一个有机的实体……所以，传统形式的指令与控制方法，对于这种新的组织来说都是无效的。”*

此外，笔者还有以下发现：

“根据 IT 项目团队的统计学资料，揭示了以下信息：

只有三分之一的改革措施真正达成了目标……

74% 的 IT 项目最终以失败告终……

在每五个 IT 项目当中，只有一个项目最终可以达到令其组织创始人满意的结果……

这些可计量的数据揭示出一个事实，那就是在当今的组织中，虚拟网络团队的运作模式是存在严重错误的。”*

---

* 肯·汤普森（Ken Thompson）与罗宾·古德（Robin Good），“The Bioteaming Manifesto：A New Paradigm for Virtual, Networked Business Teams,” 2005-11-09，可参考网站 http://www.bioteams.com/2005/04/06/bioteaming_a_manifesto.html（2008-10 开放使用）。

如今有很多设计团队的工作方式就与“虚拟的网络团队”相当类似，他们使用计算机绘图，并且彼此的交流以及信息的交换越来越依赖于网络。Bioteams与其他的组织，例如国家建筑标准研究学院（NIBS），现在正慢慢认识到对于设计团队这样的组织（以及管理流程），我们应该更多地从社会学的角度对其进行探讨——而不能仅仅关注于技术问题。换句话说，人与人之间相互交流的方法，以及跨学科之间彼此学习的高度意愿，这些才是获得成功的关键因素。所以，本书的目的以及从始至终所关注的重点，都在于剖析与一体化设计相关的社会学议题以及人类之间相互关系的议题，而不是像建筑信息模型（BIM）或是其他信息技术的解决方案那样，只是为大家提供一种技术性的工具，来将这些相互关联相互作用的结果记录下来。不管怎样，我们还是有必要提到这些工具，因为它们对一体化的设计方法也是有积极作用的。

我们并不是要否认像建筑信息模型（BIM）这一类技术的价值或是重要性，只是假如使用这类工具的人们之间缺少了积极有效的互动，那么这些技术本身并不能创造出什么样的价值。你应该还记得我们在第三章中曾提到过的思维模式的示意图（参见图3-9），在这个示意图中，工具是排在方法之后的；这也就是说，在一体化的设计方法中，工具是相当重要的组成部分，但是假如只是单纯地依靠工具也是远远不够的。除此之外，如果我们在整个设计过程中过早地进入了技术性文件制作阶段，那么必将会失去进一步探索与整合的宝贵机会。

BIM：建筑信息模型

马克斯·察尼瑟（Max Zahniser）著

所谓强涌现的概念，即指在很多比较复杂的对象当中，我们不能将一个复杂的系统，理所当然地简单认为是各个系统相互累加的结果。这种现象有的时候我们可以用一个类似的数学公式来比喻：1+1=3。我们常常会拿来说明强涌现的一个很具说服力的例子就是人类的意识，它并不是简单地由感觉器官、灰质及突触所构成的。强涌现与弱涌现是不同的概念，所谓弱涌现是指一个系统的属性可以被还原成单独的一个成分，因此也是容易理解的；2=1+1。关于弱涌现的实例，就好比一面砖墙，它就是由很多块砖组合而成的。

我们在这里介绍强涌现的概念，适用于那些经由很多专业人员共同努力所创造出来的构思，单独某个人仅凭自己的努力是绝对没有办法达成的。有人可能会对这个概念提出怀疑，特别是一些科学家与哲学家会认为这听起来简直就是天方夜谭。站在一个保守的科学的立场，他们可能会争论说：如果你说你在观察所谓的强涌现，那只不过是因为你没有办法辨别出一个系统当中所有的组成部分而已。在这里，我并不想对这个话题进行争辩，我们要说明的是现有的物理法则，甚至是化学与生物科学法则，都没有办法完全契合人类的思想和意识系统。集体思想以及富有创造性的合作可能也仅仅是过程和方法，一定要仰赖于更高层次的系统才能实现，而这些更高层次的系统，已经超越了我们现代科学所能够理解的范围。我相信组织的发展和产业/组织心理学，以及一些更为高深的神经科学，在这些新兴学科所萌芽的领域，正在逐步揭示出这些更高层次系统的奥秘。与此同时，很多哲学家，例如亚瑟·库斯勒（Arthur Koestler），威尔伯（Ken Wilbur），以及马克·贝道（Mark A. Bedau）等，也为之作出了很多贡献。简而言之，在这里，我们并不打算再对"强涌现"的概念进行更多的争论。

但是假如我们的目的——至少可以这样比喻——就是研究建设项目当中的这些"神奇的"强涌现状态，那么一体化的设计不失为一种很好的选择。如果能够再加上信息技术作为辅助，那么这种神奇的魔力又将会得到增强。

设计和施工专业人员的工作已经发生了重大的改变——即便不能说是天翻地覆——建筑施工图纸的绘制工作经过20世纪80年代中期到后期的完善，在20世纪90年代已经由手绘图转变成为计算机绘图，以及数字化的3D技术设计。对计算机辅助绘图（CAD）软件的使用，现在已经相当普遍，上到几乎所有的建筑工程公司（AE），下到众多建筑工人。在过去的十年间，CAD软件的功能开发已经到了登峰造极的水平。

随着CAD软件的不断完善，建筑工程应用软件产业对于创造性能源的研究也开始进行了一次飞跃性的革新。随着这次飞跃所诞生的产物，我们可以将其归类为建筑信息模型（BIM）。除了同样是一种设计与绘图辅助工具之外，BIM在本质上是与CAD有很大区别的。CAD软件的大部分应用集中在几何形、颜色与图形方面，因此CAD软件只是一种快速绘图的辅助工具。

但是，BIM软件对于建筑表现的思维模式是完全不同的。实际上，运用BIM工具就是建造一个虚拟的建筑物。相比较CAD软件，是将空间的概念压缩在一个二维的平面上，描绘出建筑物的外观，而BIM软件则使设计人员有机会创建出一个真正的建筑。

BIM工具为我们提供了一个三维空间的图形界面，那些BIM文件实际上就是数据库。这些数据库所涵盖的内容包括各种具体的对象，比如说墙体、材料的类型以及各个对象之间的相互联系等。因此，建筑信息模型就是一个三维虚拟的建筑构造，其中包含了组成建筑物的每一个构件的具体资料。

当我们运用CAD软件进行建筑制图的时候，我们只是从各个不同的视角来绘制同样的一栋建筑。每当需要进行修改的时候，我们就要判断有哪些视角会受到影响，并且一一进行相应的修改。当然了，跨学科之间的相互协作也是一个重要的议题。

BIM软件的应用则是与CAD不同的，这是因为在这种应用程序界面当中，我们通过每一个视角所看到的都是同样的一个资料库内容，我们从任何一个视角所作出的修改都会影响到这个虚拟的建筑物。因此，对各个视角的图形进行整合的工作就完全没有必要进行了。在训练使用这种工具的时候，一句常说的话就是："牵一发而动全身"。除此之外，如果我们运用可联合运作的BIM工具对设计领域的不同专业（建筑、构造、机械等）进行研究的时候，很多BIM工具可以帮助我们进行一定程度的冲突检查。这也就是说，假如建筑物的构造、管道等等系统之间存在冲突的时候，BIM就会发现这些冲突并对使用者提出警告。这样的功能，就为大型复杂建设项目的图纸整合工作节省了大量时间。

与 CAD 软件相类似，BIM 技术也被广泛运用，从自动化领域到航天飞机的设计。与 CAD 软件一样，BIM 也同样面临着市场上更新换代的压力与挑战。尽管也存在着一些老旧的组织变革的障碍，但是 BIM 技术更新进步的速度似乎比 CAD 还要快，甚至超越了 LEED 的发展，尽管 LEED 与 BIM 的命运正在越来越紧密地缠绕在一起。

一种应用软件就像任何一种工具，单靠其自身的力量是没有办法从本质上改变一种方法，或者提高其产品的质量的，这个道理显而易见。如果你手握一个铁锤的头部，而用手柄的部分去敲打一个放倒了的钉子，那么效果怎样可想而知。事实上，对这些工具不恰当的使用，只会使我们的建筑设计工作变得更加艰难，甚至还不如运用最原始简单的技术。但是，如果我们以正确的方式使用铁锤，并将钉子的尖头朝下，那就可以轻轻松松地将木板钉在一起。这就是工具的本质；你必须要好好学习使用它们的技巧，它们才会为你服务。

同样的道理，即便是最有前途的 BIM 技术，如果对它的应用没有经过良好的规划，那么它的作用也只是会损害结果的品质而已。但是，与 LEED 评估体系一样，BIM 还是有它潜在的价值的，哪怕我们只是通过命令或是公司规定而强制性地要求团队成员使用这种技术。就算缺少了一体化的设计方法，BIM 与 LEED 还是会产生一些一体化的力量，尽管过程可能令人不快，而且造价高昂——运用 LEED 体系所设计出来的建筑作品，一定会在某种程度上优于没有运用 LEED 体系而设计出来的建筑，但是如果没有设计方法上真正的革新，这种优势也没有办法持续性地发展。但是，就像 LEED 体系，BIM 技术也一样会促使项目团队成员彼此之间进行对话与交流，而这是传统的技术工具所不能具备的优势。

这也就是说，如果我们能够了解无论 LEED 还是 BIM 都只是辅助性的工具，我们只有通过一体化的设计方法才能更好地运用它们，那么，无论成本效益还是产品（建筑物）的品质都会随之迈上一级新的台阶。当我们运用一体化的设计方法时，这些辅助性的工具就会发挥出它们最大的潜能，帮助我们创造出更加优秀的设计作品，而同时还能节省成本。

图 6-1 中所示的照片，为一段视频中的一帧

图 6-1　通过感知像素建构起来的触摸式互动屏幕，揭示出未来的一体化建筑信息模型（BIM）、建筑造型、能源模型以及 LEED 应用程序，都可以针对不同的设计选择，即时性地向使用者反馈对建筑性能方面的影响（摄于美国绿色建筑协会年度绿色建筑公开展示会，2007-11）（图片使用经版权单位欧特克软件公司授权许可，©2008）。

图像，这是我在美国绿色建筑协会（USGBC）任职期间与欧特克软件公司的一个团队共同合作的作品。我们研究的目的在于构思未来一种理想的设计辅助工具。建立在BIM软件的操作平台上，结合模拟引擎以及数字化的建筑产品市场，这种理想的设计工具应该能够针对设计上的调整对建筑性能的影响，给予使用者即时性的信息反馈。

这听起来或是看起来恐怕有些牵强，我们是有意这样做的。我们选择通过感知像素建构起来的4英尺 ×8英尺触摸式互动大屏幕，就是为了强调这是我们对于未来的构想——而不是明天就可以立即上架的工具。这也就是说，这种应用程序的相关技术在现今就已经存在了。就像科技小说作家威廉·吉布森（Willian Gibson）非常恰当的描述："未来已经来到我们身边了，只不过分布得不大均衡而已。"事实上，实现这样一个设计界面的主要障碍在于所有构件之间的互通性，而这种互通性又可以回归为商业议题，以及这些构件所有者之间的相互关系。

简而言之，我们正在朝着一种预先安装的工具迈进，假如项目团队能够依照一体化设计方法的引导，就能够更好地理解他们所作出的决策对最终结果的影响。与此同时，我们就能够拼凑出这样的一种工具。

事实上，BIM应用程序现在就已经存在了，我们在设计与施工图绘制过程中按动按钮，就可以进行能源分析、计算荷载并确定结构的尺寸、建立工程造价模型以满足预算的限制、运行自然采光与人工照明模型、运行流体动态模型（研究气流的状况）等，甚至在某些项目中，以上所列举出来的所有功能都会相互依存——所有这些功能都来自BIM应用程序数据库资料的运行。

通过建立起BIM应用程序这样的辅助性工具，适当地根据这些工具的功能性探讨它们之间的相互关系，这样，项目团队就能够对他们的设计方法、他们所运用的辅助工具达成一致，并将一体化的设计作为共同的目标去追求。当我们把这些BIM工具运用到跨学科的领域，那么它们就是一些可以体现出系统理论的设计与分析工具——至少，它们对系统之间相互依存的现实关系又有一个重要的启示。

这就是我们的现状

我们只不过是召集了一次团队研讨会，或是团队工作会议，就将其称为"一体化的设计"。但是很多时候，这样的研讨会，只不过就是一次简单的团队会议，旨在检验项目的LEED目标并达成共识而已。这样单独的一次会议，或是一个单一主题的会议根本就没有办法使我们真正达成一体化的目标。在第四章与第五章中，我们已经反反复复地说明，一体化的设计需要一次又一次重复与发展进步的过程，在这些过程中不断地对结论进行深入理解与改进。

我们发现建筑师都希望能够尽快结束方案设计阶段。他们希望在方案设计阶段所完成的图纸能够达到以下几点要求：

- 满足规划的要求
- 能够体现出设计的风格以及项目的艺术性
- 将建筑与场地的配置确定下来
- 符合法规的限制条件
- 对基础设施的可行性进行验证
- 将建筑、场地、结构以及材料系统等问题明确下来

- 满足 LEED 目标评分的要求
- 得到业主的认同

这套方案设计文件一旦制作完成，建筑师就马上将其分发给各个专业的工程师们（结构、机械、电力、土木工程师等）。同样的，每一位工程师也都希望能够尽快选出他们各自专业的系统，并开始进行绘图工作。与此同时，土地的详细规划工作也开始进行了，建筑的轮廓线、停车、雨水治理、公用设施实用连接、交通问题分析，以及开放性空间这些议题都进行了探讨，并将结果以图纸文件的形式提交当地行政机关审核通过。再一个我们渴望尽快确定设计方案的原因在于追赶进度，我们需要尽可能减少“可能发生的变更”以及“未知的”因素，获得整体的通过，然后拿到这一阶段工作的报酬。

我们看到的这种情况是相当普遍的。早期我们受聘于一个医院建设项目的主要负责人，而在这个项目的参与过程中，我们发现这个业主所开发的不同的建设项目，都是由不同的建筑工程公司来负责的。每一个建设项目，业主都要同设计团队召开一次工作会议以确定方向，但是有些时候，这样的工作会议一直被拖延到已经进行到方案设计阶段了才来进行。就是在一个这样的工作会议上，一位建筑师突然大喊道：“我们没有时间处理这位 Roger 先生所要求的工作”，之后就怒气冲冲地摔门出去了。后来，这位建筑师表达了歉意，并解释说他已经意识到之所以会感到如此强烈的挫败感，完全是因为现在这种危险性的工作步伐，而他和业主却都是以这样的步伐在向前行进的；最后期限将近，希望值升高，大家根本就没有时间停下脚步进行反思：“我们只是不得不保持继续前行的状态——我们根本就没有时间反思，全部的时间都需要拿来画图。”

停下脚步，进行反思

好的方面是什么？

传统的方案设计阶段，也就是我们现在正在经历的阶段，可以归纳有以下特点：

- 我们的工作有非常具体的目标。
- 我们朝向明确的目标，几乎呈直线型进展。
- 我们迅速地减少变数，并控制未知的因素。
- 我们感觉自己降低了遭遇风险的可能。
- 我们认识到要迅速作出决定才能让我们跟上进度（时间就是金钱）。
- 我们的规划方案获得了当地权威机构的审查通过。
- 我们确认自己的建筑设计能够满足法规的要求。
- 我们再次确认沿着这条道路前行，一定能够实现 LEED 目标。
- 针对与工程相关的议题（例如热舒适性、通风率等），我们已经以 LEED 体系为基础建立了项目的性能目标，作为机械、电力与给水排水（EMP）工程的检验标准。
- 根据我们所确立的 LEED 目标性能参数，机械、电力与给水排水（EMP）工程师开始构思适当的系统。
- 建筑师负责确定建筑的形式与配置，完成建筑平面图、立面图与剖面图的绘制，并准备细部构造的处理。
- 建筑师根据已经审查通过的表现图确定可能的材料样板，这样就可以开始进行细部详图的研究了。

我们现在已经拥有了一套清楚的图纸及文件，根据其中明确规定的各项参数，可以开始进行初步的预算。这些文件都是在一种可预测的过程中产生的，因此项目团队只不过需要花费总体建筑工程费用中很少的一部分成本就能完成这阶段的工作。

不好的方面是什么？

业主、设计团队以及当地的权威机构，在这个时候都已经锁定了一个具体的图形，以及建立起来的建筑形式。但是却很少甚至根本没有回顾以下这些问题：

- 在很大程度上场地设计已经确定，而且土地规划以及分区文件的审批通过，更使得场地设计不再有机会进行修正调整。
- 我们对于水资源议题的关注已经被局限在一个很狭隘的范围之内，能做的不过就是设计雨水排水系统减少水资源的流失，以及在下一个工作阶段选用低流量的卫生洁具，仅此而已。我们根本没有去关心如何通过建筑物，对更大范围的水文环境改善作出贡献。
- 由于过早地确定了建筑的轮廓线、体量、开口位置、开窗的尺寸等问题，因此限制了我们对于影响能源使用性能的各项选择的探讨，进而丧失了追求最大效率节约能源的机会。
- 我们在无意之间就指定了很多的材料和系统，而对于这些材料与系统对建筑物的整体影响并没有经过严谨分析与完全理解。
- 我们自认为完成了一件不错的作品，在室内环境品质（IEQ）问题的探讨上能够满足 LEED 所规定的性能标准，但是实际的情况可能并非如此。

我们经常看到项目团队本来是出于良好的愿望，但实际上却禁锢了他们在设计中的探索，被他们所采用的等级评定体系（例如 LEED）刻板地绑住了手脚，关于这些我们在第五章中已经进行了介绍。因为这些等级评定体系是一种工具，用来限定什么样的议题对绿色建筑项目来说是重要的议题，并对建筑的性能进行评估，于是，设计团队就按照这些等级评定体系所选择出来的议题，将工作的重心一一投放在上面。但是这样的做法却可能会限制了我们的视野。这样的作业方法会鼓励我们紧紧锁定等级评定体系所指定的技术性核心议题，但是却忽视了外围的状况——不必在意这些等级评定体系所列出的各项“线性议题”标准之间的相互关系。

不仅如此，我们在制作所有这些设计文件的时候，很少会采纳建筑工人（或施工团队），或是建筑的运营团队、维修人员以及使用者们的意见。大多数情况下，根据方案设计所做的成本估算都会超过初始预算的限制；这样就产生了早期的“价值工程”，它的作用一般就是缩减范围、削减一些系统的构件，特别是删除一些绿色的特性，因为这些看起来都是比较耗费成本的部分。这些绿色的特性之所以可以被设定成为削减的对象，那是因为它们都被视为是孤立的技术，只不过是被贴在建筑方案上的附属品而已。

总之，在初期阶段缺乏分析的情况下得到的方案设计成果，不仅缺乏对系统性的了解，同时也会欠缺对系统之间相互关系的认识——*我们总是假设这些系统以及它们的性能指标问题将会在以后的工程阶段再得到探索和解决*。我们做出设计决策，但是却没有完全了解这些决策对建筑物的性能会产生怎样的影响，而这些决策却变成了已经板上钉钉不容再变更的方案。这样的方案设计是根据建筑物的功能、外观以及艺术性等目标而完成的，但是却没有进行严谨的性能分析，以及对性能参数的参考；不仅如此，这样的作业方式还在很大程度上限制了后续阶段的工作中探索的范围。这些深入的探索通常都是由于紧迫的进度要求而被放弃的，失去这些重要的探索，我们在接下来的工作中就只能紧紧锁定前期的设计方案无法改变（“我们只是不得不保持继续前行的状态——我们根本就没有时间反思，全部的时间都需要拿来画图”），进而导致成本增加、损害性能，以及出现很多我们都不愿意看到的恶性结果。

> 当我们刚刚花费 1% 的项目前期成本的时候……可能多达项目生命周期 70% 的成本已经被牵连其中了。
>
> ——约瑟夫·罗姆（Joseph Romm）

面对这样的区别，我们应该怎样做（怎样看待）？

对假设的条件质疑

在西德威尔友谊中学的一个建设项目，我们的业主希望能够在他们的项目中体现出超前的绿色建筑理念与相关技术。于是，建筑师在一开始就规划了一种“生态设施”来进行污水处理——这不失为一个很好的构思，但是却价格高昂而且需要频繁的维护保养。这个项目的业主为了获得这样一项现场的污水处理技术，完全同意多付出这一笔费用，因为他们认为可以由此得到一个教学工具，可以成为学校整体教学计划中的一个组成部分。项目团队作出这样的规划是因为他们头脑中有一个先入为主的假设，那就是现场的污水处理技术，一定会比连接到市政污水系统要来得贵。但是，我们却质疑这样

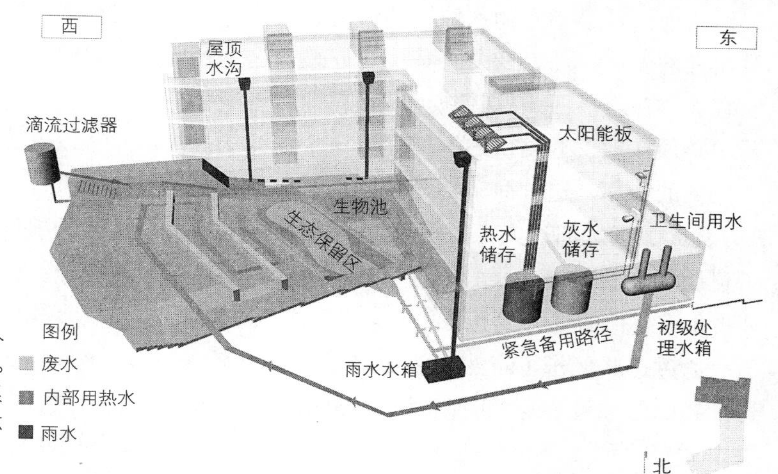

图 6-2　西德威尔友谊中学建造了现场的污水处理人工湿地系统，这是最好的、性价比最高的一个选择。这幅三维示意图描绘出该项目的人工湿地污水处理系统，将建筑物的水供给与水需求整合在一起形成循环（版权所有：© Kieran Timberlake 联合公司）。

图 6-3　西德威尔友谊中学最终建成了这个人工湿地系统，其造价比直接连接市政污水管网还要节省（图片由西德威尔友谊中学提供）。

的假设，并向他们建议了另外一种解决方案：一个现场的人工湿地处理系统。结果证明，人工湿地的建造成本不仅低于原计划的生态设施（人工湿地的运转与维护费用同样也是比较低的），甚至比直接连接到市政污水排水系统还要便宜。这是因为市政污水排水系统管路在道路部分的标高高于建筑，所以我们还必须要再购买一台昂贵的抽水泵。

西德威尔友谊中学的项目团队也跟我们一样发现了同样的问题；但是在这个案例中，最终证明修建一个人工湿地污水处理系统所需要的费用，比最简单的、传统的排污系统还要节省。他们最初的假设认为这种最基本的、传统的排污系统才应该是最便宜的做法——怎么会有其他的方式比这个还要便宜呢？在新泽西州的其他地区，黏性的土壤结构要求必须在地下 8 英尺的深度埋设一个沥滤场。加上挖掘的费用，这种简单传统的排污系统造价高达 3 万美元，远远超过人工湿地系统的建造成本。（除了建设资金的节省，我们还可以通过人工湿地系统获得很多其他的收益，下面我们会进行详细介绍）。

通过这些例子（当然还包含很多其他的实例），告诉我们假如没有花费时间对团队最初的假设状态提出质疑，那么就永远也不会找到更适合的答案，根据这些未经检验的假设而作出的决策，只会导致成本增加，无论是在金钱上，还是对环境的影响上。

运用一种跨学科的方法

在 2002 年，海王星乡学区教育委员会决定开始设计一所新的社区小学。我们受聘于这个项目，开始进行早期阶段的能源建模工作。当我们加入这个项目团队的时候，SSP 建筑群就已经开始了这个项目的早期设计工作。最初，我们与团队成员一起确定了一系列的节能措施（EEMs），旨在降低建筑物的供暖及制冷荷载。

我们一共制定了 13 项节能措施；这些措施包含建筑物的朝向、降低照明功率密度、自然采光策略（例如遮阳板、光电传感器等）、提高窗户的性能，以及在墙体和屋顶使用更高等级的保温隔热材料等。通过这些节能措施的实施，包括将建筑物调转了 90° 以更好地获得自然采光，使得早期设计的结果发生了很大的变化。而像将建筑物调转角度这样的措施，并没有花费任何额外的费用，就实现了节能的效果。接下来，项目经理和其他团队成员一起研究实施其他节能措施所需要的成本，并将每一项措施对初期建造成本的影响准确地核算出来。在进行这些工作的同时，我们还在方案设计过程中通过能源模型对每一项节能措施进行了分析与研究。

可能正如你所猜测的，除了降低照明功率密度（LPD）这一项措施能够节省初期建造成本之外，其他每项措施都会导致成本增加。降低了照明功率密度，经过与这个项目的照明设计师密切的配合与研究，我们削减掉了数百盏灯具，但是并没有损害到整体建筑的照明品质。我们既没有采用直接照明的形式，也没有使用暗灯槽，而是利用直接的与间接的紧固件，将灯具设计成垂吊下来的状态。最终，我们所设计的照明功率密度只有 0.90 瓦 / 平方英尺，而（当时的）规范标准则高达 1.5 瓦 / 平方英尺。

我们针对每一项单独的节能措施建立一个参数性能源模型，通过模型的运转，确定出相比较美国供暖、制冷与空调工程师学会（ASHRAE）90.1–1999 建筑标准，这些措施所能实现的年度节能数量。简单的投资回馈周期（因为每一项节能措施都需要额外增加成本）一般设定为 5—8 年之间。根据标准化的节能措施评估技术，我们会发现似乎有很多项措施都是不值得投资的，因为它们所需要的投资回馈周期实在是太长了。一般情况下，对节能措施的评估工作可能进行到此就结束了，但是这种简单化的分析，对于一个新建筑来讲却存在非常严重的局限性，因为我们并没有将所有的节能措施整合在一起，并对其综合整体的影响进行评估。

因此，接下来我们要对不同的节能措施的组合进行评估分析，看看哪一种组合是最有优势的，最有利于暖通空调系统的荷载降低，从而提高建筑物的能源性能水平。同样是观察每一种节能措施组合对初期建造成本的影响，项目团队最终发现最有利的组合，它所需要的投资回馈周期只有 3.37 年，这个时间要比单独对每一项节能措施进行评估，而得出的 5—8 年要短得多。投资回馈周期的缩短完全要归功于系统之间的协同作用，并且还可以使我们在可以接受的投资回馈周期框架范围内，有机会将所有的节能措施统统付诸实践。

接下来，我们开始检验这种最优化的节能措施组合，对于建筑物暖通空调系统荷载的影响。该项目的暖通空调系统工程师利用一套简单的荷载计算——首先为标准的学校建筑状况（制冷荷载大概为 325 平方英尺 / 吨），之后再来计算采用了最优化节能措施组合后的状况。实验证明，经过节能措施组合的作用，我们将暖通空调系统（HVAC）的荷载减少了 40%。之前，我们选择使用地热泵作为 HVAC 系统。这种系统造价当中相当一大部分比例都是用在钻井上面。机械设备造价师经过计算分析，由于通过节能措施的组合降低了 40% 的荷载，因此钻井的工作量也可以同比例减少 40%，这样，整体暖通空调系统（HVAC）的初期建造成本就可以节省下来 10 个百分点。在这个项目中，这节省下来的 10 个百分点的造价就有大约 4 万美元。

我们为了实现这样的能源节省目标，而采用的所有节能措施总体兴建费用大概为 12.5 万美元；所以，我们花 12.5 万美元用于节能措施的投资，但却收到了节省 40 万美元初期建造成本的回报。总体核算下来，整个项目的初期建造成本共节省了 27.5 万美元！我们运用了多项节能措施，但是整个建筑的建造成本反倒降了下来。同时，由于暖通空调系统规格的降低，其运转成本也发生的大幅度的下降——当然了，用来产生能源的矿物燃料的燃烧量也减少了，对环境的危害也就相应减少了。

图 6–4 海王星乡学区新建社区小学项目，通过对能源使用问题一体化的分析，向我们展现出节能成效高的措施，反而比节能成效低的措施更加节约成本（图片由 SSP 建筑群提供）。

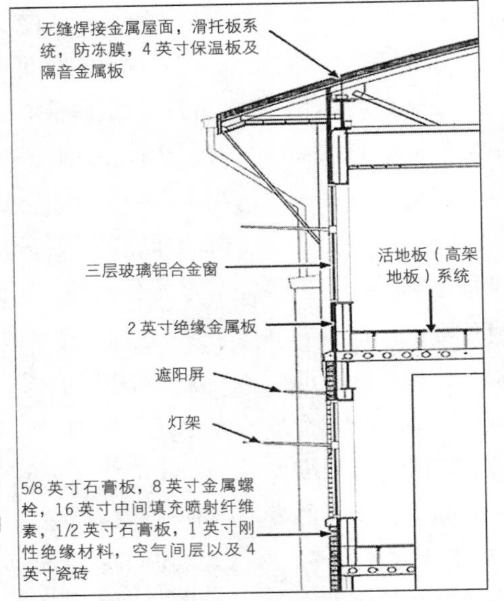

图 6–5 从海王星乡学区小学建设项目的墙体剖面图中，我们可以看到该项目所采用的多项节能措施。利用参数化的能源模型，我们对 13 项节能措施进行了评估与分析（图片由 SSP 建筑群提供）。

本项目所采用的节能措施包括：

- 调整建筑物朝向，利用太阳能
- R27 墙体喷射纤维素
- R30 屋顶绝缘材料
- 三层玻璃窗
- 照明功率密度（LPD）=0.92W/ 平方英尺
- 遮阳
- 灯架
- 自然光调光
- 地热泵系统
- 地板下送风
- 控制通风需求
- 能源回收装置

单项节能措施	初期建造成本	年度节能水平	投资回馈周期
降低照明功率密度	–123887 美元	12549 美元	NA
自然光调光	90350 美元	16584 美元	5.45
木框三层玻璃窗	69896 美元	9117 美元	7.67
R27 墙体保温隔热材料	46302 美元	9240 美元	5.01
R30 屋面保温隔热材料	41789 美元	5186 美元	8.06

节能措施组合	初期建造成本	年度节能水平	投资回馈周期
节能措施组合	124450 美元	36912 美元	3.37

通过节能措施的组合，降低了 40% 的暖通空调系统荷载及规格

图 6–6 在海王星乡学区小学建设项目中，我们利用能源模型，测算各项节能措施的成本，以及相应可以实现的年度节能水平，进而确定每一项节能措施以及节能措施的组合，所需要的投资回馈周期。其中最有优势的节能措施组合可以使暖通空调系统的荷载减少达 40%（资料由马库斯·谢费尔提供）。

暖通空调系统（HVAC）：地热泵（GSHP）
采用地热泵系统（GSHP）荷载降低 40%= 节省初期建造成本 400 万美元

单项节能措施	初期建造成本	年度节能水平	投资回馈周期
暖通空调系统荷载降低 40%	–400000 美元	NA	NA
节能措施实施	124450 美元	36912 美元	3.37

	初期建造成本	年度节能水平	投资回馈周期
整体综合影响			

图 6–7 在海王星乡学区小学建设项目中，随着暖通空调系统的荷载减少 40%，该系统的初期建造成本也减少 10%（因为系统的规格降低了），这相当于 40 万美元。与传统建筑相比，使用这些节能措施后，初期建造成本反而降低了 27.5 万美元，而且由于能耗降低，还节省了很大一笔系统运转的费用（资料由马库斯·谢费尔提供）。

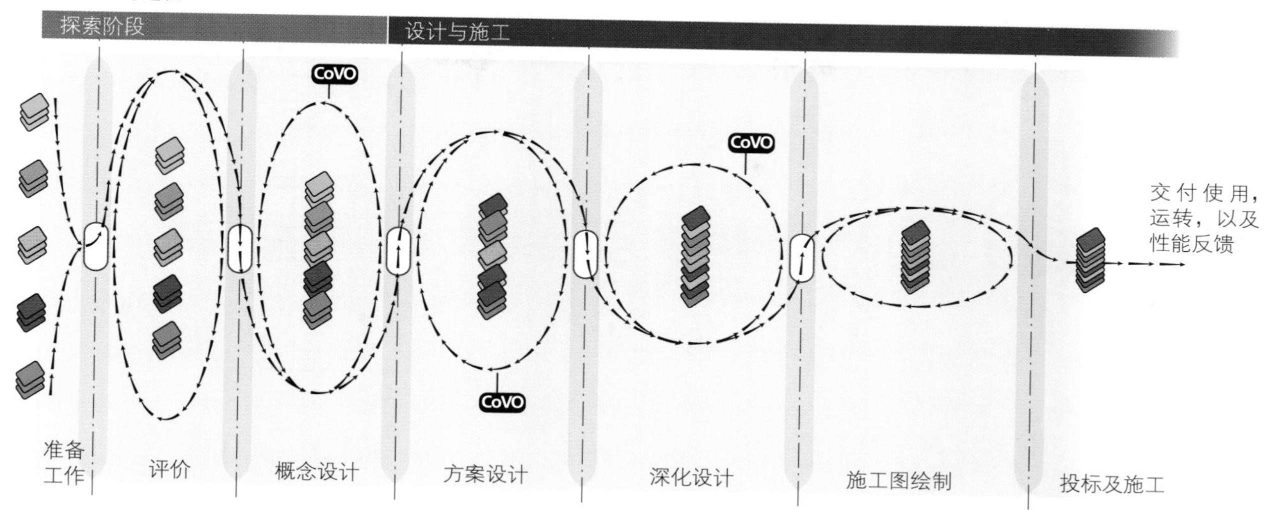

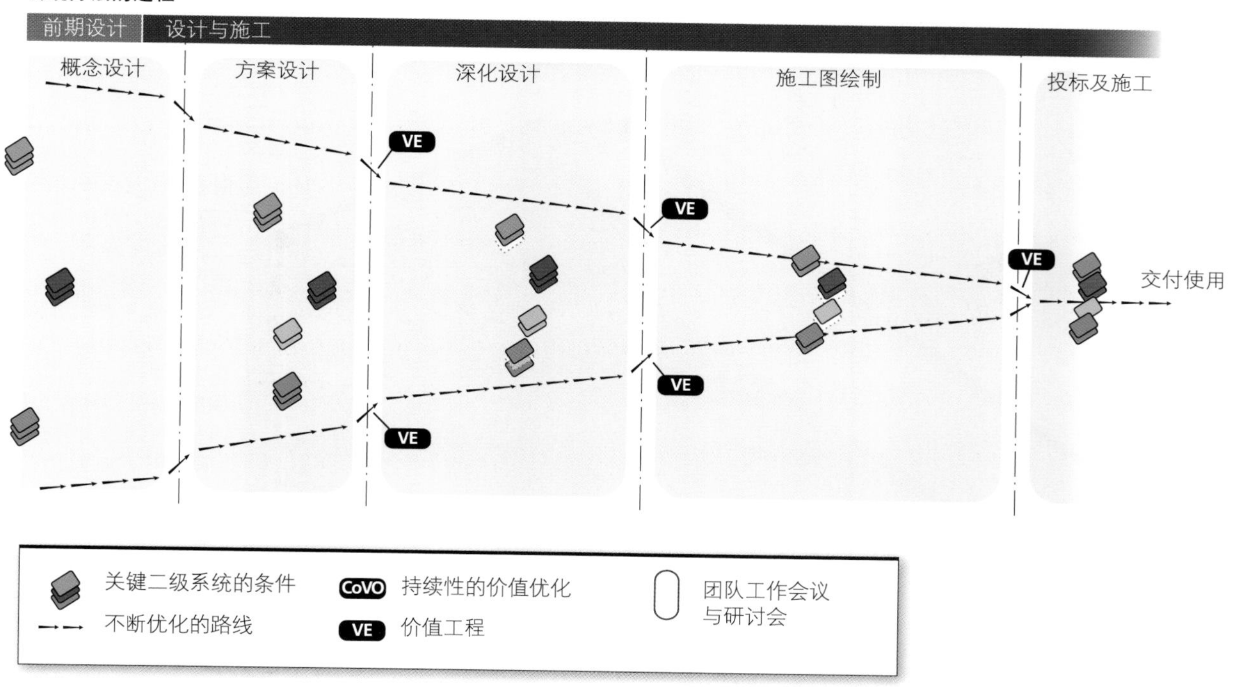

图 C-1 图 5-2 彩色示意图，描绘了沿着同样的时间界限，一体化设计方法与传统设计方法的对比（图片由七人小组和比尔·里德提供，绘图科里·约翰斯顿）。

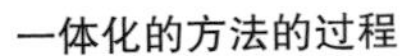

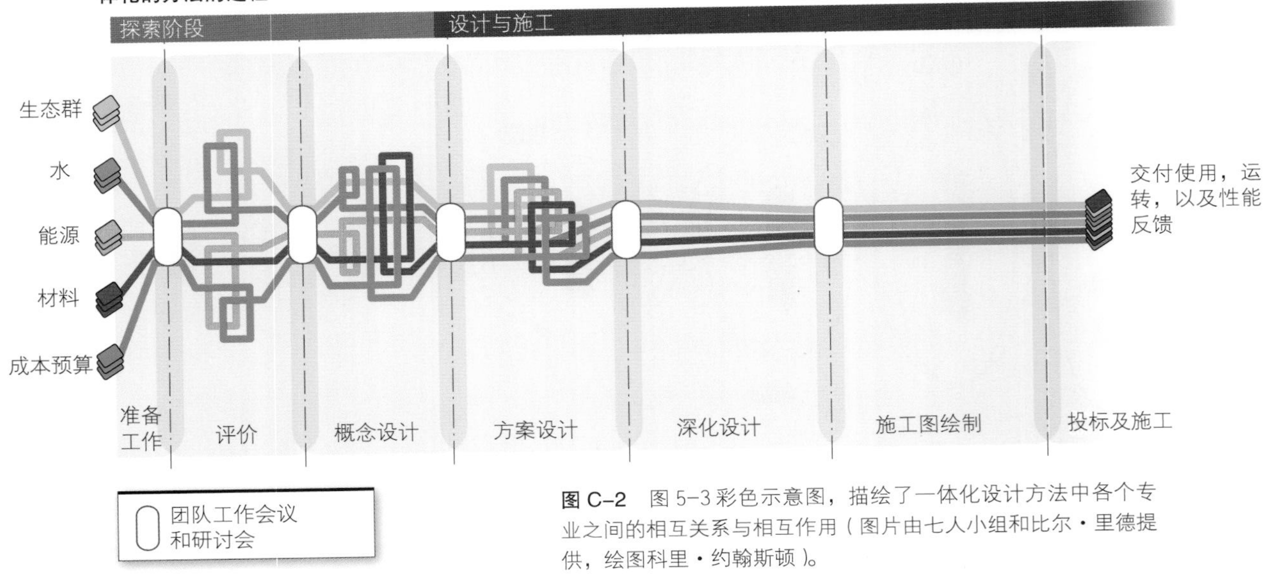

图 C–2 图 5–3 彩色示意图，描绘了一体化设计方法中各个专业之间的相互关系与相互作用（图片由七人小组和比尔·里德提供，绘图科里·约翰斯顿）。

图 C–3 这个美国东北部的建筑物，外檐部分的施工品质看起来还不错，但是经过仔细检查，我们会发现外墙与屋顶交接处的热封套并没有处理好。在这个案例中，顶棚以上的顶楼空间（热封套范围内）在冬季的几个月，温度已经降低到了 36℉。图 C–4—图 C–6 所示的红外线图显示了热桥存在的状态，这是由于在施工过程中缺乏正确的建筑外壳细部处理，以及/或缺少保温材料造成的。调试过程可以帮助项目团队避免这类问题的出现（图片由布里安·特夫斯提供）。

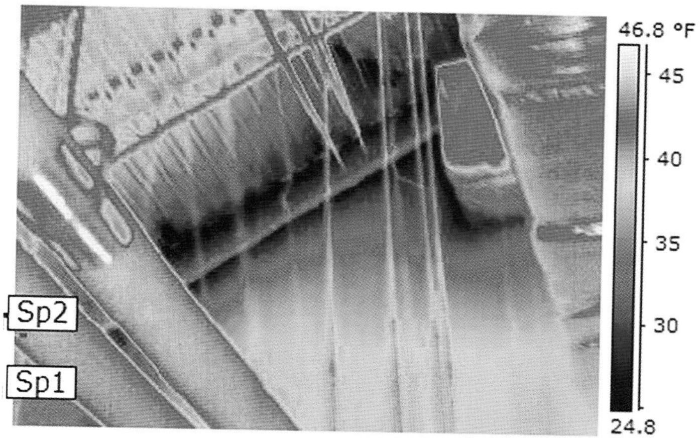

图 C-4 宾夕法尼亚州，冬季于一栋建筑物顶楼拍摄的红外线图像。从这幅建筑物山墙端部的图像中，我们可以看到在建筑外墙与屋顶交接的地方热封套失效。建筑物的墙体构造包括混凝土砌块、三道刚性隔热材料以及面砖。屋顶构造为波浪形金属 DECK 板、两层聚异氰脲酯屋面保温材，以及焊缝金属屋面板。屋顶出檐，但是在顶楼与使用空间之间却没有铺设保温材料（图片由布里安・特夫斯提供）。

图 C-5 与图 C-4 同一栋建筑物，从室外拍摄的红外线图像。当时的环境温度为 6 ℉。根据温度区间分布状态，我们可以看到红色的区域就是建筑热封套失效的地方。窗户的玻璃能够将夜晚的冷空气反射出去，从图像中我们可以看出窗户周围的墙体，也同样发挥了反射的功能（图片由布里安・特夫斯提供）。

图 C-6 图像中红色的区域显示出建筑热封套的失效。建筑物以外的区域就是夜晚的天空。在红外线照片中，我们可以看出夜间的环境温度是相当低的。建筑物上蓝色的带状是闪光釉面砖，可以将环境中的低温反射出去（图片由布里安•特夫斯提供）。

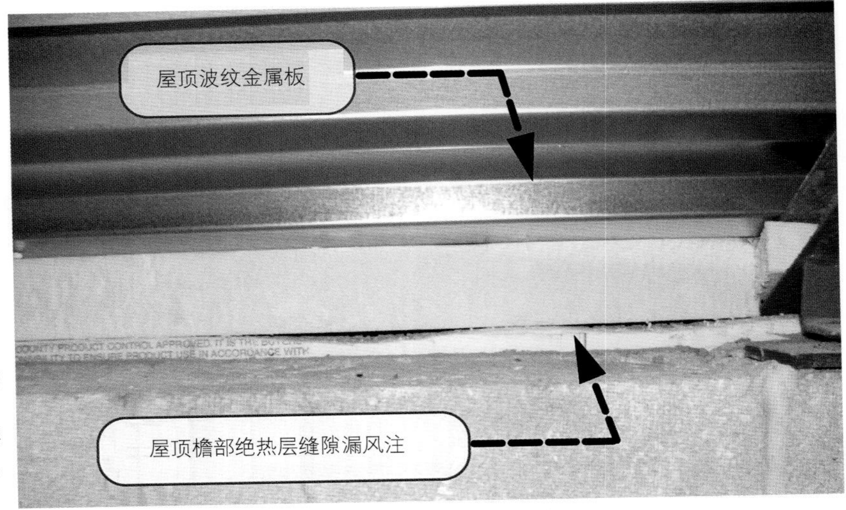

图 C-7 不良的施工品质经常会导致建筑热封套的失效;举例来说，如照片中所示的缝隙，可以让空气在室内外之间自由地穿梭。在项目的调试服务范围中包含外壳部分的调试工作，就可以避免出现这样的缺失（图片由布里安・特夫斯提供）。

原文为“Gaps in insulation at root eve allowing thermal bridging”，其中“eve”显然错了，应为“eave”。全文直译为“屋顶檐部绝热层缝隙形成热桥”。其实，这不宜称为“热桥”，就是“漏风”——译者注。

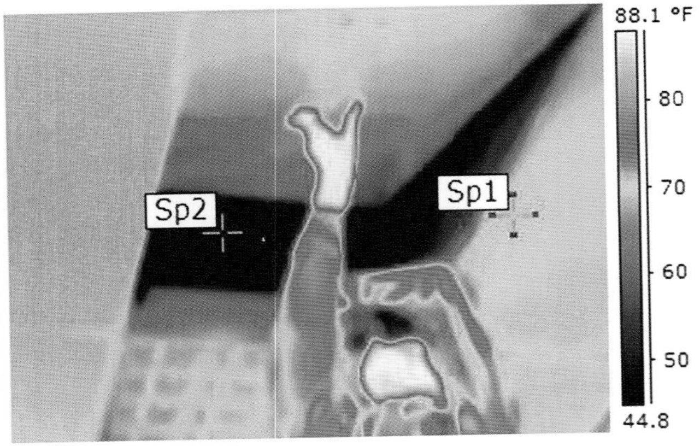

图 C-8 由于建筑外墙与屋顶交界处的热封套失效，这一区域顶棚以上的空间温度只有零度。顶棚的保温材料为 2×4×6 的玻纤隔热板，铺设在每一片顶棚之上。该栋建筑采用地热泵系统供暖，其设备的规格是依照良好的热封套状态设定的。正是由于这个原因，所以供暖系统无法维持顶棚以上空间正常的温度，而这部分空间的低温又会经由传导影响到下面使用空间的热舒适性（图片由布里安・特夫斯提供）。

图 C-9 这幅红外线图像（拍摄于美国东北部冬季），描绘了建筑外墙转角处的一个盥洗室的温度分布状况。这间盥洗室的混凝土砌块隔间墙到顶棚以上的位置就终止了。图中蓝色的区域表示出顶楼的冷空气（参见图 C-8）向下渗透到这些混凝土砌块核心的中空部分当中。业主已经在每一块顶棚上面都铺设了 2×4×6 的玻纤隔热板。请注意用于悬吊顶棚的金属 T 型骨架，也同样对顶楼空间的冷空气起到了传导的作用（图片由布里安・特夫斯提供）。

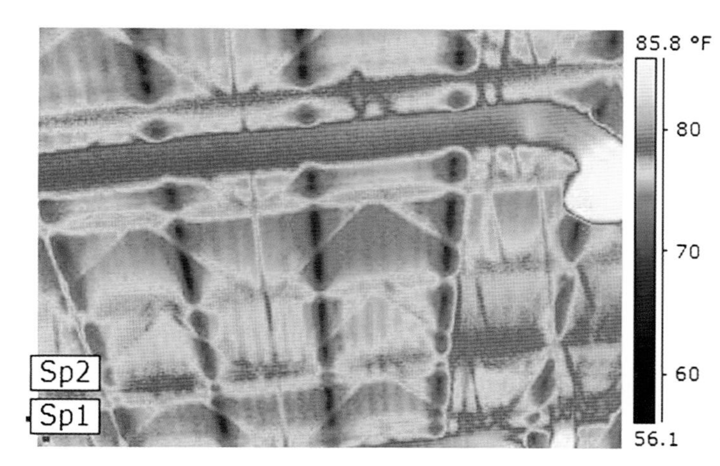

图 C-10 在这幅图像当中，这栋坐落在美国东北部的建筑物屋顶铺设了两层聚异氰脲酯屋面保温材料。图中蓝色的线表示屋顶 DECK 板的温度是比较低的。这些带状的低温区域分布于下面一层屋顶保温材料的交接处。图中所示的温差显示出在金属 DECK 板与上层保温材料下表面之间存在的热桥（图片由布里安・特夫斯提供）。

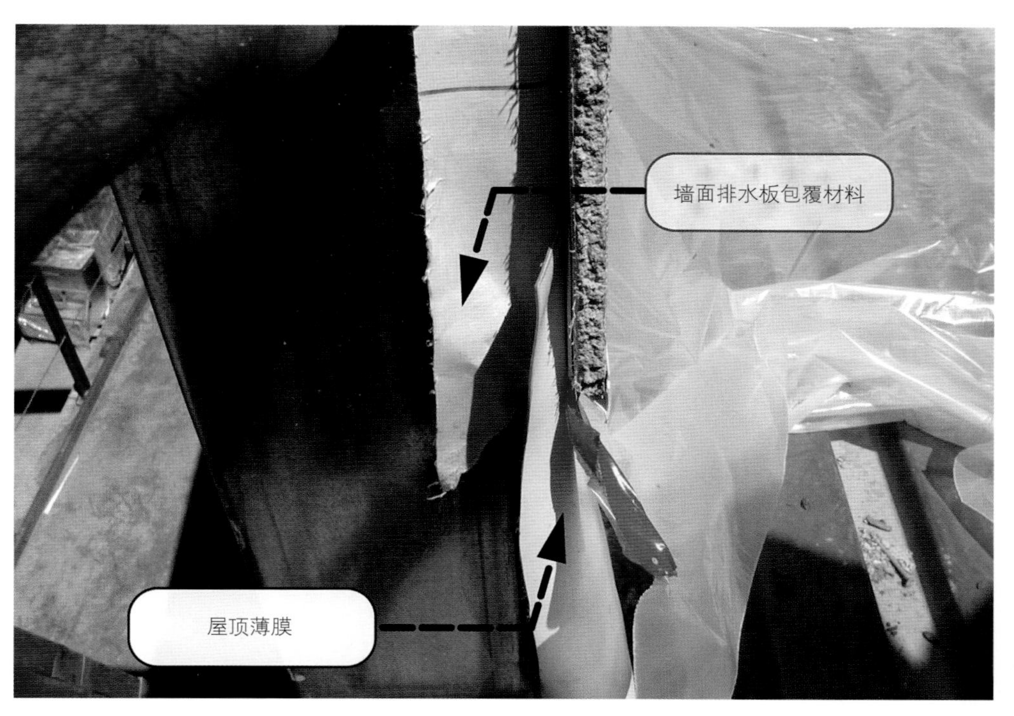

图 C-11 在调试阶段的工地视察过程中，对建筑物外檐的保温材料施工细部处理进行了检查，并拍摄了照片。在这个项目中，依照建筑技术说明的相关规定，立柱墙的上端都包覆了屋顶薄膜。然而遗憾的是，安装工人将墙面排水板与屋顶薄膜这两种材料的搭接处放在了屋顶的下方，而不是屋顶以上。请注意在它们重叠交界的地方也没有用胶带封闭起来。如果我们没有发现这处细节，那么雨水就会从一个大的开口处滴落到建筑物内部，浸湿铺设在立柱墙上面的玻纤隔热板。发现这个问题之后，安装工人拆除了这个天窗四周的所有墙板，并按照正确的方式重新进行了施工（图片由布里安・特夫斯提供）。

图 C-12 芝加哥的市政大厦经过改建，修建了一个大规模的屋顶花园，该项改建工程于 2001 年竣工，屋顶超过 20000 平方英尺的面积都覆盖了植栽。由于增建了这个屋顶花园，每年的电费节省了 5000 美元（图片版权所有：© 节能设计论坛，Elmhurst，IL，www.cdfinc.com）。

图 C-13 这座林贝聿嘉诺特巴特自然博物馆的屋顶花园，为芝加哥的林肯公园增添了一道美丽的风景。有关屋顶花园的设计指南可参阅网站 www.naturemuseum.org/green roof/planningaroof.html（2009-01 开放使用）（图片版权所有：© 节能设计论坛，Elmhurst，IL，www.cdfinc.com）。

图 C-14 在林贝聿嘉诺特巴特自然博物馆项目中，水从建筑后方的屋顶排水孔流泻下来，为这面造型墙与教育园地增添了艺术观赏性（图片版权所有：© 节能设计论坛，Elmhurst，IL，www.cdfinc.com）。

图 C-15 加利福尼亚州海滨的查特维尔（Chartwell）学校项目，通过一体化的设计，获得了 LEED 铂金级认证，并将其建造成本相比较于同年（2006 年）加利福尼亚州小学校平均的建造成本降低了 11 个百分点（建筑师：EHDD 建筑师事务所）（图片版权所有：© Michael David Rose 摄影）。

图 C-16 新泽西州的格莱斯顿，通往 Willow 学院入口前面的道路要经过一片自然的林地—— 一片占地约 34 英亩的森林的一部分——这片自然的林地也成为学院整体教学计划中的一个组成部分，学生们也都参与到项目持续性再生建设的工作中（建筑师：Ford Farewell Mills 与 Gatsch 建筑师事务所）（图片由马克·毕德隆（Mark Biedron）提供）。

图 C–17 宾夕法尼亚州政府环境保护部门坎布里亚项目坐落于埃本斯堡，该项目所使用的节能设施包括南向立面的遮阳板，屋顶上的太阳能板，以及在入口步道的两侧安装了一对光电追踪器（建筑师：Kulp Boecker 建筑师事务所）（图片版权所有：©Jim Schafer）。

图 C-18　宾夕法尼亚州政府环境保护部门东南部地区办公大楼（DEP SEROB）坐落在宾夕法尼亚州的诺里斯镇，容纳超过300名员工在这里工作。该建筑与诺里斯镇前火车站结合在一起，这座火车站是兴建于1931年的一座装饰派艺术史上的标志性建筑（照片中右侧）。该项目的兴建不仅改善了这个主要街道的景观，还对这个城市中心区域的复兴起到了促进作用（建筑师：罗伯特·金博尔（L. Robert Kimball）建筑师事务所）（图片版权所有：©Jim Schafer）。

图 C-19　宾夕法尼亚州政府环境保护部门东南部地区办公大楼（DEP SEROB）内部开放性的办公空间，由四个楼层共同围合形成的这个中庭，为这些办公空间汇集了充足的自然采光，其中还包含一个容量为5000加仑的雨水收集水箱（图片版权所有：©Jim Schafer）。

图 C-20 宾夕法尼亚州哈里斯堡，哈里斯堡社区大学医疗健康教育大楼，通过一体化的设计方法，最大限度利用自然采光，将能耗降到最低，从而达成了业主高能源性能的目标（建筑师：罗伯特·金博尔建筑师事务所）（图片版权所有：©Jim Schafer）。

图 C-21 门诺派神学院图书馆，向我们展示了成功的利用自然采光的策略（建筑师：泰勒建筑师小组）（图片由 DJ 工程公司提供）。

图 C-22 俄勒冈州州立大学 Lillis 商务综合楼，在两座比较古老的商务建筑之间搭建起一座桥梁，同时这栋建筑透过安装在中庭玻璃上的集成光电池，为演讲厅和其他室内空间提供自然采光（建筑师：SRG 建筑师事务所）（图片版权所有：©Lara Swimmer）。

图 C-23 与多项自然采光措施相结合，集成光电池——从 Lillis 商务综合楼的内部可以清楚地看到——在现场产生可再生能源，使得这所商务学院可以将多余的电力回售给电力公司以获取利润（图片由滑铁卢大学特里·迈耶·博克（Terri Meyer Boake）提供）。

图 C-24 Alberici 公司总部大楼，邻近一栋 3 层砖造的办公建筑，是由一栋之前的加工厂改造而成的。在进行改造之后，这栋综合性建筑变成了两个楼层的办公楼并配有夹层，可以容纳 300 名员工在此办公，拥有自然光照明以及良好的视野，成为全世界前十个获得 LEED 铂金级认证的建筑之一。这栋建筑还是美国建筑师学会在 2006 年评比前十名的绿色建筑项目之一。该项目安装了一台风力涡轮机，从而可以减少每年 20% 的电力需求。公司的人力资源部门报告，在使用新的总部大楼的第一年间，员工们请病假的时间减少了 50%（建筑师：麦基米切尔建筑师事务所）（图片由爱尔伯利茨（Alberici）公司总部项目部，珍妮弗·弗兰科（Jennifer Franko）与 USGBC 提供）。

图 C-25 在爱尔伯利茨公司总部办公楼与邻近的停车场之间，有一个大型的户外庭院，人行小径与木板步道相间，为员工们提供了一个休憩的场所（图片由爱尔伯利茨公司总部项目部，珍妮弗·弗兰科与 USGBC 提供）。

图 C-26 坐落在加利福尼亚州赫米特市戴蒙德山谷湖——全美国规模最大的土方工程项目——东面大坝下方 300 英尺，这栋“水+生命”博物馆综合性建筑是世界上第一座获得 LEED 铂金级认证的博物馆建筑。这座博物馆中展览了大量化石与美国本土的石器，这些都是在水库大规模开挖过程中出土的。同时，这栋建筑物还是一座水资源教育中心，向参观者们介绍了南部加利福尼亚州的水资源问题，以及世界上其他的地方水资源的影响。整栋建筑物的屋顶大约 5 万平方英尺的面积几乎全部覆盖了太阳能光电板，发电功率达 540kW，可以供应建筑物将近 70% 的电力需求（建筑师：莱勒（Lehrer）建筑师事务所）（图片由班尼·陈（Benny Chan）/ Fotoworks 提供）。

图 C-27 “水+生命”博物馆所种植的抗旱植物利用灰水通过一个滴注法灌溉系统进行浇灌。这个项目所栽种的植物是根据水库开挖过程中所发现的化石而选择的，并且独具匠心地将开挖出来的一部分岩石与大型砾石留在现场，成为一处点睛之笔。这个项目地处严酷的沙漠环境，夏季温度常常超过 10 ℉，而到了冬季则可以冷到结冰。尽管环境这样恶劣，但是这些植物仍然生长茂盛（图片由汤姆·拉姆（Tom Lamb）提供）。

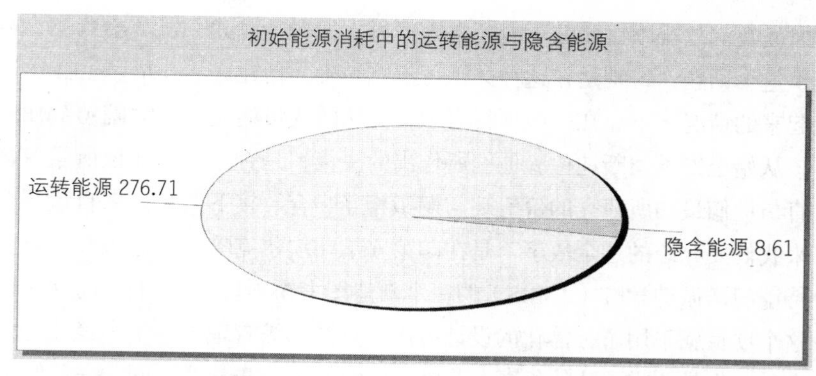

图 6-8 这个扇形示意图，是利用雅典娜®"建筑影响预估"LCA 模型工具所得到的，显示出在这个东海岸的建筑 60 年使用年限中，初始能源使用中运转用能源与隐含能源的比例。如果我们用这个扇形图来表示建筑物刚刚建造起来的阶段，那么隐含能几乎会占据 100%，这是因为运转用的能源是在以后的使用过程中才会开始消耗的（图片由雅典娜学院提供）。

这节省下来的 27.5 万美元除了用于支付我们的分析工作、顾问费用、能源模型以及调试工作，剩余的钱全部回到了业主的口袋里。之所以能够产生这样令人满意的结果，只是因为设计与工程团队中的众多成员们，真正认识到了建筑是一个整体，非不是一个一个彼此孤立的组成部分，进而在跨学科跨专业间进行了高度的配合作业。

通过海王星乡学区小学建设项目的案例，我们看到了如果能够利用能源模型这种工具，为跨学科的研究分析与设计决策提供参考意见的话，一定会对建筑物日后的能源使用情况产生重大的影响。与能源模型相类似，生命周期评估（LCA）工具在材料选择与使用方面，也同样会对我们的设计决策提供相当有价值的帮助。图 6-8 中所示的扇形图，是利用雅典娜®"建筑影响预估"LCA 模型工具所得到的（参见下文"生命周期评估（LCA）工具及环境收益"），向我们展示了一个具有代表性的办公建筑，其建筑材料的使用对建筑能源消耗方面的影响，以及对全球暖化现象的影响。在这个案例当中，我们假设一栋办公建筑的预期使用年限为 60 年；因此，我们建立起这个模型，显示出这些建筑材料在为期 60 年的使用年限中，预期的能源消耗量是与二氧化碳的排放水平同比例变化的。

这件事说起来很有趣，当我们建造绿色建筑的时候，针对具体的气候条件，我们通常都会在建筑物外壳部分增加使用更多的材料，以提高性能，减少能耗。与我们过去没有注意节省能源的时候相比，这些大量的建筑材料自然也具有更大的初始影响（比如说，材料的隐含能源）。利用生命周期评估工具所能够带给我们的帮助，就是找到出路，进而减少扇形图中这两种能耗的影响。在这个案例当中，项目团队通过在能源模型中探索各种外壳材料的选择，并将相同的选择信息输入雅典娜模型当中，去评估材料所蕴含的影响。由此，团队成员们可以利用这两种模型，对备选的材料进行比较分析，持续寻求最优化的方案，既能降低建筑物的能耗，又可以降低与全球暖化相关的建筑材料的负面影响。（参见下文中图 6-16—图 6-18）。而上述的这些分析研究工作，只有跨学科之间高度的协调与配合才有机会实现。

达成共识

在第四章和第五章中，我们已经详细说明了在整个项目团队内部达成共识的重要性。尽管到了方案设计阶段再来谈达成共识的问题似乎有点晚，但是有些时候我们发现项目团队可能还是需要再次探讨达成共识这个话题，特别是在这种共识还没有被确实地建立起来的情况之下。在一些项目当中，团队的成员们应该从始至终不间断地检验他们所作出的决策，是否一直与他们最初所建立的价值观与期望相互吻合。接下来我们要介绍的这个故事，是在印第安纳州埃尔克哈特市门诺派神学院（AMBS）的一个新建图书馆项目，这个项目就采用了一体化的设计方法；该图书馆管理人员，也是业主团队的负责人艾琳·K·萨纳（Eileen K. Saner）女士，对我们工作指示如下：

> 门诺派神学院新图书馆建设项目最初的规划设计由该图书馆的管理人员负责，并参考学院教师、学生与其他管理人员们的意见。这个团队负责完成图书馆建筑规划图，并针对学院对建筑的要求以及学院的价值观附有详细的文字说明。这个新建的图书馆建筑应该表现出对研究工作以及学术成就的执着追求，并像学院的礼拜堂一样，表现出对信仰的崇敬之情。图书馆项目建设委员会的成员们与建筑师一起，以这些要求与价值观为依据，并根据图书馆建筑相关原则，共同完成了方案设计。而这份设计方案接下来会成为与该建设项目的捐赠者进行交流的媒介。

由于需要筹措建设资金，设计工作中间停滞了12个月。在此期间，图书馆的管理人员了解到了可持续性的建筑设计概念。于是，她开始坚定目标一定要建造一栋绿色的图书馆建筑，并通过这种独一无二的机会来表达学院对于基督教义的信仰，创造关怀。“作为一名上帝的土地的管理者，我们一定要关怀这片土地，让这片土地以及在这片土地上生活的万物，都得到休养生息”（引自“门诺派信仰的忏悔”，21卷）。

经过了为期几个月的观察之后，由学院管理委员会背书，恢复了一度中断的规划设计工作，并新增了LEED认证绿色建筑作为追求目标。门诺派神学院（AMBS）作为北美门诺派教会教义训练中心，在该所学院内寄宿的学生、学者，以及教会的领导人来自世界各地。在学院中建造一栋绿色的图书馆建筑，一定会对很多其他的建设项目产生重大的影响，而这些影响现在已经显现出来了。

经由七人小组的建议——我们的绿色建筑顾问——我们更加确信了一体化设计方法的价值。学院的管理人员决定将之前为新图书馆项目所做的方案设计放在一边，重新运用一体化的方法进行设计，以期获得LEED体系的认证。这一决定使得我们可以放开手脚，对新建筑的可持续发展性进行探索，但是我们还需要再一次对整个团队成员的思维方式以及价值观进行统一。

我们聘请了一位项目经理，并选择了一家具有绿色建筑实践经验的工程公司。我们还选择了一家当地的承包商，他们承诺会为我们建造一座当地榜样性的绿色建筑。此外，我们还聘请了一家环保顾问公司，他们可以针对雨水的治理以及可持续性的景观规划等方面议题，给予我们一些关于土地开发的宝贵意见。

我们的绿色建筑顾问，通过组织一个为期两天的研讨会的方式，来建立起整个团队上下的共识。邀请参加研讨会的成员包括学院规划委员会的成员、建筑公司、工程公司、土地开发顾问公司以及承包商的代表。本次研讨会以一种脑力激荡的形式作为开始，旨在确定团队的核心价值观，进而作为今后设计决策的指导。经过这次研讨会，我们依照重要性的优先顺序列举了学院的价值观，并对于项目所能够达成的LEED指标进行了初步评估。

然而，本次研讨会上我们获得的最重要的一项成果，就是一个全新的、完全不同的建筑外轮廓线。这个新的建筑外轮廓包含两个比较大的长方体，东西方向放置，并由一个核心的服务空间作为连接。北立面所配置的天窗以及大型的外飘窗，使得充足的自然光线照射到建筑物当中。安装在照明设施上面的光敏组件可以侦测到自然光的水平，自动地提供电力照明，并能将照明的状态控制在恰好能满足需求的水平上。

除了节能之外，这项设计还为图书馆的使用者们带来的自然光线与室外景观，无论是在公共阅读区，还是沿建筑周边布置的单人研究室。室内书架的摆放方式，可以避免图书受到直射光线的损害。满载的书架可以避免外部的噪声传到安静的研究区。图书馆的服务台与工作人员办公室的配置相当集中，既接近建筑入口，也靠近所有的文库空间，非常便于管理。

在第一次研讨会之后的 8 个月时间里，项目团队成员，现在已经成为“合作者”，一直保持周期性地召集会议，不断对建筑设计的结果进行完善。业主代表以及所有专业的代表都会出席这些工作会议，这样，我们作决定时就能考虑所有可能性，包括有利的因素、不利的因素以及可能发生的费用等。每一次研讨会结束，与会成员们都会带回相关的资料，为下次会议召开做准备。对于机械系统、屋顶天窗的结构以及照明与家具等议题，我们考虑了很多种选择。当筹款工作发生了滞后的时候，我们为了降低造价而探索新的思路，但同时又不能损害到建筑物可持续发展的特性。最终，项目终于募得了所有的资金，建筑物依照我们所设计的样子真正兴建了起来。

与 1958 年所常见的学校建筑低矮的屋顶轮廓线、压低的顶棚这些典型式样相比，新建的图书馆建筑在外形上具有很显著的区别。尖塔造型使得入口成为注意力的焦点……同时也形成了低矮的既有建筑与比较高轮廓线的新建筑之间的过渡。站在建筑物的入口处，我们就可以清晰地看到图书馆文库

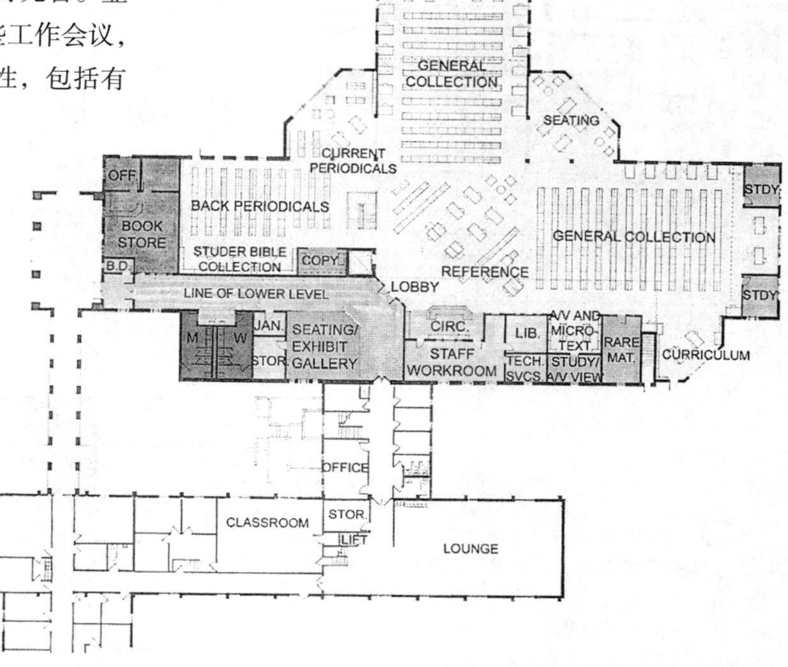

图 6–9 印第安纳州埃尔克哈特市门诺派神学院（AMBS）新建图书馆项目，在开始一体化的设计方法之前所设计的楼层平面图。其平面在构图上类似一个等臂十字架的形式，而这样的配置对自然光线的利用、能源的节省，以及其他绿色策略的实施都造成一定的困难（图片版权所有：©2004，门诺派神学院及泰勒（Troyer）设计小组）。

图 6–10 在开始采用一体化的设计方法之前，门诺派神学院新建图书馆项目设计方案表现图（图片版权所有：©2004，门诺派神学院及泰勒设计小组）。

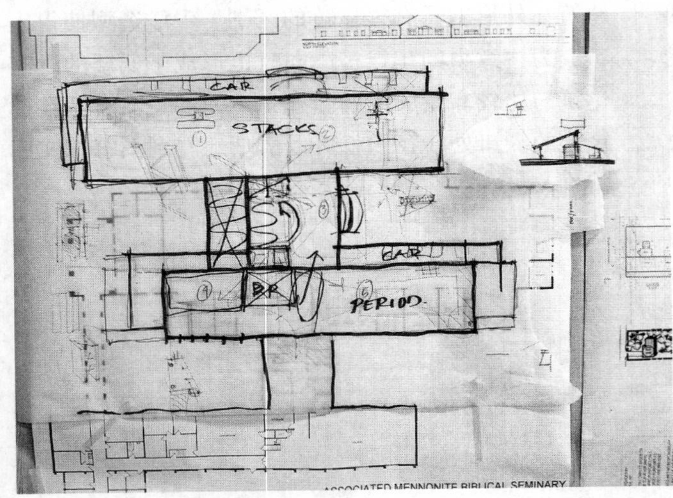

图 6–11 这幅门诺派神学院新建图书馆项目的平面规划草图，产生于概念性设计的团队工作会议上，与之前的设计理念有比较大的偏离。经过这次团队工作会议，业主决定将之前为了募款工作而做的概念性设计放在一边，重新以这个新的配置形式进行深化发展（图片由马库斯·谢费尔提供）。

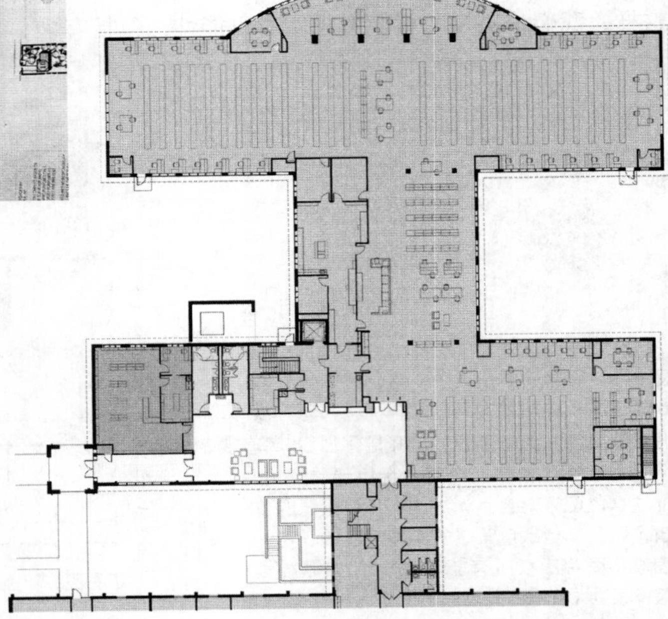

图 6–12 这幅门诺派神学院新建图书馆项目最后确认的平面图，反映出了概念设计阶段团队工作会议上概念性草图的理念。其平面在构图上类似一个 H 形造型，这样的配置有利于对自然采光的利用以及其他节能措施的实施（图片版权所有：©2004，门诺派神学院及泰勒设计小组）。

图 6–13 在开始采用一体化的设计方法之后（参见图 6–12），门诺派神学院新建图书馆项目设计方案表现图（图片版权所有：©2004，门诺派神学院及泰勒设计小组）。

图 6–14 印第安纳州埃尔克哈特市门诺派神学院（AMBS）新建图书馆项目建成之后的实际效果（图片由 DJ 工程公司提供）。

图 6–15 门诺派神学院（AMBS）新建图书馆室内装修后的实际效果（图片由 DJ 工程公司提供）。

与座椅的排列情况。大尺度的开放空间为使用提供了极大的灵活性，这是图书馆一个宝贵的资源，可以根据具体的使用需求不断地进行调整变换。

通过以上这些案例，我们可以了解到让自己思想的保持开放性，从始至终坚持共识是一件很重要的事情。此外，通过这些案例还有很多层次的议题可以学习——更深层次的议题和方法——需要我们持续性地进行分析与探索。我们发现在工作的过程中，暂时停下脚步，在争论当中进行反思是十分有价值与必要的，我们一定要不断确认自己前行的方向，始终与团队最初确立的价值观、希望与目标保持一致。

思维模式的转变

如果整个项目团队的思维都能够保持开放的状态，那么思维模式的转变就会发生了。这种思维模式的转变有以下三个简单的特征：第一是允许我们在设计阶段*不必要拥有所有问题的答案*，第二是*认识*，第三是*观察*。

允许我们不必在过早的时期就拥有所有问题的答案，这个其实很简单。这就要求我们放开思路，接受各种可能的设计选择，无论这些选择来自哪里、来自什么人，我们都要积极地去尝试，哪怕需要对前期的工作进行重新思考。要做到这一点，我们就不要过早开始进行正式电子图纸的绘制工作，这一点非常重要。因为真正有价值的构思，常常是在全体团队成员保持一致的目标，对假设的状况质疑，在跨学科的交流之中逐渐浮现出来的，而过早开始正式图纸的制作，只会对这些有价值的构思起到限制的作用。

*认识*是一种提高警惕、保持机敏的思维状态。这是指我们要重视从项目当中、从其他人当中、以及从一个地区当中所学习到的所有知识，并且寻求方法将这些知识汇整起来。

观察，是指我们要注意在一个地区、在一些人当中、以及在一个项目当中所实际发生的所有状况。是比单纯的“看到”更深层次的要求。格伦·马库特（Glenn Murcutt），一位澳大利亚建筑师，同时也是2002年普利兹克奖获奖者，他曾经说过：“我们测量，是因为我们缺少观察。”他的话雄辩地说明了观察的重要性，同时他也向我们介绍了他是如何在将要进行建设开发的那片土地上度过时光的。通过观察，他了解到风是如何吹过这片土地的，水是如何流经这片土地的，以及阳光又对这片土地有着怎样的影响等。之后，他根据自己对这片土地的观察设计出建筑物，所以他所设计出来的建筑物就是这片土地不可分割的一部分——丝毫不会对环境产生负面的影响。

为了实现这种思维模式的转变，我们所采用的工具也各有不同的功用。举例来说，LEED 绿色建筑评估体系，就启发了成千上万的人们对他们每天的工作进行一种不同的思考。它引导项目团队的成员们一步一步地认真检视一系列严格定义的环境议题。就像我们所看到的，如果能够得当地利用 LEED 绿色建筑评估体系，那么这种工具将会为我们开拓一条建造更加完善的建筑物的道路。而假如运用不当，那么它本身就成为终点。

当我们运用类似于 LEED 这样的工具去实现我们的目标（例如能源模型、自然采光分析、生命周期评估模型等），并且将这些视为我们所追求的终极目标的时候，这些工具就变成了限制我们继续前行的障碍。之所以会出现这样的状况，是因为我们没能很好地抓住运用这些工具的*目的*。如果不能理解这些工具存在的目的在于引导我们思维模式的转变，那么这些工具以及方法只会使我们的工作逐渐偏离预定的目标（例如，实现 50% 的能源节省，获得

测量工具与其存在的目的

由杰伊·霍尔（Jay Hall）撰写的一篇论文，被刊登在“最后的住宅设计”杂志上，在文章中安·埃德明斯特（Ann Edminster），一位早期的LEED志愿者与绿色建筑设计专业人员，对绿色建筑与测量工具之间的关系进行了讨论，他要求我们想一想在一座花园当中测量工具的作用：

> 想象一下，你的志向是要在附近花园中培育一株最高的向日葵，你希望它可以长到10英尺那么高！你有一些种子、一片土地、水、几样园艺工具以及一把卷尺……但是却没有园艺工作的经验。那么，你最需要的是什么？卷尺这样的测量工具能帮助你种出一株10英尺高的向日葵吗？
>
> 当然不能。你最需要的是园丁们宝贵的经验，最好在你所在的社区就能找到这样有经验的园丁，或者至少在同样气候条件的地区可以找到他们。你还有另外一些可以获取经验的资源。你开始到图书馆与当地的书店中去收集资料，这些工作也会有一定的帮助。你还在当地参加园艺方面的课程培训。另外，如果你还有机会向当地的园艺工作者进行讨教那就更好了。
>
> ……最终，你有信心可以开始自己的园艺工作实践了。而且在你与其他园艺工作者们互动的过程中又不断地学习，向他们吸取宝贵的经验。

可问题是，在这个过程当中，测量工具所扮演的角色到底是什么呢？在这个例子当中，测量工具既与目标无关，也与如何达成目标没有任何的关系。向日葵生长所能达到的高度，以及如何能使它达到这样的高度，都与你手中的这把卷尺没有什么关系——测量工具与如何实践目标之间根本没有关联。

有一些绿色的建筑的评估体系，其设计的功能性就只是一种测量工具而已——是在一切都已经既成事实之后再进行评估。这些工具的作用就在于帮助你评估你正在做的工作，或是已经完成了的结果。而另外一些评估工具，例如LEED绿色建筑评估体系，它们的功能则更像是一个引导性的工具。我们可以将这些工具作为自己工作的指导，但是这些指导也同样存在着缺陷。比如说，这种指导也可以被解释为：“我已经达成了一个目标，所以针对这项议题，我已经不必再做什么更进一步的努力了。”没有什么测量工具可以使我们培育出一株向日葵，也没有什么工具可以为你设计、建造或是运转一栋实实在在的建筑物。通过工具的辅助，园艺和建筑工作都会变得比较简单易行，但是我们必须要了解这些工具的作用，完全了解它们存在的目的，才能更好地运用它们。

LEED体系金级认证等）。如果这样的情况发生，那么我们的位置就被这些工具所取代了。

生命周期评估（LCA）工具与环境收益

在前面的章节中，我们已经介绍了生命周期评估工具，是如何改变我们作出决策的模式的。一旦基本的建筑结构以及外壳材料确定下来，生命周期评估工具就可以帮助我们降低建筑物主要元素对于环境综合的负面影响。在北美洲，有两种常用的与设计有关的生命周期评估工具：其一叫作建筑环境与经济可持续发展（Building for Environmental and Economic Sustainability，简称BEES）；而另外一个是雅典娜®“建筑影响预估”工具，以及雅典娜®“经济测算”工具，由雅典娜可持续性材料研究学会研制。

建筑环境与经济可持续发展（BEES）模型工具是由美国国家标准技术研究院（the National Institute of Standards and Technology，简称 NIST）研制发明的。这种工具既适用于普通的建筑材料，也可以针对特殊的材料提供生命周期调查资料。这也就是说，通过这种工具所得出的资料结果，既包含一般性的建筑材料，比如说木材和钢材，也包含一些特殊的人造材料，比如说地毯等。BEES 工具主要应用于对各种建筑材料产品的比较，但是其中也涵盖了一些有关建筑组件方面的信息。

雅典娜建筑影响预估工具只能提供一般性材料的资料。它不能适用于特殊性的材料评估。使用这种工具的目的在于在设计的初期阶段，对比各种不同的材料组合对环境影响的大趋势，这样设计团队就可以对各种材料组合建立起一定的了解，并思考如何通过选择来尽量降低对于环境的负面影响。因此，这种工具为我们提供了一种方法，在比较大的范围内对建筑内部与外壳部分，或是结构系统的材料进行优化分析与选择。

运用这些分析评估工具，我们会逐渐掌握一些基本的材料与环境影响之间的联系。比如说，我们会看到钢材的使用与大量水资源消耗之间的联系，混凝土的使用与二氧化碳排放之间的联系等。这些资料可以帮助我们根据各种材料对环境影响的权重水平进行比较。但是，假如你正在设计的是一栋商业建筑，举例来说，你会在这个项目中使用到混凝土、钢材、木材以及很多种其他的材料。我们发现，降低环境危害的最好的机会，往往是由最善于优化各种材料组合的团队发现的，他们会将各种材料整合在一起去研究对环境的综合影响作用。这就有助于我们转变自己的思维模式，从判断什么是“好的”材料，什么是“坏的”材料，转变为研究各种材料的组合，进而分析什么样的组合是“比较适宜的”。

举例来说，在很多建设项目中，业主和设计师从一开始就已经决定了建筑物的规模尺度，以及要使用混凝土、钢材和玻璃幕墙等材料——在进行方案设计之前就已经确定了。这些预先确定的假设条件被告知结构工程师，于是结构工程师开始核算建筑的开间尺寸、梁柱断面，以及楼板和屋顶，同时建筑师开始考虑各种外墙材料的组合情况。每一种组合都包含很多种材料，而这些材料对环境的影响可以借助

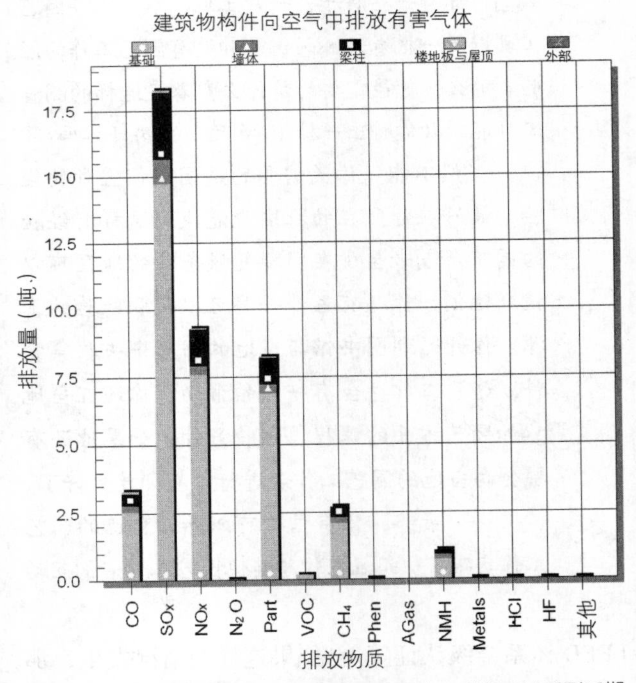

图 6–16 由这个雅典娜模型所得出的示意图中，我们可以看到近期的一个项目设计，在其生命周期内“向空气中排放有害气体”的状况。从图中，我们可以看出哪部分的结构构件，会对大气环境品质有最严重的影响。建筑物的梁柱部分对环境有显著的影响，所以我们需要通过模型来评估与优化调整这些构件的尺寸。而建筑物基础部分的影响是最大的；这部分我们将会在后面的章节中再进行详细介绍（参见图 6–43 与图 6–44 相关讨论）（图片由雅典娜研究院提供）。

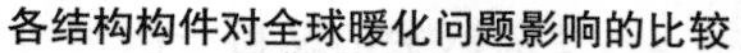

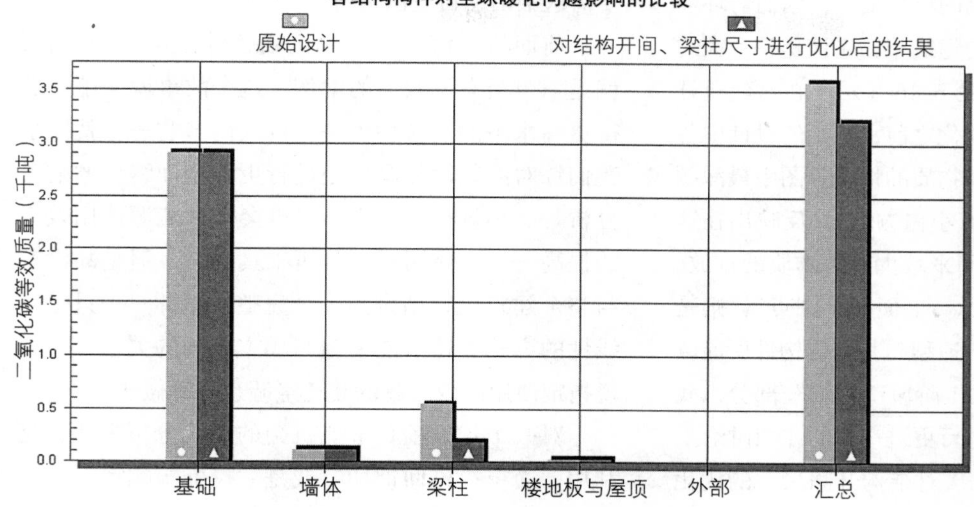

图 6-17　本示意图对原始设计，以及对结构开间、梁柱尺寸进行了优化调整之后，对全球暖化问题（与二氧化碳的排放量成正比）的影响进行了比较。关于基础部分对环境的影响，我们将在下一阶段再进行讨论（图 6-43 显示了在基础使用的混凝土中，用粉煤灰取代波特兰水泥，从而降低了基础部分对全球暖化问题的影响。）（图片由雅典娜研究院提供）。

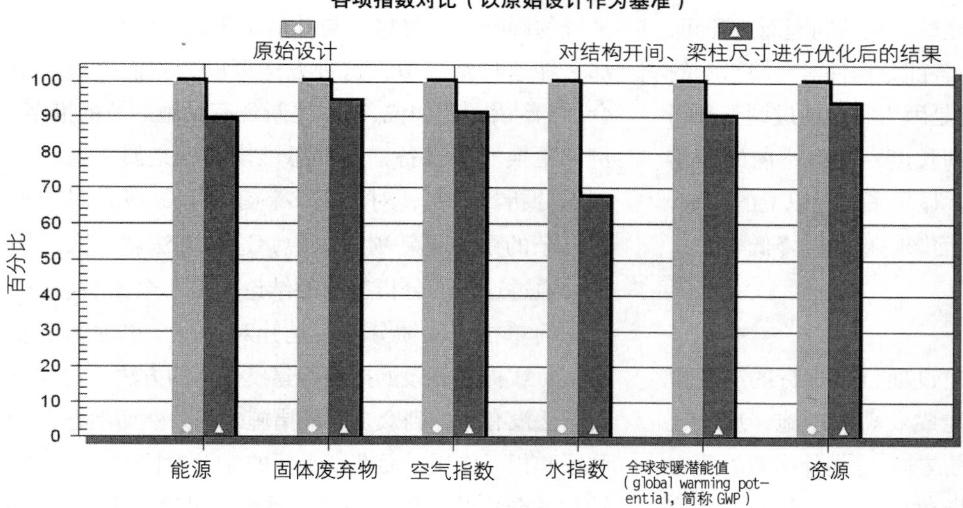

图 6-18　雅典娜生命周期评估模型示意图，显示出通过对结构开间、梁柱尺寸进行优化调整之后，对多项环境指标都产生了显著的影响。而这只是降低总体环境影响的一系列系统分析的第一步（图片由雅典娜研究院提供）。

于生命周期评估工具进行分析。但是，通过优化建筑结构开间的尺寸来减少材料使用量这个议题，却几乎从来没有人关注过。不仅如此，寻求方法对楼层平面的尺寸与配置进行调整，进而优化建筑开间的尺寸、梁柱断面等，也是另外一个被我们忽略了的机会。经过这些分析之后，我们可以接着针对这些经过优化了的结构构件，进一步分析各种材料组合选项对环境的影响。这样综合的、整体论的思考，可以对建筑材料整体对环境的影响产生很大的作用。

在最近的一个项目中，我们运用雅典娜模型进行了综合的分析，旨在对建筑物的配置以及结构构件进行优化。我们利用模型模拟了很多种建筑造型，要看一看哪一种布局形式使用的材料最少，因而对环境的负面影响也最小。基本的建筑布局应该是一个大约10万平方英尺的长方形。图6–16显示了在对建筑开间的尺寸、梁柱断面进行优化之前，原始的设计中各部分构件向大气中排放有害物质的情况。图中最深颜色的色块表示梁柱（上面有小白方块），反映出在这一部分我们尚有很大的空间来减少有害物质的排放。而基础部分（最浅色块表示，上面有小圆点），则是我们能够通过优化建筑物的造型与其结构构件所能改善的最好契机。在后面B.2.1阶段“材料”部分，我们再针对这项分析的结果进行更进一步的详细讨论。

图6–17显示了经过几次对结构开间尺寸的优化调整之后产生的变化。从这幅图表中，我们可以看到原始的设计，以及为了缓解全球暖化的问题而对开间、梁柱尺寸进行了优化之后，各部分构件对环境影响的变化情况。这样的改善可能是因为我们通过调整开间的尺寸，略微加长了结构的长度，并将室内的墙体相互对齐而产生的。图6–18显示了通过以上的调整，对很多其他的环境指标的负面影响也相应降低了。

能源模型工具与环境收益

通过长期以来对无数建设项目所进行的能源模型分析，我们认识到：节能成效高的措施，反而比节能成效低的措施更加节约成本。这是什么意思呢？

就像我们在第二章中所讨论的，由落基山研究所提出的这个概念：“在成本控制的障碍中寻找通路”。通常情况下，在各个系统间进行更加全面的检视，分析各项节能措施综合的影响，不仅可以节省项目的初期建造成本，还可以在节能方面获得巨大的收益。在前面的章节中，我们已经通过很多实例对这个一体化的概念进行了讨论，但现在还是有必要对这个话题再一次进行深入的剖析。

前面有关海王星乡学区新建社区小学的项目，就是一个很有说服力的案例。这个故事说明了要获得更高水平的能源性能——巨大的节省——就要求我们针对参数性能源模型进行更为全面综合的财务分析。而小规模的节省——也会带来能源使用效率的提高——由使用财务分析工具获得，但是却没有与整个建筑设计结合为一个完整的整体——只是以线性的方式看待节能措施与成本之间的关系，比如说指定使用能效更高的暖通空调系统等做法。

对一个建设项目节能机会的传统分析方法，是利用“简单投资回馈期”或是“投资报酬率”来计算评估的。如果我们只考虑一种节能措施针对一个系统的影响，而忽略了与其他系统之间的相互作用，那么在这种情况下，这种方法可以为我们提供一个合理的结果。比如说，一项更新现有设施的节能措施，例如更换照明设备，这种思维模式就是属于这一类型的分析。但是，对于很多新建项目，或是对于很多复杂的系统更新项目来说，这种方法就不太适用了。通过这样的分析得出的结论也是不全面的。

简单投资回馈分析，是针对一个个单独的节能措施（或提高能效的措施）建模分析的方法。这种分析方法没有考虑到众多节能措施之间自然而然存在的联系和相互作用。而在一个新的建设项目中，我们要针对各个建筑系统（外墙、照明、暖通空调系统等）制定一套完整的决策。运用简单投资回馈法针对某一项策略进行分析时，要求其他的变量维持恒定值——这种分析对象的建模工作是孤立进行的。

假设我们要对屋顶增加的隔热材料进行评估；我们首先要计算出增加隔热材料所需要花费的成本，之后再利用能源模型，计算出年度节能成效。成本除以年度节能量，所得出来的就是简单投资回馈。随着隔热材料的继续增加，节能数量逐渐减少。关于这部分可以参考“收益递减法则”。当我们仅仅针对一个系统进行分析的时候，这个法则是成立的；但是在一个真实的建设项目当中，团队成员根本不可能只是孤立地针对一个问题进行分析。屋顶所增设的保温隔热材料的数量还会对很多其他的系统产生影响，比如说暖通空调系统的规格，或是女儿墙的高度等。我们只针对屋顶隔热材料这一个单一的问题进行分析所得到的信息是远远不够的——甚至这些信息有可能是不正确的——这些信息不足以支持我们作出正确的决策，因为这些本身就带有局限性的分析，没有办法检验到完整的全面的经济效益。

而且，当我们对一系列的节能措施逐项进行建模分析的时候，每一项节能措施的节能成效并不能简单地进行叠加。这是因为我们需要通过能源模型对一系列节能措施的相互作用进行分析，准确地计算出节约能源的数量，以及综合的成本捆绑状况，这样才能够全面地分析整体的经济效益。有很多节能措施，特别是与其他节能措施结合在一起，会对建筑暖通空调系统的规格确定产生重要的影响，就像我们之前在图 6–4—图 6–7 中海王星乡学区新建社区小学项目所介绍的。暖通空调系统的功率越小，价格也就越便宜。而这部分节省下来的费用，就可以用来支付使该系统功率降低的节能措施的成本。很多时候，我们可以通过这些系统的规格降低（或是取消）节省下来一大笔的费用，而这笔费用足以支付所有的节能措施所需要的成本。于是，我们既节约了能源，又节省了运转成本，而初期的建造成本却并没有增加。

要想实现节约能源的同时还能够降低初期建造成本，我们就需要用一种新的思路去思考节能措施与经济效益之间的关系。针对单项节能措施的投资回馈分析变成整个分析工作中的一小部分，其结论并不能成为决策的唯一参考。通过将“在成本控制的障碍中寻找通路”，以及“收益递减法则”视为一种情境条件，项目团队通常可以只用很少的花费，甚至完全不必增加初期建造成本，就在节约能源方面取得巨大的收益。

再次回顾嵌套式的二级系统

在要开始进入方案设计之际，我们还想再次更加仔细地分析一下四个关键的二级系统（生态群，包含人类和其他的生物系统；水资源；能源；材料），我们需要记住所谓一体化设计的核心就是实现这些二级系统之间的相互联系。我们必须要不断地探索这些系统之间的联系，了解它们之间嵌套式的相互关系（如第四章介绍；也可参阅 B.1.1 阶段参考文献子整体的讨论）。这就要求项目团队的成员们坚持不断地将这些系统的各种收益彼此串联起来，由此才能获得更加完善的结果，无论是在节约成本还是环境收益方面。大自然也是以同样的方式运转的——在从事开发建设的时候，我们越尊重当地生态系统运转的方式，我们所做出的决策就越有可能与其他的系统互利发展。

针对这些嵌套式的二级系统，我们有很多不同的切入点。举例来说，我们在建设过程中使用的地方性材料越多，所需要耗费的能源就越少，建筑物本身的特性就越能与周围的环境相融合（例如锡耶纳大教堂）；越多选择栽种本土生植物，用于浇灌的水资源就越节省，而这些本土生的植物又可以促进该地区生物的多样性，进而营造出一个健康的生态环境，可以自然而然地实现水土保持，而不必使用科技的方法来处理或是运输。在方案设计阶段，我们就是要彻底地探索这些生命系统之间的相互关联。

B 部分——设计与施工

B.1 阶段

第三次团队工作会议：方案设计开始——将所有资料汇整在一起（不确定建筑形式）

B.1.1 第三次团队工作会议

- 提交 A.5 研究与分析阶段的概念性草图、条件数据以及探索工作的成果。
- 通过对四个关键二级系统之间相互关系的探索，以及对流域状况的评估，绘制场地与建筑物配置草图：
  - 生态群
  - 水资源
  - 能源
  - 材料
- 评估达成性能指标的现实可行性，并对检验标准（试金石）及原则进行重新检视
- 找出需要更进一步成本捆绑分析的系统，包括整个生命周期内对成本的影响
- 花费时间倾听来自业主与项目团队成员们的意见反馈
- 调试：根据新的研究成果，找出业主项目需求文件（OPR）与基础性设计文件（BOD）当中需要改进的地方

B.1.2 原理与测量

- 根据第三次团队工作会议的内容，对项目的性能目标进行调整
- 调试：根据第三次团队工作会议的内容，对业主项目需求文件（OPR）与基础性设计文件（BOD）进行修正

B.1.3 造价分析

- 根据第三次团队工作会议的内容，对一体化的成本捆绑模板进行更新

B.1.4 进度表与下一步的工作

- 根据第三次团队工作会议的内容，对一体化设计方法路线图进行改进，并制定后面阶段工作的进度表与相关任务
- 提交第三次团队工作会议报告

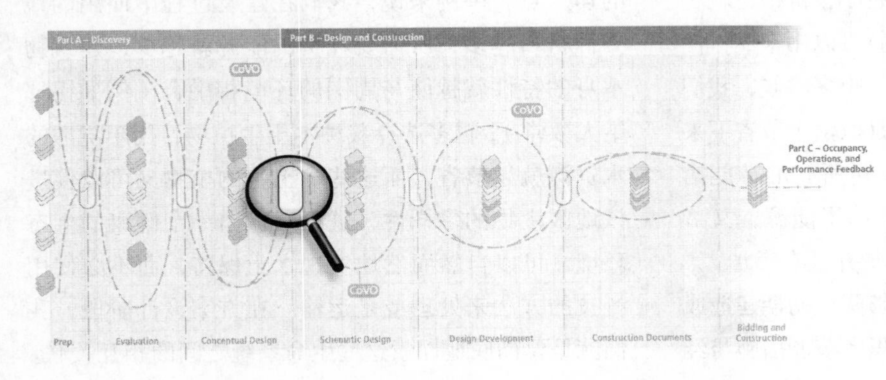

图 6–19 一体化方法 B.1 阶段，第三次团队工作会议：方案设计开始（图片由七人小组和比尔・里德提供，绘图科里・约翰斯顿）。

B.1　阶段

第三次团队工作会议：方案设计开始——将所有资料汇整在一起（不确定建筑形式）

到了这个阶段，项目团队的成员们已经对几个主要的二级系统进行了分析，也对建筑物的形式与体量进行了选择，但是却还没有将这些研究与分析的成果汇整在一起，形成一个完整的建筑设计。尽管如此，我们还是需要克制自己，不要过早地将建筑物具象的形式确定下来。如果我们的注意力过早地集中在建筑形式与 / 或艺术性上，就势必会影响对性能议题的关注，进而对整体的结果造成不利的影响。换句话说，在这一阶段我们应该通过合理的分析，对每一项主要二级系统的性能进行进一步的改进，使之达到更高的水平，之后再来确定建筑物最终的外观与形式。

在第二次团队工作会议（A.4 阶段）期间，我们从概念上了解到了这些系统是如何与其他系统相互作用的。之后在 A.5 研究与分析阶段，我们就开始对这些概念性的理念与系统的性能进行检验。而现在，到了方案设计阶段，我们就应该将这些系统汇整在一起，更加深入地研究它们之间存在着怎样的相互依存的关系，而最为重要的是揭示出设计如何通过对这些片段的整合而发展起来。我们可以反复分析这些系统之间彼此依存促进的关系，进而利用这些分析对建筑物形式的确定提供必要的资料。同时，我们继续保持对这些系统及其组成部分的关注，不断深入细节问题进行分析。方案设计阶段是在第三次团队工作会议期间正式开始的。

与第二次团队工作会议相类似，我们可以把之前介绍的实施纲要拿来作为模板，来制作第三次团队工作会议的会议议程；但是在会议期间，这次会议的议程也同样需要保持不断调整与更新，反映出团队成员们在会议期间各项新的发现成果。我们还需要说明的是，这次团队工作会议可能会占用一整天的时间，也可能会一直延续三四天的时间，具体的情况取决于建设项目的复杂程度以及团队的目标。最后，在这次团队会议上，我们应该尽量鼓励施工人员参与（如果可能的话），他们的参与是非常有价值的，这样，项目的施工专业人员就会被纳入到设计团队当中。

B.1.1　第三次团队工作会议

- **提交 A.5 研究与分析阶段的概念性草图、条件数据以及探索工作的成果。**

这一次团队工作会议，可以由提交关于每一个关键二级系统的研究与分析结果开始，接下来再深入分析它们之间的相关联系——但是暂时先不要将建筑物的具体形式确定下来。在会议开始的阶段，每位团队成员以概念性草图以及条件数据的形式，将他们在 A.5 研究与分析阶段的成果提交上来，以便大家针对这些思路进行反复分析，找出这些系统之间所存在的协同关系。

在最近一个期望追求 LEED 铂金级认证以及“人居建筑挑战”的项目中，团队成员们在第三次工作会议期间提交了以下文件：

- 经过改进的建筑物外轮廓图以及阶段性的备选图例
- 经过改进的项目资料
- 建筑场地分析资料，包括车辆状况、停车场的选择、服务设施之间的联系、水流状况、土壤资料、主要栖息的生态群以及保育区域、可能存在的本土生植物物种列表、场地规划的要素以及相位等
- 通过对需求、供给和地形地势的研究分析，确定地下水渗透以及人工湿地的位置与规模
- 旨在追求“净零用水”而进行的初步水资源平衡分析，包含：计算水资源需求量、废水

的产生量，以及从建筑屋顶及场地范围内可以获得的水资源数量

- 潜在的可再生能源供给——潜在的资源与原始荷载，以确定要达成净零能耗目标的需求
- 建筑物量体草图，包含各种开窗的形式以及窗 - 墙面积比例
- 结合各项可能的节能措施初步列表，利用简单的盒子型能源模型针对以上各种选择进行比较
- 在可选择的配置当中，用草图粗略勾画出初步的自然采光策略
- 内部材料与外壳材料的初步生命周期评估，并结合碳足迹的计算
- 列举可能从附近计划拆除的建筑物中获得而重新利用的材料
- 初步的基础性设计草图，以便开展调试工作
- 针对各项节能措施进行成本捆绑分析
- 更新 LEED 评估

当团队成员们提交在 A.5 阶段对每项关键二级系统的研究发现时，我们应该鼓励大家继续针对各项二级系统及其组成部分之间的关联进行讨论。之后，全体成员一起进行评估，探讨系统之间是如何相互联系以及彼此依存的——不仅包括直接的关联，还要包含所有嵌套式的二级系统及其组成部分之间各种各样的错综复杂的联系——这就像是“整体”（holarchy）中的“子整体”（holons），这个单词发源于希腊文“holos”，代表“整体”（whole）（参见图 6-20 及参考文献资料“Holons”）。团队工作会议的组织者将这些讨论的结果记录下来，供接下来要进行的分组会议使用，同时也为以后的阶段提供参考。

- **通过对四个关键二级系统之间相互关系的探索，以及对流域状况的评估，绘制场地与建筑物配置草图：**

现在，是时候针对四个关键的二级系统与它们之间的相互关系作出一些明确的决策了。通常我们发现，将全体项目团队的成员拆成至少两个小组，每个小组由四五位成员组成，并且具备关于每项二级系统的相关专业知识，这样的做法是非常有效的。这些小组的成员们“卷起袖子”开始用勾画方案设计的草图，并且在一个方案当中探讨所有二级系统的各种议题。换句话说，这些拆分开来的小组不仅会对每一个二级系统的各项组成部分之间的相互关联进行优化，而且他们还会在不同的系统之间探索可能存的协同效应——这些不同的系统就构成了子整体。根据项目具体的规模和

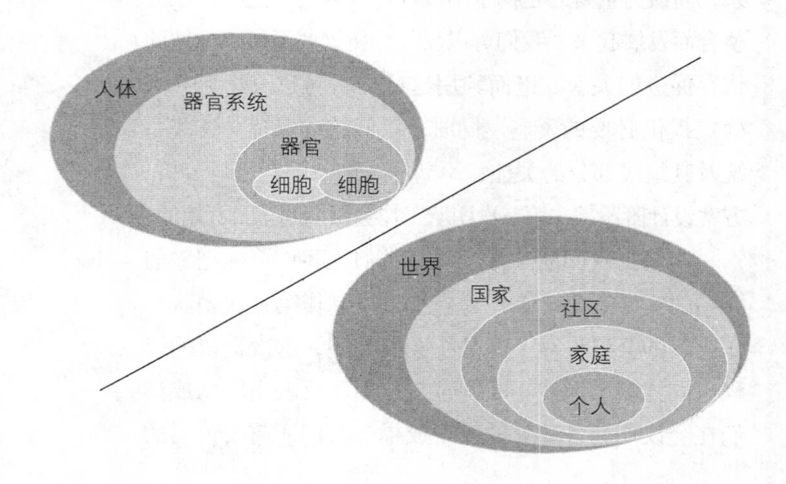

图6-20 “所有的生命系统都是以全能体体系结构分布的。这是亚瑟·库斯勒对于自然的事物精美的描述，它们呈现嵌套式的结构并且彼此依存，被亚瑟·库斯勒称为子整体（holons）。全能体体系结构是一种嵌套式的结构，它与金字塔结构是不同的（在金字塔结构中，顶端的事物具有绝对的优势，这种结构一般用来描述指令 - 控制系统）。你，作为一个整体的人体，就是这样的一种全能体体系（如图所示）——细胞构成器官，器官构成器官系统，而众多器官系统又共同构成人体。”关键的二级系统也是以类似的嵌套模式存在于更大的系统当中（图片及标题内容由伊丽莎白·萨图里斯提供，引自她所撰写的书籍《大地之舞：生命系统的进化》）（Ingram，NY：Iunivers.Com，2000），可参考网站 http：//www.sahtouris.com.

子整体（Holons）*

一个子整体（holon）就是指一个系统（或是现象），它本身就是一个完整的整体，但同时又是更大系统中的一个组成部分。我们可以把各个系统想象成为相互嵌套的状态。每一个系统都可以被视为一个子整体，从一个微小的亚原子粒子到一个社会，都属于整体。在非物质层面上，语言、思想、声音以及情感——凡是可以被认知的一切事物——都包含若干个组成部分，而同时又是其他一些事物当中的一部分……

因为一个二级系统隶属于更大的整体之内，所以它既会受到更大的整体的影响，也会对这些更大的整体产生影响。而同时由于每一个子整体都是由若干个二级系统构成的，所以子整体对其所包含的二级系统产生影响的同时，也会受到这些二级系统的影响。信息在大型的系统与小型系统之间双向传播，就像是在植物的根茎之间传播一样。一旦这种双向的信息流通与对角色的理解受到了损害，不管出于什么样的原因，系统就会开始产生故障：整体不再能够意识到，它们的存在要依赖于其内部各个组成部分，而各个组成部分也不再能认识到整体所具备的组织权威。在生物学的领域中，癌症就可以被理解成这样的一种系统的故障。

分层结构的各个子整体就形成了全能体体系结构（holarchy）。我们可以将全能体体系结构的模式，视为对于自然层次结构的修正以及感知的更新。

在亚瑟·库斯勒（Arthur Koestler）的术语当中，“全能体体系结构”（holarchy）一词是指具有自我调整能力的子整体的集合——在这种结构中，一个子整体既是整体，又是整体当中的一个组成部分。“子整体”（holon）一词，是于1967年在库斯勒编写的《机械的幻象》（The Ghost in the Machine）中第一次出现的。这个单词也被美国哲学家与作家肯·威尔伯（Ken Wilber）广泛地运用。

肯·威尔伯介绍了一个检验子整体分层结构（例如全能体体系结构）的方法，那就是如果我们将一种子整体从现有的状态中拿走，那么由这种子整体构成的其他所有的子整体也都必然会随之消失。因此，在这种分层结构当中，原子的位置是低于分子的，这是因为假如你拿走了所有的分子，但是原子还是可以存在，然而假如你拿走的是所有的原子，那么从严格意义上讲，分子就不复存在了。威尔伯的概念是一种基本的原则，具有非凡的意义。一个氢原子比一只蚂蚁更为基础，但是蚂蚁却相对更值得注意。

子整体“嵌套式”的本质，即每一个子整体都可以被视为其他子整体当中的一个组成部分，类似于自适应管理理论学家兰斯·冈德森（Lance Gunderson）与霍林（C. S. Holling）所使用的单词“Panarchy”（系统）。

社会作为一个整体，就是一个子整体的实例，或是一个全能体体系结构的系统，任何我们所了解的其他的全能体体系都是这个比较大型的全能体体系当中的组成部分。

* 参考文献

“生命系统，互联网与人类的未来，”伊丽莎白·萨图里斯，哲学博士，2000年5月13日在旧金山普雷西迪奥（Presidio）召开的关于平面工作、全球化经济与信息技术的研讨会上的发言。后由华盛顿西雅图 Carol Sanford of Interoctave 公司进行修正完善。

复杂程度不同，我们可以划分出一个或是更多的小组来研究有关四个关键二级系统的议题；对于比较大型的建设项目，参加团队工作会议的人员很多，最好可以多分几个小组进行研究讨论。

■ **生态群**（除人类以外的其他生物体系）

- 讨论生态群在以下领域中特殊的作用，这些领域包括热控制（风及荫蔽），水的品质，雨水管理，同更大型的嵌套式系统之间的联系，例如附近的河流、更大水域范围内的生境走廊，以及对于建筑物周边微气候调节的机会，以便支持多样化的植物与其他生物物种的生存，等等。
- 实例：让我们再次回顾一下在第三章结尾曾介绍过的爱达荷州蒂顿河附近的建设项目，并进行更为深入的分析。你应该还记得这个项目的开发商请我们帮助他们获得对于生态群与开发项目之间相互关系的认知。这就要求我们除了思考保护农地或是当地植物物种这些简单的问题以外，还要更深层次地进行研究与探索，因此，这些议题在团队工作会议期间被大家广泛地讨论。

这片存在问题的土地为大约 3200 英亩的农地，开发商在这里建设了大约 1000 栋住宅。从表面上看，站在环境保护的立场上，这样的开发似乎是个坏主意。但是，如果我们将眼光放远在更大范围的农业经济系统，以及农业生产如何影响与阻断了河流的畅通，破坏了联系山脉与河流之间的生态走廊，我们就会逐渐明白真正的问题根源正是在于农业生产，就像我们前面所讨论的；农业生产的存在阻断了自然的水流，影响到鱼类的产卵，切断了土壤营养物质的补给，破坏了海狸、小型动物以及巨型陆生动物赖以生存的生态走廊。这里的农业生产是最原始状态的农业生产，根本没有办法支持短期成熟的经济作物的生长——于是农民们纷纷破产了。除了大型的房地产开发公司，没有人愿意花上一笔钱来向农民们购买这片土地。

在最开始的方案构想中，我们计划出售农地，之后每 20 英亩土地兴建一栋住宅建筑；但是正如我们所见，这种做法还是没有办法改善目前山脉与河流之间丧失联系的状态。之后，我们通过对各种各样的可能性进行研究，尝试使整个建设开发行为成为为这片土地提供一种新契机的方法，于是，契机就真的出现了。在我们后来的方案当中取消了农业灌溉（由此就节省了 75% 的用水量——农业灌溉需要耗费相当多的水资源），将雨水引流至古老的河床当中（参见图 3-13，在场地的下方仍然清晰可见），对经过处理的废水进行重新分配，并且需要种植本土生的植物物种，以及不要设置会阻隔生态群流通的围栏等。

于是，我们通过人类的开发建设，使得山脉与河流之间恢复了生态的联系，进而重新建立起多样化的生态系统；如果这个项目的开发商只是过度地遵循关于环境标准一般化的教条，那么也不可能获得这样的成就。更大范围流域的子整体，对设计的基本方法起到了引导的作用。这就是核心的原则，设计与开发团队的成员们正是秉承着这个基本的原则，才作出了一体化的决策。通过这样的开发建设，改善了当地的生态系统状况，因此为这片土地带来了新的潜能——这才是建设开发真正的意义。

- **生态群**（人类）
  - 明确哪些地方的采光问题是最重要的（根据可以使用的窗户预算，居住空间往往是应该优先考虑的），以及在 A.5 阶段，对于有关采光的设计策略的分析，有哪些是需要继续进行探讨的，其中包括：开窗的尺寸与位置，室空间比，到窗户的距离，朝向，双边能力（在一个给定的空间内，自然光线从两个相反的方向照射进来）等。需要提醒的一点是，针对这些问题的思考应该自始至终贯彻于方案设计的过程中，我们应该从一开始就将其视为基本的驱动原则。它们不应该作为附加物，被简单地贴在假想的设计结论之上。
  - 进一步改善热舒适性参数指标，以及个人控制的预期水平（可开启窗户的位置与范围，地板下送风等。）
  - 进一步改善通风参数指标（自然通风与机械通风，根据功能性、温度设定，以及对于热舒适性参数的影响，确定理想的室外空气流动量等。）
  - 确定关于污染源议题的参数——例如建筑材料有毒物质的水平、隔离污染源的方法，以及家政服务产品等。
  - 探寻场地、建筑物和使用者与社区之间彼此依存的关系，寻找收益与机会——如何能通过这个项目的建设，而创造出更加相互受益的关系？换句话说，怎样才能启迪建筑物的使用者们了解——最好是能够主动关心——水资源的循环，自然的生境，可食用的植物，果树，可能发展的多相农业，众多种类的生物赖以生存的流域生态走廊，以及社区集中的区域？
  - 实例：采光

就像我们之前在 A5.1 阶段所讨论过的，一个优秀的采光设计既要关注于质，又要关注于量。以下是一个空间内采光常用的几种基本的手法——侧光、顶光，以及优化的双向采光条件，其中可能会包含一系列复杂的手法。针对各种采光策略的选择，我们应该在团队工作会议上进行逐一检验（采光设计建议 pdf 格式文件，可由七人小组资料室网站 www.sevengroup.com 下载参阅）。

侧光是指自然光线透过垂直的表面照射到空间当中的一种采光策略。根据经验法则，有效日照透射距离大约为窗户上沿高度的 1.5 倍；假如使用遮阳板的话（参见图 6–21，图 6–22），透射距离可以增加到窗户高度的 2.5 倍。在方案设计过程中，对于日照采光的计算起始点一般是这样设定的：假设一个空间采用单一方向侧面采光，南侧采光的话窗地面积比约为 15%，而北侧采光的话则为 20% 左右。

顶光包含若干种设计手法，使自然光线经由屋顶透射到室内空间当中。其中最高效的顶部采光方式就是使用天窗或是采光屋顶（参见图 6–23，图 6–24）。我们在使用天窗的时候，需要在采光需求与降低太阳光热获得之间达到一种特定的平衡。对于顶光源来说，在方案设计阶段，我们一般将计算的起始点设定为窗地面积比在 7%—10% 之间。天窗既可以表现为侧面采光，也可以表现为顶部采光，它们既可以一个个单独设置，也可以呈现为锯齿的形状。天窗朝向南向或是北向的时候，它的性能最佳。如果天窗朝南布置，那么我们可能就需要配置遮阳板，或是使用漫反射玻璃，以减少直射光线与眩光对使用者所产生的干扰。

图 6-21 设置在室内的遮阳板将经由窗户上半部分的玻璃照射进来的光线反射到房间更深的地方。遮阳板上方的玻璃是根据其采光特性专门选择的，要比下半部分的视窗玻璃具有更高的可见光线透射能力（图片由托德·里德提供）。

图 6-22 设置在室外的遮阳板，为下半部分的视窗玻璃遮挡了夏季高角度的太阳直射光线，同时还能将太阳光线向上反射，再经由上半部分的玻璃照射到房间更深的地方（图片由托德·里德提供）。

图 6-23 印第安纳州埃尔克哈特市门诺派神学院（AMBS）新建图书馆中的天窗，为室内空间提供了分布均匀的自然采光环境（图片由马库斯·谢费尔提供）。

图 6-24 宾夕法尼亚州环境保护部门（DEP）坎布里亚办公楼沿北向布置的天窗，为这个开放式的办公空间提供了均衡的自然采光环境；这个办公空间对面墙上比较低的开窗（图中未显示），也同样将自然光线引入室内，形成了双向采光（图片版权所有：© Jim Schafer）。

图 6–25 宾夕法尼亚州环境保护部门（DEP）坎布里亚项目，这些天窗使自然光线从四个方向照射到室内空间当中，拥有了这样充足的自然光线，光电传感器（中央）可以在一天当中日照充足的几个小时之内都不必开启任何灯具设备。这种由顶部采光的方式一般多应用于公共空间，例如建筑的门厅等（图片由约翰·伯克尔提供）。

采光屋顶也是顶部采光的一种表现形式，它可以使自然光线从不同的角度透射到室内空间当中。在一个小空间中，这种方法可以非常有效地取代天窗。而在比较大型的空间当中，采光屋顶也可以有效地为比较高的空间提供照明，例如图 6–25 中所描绘的。

双向采光包含复杂的采光形式，比如说既有侧面采光又有顶部采光，或是从不同的方向进行侧面采光，多数情况下都是从南北两个方向（参见图 6–26）。双向采光可以为室内空间营造出最佳品质的采光效果，因为整个空间的采光水平都是均匀分布的。这种采光形式还可以避免出现眩光的干扰，以及单独使用侧面采光时会出现的高对比度的问题。

图 6–26 Willow 学校中一个双向采光的实例。这两幅照片是分别从两个相反的角度拍摄的同一个空间：一幅是面朝南向拍摄的，另一幅是面朝北向拍摄的（图片由托德·里德提供）。

■ **水资源**

- 针对水资源保护、水的品质以及水资源平衡等议题的各项策略进行综合的评估。这一阶段我们的目的是在水资源流经建筑和场地的过程中，对其进行多层次的利用——就像下面的实例中所具体描述的。
- 明确可以探讨这些问题的自然系统及技术系统（并不仅仅是降低卫生洁具的水流量与冲水频率）。
- 实例：你应该还记得我们在第四章中介绍过的Willow学校建设项目，在这个项目的设计过程中，土木工程师曾受到了很大的打击。在团队工作会议上，我们一直对他说，他的设计太过技术性了，太依赖于技术以及修建基础设施来解决问题；与之相反，我们想要的是根据地形的实际状况，让水自然地流向生态区，进而滋养孕育出新的生命。但是我们的沟通最终还是以失败告终，我们只能直截了当地提出了我们的要求："尽量简化，不要管路、不要截流井、不要路缘石。"一周之后，这位土木工程师带回了一个优秀的设计。尽管如此，他还是感到有些遗憾，他说他真的很想完全达成我们的要求，但却还是差了那么一点点：

我还是不得不增加了一小段地下管道。我曾经尝试尽可能地利用植物湿地，但是当我看到现场的这棵大树，意识到我要在这里建造湿地势必需要将它砍掉，于是我还是决定运用一根管道将水引到道路的另一侧。但是这里正好处于车道的转弯处，冬季如果有水流经路面可能会结冰引起事故，所以我只能在路面以下铺设管道了。

听了这位土木工程师的讲解，我们都被深深地打动了；他真的抓住了精髓，只把技术手段运用到必要的地方，而不再把技术视为经验法则。雨水管理的设计完成得非常漂亮，为多样性的生态群提供了生命的源泉，同时还将这部分基础设施的建造费用减少了50%。

图6–27 通过排水沟，将附近铺面路面上的雨水汇集到这个花园，并渗透到土壤当中（图片版权所有：© 2008 水土保持设计论坛，埃尔姆赫斯特（Elmhurst），IL，可参考网站 http：//www.cdfinc.com）。

■ **能源**

- 重新检视在A.5.1阶段运行参数性能源模型所得的结果。对于模型中输入的资料进行讨论，以保证团队成员的意见一致。
- 关于主要的建筑体量、朝向以及大致开窗的比例这些基本问题，逐渐缩小可能调整的范围。
- 初步建立建筑热封套性能指标，并找出参数性模型的其他选择。
- 找出可能也需要建模分析的其他系统，比如说地热泵、太阳能热等。
- 列出各项节能措施，逐一进行研究、建模，并确定初期建造成本，为下一步的成本捆绑工作做准备。
- 讨论运转的问题：

- 确定舒适性的范围，以及适当的热舒适性参数。
- 评估运转的自动化水平与主动参与的水平。
- 针对理想状况（复杂程度）的控制系统，评估操作与维修人员工作的精细化水平。如果一个建筑管理系统过于复杂，操作人员不能有效地控制与了解，那么就算再高级的系统也是没有意义的（有多少次，你曾经见到建筑控制系统的组件在第一年的使用过程中就出现故障？）
- 开始明确建筑物实际的使用状况（时间表）——这对于模拟能耗分析具有十分重要的作用。针对各种不同的空间使用时间与设备使用时间状态进行讨论，并分析每天与/或是每季使用状态的波动情况（例如学校、零售商店、轮班、加班、共同使用等）。
- 为确定机械系统的使用寿命制定标准（参见图 6–28）。
- 重新检视所有与能源问题相关的性能参数，确保项目目前的设计与后期将要进行分析的选项保持一致。
- 针对与提高能源使用效率有关的地方性鼓励政策、折扣、补助金以及其他筹集资金的来源进行讨论。
- 实例：一家建筑公司聘请我们，对他们正在进行的一个佛罗里达州的大型客服中心项目给予一体化设计与建造方法的指导。在第一次团队工作会议上，我们很惊奇地发现设计团队已经将建筑物的形式确定下来了，其中包括一面 300 英尺长、20 英尺高的玻璃幕墙，由此可以看到附近的一片森林——这样的造型设计，旨在为建筑物的使用者提供一个良

表格 3 各种系统组件服务年限评估

设备名称	服务年限	设备名称	服务年限	设备名称	服务年限
空调系统		空调末端		空气冷却冷凝器	20
窗式机	10	通风口，格栅及通风装置	27	蒸发式冷凝器	20
家用单体机或分体机	15	感应及风机盘管	20	保温隔热	
商用穿墙空调器	15	风冷（VAV）及双管箱	20	模压	20
水冷空调	15	空气滤净器	17	毛毡	24
热力泵		通风管	30	泵	
家用 空气－空气	15[b]	减震器	20	基座安装	20
商用 空气－空气	15	风扇		管线安装	10
商用 水－空气	19	离心机	25	污水池与水井	10
屋顶空调		中轴	20	冷凝水	15
单区空调	15	叶片	15	活塞式发动机	20
多区空调	15	屋顶式通风器	20	蒸气管路	30
锅炉，热水（蒸汽）		盘管		电动机	18
钢质水管	24（30）	DX，水或蒸汽	20	电动机启动装置	17
钢质烟管	25（25）	电力	15	变压器	30
铸铁	35（30）	热交换器		控制器	
电动	15	管壳式换热器	24	气压式	20
燃烧器	21	活塞式压缩机	20	电动	16
火炉		冷凝器		电子式	15
燃气或燃油式	18	往复式	20	阀门制动器	
单体式供暖机组		离心式	23	水力	15
燃气或电力	13	吸收式	23	气压式	20
热水或蒸汽	20	冷却塔		背压式调节阀	10
辐射式加热器		镀锌金属	20		
电力	10	木质	20		
热水或蒸汽	25	陶瓷	34		

来源：资料来源于美国供暖、制冷与空调工程师学会技术委员会 TC 1.8（Akalin 1978）。

[a]：其他信息参见 Lovvorn 与 Hiller（1985），以及 Easton 顾问公司（1986）相关资料

[b]：TC 1.8 资料更新，1986 年。

图 6–28 这份由美国供暖、制冷与空调工程师学会（ASHRAE）提供的表格，列举了各种类型机械设备的使用年限，可以帮助项目团队对于设备生命周期成本分析的评估（图片取自美国供暖、制冷与空调工程师学会标准 55–2004。版权所有：© 美国供暖、制冷与空调工程师学会，可参考网站 http：//www.ashrae.org）。

图 6-29 在团队会议期间分小组讨论是一种很有效的方式，能够对问题更加深入地进行探索。在这个项目中，这个小组正在讨论可行的能源策略问题（图片由马库斯·谢费尔提供）。

好的视觉景观。但很不幸的是，这片玻璃幕墙是朝东向配置的。在佛罗里达州，出于对能源与采光问题的考虑，这样的配置可不是个好主意，因为由此产生的制冷需求将是非常巨大的。我们提议，如果项目团队确实有意追求他们所制定的节能目标（并获得 LEED 金级标准认证）的话，那么最好能对建筑设计重新进行思考。很明显，在这次团队工作会议上，我们提出重新考虑建筑朝向问题竟然有 5 次之多，因为第二天他们就告诉我们："我们对于你们的工作感到相当失望……或许你们并不是可以胜任这项工作的公司，因此你们质疑的竟然是建筑师的设计。"我们很抱歉自己的冒犯，这个项目朝着最初的规划继续进行。

在深化设计工作开始进行的时候，能源模型工程师提出了他最新的分析结果，结果显示在节能方面，这个项目所能获得的 LEED 评分几乎到不了 2 分（减少 14% 的能耗量）。我们接到了这个项目经理打来的电话，在电话里他告诉我们，他对于我们的工作能力实在是非常失望，我们根本就没有帮助他们获得一个高能效的建筑。接到这通电话，我们认为他们真的是在开玩笑。道理很清楚，在从头到尾的设计过程中，这个团队都没有认识到建筑的形式与能源使用问题之间是有很大关联的；不管我们如何苦口婆心的劝导，帮助他们了解无论任何其他的技术手段，都没有办法弥补设计的先天不足——他们希望拥有东向畅通无阻的视觉景观，因而在东向使用了大面积的透明玻璃，产生了很高的太阳能热增益系数（SHGC）。我们再次重申了这个意见，只是这一次比之前可能更加清晰——因为现在我们拥有了能源模型的结果作为支持。再次经过讨论之后，他们终于认识到了这个问题，也相信了我们的建议，开始从不同的技术角度来探讨这个问题，而同时还能保留他们所期望的景观——这些技术包括，使用高性能的玻璃幕墙、设置遮阳构件以及利用树木遮阳等。

- **材料**
  - 根据 A.5 阶段的分析成果，建立起建筑结构系统的材料选择以及参数，例如钢材与混凝土，结构开间尺寸等。
  - 确定建筑系统与结构系统的建筑使用寿命标准。
  - 以优先顺序排列环境指标，指导以生命周期评估为基础的材料选择与确定，比如说人体毒物限制与禁止，隐含能目标，碳足迹预算等。
  - 实例：在这次团队工作会议期间，当大家分成小组针对材料问题进行深入探讨的时候，他们会提出一些非常独特的挑战。作为小组的领导者或是组织者，要想准确地判断成员们所提出构思的水平，不仅需要掌握丰富的专业知识，还需要高水平的倾听技巧。团队成员们有可能还没有完全投入到讨论会的主题当中，也可能会针对某些材料的具体问题过分热情。组织者的目的就是要确保每一位成员都能够了解各种备选的建筑结构与外壳材料，并且展开讨论，进而作出选择。

举例来说，在最近的一个项目中，我们从早期的能源模型中看到一面钢质外墙，设有6英寸的保温断热材料，这样的构造形式与隔热混凝土墙体（ICF）具有相同的能源性能。但是，通过我们在工地现场所拍摄的红外线照片，我们发现选择钢质墙体更有可能在施工过程中出现人为疏失，产生很多很小的漏洞、缝隙和热桥，而这些小的疏失会对整体性能产生非常严重的影响。这些人为的疏失，是任何模型软件都没有办法计算到的，因此邀请施工人员参加团队讨论非常重要。

同样的，如果各个小组都可以进行这样的讨论，那么整个团队就有机会对很多种外墙材料进行比较分析，借助于雅典娜模型，从材料生命周期评估的角度，看看各种备选的材料会对环境产生怎样的影响。如果在团队工作会议期间没有办法演示生命周期评估模型，那么团队也可以分组对各种备选材料进行研究，并在后续的临时会议中分析模型的结果（参见B.2阶段“临时会议”）。假如在团队会议期间，就可以演示以生命周期评估为基础的模型，那么全体团队成员就可以一起探索，通过对比各种备选材料不同的组合形式，找到对环境的综合影响比较低的途径。

在上文所介绍的项目当中，我们首先建立了一个钢质外墙瓷砖贴面的模型，并将其与隔热混凝土墙体进行对比。站在材料生命周期评估的立场上，使用混凝土会对环境造成比较严重的负面影响，但是却因为其自身整体性的材料属性，所以在施工过程中比较不容易出现人为的疏失。之后，项目团队开始考虑其他的铺面材料选择，期望能够降低外墙材料组合对环境产生的综合影响。各个小组将讨论中出现的各种构思反馈到上一级的团队，之后在团队工作会议上，决定针对其他的几种材料选择方案，需要从生命周期评估的立场进行建模分析，并再召开一次临时会议，主要研究外墙材料的综合性问题（更多资料参见B.2.1阶段介绍）。

- **评估达成性能指标的现实可行性，并对检验标准（试金石）及原则进行重新检视**
  - 与第二次团队工作会议相类似，各个小组分别将他们在分组工作会议中获得的思路，向全体团队成员汇报，并征求大家对于这些概念的想法或是意见反馈。当所有小组都表述完成之后，团队就可以再一次进行“红帽子与绿帽子”的活动，并且记录下来哪些思路是“应该保留的”，而哪些问题是“需要避免的”。假如时间允许，这项活动可能会重复进行好几次，具体的情况取决于团队工作会议的日程长短。以只有为期一天的团队工作会议为例，那么这样的汇报活动应该至少进行两轮，以便使各个小组可以在第一轮表述之后对思路进行整合，之后再进行第二轮的深入探讨。

- 这一次团队工作会议的成果，一般是以不同形式的场地与建筑草图来表现的；但是，当然了，根据每一个项目不同的复杂程度，表现的结果也可能会有很大的差异。其目标是让全体团队成员主要针对几个全面的设计方案进行深入发展，而这几个方案都涵盖了所有四个关键二级系统的相关议题。
- 根据大家所共识的项目原始性能目标和原则，项目团队对各个小组所提出的设计构想的可行性进行评估与分析。
- 团队根据绿色建筑评估工具中所规定的目标，对项目目前的状态进行检视；例如，根据项目的 LEED 目标以及为了达成目标所需要的评分，对各项策略进行评估。
- 评估达成预先制定的性能指标的可行性——项目团队应该将工作的重点放在现实性的目标上，而不要过分追求冒进，因为到了这个时候设计已经变得越来越接近实际。
- 提问：度量的标准到现在是否依然适用？如果已经不能适用了，就需要对它们进行调整和改进。

- **找出需要更进一步成本捆绑分析的系统，包括整个生命周期内对成本的影响**
  - 找出需要更进一步成本捆绑分析的主要系统与组成部分，如果必要的话，和项目团队的成员们一起对这些系统进行调整与改善。
  - 举例来说，我们还是重新回顾一下 Willow 学校的案例。在这个项目中，一开始大家都认为修建人工湿地来进行废水处理的造价太过高昂了。这个项目中的人工湿地系统由一个主要的污水处理池和一个榨取场组成——与传统的排污系统很类似。但是，我们在水池与土壤之间增设了湿地和沙滤层，在很大程度地提高了污水处理的水平。当然了，每个人都会认为这样“额外增加”的组成部分一定会带来建造成本的上涨——但事实并不是这样的，因为这里是新泽西州，如果采用传统的排污系统，那么就需要开挖 8 英尺深、没有渗水功能的黏土层来安装榨取场管线。而采用人工湿地，它可以在排污系统的污水流入土壤之前就对其进行过滤，因此就不会有不溶性的杂质流入土壤之中；所以，榨取场管线只需要铺设在地面以下 14 英寸的地方就可以了——这样既节省了大笔的挖掘费用，也不再需要储备榨取场，因为这一区域紧邻人工湿地，不会再像传统形式那样由于不溶性杂质过多而必须废弃。正如前面所讨论的，通过成本捆绑评估分析我们了解到，人工湿地的实际建造成本相比较传统的排污系统，还可以节省大约 3 万美元。

    不仅如此，我们还发现在地表 8 英尺以下，因为没有可以透气的土层有效地处理含有微生物的污水，因此这些污水从传统的排污系统经由碎沙岩层，直接进入地下水层。所以，在 Willow 学校这个项目中，我们只付出了比较少的成本就得到了一个良好的系统，它不会发生堵塞，不会对地下水造成污染，不会增加市政污水处理系统的负担，节约了水资源，使水资源可以经过循环重新回到建筑物中使用，促进了生物物种的多样性，同时还为学生以及周围的社区居民们提供了一个高效的教育平台——以上所有的一切都是以低于传统模式的成本达成的。

- **花费时间倾听来自业主与项目团队成员们的意见反馈**

再一次，利用中途休息的机会，向每一位团队成员询问，他们在团队工作会议期间经历了什么、学到了什么，比如说利用午餐或喝咖啡的时间——尤其要向业主团队询问——之后拨出一定的时间将他们反馈的意见传达给团队所有成员。

- **调试：根据新的研究成果，找出业主项目需求文件（OPR）与基础性设计文件（BOD）当中需要改进的地方**

随着分析与解决方案越来越成熟，业主项目需求文件（OPR）与基础性设计文件（BOD）也需要及时更新，来反映出新的研究成果。项目团队应该检视基础性设计文件的大纲，并且将各项修正的意见增添到大纲当中。委任的调试专员会在团队工作会议期间，提醒每一位团队成员及时更新业主项目需求文件（OPR）与基础性设计文件（BOD）当中与自己专业相关的系统内容。

当设计的要素都被确定下来，并且通过反复的推敲日益完善的时候，我们可能就需要为项目团队纳入一些新的成员了；拥有了这些新鲜的眼睛和耳朵,必将会为整个设计过程带来帮助。之后，调试专员可能会寻找机会，从这些新的成员当中汲取新的思想注入整个设计过程中。假如没有这些新思想的注入，团队成员可能会逐渐趋向于“求同”，而不再去追求新的事物。

B.1.2 原理与测量

- **根据第三次团队工作会议的内容，对项目的性能目标进行调整**

在整个设计过程中，根据团队工作会议期间的讨论与新的发现，项目的性能目标也会不断进行修正。我们需要将这些性能目标的修正意见记录下来，并将其纳入团队工作会议报告，分发给每一位团队成员。如果是要追求 LEED 认证的项目，那么这份报告中还应该包含对 LEED 记分卡的修正，将更新的信息以及每一项所追求的评分的状态记录下来，另外还包含为达成评分要求而在当前正在考虑中的各项策略。

- **调试：根据第三次团队工作会议的内容，对业主项目需求文件（OPR）与基础性设计文件（BOD）进行修正**

设计团队根据业主所提供的资料，对业主项目需求文件进行修正，并将修正后的文件打印出来分发给每一位项目团队的成员。就像上文中所介绍的，业主项目需求文件是一份动态性的文件，它需要不断地进行修正，以反映出当前进行中的设计状态。

设计团队还需要根据修正后的业主项目需求文件，以及在第三次团队工作会议期间所获得的新发现，对基础性设计文件进行更新。与业主项目需求文件相类似，基础性设计文件也是一种动态性的文件，它是不断发展变化的。在基础性设计文件中，我们需要描述在设计过程当中的各个关键点，为什么会做出这样的决策，以及是什么样的条件促成了这样的决策，这样才能为下一阶段的工作提供指导性的帮助。追踪这些技术性的阈值以及性能指标是如何制定出来、进而是如何达成的，即是抓住了项目发展的本质。换句话说，在基础性设计文件中要回答的就是这个问题：建筑物怎样作为一个整体，来实现所有的性能目标？

这里我们要着重说明的一点是，这些重要的文件越早完成，它们就越能有效地同项目一起发展。我们在第五章已经说过了，这些文件都不应该是一成不变的，就像一体化的设计与施工方法也同样不是一成不变的。就算我们没有做到从项目的开始阶段就建立业主项目需求文件和基础性设计文件，它们还是具有重要的价值。下面这个我们近期处理的项目就能证明这一点：

由于我们曾经协助一家大型的医疗机构指导建造过很多项成功的 LEED 建设项目，所以他们再次聘请我们，协助他们建造数据资料备份设施。我们开始介入到这个项目的时候，它已经处于建造过程中了，但是并没有打算追求 LEED 认证。在第一次会面期间，我们见到了信息技术（IT）经理，他在这个项目中所扮演的角色就是“业主”。我们设计团队的其他成员早就有所耳闻，说这个小伙子简直就是一个 IT 精灵，交谈没多久我们就对这一点确信无疑了。交谈中他表现出对完美的绝对追求，但他对于建筑设计与施工的认识却很有限。对于我们交给他的关于项目的建筑要素，或称为“基础设施”的业主项目需求问卷调查表，他轻轻松松地在一天之内就全部完成了，留下其他的团队成员只能被动地追随他的回答。因为他已经代替所有其他的业主团队成员，回答了所有系统的问题。

在第二次工作会议上，我们又一次看到这位 IT 经理代替其他的团队成员回答问题。他清楚地表达了这个项目在电力方面的需求，但是当我们开始讨论到暖通空调系统的时候，却可以很明显地看出他不具备这一领域的专业知识，因此只能转述他所信任的 IT 顾问所给他的意见。终于，我们根据美国供暖、制冷与空调工程师学会（ASHRAE）最近的几项研究，针对全套的荷载、能源需求以及效率问题提出疑问，才使得这位 IT 经理人的脚步放慢下来——这些问题都会影响到暖通空调系统，同时也与信息技术（IT）系统息息相关。暖通空调系统的设计团队成员终于获得了机会参与项目讨论，并且针对特殊的暖通空调系统需求提出了很多非常有价值的建议，而这些正是之前业主项目需求问卷调查表的答案中所缺失的。这些非常有价值的信息接下来又会对基础性设计的内容产生重要的影响。

经过这件事之后，我们又私下向这位 IT 经理询问，他有没有认真思考过对于资料存储系统有什么样的要求，特别是在发生突然断电的情况下。他说他晚些时候会告诉我们答案，因为他需要一点时间来思考这个问题。他已经从之前的经验中学到了在回答之前听取其他团队成员们意见的必要性，因此几天之后，他邀请我们参加一个电话会议，与会者包括他的 IT 顾问和内部的 IT 部门员工，而这些普通的员工在之前都没有参与过这样的团队活动。在电话中，这位 IT 经理提出了尖锐的问题，问我们打算采用怎样的步骤来对他的数据库系统进行调试，并要求我们向他的 IT 团队介绍对于 IT 系统的调试过程。经过一段简单的介绍之后（我们将调试的过程比喻为“试航”，我们使用了这个航海专业的名词，而这也正是调试一词的起源），我们开始得到了其他与会人员的一些回馈意见，但是这些回馈意见都是关于建筑“基础设施”的部分，并没有涉及 IT 系统。

所以，这个时候我们意识到，我们需要将讨论的重点重新拉回到 IT 系统的议题上，所以我们又提出问题：“除了真正的经历‘电力危机’，你怎样测试你的 IT 系统在突然断电的情况下还能够正常运转数据存储中心的功能？”（这套系统需要服务于三家大型的医院，以及上百个卫星设施。）电话线的那端安静了下来；IT经理说过一会儿他再打给我们。不到一个小时，我们又接到了他的电话。“太感谢你们了，”他一开始就这样讲。“在此之前，我一直都没有办法真正让我的IT领域完全融入这个一体化的设计与调试概念中。”他说：“我们一直都把IT领域视为驾轻就熟的东西，认为只要制定出标准让其他的人照章执行就可以了。而当你们问我怎样测试我们的系统时，我才真正被点醒了，开始清楚地认识到我们所有的系统都需要进行调试——并不仅仅是建筑的‘基础设施’系统，也要包含IT系统。”

我们需要说明的一点就是，业主项目需求文件与基础性设计文件的一个优点，就是它们可以在设计、施工甚至是使用过程中任何时间创建，因为无论何时，这些文件中的资料都会是很有价值的。但是在一个项目中，我们越早制作业主项目需求文件与基础性设计文件，它们对于项目的帮助就会越显著。

如果在早期阶段创建这些文件，那么通过对这些文件及时的更新，就可以将团队所作决策的历史记录，以及当初作出这些决策的原因保留下来。这种动态的属性也有发展的功能；这些文件可以、也应该按照这样的方式来制定，在项目初期，它们只是简单地反映出最初的设想，但是随着后来的研究与分析，这些文件也逐渐变得深入而丰富。这些文件能够为整个项目团队提供非常有价值的信息，不仅涵盖内容，还包含原因。事实上，这些文件所讲述的就是项目逐步发展的故事，能够为所有的相关人员提供信息，无论你是从第一天起就身处团队的老成员，还是在项目开始运转之后才加入团队的新伙伴。

B.1.3　造价分析

- **根据第三次团队工作会议的内容，对一体化的成本捆绑模板进行更新**

此时，项目团队可能已经通过分析工作，将成本捆绑模板缩减到只有一到两个，或是三个。在后面的阶段通过获取更多的信息，这些资料还会再进一步发展完善。

B.1.4　进度表与下一步的工作

- **根据第三次团队工作会议的内容，对一体化设计方法路线图进行改进，并制定后面阶段工作的进度表与相关任务**

检视下一步的工作，调整总体进度表，制定出任务完成的目标时间，以及会议安排的时间，以满足接下来B阶段交流与研究的需求。

- **提交第三次团队工作会议报告**

同之前的团队工作会议一样，将每一次团队工作会议的结果记录下来是非常重要的。第三次团队工作会议报告应该包含以下内容：

- 会议议程
- 与会者名单
- 会议活动现场照片
- 所有提案方案的草图
- 会议注释，包括会议期间的新发现、结论，以及反思等。
- 标准计量方式、基准以及性能目标更新——如果可以的话，还包含对LEED项目列表的更新。
- 更新一体化的成本捆绑模板
- 包含任务以及进度安排的进程路线图电子表格
- 主项目需求文件（OPR）与基础性设计文件（BOD）更新
- 下一步的工作

B.2 阶段

研究与分析：方案设计——将所有资料汇整在一起（现在开始确定建筑物的形式）

B.2.1 研究与分析活动：方案设计

- 开始更为深入的设计过程，根据第三次团队工作会议期间绘制的概念性草图，进行建筑物的造型设计
- 通过工作会议或是电话会议等形式，反复、反复、再反复，将四个关键的二级系统与建筑物的造型整合在一起
  - 生态群
  - 水资源
  - 能源
  - 材料

B.2.2 原理与测量

- 仔细地测试建筑物的性能，并针对项目的性能目标评估其结果
- 调试：对业主项目需求文件（OPR）与基础性设计文件（BOD）进行修正，反映出所提案的方案设计的内容

B.2.3 造价分析

- 对一体化的成本捆绑要素进行进一步的完善，以确保所提案的方案，系统的组合以及造价方案可以进行更加精准的评估

B.2.4 进度表与下一步的工作

- 根据方案设计中的新发现，对一体化设计方法路线图中受到影响的任务与时间表进行调整，供团队成员检视
- 为第四次团队工作会议准备会议议程

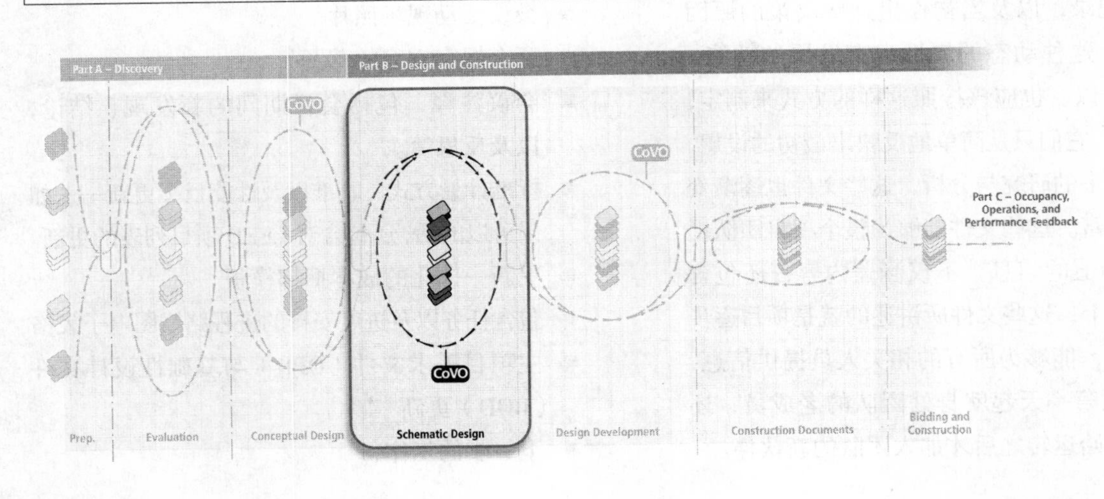

图 6–30 一体化方法 B.2 阶段，研究与分析：方案设计（图片由七人小组和比尔·里德提供，绘图科里·约翰斯顿）。

B.2 阶段

研究与分析：方案设计——将所有资料汇整在一起（现在开始确定建筑物的造型）

现在开始要认真地进行方案设计了。这一阶段的研究与分析工作，重点在于反复推敲所有前期工作的成果，发展出一种或是几种解决方案，利用最少的材料、系统与成本，探讨众多的议题。另外，在这一阶段我们还应该着重利用建筑，使之成为为当地的生态系统保护与发展做出贡献的机会——换言之，即优秀的设计。

临时会议

尽管除了方案设计的初始阶段（B.1 阶段）以外，在我们一体化设计方法的纲要当中都没有明确规定方案设计阶段需要召开哪些团队工作会议或是研讨会，但是要想成功地对各个系统进行整合，我们还是需要在方案设计过程中召集一些分组讨论会议，重点在于将大家的新发现整合起来，这会对很多团队成员以及他们的专业产生很大的影响。实际上，在这一阶段的研究与分析过程中，应该包含很多次小规模的团队工作会议，根据具体项目的情况不同，这些会议的主题也是各不相同的，实际的情况取决于我们所制定的性能目标。这些小型的临时会议一开始在每一个专业内部召开，主要针对每一个关键二级系统内部的各个要素进行整合分析，但是在此之后，会议的主题应该迅速扩展到其他的关键二级系统，在跨学科的领域之间研究它们彼此的相互关系。

本书的目的并非要预先规定这些会议要研究的主题是什么，需要召集几次这样的会议，或是什么时候适合召集这样的会议等；要想提前预知会突然发生在你项目中的所有状况，这根本就是不可能的。因此，在下面的纲要当中，我们只介绍了有关这类会议很少的几个案例，以避免陷入一种僵化的方法论。

B.2.1 研究与分析活动：方案设计

- **开始更为深入的设计过程，根据第三次团队工作会议期间绘制的概念性草图，进行建筑物的造型设计**

建筑师这个时候终于可以全身心投入到设计方案的工作中了，反复推敲建筑物的造型与美学特征；与传统的设计方法相比，采用一体化的设计方法，我们设计的调色板中有着更为丰富的可能性与备选资源。假如没有前期在探索阶段（前面介绍过的）所做的种种努力，那么这些可能性根本不会这样具体化而唾手可得。而且，在一体化的设计过程中，此时我们已经建立起一个广阔的框架，为接下来的建筑造型发展提供了明确的起始点，而不再像传统的设计方法那样孤立地面对一张白纸就开始做设计。我们现在进行方案设计创造可以从很宽广的范围汲取资料——这就像是有一个比较大的沙坑，游戏起来自然比较尽兴。指引设计方向的并不仅仅是建筑物的造型与其美学特性；对项目性能的分析与各个系统之间的相互作用也同样有助于设计的决策。于是，我们所探索的艺术性是更广泛意义的艺术性。我们所成就的美与高雅远远超越了视觉艺术性的范畴，它能够反映出丰富而诚实的内涵，因为项目的美汲取了理性分析的成果与大自然所赋予的模式。

- **通过工作会议或是电话会议等形式，反复、反复、再反复，将四个关键的二级系统与建筑物的造型整合在一起**

能否成功地将四个关键系统（生态群、水资源、能源、材料）的议题整合在一起，要取决于前期对于环境问题进行了多深入、多广泛的研究，获得了怎样程度的理解——其中最重要的一点就是，了解这些关键的二级系统相互之间是如何彼此关联的。

提出问题，回答问题，再提出问题，再回答问题：一个能够有效解决环境问题的设计方案需要在项目几个关键二级系统之间非常迅速地反复循环，探索这些系统之间的相互关系。在方案设计过程中，我们就是要探索如何将这些系统汇整在一起成为一个整体的设计，以及它们应该如何相互嵌套在一起，形成更有效的相互关系；这是一个需要反复进行，内容相当丰富的过程，因为在这一阶段会出现更多的问题需要我们进行探讨。就像上文中所介绍的，这些问题会在临时会议上进行讨论，内容从单一专业发展到跨专业议题。在这些临时会议上，我们可以运用很多种工具进行分析，这样的工具种类相当丰富；因此，为了尽可能简化，我们（类似于 A.5 阶段）在下面的纲要性介绍当中，只列举了这些工具当中的几个最为适用的例子。

需要说明的一点是，一体化的设计方案是不断发展的，到了这个阶段，我们应该开始有意识地模糊四个关键二级系统之间的分界线。所以，你应该可以注意到，下面我们所描述的案例并没有很清楚地归属于具体哪一个二级系统；相反，我们有意识地选择了这些同时跨足于多个系统的案例。

■ **生态群**（除人类以外的其他生物体系）

探索有利于促进生态群的发展与生物多样性的策略与方案，同样可以与其他的系统整合在一起进行考虑，例如雨水、废水与能源问题等。

- 实例：
    - 利用生态作用，建造人工湿地来处理人类生活所产生的废水。
    - 通过植栽屋面，或是在屋顶上建造人工湿地系统来缓解热岛效应，提供冷源，通过减低空气处理设备进气的温度，来降低制冷峰值功率，储存雨水，降低噪声。
    - 利用雨水处理基础设施来促进生态的发展，例如生态湿地、雨水花园、开放式可渗透性的铺面材料等。然而更理想的做法是，减少使用没有渗透功能的铺面材料，并且/或栽种草地或植物，这些区域具有良好的渗水性能，可以减少雨水流失的数量，并使雨水渗透到地表以下对地下水进行补给。
    - 设计路肩和其他的植栽区域，降低风与日照造成的危害，减少建筑外壳热损失与获得，探讨应力保护等议题。

■ **生态群**（人类）

探索各种室内环境系统与组成部分之间的相互关系，这些系统会对人类的健康水平、工作状况、生产率以及生活的品质产生重要的影响。

- 通过进行初步的采光分析，结合采光分析模型与能源分析模型（参见下文“能源”部分的介绍），对各种采光方案进行测试。
- 根据具体项目的复杂程度与我们所制定的性能目标，采光分析可能非常简单，也有可能会相当复杂。我们应该将采光分析的结果作为设计的指导。采光分析主要包括以下两个部分：其一是直射光线分析，另一个是对照明水平实际的计算。无论进行哪一种分析工作，都需要对场地相关的日照几何学与气候条件具有一定的了解。
- 观察直接照射到场地与建筑物的太阳光线。分析的过程中需要运用到一些便宜的工具以及/或高级的计算机程序。通过简单的太阳光检索工具，我们可以依据不同的要素，例

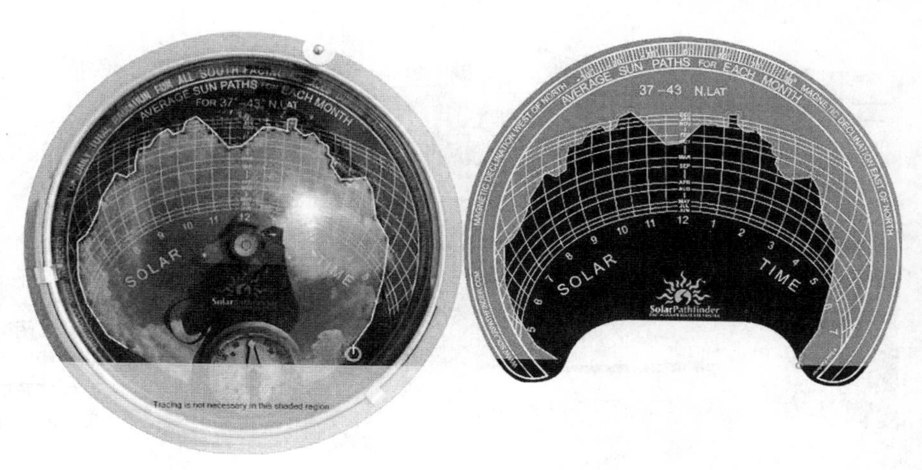

图 6-31 简单的太阳光线检索工具可以用来确定阴影的状态。左图所示为阳光路径追踪工具（Solar PathFinder）。右图为的天空穹形图，可以表现出在一天之中的不同时刻，以及一年当中的各个月阴影的形状（图片版权所有：© Solar PathFinder）。

如一年之内的各个时间，来确定围绕着项目周遭哪些范围会投射下阴影（参见图 6-31）。这些工具可以帮助我们确定场地的布局，但并不一定会对建筑物产生实际的影响。从一份采光透视图上，项目团队可以明确地了解到什么时候，在场地的哪些地方可以接受阳光的照射，或是会处于阴影状态。

目前建筑师们所运用的很多种工具，都可以在直射太阳光线分析中，为下一步的工作提供很多有价值的信息（参见下文中采光模拟工具列表）。SketchUp 软件与其他一些三维模型软件，可以将项目所在位置的日照几何学资料复制出来，进而检验建筑物的阴影效果。其他更为高级的软件，例如 ECO-TECT，可以帮助我们进行更为复杂与深入的分析。这些工具都可以用来检验室外的阴影状态，以及太阳直射光线可能会产生的光影效果（参见图 6-32 和图 6-33）。

建立一个个独立的空间或是几个组合空间的模型，对采光的性能指标进行量化。一种比较有效的方法就是尽量减少创建模型的数量，利用一个模型进行多项分析；一个模型就可以代表很多类似尺寸、类似形状的空间。为了节省这一阶段的时间，建筑当中一些很小的细部以及非永久性的元素都可以暂时忽略掉。

总体来说，自然采光性能都是在春分与秋分、冬至和夏至的时候，分别在晴天与阴天状态下分别进行测量的。之后对这些测量所得到的资料进行分析，根据分析的结果就可以推测出一年当中其他时间的自然采光性能。通过这样的分析，应该可以针对项目所在场地具体的气候状态，或是天气状态，选择出最恰当的采光方案。

自然采光性能可以通过不同的方法进行计算。其中一个简单的计算方法就是使用采光系数——即室外照明水平与室内照明水平之间的比例。我们将采光系数为 2% 的状态视为相对理想的状态；采光系数所反映的是在不采用人工照明的前提下，室外照明水平与室内照明水平相除所得到的百分比，所以在一个多云的天气里，室内照明水平为 30 英尺 - 烛光，而室外照明水平约为 1500 英尺 - 烛光的时候，

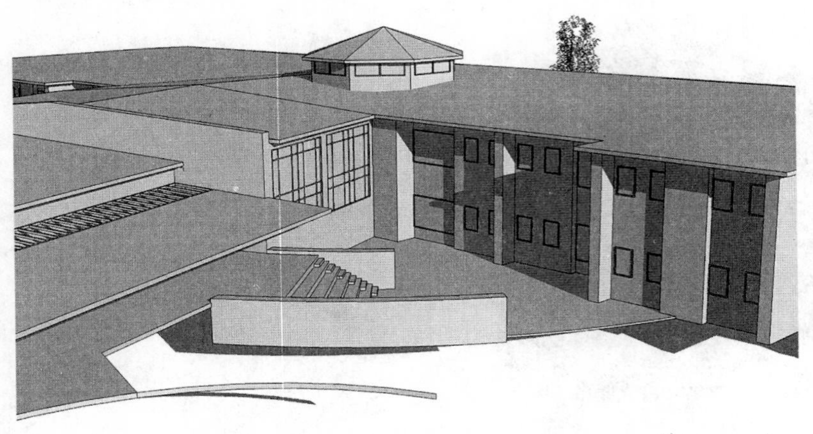

图 6-32 用 SketchUp 软件所建立的模型可以用来评估阴影的效果。很多种软件都具有创建动画的功能，可以通过三维的形式，快速表现出一天之内任意时刻，以及一年当中任何一天的阴影效果（图片由托德·里德提供）。

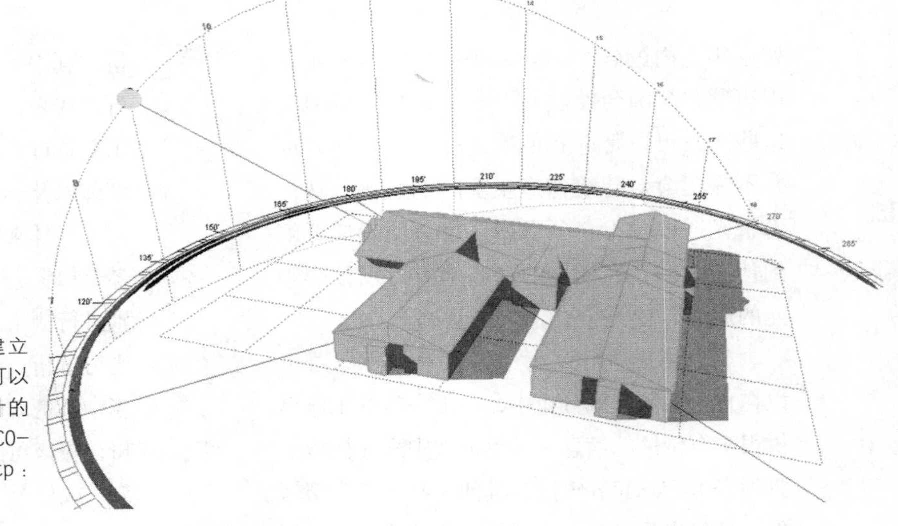

图 6-33 这是利用 ECO-TECT 软件所建立的阳光路径模型，利用这个模型，我们可以评估太阳的位置，以及它对于建筑设计的影响（图片由托德·里德提供，利用 ECO-TECT 软件制作；©2008。可参考网站 http：//www.autodesk.com.）。

采光系数即为 2%。但是，单纯利用采光系数来计算并没有办法准确评估出采光的品质，例如均匀度与对比度这些问题。我们知道，在进行采光分析的时候，既要关注于数量，也要关注于品质。所以当我们要研究类似于眩光与对比度这些问题的时候，就需要精确的英尺烛光计算、相对值以及分布状态，这样才能获得更加准确的结果（参见图 6-34 及图 6-36）。

- 另外一种自然采光性能的计量标准是天然采光自主性系数（daylight autonomy factor，简称 DAF）。其指在一年当中，一个空间只通过自然采光，而不必使用任何电力系统就可以满足采光需求的时间，占全年时间的百分比。通过能源模型，运用这种计量标准来分析照明水平，就是一体化照明分析的开始，这种方法可以为我们勾勒出整个建筑物性能指标更为完善的图

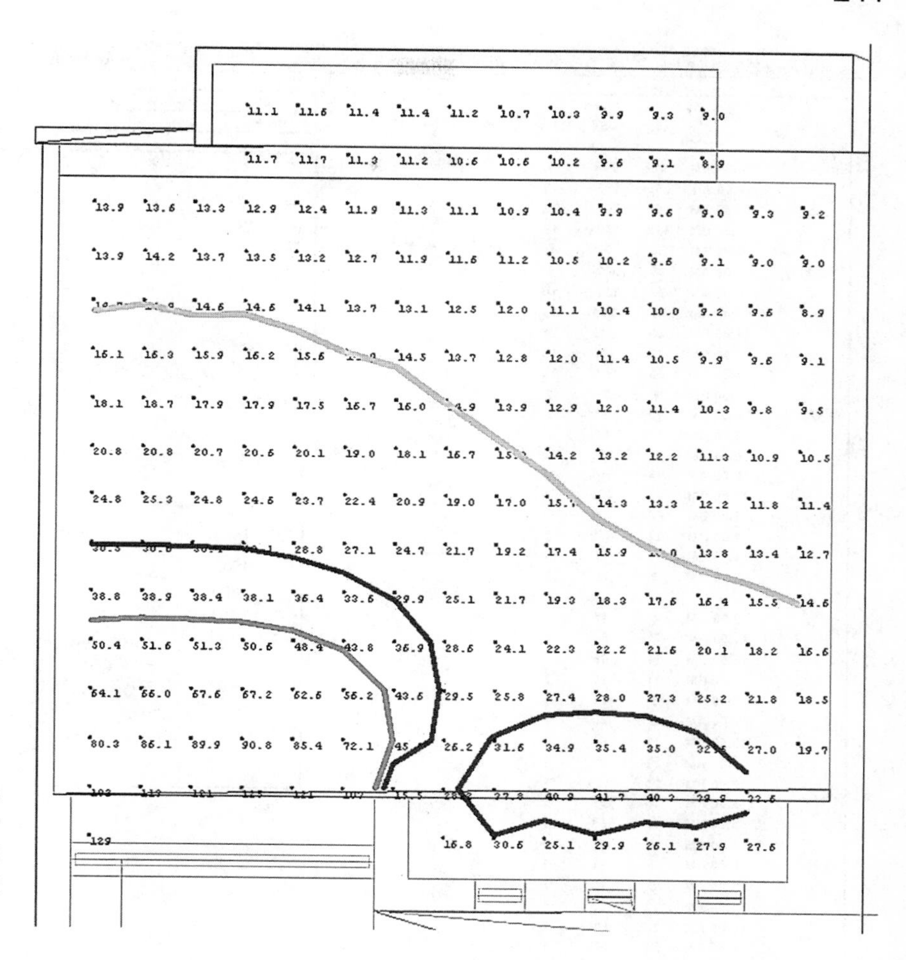

图 6-34　教室空间课桌高度的英尺烛光计算图，这种定量的分析对于采光设计性能指标的评估来说是非常必要的（图片由托德·里德提供。图片使用 AGi32 软件绘制）。

画。用来分析采光自主性系数的一种相对简单的工具就是 SPOT 软件（参见图 6-35）。

想要评估一个空间是否具有理想的自然采光性能，有以下三个关键的评估标准：均匀分布（参见图 6-36），最少的眩光，以及低对比度。要想实现高品质的照明设计，在这三个要素之间取得平衡就是问题的关键。这些要素都是涉及照明设计中品质的问题，除了简单的计算入射光线的数量之外，有关于质量的分析也是不容忽略的。

关于建立采光模型的另一个好处，就是我们可以通过三维模型，直观地看到一个空间的采光状态。有很多种采光模拟软件，都能够创建出真实度可以与照片相媲美的图像，例如 AGI32 软件。但是这样精细的效果并不是进行自然采光性能分析所必需的，它只是有助于业主和设计人员更清晰地想象采光的效果；即便是非常简单的采光模型，也可以

工作室空间年度光照度（英尺烛光）

设计状态		Zone 1 Avg	Max	Min	Shades?
晴天					
冬季	8:00 AM	46	206	8	
	10:00 AM	389	1870	19	
	12:00 PM	591	2588	32	
	2:00 PM	358	1721	19	
	4:00 PM	26	98	5	
春 / 秋分	7:00 AM	18	70	5	
	8:00 AM	57	1319	10	
	10:00 AM	69	269	16	
	12:00 PM	80	313	21	
	2:00 PM	70	280	16	
	4:00 PM	63	1477	10	
	6:00 PM	5	21	2	
夏季	6:00 AM	10	39	3	
	8:00 AM	17	61	5	
	8:00 AM	32	123	10	
	10:00 AM	48	183	13	
	12:00 PM	55	203	15	
	2:00 PM	48	185	14	
	4:00 PM	31	112	9	
	6:00 PM	16	61	4	
	7:00 PM	9	36	3	
阴天					
冬季	8:00 AM	4	17	1	
	10:00 AM	11	54	3	
	12:00 PM	14	66	3	
	2:00 PM	11	51	3	
	4:00 PM	3	13	1	
春 / 秋分	7:00 AM	6	29	1	
	8:00 AM	11	56	3	
	10:00 AM	20	97	5	
	12:00 PM	23	113	6	
	2:00 PM	20	99	5	
	4:00 PM	12	59	3	
	6:00 PM	1	3	0	
夏季	6:00 AM	3	15	1	
	8:00 AM	9	42	2	
	8:00 AM	19	93	5	
	10:00 AM	27	130	7	
	12:00 PM	29	143	7	
	2:00 PM	26	129	7	
	4:00 PM	19	91	5	
	6:00 PM	8	39	2	
	7:00 PM	3	13	1	
年度平均值		93			
年度最大值			2560		
	Avg DA	0.69	0.97	0.37	
	Avg MaxDA	0.06	0.30	0.00	

	< 33%	33%-66%	66%-100%	> 100%
工作室空间	45%	25%	12%	18%

宽度（英尺） \ 长度（英尺）	2	4	6	8	10	12	14	16	18	20	22
22	7	8	8	8	7	8	7	8	7	7	7
20	8	8	8	8	7	8	7	8	9	7	8
18	9	10	8	9	9	9	10	9	8	9	9
16	8	10	11	12	12	11	12	11	11	10	10
14	12	13	12	12	13	14	14	13	12	12	11
12	14	14	15	16	16	18	17	15	14	13	12
10	15	17	20	23	25	23	23	20	18	17	15
8	19	22	29	29	31	31	27	32	25	23	19
6	25	28	33	45	48	53	47	48	35	31	23
4	28	44	58	70	76	81	75	67	57	39	28
2	34	63	98	109	127	129	123	112	93	58	32

图 6–35 SPOT 模型的结果表示出一个工作室空间的照明水平；这种软件可以计算出采光自主性系数（DAF）。在这个案例中，采光自主性系数为 0.69，这就是指在一年所有的日照时间当中，有 69% 的时间只依靠自然采光就可以满足设定的照明水平，而不需要借助于任何人工照明（图片由托德·里德提供）。

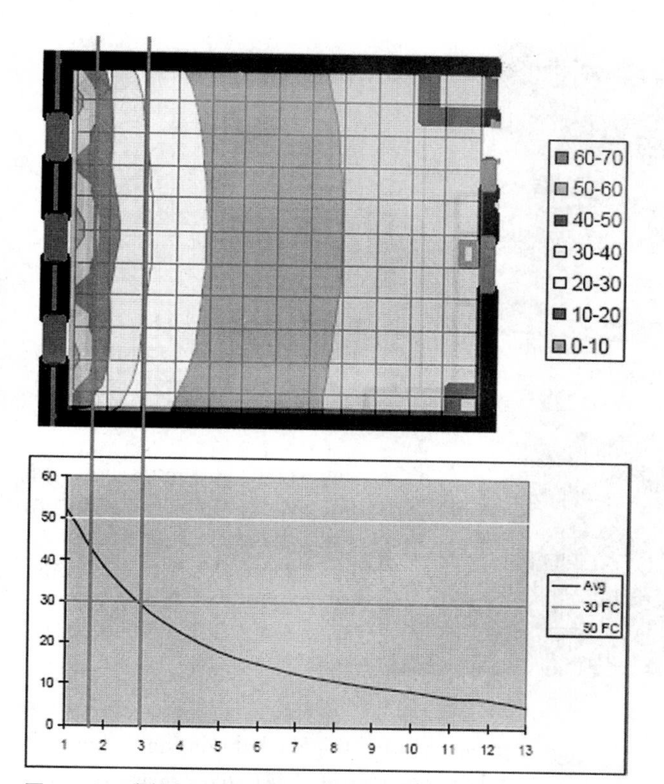

图 6-36 采光均匀性平面图与剖面图，可以帮助设计人员评估一个空间内部采光分布的均匀程度。当进行电力照明系统设计的时候，这些资料都是设计过程中会用到的重要的参考资料，因为理想的照明设计应该尽可能降低空间中的采光对比度（图片由托德·里德提供）。

使设计团队的工作人员非常直观地感受到空间的采光状况，进而帮助他们发现一些潜在的有待解决的问题。当我们为一所大学设计一栋音乐厅建筑的时候，项目进行到方案设计阶段，通过采光模型，我们发现从天窗照射到室内的太阳光线，会直射到管弦乐和唱诗班区域指挥人员所在的指挥台上，这样的直射光线会干扰到指挥人员观察到管弦乐和唱诗班成员的状态。于是，我们对原先设计的天窗配置状况进行了修改，避免了这样的问题。穆思科·马丁（Muscoe Martin）也有一个类似的故事，他在进行库萨诺环境教育中心项目的设计时，通过渲染的照明分析图像发现，应该遮挡展示柜对于自然光线的反射，这样才能使里面的展品更清晰地展现出来。于是这个项目的建筑师苏珊·马可西曼事务所（Susan Maxman Partners）将这些展示柜的前面设计成倾斜的式样，解决了这个问题。

- 在这一阶段，建筑师的设计工作应该与采光模型紧密联系，并利用采光分析所得出的结果来指导项目设计的进行。这就需要在方案设计的过程中反复地建立模型进行分析，反复地召集会议进行讨论。
- 采光模拟工具：

有很多种采光软件分析程序，可以帮助设计团队研究这些自然采光性能的要素，进而发展出更加完善的设计方案，营造出更高品质的采光环境。以下是几种常用的程序：

- Radiance：该软件由劳伦斯·伯克利（Lawrence Berkley）国家实验室针对 UNIX 基础计算机开发，该程序可通过网站 http：//radsite.lbl.gov/radiance/HOME.htmi 免费下载使用。
- Lumen Desiger：该软件由照明技术有限公司开发，是在 Lumen Micro 后续开发的版本。可由网站 http：//www.lighting-technologies.com 下载使用。
- AGI32：由采光分析有限公司开发，这种照明设计软件可以用来计算与建立模型。该程序可通过网站 http：//www.agi32.com 下载使用。
- ECOTECT：由 Autodesk 提供，是建筑分

图 6-37 三维采光模型可以帮助使用者了解到，在各种不同的日照条件下空间不同的感受。在这个项目中，模型所展示的是与图 6-23 同样的一个空间，只不过是从一个不同的视角（并且在不利用电力照明的条件下）表现的，来观察门诺派神学院（AMBS）新建图书馆项目中，书架在自然采光状态下的效果（图片由罗伯特·托马斯（Robert Thomas）提供。图片使用 AGi32 软件绘制）。

析软件中的一部分，用来建立采光模型。该软件可通过网站 http：//ecotect.com 下载使用。

- IES-VE：这种采光模型软件，属于 Revit-based 分析工具的一部分，限用于 IBM 公司。该软件由一体化环境设计有限公司开发，可由网站 http：//www.iesve.com 下载使用。
- DAYSIM：这种工具用来计算采光自主性系数，其计算结果可以供其他模型软件使用，建立同样的空间模型。这种软件是非常有用的，因为要进行采光分析第一步要做的工作就是建立三维模型；我们可以通过一种软件建立模型，再通过其他的软件进行分析，或是直接运用分析软件来建立模型。通过网站 http：//irc.nrc-cnrc.gc.ca/is/lighting/daylight/daysim_e.html 可以得到更多信息，并提供免费下载。
- SPOT：传感器定位与优化工具，重点在于计算 DAR 以及确定传感器的位置。该软件由建筑能源股份公司开发，可由 http：//www.archenergy.com/SPOT 网站下载使用。

通过这些采光分析程序得到的结果，可以为设计人员提供亮度与照度值，照明水平图以及等值线，视觉舒适性水平，照片品质的渲染图，以及太阳光线变化的动画视频等。设计团队的成员熟悉了这些基本的要素，同时也了解玻璃性能所产生的效应，就可以有效地评估各项不同的采光参数和各种组成部分，以及它们对于其他系统的影响作用。我们常常会利用这些工具来优化调整开窗的形状与尺寸、遮阳设施，以及外悬设备等。

- 热舒适性分析
  - 确定最终的热舒适性设置以及参数。
  - 确定个人控制（可开启式窗户、地板下送风等）的水平并提供给使用者。
  - 开始检验与暖通空调系统组件相关议题的效应。例如，为了达成所设定的性能指标而需要增加湿度，而节能器制冷是正在考虑的方案，那么出于对增湿问题的需求，应该对独立制冷系统进行思考。
  - 对于复杂的建筑设计与气流方案设计来说，热分析模型是特别有价值的。类似于 TRNSYS 这一类的软件，可以依据暖通空调系统的设计以及建筑外壳的性能，针对建筑室内条件进行评估。
  - 特殊的建筑外壳构造以及窗－墙剖断面，可以利用类似于 WINDOW 以及 THERM 5.2 这些软件来进行分析，确定建筑物的热渗透效应。通过这样的分析，可以找到建筑物结构以及外壳系统当中存在的热桥，这对于确定其他一些潜在的问题，例如冷凝、湿气、冷表面（热舒适性中的一种，指辐射温度的平均值）以及热失散等，都是有很大帮助的。这些软件可以通过网站 http：//windows.lbl.gov/software/default.hta 免费下载使用。
- 通风分析
  - 确定室外空气注入建筑物内部的入口位置，如果可以的话，尽量使屋顶材料的选择与进气口位置相互协调。通常情况下，室外空气都是经由建筑的屋顶部分注入室内的。在炎热的季节，晴朗的天气条件下，白色的屋顶或是植栽屋顶可以使室内获得 60—80 ℉的环境温度，这样就可以节省相当多的能源。
  - 考虑项目是否需要进行流体动力学计算（computational fluid dynamics，简称 CFD）。如果有必要的话，可以借助于 CFD 软件来建立气流、热交换以及热舒适性的模型。尤其是对于类似于中庭这样的大型空间，复杂的建筑外壳构造（例如双层通风玻璃幕墙方案），以及针对通风系统的气流分析来说，这种计算是非常有价值的。如果项目考虑使用替代性的通风（比如说地板下送风），或是打算采用自然通风策略，那么我们可以运用流体动力学计算来测算与比较各种不同的方案（参见图 6–38）。对流体动力学的研究应该与能源模型的效应紧密结合在一起，这两项工作通常都是由同样的公司来执行的。
  - 一个最常使用的 CFD 软件包由 Fluent 公司研发，可由网站 http：//www.fluent.com 下载使用。
- 污染源控制
  - 找出操作中的污染源，并需要针对这些污染源进行探讨。要注意这些污染源在建筑物楼层平面图中的位置，还需要注意隔离，避免这些空间的不良空气渗透到邻近的空间。分析由于消除了这种交叉污染，会对建筑以及暖通空调系统产生怎样的影响。通过将这些污染源空间集中布置，尽可能地缩减排气管道的长度，并降低风扇的功率。

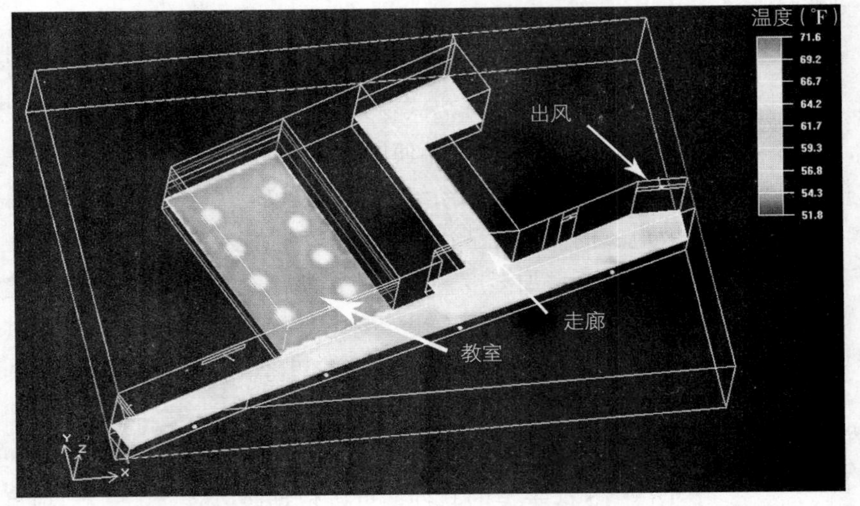

图 6-38 纽约州锡拉丘兹市，锡拉丘兹中心总部建筑楼层模型。这是一栋很优秀的综合性建筑，其中包括实验室、办公室以及教学区，我们利用流体力学计算（CFD），来测试建筑物内部的温度、气流状况，以及采用地板下送风与双层通风玻璃幕墙走廊配置下的辐射温度。图示为使用 Airpack 软件建立的建筑物三层楼层平面图；图中下方的走廊面朝南向，与所提案的双层通风玻璃幕墙相邻。通过这样的模型，我们确定了所提案的方案设计，无论在冬季还是夏季都可以为教学区提供可以接受的适宜温度条件。在夏季，走廊的温度会上升到将近 85 ℉，而在冬季，走廊靠近地板处的温度接近 64 ℉（图片及标注由英国奥雅纳工程顾问公司（Arup）提供）。

图 6-39 锡拉丘兹中心总部建筑渲染图，该项目旨在追求获得 LEED 铂金级认证。右侧的图片表现了南向的玻璃幕墙，搭配绿色的屋面，这样的配置非常适应当地寒冷的气候（图片由建筑师年木森提供）。

- 明确所有空气过滤的需求，对暖通空调系统组件的影响。
- 声学
  - 研究建筑的声学特性以及性能目标，明确这些声学因素对建筑物外壳、建筑平面配置、暖通空调系统组件，以及建筑材料选择等方面的影响。
  - 需要说明的一点是，LEED 体系现在针对学校建筑，要求达成的声学性能，既是一项必要条件，同时也是一项可选择的评分。

声学同建筑设计相结合

声学领域资深顾问克里斯托弗·布鲁克斯（Christopher Brooks） 著

任何一处建筑物外观的变化都会对其声学性能产生影响，同样（如果在设计过程中有所考虑的话），声学性能也会影响到建筑物当中的每一个系统。即使在设计的过程中没有对声学问题进行思考，建筑物的声学性能还是会受到几乎每一个建筑系统的影响（无论是正面的还是负面的影响）。

假如业主和设计师们期望他们的建筑能够拥有一个理想的声学性能，那么在设计和施工的过程中，就必须有意识地对声学问题进行探讨。对一些项目而言，大家都了解声学性能是设计的重点，比如说礼拜堂和演奏厅等空间，但是对于另外一些类型的建筑而言，声学性能也是非常重要的，甚至更具有现实性的意义，例如学校、办公以及住宅建筑等。

声学性能与建筑在以下几个方面存在联系：

- 一个空间的尺度与形式从根本上决定了它的声学性能。
- 材料会影响声音在一个空间内的表现，以及声音在不同的空间之间传播。
- 机械系统与电力系统都会产生噪声。要想通过设计来降低噪声，就需要严肃地考虑预算问题以及建筑物的配置状况。
- 电声系统需要定位其组件，还需要一个声学舒适性的空间。

空间的尺度与形式

对一个建筑来说，假如设计的重点在于声学特性，那么我们在设计过程中所需要考虑的最基本的因素就是空间的尺度与形状。空间的尺度决定了可以容纳多少人，也决定了什么样的人可以在这里表演。弦乐四重奏不可能在休斯敦圆顶棒球场内演奏；同样，西雅图乐队也不可能在我家的起居室里表演。再举一个不那么夸张的例子，如果一间教室太大了，学生们就会听不清楚。

一个音乐厅的造型对其主要功能来说是非常重要的，而对这样一种造型的设计也是一门艺术。在20世纪，我们看过很多音乐厅建筑，从普通到高级，它们在造型方面的设计理念总是有一些瑕疵存在。现代最为成功的音乐厅建筑——达拉斯迈耶尔逊音乐厅（Meyerson），它的声学效果是非常壮观的——它之所以取得成功，就是因为设计师从根本上了解到，这样的使用空间需要配置这样的几何造型。

对很多空间来说，隔声都是一个很重要的议题（例如音乐厅、礼拜堂、礼堂、会议室、私人办公室、音频编辑室等），位置的选择必须经过缜密思考。一个空间要想获得良好的隔声效果，避免室外噪声的干扰、隔壁房间的干扰，或是机器设备的干扰，一个最为经济有效的方法就是科学的配置定位。

还有一些空间，声学特性对它们来说并不是那么重要，但是空间的造型还是有可能会引起一些问题（背后弧形的墙面引起回声和声聚集），或是带来一些机会（会议室会议桌有利于支持发言的造型）。

声学规划、空间尺度、形式以及位置，这些议题都应该在设计的初期就进行仔细考虑。

材料

建筑材料对声音的影响，主要表现在对声音的吸收，或是不同程度地对声音产生屏蔽作用。我们也可以有意识地将产品塑造成一定的造型，从而对声音起到发散的作用。所有这些属性单独来说并没有什么正面与负面之分。对于材料的属性与所使用的位置，我们一定要仔细选择，之后再结合其他的设计要求综合进行考虑。

“声学的”（acoustical）一词，经常被用来表示具有吸声效果的材料（有的时候也会用来表示与声音有关的一些其他性能）；人们常常会认为，凡是标记有“acoustical”的材料就总是对声学特性有益的材料。但这种认知是不正确的。只有我们做到恰当地选择材料，并将其用于适当的位置，这些材料才会对空间的声学品质起到提升的作用。

最好的解决方案，通常都会在材料选择方面能够同时满足多种功能性的需求。举例来说，人行小路采用硬质铺面材料，可以对下方的声音起到反射的作用。吸声砖并不是用在什么地方都适合，我们只有把这种材料使用在恰当的地方，反光，遮掩不美观的结构，控制超出正常范围的混响时，它才能够发挥出最大的经济效益。吸声材料最主要的用途，是用来满足声学设计的要求。

建筑材料的声学性能，也会受到它们所在的位置，以及安装方式的影响。对建筑材料的选择，不能脱离与声学设计相关的一些基本议题而孤立进行，这些基本的议题包括造型、功能与构造等。

机械与电力系统

机械与电力系统通常都会产生负面的声学影响，即产生噪声。为了确定由这些系统所产生的噪声适当的等级，之后再通过设计与安装来降低噪声，达到噪声控制的标准，我们投入了大量的资金与精力。这项工作可能是一个挑战，因为有很多机械系统的设计与声学性能的要求之间，存在着直接的冲突。比如说，涡流有助于空气的混合流通（这对于舒适性是有益的），但是涡流却会产生噪声（这对于声学性能又是不利的）。

然而，我们还是有很多机会对这些问题进行整合；举例来说，具有改善声学品质功能的表面材料，例如声学“云”有助于空气的流通，而由于配风引起的“白”噪声有利于保护谈话的私密性。在礼拜堂或是演奏厅这一类的空间，将进风口设置在听众（或是会众）的座位下方，而将排风口设置在比较高的位置，这样的做法可能会提高造价，但是却相对安静，而且能源使用效率高，还可以去除空气中的污染物。对办公室与教学空间来说，地板下送风的系统可以营造出最为安静的环境。

机械方面的需求与声学品质是可以相互一致的——尽管很难。我们在设计的过程中，越早针对这些问题进行探讨，就越有可能获得理想的结果。

电声系统（或视听系统）

电声系统的组件需要一定的位置——有些时候还包括显而易见的扩音器——以及一间在声学特性上适合这些组件的房间。除此之外，很多视听系统的构件都需要用风扇进行冷却，这就会产生噪声。我们需要对这些噪声进行控制，以满足声学规划中其他一些方面的要求。

遗憾的是，有些人认为视听系统（或是电声系统）不过就是一些设备，完全可以在设计结束后再进行安装。对于那些将视听系统作为主要声学功能的空间来说，这种想法就大错特错了！——更不用说那些包含多种声学功能的空间，视听系统不过是其中的一种，比如说多功能礼堂。

整体的声学

声学是建筑规划中的一个方面。它在整个建筑规划当中的重要性水平有可能是微乎其微的，但也有可能重要到成为建筑物存在的理由。即使声学问题对于整个建筑规划来讲并不那么重要，但它却有可能是具有破坏性的，有时会具有重大的意义。

除了视听系统图纸以外，并不存在单独的“声学图”。一个好的设计，需要将声学问题融汇到每一个阶段、每一个方面当中进行深思熟虑，从建筑规划阶段一直延伸至最后的施工调试。

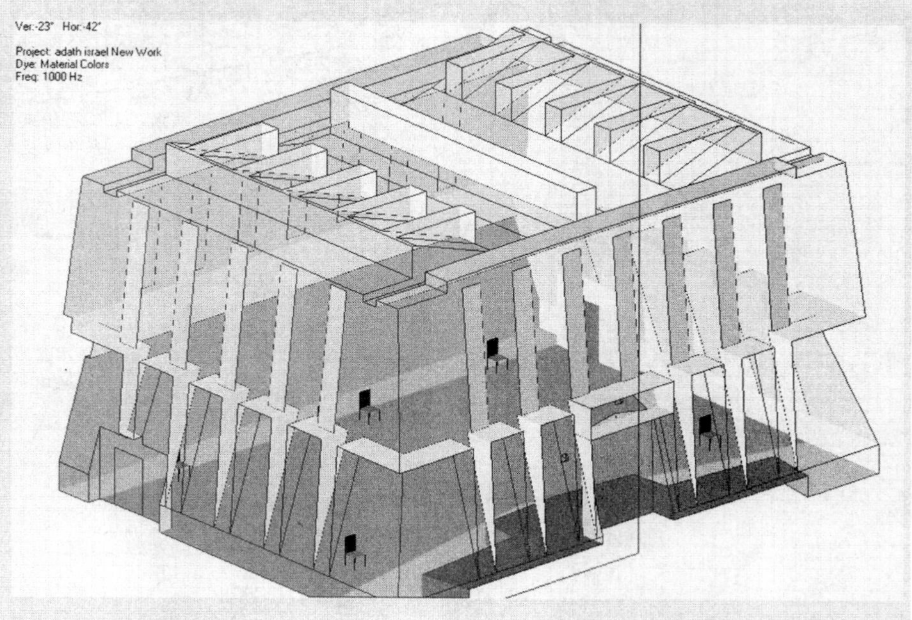

图 6-40　图示为一所犹太教堂的工程师电声模拟系统（Electro-Acoustic Simulator for Engineers，简称 EASE）声学模型。犹太人的祷告活动要求将空间几何体的高度设定在一定的水平，这样才能够有利于祷告者们所咏唱的圣歌充分融合；墙体的结合方式有利于提高声音的清晰程度；而倾斜的墙体则可以避免产生回声与谐振现象。设计人员通过建立这个声学模型，可以定量地研究这些与声学相关的性能（图片由克里斯·布鲁克斯（Chris Brooks）提供）。

■ 水资源

探讨每一个系统与构建当中水的供给与输出流向，获得对这些问题的认知，于是我们就可以通过整合，在项目水资源平衡的模式中，实现系统当中的每一个元素都具有不同的功能与意义。

- 实例
  - 通过使用低流量坐便器来减少对水资源的消耗量，这通常是节水的第一步；很多时候，只是简单地安装复式水冲式坐便器、无水小便斗、0.5 加仑 / 分钟的盥洗室水龙头、自动龙头控制，以及 1.5 加仑 / 分钟的淋浴喷头，就可以减少 40%—50% 的饮用水消耗，进而节约了费用。
  - 利用冷却系统所产生的冷凝水，灰水，以及 / 或是收集到的雨水，用来冲洗坐便器、农业灌溉，以及 / 或对地下水进行补给。
  - 研究利用现场的人工湿地来处理卫生间产生的污水，这样可以创造生态群，补给地下水，或是经过循环处理再回到建筑物中使用。需要特别说明的一点是，在很多案

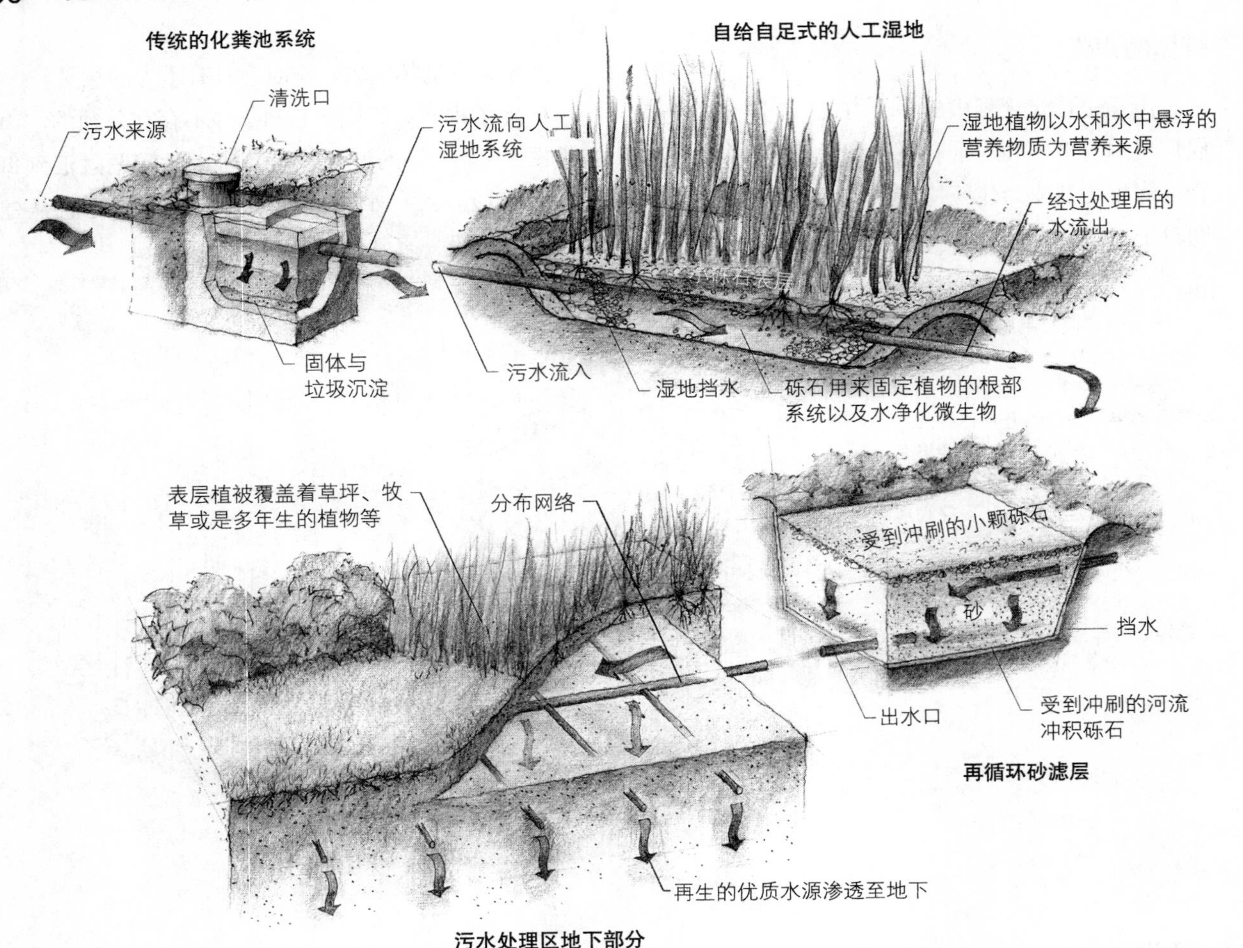

图 6–41 人工湿地在经济上可以很高效地将废水处理、促进生态群的发展与提高水源的品质整合在一起，促进了水资源的平衡。图示描述了一个具有代表性的人工湿地污水处理系统的构成（图片由杰夫·查尔斯沃思（Jeff Charlesworth）与《回归自然》，Oldwick，NJ 提供）。

例当中，我们在设计过程中所思考的水循环问题的范围越广，就越没有必要到处滥用低流量坐便器和小便斗——甚至不再需要用到这一类节水设备——因为我们会需要用废水来滋养人工湿地。

- 对我们所收集到的雨水、灰水，以及/或冷凝水的数量进行统计，使这些供给的水资源与人工湿地所需要的废水、生态群，以及/或地下水的补给之间达到平衡。再次重申，非直接式、低流量卫生洁具并不一定永远都是最好的解决办法。
- 考虑使用堆肥式厕所，这样既不需要用水，又不会有废水的产生，同时还有助于提高土壤的品质，促进当地生态群的繁衍。

能源

通过反复地建立能源参数模型，并结合使用寿命成本分析，针对会影响到建筑物的能源性能与能源消耗的问题，在所有系统之间展开研究与分析，指导设计的方向。

- 在方案设计阶段，要锁定建筑物的体量、朝向以及开窗比例这些基本的问题。
- 随着项目设计的发展，能源模型也要相应发展。我们要对能源模型不断更新，针对第三次团队工作会议期间确定的任何节能措施（或是个别的参数），都要建立模型来试运转。
- 一次一次反复运行各种参数组合状况下的模型，通过将各种节能措施以不同的方式进行组合，在初期建造成本与后期运转成本之间找到最有利的能源性能平衡点，进而对系统进行优化，降低系统的功率。
- 根据第三次团队工作会议上确定的项目暖通空调系统的各种备选方案，建立模型来辅助针对使用寿命成本的分析，并把这种方法作为选择暖通空调系统的机制。当我们已经将建筑的各项荷载尽可能减低到了极限之后，下一步要做的工作就是运用模型来辅助选择合适的暖通空调系统。我们一定要在对所有降低荷载的策略都完成了建模分析，并达成一致意见之后，才可以开始选择系统，这一点是非常重要的。如果在降低荷载之前就开始进行使用寿命造价分析（LCCA）的话，就会导致夸大能源使用量，因为建筑的荷载还没有经过优化降低到理想的水平。如果在探讨与评估降低荷载的议题之前就开始使用寿命造价分析工作，那么由于可能会夸大能源使用量，从而可能导致完全不同的方案（与合理地优化建筑外壳结构与照明设计之后再选择暖通空调系统的情况相比）。

  例如在最近的一个项目中，负责设计的工程师根据以前一所小学设计（这所小学是以传统的方法建造的）的能源性能资料，推断并运用在较之规模大得多的高校项目中，得出建筑预估的能源使用状况，并在此基础上进行了服务周期造价分析。经过他们的分析得出结论，即这个项目的暖通空调系统最好的选择，就是四管式变风量空调（VAV）系统配合水冷冷凝器以及燃气锅炉。我们并没有直接采纳这项计划，而是建议改用性能更佳的外壳系统，并降低照明荷载，之后再建立能源模型进行分析。当我们根据“降低了荷载”之后的模型结果进行使用寿命造价分析之后，得出了完全不同的结论，发现采用地热泵系统才是这个项目最好的选择。我们将项目的制冷与供暖荷载降低到了正常水平以下，就改变了使用寿命造价分析的结果，而反过来，不同的使用寿命造价分析结果又影响了暖通空调系统的选择（参见图 6-42）。
- 根据经过优化的低荷载情况，借助于能源模型的运转，完成复杂的服务周期造价分析，这样才能选择出在经济上最高效的暖通空调系统。
- 最初的暖通空调系统荷载计算应该结合能源模型的运转同时进行，这样才能最大限度反映降低系统规格所带来的益处。有很多机械工程师都是在项目的平立面都差不多确定了之后，才勉勉强强地开始进行荷载计算，并且计算之后也不愿意对方案做过多的修改。

图 6-42 为选择暖通空调系统而建立能源模型的实例：这是最近的一个项目，我们建立了这套能源模型来比较四种不同的暖通空调系统。我们将这些模型的运转作为使用寿命造价分析工作的一部分，旨在选择出使用寿命造价最低的一种暖通空调系统。对这四种系统的模型介绍如下：

HVAC-1：地热泵系统（GSHP），16EER，3.8COP，320 口竖井提供地循环热交换，每一套地热泵机组附带通风装置，利用专用的室外空气（outside air，简称 OA）GSHP 机组，及热能回收及二氧化碳传感器，大型空间使用地热泵热能回收装置。

HVAC-2：传统的水暖泵（CWSP），14EER，5COP，天然气锅炉，燃料使用效率（annual fuel utilization efficiency，简称 AFUE）88%，冷却塔功率 50 加仑 /（分钟・马力），每一个水暖泵机组附带通风装置，利用专用的 OA GSHP 机组，及热能回收及二氧化碳传感器，大型空间使用水暖泵热能回收装置。

HVAC-3：风力变风量空调（VAV）系统，两台水冷冷凝器 6COP，两台天然气锅炉，燃料使用效率 88%，变风量空调系统附带 VAV 箱、再热装置与二氧化碳传感器，大型空间使用热水与冷却水盘管组成的热能回收装置。

HVAC-4：风机盘管机组，两台水冷冷凝器 6COP，两台天然气锅炉，燃料使用效率 88%，冷却塔 50 加仑 /（分钟・马力），每一个风机盘管机组附带通风装置，利用专用 OA 机组，包括热水与冷却水盘管、热能回收及二氧化碳传感器，大型空间使用热水与冷却水盘管组成的热能回收装置。

针对这四种系统建立的模型包含如下假设条件：
建筑外壳：地板 - 地板高度为 13 英尺，以体育馆与礼堂这两种空间作为研究对象，大部分外墙——4 英寸面砖，3 英寸聚异氰脲酯保温材料，8 英寸砖（整体的 U 值 =0.041，R-24）；钢质外墙（只有在玻璃幕墙的部分存在）——钢质维护板，空气层，3 英寸聚异氰脲酯保温材料，5/8 英寸石膏墙板（整体的 U 值 =0.042，R-24）；屋顶——3 英寸聚异氰脲酯保温材料，整体的 U 值 =0.037，R-27；玻璃——透明，双层，低辐射玻璃，视觉“阳光屏蔽”VRE1-46，整体的 U 值 =0.30，太阳能热增益系数（SHGC）=0.28，可见光透射率 =43%。与室内水池相关的荷载在模型中没有考虑。

内部荷载：照明——0.85 瓦 / 平方英尺；插座——0.70.85 瓦 / 平方英尺，以上数据根据美国供暖、制冷与空调工程师学会（ASHRAE）所建议的照明密度以及经验法则设定。

设备：电力——PECO GS 单一标准（假设夏季没有会议使用）；燃气——PECO GS 标准（除地热泵系统之外，燃气主要供热水器和锅炉使用）。

时间表：根据学校一年当中有九个月开课，夏季休息制定时间表。

缺省值：其他项目都有可能采用标准 eQuest 软件所自带的缺省值，内容包括但不仅限于，建筑物内部热水的使用，以及每类空间面积所占的百分比。由于使用缺省值所引起的误差，对每一种系统的影响程度是一致的，所以应该不会影响到系统对比的准确性。
图片由卡姆・菲茨杰拉德提供。

都柏林高中
eQuest v3.60b 模型结论汇总
几种备选暖通空调系统建筑能源使用状况汇总

每项节能措施设计运转	HVAC-1 地热泵系统	HVAC-2 水暖泵系统	HVAC-3 四管式风力变风量空调系统	HVAC-4 四管式风机盘管机组
预估运转成本（美元）				
电力	323790	347456	354808	325906
燃气	32309	36244	52578	41664
总计	356099	383700	407386	367570
造价 / 面积（平方英尺）	1.00	1.08	1.14	1.03
消耗				
场地［千英热单位 /（平方英尺・年）］	32.0	34.3	38.4	34.7
能源［千英热单位 /（平方英尺・年）］	82.5	87.8	93.4	86.9
建筑物电力使用				
灯具	881635	881635	881635	881635
工作灯	447638	447638	447638	447638
辅助设施，设备	370597	370597	370597	370597
供暖	21313	14705	0	0
制冷	380269	499057	355965	378261
排热	0	0	2850	2140
泵及其辅助设备	183715	219114	239768	260483
换气扇	270754	270751	479861	292957
冷却剂显示器	0	0	0	0
热泵附件	0	0	0	0
内部用热水	0	0	0	0
外部用途	86613	86613	86613	86613
总计	2642534	2790110	2864927	2720324
建筑物燃气使用（千卡）				
厨房用	6956	6956	6956	6956
供暖	0	3031	15606	7214
内部用热水	16546	16546	16546	16546
总计	23502	26533	39108	30716

他们针对这种做法所给出的理由竟是没有那么多的预算可以重复进行荷载计算。但是，在这个阶段，并没有必要进行全面的荷载计算。对于很多类型的建设项目——学校、医院、办公建筑等——我们只需要选择建筑的一翼或是一小部分来计算就可以作为代表。或是在一些项目中（比如说学校建筑），如果某一个空间是重复出现的元素，那么从这一个房间的荷载状况就可以推断出整个一翼的荷载。

- 如果一个项目的主要任务就是尽可能降低暖通空调系统的规格，那么机械工程师们就需要做好准备，针对很多种备选方案进行检验，并分析它们对建筑荷载分别会产生什么样的影响。
- 使对系统的测量成为建设项目交付使用后节能绩效测量与检验（M&V）的一部分，并思考对于机械、电力和管道系统的配置与设计的影响。认同常规性的节能绩效测量与检验（M&V）方法，这样在设计机电（MEP）系统的配置（与控制系统）时，才可以将前期收集到的资料作为有效的指导。
- 实例

建筑性能模拟工具的圣杯，就是众所周知的一套模拟按钮，它与三维设计软件结合在一起使用。按下能源按钮，这个软件就会显示出当前设计的修改对能源使用所产生的影响。按下采光的按钮，照明水平的格栅图就会出现在画面上。随着设计辅助工具的不断研发进步，我们距离这种理想的状态已经越来越近了，但是目前就现状来说（几乎所有的项目），我们还没有办法达到这样的水平。所以，我们常常需要同时使用好几种模拟工具。

举例来说，当我们需要检验照明策略的时候，通常都需要能源模型，来评估各种方案对整体能源使用状况的影响。在最近的一个项目中，我们针对一个二层的空间检验了好几种设计，希望找到最高效的照明方案。这些方案包含各式各样的屋顶配置形式——平屋顶带天窗，斜屋顶带天窗，平屋顶带锯齿形的天窗等。我们同时针对这些不同的配置形式进行分析，不仅分析它们的自然采光性能（利用采光模型），还要分析对能源使用状况的影响（利用能源模型软件）。单纯解决某一个问题，并不能使项目团队得到最优化的方案。随着 BIM 工具的不断进步，利用一种工具进行多项分析已经变得越来越普遍，它会极大加快我们设计的速度。

■ **材料**

研究与分析各种建筑结构与外壳系统的备选方案，并探索这些组件之间的相互关系，以及它们与其他二级系统之间的相互关系，进而指导设计工作的方向。

- 根据第三次团队工作会议上所确定的参数，运用我们在 A.3.1 阶段以及 A.5.1 阶段曾经介绍过的辅助工具，针对建筑的结构系统与外壳系统进行生命周期评估（LCA）分析，指导设计工作的进行。
- 检视各种材料不同组合方式的对比，根据项目所制定的目标，尽可能降低环境的负担。
- 检视输入资料，满足结构性活荷载的需求。
- 检视一切机会，尽可能优化建筑开间、梁柱、地板与顶棚的尺寸。
- 思考所有结构性改善方案，尽量减少建筑材料的使用量。

- 根据之前阶段生命周期评估模型的运行结果，检视由于建筑组件所引起的最大的环境影响，并寻找机会尽量降低这些组件对环境所造成的负面影响。举一个例子，要想减少混凝土当中波特兰水泥的使用量（从而降低二氧化碳的排放量），这也需要结构工程师的积极配合才可能达成。
- 实例

我们再次回顾在本章开头“生命周期评估（LCA）工具与环境收益”中所讨论的生命周期评估实践，你可能还记得我们开始针对这个项目进行生命周期评估工作的时候，首先是将建筑的结构与外壳构件资料输入到雅典娜®建筑影响预估模型当中。这样，我们就可以看到各种建筑结构构件与外壳构件在不同的组合模式之下，对于二氧化碳的排放与全球暖化问题影响的比较。反过来，这些资料又可以帮助我们确定，哪里才是以后我们工作的重点。第一步，我们要针对建筑物的开间以及梁柱尺寸进行优化（参见图 6–17，图6–18）。然而早期的分析结果清晰地显示出，针对二氧化碳的排放以及全球暖化问题，产生最大影响的是建筑物结构与外壳构件当中的基础部分（参见图 6–16，图 6–17）。

于是，这样的客观事实就引导我们开始重新检视各种备选方案，尽量减少基础部分对环境产生的负面影响。我们有规律地寻求方法，减少基础部分所使用的混凝土当中波特兰水泥的含量，进而降低二氧化碳气体的排放。我们为此所做的努力包括从水泥制造商那里寻找技术支持，与结构工程师一起密切讨论，要在整体承包合同定案的时候，确保已经对所有可能会影响到项目进度的因素都进行了考虑。

在这个案例当中，我们将用于基础浇筑的混凝土当中波特兰水泥的用量减少了 35%，就可以降低二氧化碳气体的排放量大约 6000 吨——这个数量甚至超过了所有其他建筑结构与外壳系统组合所产生的二氧化碳量。配合对建筑物的开间与梁柱尺寸进行优化调整，由项目的结构与外壳构件所引起的全球暖化问题（它的水平与二氧化碳气体的排放量成正比）的程度也减少了 25% 以上（对比图 6–43 与图 6–17）。

我们还要与负责能源模型的工作人员密切配合，来共同找到一些其他的策略。一开始我们选定的设计方案是钢质外墙贴面砖。但是后来我们却发现与其把钱花在购买面砖上，倒不如更换成隔热混凝土墙（这样的构造形式有利于提高建筑物的能源性能），再将面材更换为木材。而且，使用隔热混凝土墙体结构，波特兰水泥的使用量也会减少。

图 6–44 所示为雅典娜软件分析的结果。通过对这些策略不同的组合进行检测，分析在哪种组合方式下项目所使用的材料对环境产生的负面影响更小；图示表现了三种设计所产生的不同结果：最高的线柱代表原始的设计，采用钢质外墙、普通的混凝土、面砖，以及没有经过优化的开间尺寸。下一个比较低的线柱则代表优化了建筑开间与梁柱尺寸之后的结果。第三条最低的线柱表示减少了基础与墙体构造中波特兰水泥的使用量，改用隔热混凝土墙体结构，并将面材改为木材之后的结果。图中 GWP 是英文 global warming potential——“全球变暖潜能值”的缩写。

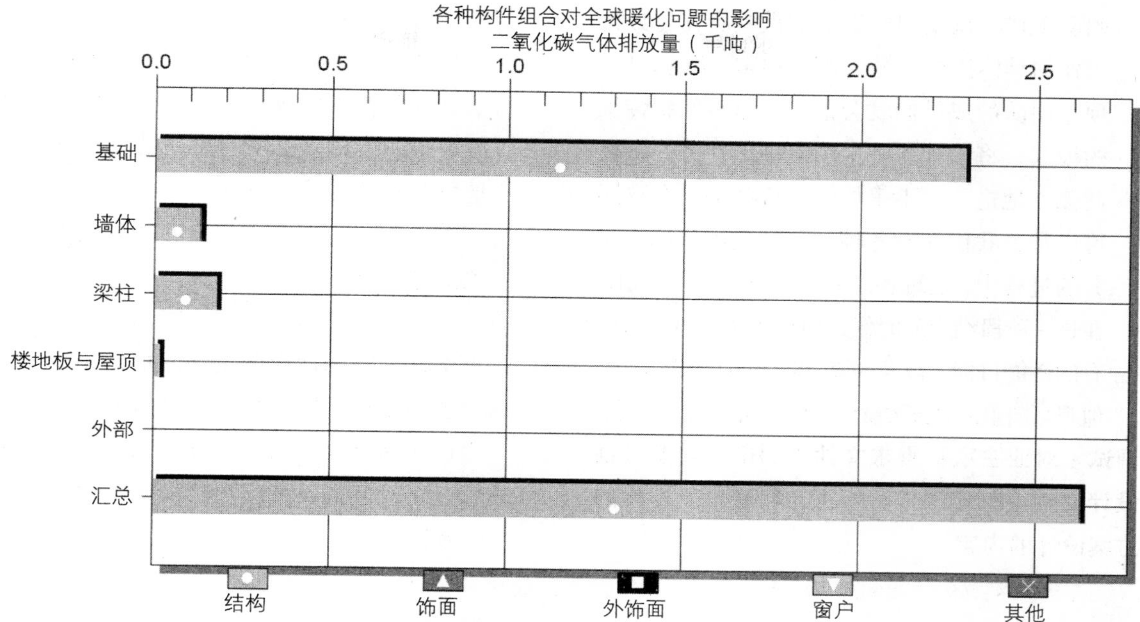

图 6-43 这幅雅典娜模型分析图描绘了同样的一个建设项目，不同的构件形式对全球暖化问题的影响，使我们能够了解到哪些部分是进行优化的重点——在这个项目当中，对环境最大的负面影响来自基础部分。与之前所使用的标准混凝土浇筑基础相比较（参见图 6-17），我们通过将用于基础浇筑的混凝土当中波特兰水泥的用量减少 35%，就可以降低二氧化碳气体的排放量大约 6000 吨；这个数量甚至超过了所有其他建筑结构与外壳系统组合所产生的二氧化碳总量（图片由雅典娜研究院提供）。

B.2.2 原理与测量

- **仔细地测试建筑物的性能，并针对项目的性能目标评估其结果**
  - 根据上述介绍的所有分析结果，对设计进行调整，使方案设计与当初所设定的性能目标（有必要的话，性能目标也应该及时更新）相互一致，并将调整的具体内容以及对设计的影响详细记录下来。
  - 为了使项目能够获得 LEED 体系的认证，我们需要重新检验当初所制定的 LEED 目标，以及与每一项 LEED 评分相关的性能阈值。在这一过程中，我们要借助于上述介绍的所有分析结果，一次又一次地对性能目标进行仔细推敲。你可以通过寻找各项 LEED 评分之间的相互作用，运用LEED 目标来帮助完善项目的目标设定。

在进行 LEED 项目的时候，有一个难题是我们与其他人都没有办法回避的，那就是当我们将工作的重点放在项目的性能目标上时，却常常会使对性能的优化工作陷入片面。除此之外，还有更重要的问题，那就是在很多案例当中，我们在团队工作会议上分配给每一位团队成员的任务与工作，实际上并没有执行。因此，召开临时会议与小组会议是非常重要的，这样我们才有机会评定那些在团队工作会议期间所确定的重要研究与分析工作的具体执行情况。没有这样严格的督促，项目团队的成员们就会很容易退步回到传统的模式，将设计与施工图绘制工作分开，彼此孤立地进行。不仅如此，这些临时会议还可以帮助我们在对各种设计方案进行选择研究的过程中，发现各个系统之间的相互作用。

- 在这一阶段结束的时候，项目团队应该针对所有的性能目标，以及在初期所确立的目标、价值观与期望，对方案设计进行全面评估与分析。

■ **调试：对业主项目需求文件（OPR）与基础性设计文件（BOD）进行修正，反映出所提案的方案设计的内容**

设计团队和业主要确认已经从所有团队成员那里得到了最新的资料，更新了业主项目需求文件与基础性设计文件，可以反映出现阶段方案设计的进展。所有更新的资料都需要同步地反映在业主项目需求文件与基础性设计文件当中，供在全体成员参与的第四次团队工作会议上进行检视。

需要重申的一点是，制作这些业主项目需求文件与基础性设计文件的责任应该分别落在业主和设计团队的肩上。之后委任调试专员运用这些指导性的文件，按照文件中所定义的概念，比较方案设计与项目团队预期目标之间的一致性。

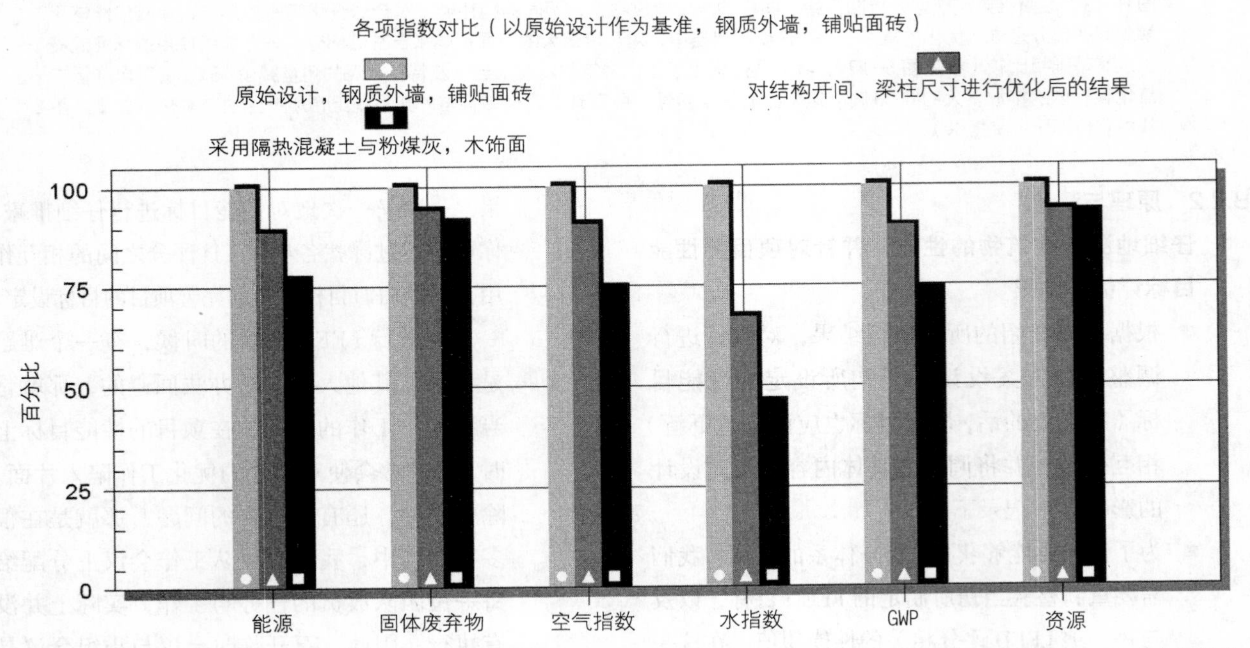

图 6-44 我们利用雅典娜模型，针对各项指数进行分析，旨在降低这些指标对于环境所产生的综合负面影响。图示显示出与原始的设计方案相比，通过优化调整之后对环境的负面影响降低了（图片由雅典娜研究院提供）。

B.2.3 造价分析

- **对一体化的成本捆绑要素进行进一步的完善，以确保所提案的方案，系统的组合以及造价方案可以进行更加精准的评估**

最好能够针对项目的系统要素和构件中每一个可以确定的组，建立起统一格式的预算模型（或是单位造价的电子表格）。有了这些元素的列表，可以帮助我们轻松地对项目的材料与二级系统进行分组与评估，而我们需要将这些元素捆绑在一起，以了解真实的初期建造成本以及今后的运营成本。

要举例说明什么是成本捆绑，首先让我们来看一看依照传统的方法，是如何进行暖通空调系统预算的。概要性的（通常在深化设计阶段）暖通空调系统预算，一般都是以每平方英尺的造价作为基础。因为这个时候，暖通空调系统的设计一般还没有真正地开始进行，所以预算人员没有什么详细的资料可以作为预算的基础，因此也没有什么替选方案。通常，在方案设计的后期，设计师都会对暖通空调系统的类型做一个大概的规定——有可能会有一些纲要性的技术说明，但是却没有详细的资料。因此，预算人员也只能使用单位面积的造价来预估。单位面积（每平方英尺）的造价一般是根据以往类似建筑类型、类似暖通空调系统的经验来估计的，当然也会考虑到一些其他的因素，比如说最近类似项目的报价单等。

对于一体化的项目方案设计来讲，这种方法存在的问题是，我们通常都会通过减低建筑物的荷载，来尽量缩减暖通空调系统的规格。通常情况下，与传统的设计相比，经过前期工作而将系统的规格缩减 40%—50% 是完全有可能的（本章开头所介绍的海王星乡学区新建社区小学项目就是一个很好的例证）。因为用来估算暖通空调系统的资料都来源于过去传统的项目，所以对于那些高效使用能源的项目来说，暖通空调系统的成本常常都会被估算得过高。但是，在早期的预算过程中，为了降低暖通空调系统规格而采用的各项节能措施已经被确定下来了——这常常会导致预算的提高。这些可能采用的降低荷载的措施包括外部保温隔热、三层玻璃、科学的采光设计等。

所以，早期的预算常常会将所有这些“额外的”项目都计算在成本当中，但是却没有考虑到通过系统的整合，以及缩减系统的规格也会带来初期建造成本的节省。这样看起来，项目的初期建造成本超出了预算的限制。于是，在价值工程的名义下，很多节能措施以及绿色的属性就这样被舍弃了。而采用一体化的设计方法，我们在初期就已经建立了项目的性能要求，而到了这一阶段的设计也会深入得多。与传统的方法相比，预算人员拥有更多的资料——特别是与缩减暖通空调系统的规格相关的造价的节省，在这个项目中——因此可以更加精确、更加整体地计算项目所有的成本。

由于暖通空调系统构件规格的缩减，可以带来很多种造价的节省。现在我们可以将这些系统规格的缩减，和其相对应的预算（以及/或节约）捆绑在一起。而系统规格的缩减，是通过很多项节能措施的实施而实现的——这些节能措施包括安装高性能的窗户，使用更高效的保温材料，能源再生，采光构件（光电感应器、调光镇流器，以及设置天窗等），地板下送风系统，相应的管道工程的缩减，照明功率密度的下调，以及取消沿外墙铺设的供暖系统等。当我们将这些节能措施组合对造价的影响捆绑在一起，与各种节能措施的组合在能源模型中运转的结果相契合的时候——同时还要将由于暖通空调系统规格的缩减而带来的成本节省捆绑在一起——项目团队的成员就可以再一次针对各种节能措施的组合所对应的不同的成本捆绑结果进行对比，并与原始的预算进行比较分析。运用这样的方法，项目总体的初期建造成本通常都能够得以中和，但是与能源消耗成正比的运转成本能却可以大幅度地降低。

举一个例子，我们所参与的宾夕法尼亚州环境保护部门（DEP）的一个建设项目，这个项目的早期预算包括一个地板下送风（UFA）系统。因为负责这个项目的预算工程师第一次接触到这种系统，所以我们已经猜到他出于本能，很可能会将预算做得相对保守（比较高），而事实正如我们所料。但是，在他的整体预算当中也将所有的管路成本都包含在内了。一般情况下，使用地板下送风系统可以取代一个项目 80%—90% 的管路安装，但是我们的预算人员却同时将这两部分的造价通通纳入了总体预算。在这个项目中，多亏设计团队及时发现了这个错误，并对其进行了修正。以线性的方式进行预算工作，常常会导致错误的答案，这就像我们孤立地对每一个建筑系统进行设计，势必会产生多余的系统，从而失去最优化的解决方案。

B.2.4 进度表与下一步的工作

■ **根据方案设计中的新发现，对一体化设计方法路线图中受到影响的任务与时间表进行调整，供团队成员检视**

假如必要的话，和团队的成员一起对路线图进行修改与完善，并明确下一步工作的方向。与之前的研究与分析阶段相类似，路线图中的任务进度表、团队电话会议、会议以及分析的进程都需要进行必要的调整，才能够配合在两次主要团队工作会议之间临时会议的日期、时间以及可以提交的资料情况，制订出完善的规划。

■ **为第四次团队工作会议准备会议议程**

第四次团队工作会议的会议议程，与之前几次团队工作会议相比，最大的不同在于这个时候，我们设计方案的选择范围已经变得很小了，基本上已经锁定了一种建筑方案，只有小范围修改的空间——不适宜再对主要的配置进行大规模的修改。与传统的设计方法相比，这里主要的区别在于当我们在进行建筑设计的同时，也对所有的机电系统和其他的系统进行了评估与分析，而不是像传统的设计方法那样，在建筑师已经对设计方案最终定案了之后，工程师们才开始着手进行他们各自系统的设计工作。所以，针对第四次团队工作会议的会议议程，应该根据系统之间的相互作用，更加关注于表现整体性的设计，进行量化的性能分析，以及更加全面的成本控制。这样，我们在第四次团队工作会议期间，就可以将讨论的重点放在最后一致性的设计决策上，通过调整与之前所制定的性能目标达成一致，之后再进入下一个阶段，即深化设计阶段，在这一阶段，我们工作的重点将会转换到对这些系统之间的相互作用进行调整优化。下一章我们会对深化设计阶段的工作进行更加详细的介绍。

第七章

深化设计与施工图绘制

局部的发现，一定会再引导出更进一步的复杂的发现，这就是令我们最为之兴奋的发现之一。根据这项发现进行推理，我们就会看到刚刚才解决了一个问题，马上又会出现很多新的问题压到我们的头上，而这些都是迄今为止人们闻所未闻、见所未见，从未解决过的问题，就是最美好的回报。

——引自R·巴克明斯特·富勒（R.Buckminster Fuller），与E·J·阿普尔怀特（E.J.Applewhite）共同编写的著作《思维几何学探索》（Explorations in the Geometry of Thinking），纽约：麦克米兰，1975年。全文可参考网站 http://www.rwgrayprojects.com/synergetics/toc/status.html。© 1997 by the Estate of R.Buckminster Fuller(accessed 15 December 2008)

知识领域所允许的唯一的发展，就是使我们能够越来越详细地描述我们眼中所看到的世界，以及世界的发展。

——源自阿尔伯特·施韦泽（Albert Schweitzer）。当居纳尔·雅恩（Gunnar Jahn）被授予1952年诺贝尔和平奖，在发表演说的时候引用了这句话。节选自《文明与伦理》（Civilization and Ethics）（第三版，C. T. Campion译，由Charles E.B. Russell女士负责修订。伦敦：A. & C.Black，1946年），pp.240-242

深化设计阶段具体的工作内容，顾名思义，就是针对一个已经构思好的建筑设计进行进一步的发展与完善。在我们一体化的设计进程中，当到达这个阶段的时候，事实上我们并不仅仅只有确定了建筑物的造型，因为我们已经对建筑的所有系统都进行了深入的研究，获得了一定水平的了解，并且也通过分析，发现了这些系统之间的相互作用。机械、电力、结构、土木工程、水、生态群、景观以及材料系统等，所有这些系统都是和谐发展的，并达到了一个合理化的水平。

让我们用一幅景观的绘画来比喻这个阶段。在一体化的设计进程中，当到达则个阶段的时候，艺术家的画布上已经完成了这幅绘画结构性的部分，目标场景范围内的景物已经被描绘出来，并且艺术家已经对色彩以及描绘对象与地形地貌之间的关系具备了一定的了解。现在，我们对于这幅绘画作品进行完善的工作，主要是针对一些细微的差别、阴影，以及细节部分的表现。对比传统的设计方法，同样也是面对一幅空白的画布开始，但是不同之处在于，艺术家是从画布的一角开始绘画，绘画过程中对细节的表现一步到位，并逐渐向相对的一角发展。采用这样的方法，我们到后来很有可能会发现自己没有足够的空间来描绘场景当中所有的景物了，或是当我们完成最后一角的绘画后才发现这幅图画的构图根本就不平衡。

对于一个以一体化的设计方法来进行的建设项目来说，工程技术与同景观相关的系统——以及它们与建筑设计之间的关系——在方案设计的末期就应该已经得到了充分的了解并形成了一致的意见。我们应该已经完成了一些中等水平的计算，来证明这些结论的合理性。所以，当进入深化设计阶段之后，就没有必要再去思考那些基本的结论了，例如建筑物的造型、结构、外壳形式、材料、电力、给水排水，以及景观系统等。在项目当中，所有这些系统的设计与性能指标都已经达到了一个相当的水平，设计人员在开始进行深化设计之前，就已经了解了这些系统之间的相互关系——这也就是说，我们不再需要增加或是取消什么内容了。深化设计的目标就是对这个设计的成果进行优化——也就是使这些已经获得认同的系统“表现出最好的状态，发挥出最高的使用效率”。

当然了，在进行深化设计的过程中，我们还是有可能会产生一些新的期盼和不错的想法，这会激发设计团队想要重新思考一些主要的议题——但是在一般情况下，这一阶段我们的工作重点应该是通过更加精细的性能计算，来对设计方案进行调整。

在施工图（CD）阶段，我们要把深化设计的成果记录下来，因此，施工图阶段也是项目进行最终成本核算之前的最后一个阶段。施工图阶段并不是一个机械式的过程，只不过在图纸上绘制一些线条，或是制作 CAD 文档，这一阶段的工作重点在于以非常详细的程度，将深化设计阶段所作出的决策记录下来。在绘制施工图的过程中，如果出现了什么好的点子或是契机，可能还是需要再进行一些局部的改进与调整，但是在这个阶段我们所作的任何新决策，都必须属于非常非常细节的处理。

这就是我们的现状

在传统的设计方法中，大家一般都会认为在方案设计与深化设计阶段之间，存在着明确的分隔；可事实上，我们却发现在这两个阶段之间根本没有什么明显的区分。一般来说，在传统的方案设计阶段后期，以下工作基本上就已经完成了：

- 建筑设计已经完成，这也就是说建筑物的造型——它看起来的样子——已经明确地确定了，并完成了建筑平面图、立面图与剖面图的绘制。
- 土地开发计划已经获得了审批——这也就是说所有没有渗透功能的铺面区域已经配置完成了，所有植栽的开放空间已经配置完成了，所有雨水管理基础设施已经配置完成了，所有停车场的位置都已经配置完成了。

- 供水设施以及废水处理设施的定位已经确定了。
- 雨水收集系统也有可能已经确定了。
- 针对机械、电力与给水排水（EMP）系统进行了纲要式或叙述式的描述，可能会有1—2种的备选方案。
- 电力设施的规格，以及基本建筑服务构件的规格和位置，比如说变压器以及主要设施设备的线路都已经确定了。
- 建筑物的结构柱网，以及结构系统的种类已经确定了（钢结构、混凝土结构、承重砖石结构等）。
- 已经选定了绝大部分建筑结构和外壳所使用的材料，并在立面图上进行了标注。
- 建筑师已经完成了一些图纸绘制工作，并将成果提交给业主，作为这一阶段工作的总结。同时，建筑师也向业主提交了设计费用发票。
- 确定建筑物的使用者，出入口的需要，以及给水排水工程设备计算，已经完成了相关法规的分析。
- 关于场地与环境影响需求的法律问题都已经被记录下来了。
- 找出LEED体系当中最容易达成的评分，并根据这些评分确定希望追求的LEED认证的等级。

完成方案设计阶段，开始进入传统的深化设计阶段，我们将方案设计阶段的图纸发给每一位团队成员，让他们开始针对各自负责的系统进行设计。这些工作包括：

- 建筑师负责绘制建筑剖面图，标注平面图的尺寸，绘制立面细部详图，以及墙体剖面大样图。
- 土木工程师负责将所有的文件最后落实下来，作出结论。
- 景观建筑师（如果设计团队中包括景观建筑师的话）负责设计植栽平面图，供深化设计阶段成本核算之用。
- 暖通空调系统工程师负责进行单位荷载与峰值需求的计算，确定中央供给构件以及主要设施设备的规格；这些资料都要纳入一份一览表中——例如锅炉、冷凝器、空气调节器等。
- 绘制管道工程与管线布置的单线图。
- 在深化设计阶段的末期或是更晚一些，完成荷载计算之后开始建立能源模型。
- 根据单位面积的造价建立项目预算，比如说暖通空调系统折合每平方英尺多少钱。
- 价值工程通过缩减规模或是降低品质，将项目重新带回到预算允许的范围内。
- 每一位团队成员都逐条分析LEED体系中的各项评分，确定有哪些标记为"问号"的项目造价是最低的，之后就把这些项目改为"要执行"的项目。

在传统的设计方法中，完成深化设计阶段工作的时间点并不是非常明确的，常常与接下来的施工图绘制阶段模糊混杂在一起。在施工图绘制阶段，所有的团队成员将他们各自负责的系统设计以图纸的形式记录下来，并执行最后一次的成本估算：

- 所有的团队成员针对他们各自负责的系统完成最后的设计，并将设计的结果以图纸的形式记录下来，供投标使用。
- 在这一阶段，由专门的技术说明写作人员，负责完成每一个系统与其相关组件的技术说明。
- 在施工图绘制工作即将完成的时候，进行最后一次的成本估算，之后通常会再进行不止一次的价值工程，通过缩减规模或是降低品质，将项目重新带回到预算允许的范围内。

停止脚步，进行反思

好的方面是什么？

正如上文所介绍的，在方案设计阶段所明确下来的议题，会在深化设计阶段得以继续探索，以及更加详细深入的研究。通过对每一个独立系统的分析，可能会为之前所确定的一些大方向上的决策提供有价值的资料，常常会使我们针对这些问题重新进行思考，以追求更高的性能指标，以及 / 或是达成预算的目标。之后在施工图阶段，我们再把这些决策以图纸的形式详细记录下来。这样的方法有以下一些优点：

- 每一位项目团队的成员在进行深化设计与施工图绘制的过程中，都很清楚地了解依照惯例，什么样程度的作业成果是可以交付的，是可以被业主接受的，也很清楚自己工作的报酬（费用）是多少。
- 设计任务与施工图任务定义明确，通过调查研究，每一位团队成员都了解自己需要做些什么，并针对他们各自所负责的系统构件进行更加详细的定义，之后再进行施工图的绘制。
- 通过成本估算来探讨项目有关预算的问题，而为了满足预算的限制，大家一般都普遍接受的方法就是进行价值工程。
- 可以更清楚地定义有哪些系统及其构件，已经进行了深化设计，并绘制了施工图。
- 每一位团队成员都会逐条评估 LEED 体系的各项评分，将有可能会达成的项目记录下来，确保整个项目可以实现之前所确立的 LEED 认证等级目标，然后在施工图阶段即将结束的时候，将这套施工图提交上去。

不好的方面是什么？

在深化设计与施工图绘制阶段，每一个系统主要的设计决策仍旧是在彼此孤立的情况下完成的（延续了方案设计阶段这种传统的线性的方法），这就会使完成最终设计决策的时间不断向后拖延。这样的设计决策工作甚至会一直拖延到深化设计与施工图绘制阶段，于是团队成员们就没有能力再去进行更加深入细致的分析，得到更加优化的结果了。

举例来说，就像我们前面所讨论过的，工程师们通常都是等建筑设计已经定案了之后，才会开始针对自己负责的系统进行设计，因为他们很怕建筑方案会进行调整而使得自己的工作变为无用功。总的来说，这是因为工程师们所拿到的报酬，只足够他们进行一次确定系统规格、绘制施工图的工作。根本就没有足够的时间或是资金，供他们反复尝试不同的设计方案。于是，他们围绕着主要的设计方案所进行的分析工作，都是在深化设计阶段后期，建筑设计已经完成了的情况下才开始进行的。这是一种线性的，非整体性的方法，工程师们所拥有的时间，用来完成系统及其构件规格的确定，并绘制施工图都已经几乎来不及了，根本不用再奢望还能进行什么优化了。我们常常会听到工程师们这样讲："你的人还没做完建筑设计，我要怎么确定我系统的规格啊？"而建筑师们则是这样说的："如果我还没有完成建筑设计，你怎么可能就开始运转能源模型呢？"

于是，能源模型一般都是在建筑设计已经完成之后才开始进行，有的时候情况甚至更糟，所有的荷载计算都已经完成了才开始建立能源模型。于是，项目的暖通空调系统工程师只有很少的一点时间，甚至根本就没有时间来研究如何降低荷载，因为也没有什么适当的方法——这一阶段只剩下一点点时间了，因为绝大部分的时间都花费在等待建筑设计的完成，以及为了确定系统的规格而进行的荷载计算上面。因此，能源模型通常都会降级成针对已经既成事实的性能进行评估，其结果对于设计决策根本没有什么指导意义。而且，即便负责项目暖通空调系统的工程师针对降低荷载问题进行了一些探讨，他们也只能在自己的工作权限范围内作出一些决定（比如说用更高效的设备等），这就是我们所看到的。暖通空调系统的工程师不会对有可能会影响到荷载的其他构件进行分析，例如说提高建筑外壳的隔热性能，这是因为在建筑设计已经完成了的时候，暖通空调系统的设计才刚刚开始进行——这是一种支离破碎的作业方法，对于能源性能问题，这种方法使大家陷入了一个死胡同。

此外，在这个已经接近完成的建筑设计中，我们常常会发现分配给机械系统使用的空间是不够的——甚至到了深化设计阶段后期，还完全没有分配机械设备的空间。这就会造成进度再一次的拖延，又更进一步压缩了对暖通空调系统进行分析的时间，因而没有机会找到其他更高效的解决方案。

为了能够及早完成合约所规定的服务内容，拿到报酬，项目团队的成员们都竭尽所能尽快完成设计，于是常常会直接套用一些现成的方案，而不去分析系统之间的相互关系，并寻求优化的可能。简而言之，在深化设计与施工图绘制阶段，我们传统的、非一体化的设计方法所带来的主要不良后果有以下几个方面：

- 土地开发计划的审批，在设计分析与完成之前，就已经将设计团队锁定在某种雨水管理方案当中。
- 景观设计与建筑设计被视为彼此毫不相关的两个部分，于是就丧失了很多可以促进生态群发展与生物多样性的宝贵机会，而这些机会都对地区的生态健康具有很大的帮助。
- 在方案设计阶段缺乏对各项系统的分析与协调，因而也限制了在深化设计阶段对系统更进一步的分析，以及优化其相互关系的机会。
- 直到这一阶段的后期才开始进行主要系统的设计：通常，在深化设计阶段还没有完成对暖通空调系统的选择，这些工作一直被推延到施工图阶段，于是限制了团队成员对优化调整的探索，以及准确进行成本估算或是成本捆绑的能力。
- 针对这些设备选择（实际上也包含所有其他的建筑系统）所编写的技术说明，直到进入施工图阶段之后才开始着手进行，这种状况也进一步限制了深化设计阶段进行成本估算的准确性。
- 价值工程将一些构件与绿色的技术都取消了，因为这些技术都被视为是孤立存在的，或是额外添加上去的技术或产品，既没有通过设计与整体之间形成相互依存相互关联的关系，也没有通过优化形成一个完整的结论。
- 孤立地追求 LEED 体系的评分，常常是在传统模式实践的框架之下，增添一些新的技术，抑或是增加一个比较新潮的产品，而到了深化设计的开始和末期阶段，这些新技术新产品就好比是树上垂下来的果实，又轻而易举地就被价值工程所舍弃了。

总的来说，直到深化设计阶段结束的时候，我们还没有彻底完成对很多系统的设计决策工作，更不用说花费时间对这些系统进行优化调整了。于是，主要的设计决策工作被一直拖延到施工图阶段，而这个阶段我们应该去做的工作是绘图，而不是进行设计——大家只有很少的时间，或者根本没有时间进行优化调整，所有的优化工作总是鲜有人做。

面对这样的区别，我们应该怎样做（以及如何看待这种状况）？

深化设计就是着重研究系统之间的相互关系，通过一次一次，越来越深入详细的分析，对系统的构件进行调整完善。在一体化的设计进程中，到了方案设计阶段的末期，主要的设计决策一定已经明确下来了，所以我们可以进行上述这些分析。所谓深化设计就是对这些决策进行优化——首先，检验当初团队一致通过的性能指标，有哪些是已经达成了的；之后，再针对这些系统构件的选择进行调整，使这些系统与构件的规格、配置更加合理，进而满足定义更精确、更详细的性能目标。

一体化的设计方法与传统的设计方法相比，用比较短的时间就可以将深化设计的工作完成，就像在第五章的一开始，我们所介绍的一体化设计方法示意图那样（参见图 5–2 或图 C–1）。这是因为在此之前，我们已经对四个关键二级系统（生态群、水资源、能源、材料）之间的相互关系进行了深入的探索与研究，也对这些系统的很多组件进行了分析，确保了前期所确立的性能目标可以实现，而且常常还是超水平地实现。所以，举例来说，在一体化的设计进程中，在深化设计阶段开始的时候，我们已经完成了以下工作：

- 将废水与雨水管理系统同促进生态群的发展问题整合在一起。
- 分析了与水资源平衡问题相关的策略。
- 通过概要性的采光模型分析与测试，将采光设计的理念深入到整体建筑设计的基因当中。
- 通过建立参数化的能源模型，并配合建筑朝向、外壳形式、采光以及暖通空调系统的选择，完成了降低荷载的相关分析。
- 针对这些备选的暖通空调系统进行分析，达成之前所制定的降低荷载以及性能目标，已经选择出了项目最适合的暖通空调系统的类型（地热泵系统，锅炉，冷凝器等），最起码，也已经将选择的范围缩减到了 1—2 种。
- 通过对生命周期的评估，参考多项环境影响参数指标，对主要材料系统的各种备选方案进行了分析（至少包括建筑的结构系统以及外壳系统的材料）。
- 对各个系统的组合进行成本捆绑式分析（而不是简单地将这些系统排列在一起），为之后的成本计算提供了准确性的依据。

由于以上这些分析工作在前期就已经完成了，所以在深化设计阶段，我们就拥有了更多可以参考的资料，来对最终的设计决策进行优化调整。设计团队可以将工作的重点放在不断深入的细节性分析和成本估算上，作出这些相对小尺度的设计决策，举例来说，这样的设计决策可能包括：配电系统更高效的配置，所有系统构件最终确认的规格，起草技术说明，以及针对所有主要的系统和相关构件进行成本分析，更加准确地评估成本捆绑的影响等。

所以，到了深化设计（Design Developmnt，简称 DD）阶段的后期，设计工作就已经完成了。我们有的时候都会说“DD”就是指“设计完成”（Design is Done）。这就意味着项目团队需要认识到，深化设计阶段代表一段期间，而此期间是有明确的终点的。那么，施工图阶段（Construction Documents，简称 CD）顾名思义，它所包含的工作内容就是纯粹的图纸绘制。这一阶段是从对设计成果的记录开始的，而不是一边设计一边记录。所以，同传统的设计方法相比，在一体化的设计方法中，施工图阶段所需要的时间也是大大缩短了，这样就完全可以弥补我们在探索阶段所多花费的时间，正如我们在第五章所介绍的一体化设计方法示意图（参见图 5-2 或图 C-1）。

不仅如此，我们还发现如果施工图阶段的工作属性是“将前期的设计成果记录下来”，而不是“一边设计一边记录”，也会减少出现错误与缺失的概率，这主要是因为所有的系统之间都已经形成了一种内在的、相互协同的关系。在传统的设计方法中，团队一般都是通过重新检查由各个专业所提交上来的这些在深化设计阶段已经完成了大概 90% 的施工图，再进行品质控管，才能够达成这种系统间的协同关系。而一体化的设计方法则不同，系统之间的协同关系是深深根植于设计之中的。所以，这种内部固有的协同状态，可以大大减少出现工程变更单的机会。美国海军报告，运用一种高度整体的绿色的方法，一直到所设计的建筑物竣工交付使用（在设计过程中要确保施工人员的参与），他们 LEED 金级标准的项目出现工程变更的概率竟然降低了 90%。因为所有海军的建设项目，他们一般都会针对工程变更加 6%—10% 的应急费用，而这个获得 LEED 金级认证的项目，其施工成本比传统的方式还节省了一到两个百分点。

我们要说的是，所谓一体化的设计，其实就是优秀的系统设计。优秀的系统设计需要我们在表现每一个系统的时候，都要体现出它们之间密切而连贯的相互关系，发现各个系统之间存在的协同作用，这就是我们这本书所要让大家明白的道理。所以，优秀的一体化设计确实可以构成高水平的总体质量管理。

总的来说，我们发现如果设计团队在项目的探索阶段和方案设计阶段，没有做到我们在第五章与第六章中所介绍的必要的系统性思考、整合与分析工作，也不会有人进行干预，这些工作就要放到深化设计与施工图阶段再来进行，实现对系统的优化，提高资金使用效率和品质，还要做到及时——所以才会有这句古老的谚语“任意选择两样：好，快，或是便宜。”

思维模式的转变

如果说，方案设计阶段的思维模式是教人不要太快就确定答案，那么深化设计阶段的思维模式就是选择出最好的答案，并将其最终确定下来。

这样一种思维模式的转变需要我们将深化设计阶段视为一个分离的阶段，它并不仅仅是施工图阶段的起始部分。再次重申，当这一阶段结束的时候，我们已经完成了全部设计的决策工作；所以，在这一阶段完成的时候，DD 意味着“设计工作的终结”，但是在这一阶段的过程当中，DD 的含义则是“细部设计”（Designning in Detail）。

我们都看到了，这种思维模式的重点，在于以更高水平的细致、深入程度来审视设计理念，需要进行连贯的、反复的设计，团队成员从一开始就要积极地相互交流。下面我们引用了“丰田的方法——14 条管理原则”当中的一段话，它简明扼要地体现了这种模式：

> 丰田管理方法的关键，并不是任何个别的元素……真正重要的是将各个元素汇整在一起形成系统，这也是使丰田公司在业界占有一席之地的法宝。对于这条原则，我们必须要每天持续性地贯彻执行——而不要到最后阶段再来临时抱佛脚。

从设计工作进行的早期阶段到现在，持续性地关注所有系统之间的相互关系，我们就可以在深化设计阶段不断提高自己对所有系统分析的细致程度，进而减少完成这一阶段工作所需要的时间与费用，还可以减少接下来施工图阶段所需要的时间。而在传统的设计过程中，施工图阶段往往都像是最后的冲刺，经常是前进了两步，又倒退回来一步。我们有一位同事，记得在他第一家设计公司工作的时候，施工图经理曾经如此描述这种状态：“早上画的图不要比你下午能够擦掉的还多。”

B.3 阶段

第四次团队工作会议：深化设计阶段开始——汇整在一起；是否正常运转？

B.3.1 第四次团队工作会议

- 通过 B.2 阶段的研究与分析，提交方案设计的成果，检验有关于四个关键二级系统性能目标的实现情况
  - 生态群
  - 水资源
  - 能源
  - 材料
- 检验方案设计的成果，是否能够满足建筑规划的要求，以及环境性能的目标
- 确定建筑物的造型、配置，以及各个系统之间的相互关系，这些议题在接下来的 B.4 研究与分析阶段，还要再进行更深入细致的分析与优化
- 明确不同形式的系统构件，并进行更加深入细致的成本捆绑分析
- 明确测量与检验（M&V）的方法与机会，以获得持续性的性能回馈
- 调试：找出业主项目需求文件（OPR）与基础性设计文件（BOD）当中需要更新的内容

B.3.2 原理与测量

- 根据方案设计的结论，调整项目的性能目标并记录下来
- 调试：根据方案设计的结论，对业主项目需求文件（OPR）与基础性设计文件（BOD）进行调整

B.3.3 造价分析

- 根据第四次团队工作会议上所获得的资料，对所有一体化的成本捆绑模板进行扩展

B.3.4 进度表与下一步的工作

- 对深化设计阶段一体化设计方法路线图任务和时间表进行完善与扩充
- 提交第四次团队工作会议报告

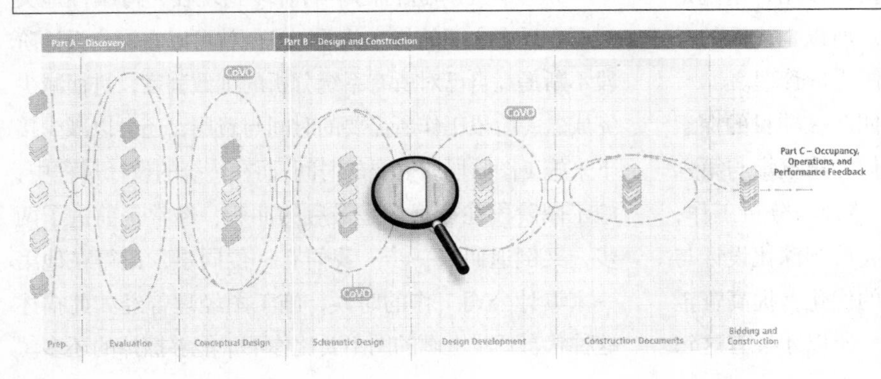

图 7–1 一体化方法 B.3 阶段，第四次团队工作会议：深化设计阶段开始（图片由七人小组和比尔·里德提供，绘图科里·约翰斯顿）。

B.3 阶段

第四次团队工作会议：深化设计阶段开始——汇整在一起；是否正常运转?

这个时候，我们已经把方案设计的图纸提交给了业主，可能最终确认了一种建筑设计方案，也有可能还有备选的方案。设计团队现在已经了解了四个关键二级系统之间的相互关系，也了解了项目可能达成的性能目标的范围，而这些性能目标是在方案设计阶段的探索与分析过程中确定的。大家一起将很多部分都整合在一个建筑造型当中，在开始进行 B.4 阶段，即深化设计阶段更加详细深入的优化分析之前，团队成员们需要确定这个方案可以满足所有的性能目标。

基本上，第四次团队工作会议的作用既是方案设计阶段的终结，同时也是一次深化设计工作的指导性会议。在这个阶段进行分小组讨论的意义并不大；全体团队成员都应该聚集在一起，将所有的思路都汇整起来。之后，项目团队需要通过进行更加严密的分析，找出在方案设计阶段的分析中是否仍然存在什么缺漏的地方，这样才能在这些性能目标的范围之内尽可能地提高项目的性能指标。

B.3.1 第四次团队工作会议

- **通过 B.2 阶段的研究与分析，提交方案设计的成果，检验有关于四个关键二级系统性能目标的实现情况**

  这次团队工作会议的开始，项目团队提交最终的设计方案（以及备选方案），这些方案都是在 B.2 阶段所进行的研究与分析工作的成果。方案的表现形式为设计图纸，还包括经过量化的系统性能的相关资料。召开本次团队工作会议的目的，在于使全体团队成员共同确认在方案设计阶段所明确的所有系统都已经整合在一起了，系统之间是相互和谐的关系。这里我们需要关注的重点是要确保四个关键的二级系统已经汇整在一起形成了一个整体：是否所有的系统都已经正常运转？这些系统相互之间是否都是彼此促进的关系？我们是否已经达成了所有的性能目标？以及，我们是否还能找出系统之间重叠的部分？我们能否将性能目标推向一个更高的水平？我们可以看到，通过提出这样的或是其他的一些问题，有的时候是通过一些不可思议的探索，我们可以获得更加整体的解决方案，进一步提高项目的性能指标。

- **生态群**（除人类以外的其他生物系统）
  - 检验提案中的各个系统与建筑造型之间的关系，关注与性能目标相关的生物健康议题，寻找前期工作中可能存在的任何疏漏之处，以便进行更加详细的研究。举例来说，我们可以提出以下这些问题：
    - 是否已经确定了景观区域、种植屋面、生态湿地，以及其他一些利于水分渗透的策略，可以满足径流量的需要，达成水资源品质的目标，以及实现促进生物多样性的目标？
    - 依据不同的降雨模式，在所有的策略与构件当中（水箱，节水型园艺，灌溉系统的效率，植栽密度等），是否拥有足够的保留雨水的能力，以满足灌溉的需求？
    - 人工湿地的面积是否足够满足废水处理的需求，以及满足雨水管理与地下水补给的需求？

- 根据能源模型的分析结果，景观设计对于热舒适性的影响，有哪些量化的结论？比如说遮挡南向玻璃阳光入射会产生什么样的影响？
- 我们是否拥有足够的生态走廊与种植区域，满足特定物种生存的需要，无论是植物还是动物？

■ **生态群（人类）**

- 检验提案中各个系统和建筑造型，与人类的健康以及性能目标之间的相互关系，寻找前期工作中可能存在的任何疏漏之处，以便进行更加详细的研究。举例来说，我们可以提出以下这些问题：
  - 之前所制定的采光性能目标是否已经达成？通过对能源模型（由采光模拟软件建立模型）的分析，了解是否在一年当中任何时候，在任何日照模型条件下都拥有足够的照明水平，并减少眩光的干扰？接下来需要更进一步讨论的问题可能包括室外遮阳设施精确的方位与朝向，窗户玻璃的可见光透射率，以及建筑内部眩光的控制。
  - 在实现能源性能目标的同时，通过热舒适性分析，了解之前所制定的热舒适性的范围，以及热舒适性指标是否已经达成？也许我们会采用一些非机械性的手段，比如说自然通风的策略。针对最终所选定的方案，对其设计的本质进行讨论。
  - 在不会对整体能源性能指标产生任何负面影响的前提下，之前所确定的为满足所有使用功能而需要的通风能力，通风的效率，以及空气滤净标准是否都已经达成？是够需要增加风扇的尺寸和功率？如果不需要的话，应该如何探讨这个问题？
  - 根据所提交的建筑材料的选择，以及污染源的控制策略，室内空气的品质能否达到之前所订立的标准？
  - 根据声音的传播等级，与材料的选择、采光策略、窗户的朝向避开噪声源的方向，以及暖通空调系统噪声源的位置相关的背景噪声水平，判断是否能够满足声学性能的标准？
- 实例：在 2002 年，我们所参与的宾夕法尼亚州环境保护部门（DEP）的第三个建设项目（在乡下的一栋大约 2 万平方英尺的建筑物），当开始要进行深化设计的时候，我们接到了这个项目的业主兼开发单位负责人的电话。他说：“我需要你们的帮助：我刚刚才发现，我们的一位员工把施工成本估算的太低了，可是我们已经把租金需求计划提交给政府了。有没有什么方法可以降低这个项目的成本，因为我们必须要按照这个低廉的租金把房子出租给政府？”这个项目是我们与这个开发商一起配合的第二个环境保护部门的项目，所以他对于热封套，暖通空调系统的规格，建筑物外围区域供热，以及节能这些概念，以及它们之间相互的作用关系都非常熟悉。不过，他建议我们（还有其他的建议），可以将北侧天窗的三层玻璃变成双层玻璃，这个天窗的尺寸很大，其长度贯通了整个建筑物。他告诉我们，通过这项改变就可以节省大概 7000 美元——相对于这个项目的规模来说，这确实是一笔不小的费用，折合每平方英尺的造价降低了 0.35 美元。我们回答说，我们不认为这项改变是正确的，因为它会牵扯到很多其他的方面。但是他还是坚持说服我们，至少在建立能源模型进行分析的时候，将三层玻璃调整为双层玻璃。

我们勉强答应了他的要求。模型的结果告诉我们，这项改变所引起的能源消耗量的增加幅度竟然少得惊人——每年还不到 150

图 7–2 在我们所参与的宾夕法尼亚州环境保护部门（DEP）的第三个建设项目中，北侧天窗（右上图）用双侧玻璃取代原方案的三层玻璃，通过能源模型产生了令人不可思议的结果（图片由约翰·伯克尔提供）。

图 7–3 宾夕法尼亚州环境保护部门（DEP）的建设项目中，在南向的窗户上所设置的遮阳设施，是整体节能措施中的一部分，可以减少暖通空调系统制冷需求量的 50%，年度能源消耗量减少 40%（图片由约翰·伯克尔提供）。

美元。我们被这样的结果惊呆了，一开始我们根本就想不到竟然会是这样的结果：“为什么影响会这么少？！”后来我们明白了其中的道理：当然了！与三层玻璃相比，双层玻璃的可见光透射率（Tvis）比较高。室内空间拥有了足够的自然采光，而所有的灯具都是由光电感应器与调光镇流器控制，所以现在很多时间都不用开灯，减少了灯具的电力消耗，同时由于灯具所产生的热量减少，对暖通空调系统制冷的需求也相应减少了。由于玻璃隔热性能降低而引起的热获得与热损失，需要由暖通空调系统进行调节，会增加能源的消耗，但是由于减少使用人工照明而节省下来的能源，几乎可以将前者全部中和掉。

因此，三层玻璃的简单投资回馈周期大约为将近50年。而且，由于这些天窗的位置到建筑核心部分的使用者中间有足够的距离，所以任何对建筑周边区域的热舒适性影响都没有必要过多考虑。简而言之，证明了使用三层玻璃确实是不合理的。我们打电话给这位开发商的负责人，把这个好消息告诉了他。

通过这个项目，我们懂得了并不是所有解决方案对所有的项目都是适用的。每一个项目都有其独特性。对一个项目来说是好的策略，但是对其他的项目来说就不一定适合——我们要对假设的状况质疑。有的时候，通过分析会得到令人意想不到的结果。

■ **水资源**

- 检验提案中各个系统和建筑造型，与项目性能目标当中水资源的保护与质量目标之间的相互关系，寻找前期工作中可能存在的任何疏漏之处，以便进行更加详细的研究。举例来说，我们可以提出以下这些问题：
    - 我们的分析工作是否已经涵盖了所有建筑物内部和场地当中与水相关的系统，并根据饮用水的消耗以及经过量化的级联效应的收益，对这些分析的成果进行量化——我们需要思考的问题并不仅仅是卫生间洁具用水效率上的影响，而是应该包括所有与水流有关系的系统，比如说冷却塔的水，设备冲洗用水，加工制造过程中的用水，植物浇灌，地下水的补给，废水处理，灰水，雨水的收集等？
    - 经过处理后的废水，收集到的雨水，以及/或生产用水，比如说冷却盘管中的冷凝水，这些水资源的数量是否能够满足卫生间，以及其他一切不需要达到饮用水标准的用途，比如说浇灌等？
- 实例：最近我们参与了俄亥俄州中部迈阿密中学建设项目，在目标确立研讨会上，项目团队重新研究了LEED体系中第5.1条——场地的可持续性发展，要求（这个场地是以前已经开发过的土地）除了建筑用地之外，场地剩余面积的50%都要设立植物保育区，用来保存本土生耐候性的植物。负责这个项目的景观建筑师针对特定的本土生植物进行了成本估算，结果发现实在是很贵，因为需要设立为植物保育区的面积足足有21英亩。所以，大家在这一条评分标准上打了一个问号，设定成低优先级别的标准。

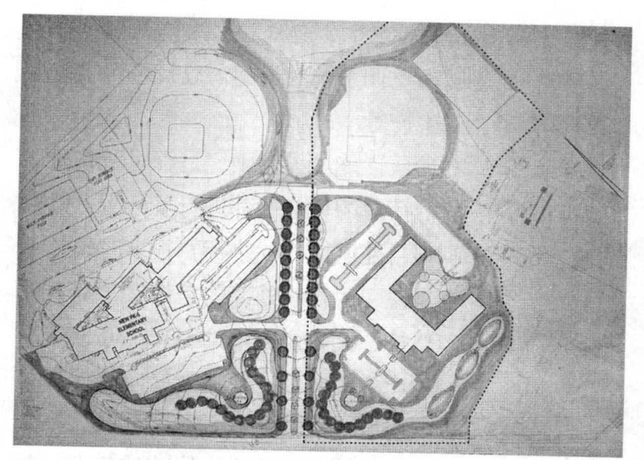

图 7-4　图为迈阿密中学建设项目（新建的中学位于道路的右侧）在团队工作会议期间由景观建筑师提供的草图。图中描绘了大型的湿地与雨水花园可以对雨水起到收集与过滤的作用，节省了修建雨水收集池与雨水输送管路系统的一大笔费用。这个概念是在早期的一次团队工作会议上产生的（参见图 7-5）（图片由马库斯·谢费尔提供）。

但是后来在土木工程师与团队其他成员一起讨论雨水管理的时候，又再一次涉及了这个问题。在讨论雨水管理的过程中，有人提到就在这个中学项目的旁边，刚刚兴建完成了一座新的小学。因为小学的用地朝向道路有一个很小的坡度，所以他们就在小学的前面修建了一个特大型的雨水收集池。这个水池看起来很不美观，所以附近的社区居民都不喜欢。景观建筑师这个时候说："我们如果在新学校的前面修建一个雨水花园，里面种植一些本土生的植物，那是不是就可以取代雨水收集池的功能呢？"他的构思将本土生植物同雨水管理、地下水的补给、生态群的健康、艺术性以及教育功能这些议题都串联在一起，因为这片新的湿地可以为中学的同学们，提供一个现场学习植物学与生物学的机会。每个人都赞同这是个好主意。接

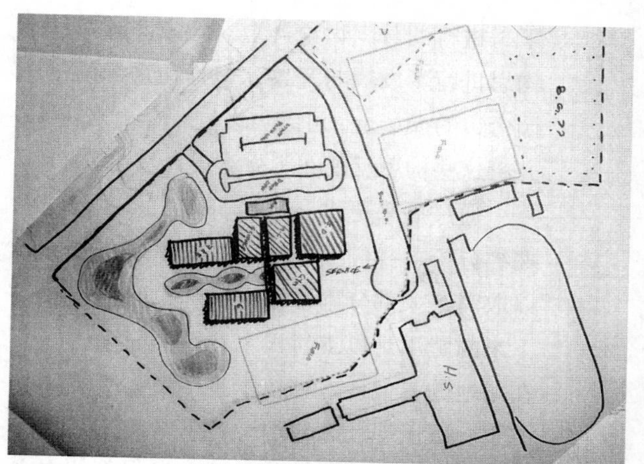

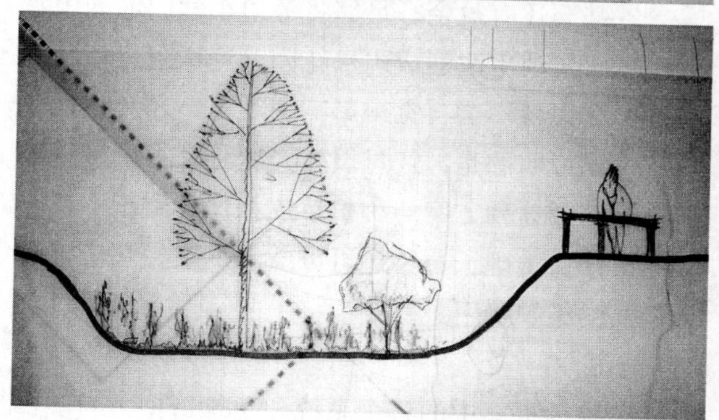

图 7-5　迈阿密中学建设项目，从早期团队工作会议上初次产生雨水花园的概念，一直发展到图 7-4 所示最终确定的方案（图片由马库斯·谢费尔提供）。

下来进行的分组讨论会上，大家又针对这个构思进行了发展与完善，包括在这个雨水花园旁边的操场上，可以再设置一个雨水花园，并将这些构思反映在了方案设计当中。

通过后来更进一步的研究，并进行成本捆绑分析，我们发现由于设置雨水花园，可以取消绝大部分雨水输送系统，而这笔节省下来的费用足以支付雨水花园的建设，以及在场地的其他地方种植本土生植物所需要的成本。不仅如此，我们节省下来的建造成本甚至还有盈余，足够将旁边小学门前的雨水收集池也改建成雨水花园，这样附近社区的居民就不会再觉得影响美观了。还有一点需要说明的是，经过设施经理计算，采用雨水花园这种方案与种植草皮相比，由于不需要修剪整理，每年还可以节省下来好几千美元的维护费用。

■ **能源**

- 检验提案中的各个系统和建筑造型，与项目的性能目标当中的能源使用效率与可再生能源目标之间的相互关系，寻找前期工作中可能存在的任何疏漏之处，以便进行更加详细的研究。举例来说，我们可以提出以下这些问题：
    - 根据参数性能源模型的分析结果，判断哪一种节能措施组合方式的结果是最高效的，无论是在能源消耗方面还是造价方面？是否已经针对所有的相关系统都进行了分析与设计？这些相关的系统包括建筑物的朝向，热封套，遮阳设施，采光策略，可开启窗户所占的比例，热舒适性参数，通风方式，水输送的方案，暖通空调系统的类型，以及可再生能源的生产等。
    - 在参数性能源模型中，是否对所有可以降低荷载的可能性都进行了分析，以提高项目能源性能的指标？很多时候，举例来说，建筑物外部的条件常常都会被忽略掉，比如说树木的阴影，邻近建筑物所产生的阴影以及流行风向等因素的影响。
    - 是否从对能源性能产生影响的角度，对热舒适性议题进行了分析，这一类的策略包括可开启的窗户，以及一些其他的制冷技术，例如吊扇，可调节的自然通风，以及整座建筑物通风等？
    - 现在，我们已经针对会影响到暖通空调系统的比较大型的荷载进行了优化调整，接下来需要针对细部设计进行优化了。在方案设计阶段，通过对能源模型的分析，有哪些可能的备选方案可以进一步改善暖通空调系统的性能？
- 实例：在美国西部，一个坐落在山间的新建办公建筑，在设计的过程中，对于是否用直接－间接式蒸发制冷空调系统取代蒸气压缩空调系统产生了争议。但是，这个项目确实存在一个问题：在夏季会有一两个星期，由于空气中的湿度很高，所以人们在室内所感受到的温度就会比较低，可以到达舒适性的范围。使用蒸发制冷空调系统可以节省大量的能源，但是需要设置吊扇与可开启式的窗户来辅助。在这个问题的决策上，业主扮演了一个非常重要的角色。他们可以决定一切如常，也可以考虑建筑运转方面的优势，这就需要为了这一年当中两周的时间，更多参与投入前期的设计工作。我们应该通过教育，让使用者了解到，温度调节器并不是唯一可用的控制机制，利用可开启式的窗户与吊扇同样能够营造出舒适的室内环境。在这个项目在，业主（以及他对评估工作的积极参与）成为决定这个项目能否成为一个高效能建筑的关键——关键角色并不仅仅只有建筑师与工程师。

■ **材料**

- 检验提案中的各个系统和建筑造型，与项目的性能目标当中的材料选择之间的相互关系，寻找前期工作中可能存在的任何疏漏之处，以便进行更加详细的研究。举例来说，我们可以提出以下这些问题：
  - 建筑物的结构系统与外壳系统所使用的材料对环境所产生的影响（在 B.1 阶段已经按照优先级别进行了排列），是否能够符合预设的生命周期评估指标——举例来说，这些标准包括隐含能的目标、碳足迹预算、对人体有毒物质的限制等？
  - 所提案的建筑结构系统与外壳系统所使用的材料，是否可以最大限度支持各项环境目标，需要考虑的因素包含期望的使用寿命、制造商的社会责任、社区安全、生态群的健康与稳定性、生态系统长期的生存

图 7–6　这些照片所描述的是墨西哥维瓦海滨休闲度假项目，我们为了评估棕榈树（从技术上讲，它属于一种禾本科的植物）的移植能力所进行的实验，将它们重新栽种在沙丘上，这些活生生的矩阵可以将沙和土壤聚集在一起。这样的建造方法使这些棕榈树变成了“有生命的柱子”（图片由戴维・利文撒尔提供，维瓦海滨休闲胜地网页 http：//www.PlayaViva.com）。

能力，以及废水与废弃物对于当地环境与大气环境造成的毒害负担等？

- 所提案的建筑结构系统与外壳系统所使用的材料是否容易拆卸，以便在建筑物结束其使用寿命之后可以重新利用？
- 所提案的材料，是否与 B.1 阶段所建立的使用寿命标准相一致？
- 所提案的材料在废弃的时候，能否被当地的生态系统重新吸收？

- 当项目团队已经完成了上述这些问题的探讨之后，接下来应该着手下列工作：
  - 重点针对饰面材料进行讨论。
  - 寻找机会，使结构面成为装饰面。
  - 在深化设计的过程中，针对饰面材料，建立起研究与分析的结构性框架。
  - 针对饰面材料，选择出适合的生命周期评估模型。（在美国北部，BEES 是最常用的模型软件。）
- 实例：凡是建造在海边的建筑都有一个普遍的原则，那就是不应该建造在沿海沙丘之上，这样的规定是出于对生态系统的保护考虑，因为这些海岸边的沙丘对海湾系统以及其后面的大陆都具有保护作用。在维瓦海滨休闲度假项目中，我们以及我们“再生”研究小组的同事们却面临着不得不对这项规定进行妥协的挑战。这个海滨休闲度假项目位于墨西哥 Juluchuca，我们曾在第四章中进行过相关的介绍。我们当初认为这个项目是要建造在远离海湾的内陆区域，但是由于这里的海拔很低，所以业主想要把这些小房子盖在沙丘上。我们拒绝了业主的提议，并打算退出这个项目，因为道德因素告诉我们不能这样做。这个项目的业主，戴维·利文撒尔，却劝说我们应该接受这个挑战，尝试在这种极端的条件下继续坚持我们的信仰，这二者之间的关系有可能是可以调和（协调一致）的，而不一定只有妥协（让步）。经过了历时两小时的会议，我们一致赞同要想在沙丘上建造高效能的“建筑”，唯一可行的方法就是避免使用混凝土与其他坚硬的表面材料，只能使用植物，这样才能有助于保护本就已经相当脆弱的沙丘系统。我们花了好几个星期的时间，研究利用附近的棕榈树种植园里废弃的棕榈树来建造房屋的可能性，结果我们发现成熟的棕榈树是很容易移植成活的。我们将这些成熟的棕榈树移植到沙丘上，将它们排列成矩阵的形式，就形成了“有生命的柱子”，不仅可以支撑建筑的平台，而且它们的根部紧密交织在一起，还有利于沙丘的稳固。除此之外，我们还发现整个建筑其实都可以利用这些棕榈树来建造——横梁，地板，茅草棚（使用棕榈树的叶子）。但是，最终我们还是选择了另外一种当地的树种来代替棕榈树搭建建筑的横梁，因为棕榈树树干的结构使用年限（即使用寿命）比较低。建筑的结构是地域性的、有生命力的，并且在暴风雨过后也很容易维修与重建，不仅如此，这样的构造方法还有助于巩固沙丘，支持生态群的健康。

■ **检验方案设计的成果，是否能够满足建筑规划的要求，以及环境性能的目标**

■ 正如上文中所讨论的，根据当初所设立的项目性能目标，以及最初的目的、价值观、期望和原则，项目团队分组对方案设计的结论进行评估。在整个设计流程中，这是最后的一次机会来确认方案是否符合这些指导性的原则，并可能进行比较大的修改。

- 依据绿色建筑工具中所设定的目标，项目团队对项目目前的状态进行检视。如果是计划进行 LEED 评估的项目，就要根据所有的目标评分条款进行检视。

- **确定建筑物的造型、配置，以及各个系统之间的相互关系，这些议题在接下来的 B.4 研究与分析阶段，还要再进行更深入细致的分析与优化**
  - 团队成员根据方案设计阶段的工作，共同提交设计成果，也可能会包含备选的方案，会在 B.4 阶段进行更加深入细致的分析——这也再一次强化了这个设计是“属于”全体团队成员的设计。
  - 根据方案设计阶段的工作，对经过量化的资料进行评估，并通过对其彼此之间相互关系更深入的研究与调整，找出还有可能进一步改善提高的地方。为了 B.4 研究与分析阶段对性能指标的优化与检验，大概勾画出细部分析的方法。

- **明确不同形式的系统构件，并进行更加深入细致的成本捆绑分析**

找出构件当中存在的任何不同之处与改变，或是在第四次团队工作会议期间对设计的调整，这些都有可能会对造价产生级联式的影响。针对每一个可能会造成影响的因素我们都要进行讨论，所以在 B.4 阶段，我们还要再一次进行成本捆绑分析。

- **明确测量与检验（M&V）的方法与机会，以获得持续性的性能回馈**

项目团队需要对提供性能回馈的方法进行讨论，建立参数资料，在 B.4 阶段建立起有关测量与检验（M&V）大致性的计划。我们可以提出以下这些问题：

  - 能源（与水资源）消耗量的节省应该如何预测？
  - 我们所建立起来的检测与/或辅助计量应该涵盖到怎样的范围？
  - 我们是否打算针对终端使用或是系统进行测量？如何测量？
  - 使用便携式资料记录器或是控制仪表，需要对哪些系统可以进行配置、分区与巡回？
  - 系统和终端使用的状况是否真的那么简单，没有进行辅助计量的必要？
  - 什么人将会负责收集所需的资料，校对计算的结果进行预测工作，将计算的结果与之前所计划的性能指标作对比，并调和二者之间的差异？
  - 是否需要另外的，能力超过建筑设备经理的专家来执行测量与检验工作？

- **调试：找出业主项目需求文件（OPR）与基础性设计文件（BOD）当中需要更新的内容**

任何针对方案设计的结果以及/或项目性能目标的调整都有可能会影响到业主项目需求文件与基础性设计文件的内容，在团队工作会议期间需要找出这些调整，这样才能确保这些文件能够及时同步的更新。委任调试专员参与其中有利于这项讨论的顺利进行。

B.3.2 原理与测量

- **根据方案设计的结论，调整项目的性能目标并记录下来**

  正如上文中所描述的，在第四次团队工作会议期间任何针对性能方面的调整都需要被记录下来，并分发给所有项目团队的成员，确保所有的成员都能清楚地了解到自己的责任，相互配合，一起确定在B.4阶段所需要进行的细部分析。对于计划进行LEED评估的项目来说，还需要将修订过的LEED积分卡发给每一位团队成员，将目前每一项评分标准的执行状态及时记录下来。

- **调试：根据方案设计的结论，对业主项目需求文件（OPR）与基础性设计文件（BOD）进行调整**
  - 这个阶段的调试工作仍旧是项目团队自己的责任，根据业主所提供的资料，对业主项目需求文件以及基础性设计文件进行修正，以反映出第四次团队工作会议期间所作出的所有调整，就像以前我们所描述过的那样。但是，到了这个时候，这一类的修正会变得越来越少，所以对这些文件的维护工作，只是需要将团队所作出的决策如实反映出来就可以了。为了避免日后建造过程中出现返工的现象，这些文件仍然是非常重要的。我们要记住，这些文件的用意在于告诉负责施工的专业人员，为什么系统会设计成现在这个样子。
  - 有一点很重要，那就是业主项目需求文件与基础性设计文件本身也是一种工具，可以帮助非专业性的业主代表们了解，他们将要得到的是一个什么样的建筑，这样当他们今后走进建筑物的时候才不会觉得惊奇或突兀。因为业主项目需求文件与基础性设计文件在今后的深化设计阶段，以及施工图阶段还会继续进行完善，所以可能也会影响到它们的技术属性，尤其是针对更加详细的具体参数，以及团队成员们的责任。然而在这个阶段，这种影响将会是非常细微的，甚至到了无法言表的程度，所以也需要更仔细地对这些文件进行更新。这些更新后的文件需要分发给每一位团队成员，并需要获得每一位团队成员的认同，表示他们已经完全理解并认同这些文件中的条款。项目团队从技术的角度对这些文件的认同是非常重要的，因为业主项目需求文件与基础性设计文件其实就是为非专业的相关人员提供的一种工具，帮助他们了解整个建筑的各个系统。
  - 在这个时候，委任的调试专员开始建立起一个思路的框架，设计出调试计划，而在这个过程中也需要参考到业主项目需求文件与基础性设计文件其中的内容。同样，调试过程的目的在于，确保表现建筑设计的最终结果，与业主的需求是相互吻合的。

B.3.3 造价分析

- **根据第四次团队工作会议上所获得的资料，对所有一体化的成本捆绑模板进行扩展**

  正如前文中所描述，在第四次团队工作会议上已经确定了成本捆绑分析，接下来可能只需要针对那些级联式的成本影响作用不明显，或是与已经建立起来的捆绑结合在一起的情况进行进一步调整。而且，由于施工阶段的调试计划已经初步开始成形，所以必须要对施工调试过程中承包商的成本考量有所估计，并准确地计算出来。这并不是说我们预计会出现大量的额外成本，但是现阶段它应该变成一种真实的考量——如果可能的话还需要进行详细的量化。这部分的内容将会在下面B.5.3阶段进一步进行更深入的讨论。

B.3.4 进度表与下一步的工作

- **对深化设计阶段一体化设计方法路线图任务和时间表进行完善与扩充**

对总体进度进行调整，并确定B.4阶段更加深入详细的分析工作计划完成的时间——在针对所有的系统进行调整的过程中，为了满足团队成员之间相互的交流，确定需要召集会议的时间。

尽管之前我们已经无数次说过，要对一体化设计方法路线图及时更新，这里再说一次的话可能会显得太过多余，但是我们却一次又一次地看到假如没有这样严格精密的路线图作为指导，很多项目团队的成员在这个时候很容易就又退回到了他们过去局限性的，但是却已经根深蒂固了的“彼此孤立的对系统构件进行优化”的状态。这样的情况一旦发生，项目的性能必然会受损。我们所要面临的挑战，就是要保持团队成员之间高水平的密切互动，这样才能避免上述的情况发生。除此之外，这份路线图也会鼓励大家更多地共享深化草图以及分析的成果，这样，对于所有的系统，所有决策的影响，所有的相关人员都会了解。

换言之，就是在这个时候，我们曾经看到有很多的设计团队都被他们的工作压垮，无法实现更高水平的一体化，又重新退回到“一切只是为了完成工作而已”的状态。在这个时期，如果没有大家一起努力坚持执行一体化的工作方法，坚持“真正的性能”，那么之前所有良好的愿望，以及前期阶段的工作成果都会化为泡影。在这个阶段，业主扮演了一个重要的领航员的角色——比如说，业主在这个时候可以变身成为一名啦啦队长，鼓舞项目团队一起冲向更大的成功所在。

- **提交第四次团队工作会议报告**

与之前一样，将每一次团队工作会议的结果记录下来是非常重要的，提交第四次团队工作会议报告，其中包含以下内容：

- 会议记录，包括对所有性能目标、新的发现、分析成果以及反馈意见的评估。
- 经过更新的标准计量方式与性能目标——如果可以的话，还要包括经过更新的LEED清单。
- 经过更新的一体化成本捆绑模板，需要反映出所有新的、更加详细的分析结果。
- 一体化设计方法进度与任务路线图电子表格。
- 经过更新并获得团队成员认同的业主项目需求文件以及基础性设计文件。
- 明确下一步工作的方向。

B.4 阶段

研究与分析：深化设计（优化）

B.4.1 研究与分析活动：深化设计

- 对系统之间的相互关系进行更加详细的分析，并将这样的分析在各个学科之间持续性地重复进行
- 针对四个关键二级系统具体的构件，确认性能目标的达成
  - 生态群
  - 水资源
  - 能源
  - 材料
- 针对所有的系统，获得来自建造人员的信息及反馈

B.4.2 原理与测量

- 对比项目的性能目标，详细记录并确认建筑物性能的结果
- 准备起草测量与检验（M&V）计划
- 调试
  - 委任调试专业人员审查设计的进展，并找出进一步优化改进的机会以及可能存在的矛盾
  - 确定需要进行调试的系统的初步列表
  - 准备初步的调试工作计划书

B.4.3 造价分析

- 利用一体化的成本捆绑模板，对价值与性能进行优化（这才是真正的价值工程），并将所有主要系统的分析结果汇总起来

B.4.4 进度表与下一步的工作

- 在施工图阶段，对一体化设计方法路线图任务和时间表进行完善与扩充，如果之前还没有执行的话，那么从现在开始邀请项目的施工人员一起参与
- 为第五次团队工作会议准备会议议程

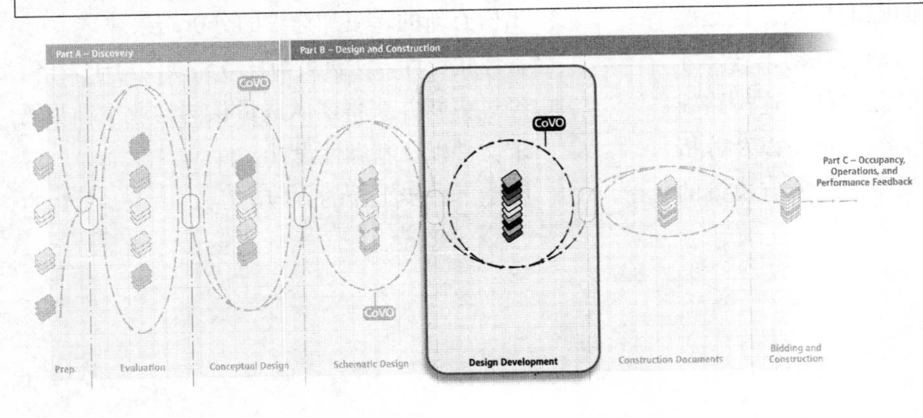

图 7–7 一体化方法 B.4 阶段，研究与分析：深化设计（图片由七人小组和比尔·里德提供，绘图科里·约翰斯顿）。

B.4　阶段

研究与分析：深化设计（优化）

就像本章开头部分所描述的，所谓深化设计就是指优化。因此在这个阶段，团队成员们通过反复的、越来越深入细致的分析，对他们的系统、构件，以及系统之间相互关系的细部问题进行调整。深化设计的结论就构成了设计决策的结论。请允许我再重复一次，深化设计阶段的工作重点就是“对细部的设计”，只是并不需要达到最完善的程度，因为后面还会有施工图阶段；所以，到了这个阶段的后期，“设计工作就完成了”。这里所谓的“完成”，是指满足所有四个二级系统性能目标的设计工作都完成了。剩余留到施工图阶段再来进行的工作内容都是一些非常细枝末节的细部处理，例如：“螺丝钉帽都排列整齐了没有等？”

临时会议

就像B.2（方案设计）阶段一样，我们在这里所介绍的一体化设计流程纲要中，并不会像深化设计开始阶段（B.1阶段）那样，明确地规定在深化设计的过程当中需要召开几次会议。但是，要想获得成功的系统整合，就必须在深化设计过程中召集一系列的临时分组讨论会，这样在细节分析的过程当中，所有的设计决策对所有系统所产生的影响，才能让每一位团队成员都有机会了解到。所以，本书写作的目的并不是要提供一个像菜谱一样的方法介绍，明确地规定出在这些会议上都需要讨论哪些问题（就算我们真想这样做也没有办法做到，因为每一个项目的具体情况都是各不相同的），下面我们只是列举了一个这一类临时会议的实例给大家参考。

B.4.1　研究与分析活动：深化设计

- **对系统之间的相互关系进行更加详细的分析，并将这样的分析在各个学科之间持续性的重复进行**

  这个时候的分析工作，应该针对我们在第四次团队工作会议上所问到的，项目有关四个关键二级系统相互之间关系的具体问题进行详细的探讨。要完成这项工作，在团队成员之间召开一些临时会议是必不可少的。

- **针对四个关键二级系统具体的构件，确认性能目标的达成**

  假如到了这个阶段，对四个关键二级系统的整合工作还没有完成，还没有通过细部分析对这些系统的性能目标进行检验，那么这对于要实现一体化的解决方案来讲可能已经太迟了——设计工作将会没有办法“完成”。所以，这种细部分析所要探讨的问题，与我们之前所介绍的B.3.1阶段所探讨的问题很类似。这些问题都是具体的项目所特有的问题，所以要想提供一个在这个阶段，应该进行哪些种类分析工作的复杂清单根本就是不可能的（而且这也超出了本书的范围），因为随着不同的项目设计参数的不同，这一类分析工作的性质也是大不相同的。下面我们所介绍的一些实例，旨在说明深化设计阶段，系统一体化的分析工作应该达到多么深入细致的程度。

- **生态群**（除人类以外的其他生物系统）
  - 实例：

    最近一个在美国东北部的项目，在深化设计阶段，景观建筑师针对一个废水处理人工湿地的植栽设计提出了景观规划，并将其介绍给我们的团队。这个规划方案设计了他

图 7–8 一个只有单一植物的人工湿地；这个湿地系统需要经历很长的时间（3 年），才能建立起一个丰富、健康、多元化的植物系统。而同样的湿地系统，我们将各种不同的植物混杂栽种在一起，不到一年的时间就形成了一个丰富的系统（图片由比尔·里德提供）。

选择出来的几组不同的植物物种，这些植物依照种类的不同，彼此分离而呈连环的模式排列。规划的效果看起来很美，很是却不太实用。这里所谓的"实用"，我们的意思是，尽管这些精挑细选的植物分组可能看起来的确非常赏心悦目，但是它们却没有紧密地布置在一起，形成相互之间的共生关系。在之前的一个项目中，我们也曾经遇到过同样的问题，那个项目足足花了 3 年的时间，才通过植物的自我组织形成了一片欣欣向荣的生态系统，并使有益的微生物复活（参见图 7–8）。我们发现，如果我们在进行播种的时候采取散播的方式，将不同品种的植物混杂在一起，那么湿地只需要不到一年的时间，就可以变成一个丰富而健康的生态系统。就像 E.O.Wilson 曾说的，"杂乱无章比有组织的状态还要来得好。"

- **生态群（人类）**
  - 实例：

对很多项目来说，在建筑的西立面上开窗采光会都会存在一个问题，那就是在一年中很多时候太阳的角度都比较低，因此太阳光线会直接照射到建筑物的内部。这些低角度的太阳光线直射室内，就会引起令人不舒服的眩光。除此之外，在夏季，折射进来的太阳光线也会同时带来更多的热量，这就会增加制冷系统的能耗量，同时也会影响到制冷系统的规格，因为一栋建筑物荷载的峰值一般都是出现在夏季的午后时段——相比较我们在 B.1.1 阶段曾经介绍过的在东侧立面开窗采光的例子，这种情况甚至会更糟，因为经过下午这段时间阳光的直射，会使建筑物全天都变得热起来。

在最近的一个项目，由于建筑物西立面的一侧靠近一个媒体中心区，所以在初期设计的时候，我们打算在这个立面设置大型的店面玻璃橱窗。对绝大多数项目来说，最好的方案往往都是尽量减少西侧的开窗面积，因为低角度的太阳光线是没有办法避免的。在这个案例中，设计人员并不打算缩减西侧玻璃的面积，但是却很希望能够尽量减少西侧开窗所带来的负面影响。通过最初的采光分析，证明了在一天当中的很多时间都存在太阳光直射的问题，特别是在夏季就更为严重（参见图 7–9）。随后，我们在深化设计阶段进行了采光模型的分析，分析的对象包括室内和室外的遮阳设施，以及对玻璃太阳能增益系数（SHGC）的调整。于是，我们成

图 7-9（上图） 最初的采光分析，显示出太阳光透过建筑西侧的店面橱窗玻璃系统，直接照射到建筑物的内部（图片由托德·里德提供，图片由 AGi32 软件制作）。

图 7-10（下图） 深化设计阶段，对室内与室外的遮阳设施都进行了分析，并调整了玻璃的太阳能增益系数，与图 7-9 所示最初的分析结果相比，明显减少了太阳光线的直接照射（图片由托德·里德提供，图片由 AGi32 软件制作）。

功减少了直射太阳光线的入射，降低了眩光问题以及热量的获得（参见图 7-10）。我们主要是利用采光模拟工具（这一类的工具曾在 B.2.1 阶段介绍过），在模型中尝试运行各种可能的方案，对遮阳设施的造型与尺寸进行反复调整，逐渐优化这些遮阳设施的配置。

在我们近期参与的另外一个项目，一所医院希望能为病人提供自然采光的环境，并使他们可以透过玻璃看到外面的花园。有关研究说明，让病人有机会看到病房外面的景物与美丽的花园，有助于提高他们心理上的舒适感，促进健康，激发活动力，可以减少在健康护理机构*身体恢复的时间（参见第八章关于使用后评估的相关讨论）。设计团队在这个项目中建造了一座花园，里面栽种了很多本土生的植物物种，有助于促进生态群的发展，并通过这些植物的根部深深地探入到土壤的深层，进而增强了土壤保水的能力。这些植物还可以在建筑上形成投影，减少了从玻璃获得的热量，提高了建筑物的能源性能。我们在深化设计阶段，大家一起通过能源模拟工具模拟分析了这些植物的功能，并根据它们在不同成熟度状态下不同的表现，选择植物的物种和大小。

■ **水资源**

- 实例：

这个案例讲述了我们学习到的另外一个经验：我们所参与的宾夕法尼亚州环境保护部门（DEP）第五个建设项目，是位于宾夕法尼亚州诺里斯敦的一栋建筑面积为 110000 平方英尺的办公建筑。我们将这个项目的雨水收集系统设计为一个容积为 5000 加仑的

* 在罗宾·冈瑟（Robin Guenther）与盖尔·维托里（Gail Vittori）所编写的《可持续性发展的健康护理类建筑》一书中，对很多项目实例进行了更加深入详细的研究。新泽西州：John Wiley & Sons 出版社，2008 年。

水箱，放置在建筑物 4 层楼高的中庭当中，如图 4–15 所示，用来储存从屋顶收集到的雨水。我们根据每个月的雨水收集状况预测表的资料（如图 5–47 所示，相关内容在 A.5.1 阶段“水资源”部分进行过详细介绍），计算水箱的容积尺寸。在设计深化阶段，我们为这个水箱配置了溢流管，以防降雨量超过了水箱的最大容量。相对的，我们也对干旱的气候条件进行了考虑。我们在水箱中安装了一个浮球阀，在降雨量不足的季节，就可以启动市政供水来注入水箱，因为我们所设计的这个水箱的容量，应该刚好能够满足整栋建筑物所有卫生洁具冲水的需要。这个浮球阀在策略上还有另外一个作用，那就是当雨水储存量不足整个水箱容积的三分之一时，它会控制饮用水只能补充到水箱容积三分之一的位置。这些策略的意义在于，在一年当中大多数雨水资源充足的时候，这个水箱基本都可以被收集到的雨水灌满，但是当出现了过去未能预测到的干旱状况时，我们就会使用饮用水来补充至水箱三分之一的容积——所以假如接下来马上就有了一场降雨的话，仍然还保留有三分之二的空间可以用来储存雨水。

但是，当这栋建筑交付使用之后，却发现用水量大得惊人，因为第一个月我们就收到了一张很高的水费账单。经过一个简单的调查，我们发现了问题所在——浮球阀的功能出现了异常，它一直都在触动补水的模式。而所有多余的水都通过溢流管白白地流走了。这个教训告诉我们（付出了不小的代价，过程很艰辛），像这一类的装置在设计的时候，假如阀门长时间地保持开放的状态，超过了正常灌水所需要的时间，就应该向建筑的控制系统提出报警。这一类的细节问题——以及会对建筑物的性能产生影响的所有系统的构件——都应该在这个阶段，与技术说明以及基础性设计文件汇整在一起，成为需要进行调试的一部分。调试专员在审阅这些文件的时候，应该对深化设计与施工图阶段的图面资料，以及技术说明文件当中的内容进行检验。

图 7–11 宾夕法尼亚州政府环境保护部门诺里斯敦项目当中，收集到的雨水被储存在这个水箱中，可以满足整栋建筑所有卫生洁具冲水的需要。沉积物过滤装置和泵就安装在一个玻璃隔断后面邻近的房间，整个系统都是可见的，可以成为雨水运用的教育示范（版权所有：© Jim Schafer）。

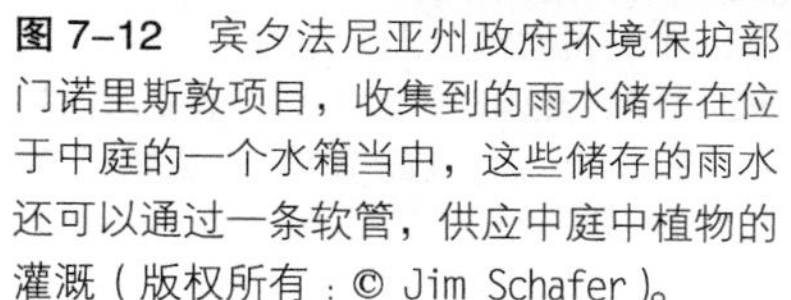

图 7–12 宾夕法尼亚州政府环境保护部门诺里斯敦项目，收集到的雨水储存在位于中庭的一个水箱当中，这些储存的雨水还可以通过一条软管，供应中庭中植物的灌溉（版权所有：© Jim Schafer）。

图 7–13 宾夕法尼亚州政府环境保护部门诺里斯敦办公大楼，与诺里斯敦已经废弃了的前火车站结合在一起，这座火车站是兴建于 1931 年的一座装饰派艺术史上的标志性建筑（照片中右侧），填补了沿主要街道的这一片空置用地（版权所有：© Jim Schafer）。

能源

- 实例：

到了这个时候，我们已经选择了具体的暖通空调系统，并缩减了系统的规格，下面应该开始针对系统的构件以及后续的运转问题进行优化了。能源模型应该及时更新，根据我们所选择的暖通空调系统，利用能源模型的辅助，对一些更加细节的问题进行探讨，指引设计后续发展的方向。举例来说，这一类的细节问题包括：使用更高效的发动机，泵与风扇发动机可变频的驱动器，具体设施设备的功率，热能回收，节能器，废弃热能的回收等，这些问题都是需要进行评估的。除此之外，我们还应该分析有关暖通空调系统后续运转的问题，比如说最理想的启动–停止状态，非使用时间的温度设定，锅炉/冷凝器水温复位控制，控制通风需求，水节能器/空气侧节能器运转等。

在深化设计阶段这种细节性的分析中，针对假设的条件质疑是非常重要的。举例来说，我们大家一般都会认为，使用通风空气热能回收（VAHR）系统可以节省能源，因为总体来说，这些通风空气热回收系统可以降低供暖与制冷设备的功率（节省初期建造成本），原因是使用这种系统，可以降低消耗在加热或是冷却室外空气至舒适性范围内的那部分荷载——尤其是对那些需要大量的室外空气来进行通风的建筑来说，例如学校，这种作用就更加明显。在很热或是很冷的气候条件下，利用通风空气热回收系统，对于暖通空调系统能源消耗量的降低是非常明显的。

然而，我们最近几个绿色建筑项目的实践却显示出，有些时候，使用通风空气热回收系统并不一定能节约能源。事实上，有两个原因可以解释，为什么使用通风空气热回收系统，反而增加了年度能源消耗量。其中一个原因在于风扇的动力，它需要把室外的空气移送，使之通过热能回收热交换器。另外一个原因在于有些时候，当室外空气的温度满足舒适度要求时，通过一台“无须冷却”的空气侧节能器（ASE），就可以直接利用室外空气的流通来减低建筑物内部的温度——但是通风空气热回收系统却一直保持在热回收模式下连续运转，而在上述的这种气候条件下，其风扇的转动根本就没有任何意义。因此，使用空气侧节能器才真正可以降低或是完全省掉作用于暖通空调系统的制冷荷载，进而也可以大幅度降低制冷所消耗的能源。这种情况对于绿色建筑来说就更加明显，因为绿色建筑都具有良好的保温隔热性能，平衡温度低，这类建筑物在很多气候条件下都需要对内部使用空间进行制冷——即使是在室外很寒冷的情况下（参见图 7-14）。

所以，在深化设计阶段，能源模型的结果常常会显示出，对于节能来说，单独使用通风空气热回收系统并不一定是最好的选择。而且，我们还发现，假如一栋建筑物为

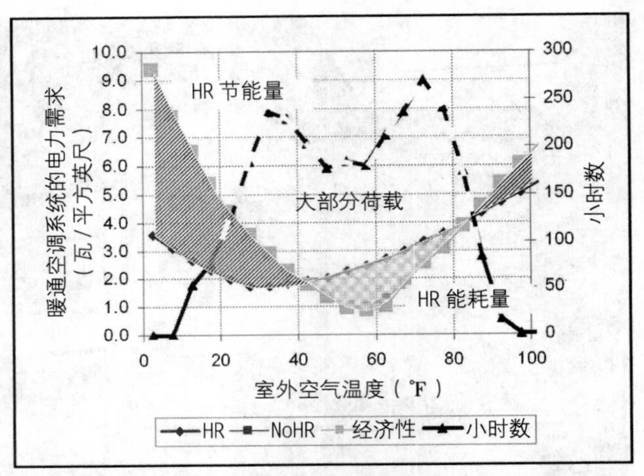

图 7-14 图例证明了在气温低于 40 ℉以及高于 85 ℉的条件下，使用热回收系统（HR）能够节省能源的消耗。在这个案例中，当室外温度介于 40—85 ℉之间时，热回收系统自身所消耗的能源，超过了它所节省下来的能源。因为绝大多数结合气候条件对供暖与制冷荷载的分析，都是以 40—85 ℉之间作为设定温度的，所以如果以年度为基础来计算的话，热回收系统（HR）的能源消耗量是超过其能源节省量的（图片由 Andy Lau 提供）。图中 HR 表示使用热回收系统。

了降低暖通空调系统的功率，已经安装了通风空气热回收系统，那么在室外空气条件比较有利的情况下，我们还是可以选择绕过通风空气热回收系统，而使用空气侧节能器。

■ **材料**

- 实例：

宾夕法尼亚州环境保护部门坎布里亚项目，在前面的章节中已经介绍过了，是一栋坐落在乡下工业区的办公楼，周围的环境树木繁盛；是宾夕法尼亚州环境保护部门的一个辖区办公楼。在初期提案的设计方案中，外墙材料所选用的是钢质维护板，因为钢材是一种可以循环使用的材料，而且这样的建筑外观也与工业区内其他的建筑比较匹配。

但是，在经过了大量缜密的思考之后，我们提出了一个不同的概念，有的时候绿色建筑是可以在外观上做一些改变的，而这样的改变也许可能会更好地反映出当地的气候、周遭的环境特色，以及持续改变的日照状况。我们质疑这栋建筑看起来到底应该是什么样子，最后得出结论，没有任何装饰的木质维护板，对于周遭条件来说才是一个最好的选择。阳光总是有规律地照射在建筑的南侧，这会使建筑物的北侧显得比较暗，而南侧比较亮。除此之外，木质维护板也许看起来并不适合用在办公建筑上，但是却可以与建筑周围的环境充分地融合在一起。当地有很多的粮仓，拥有一百多年的历史（多是由德国与瑞士的殖民者当初来到这里时修建的），都是采用当地的铁杉木作为维护板，也没有任何的油漆或装饰，经过了一百多年的时间，仍然好好地保留在那里。所以，我们提出使用当地砍伐的铁杉木，以锯子做简单的加工，不进行任何装饰，作为建筑的维护板材料——看起来就像是那些谷仓一样——用于建筑绝大部分的外墙面。

当然的，想要说服业主接受这样一个想法可不是一件简单的事情，因为它与大多数人概念中的办公建筑简直就是格格不入的。果然这个概念一出，马上就遭到了各种理由的反对，大家拒绝使用这种被他们的祖先选为大量用于维护板的材料。反对的意见各式各样，包括“我们无法支付木质的维护板”，“它会腐烂”，“它会滋生虫害”，“看起来不适合”，以及“那我们就必须要雇一个全职的维修人员”等。

但是，我们可以通过我们的生命周期评估模型证明，与任何其他备选材料相比，使用这种本地砍伐的铁杉木是对环境负面影响最小的材料。最终，我们是通过直接而快速的造价对比，才使大家接受了这样的想法。使用当地的铁杉木（是宾夕法尼亚州中部的一种本地种树木）所需要的造价，只是使用钢质维护板的一个零头而已。而且我们可以证明，即便是不太可能出现的腐蚀问题真的发生了，到了50年的时候需要重新修建，考虑到安装的成本已经通货膨胀的影响，还是可以节约60%的成本。事实上，在这个项目中，使用木质维护板的成本只有钢质维护板的四分之一，而木材在生命循环中对环境的影响则要比钢材小得多。

图 7–15 宾夕法尼亚州环境保护部门坎布里亚办公楼，其外墙采用未经油漆处理的、当地砍伐的铁杉木作为维护板，既节省了造价，又降低了对环境的负面影响。这些维护板采用面板与压条的方式安装，可以使这些木材在建筑的表面上自然干燥，因而降低了隐含能，还避免了利用干燥炉烘干所引发的二氧化碳排放等问题（版权所有：© 2001 Jim Schafer）。

图 7–16 宾夕法尼亚州汉诺威一所小学建筑近距离拍摄的照片，这个项目的外墙也是用了一些当地铁杉木制成的维护板。除了其环境方面的优势之外，这样的外立面也反映了当地农业的、乡村化的建筑环境，与附近地区已经有百年之久的木质谷仓建筑协调一致（版权所有：© 2003 Jim Schafer）。

除此之外，在寻找其他的途径来减少每一种材料对环境负面影响的过程中，我们在绘制深化设计阶段墙体剖面细部大样图的时候了解到，在木材制品加工制造的过程中，其干燥过程会对环境产生相当大的负面影响。木材的干燥过程如果在自然条件下进行则需要很长的一段时间，或者我们也可以将木材放在干燥炉里，通过加热促使其迅速干燥。将木材放进加热炉中干燥，有利于其达到与周围环境一样的湿度，这样就不易出现变形。在这个项目中，我们认识到，如果我们采用面板与压条这种固定系统，那就不必太过担心会发生变形的问题。面板只有一侧是固定的，而另外一侧则允许一定程度的伸缩，并在活动的一侧装配压条。这就意味着当湿度发生改变的时候，这些木质维护板可以自由发生变形，但是却不会产生裂缝。所以，我们就可以使用最近才砍伐的木材，在现场切割后就直接使用，而不必再放进加热炉里进行烘干。这个项目到现在已经将近十年了，这些木质的维护板在建筑上已经自然干燥了，不必进行油漆，装饰或是维修——也没有出现任何问题。

■ **针对所有的系统，获得来自建造人员的信息及反馈**

在这个时期，施工人员的角色可以说是相当重要。当然了，我们在第五章中曾经讲过，越早邀请施工人员参与到项目当中，就越能获得比较好的结果。这样，我们就可以将设计团队与施工团队的成员集中在共同的目标周围，一起解决问题，这些问题包括研究施工可行性的问题，当然还有造价的问题，即进行更加精准的成本估算。如果有可能的话，施工人员（或者，假如施工人员还没有选定的话，也可以找

木材及其生命周期的影响

在进行建筑材料生命周期评估的时候，木材是一种常常被提到的材料。这是因为树木在生长的过程中能够吸收二氧化碳（同时还释放出氧气），而木材取得的过程几乎不需要消耗什么能源，切割加工成材的过程也只需要消耗很少的能源（在大多数的气候条件下），也不需要什么维修成本，并且当建筑物的使用寿命结束之后一般都还能再次利用。但是，生命周期评估针对木材的使用没有提及的一个问题，就是在土地使用方面的影响。这是个很难计算的问题，所以需要通过一些其他的途径来处理。在宾夕法尼亚州环境保护部门坎布里亚项目中，为了满足工作的需要，我们选择向当地的一些木材工厂询问铁杉木的价格。我们最后选定的一家木材工厂离施工现场很近，他们是从当地农夫的林场砍伐原木的。这些林场已经由这些农夫祖祖辈辈们管理了两百年，从这里还是殖民地的时期就开始了。现在，这些林场仍然还在，每片林地的规模大概在两英亩左右。这些农夫管理这些林场，有选择性地砍伐树木提供建筑材料，大型的原木供农场使用，小一些的枝干供平日烧火做饭以及冬天取暖之用，这样的生活模式维护了这些林区生态的健康。到了最近这几十年，农夫们逐渐放弃了对这些林地的使用，除了出售原木之外，已经不能再为农夫们提供什么其他的帮助了。

与使用这些原木木料作为建筑材料相关的土地使用问题，是一个值得探索的问题。举例来说，在东部的森林，木材砍伐的方式相当独特，这是因为这里生长着一些高品质的硬木树种。价值最高的原木就是单板用材。这些都是一些很大的树，几乎没有什么瑕疵，所以木材加工商们可以将这样的原木通过旋切的方式制成板材，卖出很高的价格。所以，这一类的硬木树种一般都要保留下来，让它尽量长大。因此，很多当地的樵夫都会建议选择性砍伐，一般都要经过15—20年才会对一片林地进行一次砍伐。这样，比较高大的树木就会被砍伐满足高品质的用途，而中等尺寸的树木则被保留下来，让它们在这段时间里继续成长。这样做法的结果，就为这种建筑材料创造出了一个健康的、生物多样性的土壤，尽管规模都比较小，但是也为植物群、动物群以及生态群成就了一个多样性的环境。

具有类似经验的其他人代替）应该在这个阶段尽量多参加讨论会的评论工作，并根据具体的条件为细部设计提供有价值的信息。

B.4.2 原理与测量

- **对比项目的性能目标，详细记录并确认建筑物性能的结果**
  - 进行详细的计算，跨越四个关键的二级系统，针对所有之前所预期的有关环境的性能，调整与“检验”性能目标的达成状况。同样，如果到了深化设计阶段，具有特殊性的性能目标还没有得到检验的话，那就可能已经太晚了，并且极有可能以后也不会再有机会进行了。就像罗纳德·里根（Ronald Reagan）曾经说的，“特异性就是确实性的灵魂所在”。

- 对打算追求 LEED 认证的项目来说，要对之前所确立的所有 LEED 目标，以及与所有要追求的 LEED 评分项目相关的性能问题，逐条进行检验。这个过程包括对所指定的性能目标的完善，以及持续性地在各个评分项目之间寻求更进一步的协同效应。就像我们在 B.2 阶段曾讨论过的，这个阶段还应该召集一些临时会议，针对一些跨学科的 LEED 议题进行探讨，比如说雨水的管理与景观、能源性能以及采光等等。

- **准备起草测量与检验（M&V）计划**

我们应该主要与建筑物的所有者以及项目机械、电力及给排水系统设计工程师进行协商，一起讨论项目具体的测量与检验（M&V）计划。在这次会议上将会决定基本的方法，需要收集资料的范围，以及根据测量与检验（M&V）计划的纲要，规定每个人所应付起的责任。得出的结论应该是清晰而详细的，针对在第四次团队工作会议期间对测量与检验（M&V）所提出的问题给予回答，这些问题我们在 B.3.1 阶段已经大致介绍过。测量与检验（M&V）计划基本的纲要需要包含以下几项内容：

- 无论是水资源的终端使用，还是能源的终端使用，我们应该如何预测其节省的情况？
- 在设施设备交付使用之后收集资料的具体方法，检验之前在进行预测计算的时候，所输入的假设值的准确性。在多数案例中，这一类的计算结果都是通过能源模型所产生的，另外还需要有关水资源使用的数据表计算。
- 我们如何使用收集到的资料，以及对之前的预测计算进行修改和调整。在很多案例当中，我们通常都会按照实际测得的运转资料来调整当初建模时所预估的输入信息，以这样的方式对能源模型进行校准。而设备实际的运转资料，我们可以针对每一个能源终端使用进行辅助计量获得，再结合利用便携式测量工具收集到的资料，针对运转与使用，以及气候文件等问题同大家进行访谈。
- 在测量与检验（M&V）工作所定义的这一段时间框架之内，经过调整之后的预测计算结果（例如，经过调整或是校准之后的能源模型结果），就会与真实的账单相互吻合了。
- 以经过校准、与真实的情况完全吻合的模型版本为基础，通过将其所有的节能措施都去除掉，就可以形成一个新的基础性案例，或是产生一个可以兼容的模型版本。这样，按照实际情况进行校准后的模型，与修改后的基础案例的模型二者之间的差异，就是实际的能源节省状况。之后我们再将这个实际的节能量，与在设计的过程中通过模型分析而得出的预期节能量进行对比。
- 最后，在这份计划书中还应该包括根据我们在测量与检验（M&V）工作中新的发现，有哪些领域还存在进一步节能潜力这样的介绍。通过计算出来的节省量与成本，明确具体的能源使用效率以及节水的情况。当实际的节能量与预期的节能量不能吻合的时候，这些建议就将会成为行动计划发展中的一部分——因为各式各样的问题实在太过复杂，我们在设计的过程中是没有办法全部提前预料到的。

- **调试**

- **委任调试专业人员审查设计的进展，并找出进一步优化改进的机会以及可能存在的矛盾**
  - 到目前为止，在项目进行的每一个阶段，确认业主项目需求文件与基础性设计文件都有及时更新，这项工作始终都是由设计团队主导的，项目委任的调试专员只是从旁协助。现在既然设计深化工作已经反复进行了数次，对细部问题也已经进行了深入的分析，分析的结果也都一一记录下来了，那么调试专员就可以开始有针对性地来审查这些文件了。

- 调试专员对这些文件进行审查，第一个同时也是最主要的用意，在于核对业主项目需求文件、基础性设计文件，以及现在的深化设计文件之间的一致性，找出在项目目的、性能目标以及系统功能方面可能存在的矛盾。
- 在审查这些项目文件的过程中，调试专员还可以有一个非常有价值的作用，那就是为设计团队揭示出，在哪些地方可能还存在进一步整合的机会，扩大优化的效果。这是因为调试专员是站在一个客观的立场上，跨越各个系统与各个学科提出整体性的观点。
- 调试专员在审查这些项目文件的时候，应该写下一些注解与评论，并将这些书面资料发给每一位团队成员。之后，每一位团队成员仔细阅读与思考跟他们相关的评论意见，并针对调试专员的评论意见作出回应，这样才能将所有产生的影响都记录下来。
- 在评论的过程中，调试专员也应该对这些文件进行性的本质保持敏感。不管评论的内容如何，设计团队的成员们都要认真对待这些意见，大家应该尊重这样一个事实，那就是调试专员看待问题的角度，是与设计人员有所不同的。
- 调试专员还要对深化设计文件再做第二次的检查，确认相关的设计团队成员已经针对问题进行修正，并 / 或针对评论意见作出回应。这样，这些文件就可以提交给业主了。
- 调试设计的审阅，在这个阶段，调试专员的任务并不仅仅是检查图纸，因为现阶段他们更需要关注的问题应该是最终的结果，功能性的测试以及维护问题。就像前面所讲的，设计人员在这个过程中一定要做到敞开心胸，在他们的作业成果还没有最后定型之前，悉心接受调试专员所提出的意见。

看一看暖通空调系统的设备通常都是如何进行规划的，我们就可以发现一个简单的例子：设计师第一步要做的工作就是记录设备的能力。提列出设备一览表清单，并对于设备当中众多的部件统一进行说明，这样的做法对工程师来说可能确实非常简单，但是却没有描绘出全部图纸的信息。设备最终还是必须要得到确认，这样才能进行后续操控设计，精准的安装，供设备工作人员接通，以及制作维修文件等工作。所以，深化设计阶段的设备图纸应该包含设备每一个部分清晰的标识符，这样才能将图纸同将来的安装及运转完整串联在一起。举例来说，在设备一览表中我们只列举了 10 种部件，每种部件可能都会被运用 5 次，这也就是说，总共会有 50 个部件，每一个在建筑当中都有不同的位置，这样的做法是不能满足业主需求的。有关于设备一览表的运用，将会在 B.6.2 阶段再进行详细介绍。设计师们习惯于传统的设计与绘图方法，特别会抵触这些在调试设计的过程中，调试专员所提出的评论意见。但是一体化的设计方法要求我们大家都要保持一种相互合作的精神，大家要超越每个人脱离整体，孤立地完成自己的任务才是最简单的办法这种错误的观念。

- 还有一点需要说明的是，有一些项目属于同一业主开发的综合性项目（也许是一所医院或是大学），其中包含很多栋建筑物，分别由不同的设计团队来负责。在这样的情况下，调试专员就是所有团队成员当中，唯一一个掌握所有项目技术背景的人员。所以，调试专员这个时候就应该像一条线一样，将业主所有的技术性需求都贯穿起来，这样才能将分别负责各个建设项目的不同设计团队整合在一起，共同达成一致，因为每一个设计团队对项目都会有他们自己的看法（这些看法通常都是各自不同的）。

■ **确定需要进行调试的系统的初步列表**

- 要想将需要进行调试的系统一一罗列出来，我们可以先从一般性的列表开始，举例来说，这一类的问题包括暖通空调系统，照明系统，给水排水系统，可再生能源系统，控制系统，以及针对项目具体的性能参数所量身定做的建筑物外壳系统等等（参见图 7-25）。
- 列表的内容可以变得更加丰富与全面，开始扩展到包含以下这些系统，例如紧急状况下的动力系统，火灾控制系统，火灾警报系统，保全系统，门禁访问系统，计算机数据库，以及皂液器等。
- 比较理想的状况是到了这个阶段，具体暖通空调系统的类型已经选定下来了；但是在一些项目中，到了深化设计开始的阶段，这项选择工作还没有最终确定，具体情况取决于项目的复杂程度。例如，要达成系统类型最终的决策（集中的冷凝器 / 锅炉还是暖通空调系统，地热泵还是闭合循环，或是其他水暖泵与锅炉等），可能还需要在深化设计的初期阶段再进行一轮分析，通过运转参数性的能源模型，更加详细地比较这些备选的各类系统之间的性能差异——有可能还会包括针对项目可用能源的废气排放情况进行对比性的分析。
- 即便我们还没有办法最终确定具体系统的类型，我们起码也应该做到在方案设计阶段末期，就将这些系统备选方案的范围尽量缩减到很有限的几种选项，这样才能通过详细的优化分析，最晚截止到这个阶段，完成对这些系统的选择工作。
- 除了最重要的，对项目暖通空调系统进行调试之外，对建筑外壳系统的调试工作也是非常重要的，这两者的重要程度甚至可以说是不相上下。简而言之，我们通过以往的经验发现，即便是一个项目的暖通空调系统根据测试的结果，以及后期的运转标准显示，其功能非常完善，但是如果建筑的外壳系统存

图 7–17 在施工的过程中一定要小心谨慎，才能保持最小加压充气地板下送风系统的完整性，但是性能上的收益却可以证明，这项工作完全是值得的。我们在 2002 年出版了一本书，书中对地板下送风系统进行了更加深入研究，并列举了超过三百个案例，说明了地板下送风系统在热舒适性、室内空气品质、节能、提高生产率、制造成本，以及总体初期投资的节省等方面的性能收益（Loftness，Brahme，Mondazzi）（来自建筑性能与诊断学卡内基・梅隆研究中心），（Vineyard & McDonald）（来自 Oak Ridge 国家实验室），“办公建筑灵活、适应性的暖通空调系统的节能潜力”（图片由约翰・伯克尔提供）。

图 7–18 地板下送风系统所配套的地板通风口（图中所示通风口是由克兰茨公司制造的），作为一种计量装置，为使用者提供了独立的热舒适性控制（图片版权所有：© 2001 Jim Schafer）

在问题，那这样出色的暖通空调系统也有可能会完全失效。

举一个例子，几年前，我们负责进行一栋建筑物的调试工作，这是一栋建筑面积约为 100000 平方英尺的多层办公建筑，并获得了 LEED 金级标准认证。根据合同规定，我们的工作范围是针对建筑的能源系统进行调试，但是却没有包括建筑的外壳系统。在 2003 年施工就快要结束的时候，我们从一位暖通空调系统操控技术人员那里获知，他没有办法获得足够的净压力值来对建筑加压。针对这个问题，他找不出原因所在。

这栋建筑物包含一个四层楼高的开放式中庭，暖通空调系统使用高架送风与地板下送风组合的方式。对我们来说，这个问题可不仅仅是一项缺失那么简单，它让我们开始了一个漫长的探索旅程，从施工阶段开始，一直延续到第二年竣工交付使用。正是这样漫长的探索，使得我们终于有机会回顾到深化设计阶段建筑外壳系统细部问题的处理。对这个设计团队公平一些来说，我们下面要讲述的这个故事当中的情节其实并非都与这栋建筑有关，但是通过这个项目，确实让我们在以后所参与的几乎所有调试项目中，都看到了类似的问题存在。

这栋建筑的暖通空调系统设计，既包括地板下送风（这是主要的系统），也包括高架的变风量（VAV）送风装置。这两种送风系统，都是由同一台空气处理器供应，所输送空气的温度也是相同的。由于该项目所使用的是这种组合式的系统，而且存在一个中央开放式的中庭，所有四个楼层的空间都是相互连通的，我们根本就没有办法将每一个楼层单独隔离出来，逐层地研究增压的问题。当刚一开始研究这栋建筑缺乏维持压力的能力时，我们一下子面临了太多的问题而乱了方寸，简直没有办法有效地将这些问题理清头绪，一个一个进行处理。我们所要追求的就好像是一个不断运动着的目标，而我们的工作只不过就是在原地打转，调整系统的压力设置点，送风的温度，夜间自动调低温度，之后又进行了烟雾测试，检查趋势数据，所有这些期望找到问题根源所在的努力最后都徒劳无功。我们检查了屋顶排烟风扇四周的女儿墙是否有缺漏的地方。我们测试中庭上方的排烟风扇调节风门的闭合度。我们核查排烟风扇确实已经关闭了。我们反复地检查送风系统的功能。在夏季，我看到有一些空间的温度过高，而有些空间的温度则在舒适范围内。到了冬季，我们看到有一些地方就是暖和不起来，而有些地方却是热过了头。我们发现了地板下送风系统存在问题，这与我们最初建筑加压的问题是有关联的。此外，我们还发现系统回风的温度，只比进风的温度高了很少的几度。对于我们所能想到的和暖通空调系统有关的所有地方，我们都检查了一遍又一遍，但是我们的进展还是很少——事实上，几乎根本就是没有进展。这些就是我们从头到尾所能想到的造成问题的所有原因。

慢慢地，我们开始了解到地板下送风问题的根源，并将工作的重点都放在这个问题上，希望能够有所帮助。我们积极地探索，将地板全部密封起来（在一些案例中，承包商会在一些不同的区域留下几个比较大的洞），并调整地板下送风系统的管线。我们开始获得了一些比较好一点的结果，室内的舒适度似乎也有所改善，但是各个空间的效果却不一致。而且，我们最初建筑加压的问题还是没有得到解决。业主，可以想象，对这样的结果还是不满意。

直到第二年的冬天，这个时候建筑交付使用已经有一年多了，我们才第一次开始认识到了造成建筑物加压问题的主要根源。有一次当我们坐在窗边观赏外面冬季景象的时候，竟然意外地发现了建筑室内窗户下方的区域结冰了。这是一间完全封闭的办公室，同时也是难以维持舒适温度问题最严重的空间之一。随后通过我们进一步检查，结果发现几乎每一扇窗户的下方或是四周，都存在严重的空气渗透的问题。我们将第一扇窗户四周的木质装饰压条拆掉，结果就看到阳光透过窗框与其旁边的钢栓照射进来。于是我们马上就开始了行动，将整栋建筑物所有窗

图 7–19（上图） 这张照片显示出窗框和旁边毛坯窗洞框架之间存在的空隙，在调试的过程中我们发现，这个空隙并没有进行密封处理。但是，这个空隙的尺寸却留得刚好合适，可以将适当的密封材料填充进去。假如缝隙太小的话就没有办法填充适当的密封材料，这里就会成为一个存在严重空气渗漏问题的根源（图片由布里安・特夫斯提供）。

图 7–20（下图） 与泡沫棒相比，泡沫喷剂的密封效果更佳，这是因为使用喷剂可以将这些缝隙连续性地充满，而不会像泡沫棒那样间断留有空隙（图片由布里安・特夫斯提供）。

户四周的木质装饰压条都拆了下来。我们发现这个项目的承包商在安装窗户的时候，在窗框和毛坯的洞口之间都保留了标准的空隙，并按照施工图中的细部详图，用泡沫棒填充了这些空隙——但他们只是填充了一部分而非全部，而且填充的效果也不好，没有使用密封胶封闭。而在另外一些地方，根本连泡沫棒都没有。表面的装饰线是通过一根压条固定的，也同样没有进行应有的密封处理，这样就根本没有办法阻隔室内外空气的渗透与流通。在窗框与毛坯洞口之间的缝隙，只有用表面的木质装饰条覆盖——这就是整个结构中唯一的空气屏障，还有间断地泡沫棒，这样的做法，当然起不到什么隔热的作用了（参见图 7–19，图 7–20）。

结论就是将整栋建筑所有窗户的泡沫棒也都拆掉，采用微膨胀的聚氨酯泡沫喷剂来填充这些缝隙。当我们填充了这些聚氨酯泡沫喷剂之后，我们看到了——并不难想象——一个神奇的转变。突然间，我们就可以正常地对建筑加压了，而之前那些无法控制的空间也都恢复了理想的温度。

从这个案例中，我们所学到的经验就是暖通空调系统的问题，并不一定是暖通空调系统自身的原因所造成的。由这个经历，我们了解到了建筑物的外壳系统与安装有多么的重要，甚至会影响到整栋建筑物能否正常的运转。我们开始更深入地认识到了建筑物各组成构件之间的相互关系，以及建筑物是如何像一个有机体一样运转的——只要有任何主要的构件功能上出现了问题，它所引起的波动效应将会涉及建筑的方方面面，其广泛程度是不可思议的。同时，我们也将要对建筑外壳系统进行调试视为了一项原则，在后续每一个项目中都认真地执行。而这项建筑外壳系统的调试工作，最好能够在深化设计文件审阅的过程中就开始进行。

我们花了一年，或许是更长的时间，为宾夕法尼亚州中心的一所学校项目进行调试服务。这个项目获得了 LEED 银级标准认证，但是项目团队却选择不要再继续追求更高的调试评分，因此很遗憾，整个调试工作范围内并不包括设计审查的内容。

由于之前的经验教训，我们已经了解到建筑外壳系统对性能指标的重要性，所以我们在整个施工过程中都进行了例行性的检查，检查建筑的外壳系统构件，以及所有其他需要进行调试的系统——由于刚刚才遇到之前的项目所有关于外壳部分的问题，所以我们尤其关心建筑外壳部分的施工。我们特别注意窗户的安装，但是在这个项目中采用的是砖墙与空心混凝土砌块墙结构，洞口部分的细部处理得很好，没有发现什么缺陷。

当墙体和屋顶都建造起来的时候，建筑就形成了一个围合的空间，我们开始检查墙体和屋顶交接处的处理。这栋建筑物的结构系统包括结构性钢骨架，混凝土砌块和面砖，在砌块与面砖之间还铺设了 3 英寸的刚性保温材料，以及一个悬挑出去的坡屋顶，坡度为 4/12。屋顶结构包括安装在结构性钢梁上面的钢质波浪板，波浪板的上方铺设刚性保温材料，最上面再覆盖焊缝金属屋面板。

这栋建筑中所浮现出来的问题同样是外壳系统的问题，只不过这一回的毛病是出在墙体系统与屋顶系统之间，存在空气渗透与热屏障失效的现象。这个故事既可以说是一个关于设计的故事，也可以说是一个关于施工的故事；但是在这个项目中，很多会造成结构性缺失的屋顶问题，其实都是可以在进行细部设计的时候就发现的。根据大样图，屋顶波浪板放置在外墙的顶端，要求在波浪板凸起的地方要保留一个空隙，通过保温棉或是矿棉进行填充，有的时候，这种保温材料也被称作“rotten cotton”。正是这个标准的细部详图成为三个问题的症结所在：第一个同时也是最为明显的问题，是施工人员在很多波浪板里都没有填充任何保温材料，但是这种问题并不很常见。第二个问题是尽管确实填充了保温材料，但是这些保温棉的作用与其说是空气阻隔，倒不如说是空气过滤。第三个问题，同时也是最糟糕的就是这些波浪板是声学波浪板，为了能够吸收声音而在整个板面上都很多穿孔，这样在吸收声音的同时，也使空气可以经由没有铺设保温材料的顶面直接穿透波浪板，这样，在室内空间与顶板之间根本就没有任何的空气阻隔。在施工的过程中我们就发现了这些问题，并将这些问题反映给了业主、建筑师和施工人员。但是，这些问题在施工阶段并未能引起充分的重视而好好解决，就像图 7–21 所示，以及图 C–4 至图 C–7 这些红外线照片所显示的——这些照片都是我们在去年的冬天所拍摄的，距离竣工已经差不多过了 3 年的时间。

这个案例说明，如果项目团队没有为了追求更高水平的性能指标而团结一致，围绕着更为细部的问题展开深入的分析，那么他们就会又退回到传统的深化设计，施工图

图 7-21 这张照片是从一个体育馆建筑内部拍摄的，我们看到的是屋顶的波浪板。这张照片显示出，声学金属屋顶板安置在砖石外墙的顶端。屋顶波浪板跨在外墙上，而屋顶版的外边缘刚好是波浪板的凹槽部分。这张照片是在中午左右拍摄的，我们在波浪板中所看到的光线，就是穿过屋顶板凹槽部分的自然光。这个结构当时已经施工完成了，我们可以清楚地看到在波浪板凸起所形成的凹槽当中，没有填充任何保温材料（参见图 C-4—图 C-7）（图片由布里安·特夫斯提供）。

与施工的套路中去。我们已经认识到，采用传统标准的建筑施工技术，以及传统的设计流程——"按照我们以往做事情的方法来做"——如果想要追求更高水平的需求，或是渴望获得更高性能的建筑，往往都会以失败收场。高性能水平的建筑需要高性能水平的设计，只有全体团队成员团结地围绕着项目的目标共同努力才能实现。

图 C-3—图 C-11 所展示的这些照片，都是我们在进行项目调试工作的时候，所记录下来的具有代表性的建筑外壳系统所发生的问题。

准备初步的调试工作计划书

- 与业主项目需求文件以及基础性设计文件相类似，调试工作计划书也是一份需要不断发展完善的文件，它是整个调试工作的一个组成部分，至于具体的调试工作，我们在这个阶段还不需要特别关注。尽管我们不应该过分夸大制定调试工作计划的重要性，但我们还是应该在深化设计阶段就开始着手准备这份计划的草案。
- 初步起草的调试工作计划书，应该根据合约所规定的服务范围，包括一份关于调试工作过程及方法的概要。这份概要就是为实现调试工作需求而制定的一份指南。调试工作具体的过程与方法，会在项目的技术说明书中有关调试的部分进行详细介绍。
- 调试工作计划书中还应该包括现阶段的业主项目需求文件以及基础性设计文件，还要有这些文件之前的各种版本，最起码也要有它们主要纲要的格式，这样才能增强调试工作的效果，使之成为一种在设计阶段与施工阶段帮助业主达成需求的有效工具。
- 最初的调试工作计划书很有可能篇幅比较短（可能只有 15 页）。它会成为最后调试工作报告的大纲。最终，随着各种各样的内容不断添加进去，这份文件可能会变成一本复杂的、大块头的三环活页夹。尽管调试工作计划书的最终版本可以有很多种不同的格式，但我们还是发现保持当初 15 页文件的格式不变（只是增加很多索引内容），这样的做法是最易于管理的，因为原始的这 15 页资料可以一直保留下来相对不变，或是只作一些细微的调整，它就可以在计划书不断补充完善之后，成为各类附加内容的纲要。

调试工作计划书——施工阶段

目录

图 7-22 一份调试工作计划书示例的目录（由布里安·特夫斯提供）。

- 在调试工作计划书中规定的工作与责任也需要不断进行调整完善，一定要同项目的技术说明文件保持同步，特别是技术说明当中与调试工作相关的章节。这些技术说明文件，将会在后面的两个阶段再进行详细介绍。

B.4.3 造价分析

- **利用一体化的成本捆绑模板，对价值与性能进行优化（这才是真正的价值工程），并将所有主要系统的分析结果汇总起来**

当我们在设计的过程中遇到了从表面上

看预算超支的情况时，最大的诱惑就是找来施工人员与项目团队一起协商，对项目进行价值工程的调整。我们必须着重强调，这样的状况是不允许发生的。一个整体的团队态度，这个团队中包括所有业主、设计与施工团队中的关键人员，对于审查造价，以及确定最合适的方式来删减预算是非常必要的。这也正是造价捆绑模板的作用所在。它就是用来让我们进行更加整体性的分析，以实现“真正的”定价——或是真正的价值工程。团队的成员一定要坚信，通过整体的、经过审慎探讨而进行的成本控制之后，“价值”仍然会存在。通常，好的结论都是来自这种整体分析的方法。最起码，只有经过非常缜密的审查，我们才能得到正确的设计结论。

最近，一所大学的实验室－教室项目，从理论上是采用一体化的方法设计的，但是从一开始就一直在面临着预算方面的挑战。一家很大型建筑公司的总经理亲自来参加了这个项目的一体化团队工作会议，鼓励设计团队的成员们要继续努力——特别是针对这个项目的机械工程师——对于“正确地设定机械设备的规格”问题，这位工程师显得斗志昂扬，因为他很清楚，在这样一个预算紧张的项目中，造价问题一定会成为一个压力点。这个项目的每一位工程师都坚定不移地认为，他们已经做了非常精准的能源分析，而且已经尽了最大的努力将系统设计到最佳的状态。但我们却认为事实或许并不尽然，但是却没有机会来进行一次同样深入的审查。在价值工程研讨会上，问题逐渐明朗化，这个项目的机械系统就是造成预算超标的始作俑者，不解决这个问题，这个项目根本就没有办法向下发展进入施工阶段；工程师们认识到，他们或许还可以进一步缩减冷凝器与热回收装置的规格。经过了更加严密与仔细的分析之后，他们更加全面地看待系统间的影响，终于将机械系统的造价又下调了 50%——这样这个项目就可以进行建造了。

这一类的故事其实很普遍，后来，我们又经历了一个几乎完全一样的案例，那是一个造价为 2.85 亿美元的医院项目，打算追求 LEED 银级标准认证，但是在设计的过程中却没有很严格地执行一体化的方法。到了方案设计已经定案之后，我们才被邀请加入这个团队。同样的，根据深化设计阶段第一轮模型分析的结果，我们仍然是不相信这个项目的所有系统“已经通过缩减达到了合理的规格”。我们再次讲述了以往的经验，但是设计团队的工程师们却还是坚持他们的立场——这个项目的暖通空调系统已经“优化过了”。值得庆幸的是，项目团队当中还包含一位非常优秀的调试专员，他通过对所有设计文件的审阅，也同样认为暖通空调系统存在着严重的超标问题。很明显，系统的规格是根据经验法则确定的，并没有考虑到很多作用于其他系统的节能措施，也会对暖通空调系统产生相互的影响。这个项目暖通空调系统高昂的预算简直就要扼杀了这个项目，使之无法实施。业主要求项目团队对暖通空调系统进行重新设计，重新确定其设备的规格，将所有的节能措施通通纳入考虑，经过了两个月的全身心投入，这个系统终于符合了预算的要求，而且还能再节省 20% 的年度能源消耗。

B.4.4　进度表与下一步的工作

■ **在施工图阶段，对一体化设计方法路线图任务和时间表进行完善与扩充，如果之前还没有执行的话，那么从现在开始邀请项目的施工人员一起参与**

一体化设计方法路线图中的任务和时间表需要扩充至施工图阶段，而且这份路线图从现在起应该开始与施工人员的工作结合在一起——假如之前还没有的话。

到了这个时候，设计工作的进程就会平缓而自然地过渡到施工图的绘制，而在施工图阶段第一步要进行的工作就是技术说明，所以这些文件并不仅仅是一些专业术语——它们对于承包商与客户来讲都是具有指导性意义的。技术说明是一种非常重要的文件，它可以清晰地定义出什么叫作绿色建筑，并抓住绿色建筑其独一无二的精髓所在。一开始进行技术说明文件的编写，应该是全体团队成员一个群策群力的过程，特别是针对那些跨学科跨专业的议题，有助于确保设计团队的成员都能始终围绕在那些需要同施工专业人员进行沟通交流的议题之上。如果可能的话，在编写技术说明文件的过程中也同时邀请施工人员参与，将会得到最好的效果。在传统的设计方法中，技术说明文件一般都是交给专门编写这类文件的人员来处理，而这些专门编写技术说明的人员可能跟项目团队完全不相干，这就难免会因为对概念、技术及工艺的不熟悉，而出现一些差错。与之相比，一体化的设计方法是完全不一样的，技术说明的编写过程中包含了所有团队成员的参与，这就可以在很大程度上减少由于编写人不熟悉而造成的差错。

在这些技术说明文件中具体都要包含哪些内容，这一类的详细介绍并不在本书的范围当中；而且，如今市场上已经有很多关于这方面资料的书籍了，因此我们就不必再多做重复。但是在随后的两个阶段中，我们还是对技术说明文件的目的以及基本的结构进行了探讨。

■ **为第五次团队工作会议准备会议议程**

当所有的议题都得到最终确认的时候，我们就会召集下一次的团队工作会议。这是全体团队成员汇聚在一起的最后一次有效机会，针对任何还没有完全处理好的问题进行探讨与解决，以达成高水平的环境性能目标。所有重要的项目相关人员都应该出席这次会议。

B.5 阶段

第五次团队工作会议：施工图绘制工作开始——性能核验以及品质控管

B.5.1 第五次团队工作会议

- 检验项目所有性能目标的实现状况
- 将项目的性能视为一个相互联系的整体，并对其进行描述与检验
- 找出技术说明文件当中还需要改进的地方，有效地描述出项目的性能，并将四个关键的二级系统整合在一起（生态群、水资源、能源和材料）
- 检验最终的成本捆绑分析，以及与所有主要的系统及构件相关的成本影响
- 调试：审阅调试工作计划书是否与基础性设计文件保持一致，并在施工图阶段的中期安排进行调试工作审查

B.5.2 原理与测量

- 将项目最终的性能目标记录下来
- 审阅测量与检验的计划草案
- 调试：根据第五次团队工作会议的内容，对业主项目需求文件、基础性设计文件以及调试工作计划书进行更新

B.5.3 造价分析

- 根据最终确定的设计方案，将整体的造价结论记录下来

B.5.4 进度表与下一步的工作

- 检阅施工图的绘制过程，规划图纸品质控管
- 提交第五次团队工作会议报告

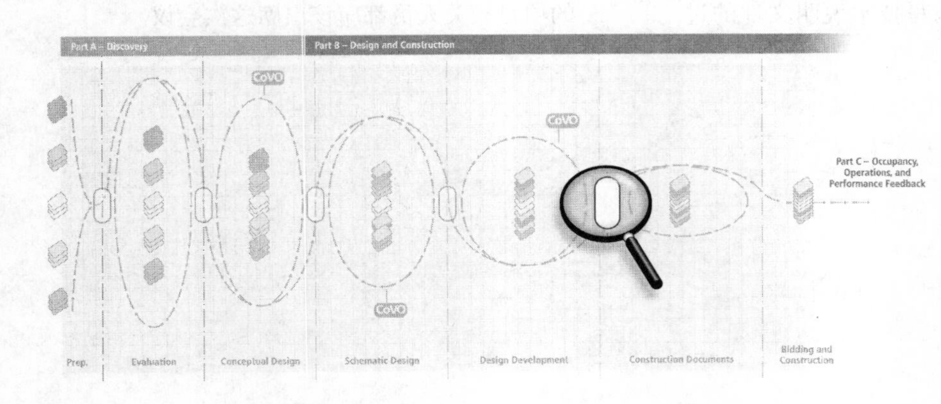

图 7–23 一体化方法 B.5 阶段，第五次团队工作会议：施工图绘制工作开始（图片由七人小组和比尔·里德提供，绘图科里·约翰斯顿）。

B.5　阶段

第五次团队工作会议：施工图绘制工作开始——性能核验以及品质控管

设计工作已经完成了。四个关键的二级系统不再是彼此孤立的，它们现在已经构成了一个整体。为了能够安心地进入接下来的施工图阶段，对项目的设计再做最后一次的审查是很有必要的。在深化设计阶段紧张的工作中，我们有没有遗漏掉什么问题？是不是还有什么最后的机会，来对以前可能疏失的系统问题进行整合？在准备这一次团队工作会议的时候，我们要确保所有需要的资料都是齐备的，这样才能证明确实达成了预期的性能目标。在项目具体的性能计算中，容不得任何一般经验法则与主观的臆测。

这一次团队工作会议的主要目的，就是通过对项目各种细部的问题进行最大限度整合与交流，规划出施工图作业的方法，这样各个系统才能有效地进行定价，并进入到施工阶段。除了绘制出清晰的、可供交流的施工图纸以外，这一阶段我们还有一项重要的工作，就是设计出一套方法，来编写出有针对性的、全面的、易于理解的技术说明文件；在团队工作会议上，所有成员都要对这套方法进行探讨。

B.5.1　第五次团队工作会议

- **检验项目所有性能目标的实现状况**

  根据设计性能目标，所有关于性能标准的文件制作工作应该都已经完成了，或者是马上就可以完成。到了这个时候，与施工问题有关的设计性能目标资料模板也应该已经建立起来了；这些相关的问题已经超出了施工人员最后所能控制的范围，比如说包括材料的采购、施工与拆除废弃物、施工环境室内空气品质监测、建筑外壳的完整性，以及空气的过滤等。如果设计性能目标的文件编制工作到现在还没有完成的话，那就要制订出一个计划，来尽快完成这项工作。

  对于打算要通过 LEED 体系认证的项目来说，目前针对所有目标评分项目的完成情况，也需要最后明确下来。此外，还需要对为达成所有设计评分而需要完成的文件编制工作进行解释与讨论。

- **将项目的性能视为一个相互联系的整体，并对其进行描述与检验**

  所有不同专业的各个系统都应该相互协调，整合在一起，以获得最大化的综合收益。有时一些性能的结果，却是其他系统性能作用的产物。我们在进行文件编制的时候，对这些系统之间的边界以及重叠的情况，有没有进行专门的探索与理解？

- **找出技术说明文件当中还需要改进的地方，有效地描述出项目的性能，并将四个关键的二级系统整合在一起（生态群、水资源、能源和材料）**

  对设计团队来说，（如果可能的话）也包括施工团队，大家一起来规划技术说明文件的结构与基本内容是非常有必要的。关于技术说明文件的结构与目的，有一些不同的基本内容。我们发现这些内容大体上主要涵盖了以下三个重点：第一，技术说明首先具有法律上的功效；第二，技术说明文件是一份规定了项目各个系统的指南，旨在便于准确地定价，以及产品采购及安装；第三，技术说明是一些具有指导性的文件，它解释了系统间的基本原理，这样这些系统才能被正确地安装与使用。

在传统的施工当中，很多系统的采购与安装也都是沿用着传统的方式进行，往往并不需要这样一份非常详细的说明文件——专门的采购人员一般都是根据自己多年以来的经验，来进行这些系统的采购。一份相对直接的法律说明，以及性能说明书，就足以实现令人满意的结果了。

但是，通过一体化的系统分析而收获的新工艺、新产品、新的施工技术以及经过调试的安装方式，可能会要求项目的技术说明文件能够明确地说明，为什么要制定这些目标，以及如何才能达成这些预期的结果。特别是针对那些有关四个关键二级系统构件更高水平的性能议题，以及针对调试工作来说，技术说明的作用更是尤为重要。

这并不是说法律问题在技术说明文件当中不应该进行探讨；法律的相关问题也同样应该包含在内，但也许是在不同的地方，这样当厂商面对这些文件所传达的新信息时，才不至于被其中的法律样板文件所混淆。很多时候，技术说明文件都会由于其中过于繁杂的法律术语以及技术性的参考资料，而损害到它的易懂性。在实际的工作中，我们几乎从来都没有遇到过这些繁杂的法律问题，除非项目已经进入了诉讼的阶段——但这可不是达成预期结果的好方法。

维克多·坎塞科，一位已经跟我们配合过很多年的施工项目经理，会在投标阶段发给每一个厂商一份资料，他把这份资料称为“投标指南”。在这份投标指南中，包含了项目的大致介绍、工作的范围、保险附件、标书的形式、投标人说明书，以及一份作业信息表，其中简要地合并说明了法律要求与样本文件，还有一份非常切题的技术说明书，被他称为“主要技术说明”。他把所有非核心性的内容全都拿掉，将一些鲜为人知的法律术语和参考资料也都一并去掉，只保留报价与施工所必需的那部分资料。换句话说，他将这份“精炼版”的技术说明发给每一位可能的分包商。这份精炼版的技术说明所使用的是清晰而简练的文字——这样的语言，厂商在现场就能读得懂，不必再带回到办公室交给专业的预算人员处理——明确规定了每一个项目与系统需要提供与执行什么样的性能标准及条件。他说，当他在 15 年前开始这样做的时候，他就开始在业界获得了更好的性能以及更紧缩的标底预算。他说他还会一直将这种做法坚持下去。维克多曾经通过一个比较小型的项目，为我们示范了这种方法，他拿走了这个项目的技术说明书，这份说明书足有好几英寸那么厚。接着，他又从要发给厂商的投标指南中拿掉了很多关于技术说明的篇章，只有保留报价与施工作业所必需的基本资料；经过精简之后，这份文件的厚度变成了不足一英寸。

这样的方法，以及技术说明文件的结构与基本内容，在这一次团队工作会议期间都应该进行讨论，并共同制订出实施计划。

■ **检验最终的成本捆绑分析，以及与所有主要的系统及构件相关的成本影响**

要开始准备最终的预算了，成本捆绑在这个时候可以说是非常重要。跟之前一样，过度简单化的价值工程是不允许；这也就是说，我们一定要抵御诱惑，不能通过降低产品的质量，或是通过删减掉一项产品或系统，来降低项目的造价。我们一定要通过分析去了解，是不是删减掉一项产品或是系统，就会对整个项目的性能产生连带性的影响。在实际操作的过程中，我们常常会提出投标替选方案，但是当我们这样做的时候一定要注意，决不能删减掉了关键性的系统元素，而牺牲了项目整体的性能。所以，投标替选方案也是一个值得讨论的问题，在这一次团队工作会议上，我们应该共同将所有可行的替选方案明确下来。

在这一次团队工作会议上，邀请预算人员和施工人员（如果可能的话），和关键的业主团队成员、建筑师、工程师以及系统设计师们一起，主要针对造价问题组织几次讨论会是非常有帮助的。这样的会议如果只有施工人员和建筑师或业主参与——没有其他的团队成员与专业人员参与——那么就常常会作出严重损害到项目性能的决定，并且最终也会影响到项目的成本收益问题。

- **调试：审阅调试工作计划书是否与基础性设计文件保持一致，并在施工图阶段的中期安排进行调试工作审查**

在施工图文件绘制的过程中对其进行审阅的具体资料，是本次团队工作会议期间需要全体成员一起进行讨论的一个议题。我们要将调试专员进行图纸审阅的时间补充到进度表当中，另外还需要补充设计团队针对这些调试的意见作出回应的时间框架。在这次团队工作会议上，我们应该确定适当的截止日期。

就像上文中所讲的，通过技术说明文件，可以让承包商们了解在调试的过程中他们应该负起哪些责任。随着基础性设计文件的不断调整，与成本估算有关的内容可能也做了更新，到了这个阶段，我们应该揭示出任何实际的、可以预测的调试工作对成本的影响，并对其进行讨论。关于这一点，我们之前在 B.3.3 阶段已经提到过了。由于调试专员在整个设计过程中都一直参与其中，他们可以了解到需要进行调试的主要系统的范围，以及调试工作技术说明应该从哪里开始着手，才可以获得关于承包商方面可计量的结果。施工预算人员需要了解承包商们可能会受到哪些客观存在的成本影响，比如说保存当前的施工校验表，由功能性测试带来的成本，以及为进行这些测试而提供的设备等。项目团队需要了解的是，“调试工作的成本”不应该只是根据某个人的“决定”，或是根据几页技术说明文件或图纸，就随随便便地被合并到其他的项目当中。从事这一类费用核算的预算人员需要了解，他们必须要能够识别出在哪些调试过程确实增加了工作，以及有哪些调试只是单纯的例行检查——尽管在传统的设计与施工过程中，并不总是会有调试这一项工作。

B.5.2 原理与测量

- **将项目最终的性能目标记录下来**

与之前所有的团队工作会议一样，在第五次团队工作会议期间所做的任何关于项目性能的调整，都要记录下来并分发给团队的每一位成员，以确保大家都能明了各自的责任，在接下来的 B.6 阶段完成各自所负责系统的施工图绘制工作。到了这个时候，项目所有的性能标准都应该最终确定下来，即便真的有必要，也只能保留很小的调整空间。

对于打算进行 LEED 认证的项目来说，一份经过修订的积分卡也应该分发给每一位团队成员，里面记载了所有要追求的评分项目的具体执行情况。所有设计阶段的评分都应该最终确定下来。将 LEED 体系的需求合并到施工图文件中的相关工作，应该清晰地明确下来，并获得所有团队成员的认同。关于设计评分的很多文件，都需要提交给美国绿色建筑协会（USGBC），这部分工作也需要指派给适当的团队成员，所以，这份文件与施工图文件是可以同步完成的。

■ **审阅测量与检验的计划草案**

测量与检验的计划草案应该由项目团队的全体成员共同审阅，检验其是否已经包含了所有需要的内容，在施工结束后可以提供理想的意见反馈，如果有必要的话，可以再对这份计划草案进行修正。在这个计划当中，每一位相关的团队成员的责任都应该明确下来（如 B.4.2 阶段所述），并且要将其整合到施工图与技术说明文件当中，例如控制系统的计量，以及/或针对指定的终端使用的辅助计量设施，数据检测器等。

■ **调试：根据第五次团队工作会议的内容，对业主项目需求文件、基础性设计文件以及调试工作计划书进行更新**

在第五次团队工作会议上最终确定的项目性能目标，应该完全整合到业主项目需求文件以及基础性设计文件当中。在调试工作中，项目的性能目标就是一个关键的组成部分；在 B.6 阶段，调试专员将会把所有相关系统的性能目标都纳入校验表与性能测试当中。

B.5.3 造价分析

■ **根据最终确定的设计方案，将整体的造价结论记录下来**

为了能做出最后的投标文件，在预算的压力下，我们很容易就会犯的一个错误，就是把项目当中的一些元素删除掉，来使整体预算降下来。我们一定要确保项目团队已经分析了整体的成本捆绑——以成本捆绑电子表格的形式——这样就能避免上述的问题发生。通过成本捆绑可以表明，如果我们要追求的不仅是整个项目的建造成本，还包括今后的运转成本收益的话，那么删除掉某些单项的代价有可能是非常昂贵的。

举例来说，取消室外的遮阳设施，就会牵扯到采光设计、眩光的控制、窗户的选择，以及暖通空调系统的规格等。项目当中所有的构件之间都是相互联系的；有的时候我们为了节省成本而取消一些构件，但是却得在其他的方面付出更高昂的代价。

B.5.4 进度表与下一步的工作

■ **检阅施工图的绘制过程，规划图纸品质控管**

规定出日期，需要研究的具体专业，以及审阅的方法，将检验工作与最后的施工图统一起来。其中需要包含调试专员的设计审查以及团队的回应。

■ **提交第五次团队工作会议报告**

这份会议报告应该主要着重于进程的截止日期，可以提交的临时检验结果，团队成员的责任，以及必要的协调会议，以获得最终连贯的、整体的施工图与技术说明文件。

B.6 阶段

施工图绘制——不再进行设计工作

B.6.1 文件制作

- 完成投标文件以及完整的技术说明文件，其中不仅传达了项目的性能要求，也阐述了项目对四个关键二级系统进行整合的目标
- 调试：更新调试工作计划书，并将调试工作的需要增加到技术说明文件当中

B.6.2 原理与测量

- 完成项目的性能计算，将最后的设计与相关文件确定下来
- 完成最终的测量与检验计划书，并建立起项目的性能计算以及反馈机制
- 调试：对施工图与技术说明文件进行详细的审阅，确保同业主需求文件以及基础性设计文件的一致性

B.6.3 造价分析

- 与施工人员一起审查造价影响，完成成本估算

B.6.4 进度表与下一步的工作

- 规划施工图文件品质控制的审阅

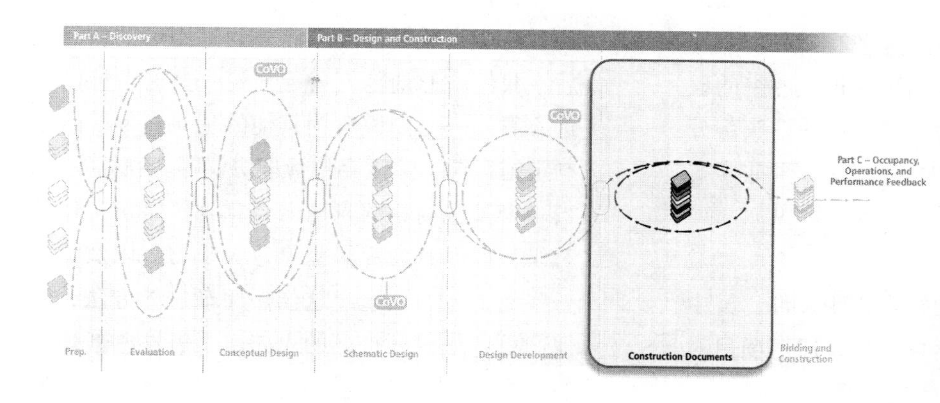

图 7–24 一体化方法 B.6 阶段，施工图绘制（图片由七人小组和比尔・里德提供，绘图科里・约翰斯顿）。

B.6 阶段

施工图绘制——不再进行设计工作

最理想的状况是，这个阶段就是一个单纯的施工图与技术说明文件制作的训练过程。这里所谓“训练”，是指在这个阶段的进程中有很多需要检查的节点，我们要对所有施工图文件中各个系统的整体性进行检验，确保各个系统之间都是相互协调的关系。我们要说的是——尽管这听起来有点可笑——其方法不过就是一些具有针对性的检查，以确保建筑的横梁与消防水管或是其他管路之间没有冲突，而这些管路系统也没有影响到灯具的布置，等等。要想实现更进一步的系统优化，我们就必须对每一项决定以及它们之间的相互关系完全理解，并进行再次确认。团队成员在绘制这些技术性的文件时，必须要明白为什么会有这样的决定，以及这样的决定是怎样一步一步发展而来的。这样，他们就可以“深入到这些问题的深层次领域”，凭借设计团队对四个关键二级系统的整合，以同样高水平的创造力去解决系统当中仍然存在的一些彼此之间相互冲突的瑕疵。这个阶段的工作中，我们在第六章的开头部分所讨论过的建筑信息模型（BIM），就是一种非常实用的辅助工具。

B.6.1 文件制作

- **完成投标文件以及完整的技术说明文件，其中不仅传达了项目的性能要求，也阐述了项目对四个关键二级系统进行整合的目标**

  我们发现，目前在不同的地区，人们对绿色建筑的知识水平以及实践水平都存在着很大的差别，每一个城市和地区，当地的施工人员与分包商们对于绿色建筑项目的了解也都是各不相同的。施工图文件，尤其是技术说明文件，在编写的时候一定要以一种清晰的、易于理解的方式来传达信息；最终到底要以什么样的模式来表述，还是要根据具体地区人们实际的认知水平来量身定做。

  最近，在一座经济大环境蓬勃健康发展的城市，没有几个分包商会对从事绿色建筑感兴趣，因为他们拥有的工作机会实在是太多了，对这个欣欣向荣的市场来说，他们简直就是供不应求的。当他们看到一份技术说明当中提到了绿色以及 LEED 概念的时候，一个不约而同，简直是下意识的反应，就是将他们的投标报价上涨了 20 个百分点，以适应这些“困难的、富有挑战性的”、不同寻常的要求。在这个公共建筑的项目中，那些曾经参与过前期设计阶段工作的施工厂商都没有参与后续的投标。我们将技术说明文件中凡是涉及绿色的内容全部都先拿掉，使用了一种被我们称为“诱导 – 教育”的方法。当最低标的厂商被告知中标的消息之后，我们就邀请他们一起讨论一些有可能的替选方案——比如说改用其他的建筑材料，或是制定施工与拆除废弃物管理协议等。我们发现，当一个分包商相信自己已经拿到了这份工作的时候，他们就会变得更愿意去学习，以及尝试一些新的东西。通过这样循序渐进的方法，使他们更容易放开自己的思路，了解这些新理念的用意所在，然后看到这些替选方案并非与他们平日的工作存在什么天壤之别。通过这样的教育方式，不过一两年的时间，这个地区的人们就已经变得对环境工作以及绿色建筑更感兴趣了。我们列举这个案例所要说明的道理是，

暖通空调系统	电力系统
水暖泵系统 循环加热管道系统 暖通空调系统泵 多单元加热器 暖通空调化学处理排渗系统 空气处理单元 辐射供暖与制冷机组 建筑维护与控制系统（DCC）——包含有意连续运转 管路系统 火灾 / 烟雾调节风口 离心式风扇 测试，调整，与平衡 建筑 / 空间加压 消防泵及控制器	配电系统——配电盘 变速传动装置 内燃机 转换开关 照明控制系统 独立式电机控制安装 设备系统电力 火警以及暖通空调系统的界面项目（例如排烟，烟雾调节风口等） **其他系统** 建筑保温隔热系统的安装 建筑屋顶的安装方法 门 / 窗安装方法 水过滤 / 建筑外壳排水 建筑外壳防水板细部处理

图7–25 一个示范项目中需要进行调试的各个系统列表。

了解项目所在地当地的技术水平以及竞争情况是非常重要的。顺便说一下，在其他一些地区，我们也曾看到过施工人员对绿色建筑非常感兴趣，并已经开始利用他们在绿色项目中的经验作为竞争中的市场区分。

- **调试：更新调试工作计划书，并将调试工作的需要增加到技术说明文件当中**
  - 需要进行调试的各个系统都已经被归纳在调试工作技术说明文件，以及调试工作计划书的草案版本当中，其中包括具体的工作以及执行的时间。图 7–25 中列举了一些一般情况下都需要进行调试的系统。所有可再生能源系统也应该在调试的范围内。
  - 一旦需要进行调试的各个系统都已经确认，我们还要将每一个系统中的设备都列举出来。通过这项工作，我们就可以完成调试工作计划书当中的追踪表。
  - 通过建立起来的追踪表，我们就可以在调试工作计划书中将所有需要进行调试的设备一一列举出来。当所有设备都已经清晰列举出来之后，就可以开始对施工清单进行发展与完善了。在这一阶段，首先要做的一项重要的工作，就是确认在基础性设计中所涉及的所有设备及其相关参数，是否都已经被包含在施工清单当中。这就将基础性设计中所选定的设备同现场状况联系起来，并为可能采用的其他替选方案提供了一个可以用来对比的标准。所以，在施工清单上会设置一些空格，用来记录承包厂商已经提交了哪些设备，同时在厂商提交设备的时候还可以针对一些细部的问题，同基础性设计进行再一次的对比。最后，清单中还有一列空格，用来记录有哪些设备已经实际安装了。承包商们可能还是会觉得这些都不过是浪费时间的文书作业而已，但是这样的文书作业却可以将人们的注意力焦点牵引至一些细节的问题上，这对于实现整个团队工作的整体性是非常重要的——这一阶段工作的目的，就在于确定基础性设计文件当中的性能参数，并将其转换成为现场实实在在的设备，从而达成业主项目需求文件中所设定的目标。

- 根据上述系统清单，我们就可以开始在调试工作计划书中发展功能性性能测试（Functional Performance Tests，简称 FPT）追踪表。对于后续所有要进行调试的系统及设备来说，这份表格就像是进行功能性性能测试的一份指南。它概括了将设计文件当中相关的信息汇整到一起的方法，使调试专员可以发展测试备忘录以及性能参数，检验系统及设备运转的结果是否满足功能性的要求。
- 调试工作技术说明文件（与调试工作计划书同步进行）主要会对项目技术说明文件中几个有关管理的部分产生影响，其中包括项目管理与协作、提交程序、品质要求、出货程序、运转与维修、资料与说明，以及培训——所有这些都是在调试工作中所会触及的一些议题。而且，概要性的调试需求技术说明文件，一般都是与其他的一些技术说明嵌套在一个章节当中的，这些技术性文件包括传统的 15000（机械系统）和 16000（电力系统）。在调试需求技术说明文件中定义了与安装调试相关的各项商业责任。另外，在这份技术说明中还提供了一些文件工具的实例，比如说施工清单以及功能性性能测试追踪表（更多相关内容请参阅第八章）。

B.6.2 原理与测量

- **完成项目的性能计算，将最后的设计与相关文件确定下来**

  这个部分是不言而喻的——所有最后针对性能目标达成情况的核算检验都要反复的进行，确定所有相关系统的最终文件。

- **完成最终的测量与检验计划书，并建立起项目的性能计算以及反馈机制**

  在 B.6.2. 阶段，最终版本的测量与检验计划书应该作为纲要而制定出来。在计划书当中，要明确分项计量技术，并同最终版本的施工图纸汇整在一起。如果分项计量打算与建筑的能源管理系统捆绑在一起的话，那么也需要使其与建筑的控制系统构件相互协调。另外，我们在计划书中还需要针对建筑交付使用之后的实施情况进行讨论，这样团队才能对合同当中关于项目交付使用之后运转实施的测量与检验计划达成共识，并且有效的执行。

- **调试：对施工图与技术说明文件进行详细的审阅，确保同业主需求文件以及基础性设计文件的一致性**

  到了这个阶段，看问题的角度是一个非常重要的问题。调试专员的工作对于项目的价值要远远高于施工图纸的审查员。调试专员除了可以从设计团队的角度来找出施工图纸与基础性设计文件之间没有完全吻合的地方，同时还会站在最终设备管理员的角度，对项目提出很多非常有帮助的建议。同样的，调试专员还可以帮助项目团队及早认识到，这些编制成文档的设计所传达的信息，既包含了安装说明，同时也包含终端用户的可访问性。这里有一个很好的例子可以说明这两种看问题不同的视角，那就是调试专员对于主要暖通空调系统设备列表的审查工作。关于设备是怎样命名的？

举例来说，每一台空气处理器都是设定为一个指定的区域服务的。列表中的信息包括该台空气处理器所服务区域的荷载，以及空气处理器自身的容量。一般来说，一台空气处理器一方面需要支持很多局部的风机盘管、风冷单元或是加热泵运作，而另一方面，其自身的运转也要依赖于很多泵和热交换器的支持——这些构件组成了完整的系统，而空气处理器处于一个核心的位置。但是，在空气处理器单元的相关列表当中，工程师们主要关心的问题只是处理器的容量以及资料的易于编录，所以他们一般都是以主要设备的容量作为编录的依据，将所有类似的单元构件都以相同的构件编号来表示（例如 AHU-1，或是空气处理器 1），而这些设备则分布于整栋建筑物中各个不同的空间或区域。同样的一个名字，AHU-1，既使用在设备列表当中，同时又出现在所有这些区域的机械平面图当中，比如说一共在 7 个不同的位置出现。即便是这 7 个设备都确实是完全相同的，但是每台特定位置上的设备所涉及的相关问题也都是各不相同的。

那么，调试专员在遇到这种情况的时候就可能会思考，将所有这一类的构件全部命名为 AHU-1，这样的做法在接下来的工作中会对什么人造成影响呢？将每一台空气处理器交付到现场并存放的过程中，所涉及的工作人员包括承包商、搬运工、制造厂工人以及产品代表。而接下来将空气处理器安装在每一个特定的系统中央适当的位置，这一系列工作所涉及的工作人员包括暖通空调系统承包商、电气技师、可能还有水管工、消防设备安装人员、操控装置供应商、检测与平衡技师、各项建筑法规审查员，以及项目的调试专员。所有这些人员的工作都会与 AHU-1 产生交集，但是每一台空气处理器都叫 AHU-1，谁又能知道自己正在谈论的 AHU-1 到底指的是具体哪一台呢？

一旦所有的空气处理器全部安装调试完成之后，其责任归属就转移到由业主与设备团队来负责。我们该如何将每一台空气处理器介绍给维修技师呢？难道我们就指着设备列表中的 AHU-1，告诉他这个就是空气处理器，然后就万事大吉了吗？维修技师在接触到每一台空气处理器的时候，首要关心的问题是什么？他需要了解的是建筑当中每一台设备具体的位置，或者说所在的区域，以及 AHU-1 所服务的全部设备。

对于暖通空调系统中的任何一种设备（比如说，一系列的热泵，每一台的名字都叫 HP-2），它们在现场中的连接与工作状况，都和前面空气处理器的情况相同，这里就不用再一一赘言了。当我们需要安装与连接这些热泵的时候——同样的问题又会出现，我们正在谈论的 HP-2 到底指的是具体哪一台呢？对于任何一种设备，维修技师首要关心的问题，都是与空气处理器案例当中一样的。

从设备的供应、安装，一直到后期的运转，在这整个过程中有如此多的环节都有赖于设计师所提供设备列表的识别性。假如工程师在制作设备列表的时候，没有在每个设备名称后面备注其所在的位置，那么到了安装阶段情况就难免会变得一团糟，进而没有办法满足业主最终使用者的需求或是达到性能目标。但是当我们提出请设计师们在调试设计审查日志中，将设备按照具体的位置来命名的时候，他们通常都是拒绝，其反对的理由可能是房间编号还没有完成，或是受限于改变，所以这样的做法也是无济于事的——不过，我们还有其他的方法，可以将每一台设备同它在建筑物当中具体的位置联系起来。在一体化设计的过程中及早解决这个问题就不失为一个好办法，业主项目需求文件以及基础性设计文件的内容必须整合体现在图纸当中，这样做不仅有利于达成最终的结果，也有利于达成结果过程中的顺利畅通。

B.6.3 造价分析

■ **与施工人员一起审查造价影响，完成成本估算**

可能有人认为，现在已经到了确定建筑造价的最后阶段，但事实上，即使到了这个阶段，你还是没有办法完全准确地核算出一个项目的成本。预算工作本身就是一项不断发展确认的过程，这与你采用何种设计方法是没有关系的。但是，一些具体项目中所特有的构件，一般都与绿色工程有着密切的联系，我们必须要确保在最后阶段的估算中，对这些构件进行深入的探讨和理解。

B.6.4 进度表与下一步的工作

■ **规划施工图文件品质控制的审阅**

根据项目的复杂程度不同，施工图文件品质控制的审阅工作有可能仅仅翻阅图册就可以完成，而对于相对复杂的项目来说，也可能还需要运用到建筑信息模型工具（BIM）的辅助。从根本上来说，品质控制所讲述的就是召集项目团队的全体成员一起，花费时间从概念上穿越施工图纸，将注意力的焦点放在项目的预期性能上。所以团队成员们审阅校对的是一个项目最终的文件，而这份文件就是接下来项目施工与运转的指导。有关施工与运转的具体内容，我们将在下一个章节中进行详细的介绍。

第八章

施工，运转和反馈

完美不是不需要再附加什么，而是没有什么从中流逝。

——安托万·德·圣埃克苏佩里（Antoine de Saint-Exupéry），飞行员，作家与哲学家；译自法文“Il semble que la perfection soit atteinte non quand il n'y a plus rien ā ajouter, mais quand il n'y a plus rien ā retrancher.”安托万·德·圣埃克苏佩里著，《人类的土地》(Terre des Hommes)，巴黎，Gallimard 教育出版社，1998 年，版权原创 1939 年（英文版书名为《风、沙和星星》，1939 年）

不管战略多美妙，偶尔看看结果如何很重要。

——温斯顿·丘吉尔

到了这个阶段，我们已经完成了最后一套施工图纸的绘制工作，开始准备进行招投标。一般来说，招投标文件包含一叠的图纸以及更厚一叠的文件资料，还有/或电力系统技术说明，以便让参与投标的承包商能够进行最后的报价。你应该还记得在第一章中，我们曾经说在传统的设计方法中，设计专业和施工专业人员之间存在着难于跨越的裂痕。我们希望参与投标的施工专业人员能够在短短一两周的时间内，就充分理解投标文件的内容，但是这份文件当中却汇聚着设计人员付出成百上千个小时来调研、分析、作出决策、编制文件的劳动成果。这里所谓的“理解”，不过就是指几个不同的承包商和分包商，分别孤立的审阅一些片段的并不完整的投标文件而已。

这些参与投标的厂商和施工技术人员，一般都能很好地理解如何建造出文件中所描述的内容，而且他们一般也都能理解他们正在报价的系统，在其设计背后隐藏的基本概念。但是在传统的方法中，这些参与投标的施工技术人员彼此之间并不互相交流，为什么这些系统要被设计成现在这个样子。他们甚至很可能都不知道在进行这些系统设计的时候，设计人员作出了什么样的决策，舍弃了哪些备选方案，更不用说能够理解为什么要这样选择了。因此，参与投标的厂商对于“需要做什么”的认识，一直都是停留于过去的经验法则——“我们一直以来都是这样做的”。假如没有实施一体化的方法，那么这种错误的认识就很有可能会进一步加深。在一体化的设计方法当中，设计团队将所有的系统视为一个大型的整体去分析研究，关注它们彼此之间相互的关系，但是在传统的设计方法中，却是将每一个系统彼此孤立开来单独进行优化的——这样就可能又导致了一些错误的理解发生。

而且，传统的投标方法是将整个设计过程（设计过程从一开始也是各个系统孤立进行，之后再拼凑在一起的）分割成几个片段，每个系统的报价工作都是由不同的施工专业人员独立完成的。每一家主要的承包商或是分包商，都只得到一小部分的投标文件——只是投标文件当中与他或她负责的系统相关的章节。有的时候，这些章节甚至不能包括一个完整系统的所有相关资料。和设计专业人员一样，这些施工技术人员在他们自己的专业领域都拥有过人的才干；但是和设计师一样，这些承包商面对着这样有限而孤立的构件资料时，便会感觉自己仿佛被禁锢于孤岛中一般。于是在很多项目当中，他们只是依照合同的权利义务完成自己的工作而已。

而且更糟糕的是，这些施工专业人员在项目过去的设计与决策过程中，很少或者根本就没有参与的经验。设计专业和施工专业人员之间的裂痕是如此之深，因为直到投标和施工阶段就要开始了，他们之间还没有任何的互动经验。于是，就像我们在第一章中曾经讲过的，建筑这种复杂而独一无二的产品（无论是在此之前还是在此之后，我们都没有机会重新建造一栋完全相同的建筑），就这样开始建造了，而我们直到其竣工都不再有机会去找出其中的错误。最后，还有更糟的情况发生：整个过程是由设计专业和施工专业人员共同完成的，但是由于各自合同所规定的目标缺乏一致性，而导致他们或多或少都处于彼此对立的位置。

简而言之，这种“不恰当的施工交接方法论”，会导致设计过程中的各项创新没有办法如期的实现，这是因为任何一项改进，假如脱离了整体，都会如身陷孤岛一般而受到限制。于是，我们的建筑物当中充斥着各种冗余的结构，花费了大量不必要的资金、时间与人力成本，更不用说那一整套不能正常工作的系统了。看到这里，可能你就不会再对我们的现状感到惊讶了。全美国有 90%* 的建筑物，在交付使用后第一年的运转中，都出现了系统控制故障，或是暖通空调系统失灵，甚至是二者都出现了问题。而实际的状况是，这个比例有可能会更高——甚至是 100%。还记得图 1–15 中的小木屋吗？

不断发展的调试方法

我们相信，上文所述这些设备不能正常运转的情况，都是由于设计与施工环节脱节而造成的，而缺乏有效的品质控管机制又进一步加深了这样的状

* 根据劳伦斯·伯克利（Lawrence Berkley）国家实验室在 1998 年对 60 栋新建筑调查得到的数据。值得注意的是，在这些被调查的建筑当中，有 15% 的项目都出现了施工图中存在的设备却在实际中缺失的现象。

况。一体化的设计与调试工作，能够从开始的环节就弥补品质控管的缺失，同时也为缺乏交流的设计专业与施工专业人员架设起沟通的桥梁，就像我们在前面的章节中所讨论过的。高品质的调试工作，绝对是一体化设计方法中相当重要的一环。

最近，我们一位合作伙伴嘲讽地说："全美国的每一个建设项目，都有同样的一个调试计划，那就是：我们都了解，设备不交付使用就不会开始运转，所以我们就要在设备的保质期内对它进行维修，而一旦过了保质期，那些仍然没有妥善解决的问题，就需要另外付费拨打维修电话或是签订劳务合同。"他所观察到的现象引申出这样一个问题：我们到底该如何制订出一种*主动性的*调试计划，来改变现在这种局面呢？业主们也已经开始提出这个问题了。他们已经认识到，现在的这种状况是他们所不能接受的，不能再延续下去了，但是他们还希望能找到一种明确的形式和方法，来确保这一计划能够最大限度落实。我们不知道什么是最好的形式和方法，但是有一件事是确定的：那就是调试的过程本身就是不断发展的，今天我们认为最好的方法，到了明天可能就不一定适用——调试工作本身就是不断进展变化的。

现在我们所看到的调试工作，它既不属于设计，也不属于施工——但是却对这两者都会产生*影响*。调试专员（CxA）是个非常奇怪的团队，因为在合同上，他们并没有真正的权利去修改设计，或是指导施工的进行。正是因为这个行业存在着这些明显的不利条件，所以调试专员必须要靠一些其他的技巧才能够顺利完成工作，保证施工作业符合设计的要求，并确保系统的性能水平。一位优秀的调试专员，他不仅需要掌握专业技术知识，还需要拥有一些其他非常重要的能力和技巧，包括沟通交流的能力、协作能力、调解能力、保持客观，还有最重要的一点，保持冷静。在工作当中保持冷静——在众多的心理素质中，这是特别重要的一项——尤其是在传统的施工过程中。调试专员在项目中一般都被理解成为一种另类的审查员——另类的警察——或是相反的，同时也是更糟的情况，他们只是矛盾调解的工具，用于帮助承包商完成最后的验收结案工作。

所以，在施工阶段的调试工作到底指的是什么？简言之，就是品质控管，这样说对不对？但是，调试工作是如何实施的？其方法为何？最近，一些针对指导调试工作方法的书籍资料以及研讨会，都将建设活动划分为三个阶段：设计、施工和验收。在传统的操作方法当中，我们所有人都可以明确地辨识出设计阶段，而接下来的持续性工作理所当然就属于施工阶段；设计阶段的终止是以完成整套施工图为标志的，而施工阶段的终点在于"大部分工作完成"，我们之所以采用这样的叫法，是因为这里是可以收到大部分工程款项的里程碑，从此便开始进入质保期。但是在传统的操作过程中，哪里是可以明确辨识的验收阶段？建筑系统功能性的性能指标是在什么时候进行检验的？简单的回答就是没有。这是个全新的阶段。就像我们前面所指出的，在大多数情况下，"验收阶段"包含了在质保期内解决的维修问题，以及超出质保期外的一些遗留问题：工程师常常告诉我们，他们已经对每一个地方都进行了调试，但是除了服务性发票，他们却再也拿不出关于调试工作更多的证明文件。

在这个过程中，"功能完成"大概是在什么时候发生的？在传统的操作过程中，所谓功能完成是不是就等同于工程师竣工核查事项表上所列举项目的完成？还是等同于提供检验证书以及操作与维修（O & M）证明文件？或者是颁发使用许可证？这里存在的问题是，无论上述哪项事件，它都是一种静态的表述，而建设项目却是动态的，甚至是有机的，活生生的。各种建筑构件功能性性能指标的检验是在什么时候进行的，更不用说功能完成了。对于建筑的空调系统来说，存在着“测试、调整与平衡”（TAB），但是即便是测试、调整与平衡报告书，它所描述的也同样只是一种静止的状态，之后才是一个功能完备的设施的实际使用情况。因此，我们总结，传统的12个月交付使用后的质保期，其实就是一种另类的验收阶段。在这个阶段，通过一次次的设备故障与投诉，维修技师们完成了功能性的性能测试。这样做确实可以修正系统存在的缺失，但是却没有办法获得任何反馈，来提高整个设计水平，并测试系统的性能指标——我们本来出于良好的用意，花费很多资源来安装一些设备，但是这些设备却没有高效运转获得原计划的收益。在传统的施工交付过程中，既没有将验收阶段清晰界定出来，也没有明确定义验收工作的内容，以及功能完成具体指的是什么。

主动性的调试是将验收阶段独立而明确的划分出来，并且定义出功能完成的判断标准。执行成功的功能测试内容以及调试计划都有明确的协议，并且对于功能完成也进行了定量的准确描述。在调试计划中，一般都把*基本完工*与*交付使用*之间的这一段灰色区域定义为验收阶段，为接下来的入驻做准备，也就是进行功能测试。尽管验收阶段在实际上属于施工阶段的延续，但是却可能要等到交付使用的初期阶段才能开始实施，因为到了这个时候，系统才开始真正运转，而这些系统所承担的荷载也才会真正发生。像医院和公共安全部门这一类的建筑，可能一旦交付使用就不可能再接受测试，但这些只是绝大多数建筑类型当中的特例，大部分的建筑还是允许在交付使用的初期阶段接受进行功能测试以及发动机调整的。比如说学校、办公建筑、大学设施，以及其他一些非机要性的建筑，都能通过功能测试而获得收益，尽管进行测试需要花费一点点的时间。每一个项目都会面临及早交付使用的压力；一般情况下，略微推迟交付时间进行功能测试，我们就有机会解决最后遗留的几项问题，这对于最终成就一个成功的项目来说是至关重要的。

如何定义*成功*？事实上，评判一个项目成功与否，部分取决于调试的过程。假如说成功就意味着在设计专业与施工专业人员之间架设起沟通的桥梁，在抽象的设计理念与实际的建筑性能之间架设起桥梁，那么我们以往参与调试工作的经验，就会引导我们通向一片比较乐观的前景。如果调试工作的目的不仅在于建立起更良性的关系，还在于创造出更加优秀的建筑，那么我们将会看到这些早期的调试工作，会为建筑行业揭示出其蕴含着的巨大希望。或许，随着调试工作的不断发展，它所能搭建起最重要的桥梁，就是我们目前支离破碎的操作方法与未来一体化操作之间的桥梁，到了那个时候，调试工作将会不再如现在这般重要。

从反馈中学习

这样的未来能否实现取决于我们操作方法的进步，而我们方法的进步又依赖于在一体化的操作过程中持续性的信息反馈，旨在使这种方法变得日臻完善。维基百科对于反馈是这样解释的：“反馈是一种过程，在这个过程当中，系统中的一部分输出结果重新转变为输入资料。反馈机制常用于控制系统的动态性反应。”（http：//en.wikipedia.org/wiki/Feedback，accessed

June 2008）在设计与施工行业，这种反馈机制都确实是缺乏的。就像我们所看到的，现在的信息反馈一般都是发生在建筑交付使用后的质保期内，主要的设施设备出现了问题，要求设计师和承包厂商重新检查排除故障。这样的反馈是消极被动的——业主抱怨系统不能正常工作；所以，设计师和承包厂商一般都不愿意将这样的反馈经验分享给他人，因为生怕曾经的过失会吓跑未来的客户。而积极主动的反馈则往往更像是一些轶事，就像业主告诉建筑师，他们喜欢建筑的哪些方面，不喜欢建筑的哪些方面一样。

想要建造出更好的建筑，达到更高水平的性能，建筑行业就一定要建立起更为有效的反馈机制，这样才能不断学习与提高。很多时候，设计师和承包商一遍遍重复做着同样的事情，并不是因为这样做的效果有多好，只是因为他们没有收到什么负面的反馈，比如说投诉、抱怨或是诉讼。建筑的所有者、设计师和承包厂商都应该多花些时间来创造获得反馈的机会，从中学习到如何在未来的项目中，提高建筑的性能指标。

形式最简单的反馈机制，可能就是单纯的持续性的收集建筑物各项性能参数，比如说能源消耗量和费用。反馈机制可能还会包含一些更为复杂的资料收集，比如说使用后评估（POE），或是对多个系统进行复杂的分析，例如完整的测量与检验（M&V）研究，这些方法在前面都已经介绍过了，但是在本章中我们还会再进行更为深入细致的讨论。无论采用何种形式，建立反馈机制的目的都是相同的，在于从以往案例好的经验以及失败的教训当中学习，使我们的下一次实践能获得更好的结果。

使用后评估是一种非常重要的工作，它所探讨的是关于建筑物和其使用者相互之间关系，以及建筑物与其所在的大环境之间关系的议题。除了相对简单针对能源性能的计算和检验——根据一些量化的指标，比如说物业账单、能源计量系统等——使用后评估工作所评估的议题还包括生活的品质以及建筑物的健康状态、它所处的位置、建筑居住者的情况等。另外，将来我们可能还会将评估的范围扩

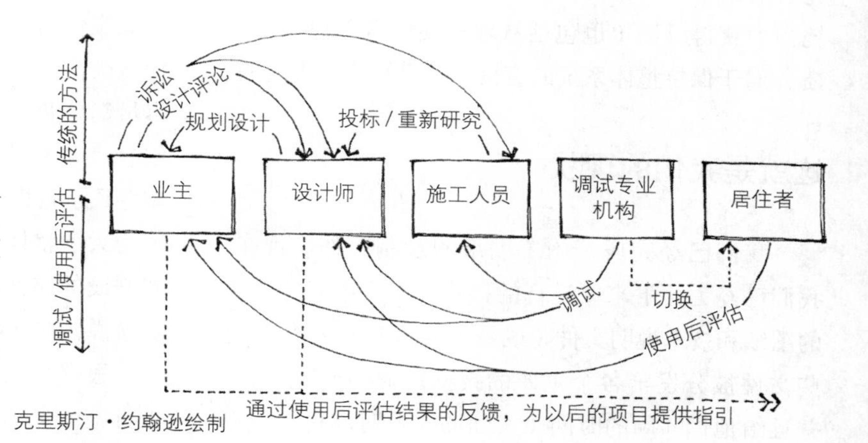

图 8-1 反馈循环，从调试工作和使用后评估开始，一直到超出标准设计与施工的范围。通过信息反馈而获取的信息，可以帮助我们提高现有项目的性能，并对以后的工作起到指引的作用（这幅示意图由克里斯汀·约翰逊（Kriten Johnson）绘制，最早刊登于 2003 年 9 月号“环保建筑新闻”中的“绿色建筑使用后评估学习”一文中）。

大到建筑物的施工与运转，对其所在场地以及更大范围周遭环境的生命系统健康水平的影响。

使用后评估可以是一次性的工作。但是如果我们能够在反馈机制当中持续性进行这种评估工作，那么它才能发挥其最大的功效。在实践方面，有一些系统的性能指标可以很容易持续性量化评估，比如说通过能源消耗和维修账单就能统计出来。但是，另外一些指标就没有这么容易量化了，比如说员工生产力、员工健康水平、心理健康，以及其他自然系统的健康等——对这些已经超出了建筑物质系统的议题，我们也要定期进行评定。

想要追求设计善始善终的效果，那么我们就离不开使用后评估这项工作。善于利用反馈的资料深入研究，无论是对当前的项目性能提升，还是对于整个设计方法的改进，都会是裨益良多的。将建筑系统的测量输出资料重新回传成为输入资料，进而对系统进行调整，提高其性能指标；通过这样的反馈机制，我们可以清楚地认识到自己之前所作出的设计决策实际效果如何——这样我们就可以使自己获得提升，进而在以后的设计中追求更加系统化与完善的结果。与任何一种有机体一样，从建筑的系统当中获得反馈（也包括从建筑使用者那里获得反馈），对于保持整体系统的有机与健康是非常重要的。

这就是我们的现状

我们已经完成了施工图纸的绘制工作。现在，我们已经为接下来要进行的招投标工作准备了一叠的图纸和技术说明文件（或是大量的电子文件）。这些文件被分发给各个主要的投标厂商与分包厂商，并且给他们 4 周的时间（实际的作业时间可能只有 1—2 周），根据这些投标文件对项目提出报价。

投标文件发放不久，就会召集一次预投标讨论会，在会上向参与投标的厂商重申投标程序，澄清备选方案，指出项目具体的条件，并明确项目的特色。

大概到了计算报价的中期，参与投标的厂商会向建筑和工程（A/E）团队提出一些需要澄清的问题。一般情况下，对于这些待澄清问题与需求的答复会以附录的形式标注在投标文件后面。通常，直到投标截止日期的最后几天，这些附录资料才真正整理好，附加在投标文件当中。

参与投标的厂商，组织起很多各个专业的技术人员对工程进行预算报价，并将最终版本的表单呈交给业主。之后，业主项目团队就会针对收到的这些表单进行评估审核，并最终与“满足资质要求”的最低标单位签订合约。不久之后，业主就会组织成功拿到标案的公司召开一次施工前筹备会议，旨在进一步强调项目的特色，解释项目管理程序，通信通道以及指挥链。

在短短几周之内，建筑工人就被组织起来开始进场施工，他们采用传统的等级制管理模式，按层级高低直接命令 – 控制，同时也采用传统的技术，每个工人都熟悉这一套流程。这种方法不断进化，大家操作得越来越熟练，施工开始进行甚至不需要什么交流与沟通——这样的做法就是要使事情变得尽量简单化。不需要告诉每个人他应该做什么，他们会自动去做他们自己最拿手的工作——这样的管理导致了自由主义。可是每个人都喜欢这样的模式，因为大家整体的意识还停留在各种习惯做法、传统和假设的层面上。每一个项目都具有其特殊性，一般来说，在合同上都有对于任务明确的规定。

根据合同规定，设计团队的成员大多都有责任进行施工现场监造，但是其监造的内容仅限于审查现场施工情况是否与施工图文件（CDs）相符，因为这些文件的内容直接关系到业主接受投标，具体为哪些内容支付了费用。所以，建筑/工程公司会指派其施工管理部门的员工对现场施工进行监理。监理人员的工作内容包括出席两周一次的施工现场研讨会，重新审阅施工图纸，针对信息申请（RFIs）作出答复，批准费用申请，以及处理工程变更事宜。

为了解决施工图纸中存在的矛盾、错误和疏失，我们有的时候要进行工程变更。这些问题有很多都是在赶制施工图的时候太过匆忙而造成的。还有一些是由于设计顾问之间缺乏协调，导致系统之间不和谐而造成的。更多的情况属于现场不可预期的状况，比如说构件和采购之间的冲突等。工程变更所产生的费用一般是由项目应急预算当中支付，这部分预算大概占施工合同总造价的5—10个百分点。

供应商和分包厂商也要参加每两周一次的施工现场研讨会，向业主评估与汇报项目的进展情况。除了这种研讨会以外，这些供应商和分包厂商在工作就再无交流与互动，除非是他们各自所负责的系统出现了冲突的时候。

调试专员被指派到施工现场，来确认建筑的能源系统设备与构件（比如说电力系统，或是暖通空调系统）的安装与功能，是否符合业主项目需求文件（OPR）、设计团队的基础设计文件，以及项目的技术说明的相关内容和要求。

施工作业继续进行，一直到基本竣工。这个时候，所有的承包商和分包商都已经拿到了大部分的工程款，除了少数几个人留在现场核对竣工核查事项表，其他所有人员全都撤离了现场。不久之后，工程保留款也发放了，这样，所有的承包商和建筑/工程团队的成员全都拿到了他们最后的一笔款项。

接下来马上就开始交付使用，同时进入质保期，建筑物被移交给业主的设备管理人员；设备管理人员开始通过一系列复杂的控制装置进行操作。当这些控制装置、设备或系统在标准12个月的质保期内不能正常工作的时候，他们就通知承包商到现场来解决问题。

最后，将LEED相关文件汇整在一起，并提交至美国绿色建筑协会（USGBC），颁发LEED体系资格认证。到这里，整个过程就结束了。

停止脚步，进行反思

好的方面是什么？

当然了，我们上面所描述的过程是一种一般化的过程，实际的情况当中会存在着各种各样的变数，但其本质是熟悉的，对不对？正是因为熟悉，所以我们一直以来都在沿用这样的操作方法；而使用这种传统的方法，项目无论是在费用上还是在时间花费上，都能如预期完成。最终的结果一般也能满足预期的性能指标。这样的操作中很少会有惊喜，每个人都觉得会有问题，但是我们却一直都没有在哪个项目中彻底改变。我们按照这样的方式进行招投标和施工感觉很便利。一旦我们掌握了这种传统老套的做法，就算是再复杂的项目操作起来仿佛也如行云流水般流畅，期望值也易于达成。

招投标的流程可以说是非常高效的。项目预设的品质通过最低的价格就可以达成。以市场为导向的报价竞争机制，保证了最终成交价格一般都不会与预期价格有太大的偏差。而市场的反馈机制，也使得那些刻意的低价抢标，低品质施工的情况不会经常出现。

严格执行施工图和技术说明文件，明确责任义务，所以项目一般都能够如期交付使用。

施工现场有比较完善的安全管理工作。比如说职业安全与健康机构（OSHA）规定以及保险，都是非常有效的保障。

通过公共机构的现场临检，确保生命安全法规以及美国残疾人法案（ADA）相关内容得以有效执行，可以为公共安全提供高水平的保护和保障。

可遗憾的，我们已经绞尽脑汁希望能够尽量找出积极的因素，但是“好的方面是什么”这一小节恐怕也就只有这些内容了。

不好的方面是什么？

在设计阶段没有施工人员参与其中，投标阶段的时间又是如此仓促，这就导致了本来就不够整体的各个系统之间更加分裂。技术说明文件被拆分成不同的章节，分别分发给不同的分包商和供应商，每一个系统或是构件的报价工作都是分别进行的。只要有一个分包商继续以老旧的方法来看待他正在报价的系统和其他系统之间的关系，那么问题就会出现。当初在整合与优化设计阶段，经过精心设计而被降低规格或是取消了的系统，其内涵与产生的结果都没有向分包厂商进行介绍。所以很多案例中，我们发现最终的报价都是基于这样的假设前提的：“好，我们认为你一定就是这个意思”，还有“我们以前从来没见过像这样做的”，所以“我们为什么要按这种方法投标？以前我们都是这样报价的。”或者更具体一点，以暖通空调系统为例，“我们不认为你真的打算用这个型号的机器，所以我们也没有花费心思把它计算到暖通空调控制系统里。”

而且，在传统的施工图绘制阶段都会出现很多设计变更，而这些设计变更一般都没有进行很好整合，这就必然导致在投标的时候出现很多追加项目，或是工程变更单，而出现在施工阶段的工程变更的代价往往是最为昂贵的。尽管投标所确定的“最终承包价格”是一个盈亏结算线，但是我们也常常看到实际的结算价格，由于这些追加项目以及工程变更单的出现，而比当初的报价高出了10—20个百分点，具体的情况取决于投标文件的品质。

最常见的施工过程中都有严格的等级制度。在施工团队当中所采用的是相对快捷的直接命令–管理模式，任何决策都是以垂直的模式自上而下传达的。对于这些决策的通知以及调整，由于缺乏简单的反馈机制，导致了在投标和施工阶段很难对新技术作出相应的回应，进而在各个系统之间建立起更为整体的相互关系。

不同的分包商之间的工作也常常会彼此造成干扰。之前安装的系统，可能由于安装错误或是顺序颠倒，影响到后面厂商的工作，而不得不进行部分的拆除和重新安装。当大家都推卸说：“这个不是我的责任”时，就只能用工程变更单来解决，从而造成工期的延误以及费用的追加。有的时候，这些施工中的变更与修正又会造成对其他系统的影响，而这些影响都是没有事先估计到的。未经整合的施工团队在前期的设计阶段，并没有参与系统之间相互关系以及价格捆绑的相关讨论，根本无法预知这些影响，很可能就会导致大范围的造价提升，其影响甚至会超越施工阶段，一直延伸到后面的使用。

举例来说，下面这个故事就讲述了在施工阶段存在的问题，例如系统的不当安装，是如何在交付使用之后造成费用影响的（若不是调试专员及时发现的话）。我们曾经参与过一个位于马里兰州巴尔的摩市中心区，一栋拥有百年历史的9个楼层的办公建筑改建工作，这也是我们早期从事的项目之一。在这个项目中，我们的任务是进行建筑功能性的调试，以满足

LEED 认证的要求。建筑物的内部基本上全部拆除了，所有的机械系统和电力系统都要进行更新重建。机械系统包含主要的和次要的两组水环式加热系统，以及 3 台 10^6Btu 的锅炉。位于机械房的管道系统包括 6 英寸和 8 英寸的焊接钢管。在施工阶段的中期，有一次我们到现场视察，专门检查这个管道系统。那个时候，绝大部分的管道系统都已经安装完毕了，但是这个大型的焊接钢管只有在几个位置进行了点焊，而且还未通水。那天我们到现场进行调试工作的任务之一，就是查验机械室内主要的和次要的两套管线回路。我们对每一个配件、阀门及其安装的接口处都进行了检查，将现场的实际状况同施工图进行对照。

这种系统有两套管线回路。主要的回路包括泵、管道和锅炉。主要回路的作用在于通过锅炉，持续性的循环 180 ℉左右的热水，在建筑需要供暖的时候提供暖源。次要回路中也包括管道和泵；负责建筑内部所有供暖设备之间的热水循环。主要回路和次要回路在运转时彼此独立的，但是共用热水。在主要回路和次要回路之间设有两处连接。次要回路的*回水管*和主要回路的回水管之间设置了一个开关。主要回路的给水管通过一个可控阀门（位于泵的吸入端）与次要回路相连。如果次要回路中的热水不足，那么两个回路之间的可控阀门就会开启，使主要回路当中 180 ℉的热水注入次要回路的回水当中。使用这种供暖系统的一个原因就在于能够根据室外环境的温度，来调解和设定热水的温度，满足供暖荷载的具体要求。

主要回路和次要回路之间的两个接口是整个系统当中最重要的连接构件。次要回路中回水端的接口，一定要处于主要回路给水端接口的下游。如果这些接口的位置安反了，那么次要回路中的回水就会一直灌注到主要回路 180 ℉的热水当中，使这些热水在进入次要回路给水管之前就被冷却了。如果出现了这样的情况，那么建筑的供暖系统就没有办法达到预先设定的供暖能力。于是在供暖模式下，供暖需求不能满足，建筑室内温度也总是不能达标。在一些项目中，这种失误就是导致建筑内部一些管路常年存在冻结问题的根源，直到找出问题所在才能得以解决——当然了，如果问题能够找到的话。

在这个案例中，如图 8-2 所示，这两个管道接口的位置是靠近的。把回水接口安在了同一个构件相反的一端——这是个很容易犯的错误——这就是造成了系统不能正常运作的原因所在。我们可以假设一下，如果等到交付使用入住之后再进行修改而需要的费用——也就是说入住以后才发现问题所在的话——将会超过 5 万美元（比委任调试专员的费用还要高）。到时候需要先把整个系统的水排空，将已经焊接了的借口切开，重新布置管道，之后再充水，重新启动程序，系统才能达成平衡。这笔费用当中，还没有包含在整改的这段时间，整栋建筑停止使用以及减少收益等这些无法计量的损失。这样的失误一直存在很多年都没有被发现也是很有可能的，那么这些年建筑使用中所损失的费用之巨将会是令人惊愕的。这些损失包括能源消耗量的突增、寒冷、维修、由于缺乏热舒适性而造成的生产力低下、由于低租住率而造成的收益减少等。

进行现场勘验可以避免出现上述的损失。在每一个项目的调试工作中都应该安排这样的现场勘验，通过勘验，可以帮助工程师和承包商为业主建造出一个更高品质的建筑产品。像这个项目这样及早发现问题，趁着管道还没有安全焊接固定，管线中也尚未注水，这个时候进行整改的成本要相对低得多。如果等到系统全部安装完毕已经开始运转的时候才发

图 8-2 通过现场勘验调试，我们发现这个管道的施工存在问题，如图所示，建筑次要供暖回路与主要锅炉回路的连接位置错了。我们发现这个问题的时候，管道还只有在几个地方进行了点焊，系统也还没有开始注水。假如这个管道连接的失误没有被及时发现的话，那么建筑将来的供暖能力就不可能达到预设的标准。

现问题进行整改，那么花费就要高多了。而假如系统已经运转了 10 年甚至 15 年之久都一直没有发现这个问题，那么由于这个问题而带来的经济损失以及对环境产生的负面影响，将会是非常高昂难以想象的。

还有另外一个项目，是位于马萨诸塞州的一个公寓开发案，这栋建筑配置了四台空气处理器。当项目基本竣工的时候，这 4 台空气处理器都是“工作着的”。这也就是说，这 4 台机器全都处于开启状态。这就是对这个系统进行功能性检测所到达的水平，可谓相当粗浅。可是很不幸，在建筑交付使用入住的第一年里，就有很多单元没办法达到舒适的标准，而且能源消耗量非常大。最后，业主决定对这个项目进行调试。通过调试，我们再一次发现了与上一个案例类似的问题。其中一台空气处理器电动机的两极装反了，导致这台机器一直都在反向运转。如果当初对管道系统的测试与平衡工作以及调试工作确实是认真的，那么这个问题本是不应该出现的。调试工作的设计目的，就是为了避免这一类的问题发生。

这些案例说明在我们目前的施工阶段，普遍缺乏真正的品质控管，特别是施工阶段后期，各种复杂的设备以及操控装置都已经安装完成的情况下，更需要品质控管。上面所述的项目，不过是我们这些年从事调试工作中所遇到的众多类似案例中的两个。很多项目常常会由于各种不可预见的因素而拖延了工期，于是承包商就会背负巨大的压力，促使他们尽可能快速完成设备安装工作，才能尽快转战到下一个项目，否则下一个项目从一开始就拖延了。在这样的情况下，我们还能指望这样的设备安装工作会达到怎样的和谐水平呢？

哪怕是最小规模的项目，如果缺乏品质控管，也会给大家带来麻烦。有一所小房子采用地板供暖，它的一台泵电动机烧坏了。当初安装这套系统的暖通空调系统以及泵的承包商已经失联了——后来才得知已经转接下一个项目了。而且这个承包商也没有提供有关这套供暖系统的操作技术说明。于是，房主只好又聘请了一家新的供热公司来进行维修。后来电动机又陆续烧坏了两次，这个问题令每个人都感到很头疼。最后，房主发现管道中持续发出一种刺耳的噪声，于是她把耳朵贴在管道上，想听听看声音到底是从哪里发出来的。她认为假如能消除噪声，那么情况可能就会变得比较好，于是她开启了一个阀门并轻轻转动了 1/8 英寸，结果噪声消失了。之后又测试了几天，泵的电动机再没有烧坏，而且供暖效果竟然也提升了。没有人知道为什么会这样，但是他们却了解了那个阀门的合理设置。

问题的关键是，我们目前的施工过程中根本就没有真正的品质控管机制。在传统的操作中，调试工作并没有认真执行，所谓调试，不过就是老套的测试、调整与平衡（TAB）测试过程，或许这就是唯一的品质控管测量。你以前曾经看过测试、调整与平衡（TAB）报告吧？如果你看过，那么我们对此深表同情；这些报告无非就是催眠剂而已。但是，测试、调整与平衡（TAB）测试所代表的却是一个系统功能完成的关键。在一些教育与培训研讨会上，我曾向超过两千名工程师提出下面这个问题：在一份标准的测试、调整与平衡（TAB）报告中，你认为有多少比例的内容属于真实的叙述？我们听到过最高的答案是50%，而大多数人的回答是只有0—10%。

测试、调整与平衡（TAB）测试中包含对管道气流的检测。进行这种检测，需要沿着管道的周边，在其横断面内每6英寸放置一根探针，然后再将这些读数汇整起来求出平均值。当我们完成了测试，将探针取出来，管道上会留下什么？一些小洞。之后我们再用塞子把这些小洞堵起来。于是我们就向我们的工程师们提问了：在你阅读了测试、调整与平衡（TAB）报告中的检测结果之后，你都能在管道上发现这些测试遗留下来的小洞吗？我们一位合作伙伴说，直到我们开始进行调试工作，他都没有看到过这些小洞。于是我们尽可能客气地问，既然这些测试都没有真正进行过，那我们在测试、调整与平衡（TAB）报告上面看到的测试结果又是从哪里来的呢？嗯。或许这么说更容易理解：谁为测试、调整与平衡分包厂商支付费用？是暖通空调厂商。负责测试、调整与平衡测试的工程师有没有为发现问题而获得真实的奖励回报呢？

现在的问题是，在传统的施工过程中根本就不存在调试工作，在理论上所谓品质控管的唯一内容就是测试、调整与平衡（TAB）测试。但事实上，这些测试对于系统达到功能完成的目标并没有起到什么作用。我们并不是想说所有的测试、调整与平衡（TAB）报告都是一文不值（很多测试、调整与平衡测试专业人员都是非常认真尽责的），但是证据清晰的显示确实存在这个趋势。

我们曾在俄亥俄州一个职业技术教育中心增建与改建项目中负责调试工作，当时正处于功能测试阶段。我们要求承包商提供测试、调整与平衡（TAB）报告，这样才能开始我们的工作。但是一直拖延了好几个星期，几经承诺，我们才终于拿到了这份报告。由于拖延了这么久，我们只能在工程师审阅测试、调整与平衡（TAB）报告的同时，就开始进行功能测试工作。根据计划表的安排，第一个进行检测的对象是一台小型补给空气处理器，几乎没有什么管道系统，为一间现有的机械工厂教室服务。在开始进行功能测试之前，我们核实了所有的装置设备的运转都是正常的。第一项测试是将设备启动，核查平衡报告中的气流状况。那天，负责平衡检测的技师没在，我们只能自己检查报告的内容。当我们把空气处理器开启后，却监测不到有气流的读数。这台设备就暴露在这间教室里——短短一段管道只有4台扩散器，而室外空气通风口就位于设备的上方。我们又复核了所有的阻尼和制动器，却没有找到任何问题，所有构件的安装都是与设计相符的。经过整整半天的测试、查证和寻找，我们都不明白为什么没有气流。我们根本没办法查证平衡报告的内容。对这个设备的功能检测从一开始几乎就是失败的。

经过与学校负责维修的员工讨论这个问题，我们才了解到这个设备使用了原有的开放式屋顶和顶罩。屋顶上的这个洞口原来的设计意图在于通风，而且这位维修人员还想起在洞口的顶罩处有一个反向通风调解风门。我们请这个项目的承包商一起重新回到了现场，这家承包厂商的技术人员拆除了屋顶洞口的顶罩，结果我们发现了那个反向通风调解风门，它正处于关闭的状态（参见图 8-3）。我们把这个反向通风调解风门拆下来之后，接下来的功能测试工作就很顺利完成了。

测试、调整与平衡（TAB）报告显示，这个系统当中所有测试构件的性能都是满足要求的，包括正确的电动机安培数以及气流状况。那么问题是：是否在当初进行平衡测试的时候，这个反向通风调解风门是开启的，测试结束以后又有人把它关上了呢？或者说，这个系统真的曾经进行过平衡测试吗？

在这个系统进行检测确认功能完成之后，我们开始检验一组新装的变风量空调箱的运转是否正常。这组空调箱是一套大型空气处理单元的一部分，为技术学院的实验室服务。在这个系统中大约有 50 组变风量空调箱以及热水再热盘管。我们测试第一组空调箱，结果发现它不能输送热风。我们检查了控制阀门的状况，也确认了平衡阀门是处于开启的状态。但还是没有热风。我们又沿着管道系统，一直回查至主管道，结果发现各个分支隔离阀门都是关闭的。我们将这些阀门一一打开。随着这些阀门的开启，变风量空调箱的运转就正常了。第二组变风量空调箱又是同样的问题——分支隔离阀门关闭了。

同样，测试、调整与平衡（TAB）报告显示，这两组变风量空调箱都可以按照设计要求，将热水输送到加热盘管中。那么同样，问题出现了：是否在当初进行测试的时候，这些阀门都是开启的，测试结束以后又有人把它们关上了呢？或者说，这个系统真的曾经进行过平衡测试吗？

这个时候，我们已经进行了一整天的功能测试，而测试结果的合格率为零。我们对于这份平衡报告彻

图 8–3 上图：对一台新安装的补给空气处理器进行功能测试，这台处理器所处的空间有一个原有的开放式屋顶及洞口顶罩，这样的设置是为了让室外空气可以进入室内，但是我们却检测不到任何气流，并且找不出原因所在。这套系统的所有构件经过检查都是没有问题的，但是从下面我们没办法看到这个屋顶的洞口。我们希望能揭开秘密，所以将屋顶洞口的拿掉了，但并不知道接下来会发现什么。

下图：将顶罩从屋顶的洞口处移开，我们发现了一个原有的反向通风调解风口，它正处于关闭的状态，阻碍着空气的进入。但是在测试、调整与平衡（TAB）报告中却显示，这个系统的气流状况是完全符合设计要求的（图片由布里安·特夫斯提供）。

底失去了信心。第二天早上，我们召集了一次调试团队工作会议，重新仔细审阅这份平衡报告，确定这些工作是否真的执行过。正是因为这份测试、调整与平

衡（TAB）报告存在着这样的问题，所以功能测试工作向后推延，一直到3个月之后才再次开始实施。

我们传统施工操作过程的其他一些方面，可以这样简单概括，就是归纳出“不好的方面是什么”，包括以下几个方面：

- 产品置换的情况经常发生，有可能会造成对系统性能的负面影响。举例来说，一台冷却装置被调换成由另一个制造商生产的产品，两者从表面上看相差无几。当安装完成之后，我们才意识到这台新换的冷却装置不能如设计规划那样实现可变水流率。于是这台冷却装置的泵被拆下来换成手动模式，因此我们就没有可能再安装其他备选方案的泵，同时冷却装置的节能计划也会化为泡影。
- 除了施行“施工废弃物管理计划”以及“施工场所室内空气品质管理计划”以外，我们很少去计算施工过程中对环境所造成的负面影响。在马萨诸塞州的科德角，一位很有思想的施工人员针对这个问题展开了讨论。他评估他的分包商人员为了到这个项目工作，需要开车行驶多远的距离。因为科德角地区的人口密度不大，不足以建立起各种类型的行驻点，所以到这里从事各种商业活动的人员都必须从北部开车过来。他计算出这样一个往返的平均车程在3.5小时左右。于是，在项目施工期间，他就在附近租了一些住宅单元，如果项目的分包人员连续一段时间都要在这里工作，那么他们晚上就可以在这些租赁房中过夜——这样既节省了时间、金钱、燃料费，而且每周还可以减少大约2吨的二氧化碳排放量。
- 施工过程中工作场所的安全问题被局限在有限的范围内；室内空气品质（IAQ）以及有毒物质的释放对现场施工人员的健康影响问题，一直都没有引起足够的重视。
- 施工中仍然会遗留一些问题没有彻底完成：你曾经见过竣工核查事项表中所有的项目都全部完成吗？依我们的经验，是很少有这样的情况。每个人到了最后都会逐渐放弃，一般都是源于在项目实施过程中所遭受的挫折，以及下一个项目的开工压力。我们经常没办法把项目的承包商或供货厂商叫回到工地来，哪怕我们保留了最后一部分工程款。每个人都好像是逐渐消失了，施工的过程充满艰辛却没有一个令人满意的结果——不存在验收阶段，也没有所谓的功能完成。
- 业主的设备操作人员承接一栋建筑却对其缺乏理解；他们对于这栋建筑的设计与控制都知之甚少。一栋建筑的控制系统对于建筑的运转来说是至关重要的，如果对于控制系统没有足够的了解，那么建筑的性能也会相应受损。有的时候，因为缺乏了解，所以很多精密复杂的控制系统都被直接舍弃了，取而代之的是转换为手动模式——我们常常看到一栋建筑物当中只有大约三分之一的系统还在维持运转。
- 通常我们能够收到的唯一反馈，就是“哪里不能工作了”这样的抱怨。这样的抱怨通常都是没有定量不可计算的，所以对我们来说也比较少能成为反馈的信息源。我们甚至很少去处理这些抱怨。在我们整个操作过程中没有主动的反馈机制，来验证在设计中所作的决策，真正实施之后是否能够达到预期的效果，或是我们所建造出来的建筑物对其使用者会造成什么样的影响。建筑师在完成设计之后，多长时间会回到现场去调查使用者的满意度？答案是很少有人会这样做。没有什么奖励机制来鼓励大家这样做，而我们的业主现在已经开始意识到这样的做法是有价值的。

总的来说，现在的施工所建造出来的产品，多半都没有很好的性能指标。很多项目中，我们都没有将对性能的期望值完全量化出来，也没有建立起标准与反馈机制，来对实际的性能状况进行核查。能源效率只是按照会议的结果来规定，或仅仅是超过相关法规的要求，建筑实际的操作人员不理解设计师的设计意图，建筑当中存在的问题拖延数年也得不到解决，等等；简而言之，现如今的施工操作中，我们可以举出无数的例证来说明其中存在的问题。如果我们希望我们的建筑性能指标能够更上一个水平，那就必须同一个综合的团队一起有意识地建立起积极的性能目标，在之后的设计与施工过程中都要将这个目标牢牢地铭记于心，并认真核对其实际的结果。

面对这样的区别，我们应该怎样做（怎样看待）？

从本质上来说，施工是一个不可思议的神秘过程：在第一章中我们曾经讲过，每一栋建筑物都是一个独一无二的产品，以前从没有过，以后也不会再建。我们每一次建造的一栋新建筑都是独特的——直到真正建成的那一天，我们才能知道各种构件组建在一起会是什么样子。而且，我们每一次的施工作业都是由不同的团队完成的。我们可以试着将这个建筑团队想象成是一个足球队。每一次的建设行为就像是周日举行的一场足球比赛，使用不同的装备，不同的场地，面对不同的观众，没有哪场比赛是在你自己的主场进行的。

所以，我们需要揭开这层神秘的面纱。在项目进行的初期，就请施工人员参与其中，这样就可以减少施工过程中的一些神秘的特性。而且，这些施工人员应该与设计团队的成员们共同学习——我们还要将这种共同学习与知识分享的参与者进一步扩展，将分包厂商与设备供应商也纳入在内。

建筑信息模型（BIM）也是一种有效的工具，可以帮助我们降低施工过程的神秘感——利用电子设备，在建筑物实际建造之前就将其模拟展现出来，在第六章的开头我们已经讨论过这项工具。

另外还有一个重要的问题需要讨论，那就是在选择施工专业厂商的时候，大家几乎无一例外的总是选择最低价标。这样的做法为项目发展所带来的不利影响，应该是不难想象的。我们有一位业主，多年以来都坚持一项原则，那就是只从贝尔曲线的中间部分选择中标单位——也就是从中间投标价格的厂商中选择。即使所有参与投标的单位都具备合格的资质，并且在理论上都是“负责任的厂商”，但是投标价格过高或是过低一定有其中的必然原因。通常，最低标的厂商会遗漏了某些项目，或是擅自降低了设备的规格。换句话说，即便是负责任的厂商也有可能会犯错误。我们的业主告诉我们，当他们把项目发包给报价最低的厂商时，总是会出现一些项目的遗漏——这些遗漏的项目往往当时发现不了，直到实际施工的时候才会被发现。

也许在施工阶段，关于我们必须要问的这个问题：“我们应该如何改变做法”，答案非常简单：在设计意图和施工的结果之间，我们缺乏品质控管的方法，这个议题在前面的调试阶段我们已经进行了相关的讨论。在抽象的建筑表现——包括平面图、立面图、剖面图与技术说明，和实际的建筑施工之间存在着巨大的鸿沟，所以我们非常需要一套行之有效的品质控管方法。施工图文件的表达和真实的建筑之间存在着很大的差距。图纸和技术说明仅仅是一些符号；它们试图表现真实，但其本身却不是真实的。而在设计专业和施工专业人员之间存在的沟通不良的现状——我们在前面的章节中已经描述过了——又进一步加深了这种解释的差距。

从前，我们都习惯于在工地现场派驻一个项目专员，他的角色相当于设计团队与建造单位之间沟通的桥梁，帮助弥补图纸与实践之间的差距。现在，这个职位已经没有了，取而代之的就是项目的调试专员。就像我们所看到的，调试专员的角色就是一种品质控管，他作为复合的建筑（匠师）团队当中至关重要的一员，在图纸与实际、设计专业与施工专业人员的裂痕之间架设起沟通的桥梁。

现如今，建筑系统越发专业化与复杂化，我们不可能再像过去一样，由一位富有经验和才干的匠师就可以掌控整个项目。所以我们的思维模式应该转变成为一种复合的匠师（参见第二章），结束这种由于专业分割（建筑学、机械工程学、电力工程学，等等）而形成的恶性循环，不要强求一个人要精通自己专业以外的技术。除此之外，每一个专业为了获取工作机会而在同一个舞台相互竞争，这就要求不断压低各自的利润空间。逐渐建筑设计专业变得越来越像是一种商品，而不是一种专业的服务。设计专业人员如果还继续像过去那样试图提供一个项目的全套服务，那么他将在市场中失去竞争的优势。

那么，现在这些建筑设计专业的人员为了保持自己的竞争能力，又会有哪些改变呢？他们知道，他们只能在提交设计成果之前，尽可能删减服务的范围，这样才能降低成本，提高自己的市场竞争能力。所以，要想降低成本保持竞争力，他们的方法也只有这么几个。其一就是尽可能重复利用设计。这也就是说在不同的项目中反复套用相同的施工细部详图和进度表，而这些反复套用的细部详图和进度表可能根本就不适用于具体项目的特性和要求，从而导致错误或不能匹配。

设计专业人员还有另外一种方法减少服务内容，就是删减施工现场管理服务。这就意味着很少甚至根本就没有现场监理。随着设计产业在过去几十年中的发展，设计专业人员非常有限的现场监理与实地作业经历，又进一步加大了设计专业与施工专业人员之间的裂痕。如今很多年轻的设计师们根本就没有任何现场经验，也没有什么机会去获取这种经验。当代的建筑师们认为他们的设计，不过就是画在纸上的一些线条，或是计算机辅助设计程序（CAD），抑或是产品型录上的一些图片——追求现实的*表现*，但却不是真实的事物。而且，我们还发现有很多设计师本身就没有获取现场经验的意愿——“这不是我的工作。”

设计公司也要尽可能降低经营成本，这些公司只聘请很少几个受过专业训练的建筑师或是工程师，再配备一大群 CAD 绘图员为他们服务。这些绘图员只是受过有关计算机辅助设计工具应用这样的培训，很少或是根本没有接受过系统的建筑学或是工程学的专业教育——并且也没有现场经验。建筑师或工程师经常同时要处理很多事情，一个人负责监管几个项目，无暇再去检查这些绘图员的工作是否无误。（同样的，将来建筑信息模型可能也会成为探讨这个问题的有效工具。）

那么，我们应该如何改变自己的想法和做法呢？

投入更多的资金来解决这些问题显然是不合适的。如今的设计产业就好比是一家汽车制造商，其目前生产的产品是体量庞大的运动型多用途车（SUVs）。这样的制造商不可能在一夕之间就能转型生产更加节能的小型车，在如今美国汽车产业经济危机的环境下，这样的例子比比皆是。我们首先需要的是有转型的*意愿*以及一个明确定义的目标——之后才是进行重组，更换生产设备，解决所有库存的零部件等等，再去追求制定的目标。与汽车制造业相类似，设计公司也需要对其经营方法与装备——员工——进行重组，积极地转变思维模式，而本书通篇都在讨论这一话题。同样，这种思维模式的转变也不可能是一朝一夕就能完成的。我们需要放开思路接受改变，并不断调整完善我们的方法。

举例来说，我们经常会碰到这样的设计公司老板，他会说："我不是已经给工程师支付了费用，去参与调试工作吗？"回答是*没有*。如果一家设计公司的老板只是按照市场标准来支付建筑师与工程师的设计费用，那么这个老板所得到的回馈，无非就是全美国每一个建设项目同样的调试计划："我们知道这不会起什么作用，所以将来我们还是会另外付费维修。"即使老板愿意为设计专业人员支付更高的费用，希望在这方面获得更高品质的服务，可是在如今支离破碎的实践状态下，他很可能还是没有办法得到真正物超所值的服务。我们没有办法在一夕之间完成转变——思维模式的转变以及当代专业化的逆转，是一个不断发展进化的漫长过程，我们要认识到所有的设计团队与施工团队成员需要密切结合在一起，像一个有机体一样运作，去建造出一个功能完善的有机建筑。

就像我们所看到的，一栋建筑物当中包括无数的构件和系统，它们组件在一起形成了比较大型的系统，而这个比较大型的系统又嵌套在更大型的系统当中，而这些构件与系统之间的联系就为整合提供了最好的机会。要想将这些系统整合在一起，建立有效的反馈机制是至关重要的，只有这样我们才能创造出性能优越的建筑，或是真正功能完善的系统。第一步需要设计公司的老板、设计师和工程人员做到的，就是相互团结在一起，努力创造出整体的设计项目，达成预期的性能目标。除此之外，还要建立起有效的反馈机制，从反馈的信息当中获取知识与经验，使我们的工作能够彼此之间更加融合，并进一步提高建筑产品的性能指标。

来自建筑工人与施工经理的观察

——维克多·坎塞科　著，Sandpebble 建设公司

一个市政建设项目的业主打算设计并建造一座新的乡镇会馆，并达到绿色建筑的标准。他们需要收集一些相关的资料，于是引荐我去参加了一次研讨会，这个研讨会是由七人小组当中的两名成员组织召开的。那个时候，我已经在建筑施工领域工作了 33 年之久，而正是这次会议，彻底改变了我的职业方向。

那次参加研讨会的学员大约有 150 人左右，我认识到由我们这些人在这些年来所建造的成千上万栋建筑，可以这样说，无论是对其使用者还是对周遭的环境，都产生了巨大的负面影响。

这也就是说，我们通过学习很清楚地认识到，在我们创造室内环境的过程中——而这些室内环境有很多对于在其中生活的人们来说是非常不健康的——过度消费了太多的环境资源，我们的建设开发活动已经造成了全球气候的改变，也是垃圾掩埋场中堆积如山的垃圾的主要来源。

而好的消息是针对这种现状的解决方案，并

不需要再进行多年的探索，也不需要什么高端的技术、计划以及高昂的成本，很简单，只需要在进行新项目的设计与建造的过程中，改变自己的心态就可以达成。

我们现阶段的任务就是调整目前建筑设计与施工的方法，将其转变为一种整体相互融合的过程，其中包括业主与设计团队的成员，也包括设备与施工全体相关人员。（需要一种心态上的改变。）

这种综合整体的方法与传统的操作方法是不同的。在传统的方法中，方案阶段的设计工作都是由建筑师独自完成的，除了相关的规划资料以外，他们并没有其他外界的信息来源。

建筑师最初的设计，在后面的阶段又会被其他项目相关人员“影响”。工程师会围绕着建筑师所提供的示意图进行他们的系统设计，而业主与设备和施工相关人员也没有什么机会对设计进行调整建议。（心态要改变！）

一般来说，接下来就会有建设单位对这个项目进行投标，当投标价格超出了预算的时候，就会启用“价值工程”，按照某种优先顺序来删减掉一些项目，从而损害了建筑的功能与性能，但是最好还是能够满足项目相关人员的要求。（讽刺地说，建筑项目中所谓“价值工程”，其实不过就是降低完成品的价值！）（心态要改变！）

在一体化的设计过程中，所有的项目相关人员都会在设计阶段就积极地参与其中，这样的设计是由大家一致的意愿所引导产生的。因此，建筑物的功能性会更为高效，其系统的性能也会更为高效，同时对环境所产生的负面影响也会大幅降低。前两项的经济收益是相当可观的；而最后的一项环境收益已经超出了经济学的范畴，当然也是不可计算的。（心态要改变！）

除此之外，采用一体化的设计方法，在施工阶段出现工程变更单的机会也会大幅度减少，这是因为所有的问题在设计阶段都已经考虑到了，不会到了施工阶段再对设计产生什么影响。工程变更单往往是一个项目追加预算的主要原因，而绝大多数的工程变更都是由设计变更而引起的。

大家都知道，“绿色海啸”已经席卷了全世界，毫无疑问，采用这种全新设计方法的专业人员也会提升自己的等级。尽管如此，要想使一体化的设计方法由目前少数人的推崇，发展成为业界一种常态的方法，尚需要一些时日。

在我们重新定义建筑设计方法的过程中，施工人员却没有跟上大家的脚步。尽管在建筑设计阶段，“项目”经理已经越来越倾向于能够参与在项目团队当中，但是“施工”经理却往往都要等到马上就要开始“施工阶段”了，才开始接触这个项目。（心态要改变！）

而且，让承包商在项目进行的初期就参与其中，就会对设计完成后进行的投标竞争产生影响，因此业主并不愿意这样做，除非他有“增加成本”的准备。讽刺的是，大多数人都会认为，这样的做法并不会令业主获得最大的收益。（心态要改变！）

施工专业人员要调整自己的心态，在项目的施工阶段更好地落实设计意图，追求更高的性能指标，未来还将会有一段非常艰辛的路要走，直到绿色建筑发展成为一种规范。这里有如下几项理由：

- 一个建设项目的施工图纸汇聚了项目团队成员们数月甚至数年的心血，其中包含着设计理念的精华，深思熟虑的测算结果，各种信息来源以及失败的教训等丰富的内容。

- 虽然绘制施工图的目的在于将设计团队的设计意图传达给施工人员，由施工人员将图纸上的信息转化为实体的建筑，但是图纸所能成功表述的比例最多只有 80%—90%。绿色建筑所要追求的目标是与传统建筑不同的，很难全部通过图纸清晰而明确地表达出来。

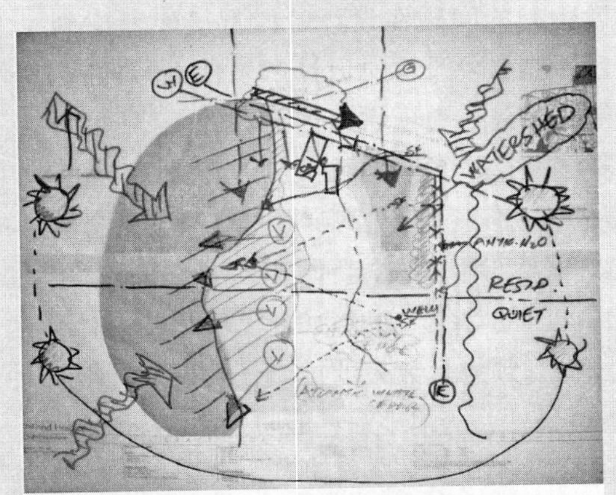

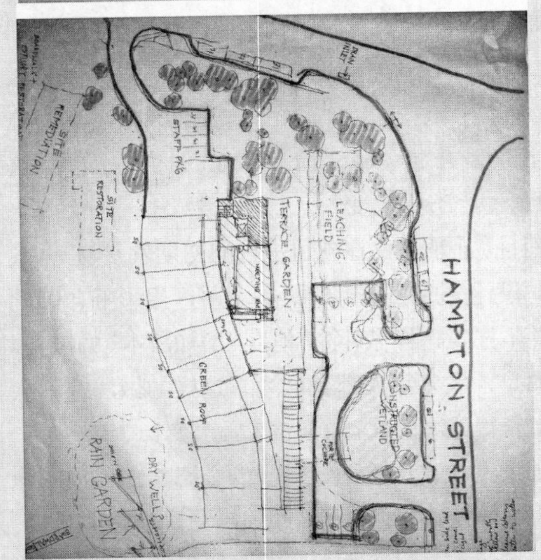

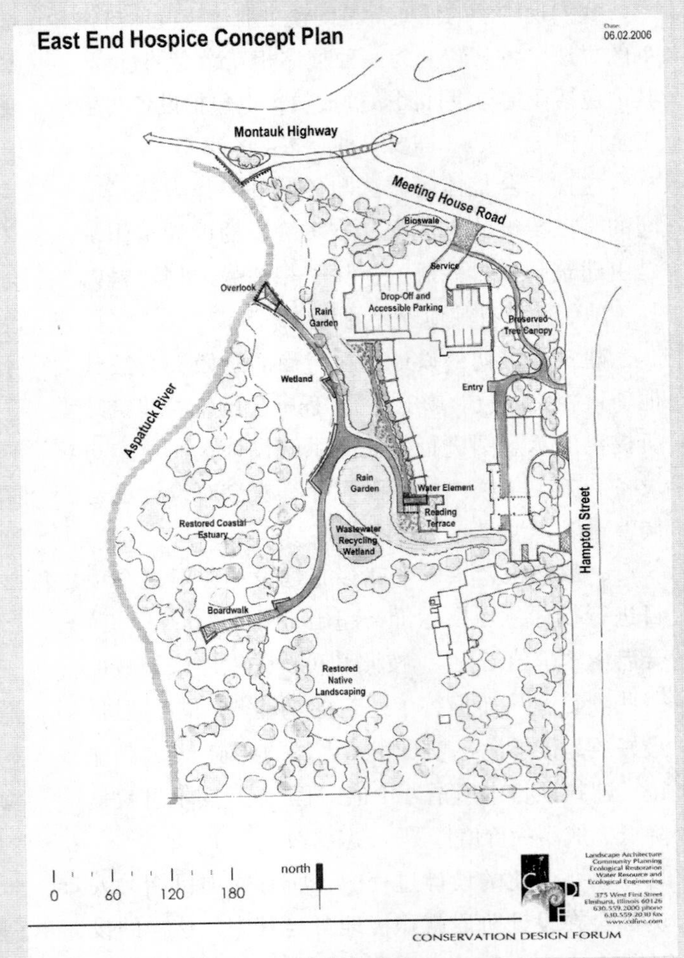

图 8–4 东区临终关怀中心位于纽约长岛，是圣保罗建设公司的老板维克多・坎塞科所负责施工的几个项目之一。这个项目临近一个环境品质相对脆弱的河口地区，而该项目设计的一个核心议题就是恢复这一河口区域的生态健康。该设计既考虑到视觉景观的效果，同时也兼顾到了对该地区生态群的重建。这三张在团队工作会议期间绘制的草图描绘了设计方案的发展过程。其中左上图描绘的是场地存在的不可抗力，左下图是在概念设计阶段团队工作会议上所绘制的概念性平面图，右图是场地规划平面图（左边两幅图由约翰・伯克尔提供。右图版权所有：©2008，环境保护设计论坛，股份有限公司）。

- 一般来说，技术说明文件当中包含着冗长的材料描述，以及对项目性能要求的介绍。技术说明文件的用词非常专业化与正式，在大型的私人项目与所有的公共建设项目中，除了预算人员和律师，很少再有其他人会认真阅读这些文件。对于项目负责人来说，他要向他的施工团队成员们介绍绿色建筑的原则与要求，而这样的技术说明几乎可以说是没有用的。这也成为妨碍施工人员从内心深处真正领会绿色建筑设计意图的绊脚石。
- 各个分包厂商会花少则几天，多则几个星期的时间来制作自己承接工程部分的标单，而最后成功得标的总包单位也必须在同样的时间内，将各个部分的标单汇整在一起，以确保没有遗漏下什么内容。预算人员开始计算的时候，根本就没有考虑到施工图的内涵，以及任何不涉及成本与盈利的内容。
- 在投标工作完成几个星期之后，最终得标的承包厂商就会派驻施工人员进入现场开始工作。从进场开工的第一天起，这些施工人员就会按照平面图和一张“必做”清单进行施工，这张清单是由坐在办公室的预算人员根据技术说明文件摘录出来的，而技术说明文件一般都是保留在办公室里。

一栋建筑的施工兴建需要投入大量的人力，然而这些施工人员却没有参与过项目的概念讨论与设计过程，这就是绿色建筑所面临的挑战。这些施工专业人员们极具价值的理念，以及多年来的丰富实践经验，统统都没有融入项目的设计当中。由于缺乏前期的“投入”，他们对于项目也缺乏探索的兴趣，他们的价值就这样被忽略掉了。一般来说，一栋造价1000万美元的开发项目，至少需要投入200名施工人员。假设平均每个人拥有10年的工作经验，那么这些人加起来就拥有2000年的实践经验，如此丰富的资源就这样在设计过程中被忽略掉了。（心态要改变！）

这样，我们就不难理解为什么要完成一个绿色项目会有如此之难了。向施工人员讲解一个项目历时12个月甚至更久的概念探索过程，甚至讲述项目的部分技术说明文件，这样做除了会让这些施工人员更加一头雾水之外别无他用。

我们发现，有一种方法可以在某种程度上缓解施工人员对建设项目缺乏认识这一问题。我们可以从施工图以及技术说明文件当中精选提炼一些核心的内容制成一本小册子，并将其转换成为“通俗易懂的语言”，重点在于向施工人员介绍可持续发展的建设项目是怎样的，以及我们为什么需要这样的项目。

开始，我们介绍项目的设计是如何一步一步发展，逐步满足业主所设定的目标，并解释为什么某些系统的设计与传统项目的系统是不一样的。接下来，我们就将一些相关资料转化为视频的模式播放给所有施工人员观看，这样，他们在开工进场之前就会对这个项目有了一些了解。

毫无疑问，在现在以及未来的设计中，可持续发展的建设项目在环境收益方面具有势不可挡的优势，对于建筑环境的营造与改善终将会被大众所认识与接受。然而，要解决环境问题以及其他一些问题，时间也是非常紧迫的，施工人员能够尽快融入团队互动的设计过程中，真正的转变——心态的改变——也就会尽快实现。

思维模式的转变

这就是我们首先需要转变的：我们的工作不能再像一座座孤岛一样彼此分割，我们应该紧密联系在一起像一个有机体一样运作——就像是一个复合的匠师。我们要改变以往命令－控制的操作管理模式，认识到设计与施工应该是相互联系贯通一体的过程。建立起共享的机制，每个人都将自己的构思、经验与创造力与大家分享——无论是设计专业还是施工专业人员——这一点都是非常必要的。

在设计产业与施工产业之间需要建构起更多的纵向联系，搭建沟通的桥梁，使设计专业与施工专业人员之间有机会进行更多的交流，弥补之前两者之间存在的鸿沟。无论是设计的过程还是施工的过程都应该进行重新建构，在项目进行的任何阶段，无论是设计师还是施工人员，都不应该成为那个阶段工作的主宰，也不应该成为附庸——他们之间的关系必须是平等的合作伙伴，共同融合在一个团队当中。

我们理解在现实的制度上和态度上都存在一些障碍，会将设计人员与施工人员彼此割裂开来；但是，假如设计专业与施工专业人员能够将他们的工作融合在一起，那么他们也将会拥有巨大的契机，创造出经济效益与环境效益都更为优异的项目，更好地为其业主服务，并有益于地球。

我们（或许很天真幼稚）的建议是：不要理会律师的提议。现在，建筑师与工程师们不再积极地参与建筑工程管理过程，其主要的原因就是要规避责任。于是，他们有计划地放弃了这项责任，将自己从建筑工程管理工作当中抽离出来；甚至在他们的服务合同当中只限定参与一项工作——视察。他们的律师是这样建议的："对于方式和方法问题不要进行讨论。"在不久之前，我们都还是习惯于将自己视为团队的一员，认为自己有责任去发现问题与解决问题的。现在我们需要转变思维模式，重新回到过去的做法……因为要使我们的地球永续发展，这并不是哪一个专业领域的责任，而是我们每一个人共同的责任。如果能够这样做，那么我们会发现风险是与机遇并存的，冒一些风险可能会得到更大的回报——相反的，如果我们不这样做，那么会遭受更大的损失。

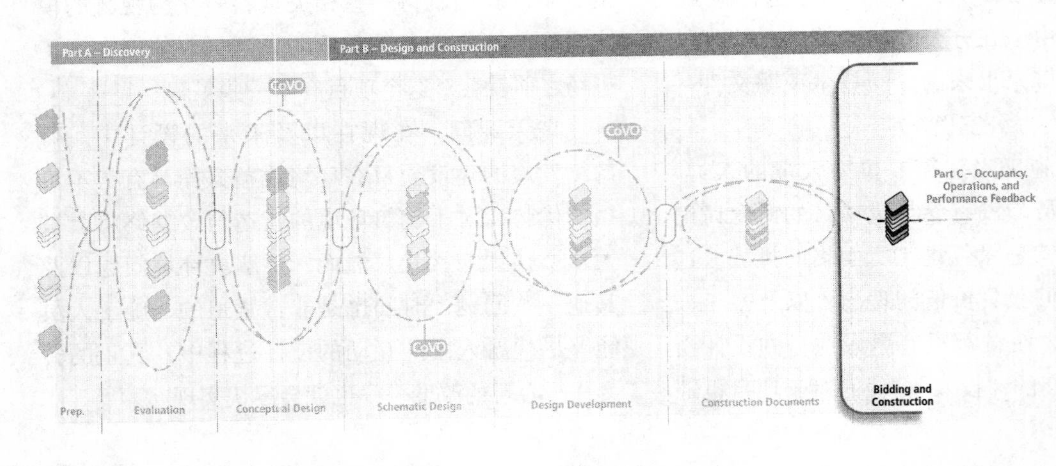

图 8–5 一体化方法 B.7 阶段，投标与施工。图片由七人小组和比尔·里德提供，绘图科里·约翰斯顿。

B.7　阶段

投标与施工——与建设单位一起：成为一个团队

B.7.1　投标与施工

- 在投标与施工前筹备会议上，向与会者解释项目的特性以及所有系统的整合状况
- 在实际开工之前，与建设团队（包括所有的供货商与分包商）一起检讨他们的任务和责任，具体包括以下内容：
  - 分包商要使自己的工作融入整体团队当中，这是他们的任务
  - 每一个分包厂商的任务都必须要达成项目相关的性能目标
- 根据独特的环境性能筛选方式，审阅建设团队所提交的资料
- 调试：与建设团队一起，确保所有的系统都能够达到性能目标
  - 进行现场检测
  - 将调试工作计划表同施工进度表整合在一起
  - 评审资料提交
  - 完善施工备忘录以及功能测试文件
  - 参与设备启动测试
  - 进行功能测试
  - 核实建筑操作团队的培训
  - 准备最终版本的调试报告
  - 制作系统使用指南

B.7.2　原理与测量

- 对收集的文件资料进行管理，核实确实达到项目的性能目标
- 调试：将初测以及功能测试结果汇整成文件，并准备调试工作报告以及二次调试计划书

B.7.3　造价分析

- 同建设单位一起，确认分包厂商的选择是基于对项目性能需求的考虑，而非仅仅是低价取胜

B.7.4　进度表与下一步的工作

- 要确保设计团队与施工团队之间有系统的联系

B.7　阶段

投标与施工——与建设单位一起：成为一个团队

我们撰写这最后两个阶段的概述，用意并不是要提供一份所有与建造及入住相关的、包含无数行为与变数的综合而详细的纲要。相反，我们的用意在于提供一份有关一体化设计的总体概述，它会对团队成员的建造与入住行为产生一定的影响。

B.7.1　投标与施工

- **在投标与施工前筹备会议上，向与会者解释项目的特性以及所有系统的整合状况**

  我们确实需要重新思考一下投标之前的会议（主要是针对设计－招投标－施工的交接问题）以及这些会议召开的目的，这是因为以我们目前

的情况来看，参与会议的人员组成根本就是错误的。目前参与这些会议的基本上都是预算人员，而这些预算人员完全不会参与项目的施工建造工作。而且，因为与会者们之间存在着竞争的关系，他们一般都不太愿意提出问题或自己的想法。我们发现，通过商务谈判合同以及设计 - 建造的模式，就可以很大程度上避免出现上述的问题。

施工前的准备会议也同样需要邀请对的人员出席。具体负责这个项目的业务主管一定要参与会议。在这次会议上，除了一般性的物流问题、合同的权利义务等，最主要的重点应该是对业主项目需求文件（OPR）以及基础性设计文件（BOD）的再次详细审阅。通过这次会议，项目团队的每一位成员都要了解"为什么"他们的工作是这样的——在此之前，他们大多都已经了解了各自所负责的系统"是什么"，以及他们要"如何"工作。

无论是在投标前的准备会议，还是在施工前的准备会议上，我们都要对可持续性发展的议题进行探讨，尽管这些议题是与建造没有直接关联的。这是因为，大多数的建设单位都会更加关心建筑物的造型、组成以及一些场地的状况等；但是，项目自身系统之间的相互关系，以及项目与周边生态系统之间的相互关系这些问题，也同样需要团队成员有所了解。我们可能会将其中的一些问题提高到很重要的位置进行详细讨论，其中包括项目景观栖息地设计、场地的雨水系统、自然的废弃物系统、操作及隐含 - 排放目标、室内空气品质、再循环程序以及教育规划等。

■ **在实际开工之前，与建设团队（包括所有的供货商与分包商）一起检讨他们的任务和责任，具体包括以下内容：**

■ **分包商要使自己的工作融入整体团队当中，这是他们的任务**

施工人员和供应商都应该了解，他们是整个大团队中的一个组成部分，这就要求他们认识到在这个项目中，所有施工以及安装的程序和方法都是与传统惯例不尽相同的。正是由于这个原因，我们发现让供应商参加讨论会是非常有帮助的——我们这里所说的供应商，是指那些在整个施工过程中，确实会在几个节点来到现场进行工作的人员。这样的讨论会，也要在施工过程中不同的阶段，根据具体的工作进展相对应的安排召开。比如说，包含以下几个节点：

- 早期的讨论会要求所有与建筑物外壳施工相关的供应商参加，主要讨论的问题包括水的渗透、空气的渗透，以及保持建筑物封套完整的重要性，因为暖通空调系统以及其他的一些系统，它们的设计与规格都是依据建筑封套的性能来确定的。
- 施工中期会议，与会人员包括总包单位（GC）、机械分包商、电气分包商，以及专业的地板供应商——举例来说，当地板下送风系统已经安装完成的时候——确保每一位安装人员都了解保持地板下静压箱的干净与密封的必要性（要密封电气开孔以及 / 或是通过静压箱的管道渗透，等等）。这些与会人员可能和参与建筑外壳施工的人员是不同的。
- 施工中期会议，与会人员包括总包单位、机械分包商、电气分包商，以及专业的控制装置供应商，会议的目的在于让每一位与会人员了解到，建筑控制系统设置的目的以及组成，只有这样，控制代码才能与业主项目需求文件的目标相一致，并符合基础性设计中操作序列的要求。不仅如此，与会人员还需要了解控制系统对于其他厂商工作的影响，举例来说其中包括：机械安装人员要正确安装阻尼器，总包单位要确定制动器与阻尼器检修口正确的位置，此外还会影响到电气安装人员的电气连接（例如低压与线电压，变压器的位置等），等等。

- 即便是设计团队现在已经勉勉强强地与建设单位以及主要设备供应商建立起了一定的关系，但是我们还是有必要将所有会在现场进行施工与设备安装的工作人员再进一步整合起来。他们之间存在裂痕，就会导致"失之毫厘，谬之千里"的状况发生。十几年前，某一个机构的业主坚持每一个供应商在进行现场安装之前，都要与我们进行一次会面。我们反复审阅了技术说明文件当中与每一个设备供应商相关的内容。在与这些供应商会面的时候，我们最常遇到的回应就是这样的："我的祖父就不是这样做的，我的父亲也不是这样做的，因此我很确定同样不会这样做。"或者是这样的说法："这真的是我们要做的吗？我们不可能有这样的价格。"最后的结果就是分包厂商再次商议，他们正在建造的是什么，应该如何建造，以及业主支付费用给他们工作的本质到底是什么。经过几番抱怨，再在一起吃点黑啤脆饼——那是一个星期五的下午——设计团队与在施工现场的这些工作人员们终于达成了共识，并确立了相互合作的关系。

- **每一个分包厂商的任务都必须要达成项目相关的性能目标**

  项目性能目标的由来是非常重要的——甚至比施工文件当中对性能目标本身的描述更为重要。了解性能目标的由来，就可以使每一位厂商都认识到施工文件背后的目的，以及为什么需要达成这些目的。相关调试文件的制作也需要供应商提供一些资料（例如提供已经完成的施工项目清单）——对于要进行 LEED 认证的项目，厂商还需要提交与 LEED 评分相关的工作资料（例如胶粘剂当中的挥发性有机化合物【VOC】成分、屋顶与铺面材料的太阳能反射指数【SRI】、建筑材料再生成分比例，以及施工现场室内空气质量测量实施的照片等）。

- **根据独特的环境性能筛选方式，审阅建设团队所提交的资料**

  举例来说，我们一般选择材料和产品的依据无外乎就是价格、质量、实用性和艺术性。现在，我们又增加了几项与环境影响和人类健康相关的选择标准，比如说再生成分比例、隐含能、有毒物质、挥发性有机化合物成分等。现在的技术说明文件当中就包含了对于这些新增加的选择标准与特性的描述，所以对厂商提交上来的资料进行评审的时候，就必须要对这些新要求进行核实与验证。

- **调试：与建设团队一起，确保所有的系统都能够达到性能目标**

  在项目的设计阶段，我们花费了很多时间和精力制定、验证性能目标，但是如果缺乏了现场的调试工作，那么这些目标也不可能真正达成：进行调试工作就是理论联系实际的方法。

如今传统的建筑大多存在冗余的部分以及所谓的“安全因素”——不恰当的施工方法所带来的问题——举例来说，一栋商业建筑的外壳施工方式是否合理，会影响到暖通空调系统的性能。通常在不知不觉当中，为了抵消建筑外壳的泄露，建筑物就消耗了超量的能源进行供暖与制冷。然而大多数的商业建筑施工品质都是不够好的，而这些建筑内部安装的系统又经常被不正确地操作，甚至是完全错误的操作，于是这些建筑就总是出现这样或那样的问题，可多数人还是不明白原因到底是什么。

我们想要建造出整体协调的高性能建筑，那么调试工作就变得相当的重要，因为彼此之间相互关联的各个系统都要正确地安装（以及正确地运转），才能够达成项目制定的性能目标。我们还是采用前面的例子，建筑物外壳的施工必须完全满足设计的要求（在各种气候条件下都不允许存在空气渗透），暖通空调系统才能够正常地运转，这是因为在项目的设计阶段确定系统规格的时候，设计人员通过计算，已经取消了之前所有系统的冗余部分以及所谓的“安全因素”。我们曾经见到过很多的绿色建筑，他们的实际运转情况都远不及预期的潜力——也有一些案例根本就是失败的（前面已经列举了很多这样的例子）——这是因为徒有高性能的设计，却还是沿用标准的、甚至是不合标准的工艺和技术进行施工。进行调试工作，就是一种可以检验系统安装是否能够达到性能目标的方法。

而且，高性能指标的建筑物通常需要运用新的工艺与技术，而这些新工艺新技术对于施工人员来说却是不熟悉的。承包厂商需要采购、安装与协调新的系统，这与过去标准化的施工是大不相同的。接下来，业主负责系统操作与维修的人员必须继续对设备和系统进行维护，而他们对于这些新的系统和设备也同样是不熟悉的。

这就正是调试工作会变得不可或缺的原因。设计与施工之间本来就存在着一些裂痕，而这些新的设计理念又可能会在施工和操作之间形成更深的裂痕——毫不夸张地说，两者之间存在巨大的漏洞一定要进行填补。调试就正是这样的一种工具，可以让大家注意到这些漏洞的存在。进行调试工作并不是要把一大群新的专家请到项目的会议桌旁；恰恰相反，进行调试工作就是帮助专家们——这些专家们本来就是项目的参与者——能够更加有效地管理设计过程与施工过程，并且使一个高性能的建筑物正常运转——了解其综合的特性，进而达成项目制定的性能目标。

再次重申，通过调试工作，我们希望将一种目前尚不存在的、全新的品质控管方法灌输到建筑设计与施工的过程中。当我们参观一座制造工厂的时候，一般都很容易识别出其正在实施的品质控管方法。这些品质控管的目的，是为了减少失误并提高产品质量，无论生产的是何种产品。我们在工厂中一般都会看到产品质量控制办公室，办公室里会张贴相对静态的质量控制程序，其目的是为了保证同样的产品都能够达到同样标准的品质（也就是产品的性能目标）。然而一栋建筑物的设计与施工过程，正如我们所看到的，每一个具体的项目都是独一无二的，具有不同的建造目的、设计师、建设单位、场地状况、空间组成、设备、材料，以及施工参数等——项目周遭的环境也是随着建造过程不断发生着变化，同样不断变化的还有项目的性能目标。所以，每一个具体的建设项目，其质量控制方法与程序都必须是结合实际量身定制的。在这个行业，目前进行调试工作已经成为最好的质量控制的方法。

调试工作源于一整套的复杂程序，必须根据每一个具体的项目情况量身定制，并且随着施工的进程不断调整。因此，我们下面列举的调试工作纲要仅仅是对大多数项目来说的一般性内容。然而，每一个项目都具有其独特性，所以每一个项目所需要的调试工作也都是各不相同的；因此，如何在每个具体的项目当中运用下面这些纲要也同样是各不相同的。

■ **进行现场检测**

在项目的施工阶段进行现场检测，这样的做法可以为调试专员提供一个很好的机会，与在施工现场作业的供应商及其他人员分享项目“为什么”会有这样的构成，而这些现场工作人员之前更加关注的可能仅仅是“是什么”以及“如何做”这些问题。调试专员来到工地现场，也有助于在设计师和承包厂商之间搭建起互动合作的桥梁，我们在前面已经提到过了，这两者常常会处于相互对抗的状态。调试工作大致可以这样开始：与承包厂商一起分享讨论业主项目需求文件（OPR）以及基础性设计文件（BOD），因为这两种文件在观念上已经被大家所采纳——在一体化的设计过程中——进而发展完善施工图文件以及调试工作计划书。

最开始的调试工作会议内容主要是进行必要的沟通。在介绍与阐明调试专员作用的时候，坦白就是最有效的工具——要让所有的承包商认识到，调试专员并不是警察。摒除先入为主的看法，同大家一起开诚布公地讨论，分享对于项目的理解和认识，这就是避免出现传统建筑当中存在的种种问题唯一的途径。记住，承包商负责安装业主在施工合同中所采购的系统和设备，而安装的依据是设计师的设计、图纸以及认可的安装方法。在将图纸上的设计转化为实际安装的过程中，调试专员的责任就在于确保业主项目需求的达成，不要有什么遗漏。

前面我们已经讲过了，调试专员看待问题会有一种独特的视角，那就是从运转和维护的角度来看待安装。正是因为这个原因，调试专员会更加关注于可达性、由于使用替代品而可能引发的问题，以及对于设计意图的错误理解。这些现场检测并不等同于视察；他们并不是以法规或者施工管理的角度来开展工作。他们关注的重点在于设计的功能性，以及最终设施设备的运转状况。因此，调试专员的职责并不是进行项目监理；相反的，调试专员要和系统安装人员沟通合作，使各个系统能够彼此协调地共同运转。

■ **将调试工作计划表同施工进度表整合在一起**

我们还要将一些关键的项目调试节点同施工进度表整合在一起。一开始调试专员可以先列出一些一般性的项目调试检查点（从七人小组网站 www.sevengroup.com 的表单资源中，可以下载项目调试检查点实例的 PDF 文件作为参考），再由承包商将这些检查点纳入自己不断完善的施工进度计划表中，以确保二者之间的工作能够彼此协调配合。一

图 8-6（左图） 对压力 - 温度端口的调试。这个设备安装在一台定制的空气处理器上，是由其制造厂商交付施工现场的。经过调试，我们发现要接触到这个压力 - 温度端口很困难，这是由于距离上方的管道太近，阻碍到了温度探针（照片由布里安·特夫斯提供）。

图 8-7（下图） 我们将保温板切开，发现图 8-6 中所示的压力 - 温度端口在安装的时候还连接着一个接头。承包商可以松开这个接头，将这个设备向下翻转，这样在今后检测的时候就可以接触到温度探针了（照片由布里安·特夫斯提供）。

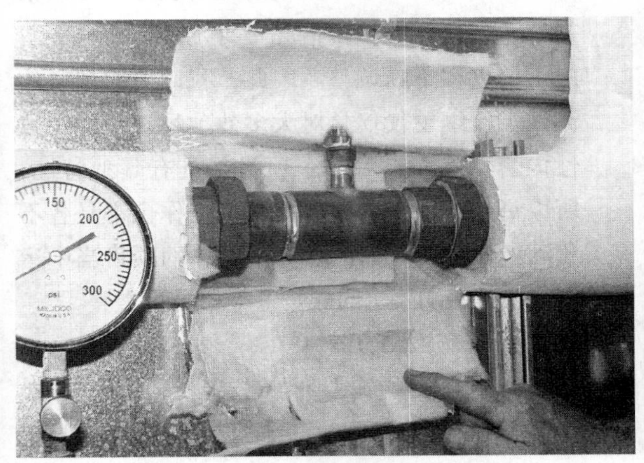

个明显的连接点，就是对经过调试的系统提交评审资料的同时，设计师就开始审阅这些提交上来的资料（参见下文）；这些工作在进度表中都需要注明起始时间，以及可以允许的工作时限。尽管容易被人忽视，但却是决定最终能否成功的一个重要因素，就是对任务进行周密而详细的计划并按时完成。在一个项目进行的过程中，我们可能在任何时候都可以看到墙上的实物模型，但是若想看到第一扇窗户的安装，则只能在安装的那一天来到现场才行。因为调试专员并不是每天都会到施工现场，所以承包厂商需要及时与主动地同调试专员进行沟通。调试工作计划表和施工进度表二者如果不能整合在一起，那么就会彼此孤立，重蹈传统的施工管理模式，并且会倾向于回避现场的“检验”。

■ 评审资料提交

调试专员对于提交资料的评审，与设计团队对承包商提交资料的评审应该同步进行，但是调试专员的审查却是从与设计师完全不同的角度进行的。设计师审查的重点在于是否符合技术说明文件中所规定的设备规格以及性能标准，而调试专员则会更加侧重于考察设备能否具针对性地适合具体项目的应用。设计师的工作无可取代，但是，我们说得夸张一点，调试专员站在终端用户的可操作性这个角度进行的评审，可以从几个方面提升传统评审的效果。关于设备替换的问题，建筑物当中的一个构件被替换成为其他类似的产品，哪怕仅仅是存在非常细微的差异，但是如果将眼光扩大到系统之间的相互关系，那么也会产生差异很大的结果。

举例来说，有一家厂商生产的冷却装置，规定注入冷凝器的水温为 55 ℉，而另外一家厂商生产的设备看起来非常类似，功率也是一样的，但是规定的水温却是 65 ℉。在关注于整体性的设计过程中，要想达成预先设定的性能目标，我们就不会轻易地就在这两台设备之间画上等号。即使两台设备确实具有完全相同的规格和性能指标，可是在通用连接点、碳排放量与专线接入方面仍然可能会存在细微的差异,可能会给项目日后的操作与维护造成不便。调试专员的工作更加直接关注于建筑物各个系统之间的大环境问题，因此他们对于项目物理特性的熟悉为我们提供了相当有价值的视角。

■ 完善施工备忘录以及功能测试文件

对于提交资料审查的过程可以为调试专员提供一个机会，使他们更加熟悉项目的设计以及设备的详细资料，从而为制作实用性的施工备忘录以及功能测试文件提供富有价值的信息。施工备忘录和功能测试文件需要根据项目的进行不断完善，无论是个人的工作，还是与其他团队成员的相互交流，都会促进这些资料不断完善，它们本身是动态发展的。在前文中我们曾经说过，在进行这些测试的时候必须要认识到每个项目具体的特殊性。要想充分了解项目的特殊性，我们就要更加关注那些经过审批的文件与资料当中有关项目特有属性的描述。到了这个时候，就应该发布项目专属的施工备忘录和功能测试文件草案了。这个草案文件也应该交给承包商仔细阅读，以提高他们对于系统以及检测程序的认识，并允许他们从自己的立场提出问题。

施工备忘录（也叫做功能测试或是系统检测清单）的重点在于系统的构件水平。我们制作这些备忘录的目的是为了从提交的资料当中追踪构件，直至安装，启动——所有这些工作都与施工有关，所以我们取了施工备忘录这个名字。这些资料多是由调试专员编制的，最终由相关的承包厂商完成（从七人小组网站 www.sevengroup.com 的表单资源中，可以下载施工备忘录实例作为参考）。

施工备忘录的重要性在于，确保设备与业主项目需求文件以及基础性设计相一致，另外还有更重要的作用，就是保证设备正确安装，可以达到令人满意的效果。开始，我们不仅需要检查收到的每一个构件都是完好无损的，还要确保这些构件以正确的方法安装，并且启动正常。我们在选择设备或是构件的时候，可以参考设计图纸、施工提交资料，以及产品专门的安装指南。施工备忘录可以帮助指导安装人员完成系统安装工作，并提高工作效率。这里一个假设的前提是承包厂商有意愿也有能力很好完成工作，而提供施工备忘录是帮助他们能够更好地完成工作。实践证明，制作施工备忘录确实是一个有助于提高性能指标的好办法。

项目追踪表									
发布日期	收到提交资料	建筑区块	建筑楼层	标号	一览表标题	目录	图纸	服务对象	位置
9/28/2007	X	A	一层	EF-1A	排气扇	M602	M101	IDF 实验室 A140	IDF 实验室 A140
10/2/2007	X	A	一层	FPV-7A	风力变风量空调箱	M603	M101	音乐教室 A124	
10/2/2007	X	A	一层	FPV-8A	风力变风量空调箱	M603	M101	计算机研究室 A136	
10/2/2007	X	A	一层	FPV-9A	风力变风量空调箱	M603	M101	教室 A135	
9/28/2007	X	A	一层	CH-1A	热水柜式加热器	M604	M101	门厅 A119	门厅 A119
10/2/2007	X	B	一层	VAV-5B	可变风量风箱	M602	M102	走道 B102	
9/28/2007	X	A	二层	EF-2A	排气扇	M602	M108	IDF 实验室 A210	IDF 实验室 A210
9/28/2007	X	A	二层	EF-6A	排气扇	M602	M108	窑炉尾气	陶瓷 A209C
10/1/2007	X	A	二层	HRU-5	热回收装置	M601	M403	礼堂	机械室 A208
9/28/2007	X	A	二层	UH-1A	热水机组加热器	M602	M403	机械室 A208	机械室 A208
9/28/2007	X	A	二层	UH-2A	热水机组加热器	M602	M403	机械室 A208	机械室 A208
10/1/2007	X	B	一层	CH-5B	热水柜式加热器	M604	M102	门厅 B118	门厅 B118
10/1/2007	X	B	一层	CH-6B	热水柜式加热器	M604	M102	门厅 B124	门厅 B124
9/28/2007	X	B	一层	EF-1B	排气扇	M602	M102	女卫生间 B109	女卫生间 B109
9/28/2007	X	B	一层	EF-2B	排气扇	M602	M102	男卫生间 B119	男卫生间 B119
10/2/2007	X	B	一层	FPV-7B	风力变风量空调箱	M603	M102	走道 B134 & G103	
10/1/2007	X	B	一层	HRU-7	热回收装置	M601	M402	自助餐厅及厨房	机械室 B130
9/28/2007	X	B	一层	UH-1B	热水机组加热器	M602	M102	设备间 B126A	设备间 B126A
9/28/2007	X	B	一层	UH-2B	热水机组加热器	M602	M102	设备间 B126B	设备间 B126B
9/28/2007	X	B	一层	UH-3B	热水机组加热器	M602	M102	设备间 B129A	设备间 B129A
10/2/2007	X	B	一层	VAV-4B	可变风量风箱	M602	M102	训练室 B121	
10/1/2007	X	B	二层	AHU-1	空气处理单元	M601	M404	技术教育	机械室 B202
10/1/2007	X	B	二层	AHU-2	空气处理单元	M601	M404	舞台	机械室 B202
10/1/2007	X	A	二层	AHU-3	空气处理单元	M601	M403	行政机构	机械室 B208
10/1/2007	X	B	二层	AHU-4	空气处理单元	M601	M404	附属健身房	机械室 B202
10/1/2007	X	B	二层	HRU-6	热回收装置	M601	M404	媒体中心	机械室 B202
10/1/2007	X	B	二层	HRU-8	热回收装置	M601	M404	衣帽间	机械室 B202
10/1/2007	X	B	二层	HRU-9	热回收装置	M601	M404	主健身房	机械室 B201
9/28/2007	X	B	二层	UH-4B	热水机组加热器	M602	M404	机械室 B201	机械室 B201
9/28/2007	X	B	二层	UH-5B	热水机组加热器	M602	M404	机械室 B202	机械室 B202
10/1/2007	X	D	一层	B-1	锅炉	M601	M401		机械室 B107
10/1/2007	X	D	一层	B-2	锅炉	M601	M401		机械室 B107
10/1/2007	X	D	一层	B-3	锅炉	M601	M401		机械室 B107
10/1/2007	X	D	一层	CHL-1	风冷冷水机组	M601	M401		机械室 B107
10/1/2007	X	D	一层	CHL-2	风冷冷水机组	M601	M401		机械室 B107
10/1/2007	X	D	一层	P-1	泵	M601	M401		机械室 B107
10/1/2007	X	D	一层	P-2	泵	M601	M401		机械室 B107
10/1/2007	X	D	一层	P-7	泵	M601	M401		机械室 B107
9/28/2007	X	D	一层	UH-1D	热水机组加热器	M602	M401	机械室 D107	机械室 B107
9/28/2007	X	D	一层	UH-2D	热水机组加热器	M602	M401	机械室 D107	机械室 B107
9/28/2007	X	D	一层	UH-3D	热水机组加热器	M602	M401	机械室 D107	机械室 B107
9/28/2007	X	D	一层	UH-4D	热水机组加热器	M602	M401	泵房 D107C	泵房 D107C
9/28/2007	X	D	一层	UH-5D	热水机组加热器	M602	M401	发电机 D107B	发电机 D107B
9/28/2007	X	D	一层	UH-6D	热水机组加热器	M602	M104	接收室 D112	接收室 D112
10/2/2007	X	D	一层	VAV-1D	可变风量风箱	M602	M104	服务间 D108	
10/1/2007	X	E	一层	CH-6E	热水柜式加热器	M604	M105	门厅 E131	门厅 E131
10/1/2007	X	E	一层	CH-7E	热水柜式加热器	M604	M105	楼梯 E2-1	楼梯 E2-1
9/28/2007	X	E	一层	EF-1E	排气扇	M602	M105	IDF 实验室 E121	IDF 实验室 E121
9/28/2007	X	E	一层	EF-3E	排气扇	M602	M105	电气室 E120	电气室 E120
10/3/2007	X	E	一层	FPV-1E	风力变风量空调箱	M603	M105	教室 E101	
10/3/2007	X	E	一层	FPV-2E	风力变风量空调箱	M603	M105	教室 E102	
10/3/2007	X	E	一层	FPV-3E	风力变风量空调箱	M603	M105	教室 E104	
10/2/2007	X	E	一层	VAV-2E	可变风量风箱	M602	M105	信息处理中心 E119	
10/2/2007	X	E	一层	VAV-3E	可变风量风箱	M602	M105	理科 E111A	
10/2/2007	X	E	一层	VAV-4E	可变风量风箱	M602	M105	小组 E123	
10/2/2007	X	E	一层	VAV-5E	可变风量风箱	M602	M105	小组 E124	
9/28/2007	X	E	二层	EF-2E	排气扇	M602	M112	IDF 实验室 E221	IDF 实验室 E221
9/28/2007	X	E	二层	EF-4E	排气扇	M602	M112	电气室 E220	电气室 E220
10/3/2007	X	E	二层	FPV-15E	风力变风量空调箱	M603	M112	教室 E201	
10/4/2007	X	E	二层	FPV-27E	风力变风量空调箱	M603	M112	学生项目 E222	
10/4/2007	X	E	二层	FPV-28E	风力变风量空调箱	M603	M112	走道 E225	
10/4/2007	X	E	二层	FPV-29E	风力变风量空调箱	M603	M112	走道 E228	
10/2/2007	X	E	二层	VAV-6E	可变风量风箱	M602	M112	理科 E204A	
10/2/2007	X	E	二层	VAV-7E	可变风量风箱	M602	M112	信息处理中心 E219	
10/2/2007	X	E	二层	VAV-8E	可变风量风箱	M602	M112	理科 E2111A	
10/2/2007	X	E	二层	VAV-9E	可变风量风箱	M602	M112	小组 E223	
10/2/2007	X	E	二层	VAV-10E	可变风量风箱	M602	M112	小组 E224	
10/1/2007	X	E	阁楼	HRU-1	热回收装置	M601	M405	教室北翼	机械室 E301
9/28/2007	X	E	阁楼	UH-1E	热水机组加热器	M602	M405	机械室 E301	机械室 E301
10/1/2007	X	F	一层	CH-1F	热水柜式加热器	M604	M106	走道 F130B	走道 F130B
10/1/2007	X	F	一层	CH-2F	热水柜式加热器	M604	M106	楼梯 F1-1	楼梯 F1-1
10/1/2007	X	F	一层	CH-3F	热水柜式加热器	M604	M106	门厅 F129	门厅 F129
10/1/2007	X	F	一层	CH-4F	热水柜式加热器	M604	M106	走道 F125	走道 F125
10/1/2007	X	F	一层	CH-5F	热水柜式加热器	M604	M106	走道 F130B	走道 F130B
9/28/2007	X	F	一层	EF-1F	排气扇	M602	M106	IDF 实验室 F121	IDF 实验室 F121
9/28/2007	X	F	一层	EF-3F	排气扇	M602	M106	电气室 F120	电气室 F120
10/4/2007	X	F	一层	FPV-1F	风力变风量空调箱	M603	M106	教室 F101	
10/4/2007	X	F	一层	FPV-2F	风力变风量空调箱	M603	M106	教室 F102	
10/4/2007	X	F	一层	FPV-3F	风力变风量空调箱	M603	M106	教室 F104	

中学项目施工备忘录

承包商完成清单																													
1a		1b		2a		2b		2c		2d		2e		2f		2g		2h		3a		3b		3c		3d			
in	out	in	out	in	out	in	out	in	out	in	out	in	out	in	out	in	out	in	out	in	out	in	out	in	out	in	out	发布日期	返还
						x	x					x	x	x	x	x	x	x	x			x	x	x	x	x	x	4月8日	
												x	x	x	x			x	x			x	x			x	x	4月8日	
												x	x	x	x			x	x			x	x			x	x	4月8日	
												x	x	x	x			x	x			x	x			x	x	4月8日	
										x	x	x	x	x	x	x	x	x	x			x	x	x	x	x	x	4月8日	
								x	x			x	x	x	x			x	x			x	x			x	x	4月8日	
						x	x					x	x	x	x	x	x	x	x			x	x	x	x	x	x	4月8日	
						x	x					x	x	x	x	x	x	x	x			x	x	x	x	x	x	4月8日	
																		x	x			x	x			x	x	4月8日	
										x	x	x	x	x	x	x	x	x	x			x	x	x	x	x	x	4月8日	
										x	x	x	x	x	x	x	x	x	x			x	x	x	x	x	x	4月8日	
										x	x	x	x	x	x	x	x	x	x			x	x	x	x	x	x	4月8日	
										x	x	x	x	x	x	x	x	x	x			x	x	x	x	x	x	4月8日	
						x	x					x	x	x	x	x	x	x	x			x	x	x	x	x	x	4月8日	
						x	x					x	x	x	x	x	x	x	x			x	x	x	x	x	x	4月8日	
												x	x	x	x			x	x			x	x			x	x	4月8日	
																		x	x			x	x			x	x	4月8日	
										x	x	x	x	x	x	x	x	x	x			x	x	x	x	x	x	4月8日	
										x	x	x	x	x	x	x	x	x	x			x	x	x	x	x	x	4月8日	
										x	x	x	x	x	x	x	x	x	x			x	x	x	x	x	x	4月8日	
								x	x			x	x	x	x			x	x			x	x			x	x	4月8日	
																		x	x			x	x			x	x	4月8日	
																		x	x			x	x			x	x	4月8日	
																		x	x			x	x			x	x	4月8日	
																		x	x			x	x			x	x	4月8日	
																		x	x			x	x			x	x	4月8日	
																		x	x			x	x			x	x	4月8日	
																		x	x			x	x			x	x	4月8日	
										x	x	x	x	x	x	x	x	x	x			x	x	x	x	x	x	4月8日	
										x	x	x	x	x	x	x	x	x	x			x	x	x	x	x	x	4月8日	
												x	x	x	x	x	x	x	x			x	x	x	x	x	x	4月8日	
												x	x	x	x	x	x	x	x			x	x	x	x	x	x	4月8日	
												x	x	x	x	x	x	x	x			x	x	x	x	x	x	4月8日	
										x	x	x	x	x	x			x	x			x	x			x	x	4月8日	
										x	x	x	x	x	x			x	x			x	x			x	x	4月8日	
										x	x	x	x					x	x			x	x	x	x	x	x	4月8日	
										x	x	x	x					x	x			x	x	x	x	x	x	4月8日	
										x	x	x	x	x	x			x	x			x	x	x	x	x	x	4月8日	
										x	x	x	x	x	x	x	x	x	x			x	x	x	x	x	x	4月8日	
										x	x	x	x	x	x	x	x	x	x			x	x	x	x	x	x	4月8日	
										x	x	x	x	x	x	x	x	x	x			x	x	x	x	x	x	4月8日	
										x	x	x	x	x	x	x	x	x	x			x	x	x	x	x	x	4月8日	
										x	x	x	x	x	x	x	x	x	x			x	x	x	x	x	x	4月8日	
										x	x	x	x	x	x	x	x	x	x			x	x	x	x	x	x	4月8日	
								x	x			x	x	x	x			x	x			x	x			x	x	4月8日	
										x	x	x	x	x	x	x	x	x	x			x	x	x	x	x	x	4月8日	
										x	x	x	x	x	x	x	x	x	x			x	x	x	x	x	x	4月8日	
						x	x					x	x	x	x	x	x	x	x			x	x	x	x	x	x	4月8日	
						x	x					x	x	x	x	x	x	x	x			x	x	x	x	x	x	4月8日	
												x	x	x	x			x	x			x	x			x	x	4月8日	
												x	x	x	x			x	x			x	x			x	x	4月8日	
												x	x	x	x			x	x			x	x			x	x	4月8日	
								x	x			x	x	x	x			x	x			x	x			x	x	4月8日	
								x	x			x	x	x	x			x	x			x	x			x	x	4月8日	
								x	x			x	x	x	x			x	x			x	x			x	x	4月8日	
								x	x			x	x	x	x			x	x			x	x			x	x	4月8日	
						x	x					x	x	x	x	x	x	x	x			x	x	x	x	x	x	4月8日	
						x	x					x	x	x	x	x	x	x	x			x	x	x	x	x	x	4月8日	
												x	x	x	x			x	x			x	x			x	x	4月8日	
												x	x	x	x			x	x			x	x			x	x	4月8日	
												x	x	x	x			x	x			x	x			x	x	4月8日	
												x	x	x	x			x	x			x	x			x	x	4月8日	
								x	x			x	x	x	x			x	x			x	x			x	x	4月8日	
								x	x			x	x	x	x			x	x			x	x			x	x	4月8日	
								x	x			x	x	x	x			x	x			x	x			x	x	4月8日	
								x	x			x	x	x	x			x	x			x	x			x	x	4月8日	
								x	x			x	x	x	x			x	x			x	x			x	x	4月8日	
																		x	x			x	x			x	x	4月8日	
										x	x	x	x	x	x	x	x	x	x			x	x	x	x	x	x	4月8日	
										x	x	x	x	x	x	x	x	x	x			x	x	x	x	x	x	4月8日	
										x	x	x	x	x	x	x	x	x	x			x	x	x	x	x	x	4月8日	
										x	x	x	x	x	x	x	x	x	x			x	x	x	x	x	x	4月8日	
										x	x	x	x	x	x	x	x	x	x			x	x	x	x	x	x	4月8日	
										x	x	x	x	x	x	x	x	x	x			x	x	x	x	x	x	4月8日	
						x	x					x	x	x	x	x	x	x	x			x	x	x	x	x	x	4月8日	
						x	x					x	x	x	x	x	x	x	x			x	x	x	x	x	x	4月8日	
												x	x	x	x			x	x			x	x			x	x	4月8日	
												x	x	x	x			x	x			x	x			x	x	4月8日	
												x	x	x	x			x	x			x	x			x	x	4月8日	

图 8–8　施工备忘录项目追踪表样本（表单由布里安・特夫斯提供）。

功能测试追踪表

注释：MC= 机械系统承包商；CC= 控制系统承包商；EC= 电气系统承包商；MR= 制造商代表；SM= 金属板承包商；O= 业主；CX= 调试代理机构

发布日期	建筑区块	建筑楼层	设备标签	设备类型	房间名称
11/8/2007	屋顶	直升机停机坪		融雪系统	直升机停机坪
11/8/2007	A	一层		热水系统	机械室
11/8/2007	A	一层		乙二醇热水系统	机械室
11/5/2007	A	一层		冰水系统	机械室
11/5/2007	B	一层	AHU-1	空气处理单元	机械室
11/5/2007	B	一层	AHU-2	空气处理单元	机械室
11/5/2007	B	一层	AHU-3	空气处理单元	机械室
11/5/2007	B	一层	AHU-4	空气处理单元	机械室
11/5/2007	C	一层	AHU-6	空气处理单元	机械室 2
	C	一层	AHU-7	空气处理单元	机械室 2
11/6/2007		二层		风冷机组 AHU-1	
11/62007		三层		风冷机组 AHU-2	
11/6/2007		三层		风冷机组 AHU-3	
11/6/2007		三层		风冷机组 AHU-4	
11/62007		一层		风冷机组 AHU-6	
11/8/2007				定压排气空调箱 2&3	
1/17/2008		二层	FC-B-2	风机盘管	楼梯 B
1/17/2008		三层	FC-B-3	风机盘管	楼梯 B
1/17/2008		电梯，大厅	FC-4-C	风机盘管	L4003
1/17/2008		五层	FC-5-A	风机盘管	塔式移动床
1/17/2008		电梯	FC-5-B	风机盘管	L5002
1/17/2008		电气室	FC-E2	风机盘管	L1001
11/8/2007	A	一层	UH-1-1	暖风机	机械室
11/8/2007	A	一层	UH-1-5	暖风机	水
11/8/2007	A	一层	UH-1-6	暖风机	医用气体
11/8/2007	E	二层	CUH-1	柜式暖风机	前厅
11/8/2007	C	二层	CUH-3	柜式暖风机	前厅
111/8/2007		五层	UH-5-2	暖风机	五层
11/8/2007			UH-1-7	暖风机	额外的冰水机组
		二层	DH-1	气幕 / 门框电热器	救护车专用门厅
11/8/2007		一层	EF-1	普通排气扇	中央无菌室
11/8/2007		一层	EF-5	普通排气扇	卫生间排气
11/8/2007		一层	Ef-6	普通排气扇	一般性排气
11/8/2007		七层	EF-2	变风量排气扇	急诊室
11/8/2007		七层	EF-3	变风量排气扇	西侧 ISO 室
11/8/2007		七层	EF-4	变风量排气扇	东侧 ISO 室
8/15/2007	A	一层	EM. GEN	应急发电机	发电机房
8/16/2007	A	一层	UPS	不断电系统	电气室
11/13/2007	A	一层		PLC 自动传送系统	电气室

急救护理医疗机构

房间编号	预计持续天数		功能测试时间	状态
直升机停机坪	0.500			
L1001	0.500		5/20/2008	已完成
L1001	0.500		5/20/2008	未完成
	1.000	2.5		
L1001	1.000		6/18/2008	未完成
L1001	1.000		6/17/2008	未完成
L1001	1.000		6/17/2008 / 6/18/2008	未完成
L1001	1.000		5/22/2008 / 6/18/2008	未完成
L1020	1.000		5/29/2008 / 6/19/2008	未完成
L1020	1.000			
	3.000		5/27 - 5/28/2008	
	2.000			
	2.000			
	2.000		5/23/2008	已完成
	2.000		5/28 - 6/ /2008	已完成
	4.0	21.0		
	0.125		5/6/2008	已完成
	0.125		5/6/2008	已完成
	0.125		Future	
	0.125		6/19/2008	已完成
	0.125		Future	
	0.125	0.8	5/21/2008	
L1001	0.125		5/5/2008	已完成
L1006	0.125		5/5/2008	已完成
L1007	0.125		5/5/2008	已完成
L2001	0.125		6/19/2008	已完成
L2178	0.125		6/19/2008	已完成
L 5001	0.125		5/5/2008	已完成
	0.125			
L2110	0.125	1.000	5/21/2008	
L1152	0.250			
L1201	0.250			
L1201	0.250			
L2002,3,4	0.500			
L2094,95	0.500			
L2082,83,84	0.500	2.250		
L1003	1.000			
L1002	0.500			
L1002	0.500	2.000		
	29.5	29.5		

图 8–9 功能测试追踪表样本（表单由布里安·特夫斯提供）。

承包厂商拿到的是空白的备忘录表格，之后随着施工的进展，应该逐渐将这些表格填写完成。这些备忘录可以针对重复的作业，帮助承包商在设备安装的过程中建立起一套员工管理的方法——进行重复工作的时候往往会失去焦点。举例来说，我们要安装100个相同的风机盘管，要求同样重复的基本步骤，而每一个风机盘管所处的位置都不相同，它们的安装都要符合各自独特的物理环境。在实际的项目当中，每一个设备的安装都是独一无二的，之前没有，之后也不会再出现完全相同的状况。然而，对这些设备的检验却可以是完全重复的。恰恰是这种重复性，可以使承包厂商从每次都完全相同的检验过程中受益，确保每一个构件都得到了同等程度的重视。

功能测试是一种测试草案，用来检测系统以及系统构件是否与设计相符，并且运转和谐（从七人小组网站 www.sevengroup.com 的表单资源中，可以下载功能测试实例作为参考）。在项目进行的过程中，功能测试工作最好能够及早安排进行。假如在设计阶段，有关系统操作的全面序列都可以确定下来，那么一旦设备安装到位就马上可以进行功能测试。但是，功能测试工作需要一直延续下去，直到所有承包厂商所提交的资料全部得到了认可，每一台设备具体的操作与维修文件资料都已经齐全为止，才能结束这项工作。

所有项目的施工备忘录和功能测试资料的数量都会逐渐变得相当多，这些资料需要我们时时进行追踪。如果没有好的追踪手段，那么这些文件当中的很大一部分都可能会丢失，或是在整个施工阶段都仅仅是被搁置在一边不作理会。有很多项目都制作了这些文件，但是直到工程结束，它们还是一片空白地安静躺在承包厂商的拖车上，一切只是流于无用的形式。

为了防止以上的状况发生，我们开发出了一种施工备忘录追踪表（参见图 8-8）和功能测试追踪表（参见图 8-9）。我们还在施工备忘录追踪表中发现了其他的附加价值；很明显，正是在发明了这种追踪表之后，我们才认识到它的价值，它可以提醒我们在进行调试工作的时候，有很多特殊的提交资料需要审阅。

■ 参与设备启动测试

通常，设备的启动对于功能性操作来说是至关重要的，其重要性远远超过在传统施工过程中的作用。参与设备启动测试的人员，通常只有来到施工现场的工厂技术人员，以及对此不太感兴趣的机修工人，而业主负责设备维护的人员却没有参与这一过程。在多数项目中，业主负责操作系统和设备的员工，只有在上述这些人都离开了之后，设备发生故障的时候，才会开始了解设备运转的特性。设备启动为设备操作人员提供了一次难能可贵的培训机会，加深了他们对设备的了解。

通过启动，还可以确保设备在其系统当中的定位是正确的，经过启动设置和调整，使设备与其他系统构件之间的联动装置就位——对其联动装置做出反应。如果不能正确识别出这些联动装置，或是搞错了这些联动装置的安装顺序，就常常会导致设备启动失败，或是功能测试失败。就像每个建设项目都是独一无二的一样（之前没有，之后也没有完全一样的），在系统当中每一个构件也都有其独一无二的位置。这是最基本的认知。但是，由于设备的启动测试充满了平凡、重复性以及烦琐的特性，使它成为这个基本认知的敌人（很多在施工现场的人员都会觉得设备的启动测试实在是无聊透顶），要想克服这种误解，我们就要了解到设备启动的重要性，因为它直接关系到能否达成建筑的性能目标。

古时候的工匠可以从使用的工具上获得收益——尽管用当代的标准来衡量的话，他们的工作充满了艰辛和挑战——这是因为他们长期以来都在使用这些工具，他们对这些工具相当熟悉。可是现在的承包商却在不断地更换使用新的技术，他们从中获得的收益仅仅是表面上的。对承包商来说，通过运用这些技术而使自己获得提升是相当困难的。制作施工备忘录和参与设备启动测试都是非常重要的工具，既可以促进我们水平的提升，也能够获得更好的性能效果。我们要不断提醒承包厂商，进行这些工作背后的目的是什么——同样的，还是为了能够达成建筑物的性能目标。

进行功能测试

一旦工程完竣，就开始进入施工验收阶段，这个时候我们要进行功能测试。功能测试工作，是由项目的调试专员负责控制其程序并监督执行的。经过多次实践，我们发现要想真是达到功能测试的目的，那么在进行测试之前需要确认完成下面几项工作——系统已经安装完毕，已经对控制点进行了检查和确认，平衡报告已经审核通过，以及工程师的竣工核查事项表上项目已经全部完成。功能测试报告由项目调试团队负责编写。这份报告不仅确认了系统的安装正确，符合工程师预先设计的操作顺序，它还为将来的系统操作人员提供了一份记录，使他们以后可以将系统还原到最初的模式，优化其运转状态——是一份未来系统操作指南。

在施工过程中，由于错误或不完整的安装，会导致系统出现一些错误，通过功能测试，我们就可以及时地发现并修正这些错误。而在传统的施工过程中，这些错误都会一直遗留到使用过程中，才会被负责操作维修的员工慢慢发现。所以，功能测试一个非常明显的作用，就是使维修人员注意到可能出现的种种问题，而这些问题都是伴随着系统的标准化运转而出现的。功能测试还有另外一个非常重要的作用，那就是维修人员也可以参与功能测试的整个过程——这是一个非常宝贵的实践机会。功能测试一定要注重细节，达到一定的深入程度。我们第一次开始操作一系列设备系统是要花费大量时间的，系统运转时候我们要耐心等待，看接下来会发生什么情况，判断实际的结果是否与预期的结果相一致。所以，如果丧失了这样宝贵的训练机会，那么也就真的是机不可失，时不再来了。

核实建筑操作团队的培训

现在建筑系统已经开始运转了，施工阶段最后剩下的任务之一，就是对负责系统操作与维修的员工进行培训，使他们了解该如何在今后的使用过程中照顾和保养建筑。和施工备忘录一样，因为承包厂商负责所有构件和设备的安装，所以一切必要的培训工作也是由承包厂商负责的。这些负责设备安装的承包商，比其他任何人都更熟悉每一项安装工作的细微差别和特性。培训需要在施工阶段结束之前就开始进行，具体的形式参见培训阵列图（参见图8-10）。由于业主项目需求文件和基础性设计都是不断发展的，而且人员方面的安排也可能会出现变化，所以培训的安排也需要及时调整更新。这个培训阵列图是根据业主项目需求文件和技术说明编制的，同时也结合了对已经安装了的设备启动以及发现并维修故障的状况。这份培训阵列图有助于将系统和将来负责操作维修的人员联系在一起，而这些人员都要参与培训。它还有另外一个作用，那就是可以当作进度表，制定培训的顺序。我们可以这样理解，假如系统当中有大量的构件操作都需要进行培训，那么这些培训会议应该以一种逐渐升级的方式组织进行。换句话说，培训计划的制订应该是连贯的，先由单个的构件开始，之后再逐渐升级至整个系统。培训可以采用很多种方式，其中上文提到过的功能测试是一种最好的方法，可以使操作人员熟悉系统最基本的操纵属性，当然了，正式的培训也是必不可少的。培训有很多可用的技巧，培训记录文件也可以采用不同的形式；但是至少，所有这些培训内容都应该整理在一份培训日程表中，还要记录参与培训的人员，并在培训过程中录像存档，以备将来参考。

初期培训阵列图

下面的表格总结了技术说明中目前需要进行的培训项目。这个阵列图由调试专员制订并评审，中间经过各个承包厂商和施工经理，最终由业主完成。

技术说明章节	系统	持续时间
131100.1.12.B	游泳池	32小时。两次会议——第一次会议16小时，针对游泳池系统。第二次会议16小时，验收一年后任意时间进行。
142400.3.5.A	液压电梯	
144200.3.5.A	垂直升降平台	
212200.3.9	清洁灭火剂灭火系统	
230513.13.3.5.	变频驱动	
230924.3.9	直接数字温度控制	24小时
232500.1.6.D	暖通空调系统水处理	2小时
235233.14.3.2.A	高效冷凝式锅炉	至少两天，分两次进行
236400.3.2	整体冰水机	至少两天，分两次进行
237413.3.3	整体游泳馆除湿系统	至少8小时，分两次进行
260944.3.3	数字网络照明控制	
263213.4.5	紧急状况 / 备用发电系统	8小时，每次5人
265100.3.6	室内照明	2小时
265561.2.12	礼堂舞台照明系统	两次会议——第一次会议至少4小时。第二次会议至少2小时，在业主验收后60天内进行
275124.1.7.A & 3.5.C	对讲机和主时钟	
275124.01.2.5.A	礼堂扩音系统	每个系统组织两次会议，第一次会议2小时，第二次会议1小时，在业主验收后60天内进行
275124.02.2.5.A	乐队 / 合唱间扩音系统	
275124.03.2.5.A	自助餐厅扩音系统	
275124.04.2.5.A	健身房扩音系统	
275124.05.2.5.A	游泳池扩音系统	
275132.3.2.A	无线宽带视频分发系统	2小时
275132.01.3.2.B	媒体管理子系统	16小时实习，*小时技术讲解
283100.1.5.A	火警网络及探测系统	4小时

图8-10 初期的培训阵列图样本（表单由布里安·特夫斯提供）。

准备最终版本的调试报告

随着建设项目每一个阶段性的工作完成，这个阶段的调试工作也应该同期完成，并积累总结成一份报告。所有阶段性相关的文件也都要收集起来作为附录，用来辅助说明这一阶段的工作。举例来说，我们应该有设计阶段的报告，施工阶段的报告，以及验收阶段的报告等。最终的调试工作报告只是简单地将之前所有文件和各阶段性报告整理组织在一起而已。

在施工阶段，和承包厂商与施工经理一起，及早制订出调试工作草案，既可以节省时间、避免混乱，又可以防止大家的工作逐渐失去了动力。调试工作是一个与施工作业相互平行的过程，根据基础性设计，它在施工过程中不断对一些重要的问题产生影响，而这些问题对于实现业主项目需求来说是至关重要的。我们再次重申，业主项目需求文件和基础性设计表述得越是清晰（包括在设计过程中这些文件的不断发展完善），这一阶段的调试工作进展得就会越是顺利，就会越容易达成预先设定的里程碑——成功达成项目的性能目标。

■ **制作系统使用指南**

系统使用指南，或是称为再调试手册，当中除了由承包厂商、设计师和调试专员提供的文件之外，一般就没有什么新的或是不同的资料了。系统使用指南可以有很多种形式，但都

从汽车行业系统使用指南中学到的经验

任何一栋建筑物在正常使用期间，其内部各个系统都需要进行标准程序的维护，才能够保持性能水平，避免过早就出现老旧报废。这套系统操作维护理念是仿照汽车行业制定的。日本的汽车制造商在20世纪70年代率先推出标准化程序的维修理念，而在过去的30年间，新车的平均使用寿命较之前增长了三倍有余。

此外，建筑系统使用指南还明确地规定了维修性能水平的参数。你应该还记得我们在第二章中介绍过的，关于系统之间相互关系的案例。那是我们参与的第一个绿色学校建设项目，通过选择室内墙面涂料的颜色（选择光反射系数高的颜色），我们降低了建筑暖通空调系统的规格。这个故事我们在第三章又引用了一次，旨在强调关于系统之间相互关系的分析，应该在方案设计阶段及早进行，这样才能得到更为高效与整体的解决方案。这些设计初期所做出的决策可能会在建筑物整个使用过程中，都对系统的操作和运转产生重要的影响。那么当建筑物使用了10年或是20年后，有人希望墙面涂上比较深色涂料的时候，又会出现怎样的情况呢？这样做就会导致系统的制冷能力不足，是不是这样？

答案就在系统使用指南当中。

当你花2万美元买了一辆汽车的时候，作为这个相当复杂的产品的所有者，你会得到什么东西来指导操控它？是一本相当不错的车主指南，对不对？这本指南会告诉你所有关于操控与维修这辆车的相关知识，以确保其性能的正常发挥。但是，当你花2000万美元买下一栋房子的时候（甚至比这个还要贵很多），作为这个非常复杂的产品的所有者，你又得到了什么？通常，当我们在研讨会上提出这个问题的时候，得到的答案都是“什么也没有”——或是“只有一把钥匙”。作为业主，尽管你经常会得到一些被称为“业主使用指南”的资料，那么它究竟是什么呢？一般来说，这份资料包含一叠三环活页夹，里面是一些设备和构件的图片——如果你比较幸运的话，当前实际安装的设备型号会用圆圈圈起来作为标志。但是，这份“指南”却根本没有告诉你，应该如何操作或是维修你的房子。建筑的业主使用指南可能会像汽车指南一样，包含一些设备的图片，比如说排气罩下面的压缩机（空调系统），却没有任何信息告诉业主如何设定温度，或是想要制冷应该按哪个控制键。

关于重新选择内墙涂料的颜色问题，在系统使用指南中，应该规定了某些特定的空间墙面材料的光反射系数，这样既能确保足够的照明水平，又能达到理想的制冷性能水平——这就类似于在车主指南当中所规定的，为了保证车辆的机械性能，规定必需使用10W-40合成机油一样。

是针对建筑当中的各个系统，将现有的各种文件资料整理组织在一起。系统使用指南并不仅仅是系统出现故障时进行维修的指南，我们在系统正常操作的时候也会用到它。在正常的操作期间，系统也需要进行标准程序的维护保养（比如说更换滤芯、增加润滑剂、常规检修等），以确保经过长时间的运转，系统的性能还能够达到当初预设的标准。

B.7.2 原理与测量

- **对收集的文件资料进行管理，核实确实达到项目的性能目标**

对大多数系统来说，调试工作报告就可以很好地满足这一目的。期望追求 LEED 认证的项目，还需要收集来自建筑单位和分包商的资料，并确认已经达到了 LEED 评分标准。由于这些资料收集整理的工作，已经超出了一般标准化设计合约与工程合约的服务范围，因此业主需要另外支付相关费用，否则业主可能就需要自己另外雇用员工来执行这项工作。

参加 LEED 认证的项目，需要承包厂商提供的文件包括材料价格、施工废弃物管理报告、施工室内空气品质测量的相关照片，以及制造厂商提供的材料回收再利用资料等。因为这些文件对于大多数施工专业技术人员来说都是比较陌生的，所以也常常会被忽略，或是一直推延到最后才进行整理，而到了这个时候才开始整理这些资料可能就会变得非常麻烦——“好吧，我们还是晚点儿再做吧。”所以我们发现，对于与环境性能和 LEED 评分相关的资料提交，决不能跟一般性的施工资料提交分离开，这一点是非常重要的；而且，技术说明文件也需要将这部分资料，同常规性的产品资料一起不断纳入其基础内容。另外我们还发现了一个非常有效的办法，就是定期要求提交进展报告，并且每个月进行审核并申领进度款。申领每一期的进度款的时候，要求厂商提供的资料包括施工废弃物管理日志、施工室内空气品质管理计划书及报告等。

- **调试：将初测以及功能测试结果汇整成文件，并准备调试工作报告以及二次调试计划书**

就像我们在上文中曾经讲过的，调试工作既不等同于设计，也不等同于施工。我们没有必要将设计文件或是施工文件重新纳入调试工作报告当中。同样的，最终版本的调试工作报告内容仅限于与调试相关的具体工作（参见图 8–11）。与培训类似，在项目进行中与调试工作相关的报告也应该是循序渐进的。包括最终版本的调试报告，都应该是对整个项目的调试工作中成功的或不成功的实践经验的总结。这份总结报告可能会很短，只有三五页，但是却非常具体，着重介绍那些导致调试工作成功或失败的关键点。

二次调试，或是系统使用指南当中应该包括精简版本的设计文件、调试文件，以及系统操作与维护的相关信息。假如系统（或是系统中的构件）出现了重大的问题，那么系统使用指南只是提供了第一步关于诊断问题的相关信息。随着问题的暴露，对很多方面都会产生重大的意义，这些方面从系统使用指南，设计图纸和技术说明文件，系统操作与维护相关文件，一直到外围协助——必要的时候——最终发现问题并解决问题。

实例

目录

最终调试工作报告
　工作汇总
　调试工作计划
　LEED 积分卡
附录 A.　设计意图与设计基础
　设计意图报告
　设计评论的基础
附录 B.　设计审查意见
　50% 施工图纸审查
　90% 施工图纸审查
附录 C.　提交资料审查意见
　提交资料审查意见
附录 D.　实地勘察报告
　实地勘察工作日志
附录 E.　施工检查表
　竣工项目检查表
附录 F.　功能性能测试及测试结果
　已完成功能测试项目
　未完成功能测试项目
附录 G.　问题报告
　问题报告日志
附录 H.　培训
　培训计划
附录 I.　保修
附录 J.　照片

七人小组　库茨敦西大街 183 号，PA 19530　1.610.683.0890　www.sevengroup.com

图 8–11　调试工作报告目录实例（表单由布里安・特夫斯提供）。

B.7.3　造价分析

■ **同建设单位一起，确认分包厂商的选择是基于对项目性能需求的考虑，而非仅仅是低价取胜**

本章通篇介绍的都是施工的进程，而在施工进程中，我们前面介绍过的 B.7.1 阶段（投标与施工）的工作是非常重要的，这部分的工作又可以划分为两个阶段：第一步包括与建设单位一起审阅项目的性能标准，以及项目的特殊性，之后才开始进行分包商的选择。因此，对于分包厂商的筛选标准并不是最低的报价；而是应该将对于项目性能目标的全面理解作为评选的基础。第二步就是进行签订合约之后的所有工作，具体的内容我们在上文中已经介绍过了。

曾经有一所大学的建设项目，也是一个早期的 LEED 项目，在投标阶段，一个木工分包厂商向我们咨询 LEED 认证会对建筑材料的选择以及文件资料的要求产生什么样的影响，以便了解应该如何组织他们的报价。对于这种来自分包厂商的质询，我们已经经历过很多了，所以我们现在要建议施工团队一定要多花些时间来了解这些影响，这样才能在如今对于绿色建筑的需求越来越高涨的竞争市场当中使自己脱颖而出。

B.7.4　进度表与下一步的工作

■ **要确保设计团队与施工团队之间有系统的联系**

我们发现在所有的工作研讨会上，都将各种与项目性能目标相关的主题全部列为标准化的会议日程，这样的做法对于资料更新、厂商间的协调以及工序的合理安排来说，是非常有效的。我们经常需要安排临时会议，或是组织不同团队成员之间的沟通交流；这样的做法与传统的施工进程是完全不同的，有关环境性能的议题以及系统之间的相互关系，被列为大家共同参与讨论的对象，并拥有同样的优先级别。在这一系列讨论的过程中，我们还是要坚持执行反馈机制，只有这样做，建筑物的使用者们才有能力评估与衡量系统的性能。C.1 阶段就是关于这种系统性能测量与反馈的纲要。

C 部分——交付使用，运营及性能反馈

C.1 阶段

交付使用：从所有系统获得反馈

C.1.1 运营

- 建立起运营团队，其中包括主要的项目相关人员，负责持续性的监控、维护和提高环境品质
- 建立并执行标准化的作业程式（SOPs），针对四个关键的二级系统提供持续性的性能反馈
  - 生态群
  - 水资源
  - 能源
  - 材料
- 调试：根据二次调试手册，进行定期的二次调试

C.1.2 原理与测量

- 将关键性的指标编制成文件，检测更大范围生态系统的健康水平
- 编制住户调查资料，并将其结果同建筑物的系统性能整合在一起
- 在建筑物整个生命周期内，不间断地执行测量与检验（M&V）计划
- 将定期进行的二次调试结果编入二次调试手册当中

C.1.3 造价分析

- 追踪四个关键二级系统的经济性能

C.1.4 进度表与下一步的工作

- 持续进行上述所有工作

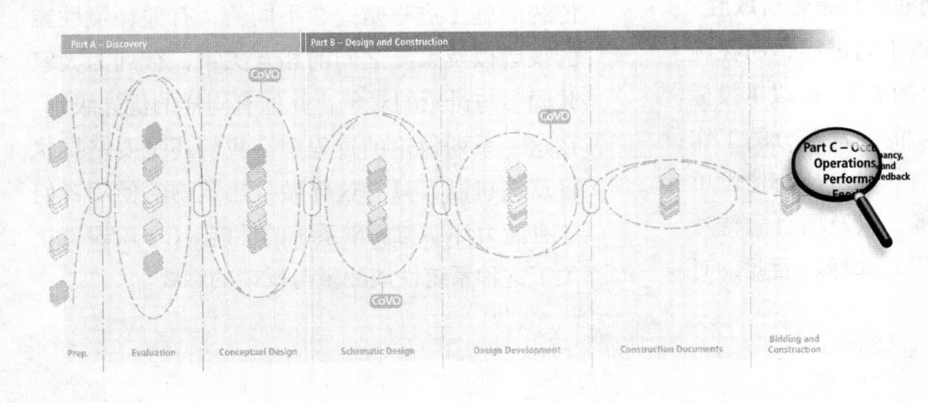

图 8-12 一体化方法 C.1 阶段，交付使用（图片由七人小组和比尔·里德提供，绘图科里·约翰斯顿）。

C.1　阶段

交付使用：从所有系统获得反馈

性能反馈的呼吁

现在我们的工作开始进入C部分——交付使用，运营及性能反馈。到了这个阶段，施工已经完全结束了，建筑物开始营运。我们编写这部分内容的目的，并不是要以什么复杂的方式来介绍一栋建筑物是如何营运的，因为与建筑物营运相关的程序和影响，已经远远超出了本书的范围。相反，我们的目的只是要探讨在建筑物交付使用之后，有哪些方面需要进行测量，以及如何测量。因此，在最后这部分，我们讨论的重点在于如何进行性能测量，以及建立起性能反馈机制。性能测量和反馈对于我们了解设备的运营状况是非常重要的，由此我们才能评估实际的使用状况能够达到预先设定的性能目标的等级。

只要建筑的性能反馈能够及时地得到确认并编制成文件，那么这些资料还可以帮助设计师、建设单位以及业主更好地了解，他们当初的处理和决策会对建筑物将来的使用结果产生怎样的影响。换句话说，性能反馈可以帮助我们了解一体化设计方法的结果，以便进一步完善这种方法，获得更加整体的效果。

我们发现在建筑交付使用之后，再召集一次项目团队讨论会是非常有帮助的。这次会议的目的是组织所有项目团队的成员一起进行一次讨论，看看通过这个项目的实施大家学到了什么。关于这次讨论的框架大致包含以下几个问题：有哪些地方是成功的？又有哪些方面没有成功？面对这些差异，我们应该怎么想，怎么做？这样的讨论可以促进我们思维模式进一步的转变，根据这些系统反馈的结果（以测量得到的性能数据的形式），使我们今后的工作达到更高的一体化的水平。

总的来说，现在我们测量建筑物能源性能的方式包含以下几个等级。首先是简单的支付账单和监控费用的年度增长——本年度的账单是否高于上个年度？下一步，是不常进行的，就是对账单上的数据进行分析，并判断出费用增高的原因是什么：我对燃料能源的使用量增加了吗，抑或是我的税率结构发生了变化？气候条件（影响到供暖度日数和制冷度日数）是否发生了改变？无论如何，我们还要将这些数据同预先制定的能源性能目标基准作对比，验证实施测量与检验（M&V）计划是否真的达到了节省能源的目的。关于这部分内容，下文中我们会进行更详细的介绍。

但是，还有什么其他的性能指标是可以并且应该进行测量的吗？

有一项能源领域的研究，叫作使用后评估（POE），测量各种会对人类表现产生影响的因素。这些因素可能包括对室内空气质量、采光、声环境、热舒适性水平等方面的测量。

现在有一些学术研究，已经超越了针对人类表现影响因素研究的范畴，转而研究如何测量人类表现本身这个课题。这些研究所测量的对象类似于生产率这些因素——目前所使用的计量单位还包括缺勤率、员工流动率和减少错误率等。目前在美国，这部分工作大多都是在由卡内基梅隆大学的建筑性能与诊断学中心（参见BIDS附文），锡拉丘兹大学，朱迪思·黑尔瓦根（Judith Heerwagen）等开展的。尽管在这一研究领域已经开展了不少的工作，但是目前仍然缺乏决定性的资料。环境心理学家黑尔瓦根（Heerwagen），就是一位致力于这一领域的研究学者，他是这样总结的：“我们在为人类创造舒适的办公空间这一领域所投入的时间和精力，甚至还比不上为

建设投资决策支持（BIDS）：一个使用后评估（POE）的框架

卡内基梅隆大学的薇薇安·洛夫特尼斯说，可持续性，其实就是所有关乎健康的议题。能源与材料的提取和使用，大气、水及土壤的污染，这些都是重要的环保议题，同时也与健康议题息息相关。以下是从她与她的同事们发表的论文资料中摘录的一些内容。*

卡内基梅隆大学的建筑性能与诊断学中心，以及优化建筑系统整合联盟组织所有教员、研究院和研究生们的工作，就是将建筑物的品质同人类的生产率、健康水平以及生命循环的可持续性联系起来。作为这项研究的一部分，他们开发出了一种新的建筑投资决策支持工具（参见 http：//cbpd.arc.cmu.edu/ebids）。通过对超过 150 个现场案例的研究，实验室研究，仿真研究，以及其他的研究，这种成本效益决策支持工具可以得出量化的结果和关于生命周期的相关数据资料。从对建筑系统的改进优化——例如提供隐私与交互、工效学、照明控制、热控制、网络灵活性，一直到追求自然的环境，大量有关环境成本收益的课题现在都可以通过这种工具得到专业的量化分析结果。这种工具列举了投资可能产生的惊人回报。它将成本收益划分为不同的等级——从提高能源使用效率的"即时性收益"，废弃物管理，到提高室内环境品质、生产率和健康水平这些"永久性收益"。环境设计原则和生命周期决策，对于我们从专业的角度去提高生活品质来说是非常重要的。

建筑性能与诊断学研究中心运用下列原理和纲要，作为建筑物使用后评估的框架，以期获得他们所提倡的，高性能水平的建筑和卓有成效的组织：

1. 超越可持续性定义在广度上的局限，验证高性能水平的材料和装配

环境设计师们常常争论广义可持续性的目标没有更多的细节……但是，投资商和业主们应该了解同一般的设计方案相比，可持续性设计方案具体在本质上存在哪些差异——如果他们愿意摆脱单纯以最低价成交的决策模式的话。

2. 验证高性能水平的建筑构件和系统，了解所有者的成本

为了鼓励对于可持续性的、高品质的建设项目的投资，我们就一定要向业主证明所谓真实的成本，是随着时间的推移慢慢显现的，并非只是第一次建设所花费的施工成本。经过仔细的记账，我们可以看出"便宜的"建筑和基础设施建设，以及"便宜的"建筑交付过程，其主要成本都是日积月累的结果。

3. 设施管理成本节省

维护和修理；能源、水及其他物资；由于不适而产生的成本；雇员的保留和培训；由于错误而产生的成本：高性能水平的建筑物具有显著的节约营运成本的潜能，其节省的范围从能源与其他物资使用效率的提高，到设备管理效率的提高，还可能降低由于错误而付出的代价，以及由于系统故障而损失的工作时间。举例来说，对大多数现有建筑以及新建筑来说，都可以获得 25%—50% 的能源节省……目前，能源使用的费用一般为设备当前价值的1%—2%，而设备管理/维护与维修的费用一般为设备当前价值的2%—4%，这就揭示出在投资不足的前提下，精确计算出由于不适和错误而产生的成本的重要性。

4. 个体生产力成本节省

速度与准确性；工作效率；创造力；积极性；旷工：由于经营成本的一大部分都是用于员工薪资的支付（比例高达60%），所以任何可以提高员工生产力的革新，哪怕只是提高了一点点百分比，都会马上以高品质的产品和系统的形式回报给投资人。在英国，艾德里安·利曼（Adrian Leaman）估计，建筑物对整体生产率可能产生正面影响的比例为12.5%（提升员工表现），而对整体生产率可能产生负面影响的比例为17%（妨碍员工表现），还有30%介于最好的和最坏的建筑之间的案例，会使员工的工作表现发生改变。

5. 吸引/保留员工或是人员流动成本节省

吸引员工所付出的时间和金钱；质量吸引；培训成本；员工保留率：这是生产力成本效益的另外一个方面，就是吸引最好的员工并让他们留在公司，花费时间来进行培训，使这些员工致力于自己的本职工作，包括进行无偿加班。私人企业的员工平均流动率为20.3%，而政府单位员工的平均流动率为6.8%。2000年由雅克·菲兹－恩兹（Jac Fitz-Enz）进行的一项研究指出，有四项费用同人员流动直接相关：遣散，闲置，重置以及生产力损失。

一个职位员的流动会产生以下成本

遣散费1000美元

重置成本9000美元

生产成本15875美元（3个月的基本工资及福利）

工总计25875美元——假如员工流动率为20.3%的话，那就相当于每年每个员工需要的这部分花费为5300美元

6. 健康成本节省

工人的补偿金；医疗保险费用；医疗诉讼费用；环境问题评估与修复；损失工作时间：继薪资之后，第二项主要的年度支出就是员工的福利，包含医疗和保险费用，也包含工人的补偿金。通过减少这部分成本的支出，也可以将节省下来的成本用于环境议题的投资建设，以获得更高品质的工作环境。

最容易发现的健康成本——与建筑品质相关的工人补偿金的节省，特别是与肌肉骨骼疾患（MSD）相关的补偿。在华盛顿，每年度每一个工人由于肌肉骨骼疾患而进行的补偿金索赔高达43000美元，并损失平均1.84个工作日。假设每个员工平均索赔补偿金的比例为3.6%，而针对肌肉骨骼疾患的医疗费用为470美元，那么平均每个员工每年在肌肉骨骼疾患方面需要花费的成本为17美元，而这部分成本的大部分（超过80%的比例）都是可以通过使用符合人体工学的办公家居以及进行培训而避免的。但是每个年度用于肌肉骨骼疾患方面的费用可能仅仅是“同建筑相关的费用的冰山一角”，这是因为根据劳动统计局提供的数据，每年用于每个员工的补偿费用甚至超过了500美元。

7. 空间的可再生性：编制重组费用节省

重新配置工作站和工作组所需要的人力成本和材料成本；暖通空调系统/照明系统/网络系统的调整费用；用户停机时间：投资可再生性的、高品质的建筑系统，减少“重组”所引发的成本消耗，这是一种具有很高成本收益的做法。根据国际设备

管理协会(IFMA)的报告,所有类型设备的平均“流失率”为41%……每次重组所需要花费的平均成本为809美元,而中等花费成本为479美元。这部分重要的年度支出包含以下费用:重新配置工作组以及个人工作空间;适应功能上的变化;密度;工作时间;以及适应技术方面的迅速改变。

8. 达到自然的环境效果:自然采光与自然通风

高效的自然采光可以减少年度照明能源消耗的10%—60%,而在现有建筑物中引进日光调光技术后,可以节省的能源消耗百分比超过30%。新型的复合模式暖通空调系统,能够同时支持自然通风与人工制冷两种工作模式,可以降低年度制冷能源消耗量的40%—75%。而且,通过设计追求接近于自然的工作环境,包括各种自然采光与自然通风策略,既可以提高生产率,又有利于员工的身体健康。

9. 高性能水平的设备

在实施价值工程的时候,第一个会进行权衡的项目就是降低设施设备的品质,而这些设施设备的品质在设计阶段本是已经明确指定了的。哪怕是短期的能源节省,似乎也不足以撼动决策者

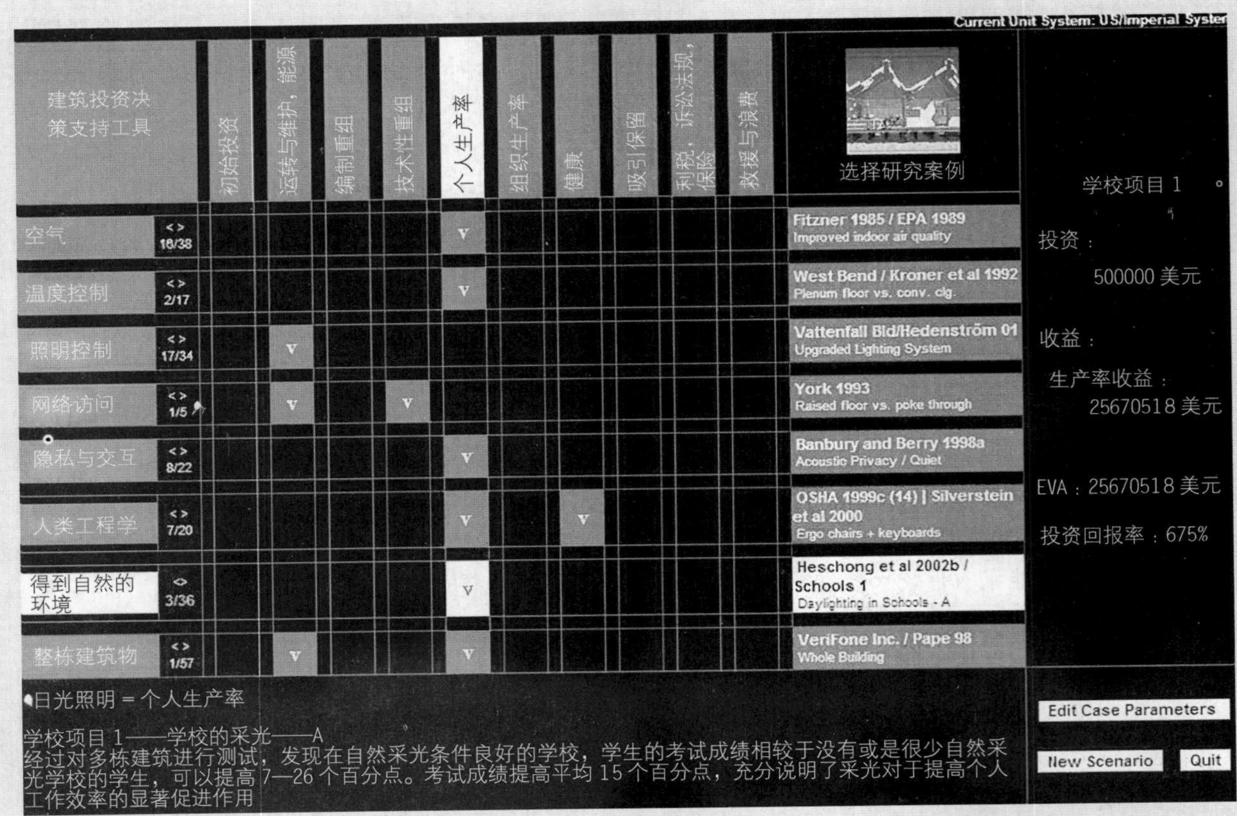

图8–13 这幅屏幕截图(源自线上建筑投资决策支持工具)是一个矩阵,可以通过数据库中的案例分析,对建设项目进行使用后评估,揭示出绿色建筑中各种策略可能产生的惊人的投资回报(图片由薇薇安·洛夫特尼斯提供,美国建筑师协会会员,建筑性能与诊断学中心建筑学教授)。

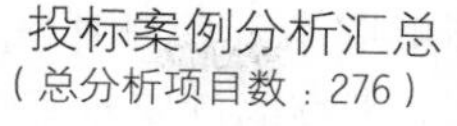

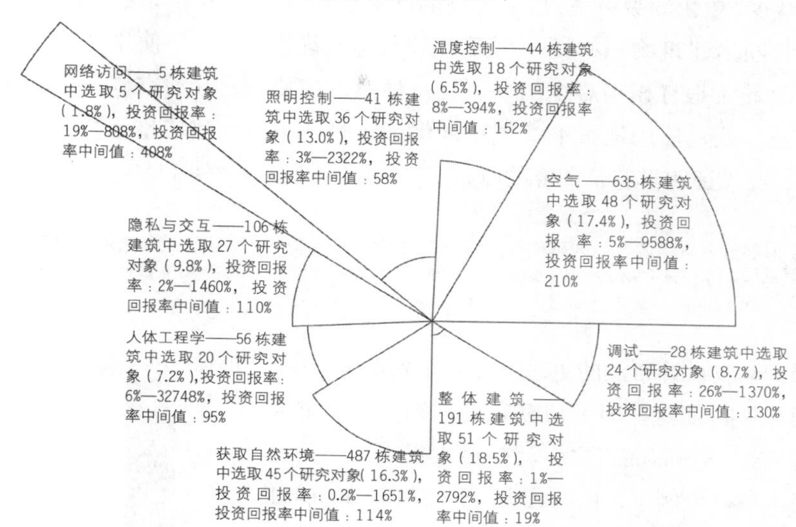

图8-14　通过对276个项目的研究，本图总结了绿色建筑各项策略分别获得的投资回报率。哪怕是最低一级的投资回报率，取自191个项目对整体建筑的影响，也有19个百分点，这是非常有经济吸引力的结果。图片由薇薇安·洛夫特尼斯提供，美国建筑师学会会员，建筑性能与诊断学中心建筑学教授。

们的意愿。举例来说，设施设备的使用效率标准最先由加利福尼亚州开始实施，后来逐渐适用于全国，对全国的能源使用状况都产生了显著的影响，分别将用于供暖、冷却和制冷的能源消耗量降低了25%，40%和75%之多。

投资高性能水平的照明设备！

将已经老旧过时了的办公室照明设备更换成高品质的电力照明系统，其中包括高性能灯具、镇流器、相关装置以及高级控制器，可以将用于照明的能源消耗减少27%—87%，提高员工生产率0.7%—26%，减少员工出现头疼不适的比例为27%，整体投资回报率超过236%。

10. 遮阳设施，凉爽型屋顶与凉爽社区

亦凡是由于量体、方位，以及室内外遮蔽设施而形成的光影效果，都会为该区域增添不少的艺术氛围，而在当代，建筑物与社区的光影效果已经成为一门缺失的艺术。而且，对于以尽量减少初期建造成本为宗旨的决策者来说，他们对这些充满活力又制作精美的遮阳设施并不感兴趣，尽管它们对于环境的可持续发展来说是非常有价值的。因此，我们必须建立起建筑物生命周期评估，以证明遮阳设施、景观建设以及凉爽型屋顶技术所存在的价值。

投资凉爽型屋顶！

将传统黑暗的屋顶替换成凉爽型屋顶，可以将用于制冷的能源消耗降低2%—79%，将制冷需求的峰值降低14%—79%。

11. 创新的系统集成

随着获得LEED体系银级、金级以及白金级认证的项目越来越多，实现了非常可观的能源收

益，另外还产生了很多其他的收益，包括旷工现象的减少，更快的吸引率，以及更高的健康水平等。想要判断出建筑物当中哪一个元素对上述这些收益贡献最大是有相当难度的——有一种系统集成的革新，就是使用地板下送风系统保证个性化的送风，已被证明具有长期性的收益。

投资个性化送风系统！

地板下送风空调系统：

使用地板下送风空调系统，可以使年度用于暖通空调系统的能源消耗降低 5%—34%，年度改建成本节省 67%—90%，整体投资回报率至少达到 115%。

* 本文中大部分内容均源自卜内基梅隆大学建筑性能与诊断学中心“建筑投资决策支持”（BIDSTM），2005，作者薇薇安·洛夫特尼斯，福尔克尔·哈特科普夫（Volker Hartkopf），贝朗·居尔泰金（Beran Gurtekin），华英（Ying Hua），曲明（Ming Qu），梅甘·斯奈德（Megan Snyder），古云（Yun Gu），杨小迪（Xiaodi Yang）。

动物园的动物设计自然的生态环境方面来得多。”

但是，目前这些研究所获得的回馈成果是非常值得肯定的——简而言之，就是极大促进了生产率的提高。举一个例子，由约瑟夫·J·罗姆（Joseph J. Romm）和威廉·布朗宁（William D. Browning）编撰的《绿化建设与底线：通过高能效设计提高生产率》（Greening the building and the bottom line：Increasing Productivity through Energy-Efficient Design）（科罗拉多州斯诺马斯：落基山研究院，1994 年；参考网站 http：//www.rmi.org/images/PDFs/BuildingsLand/D94-27_GBBL.pdf）一文中指出，生产率甚至提高了 16 个百分点。

很显然，编写并实施测量与检验计划，以及进行使用后评估研究都还需要更进一步的努力，无论是研究的广度还是投入的经费都还存在上升的空间。对这种极具价值的研究，我们应该如何鼓励，并从物质上给及激励？业主为什么会支付这笔费用？简而言之，这项研究的价值究竟在哪里？给出这个问题的答案是非常重要的，这样才能保证这项研究的实施并拥有足够的经费资助。

首先，进行这项研究需要设计团队和业主之间保持交流与联系，并一直延续到建筑交付使用之后。这种持续性的交流使双方都能获益，其结果表现在很多方面。举例来说，业主一方可以通过这种持续性的交流，调整自己运营的方式，或者 / 以及将来在设计方面的追求，使自己的员工得到更好的工作环境，或是使投资建设获得更好的结果。设计师们也可以在今后

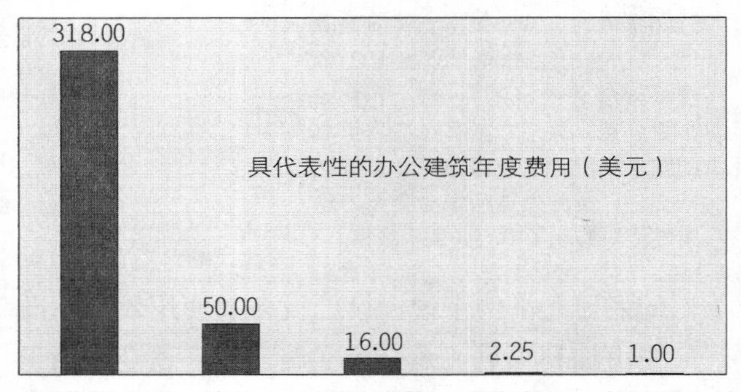

图 8-15 这份通过对美国办公建筑进行调研得到的数据资料显示，只要将员工生产率提高不到 1 个百分点，所获得的收益就足够支付能源消耗费用（对比年度员工薪资及福利费用以及年度能源消耗费用）。如果员工生产率能够提升 5 个百分点，那么这部分收益就足够支付业主年度抵押与租赁费用了。调查资料显示，绿色建筑可以使员工的生产率提升 16 个百分点之多（该柱状图由马库斯·谢费尔改编自环境建筑新闻。资料来源为卡内基梅隆大学的建筑性能与诊断学中心，摘录自落基山研究院论文，由国际业主与经理人协会提供相关数据）。

的设计工作中借鉴这些结果。而且在很多项目当中，设计团队与业主之间这种持续性的联系，也可以使他们再接下来的项目合作中沟通交流更为融洽。

那些只是投资兴建一栋建筑物的业主们也应该了解性能反馈研究的价值所在，假如他们打算为此投资的话——或是打算为这项工作寻求其他的资金来源。因此，进行性能反馈研究所获得的结果是可以量化的。有相关的统计证据显示，通过这项研究，可以将建筑物的性能水平同人类的生产率联系在一起，而这也正是我们进行这项工作的强烈动机。我们可以将业主们实施这项研究工作的目的视为一种方法，通过这种方法，他们所追求的并不仅仅是建筑物性能水平的提升，同时获得提升的还有员工的生产率以及他们的竞争力（参见图 8–15）。

为了鼓励性能反馈机制的有效执行，我们可以制定一些策略，其中包括签订绩效合同，以及保留性能绩效费用。这两种策略，都是将设计团队与施工团队服务费用的一部分保留下来，待项目最终性能审核确认后再按实际情况发放。

绩效合同是指将业主保留一定比例的设计费与工程费，之后根据双方共同认可的一个基准，以项目实际节省下来的数额来支付这部分费用。比如说，根据测量与检验（M&V），确定项目在能源消耗节省方面获得了一定数额的收益，之后就可以运用这部分收益来发放保留款项。

性能水平绩效费用，是指业主保留一定比例的设计费与工程费，直到项目实际的性能水平经过计算并得到了确认：假如建筑物的性能优异（同样，还是参照双方共同认可的一个基准），那么设计团队与施工团队就会得到一定的绩效费用，这部分费用的数额是浮动的：建筑物性能水平高，绩效费用就会比较多；而如果建筑物性能水平低，那么绩效费用也会相应比较少。

这听起来确实是一个不错的办法，对不对？但是，这些以建筑物的性能水平为根据的绩效合同以及绩效费用，目前实际应用却非常少，原因在于执行起来太过复杂，我们确定双方共同认可基准的过程中充满变数，而且也很难确定具体有哪些性能应该进行测量。是否在建筑行业复杂的大环境内，这种方法是否太过天真幼稚？还是说我们尚无能力将所有复杂的变数整合起来，足够精确地评估出建筑物的性能水平？无论如何，或许对一体化的操作方法更清晰地定义与理解，会有助于我们在实施这些绩效机制的时候能够更清楚地定义性能参数及其他的一些资料，并更加准确地预测结果。

在建筑产业当中，我们所拥有的性能资料相当匮乏。这种匮乏直接反映出建筑行业对于建筑性能议题的研究与开发（R&D）投资，相较于其他年度收益接近的行业来说，简直是少得可怜。美国工业产业平均每年投入到研究与开发领域的经费，约占年度营业额的 3%，而工业产业所拥有的产品更加复杂并且花费更多，正如图 8–16 所示。在美国建筑设计与施工产业当中，每年投入到研究与开发领域的经费还不足总营业额的 0.4%；然而就像我们所看到的，一栋建筑或许是任何人一生当中所购买的最为复杂与昂贵的产品。

我们的主张非常明确。我们在建筑行业一定要投入更多的时间、能源与资源去计算、了解与提高建筑物的性能水平。如果我们希望自己的工作能更有效的系统整合，达到更高的性能水平，那么对建筑物进行性能研究就是必不可少的。无论如何，通过这些研究所获取的价值都将远远超过项目分析本身。我们所获取的价值是针对真个建筑行业的——或者，我们敢说，是针对整个人类与生态系统的——所以我们可能没有办法奢望单

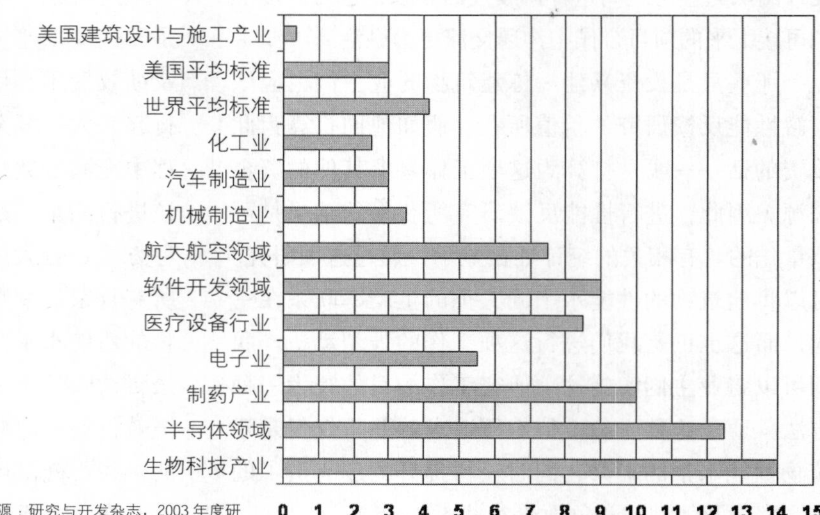

图 8–16 美国工业产业平均每年投入到研究与开发领域的经费，约占年度营业额的 3%，而工业产业所拥有的产品更加复杂并且花费更多。建筑设计与施工产业对于研究与开发的经费投入，远远低于其他产业（图片版权所有：©2003 研究与开发杂志）。

独的某些建设项目，就能够承担起所有的研究成本。我们呼吁更大范围的机构投资来支持这项工作，整个建筑行业的研究与开发工作与建筑物的性能以及人类生产率都是息息相关的。参与进行这项研究工作的单位包括大学、美国能源部实验室（例如国家可再生能源实验室，NREL）、公共事业单位、基金会、建筑设计与施工专业人员、业主、开发商、保险公司、产品制造商及其他单位。进行这项投资的背后有很多驱动力量，例如全球气候变化与快速增长的能源消耗等议题，正在被大众越来越清楚地意识到——我们对于气候变化与能源消耗议题进行研究的意愿越是迫切，就越是有必要开展建筑行业的研究与开发工作。这项研究所关注的对象并不仅限于建筑物内部所发生的状况，尽管这些议题不失为一个良好的开端；就像我们所看到的，还必须将反馈的资料汇集起来，并扩展到更加广阔的嵌套式的多重系统。

C.1.1 运营

■ **建立起运营团队，其中包括主要的项目相关人员，负责持续性的监控、维护和提高环境品质**

一般来说，运营团队是由建筑业主直接领导的；假如业主没有牵头协调和组建运营团队，那么很可能这个项目就没有运营团队。运营团队的关键成员分别负责各种不同的监控任务，但他们的工作一般都是由业主的设备经理，以及其他有密切关系的参与者领导的，比如说负责提供 / 安装建筑物控制系统的公司。

为了达成项目预定的中远期目标，运营团队当中除了设备操作人员之外，还必须包括其他一些重要的相关人员。这些重要的参与人员可能包括：该项目的建筑师、工程师、建造人员、能源建模工程师、调试专员、使用后评估研究员，以及其他一些与建筑具体功能相关的专业顾问。

对新进员工进行系统培训，以及针对所有人员开展的进修课程，对所有系统的运营来说都是必不可少的。我们发现在项目竣工并交付业主使用之后，一个确保培训有效开展的最好方法，就是把所有的培训过程全部都摄录下来，这个方法我们在前面已经讲过了。如今视频录制技术高度发达，将每次培训过程都录制成视频文件，并刻录在 DVD 光盘上是非常简单的。光盘易于拷贝，任何人在任何需要的时候观看视频都非常方便，无论是初期培训的新学员还是进修人员。

- **建立并执行标准化的作业程式（SOPs），针对四个关键的二级系统提供持续性的性能反馈**

我们编写本书的目的，并不是想提供一份复杂的，包含各种信息反馈来源和指标的清单。在下面四个关键二级系统中我们所列举的案例，只是为了要说明对于获取信息反馈来说，哪些是最有利的机会，而这些经验对大多数项目来说都是适用的。对每一种指标来说，在建筑整个生命周期内建立起一种信息反馈的机制都是非常重要的，这套机制的内容包括有哪些资料需要进行收集，收集起来的资料应该如何分析（包括使用什么样的度量标准与基准），以及得到的结果如何进行传达。一旦收集与汇报反馈信息的程序被建立起来，它还需要同项目的标准化运营结合在一起。

- **生态群**（除人类以外的其他生物系统）
  - 收集生态系统关键的测量指标；比如说包含以下这些项目：
    - 大型底栖动物清单，溶解氧，氮，酸碱度，以及表层水浊度
    - 土壤有机物质，化学合成物，以及土壤渗透性测试

在土地开发过程中规划生物多样性的关键因素

——基思·鲍尔斯（Keith Bowers）著，生物栖息地研究有限公司，马里兰州巴尔的摩

对任何土地开发与土地使用变更来说，保持与恢复生物的多样性都是最重要的课题之一。当我们在土地开发的过程中规划保持与恢复生物的多样性，以及随着时间的推移对生物多样性进行监控的时候，存在以下几个关键的因素。

1. 进行复杂的场地评估工作，清楚了解在这片待开发的土地上生活的植物群、动物群，以及与他们相关的其他生物群。这些动植物群可能终其一生都在这片土地上生存，也可能只有一部分时间在这里生活。

2. 接触国家自然遗产计划（以及其他相关的计划），确定项目场地是否支持，或是有可能支持地方性的、生存受到威胁的罕见物种，或是濒临灭绝的物种，或是非常重要的生态栖息地的保留。对于濒临灭绝的物种以及特别重要的生态栖息地，我们必须尽一切可能来保护与恢复。

3. 对于感兴趣的物种和生物栖息地，思考地理上与时间尺度上的问题。突破项目场地的边界，将视野扩展到周遭的生态系统、景观、生物区以及生物群系的范畴。我们思考的重点仍然是生态位以及特殊物种的种群，以及他们同项目场地之间的关系。时间方面的考量应该将重点集中在物种的迁徙、饲料、筑巢以及冬眠周期，同时还应该考虑到自然干扰机制。

4. 项目场地的周遭环境背景。从大范围的视角明确景观格局，掌握各个小块的生物栖息地、连通性、基本矩阵，以及他们同土地使用之间的关联。

5. 生物栖息地之间的连通性是个关键的问题。生物栖息地之间良好的连通性，可以使物种能够在一定范围内自由迁移。我们要尽一切可能恢复生物栖息地之间彼此贯通的状态，避免将其相互割裂开来。当生物面临干扰机制或是气候变化而必须迁移时，生物栖息地之间的连通性可以为他们提供避难所。

6. 生物栖息地的尺度问题。大片类似的栖息地可以保证在这里生活的物种拥有广阔的生活空间。想要保持生物多样性，那么一片土地当中的核心区域，还有它的形状、边缘数量，以及同其他栖息地彼此相邻，这些都是很关键的因素。

7. 思考关于项目开发与运营对栖息地以及生物多样性可能产生的影响，以及如何通过调整开发的特性来改变这些影响。

8. 认识到生态系统目前正在经历非生物的与生物方面的变化。寻找途径，使我们的开发建设与营运工作不仅能够恢复与还原既有生态系统的功能，还能够促进新型生态系统的创建，从而提高生物多样性的水平。

9. 生物多样性与文化发展，二者之间是携手并进的。我们要探寻一条出路，使人类的栖息地与野生物种的栖息地能够融合并存，并使双方都能朝着良性的方向发展。

10. 实施一定的适应性管理策略，来保持与恢复生物的多样性。所谓适应性管理，其本身是一个不断学习的过程，我们应该根据以往成功的或是失败的管理经验，长期不断地调整自己的管理策略。

- 持续性地进行植物等级评估（Floristic Quanlity Assessment）与 C 值的测算，这部分相关讨论参见 A.5.1 阶段
- 持续性地更新生物多样性评估的结果（参见附文“在土地开发过程中规划生物多样性的关键因素”）

我们赖以生存的每一个地方都是独一无二的。在每个地方我们都需要追踪一些性能指标，而这些指标对于场地以及项目来说也同样是独一无二的。这些指标并不是静止不变的；在一个固定的时间段内，他们可能会有一定的表现，但是随着时间的推移，生命是不断进化发展的，随着新物种的出现以及新关系的形成，这些指标也是会不断发生变化的。同时，人类的活动也会对这些指标起到良性的，或是恶性的影响。随着状况的改变，可能不同的指标对于我们的测量工作来说就会变得更加重要。

我们曾经有一个项目，迫切需求培养起多样化的植物物种，来提升该地区生态系统长期的复原能力，并增加土壤的吸收能力，以及促进地下水补给附近的一条小溪。随着场地状况的不断发展变化，我们需要制订出一套营运计划，其中包括定期评估小溪中水源的品质，以及水生物种的多样性，来监控计划的进展情况。

在我们的工作计划中需要制定出改善的期望值，但是我们却无法保证生物物种真的能如人所愿顺利存活生长。因此，在工作计划中，还要阐述我们希望情况朝着什么方向发展，以

及我们所追寻的目标是什么，这一点非常重要。

- 实际案例：这是一个大型的开发项目，它联系了两个原本就连接在一起的生态系统，以下这些问题是需要我们进行探讨与监控的：
  - 溪流的恢复：进行河道形状的评估，既不要使河床降低，也不要使河床抬升（由于沉积物侵蚀或积累）；监控鲑鱼的栖息地以及水氧状况；还要对河漫滩进行调研，评估并找到稳定的位置来栽种植物——还有树木——恢复植物的生存环境。
  - 野生动植物栖息地：聚焦野生物种的监控；灌木与草原植物群落多样性评估；流动性较小的小型物种栖息的安全岛状态；对濒临灭绝的鸟类进行管理，保护的对象包括栖木、缓冲带以及大面积的自然湿地；实施山地森林管理计划，尽量减少由于人类采伐而对森林所产生的压力；森林间伐，防止火灾；制订每年度的森林焚烧方案，保持森林土壤、牧场以及草原植被的健康；增加再种植区域的有机物质；对沿着生态走廊进行的栖息地迁移进行监控；特别要了解并减少人类对于野生动植物栖息地的侵入，了解侵入会造成的负面影响。
  - 保护土壤与水资源，防止其受到侵蚀、侵略性外来物种的影响，以及过度使用。

■ **生态群**（人类）

- 进行使用后评估研究，对那些会影响到人类表现的因素（例如室内空气质量、自然采光、

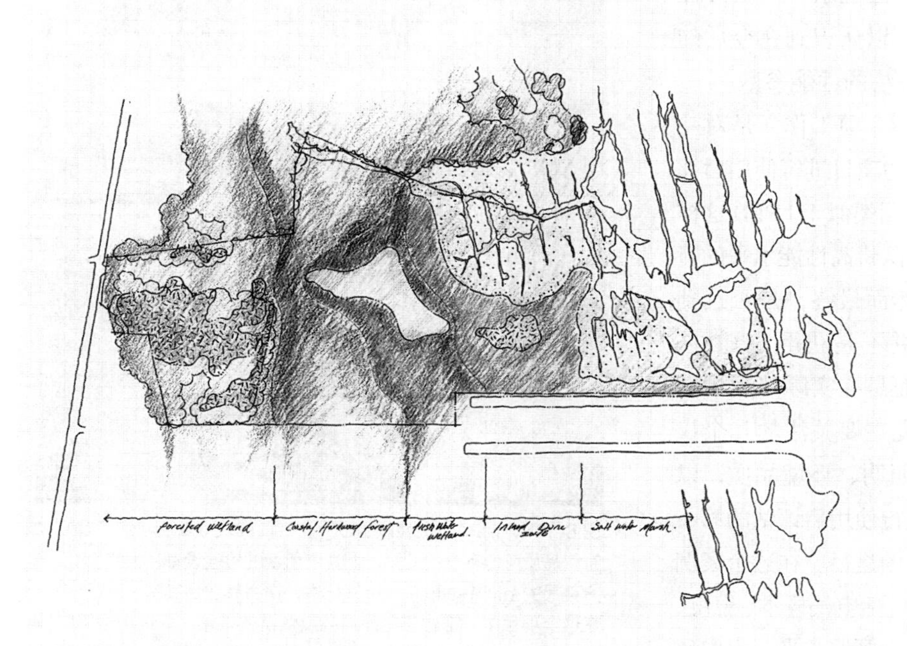

图 8-17　对未来开发的地块进行了植物种类的分区，并标识出土地从切萨皮克湾抬升的高度和距离。未来的土地开发计划要保持生物的多样性，这些分区就描绘出了需要恢复以及监控的植物种类。这片土地曾经拥有健康多样化的生态系统，但是由于之前业主的建设开发，而破坏了所有的生物栖息地，造成了物种单一的现状。在未来的开发中，我们就是要实现类似于之前的那种生态系统的模式（图片由再生研究所托提加拉（torti Gallas）及其合作者，蒂姆·墨菲提供）。

声环境和热舒适水平等）进行测量，这部分内容我们在前面的章节中已经做过相关的讨论。我们有很多种使用后评估的方法，可以用来评估已经交付使用的建筑物实际性能与它们最初设定的性能目标之间的差距。这项工作包括将有关建筑物性能指标的各种资料收集起来；再对收集起来的有关建筑物和使用者（通过居民问卷调查）资料信息进行定性与定量的计算分析。通过测量需要收集的资料包括水电账单、室内空气品质的测量、自然采光和/或电力照明水平，以及能源消耗等等。通过居民问卷调查可以获取到的资料包括热舒适性、空气品质、声环境、照明、清洁、空间布局以及办公家具等。经过对由上述两个来源获得的资料进行对比分析，我们可以更清楚地了解建筑物理论上的性能水平与实际性能水平之间的差异，还可以认识到在今后的设计中哪些是需要更加关注的性能参数。

- 实际案例：最近我们接到一项工作，是对一栋已经获得了 LEED 认证的项目进行使用后评估。在项目的设计阶段运用类似于 LEED 这样的工具，可以指导设计团队将高性能水平的特性充分融入项目当中。然而最终，是否达到理想目标的检验标准，并不是获得 LEED 认证而颁发的那张证书，而是在实际使用中建筑的真实性能。这项研究主要关注的几个议题包括室内空气品质、照明、环境品质，以及对使用账单的分析。进行使用后评估的第一步，就是制定出收集资料的途径。在这个案例中，我们需要收集的资料包括空气样本、温度、湿度和二氧化碳浓度测量、照明水平、室内环境品质调查结果，以及从账单中获取的资料。

使用后评估，通常包括对建筑物使用者进行问卷调查，并将他们的反馈资料收集起来进行研究，调查的内容包括他们的舒适性程度，以及建筑及其系统的性能水平。建筑环境研究中心（http：//www.cbe.berkeley.edu/index.htm）提供了一份在线调查示例，主要探讨了下面的几个议题；我们在实际工作中可以对这些内容进行调整，进而探讨其他的一些议题（参见图 8-12，图 8-24）：

- 办公室布局
- 办公室家具

图 8–18 利用一台检验设备进行空气取样，可以使我们了解室内空气品质可能存在的问题。照片中所示的检验设备从大约 1000 平方英尺的空间中抽取一份空气样本，并将其送到实验室进行分析。在这个项目中，室内空气品质参数测试的结果，取决于空气中挥发性有机化合物、甲醛以及霉菌的数量（照片由托德·里德提供）。

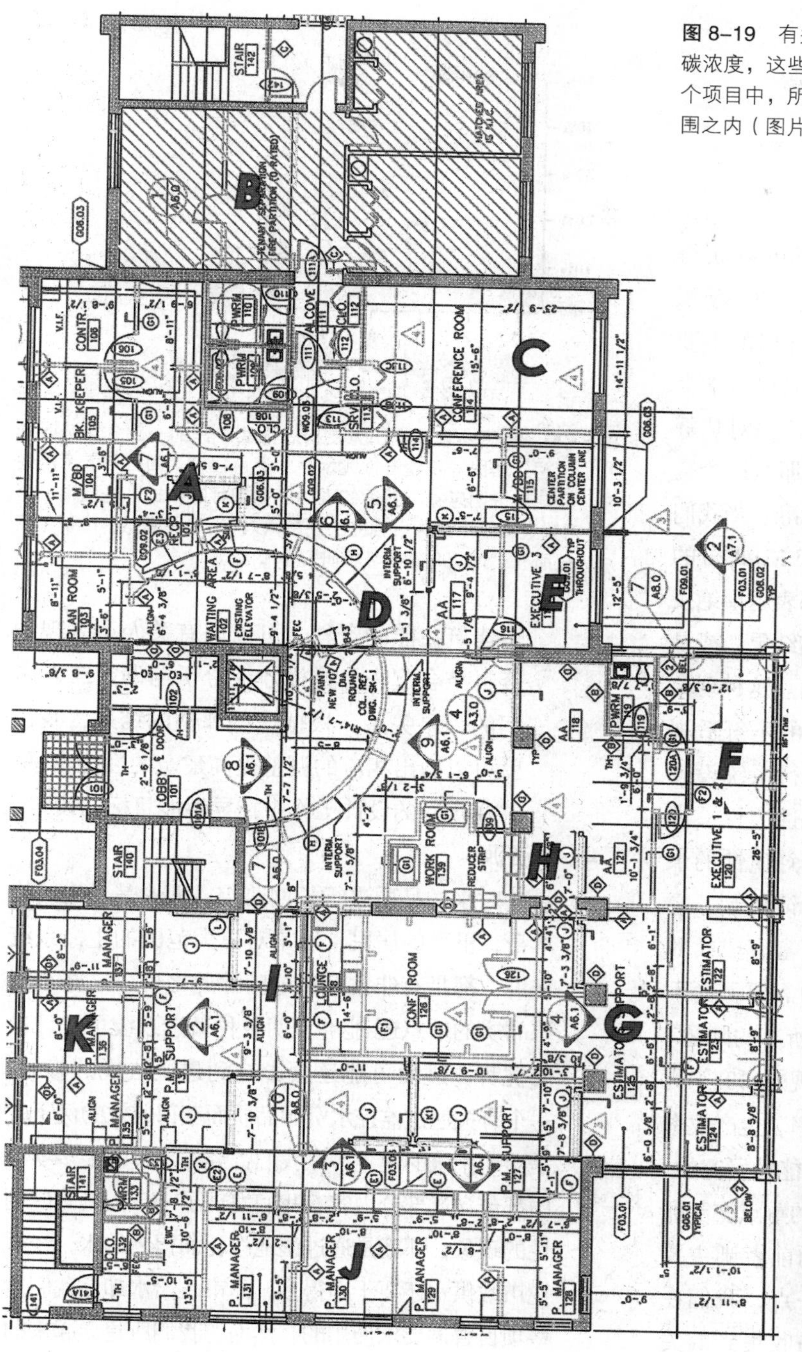

图 8–19　有关于舒适性的资料，包括温度、湿度以及二氧化碳浓度，这些资料被汇整起来，并附加在建筑平面图上。在这个项目中，所有经过检测的舒适性参数，全部在可以接受的范围之内（图片由托德·里德提供）。

在一般的大气环境中，平均二氧化碳浓度为 330—350ppm。

一般 30%—35% 的相对湿度，是令人感到舒适的范围。

	温度（℉）	湿度	CO_2（PPm）	是否已经入住
A	74.3	48%	782	yes
B	74.3	49%	923	yes
C	73.4	50%	902	no
D	74.3	48%	814	no
E	73.4	49.60%	762	no
F	73.4	48%	786	no
G	73.4	47.40%	843	yes
H	73.4	47.80%	832	no
I	73.4	49.30%	762	yes
J	73.4	48.90%	781	no
K	73.4	49.50%	804	yes

- 热舒适性
- 室内空气品质
- 照明
- 声学品质
- 清洁与维护

项目团队进行这一类的调查可以获得LEED体系中关于室内环境品质分类的一项积分，因为这是获得满足热舒适性环境的主要措施。据美国供暖、制冷与空调工程师学会（ASHRAE）规定，如果有80%的住户对热舒适性条件感到满意（或是更好），那么这个空间就可以被认定为满足热舒适性标准。当我们同项目团队的成员一起审核这项LEED评分的时候，大家惊讶地发现很多业主都表示拒绝接受这个机会，因为他们并不想知道结果，或是不愿意为居民提供一个抱怨的通道。这种现象就证明了，我们总是将使用空间的不舒适视为一种常态——抑或是我们在进行系统设计的时候，并没有提供足够的灵活适应性，从而无法通过人工控制的方法提高舒适性的水平。调查资料是种非常重要的反馈机制，它可以帮助我们创造出更健康、更富有成效的居住空间，满足人们各种不同的需要，而不是试图以一个单一的方案来解决所有的问题。

使用后评估工作中对人类表现的研究（测算的标准包括缺勤率、人员流动率、生产效率和出错率等），是不同于对建筑性能的研究的。针对后者的使用后评估，其研究的重点在于那些会影响到人类表现的因素，而前者则主要关注于人类表现本身，关于这一点，我们在前面已经介绍过了。因此，之前收集到的关

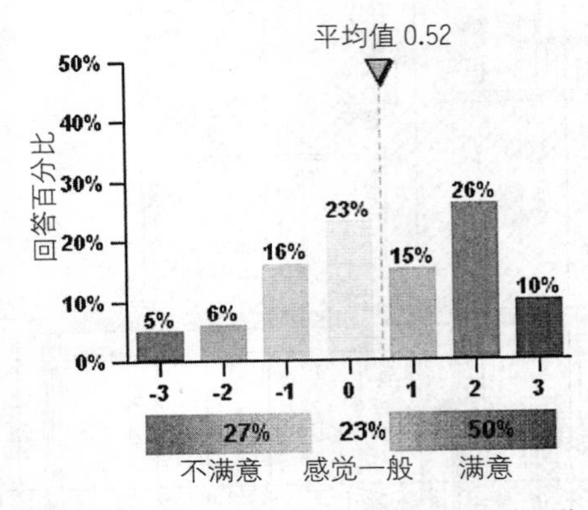

图 8-20 居民问卷调查作为使用后评估工作的一部分，可以使我们了解到居民对于建筑性能水平的满意程度。回答不满意的住户，会要求说明感觉不舒适的理由。我们可以根据这些反馈的资料，对建筑物的系统进行相应的调整，以提高居民满意的比例（图片版权所有：©2008 建筑环境研究中心）。

于建筑性能的资料，可以同有关人类表现的资料结合起来，这样才能分析与确定二者之间的因果关系。根据这些评估的结果，我们就可以做出相应的调整提高建筑的性能水平，并在今后的设计工作中指导性能目标的设定。

■ 水资源

对水的品质进行长期监控，无论是对建筑物本身、里面的居民，还是对更大范围的生命系统来说，都是有非凡意义的。除此之外，这些水资源品质的信息还 能够证明各种备选系统可以计量的优势，进而可能还会影响到建筑法规的修订。一个有关通过监控水资源品质而获得成效的例子就是湿地系统的建立，在我们曾经参与过的很多项目中都包含这部分内容。我们发现了一个很具有讽刺性的现象，那就是通过湿地净化而得到的水，经常比市政供水还要干净得多，而市政给水却是我们这些项目普遍要求使用的。然而，我们所建立起来的

管理机构，为了保证大家的卫生与安全，总是将大部分的精力都投入到“新”技术上，却很少关注于装置。对各种备选系统的性能水平进行追踪研究，可以帮助我们在未来建造出更加优秀的系统。

- 现场用水：

  我们在监控场地内部或是场地附近水资源品质的时候，常常会用到一些指标，这些指标可以帮助我们判断对水资源产生影响的各种因素，包括不正当的人类废弃物处理、过度施肥、落后的农业种植、土壤侵蚀、工业废弃物带来的化学污染、多余的动物粪便、不正确的化学水处理等；这些指标包括以下几项：

  - 生化需氧量
  - 生化监控
  - 化学需氧量
  - 大肠杆菌
  - 溶解的有机碳
  - 排泄物大肠杆菌群
  - 氧不足（环境的）
  - 硝酸盐
  - 氧饱和
  - 酸碱度
  - 盐度
  - 总固体悬浮物
  - 浑浊度

- 监控建筑用水量及其费用：

  水资源的使用及其费用同能源相类似，也同样需要收集资料进行分析，并进行基准测试。对水资源使用的监控一般来说不会像能源使用那么复杂，除非是大量的工业用水，或是比较复杂的灰水以及雨水灌溉系统。一般来说，所谓工业用水是指超出普通建筑用水范畴之外的部分。一般的建筑用水包括灌溉用水，以及卫生洁具（坐便器、小便器）和盥洗设备（龙头、花洒）用水。工业用水包括商业洗碗机、冷凝塔以及生产流程用水等。

- 根据最初设定的目标和/或是类似功能的建筑，对建筑物水资源使用情况进行基准测算：

  对于能源使用状况的评估，我们可以通过目标探测工具（在A.1.1和A.5.1阶段“能源”部分，我们进行过相关的介绍），使用资料库进行分析，但是很遗憾，在商业建筑水资源使用方面，目前还没有类似的资料库。但是，有很多关于公共给水以及管道设计的书籍，其中都有涉及用水量的内容，其使用的单位是加仑/人/天。对大多数建筑来说，以此为基准进行计算都是比较容易的。

- 对比预测的计算结果，对建筑物水资源使用情况进行基准测算：

  在很多项目中，当我们完成LEED有关水资源使用的文件时，也进行了相应的计算。我们可以将这个计算结果作为对未来水资源使用的预测，这种计算方法也同样可以适用于工业用水。

- 收集测量与检验所需要的相关资料：

  还是与能源使用相类似，我们需要将有关于水资源使用的相关资料收集起来，作为测量与检验工作的一部分。

- 实际案例：W.S.Cumby是一家建设公司以及施工管理公司，位于宾夕法尼亚州的费城附近，研发出一种高级设施用在办公空间，并获得了LEED认证。我们负责对这个项目进行使用后评估，其中也包括对项目用水进行

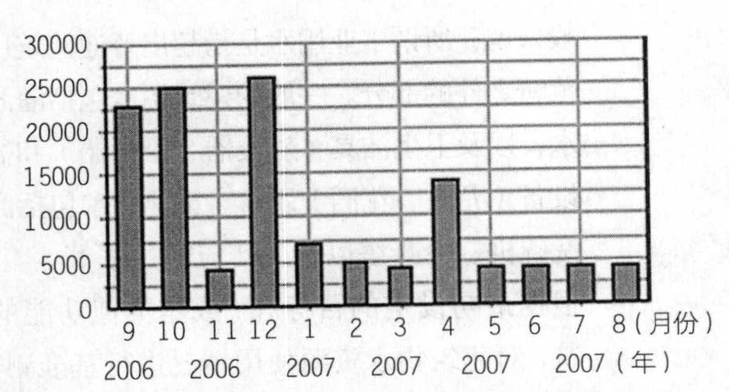

图 8-21 我们将 2006—2007 年度每个月的用水量绘制成图表，作为该项目使用后评估工作的一部分。造成一年当中有 4 个月的用水量严重超标的原因尚不清楚。通过对水资源使用状况持续性地监控，我们可以很快发现这些用水量突增的状况，这样才能找到问题的根源并且进行补救（图片由布拉德·基斯提供）。

分析与基准测算。我们将 LEED 意见书中的预计用水量，以及一般性的办公建筑用水量作为基准，对这个项目的实际用水量进行了测算。该项目的预计用水量为 66638 加仑 / 年。而一般性的办公建筑，根据相关的资料显示，年用水量在 75400 加仑 / 年左右。这个项目第一年的实际用水量为 124000 加仑 / 年。经过仔细地检查，我们发现在一年当中有 4 个月的用水量是存在异常的，远远高于其他 8 个月的平均水平（参见图 8-21）。尽管到目前为止，我们还是没有搞清楚为什么这 4 个月的用水量会严重超标，但是如果说其他 8 个月的用水量更能够代表正常情况的话，那么这个项目每年的用水量大概只有 60000 加仑 / 年。通过这个案例，我们可以了解到简单地对数据资料进行追踪，就可以帮助我们找出存在的异常状况，进而对这些状况进行调研以及 / 或是改正。

■ **能源**

- 监控能源使用状况及其费用：

业主一般都会追踪能源成本，有的时候也会对能源使用状况进行追踪。但是只有对比上一年度的能源账单，发现费用明显增高的时候，他们才会对这些资料进行研究。至于设计公司与建设公司，就更不会对这些已经完成的项目进行能源性能追踪了。缺少了对资料的收集与分析，项目团队怎么会知道他们所设计和建造的项目会不会是一个“耗能老虎”？如果真是这样，那么除了使问题最小化，我们还能做些什么？如果事实并非如此，那么实际状况与我们预设的性能目标之间有多大的差距？我们如何使建筑的性能水平再提升一个等级？因为大多数业主都拥有这些资料，或是很容易取得这些资料，所以对这些资料进行分析也是一件相对简单的工作。

- 根据最初设定的性能目标，对建筑物的能源使用情况进行基准测算：

一旦我们将能源使用账单以及其他相关资料收集起来，就应该以在设计阶段所确立的性能目标为基准，对这些资料进行分析测算。当初所设立的性能目标有没有达成？如果没有的话，那么我们就要提出问题：为什么没有达成？之后就要开始进行各种尝试，尽可能降低建筑物的能源消耗量。

- 以类似的建筑为基准，对项目能源使用状况进行测算分析：

对能源消耗的费用以及其他相关资料，还要以类似的建筑为基准进行测算分析。由美国国家环保局开发的能源探测工具，我们最早在 A.1 阶段就进行过介绍，并且在后面的章节中也多次提到过这种工具。通过这种工具，我们可以将项目实际的能源消耗情况同类似的建筑进行对比，而这些作为参照的项目，无论是位置还是规模都是标准化的。还有一种可以作为基准资料的来源，就是同一业主的其他类似建筑（比如说同一所大学校园中的其他建筑）的相关信息。我们可以选择同一地区类似的建筑资料，也可以选择商业建筑能源消耗统计资料作为基准进行参照分析。商业建筑能源消耗统计资料是目标探测工具的基础，而它所追求的目标就是2030年的挑战（有关这部分内容，我们在A.1.1阶段进行过讨论）。通过与商业建筑能源消耗统计资料进行对比，我们就可以测算出项目实际能源消耗状况同这些目标之间的差距。

- 以能源模型的结果为基准，对项目能源使用状况进行测算分析：

直接拿项目实际的能源消耗账单同能源模型的结果进行对比，这样的做法是有很大风险的。尽管这是一种公平的比较，但是有一点非常重要，那就是我们一定要认识到，所谓能源模型是一种对于性能水平的预计，它存在的基础在于一系列的假设条件。可是在实际的项目中，这些假设的条件通常都是不会完全落实的（参见下文中C.1.2阶段关于测量与检验的讨论），也正因为如此，所以通过能源模型获得的预设值并不会完全符合建筑物实际的能源消耗情况。比较恰当的做法是将能源模型

建筑能源性能评估——W.S.Cumby & Son

能源之星目标探测

美国环境保护署的能源之星目标探测，是一种帮助设计团队根据场地能源使用强度，以及估计的总体平均能源消耗量，而设定项目能源性能目标的工具。其中所使用的数据资料来源于美国商业建筑能耗统计资料（CBECS）。通过输入一些项目的特征参数（例如项目的位置，当地的天气和气候资料，建筑种类、面积、楼层以及营业时间等），就可以得到美国商业建筑能耗统计的标准化资料。这些标准化的资料划分为1—100等级。在设计的过程中，预估的平均能耗状况通过与商业建筑能耗统计的标准化资料对比，就可以监控到设计的能源性能水平。在项目交付使用之后，我们可以将实际能源消耗的数据资料输入系统，并同基准数据相比较，从而评估建筑物最终的能源性能水平。

建筑特征参数

邮政编码	19064	城市	斯普林菲尔德	州	宾夕法尼亚州

空间类型（见下面注释）	总建筑面积	使用者人数	PCs数	营业时间（小时）/周
办公室	14000平方英尺	29	29	60

实用率

电力	0.1225948美元/千瓦小时	天然气	NA

能源之星目标探测结果

能源资料	实际性能	75	90	100		
目标探测比率	88	75	90	100		
场地能源使用强度[千英热单位/(平方英尺·年)]	31.8	40.8	30.6	16.4		
估计年度使用能源总量（千英热单位）	444553.0	571545.0	428225.0	230221.0		
年度能源总价值（美元）	15973	20536	15386	8272		
场地能源价值强度（美元/平方英尺）	1.14	1.47	1.10	0.59	0.00	0.00

根据资料显示，该项目可以获得能源之星建筑认证

注释：

目标探测工具中所使用的美国商业建筑能耗统计资料，建筑物的类型有限。

能源之星目标探测工具免责声明：

"不完全的能源使用记录可能会导致不准确的比率。预估的年度能源使用总量必须包含电源插座、加工处理，以及所有非常规性的荷载；设备荷载必须在图纸中标明；还要包含所有燃料资源。"

图8-22 我们可以利用美国环保署所开发的能源之星目标探测工具作为基准，对实际的建筑性能水平进行测算。在目标探测工具中，这个项目的得分是88分。后面的附加分数可以为我们提供一个参考点，作为未来项目能源性能水平提升的目标（图片由马库斯·谢费尔提供）。

建筑能源性能评估——W.S.Cumby & Son

美国能源部——能源信息管理协会
商业建筑能耗统计资料，2003 年

商业建筑能耗统计资料由美国能源部每四年公布一次，来源于对全国数千栋公共建筑的调查，统计其真实的能源消耗及费用状况。这个资料是数千栋建筑的平均值，这些建筑的规模、年龄、构造的类型、位置以及能源资源都各不相同。将建立模型所得的结果与这些数据相比较，对于建立项目可实现性目标是非常有帮助的。除此之外，我们还可以运用这些资料，同建筑物实际的能耗状况相对比，进而计量出项目的能源性能水平。

能源强度（千英热单位 / 平方英尺）

建筑类型	全国平均	东北地区	大西洋中部	气候分区 3
所有建筑类型	89.8	98.5	98.3	98.5
教育	83.1	101.6	103.1	93.5
餐饮服务	258.3	272.8	290.2	247.6
保健	187.7	212.2	219.0	191.4
零售	73.9	65.0	72.3	97.1
办公	92.9	101.2	98.0	95.4
公共集会	93.9	89.2	98.0	87.3
公共秩序与安全	115.8	132.5	NA	NA
宗教崇拜	43.5	52.1	58.1	52.8
仓库	45.2	41.6	49.2	49.5

能源费用（美元 / 平方英尺）

建筑类型	全国平均	东北地区
所有建筑类型	1.43	1.65
教育	1.22	1.49
餐饮服务	4.15	4.84
保健	2.35	2.82
零售	1.39	1.33
办公	1.71	2.07
公共集会	1.47	1.27
公共秩序与安全	1.76	2.09
宗教崇拜	0.65	0.68
仓库	0.68	0.69

2030 年的挑战

美国建筑师学会，美国市长会议，美国绿色建筑协会，以及很多其他组织都已经采用“2003 年的挑战”，来减少建筑中的矿物燃料能源的消耗。所有的项目都尽量降低能源使用强度，相比较上面所示的国家平均值，力争降低 50%。随时间发展，降低的比例也会逐渐增加：
2010 年，比国家平均值降低 60%　2015 年，比国家平均值降低 70%　2020 年，比国家平均值降低 80%　2025 年，比国家平均值降低 90%
2030 年，达到碳中和（建筑物使用过程中，利用不需要经过矿物燃料燃烧而释放出温室气体的能源）
通过可持续性的设计革新，这些目标都是可以实现的。产生当地可再生的能源，和 / 或取得（最多 20%）可再生能源，和 / 或证明可再生能源的可用性。
更多资料请访问网站 http：//www.architecture2003.org

实际能源性能：	31.8 千英热单位 /（平方英尺・年）	2030 年的挑战目标：	46.45 千英热单位 /（平方英尺・年）

该项目的实际能源性能水平超过了目标值 31.5%

图 8–23　2030 年的挑战中所设定的目标，也可以作为能源性能水平比较的基准。根据美国商业建筑能耗统计资料，当前的目标是要比平均建筑能源消耗量减少 50 个百分点。这个项目的实际能源性能水平超过了目标值 31.5%（图片由马库斯・谢费尔提供）。

作为测量与检验工作的一部分。在这个过程中，我们需要不断对能源模型进行修正，使其结果逐渐符合实际的能源账单。进行测量与检验工作，第一步要做的就是根据测量与检验计划书的内容，收集需要的相关资料，包括能源消耗账单，辅助计量的能源消耗资料，储存在控制系统数据记录器中的资料（假如能够获得的话），详细的入住情况列表，以及进行研究工作当年的实际气候资料等。

- 实际案例：使用后评估研究既包含简单的分析，也包含对项目的能源消耗状况及其费用进行基准测算。上文中我们曾经讨论过的 W.S.Cumby 建设公司所使用的办公室设备，我们以目标探测工具（参见图 8–22）和 2030 年的挑战（参见图 8–23）作为基准，对其能源消耗情况进行测算。在目标探测工具中，这个项目的得分是 88 分，而只要获得 75 分就可以被认证为能源之星建筑。而在 2030 年的挑战系统当中，该项目的性能得分也比当前的目标分数足足高出了 30% 之多。

■ 材料

我们在方案设计（第六章）中看到，建筑的能源消耗问题对建筑运营所产生的影响是长期的，相对来说，由材料的选择而产生的影响就相对固定。然而，也有例外的情况，那就是材料的维护和更新，这部分工作也同样会对建筑运营长期产生影响。当听到对地板的维护会对环境产生很大影响的时候，很多人可能都会觉得惊讶——举例来说，当我们一直都使用浓度很高的化学清洁剂来清洁地板，打蜡，清除，之后再打蜡——这一系列工作对环境所产生的负面影响，远远高于在地板材料的提取、加工与处理过程中对环境的破坏。

针对这个问题，我们最初的倾向是选购比较不需要进行维护的材料。然而我们发现，这个想法完全是主观的，一个人或是一个机构对于维护概念的理解，可能与其他人是完全不同的。

材料的维护与更新工作具有相当的复杂性，而负责这部分工作的员工在设计决策阶段却很少有机会参与其中。而且我们在选择与维护材料的时候，有一种很不好的倾向，就是会一直沿用现在的维护方法。举一个学校的例子，我们一直都习惯于在乙烯基复合砖地板的每个接缝处打蜡。在过去的十年间，即使在地板的装修设计中已经明确规定了不需要打蜡，但我们还是一直坚持这么做，从而对室内空气品质产生了很大的负面影响——当然还花费了很多不必要的时间、能源与成本。与此相反，我们的项目团队应该探索尽可能减少环境影响与降低成本的出路，建立起一套材料维护与更新的计划表，延长材料的使用寿命——与此同时，再关注与艺术性相关的清洁与美观的问题。

设计团队应该制作一份所有装饰材料的纲要，说明为什么要选择这些材料，希望它们的使用寿命有多久，预期的更新计划表，以及由制造商推荐的维护方法等。在这个复杂的过程中，设计团队将会逐渐了解各种装饰材料预期的维护要求，并且制定出一个维护计划，主要关注于以下三个关键的问题：材料的维护计划要与建筑的使用年限计划（在设计初期就已经明确下来了）相一致，材料的维护与更新，以及绿色家政管理。我们制定这份计划书的目的，就是要减少材料维护与更新需求的次数，并且在维护的过程中，尽可能选择使用对环境和室内空气品质影响较低的清洁用品及设备。

- 材料的维护计划要与建筑的使用年限计划相一致：

　　如果在探索阶段，项目团队能够通过一系列的工作而大致确定了建筑物的使用年限，如我们在 A.3.1 阶段所讨论的，那么装饰材料的选择就应该与预期的建筑物使用年限相一致。如果项目团队还要寻找防止材料脱层的方法，那么他们可以选择那些能够与结构层结合在一起的装饰材料。举例来说，如果一栋建筑物预计在 20 年之内就一定会进行更新或重建，那么我们在挑选装饰材料的时候，就应该选择那些易于拆除并能够循环再利用的材料。另一方面，如果一栋建筑物需要历经百年，那么我们就应该在其建造过程中尽可能不要使用胶粘剂（因为随着年代的久远，这些胶粘剂大多都会失效），并且将装饰材料与建筑结构本体紧密结合在一起——或许也可以利用结构层本身作为装饰面。可是在实际操作中我们却发现，这种将材料的选择同维护需求以及建筑物使用年限三者结合在一起的考虑，几乎是不存在的。换句话说，一种预计使用30年的材料，与另外一种预计要使用200年的材料，两者所需要的维护计划和程序肯定是不一样的，在进行材料选择的时候，我们一定要将这些因素都考虑进去。

要想做到将以上几个因素结合在一起考虑，就要对每个项目都制订出周密的计划，充分了解每一种材料的数量以及种类。假如设计团队能很好地进行这项工作，那么举例来说，在人流特别拥挤的区域就不会选择铺设常常需要维护的地毯。对这些区域的地面，我们应该选择那些易于清理易于维护的材料，不需要在上面进行任何厚重的涂料或是打蜡。如果出于某些原因，一定要在这样的区域铺设地毯的话，那么我们应该考虑选择使用易更换的块毯（可以只换需要的几块，不必整个区域都进行整体更换）。

还有一个例子，就是经过大量人流长期磨损的木质地板，我们在对其进行维护保养时需要定期涂装，大概每十年就要进行一次。在这个案例中，相较于传统的聚氨酯涂料，我们更应该考虑使用经过改良的油漆。这种新型的涂料在涂刷时不需要将原有的涂层彻底铲掉，这也就变相地延长了木地板的使用寿命。

关于将装饰材料与结构层紧密结合在一起解决材料脱层问题，有一个很好的例子就是抛光混凝土楼地板的运用。关于这种做法，我们在前文中已经在通过很多项目讨论过它的好处，在最近一些年，这种做法也取得了很大的成功。我们发现，这种将结构层和装饰面合二为一的做法，大大降低了维护的需求。像这样的案例，无论是从短期还是长期（贯穿建筑物使用年限）来看，对建筑来说都是非常有益的。

- 维护与更新：

当负责建筑内材料与产品维护的员工，能够了解到（或是参与其中）这些材料和产品是如何设计的，以及应该如何照顾，那么他们就可以根据这些知识来调整自己的工作方法。假如没有这些信息来源，那么他们很可能就会以同一种方法来维护各种不同的材料，结果就是，举例来说，造成了过度的维护，或是使用了太多不必要的涂装和化学药剂。

同样的道理，负责建筑维护的员工也要了解材料更新的需求，特别是当一种材料的更新会对其他材料耐久性产生影响的时候。屋顶材料的预计使用年限就是一个很好的例子。很多屋顶都会使用一种填缝剂材料，而这种填缝剂的预计使用寿命为40年。很明显，当填缝剂材料开始出现老化时，随之出现的细微的渗漏却可能很难被发现，这样就会影响到室内空间的性能。负责维护的人员应该了解，什么时候应该开始关注这些问题。

有很多公司都会规定定期进行墙面油漆涂装，不管有没有重新涂装的必要，这是一个很具代表性的例子，说明日常维护与材料更新二者之间是有相互关联的。正确的做法应该是制订出科学的日常维护计划，用定期清洁与局部修补代替整体涂装的更新。当然了，这样的做法需要一个前提，就是一直能够取得同最初使用的油漆同样品牌与颜色的材料。

- 绿色家政管理：

 在当代建筑行业中，大家对于绿色家政管理的概念都非常了解，这是很值得庆幸的一件事。事实上，一旦我们开始实施这种家政管理，大多数的业主和维护工作人员都会被室内空气品质的显著改善而震惊，并欣喜地看到这些绿色的清洁产品优越的性能，它们不含任何有毒物质，挥发性有机化合物的含量也非常低。我们要制定出严格的绿色清洁计划，同时在维护计划中还应该包括对员工的培训，告诉他们各种不同的材料分别应该使用哪种清洁产品或设备，还有每种清洁剂的使用量。如果没有这样的培训，就可能会造成过度使用清洁剂，从而造成成本的增加。根据我们的经验，我们没有任何理由再使用传统的化学药剂来进行清洁和维护。

 实际案例：最近我们参与的一个学校项目，正在考虑体育馆的地面应该使用哪种涂料，他们有两种不同的选择。第一种是聚氨酯涂料，大家觉得它比较耐久，并且材料中挥发性有机化合物的含量也比较少。另外一种是改性聚氨酯油漆，这种材料中挥发性有机化合物的含量比较高。之后我们从维护与更新的角度，又对这两种装饰面层进行了对比。聚氨酯涂料需要定期打蜡维护，但仍然避免不了在其表面形成很多永久的划痕，所以需要定期用砂纸将整个面层都打磨掉重新涂装。改性聚氨酯油漆不需要打蜡或更新，但是每隔 5—10 年，需要在原有的面层上再涂刷一道新的面层。这样的比较并没有量化的结果，但是很明显，定期打蜡维护所带来的挥发性有机化合物含量，一定远高于重新涂刷一次面层所使用材料当中挥发性有机化合物的含量。而且，使用改性聚氨酯油漆，地板的使用寿命也会延长，这是因为不再需要经历定期的砂纸打磨；每次进行砂纸打磨的时候，都会磨损掉大约 1/8 英寸的厚度，这对地板来说是个不小的伤害。而且对聚氨酯涂料地板进行表面整修所消耗的能源成本（相较于改性聚氨酯油漆，则不存在这部分成本），我们还没有计算在内。如果我们再继续进行更深入的比较分析，尽管在施工初期，改性聚氨酯油漆中含有比较多的挥发性有机化合物，但是以长期使用来看，由于不需要打蜡维护，所以整体挥发性有机化合物的含量却是比较低的。此外，这种材料在其整个使用寿命当中，维护与更新成本都比使用聚氨酯油漆低得多。

- **调试：根据二次调试手册，进行定期的二次调试**

 对建筑物进行二次调试，这项工作理应由平时负责操作与维修设备的员工来负责。当然，我们也可能会聘请原来的调试专员，或是其他外面的公司来到现场对系统进行重新检测，但是只有让那些日复一日都在操作这些设备的人员来执行这项工作才最有意义。他们对系统足够了解，由他们来进行二次调试，才可以确保系统将来也能一直运行顺畅。不需要昂贵的自动化设备，对一台设备进行二次调试最好的方法，就是继续沿用在验收阶段，我们初次进行调试时所采用的功能测试的方法。一般情况下，这些功能测试的方法与程序，都会用简单易懂的语言记录在最初的调试工作报告当中。当第一次调试工作完成的时候，调试专员交给业主的资料中有一份记录着调试结果的表格，而同时提交的还有一份空白的功能测试表格，其中包含了所有接受调试的系统资料。这份空白的表格就可以在今后进行二次调试的时候使用，便于将两次调试的结果进行比较。

举例来说，我们最近参与了一个门诊医疗设施项目的调试工作。这个项目的供暖系统采用热水循环加热，包含一台主要的泵和一台二级泵及管道。在对这个系统进行功能测试的时候，我们在一个三向混水阀门的地方发现了一个小问题，这个阀门连接着主要管道系统和二级管道系统。当时外面的温度在 60 ℉以上，而根据重置计划规定，当外部气温到达 60 ℉的时候，设备就会供应 120 ℉的热水。但是，在二级循环给水端热水实际的温度却是 145 ℉，略微高于设定温度。除了这个水温的问题，系统的运转情况看起来是符合设计要求的。由于给水温度不正确，所以功能测试也没能达到预期的结果。我们认识到这里存在问题，接着开始进行下一项测试。

当天晚些时候，控制厂商在现场待到很晚，想要通过白天的调试工作来解决这个问题，这样我们在第二天就可以跟上进度，完成所有的功能测试工作，处理剩下尚未解决的问题。他发现混水阀门（这个三向阀门实际是由两个蝶阀，通过接头叠加在一起的）被旋转的角度过大了（已经超过了 90°），这样会损坏橡胶阀座。当我们将阀门全部关闭的时候，从二级回水管路中仍然有水流出来。因为回水管在流水，所以热水供水管也同样在流水，这就引起了二级给水温度的升高。我们更换了新的蝶阀。当新的阀门安装好以后，系统的水温恢复了正常，功能测试获得了成功。

在这个案例中，我们所发现的问题并没有引起系统故障。但是，假如我们沿用传统的施工方法，那么这个问题可能就没法被发现；因此，系统很可能就会一直存在这个问题，在整个生命周期中都一直消耗着多余的能源。

C.1.2 原理与测量

既有建筑的 LEED 认证：运转和维护（LEED-EBOM）可以是一种非常有价值的工具，可以帮助项目团队测算建筑系统运转和维护程序的性能以及目前的状态，并在整个建筑物生命周期内提供性能反馈（参见附文 LEED-EBOM）。

- **将关键性的指标编制成文件，检测更大范围生态系统的健康水平**

每一个项目都有一些独特的指标。这些指标是由项目所在地块一些关键的因素所决定的，无论这个项目属于全新的建设开发，还是对既有建筑物的改建。对本土生植物物种进行初步的评估，考察它们抵抗干扰的能力，以及 / 或特定植物种群的确限度，这些都是非常重要的。对动物物种的评估也是如此。我们还可以监控动植物物种不断提升的生存能力，以及它们之间相互关系的多样性。随着项目的发展，可能会出现其他的物种值得我们重点追踪。人类的抱负和对这些因素的了解也是不断发展的，一个项目最初所设立的目标可能会随着时间的推移而改变，而改变的根源在于未预料的变化和新物种的出现（生命出现了！）无论是对生物系统还是机械系统来说，持续性的或是定期的信息反馈都是非常重要的。

- **编制住户调查资料，并将其结果同建筑物的系统性能整合在一起**

从前面的案例中能够看到，通过使用后评估而获得的反馈资料，可以使我们获得很多经验。

既有建筑的LEED认证：操作与维护（LEED-EBOM）——设备的可持续发展

——道格·加特林（Doug Gatlin VP）著，美国绿色建筑协会成员，市场开发

美国当代商业建筑的市场是非常巨大的，同时却也非常老化。美国目前所有拥有的商业建筑超过500万栋，建筑面积高达70×10^9平方英尺——包括办公建筑、零售商店、学校以及公共建筑——平均的房龄已经超过了30年。美国绿色建筑协会制定了一种新的评级系统，用来对现有的建筑进行认证，这种系统叫作操作与维护。通过使用绿色的操作与维护策略，很多项目都可以从中受益。

既有建筑LEED认证：操作与维护评级系统创立于2008年1月，是一种将既有建筑操作效率最大化的工具。这种工具可以针对建筑管理议题评选出最优秀的案例并予以嘉奖，这些有关于建筑管理的议题包括能源与水资源的使用效率、资源保护、循环再利用、环保采购以及绿色保洁。既有建筑LEED认证：操作与维护评级系统还可以看作是我们致力于提高建筑管理水平的一份纲要，它提供了一些技术上和策略上的参考，帮助我们逐步实现可持续性的设备操作目标。

美国绿色建筑协会还提供了一套独立的第三方认证体系，来评估建筑物在LEED系统中所达到的绿色性能的等级。对新建筑来说，LEED认证体系已经运用相当普遍了，而现在很多既有建筑也开始接受这种认证体系，因为业主们希望能通过一些关键的问题来将他们建筑物的性能水平量化，这些问题包括碳排放、可持续性的现场管理、水资源的保护，以及室内环境品质等。在我撰写这篇文章的时候，已经有超过一千个建设项目申请参与既有建筑LEED认证：操作与维护评级系统的评估，而且每个星期又都会有数十个新的项目加入进来。

既有建筑LEED认证：操作与维护评级系统，是之前版本的既有建筑LEED评级系统的修正版，于2004年首次施行。与老版本侧重于施工不同，新版本更加关注于设备系统的绿色操作，使之成为帮助我们实现组织化设备可持续性操作的更为有用的工具。新系统还有另外一个目的，就是简单明确地规定出了要获得LEED认证所需要的条件，并且提高了对于环境结果测算的重视。

在LEED体系当中，有很多全球共同关注的议题。这种新的评级系统也是一样，与之前的版本相比，在能源使用效率问题上多分配了50%的分值，而在节约用水问题上的分值是之前的两倍。除此之外，新的评级系统还对综合的绿色清洁计划投入了更多的关注，并使用性能标准作为清洁效率的评估标准。

既有建筑LEED认证：操作与维护评级系统——一条通向可持续性设备管理的道路

在通往可持续性发展的旅途中，首先要做的一件事就是制订计划，提高既有设备的性能以及操作水平。对检测结果的收集，在既有建筑LEED认证：操作与维护评级系统中被称为评分，就是这项计划的基础。这项计划可以仅仅针对具体某一栋建筑，也可以同时适用于几十栋，甚至几百栋建筑。工作应该如何开展，以下我们提供了一些建议：

首先第一步，我们要对既有建筑LEED认证：操作与维护评级系统中，绿色清洁部分的评分项

目进行研究。其中包括可持续性的清洁产品及材料的技术说明，可持续性的清洗设备，以及综合的虫害管理。此外，这个评级系统中还包含一个创新的系统，可以对管理的效率进行核算。由于越来越多的可持续性清洁产品与设备的出现，而且物业管理合同的服务内容也越来越优化，我们的绿色清洁管理拥有了更多样化的选择，因此这些绿色的管理革新可以适用于各式各样的建筑。

第二步，我们要在全公司范围内主动自发地执行各种材料与资源循环再利用，尽可能不要浪费。在既有建筑 LEED 认证：操作与维护评级系统中关于材料与资源的部分，指导我们如何提高循环再利用的水平，对废弃物的构成进行评估，并制定出一套针对含毒性物质的水银日光灯管安全处理与清理的操作系统。另外，在材料与资源部分还针对一些问题提供了相关的指导，其中包括可持续性的产品采购，例如办公室的纸张和文具，以及耐用商品例如打印机和影印机，还为可持续性设备的改造提供了技术说明。

能源和水资源的使用效率对可持续发展来说是至关重要的。为了提高使用效率，我们制定了性能水平最低门槛（通过美国绿色建筑协会认证的先决条件），还有很多评分选项，重点包括建筑的调试，测量与辅助测量，能源和水资源系统的升级，能源的基准测试，以及使用可再生的能源。在新的评级系统中，还对减少用水量的各种方法进行了探讨，其中甚至包括对冷却塔的正确管理。

所有以上相关的测量，再加上一套严格的室内环境品质要求，以及针对现场管理的一系列革新措施，这就形成了新的既有建筑 LEED 认证：操作与维护评级系统。有很多方面的改善马上就可以达成，并且不需要花费什么成本，立刻就能够显现出其环境收益。而另外一些方面的改善则需要随着时间的推移慢慢达成，属于一个复杂提升计划中的一部分。各项测量的结果汇聚在一起，就可以帮助我们回答一个问题：“我的设备到达了怎样的绿色水平？”

简而言之，既有建筑 LEED 认证：操作与维护评级系统针对提高商业建筑性能水平、舒适性、健康水平以及环境足迹等议题提供了一个行业认可的框架。设备管理人员还可以将 LEED 体系中最好的经验借鉴到很多建筑当中，对这些建筑进行绿色的操作与维护测算，收获绿色建筑性能的增值收益，使我们在朝向可持续性发展目标的旅途中更进一步。

我们不仅可以开始了解建筑物是怎样营运的，还可以探索住户对于一个空间，以及各种施工材料与方法有怎样的看法。通过使用后评估，我们可以获得建筑物真实的性能资料，将其与之前概念性的预测相比较，我们就可以在提升建筑物性能水平的同时，使自己的设计方法也得到改进。我们的目标就是将所有通过这些项目“学习到的知识”汇总记录下来，这样就可以改进设计与施工的方法，提升自己的专业水平。

最后，我们要将使用后评估工作的结果记录下来。这是一份汇总了各项评估结果的报告；我们还可以通过这份报告，将经过测算得到的建筑物实际性能资料同当初设立的性能目标，以及其他国家和 / 或地区性基准值进行比较分析。

为了落实信息反馈机制，使用后评估工作的结果应该分享给所有设计团队与施工团队的

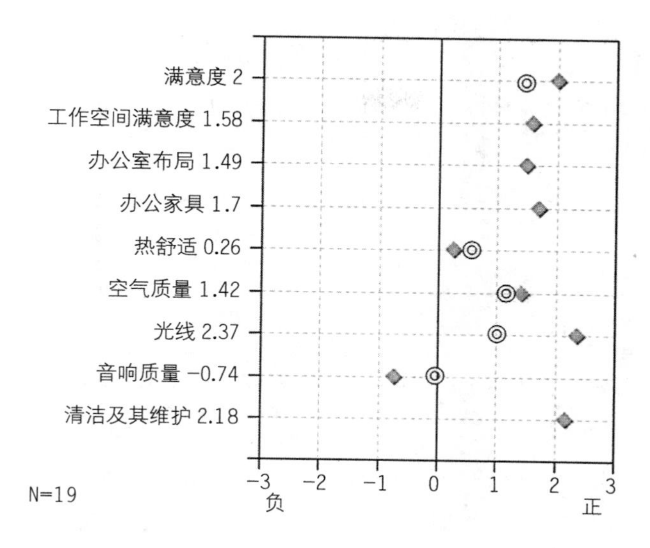

图 8-24　使用后评估研究中的住户调查结果。其中菱形代表这个项目得到的分数，而圆圈则代表另外 15 个获得 LEED 认证的项目的调查平均结果。除了音响之外，这个项目所得的分数基本与对比项目持平，或是高于对比项目。图片来源于建筑环境研究中心提供的室内环境品质住户调查结果（图片由托德·里德提供）。

成员。如果能将这些资料在整个建筑行业内部共同分享的话，将会获得更高的价值。但是有很多人并不愿意分享这些资料，因为他们认为这属于自己的私有财产，或是害怕将自己的错误暴露在世人面前。针对这些担心，我们有一个不错的方法，那就是将很多项目的评估结果都汇总起来，编制一份大型的资料集。目前已经有一些组织在着手进行这部分工作了，其中包括建筑环境研究中心、新建筑协会、美国绿色建筑协会、国家可再生能源实验室等。

- **在建筑物整个生命周期内，不间断地执行测量与检验（M&V）计划**

测量与检验计划是在施工图阶段开始筹备的，其最主要的目的就是检验建筑物交付使用之后，当初预设的各项节能效果是否真正落实。一旦这项工作执行完毕，那么最终的测试结果就是建筑物实际的节能效果，尤其是对水资源以及能源来说。在最后的报告中，还应该说明有哪些地方，可能未来还存在提升的空间。

对一个新的建设项目来说，记录其实际节能效果首选的方法，就是对能源模型进行调整。根据建筑物交付使用之后收集起来的各项数据资料，对能源模型进行调整，使之与真实的能源使用账单相互一致。这样，我们就建立起了一条经过修正了的基准线，由此可以确定真实的节能效果。

确定真实的节能效果，不过是测量与检验工作的最后一环。而这项工作真正的价值，往往是我们在进行的过程中所学到的经验，了解相较于预设结果，设备实际的运转情况是怎样的。通过这样的学习，设计人员和施工人员都会认识到，建筑物实际的运转状况往往与假设的情况或是我们的希望存在很大的差距。

我们曾参与了由国家可再生能源实验室赞助的，宾夕法尼亚州环境保护部门（DEP）坎布里亚项目的测量与检验工作。通过这项工作

	费用		总现场能源		总能源来源	
	美元/(平方米·年)	节能百分比	兆焦/(平方米·年)	节能百分比	兆焦/(平方米·年)	节能百分比
基准值	19.38	43%	642	40%	1800	40%
实际值	10.89		386		1226	

图 8-25 在宾夕法尼亚州环境保护部门坎布里亚项目中，将建筑物实际的能源使用情况及费用，同经过修正的基准值相比较，旨在通过测量与检验工作得到实际的节能效果。括号中的数值是公制的计量单位。现场能源指的是在现场所消耗的能源。能源来源则包括用来发电、燃料燃烧，以及在发电过程中所损失掉的所有能源。信息来源 http：//www.eere.energy.gov/buildings/highperformance/。

获得的信息收录在一份复杂的报告中，可以由美国能源部高性能建筑网站（http：//www.eere.energy.gov/buildings/highperformance/）获取，标题为“宾夕法尼亚州环境保护部门坎布里亚办公楼设计与能源性能分析”（2005 年 3 月）。

在这份报告中，详细说明了各项节能措施中有哪些达成了预期的目标，又有哪些没有达成预期的目标，并分析了没有达成预期节能目标的具体原因。如图 8-25 所示，实际的节能效果比基准值（即该项目所允许的最低标准）提高了 40%。但是，这个项目当初预期所能达到的节能效果，应该比基准值高出 52%。实际的效果没有达到预期的目标，有如下几个原因。首先，也是最重要的一个原因，就是在计算机能源模型中，没有预计到建筑物的插头荷载（计算机、打印机等）在非工作时间也没有关闭。在每天的 0—7 点，建筑当中有一半的插头荷载设备仍然处于工作状态，如图 8-26 所示，这在当初建立能源模型是时候是没有考虑到的。还有另外一个主要的原因，就是光电系统的转换器配置错误，导致实际的太阳能发电效果远低于预期的水平。我们根据这些使用后评估的结果对能源模型进行了修正，使其能够对未来的节能效果提供精准的预测。通过计算我们了解到，假如在非工作时间能将大部分插头荷载都关闭的话，那么实际的节能效果将会提升至高于基准值 50%，这就与模型预测的情况非常接近了。

在最初的测量与检验工作报告中，我们不必再根据之前公认的基准值来计算节能效果；新的基准值是建筑物交付使用之后第一年或是头两年的能源使用账单。在测量与检验工作中，任何一种辅助测量的作用都是不容小觑的，它可以帮助我们精确地找出有关能源性能的系统运转问题，进而有效地解决它。到了这个时候，测量与检验就变成了一种贯穿建筑物整个生命周期的监控工作。

■ 将定期进行的二次调试结果编入二次调试手册当中

上文中已经讲过，调试工作报告的用途之一，就是为将来负责操作与维护的工作员工进行二次调试的时候提供一个工具。特别是当我

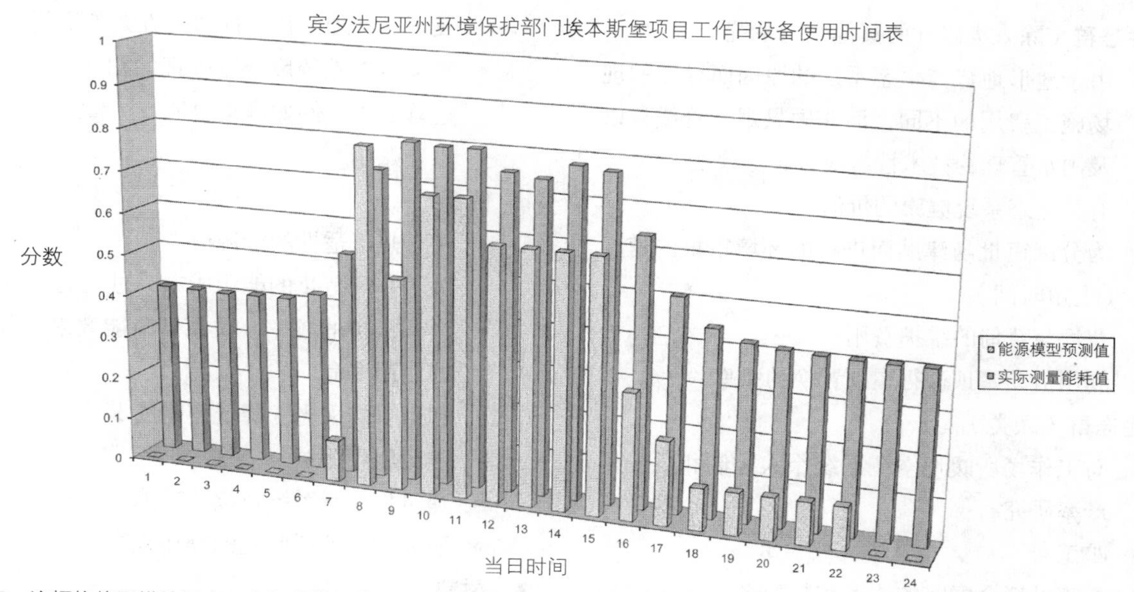

图 8–26　这幅柱状图描绘了在一个标准的工作日内，建筑物插座荷载的能源使用情况。实心方柱代表实际测量得到的能源消耗量。我们注意到有一半的插头荷载整个晚上都没有关闭。同样，在周末也是同样的情形。带有阴影线的方柱代表在之前的能源模型中预测的能源消耗量。能源模型的测算是以所有插头荷载在晚间以及周末都处于关闭状态为前提的（图片由安德鲁・劳提供）。

们要检验一台设备或是一个系统的运转情况，是否如当初安装时一样处于理想状态的时候，功能测试是一种非常有效的工具。二次调试，或是系统、手册，假如建立得当并坚持运用的话，将会成为设备的活的历史，是一份记载着所有操作问题、维修、更换和升级的工作日志。在系统手册中还包含其他一些文件（例如操作的顺序、设计的基础、简要的操作与维护资料，以及故障处理指南等），而有关历史的以及发展性的资料都记载在功能测试文件当中。当一个系统面临升级或是改变的时候，其他的部分可能也需要相应地进行升级。系统和设备日复一日的工作磨损都会体现在未来功能测试的结果当中。为了保持系统处于最好的工作状态，当我们必须进行彻底检修或升级的时候，这些未来的功能测试结果就变成了新的起点。假如我们能够定期进行功能测试（可能是每年进行一次），那么将会有助于保持系统良好的性能水平——并且在很大程度上减缓由于灾难性的破坏而带来的巨大损失。

C.1.3　造价分析

■ 追踪四个关键二级系统的经济性能

这是一个真正的机会来证明——或是学习——设计的品质如何，长期的生态健康考虑，辛勤的维护可以提高项目的投资回报，以及为将来的项目成本收益评估提供资料。以下我们列出了一些值得追踪研究的，有关经济性能的议题。

- **生态群**（除人类以外的其他生物系统）
  - 由于地形地势与生态系统的原因而导致的现场施工费用的不同，而非硬景观、管线，以及雨水管理的技术性解决方案等议题
  - 有关生态系统健康的价值
  - 为分区审批与津贴而进行的环境审批的速度（上市时间）
  - 草坪与草甸的维护费用
  - 利用活动屋顶进行屋顶置换的频率
- **生态群**（人类）
  - 与工作场所暖通空调系统个人控制相关的生产率研究
  - 旷工
  - 员工补偿金索赔的比率和数额
  - 与采光有关的居民健康问题
  - 通过实施这些策略，员工的流动性状况
  - 参见附文“建筑投资决策支持”（在 C.1 阶段开头部分）
- **水资源**
  - 由于地形地势与生态系统的原因而导致的现场施工费用的不同，而非硬景观、管线，以及雨水管理的技术性解决方案等议题
  - 减少自然系统废弃物处理的初期建造成本和运营成本，例如修建湿地
  - 水费账单
- **能源**
  - 关于热舒适性的能源成本
  - 关于非规范化的能源成本，过程能量荷载
  - 设备维护的频率，关系到节能效果以及设备的使用寿命
  - 利用自然采光，降低照明成本
  - 能源使用账单
  - 建筑物控制系统持续的功能
  - 研究能源消耗问题的操作程序
- **材料**
  - 材料的维护成本
  - 材料的置换成本（关系到材料的使用寿命）
  - 可维护性的成本

C.1.4 进度表与下一步的工作

对于已经“完成了”的项目：持续进行上述所有工作。

对于以后的项目：回到 A.1 阶段，重新开始！

结语

——不断发展的领域

孤立地观察某一个系统的运转情况，或是系统中某些构件的运转情况，都没有办法让我们成功预测出整个系统的状态。在我们的语言中，只有一个词可以准确地表达出这个含义，那就是“协同作用”（Synergy）。单凭一个脚趾甲的化学成分，你没有办法预测出一个人的存在。

——R·巴克明斯特·富勒，引自《地球太空船操作手册》（Operating Manual for Spaceship Earth），纽约：E.P. Dutton公司，1963年。全文可参见网站http://bfi.org/node/422，版权、所有：巴克明斯特·富勒学会（2008年12月开放使用）

我们越是深入地探究自然，就越能清晰地认识到自然界中充满着生命。我们更加深刻地感悟到，所有的生命都蕴含着奥秘，而在自然界当中，我们同所有生命体之间都是息息相关的。没有其他的生命，只有人类自身是没有办法存活的。我们认识到所有的生命体都有其存在的价值，我们同所有生命体之间都存在密切的关联。通过这样的认知，我们的精神与宇宙联系在一起。

——引自阿尔伯特·施韦泽，《精神生活》（The Spiritual Life）（1947年）

要解决人类的价值与技术性需求之间的冲突，正确的方法并不是要摒弃技术。这根本就是不可能的。解决二者之间冲突的正确方法，是应该打破二元化的思维模式，真正理解技术的含义——技术并不是指对自然的利用开发，而是指将自然与人类的精神融合在一起，形成一个新的产物，并同时超越了自然和人类二者的高度。

——引自罗伯特·皮尔西格（Robert Pirsig），《禅宗与摩托车维修的艺术》（Zen and the Art of Motorcycle Maintenance）一文中对品质的探讨，伦敦：Bodley Head出版公司，（1974年）

一个人不会永远都是同一副模样。他是持续变化着的。哪怕只有半个小时，他也不会一直处于同样的状态……

——乔治·古迭尔夫（George Gurdieff），精神导师，他的学生P.D.Ouspensky在《探索奇迹：一个未知领域的学说》（In Search of the Miraculous：Fragments of an Unknown Teaching）一书中引用了这句话。纽约：Harcourt，Brace出版社（1949年）

一个转变的过程

我们的重点就是要对建设开发领域进行改变。更高一层的目标，是要调整人类在地球上的生存方式。在这方面，我们已经有了一些进展，那就是通过既往的经验让我们认识到，转变的过程从本质上来说就是施行一体化的方法。最近，我们回顾了之前参与过的所有项目，想要找出有哪些案例算是真正成功的——也就是说,那些在预算限制内如期完成,并达到了较高水平可持续性发展目标的项目。结果我们发现这样的项目数量很少：大概只有10%。寻找这些成功项目的共同点，我们很惊异地发现它们是如此明显：首先我们看到，在这些获得高水平成功的案例中，我们同业主以及项目团队的成员都变成了很好的朋友。之后我们还注意到，在每一个成功的项目中都会有个很重要的团队成员，他个人也同样经历着一场转变。从匿名戒酒互助社到婚姻咨询，再到从事精神工作，有一些转变的过程是独立发生的，他们这一部分的生活与项目本身并没有直接的关联。

根据这些发现，我们意识到要想在这一领域获得成功，我们就一定要改变——彻底的转变。这里所说的改变，并不是指表面上的改变，仅仅对我们的工作进行一些调整。这种层面的改变不够深入，因而也不会起到太大的作用；只有更加广泛的深层次的彻底转变，才能引领我们获得成功。我们每一个人都要对自身进行改变，改变我们看世界的方法，改变我们的信仰——改变我们的心态和思维模式。这种改变指的是我们必须要求自己去做某些事情，同时也必须能够接受某些情况的发生。最终，思想上的进步将会有助于我们工作上的进步——并且，达到最高层次的目标，促进地球上所有生命体系的发展。

凡是曾经以一体化的方法执行过建设项目的人们，都无一例外地告诉我们，在这一过程中，他们的认知和价值观都发生了变化。说得更具体一些，就是他们的内心世界与他们的职业相互统一，他们的价值观与生活方式相互一致，他们在工作的时候充满了力量。举例来说，雷·安德森（Ray Anderson）（Interface公司创始人及前任首席执行官）曾经以这样的语言来描述这种转变，“为善者诸事顺”。而我们的合作伙伴安迪·劳（Andy Lau）在谈到这个问题的时候引用了佛教八圣道当中的概念“生存之道”。我们的一个业主对于这种转变是这样描述的：

> 当一个团队自动自发地去探索一种新的解决方案，却不执着于知道答案的时候，就会出现某种很神奇的化学变化……我的生活发生了变化——这种变化并不是马上显现出来的，而是随着时间的推移慢慢地发生着转变……我们建立起一套性能的标准，但是却没有打算告诉任何人如何达成这些目标……这已经不再仅仅是一份工作了——它演变成了一场个人的激情表演……在官僚主义的职场中怎么会出现这样的变化？！？
>
> ——吉姆·图塞克（Jim Toothaker），宾夕法尼亚州环境保护部门

我们应该以如下的方式来思考这种转变的过程：

要想做不一样的事情，我们就需要以不一样的方式做事情。

要想以不一样的方式做事情，我们就需要以不一样的方式来思考。

要想以不一样的方式来思考，我们就需要使自己变得不一样。

在这个年代，传统的经验智慧告诉我们，如果我们希望为挽救环境做些什么的话（也就是做不一

图 9–1 宾夕法尼亚州环境保护部门坎布里亚项目团队负责人吉姆·图塞克说，通过这个项目的进行改变了他的生活（图片由 Jim Schafer 提供）。

样的事情），那么我们所能尽到的最大努力就是将人类与自然中分离出去——别去影响它（即以不一样的方式做事情）。然而在本书中，我们通篇所要表达的一个核心思想，也是人类最根本的需要：就是与大自然融为一体的需要——要了解人类与自然界之间的相互关系（以不一样的方式来思考）。当阅读前面的章节时，你应该会提出这样的问题：我们应该在什么地方停止同自然之间的融合？我们的建议是，永远都不要停止，直到人类成为自然的一部分，直到自然界不再被视为某种孤立的存在，直到我们真正地成为一个整体（变得不一样了）。

思维模式的转变

环境科学家先驱，系统分析师唐纳·梅多斯（Donella Meadows）在她的论文“影响力的关键点：系统干预所在”* 中说，要改变一个系统（例如，一个人，一个专业，一个社会，一个生态系统）最快捷的方式，就是改变你的思维模式。她建议了有效干预系统的十二个关键点，其中“对系统的思维模式的转变”被列在了第二位，仅次于第一位的“超越心智的力量”。她在论文中这样写道：“你可能会认为，对一个系统来说，思维模式的转变比任何其他方面的转变都要难，所以这一项的位置应该放在最后，而不是放在前面第二位。但是思维模式的转变，既不会涉及物质上的变化，也不用花费金钱成本，甚至也不需要花费什么时间。对一个人来说，思维模式的转变很可能在瞬时间就发生了。脑海中灵光一闪，眼睛一眨，看问题的角度一变，这种转变就

* 唐纳·梅多斯（Donella H. Meadows），“影响力的关键点：系统干预所在”（Leverage points：Places to Intervene in a System），1999 年，版权所有：可持续性发展协会，可参见网站 http://www.sustainabilityinstitute.org/pubs/Leverage_Points.pdf（2008 年 12 月开放）。

发生了。而对整个社会来说，又是另外一回事。社会会对思维模式的转变进行抵抗，这种抗拒的程度超过了任何其他方面的改变。”

随着时间推移，我们看到人们不断进步，拥有更高水平的工作能力，寻找改变系统的关键点，我们逐渐意识到，怀有良好的愿望，与拥有令梦想成真的能力，二者之前是有差别的。单单相信自己有责任去拯救地球是远远不够的——我们还必须要了解，在每一个具体的地方，对每一个具体的项目来说，这种良好的愿望具体意味着什么。因此，这种方法的本质就在于其固有的发展性。制定一个整体的目标，为了实现这个目标而提升自己的想法，一次一次周而复始，我们的思维模式就在这一过程中发生了转变。

Willow 学校的马克·毕德隆（Mark Biedron）说，在这个项目的概念设计阶段，他的思维模式就发生了转变。当他和妻子格雷琴（Gretchen）开始创办这所学校的时候，他们最重要的理念就是弘扬核心美德。这个项目的目标就是要通过一系列的课程设计，在人们之间建立起一种伦理道德关系，这些课程的重点在于弘扬责任感、诚信、尊重和慈悲这些核心美德。除此之外，还有一个议题是他们特别关注的，那就是环境的可持续发展。

在我们刚刚开始接触 Willow 学校这个项目的时候，马克和格雷琴夫妇头脑中就出现了一个新的理念，那就是人类应该属于自然界的一部分。关于这个问题，马克是这样描述的：他意识到假如我们属于自然界的一部分，那么我们怎么能撇开人与自然之间的伦理关系，而单独宣导人与人之间的伦理道德呢？尽管他们当时还不能完全理解这其中的真正含义，但是他们认识到这个问题是非常重要的，于是马克开始着手探索到底应该怎样做。对环境可持续性发展目标的追求，引发了思维模式的转变，最终他们对于何谓项目达成教育目标、获得成功的理解上升到了一个新的高度。

最终，Willow 项目不仅通过设计成就了一所可持续性发展的校园，还使学生们获得了宝贵的学习机会，逐渐了解学校建筑是如何与它所在的环境彼此之间良性共存的。学校的一体化设计成为学生们开展很多学科学习的主题。在艺术课上，学生们将学校水循环系统的构成绘制出来——从卫生间到屋顶雨水收集系统，再到湿地。在语文课上，他们运用文字来描述这些系统的构成；而在数学课上，学生们则可以计算通过这些设计节约的用水量；在自然科学课上，学生们学习湿地系统的相关知识；所有这一切活动的目的，就是在森林中建立起更加健康与多样化的生态体系。最后的成功完全取决于马克和其他项目成员对于思想框架的扩展，也可以说是思维模式的转变，他们意识到核心的价值观不应该仅仅局限于人与人之间的关系，而应该扩展到更大的系统，即人类与自然之间的相互关系。

我们对于这种转变的探索也才刚刚起步。当我们转变了思维模式，从*停止损害自然*，到将人类视为自然的一部分，我们的意识也发生了改变。当我们开始参与同自然的良性互动时，我们发现人类对于自然的治愈工作，最终也会使人类自身受益。这种转变并不是在一朝一夕间发生的，它是一个持续性的治愈的过程，或者说是整合*的过程——成为*整体*。

假如说我们的所作所为仅仅是停止对环境的破坏，那么我们就必须时常进行能源上的投资来维持这

---

* 在语源学中，“治愈”（heal）一词的词根来源于德语单词“khailaz”，意思是“使完整”，同时也是古英语词汇“haelan”的由来，指的是“使完整，健全，更佳”（来源：语源学线上词典，参见网址 www.etymonline.com；2008 年 12 月开放使用）。

种平衡——这就像是一艘船下面有一个洞，我们得不停地把船舱中漏进来的水舀出去。相反的，假如我们能够做到与自然良性共生，那么这种状态不仅令人鼓舞，而且还能产生能源，因为我们投资的对象是生命系统，它具有自我成长与发展的能力。想象一下那些城市和地区，为了停止环境破坏而组织清洁工作，将寸草不生的路边和路中分隔岛上的垃圾和废弃物清理干净。再想象一下，我们也可以在这些地方重新栽种上本土生的树木与灌木，而这些植物物种在很久以前本来就是生长在那里的。当这些植物物种在这里成长繁盛起来，又会将一些本土生的动物吸引过来。由鸟类衔来植物的种子，或是经由动物的粪便传播，在下层植被又会生长出全新的植物，那么你想一想，由此路过的行人还会不会在这里随意丢弃垃圾呢？

想象一下，你自己拥有一片森林，而你打算开始投入时间来了解这片森林，探索如何与这片土地建立起更深层次的联系。你可能会做一些研究，了解有哪些植物适合在森林中共生，以及在生物群当中营养物质是如何相互流通的。也许有一天，你会因为森林里的一场火灾而感到困扰，但是到了第二年的春天，你可能又会注意到在这片变得焦黑却肥沃的土地上，无数的新芽破土而出。可能到了这个时候你开始理解，就像很多本土文化一样，我们可以有很多种方式帮助促进森林自身的发展与健康。你可能会开始有计划地铲除掉具有侵略性的植物，或是每年进行控制性的焚烧，铲除过于拥挤的下层植被，同时提升土壤的肥沃品质，促进新的幼苗成长繁盛。你了解到这些知识，并不是因为你掌控或是战胜了自然，而是因为你就是自然——构成你头脑与肌肉的元素，与构成我们的地球以及地球上的森林、沙漠、山脉、海洋和河流的元素并无两样。你对于森林的了解源于你们之间的关系，随着彼此之间关系的逐渐深入，这种了解也会逐渐深入。

只要我们努力改善自己与自然之间的关系，那么这种良性的关系就会给予我们巨大的回馈。无论你住在乡下还是市中心，无论你正在面对的是一片处于健康状态的土地，还是已经受到了破坏的土地，无论你正在进行的项目是单独的一栋建筑物，还是一个全新城市或既有城市的都市计划，这些都没有关系。我们都一样是处于同自然的共生关系中。

芬兰裔美国建筑师伊利尔·沙里宁（Eliel Saarinen）在研究城市规划原则的时候确认了这种关系的存在。几十年间，他一直致力于研究中世纪的城市是如何发展的，“以我们了解任何一种生命有机体有机秩序的方式，来解释城市社区发展的物理秩序。”*他研究中世纪的城镇，并在其1943年出版的关于城镇建筑的论文中这样写道：“那些来到这些城镇参观的游客，在参观结束的时候，无不感到疲劳感顿失，思维也变得活跃起来。”*而现代的大都市却很难让来访者产生这样的感觉。沙里宁认为，这都是因为当代的城市规划采用网格式的布局，这会导致“三维的形式混乱”，“每一栋新的建筑物或是三维的元素都是彼此分离，随意地布置在预先设计好的地块图形当中，这样的设计是单调、沉闷而毫无生气的。”*与此相反，就像我们在第一章中所看到的，工业时代之前的匠师们都是以自然的模式来进行工作的。关于这一点沙里宁是这样解释的：

> 没有一种预先设定好的设计模式被强加于城镇设计当中，城镇的设计完全取决于当地的

---

* 伊利尔·沙里宁，《形式的探索：一条处理艺术问题的基本途径》（Search for Form: A Fundamental Approach to Art），纽约：Reinhold 出版社，1948 年，pp.x,49,44,25。

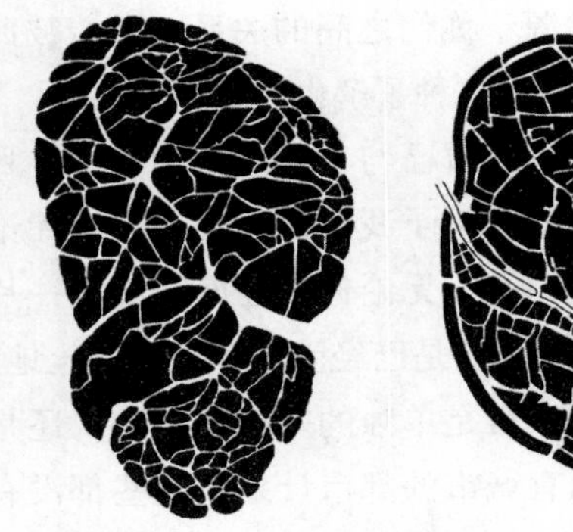

图 9-2 左图所示是人体的肌肉组织，右图所示是中世纪的一个城市规划，二者在结构上是非常相似的——都是有机发展的形式[图片由詹·比格斯（Jenn Biggs）提供，引自伊利尔·沙里宁在城市规划论文中的概念描述]。

> 生活状况以及地形环境因素，这样的城镇设计就是属于这片土地所固有的设计。这样的做法是完全符合自然法则的。……中世纪城镇的建造者们，正如自然界中生命的表现，通过直觉感知到了主宰着万物生长的根本原则。*

为了验证他的观点，沙里宁让我们将中世纪的城市规划同有机体的细胞结构进行对比。他利用一个显微镜下显示的健康细胞组织同一些城市规划相比较，这些城市包括德国的内尔特林根城、法国的卡尔卡松，以及意大利的乌迪内等。这些图形的相似性是显而易见的——特别是这些中世纪城镇建造者们，当时还不知道细胞的存在。在另外一个项目中，他要求我们对比人体缝匠肌的肌肉组织，与比利时梅赫伦的城市规划（参见图 2-9）。那么，通过这样的对比，沙里宁到底想要告诉我们什么呢？他是这样解释的：

> 直觉、本能和想象力，这是上天赐予人类最宝贵的三种能力……通过这些能力——也只有通过这些能力——人类才有本领去探索大自然的奥秘。要探索自然的奥秘，增长知识并不是最关键的事情……在探索的过程中，通过自己的直觉、本能与想象力，增强对这些奥秘的敏感性，这才是最为重要的。（其中斜体字为沙里宁原话）*

直觉。本能。想象力。这些都是除了知识以外，实现思维模式发展与转变所需要的基本要素。通过不断提升的敏感性，将我们自身以及我们的生活方式同每一个独特地区的方方面面结合在一起，这就是我们实现一体化设计所需要迈出的另外一步——这是一个将个体同所有生命体相结合的过程。根据西方思维的观点，这种协同作用尚需要一个巨大的飞跃。通过有意识地改进方法，我们可以促进并支持这种飞跃的产生，从过去单纯的收集资料掌握知识，跨越到去了解整体当中各个元素之间彼此依存的相互关系，进而达到修复环境的目的——或者说还是之前的那句话，成为整体。这就要求所有的参与者们都要致力于一体化的设计过程，探索与发现他们同每一个地区之间的相互关系——这是由左脑思维转变到右脑思维的过程。

就像梅多斯所说的，思维模式的转变是改变系统的一个最有效的关键点，也是引导我们通向更高标准成功的关键一步；但是要想真正获得成功，我们还必须在积累知识的同时增强自己的敏感性，持续性地提升自己的理解能力。当我们破坏本土的文化，拆毁过去的工匠以及中世纪城市规划师所建立起来的系统，在这一系列的过程中我们所失去的，就是对这一地区的了解。当我们采用传统的方法对一片土地进行开发建设的时候，我们会收集相关资料与积累知识，编制一份有关“这片土地是什么样的”的文件。可是，了解一个地区的真实状况，与

---

* 伊利尔·沙里宁，《城市：城市的发展，衰退与未来》（The City: Its Growth, Its Decay, Its Future），纽约：Reinhold 出版社，1943 年，p.71。

了解一个地区是如何一步一步逐渐发展成为一个完整的系统之间，还是存在很大差距的。单纯地对一个地区的土壤、水文地理、栖息地状态和社会统计进行资料收集，并不足以让我们掌握一个地区的生活模式。换句话说，除了需要了解这个地区有*什么*，我们还需要了解这个地区有*谁*。

花一点时间想象你的一位好朋友。如果有人问你这个朋友是什么样子的，你可能会这样描述：她身高5.5英尺，体重130磅，蓝眼睛，棕色头发，平时喜欢穿绿色的衣服。这样的回答确实提供了你朋友的一些相关信息——但是并不足以令人了解她，她是谁。要想让人了解你的朋友究竟是谁，你应该以这样的方式对她的相关资料进行介绍：平时你与她有怎样的交往，她一般与哪一类人来往，她的家庭情况如何，以及她的职业生涯进展状况如何。只有当你对这些*关系模式*进行了介绍，提问者才有可能会对这个人产生比较深入的了解。因此，假如这位提问者后来真的有机会同你的朋友会面，那么他或她就可能会了解应该如何与之相处，如何发展他们之间的关系。

同样的，每一个地区也都有一些自己独特的地方，只有那些直接或是间接的（比如说通过故事）经历过其关系模式的人们，才会真正了解这个地区。转变思维模式拓展思路，认识到寻找出路来提高自然系统的健康水平，这只是我们必须做的工作当中的一部分；但是它却为我们更深入了解如何发展同自然之间的相互关系提供了动力。我们付诸努力拯救世界有很多种原因，而其中最主要的原因，就是假如你没有与之产生关联的话，也就不可能对其产生积极正面的影响。将我们自身同自然结合在一起，我们必须致力于自身同自然之间的相互关系，在每一个独特的*地区*。

一个地区的故事——发展关于一个地区是“谁”的历史

戴维·利文撒尔　著

在维瓦海滨休闲胜地项目正处于设计阶段的时候，我们刚刚加入“再生研究小组”，开始着手研究了解一个地区历史的方法，也可以说是“一个地区的故事”。这个项目所选定的场地位于墨西哥境内。对我们的团队来说，这是一个全新的概念和术语，我们实在不清楚这其中应该包含哪些深入的工作，以及这项研究所获得的结果对整个设计过程来说又具有什么样的价值。我们去探访居住在这个镇子上的老人们，开始了研究历史的工作。我们将这些老人邀请到镇上一位领导的家中，与他们一起交谈，请他们直接表达出对这个城镇有怎样的要求和期望。我们一起谈到了“过去的那些好时光”，谈到了以前这个小镇是什么样的，以及当时的生活与现在有怎样的不同。我们还谈到了随着时间推移，人们的生活发生了怎样的改变，而这些改变是由20世纪40—50年代高速公路的修建而引起的，同时也是向“北”迁移的结果。这些老人将我们带到他们自己的家中，让我们看他们从后院找到的黏土制成的小雕像，还有祖辈流传下来的手工艺品，追忆他们当年西班牙统治时期贵族式生活的过往。

通过与这些老人们的交谈，我们了解到这个小镇以前位于Juluchuca河沿岸，后来由于严重的洪涝灾害而迁移到了现在这个地方。我们还了解到，这里的人们过去都习惯在河口制盐，所有的人们都在一起工作形成聚落，而不是像今天这样个体劳作，彼此竞争。这些老人告诉我们，他们希望能够将过去的很多传统保留下来，并让年轻的一代了解他们过去为了生存而经历的种种艰辛。他们希望小镇上能够提供一些好的工作机会，这样年轻人们就可以留在自己的家乡工作，和家人们生活在一起。

他们回忆从前这里物产丰富，特别是野生动植物相当繁盛。他们对于丰富的自然生态系统的描述，深深地打动了我们。

在我们研究这个地区历史的过程中，我们还邀请了一位考古学家加入团队，来探寻这个地区在前西班牙殖民时期更为详尽的资料。我们发现了一些史料，这些阿兹台克人的史料记载着棉花和纺织品、可可以及盐是当时这一地区重要的物资。于是，我们又邀请了永续发展小组的成员来加入这个项目，希望能够重新引进棉花和可可，恢复与再现这片土地的原貌。经过我们的探索，最终在附近发现了一片原始森林，很幸运，这片原始森林并没有沦为20世纪初期农业大潮兴起时滥砍滥伐与大规模焚烧的牺牲品。在那次农业发展大潮中，很多沿海岸线分布的原始森林都被破坏殆尽，之后人工种植了大量的椰子树和棕榈树，例如现在维瓦海滨休闲胜地项目所在的区域就是如此。于是，我们从这片原始森林中带回了很多本土生的物种，甚至还发现了一株当地的可可树。我们开始了这一地区的恢复重建工作，旨在将这一地区的自然生态系统恢复到之前丰富繁盛的状态。

作为地区历史研究的工作的一部分，项目团队沿着这片土地走访观察，有很多团队成员都注意到——特别是永续发展专家们——这片土地的形式看起来，用他们的话说，“是非自然的，几乎就是人为的”。再次详细审阅地形图，我们发现了几点非常令人惊讶的问题。首先，北部几座小山的平面轮廓线都是正方形的，而且其等高线分布间距相当有规则。最重要的是，其中两座小山山峰的连线，竟然形成了南北方向的中轴线。所有这一切都太过巧合，很难让人相信这是大自然的鬼斧神工。于是我们推测，脚下的这片土地有可能是一个考古遗址。因此，我们邀请了国家人类学与历史研究所（INAH，或称为国家考古学与历史研究所）的专家一起进行分析。很明显，这些堤状的构造是古代生活在这里的居民们进行农耕作业的梯田，这片土地属于Juluchuca河流域的古代城市Xuluchucan。当探访生活在这个小镇的老人时，他们告诉我们，这个小镇当初如何从1.5公里以外的古城区迁移到现在的位置，而古城区的所在则正是我们发现的这片考古遗址。

我们对于一个地区历史发展的研究是如此重要，需要引起高度重视。然而在项目的开始阶段，如此重要的工作竟然被我们的团队忽视了，这让我们感觉相当沮丧。但是很快，我们又开始为这次的研究工作感到自豪起来，因为它为很多设计决策问题指引了方向，甚至对项目的核心价值、期望以及目标都产生了不容忽视的影响。当初对我们来说是多么陌生的一个词——地区的故事——现在成为我们了解一个地区发展轨迹的关键核心。与此同时，我们对于“地区的故事”这一概念的理解也上升到了一个更高的水平。就像你没办法与另外一个人建立起更进一步的关系，除非你了解了他们是谁，以及他们从哪里来。建

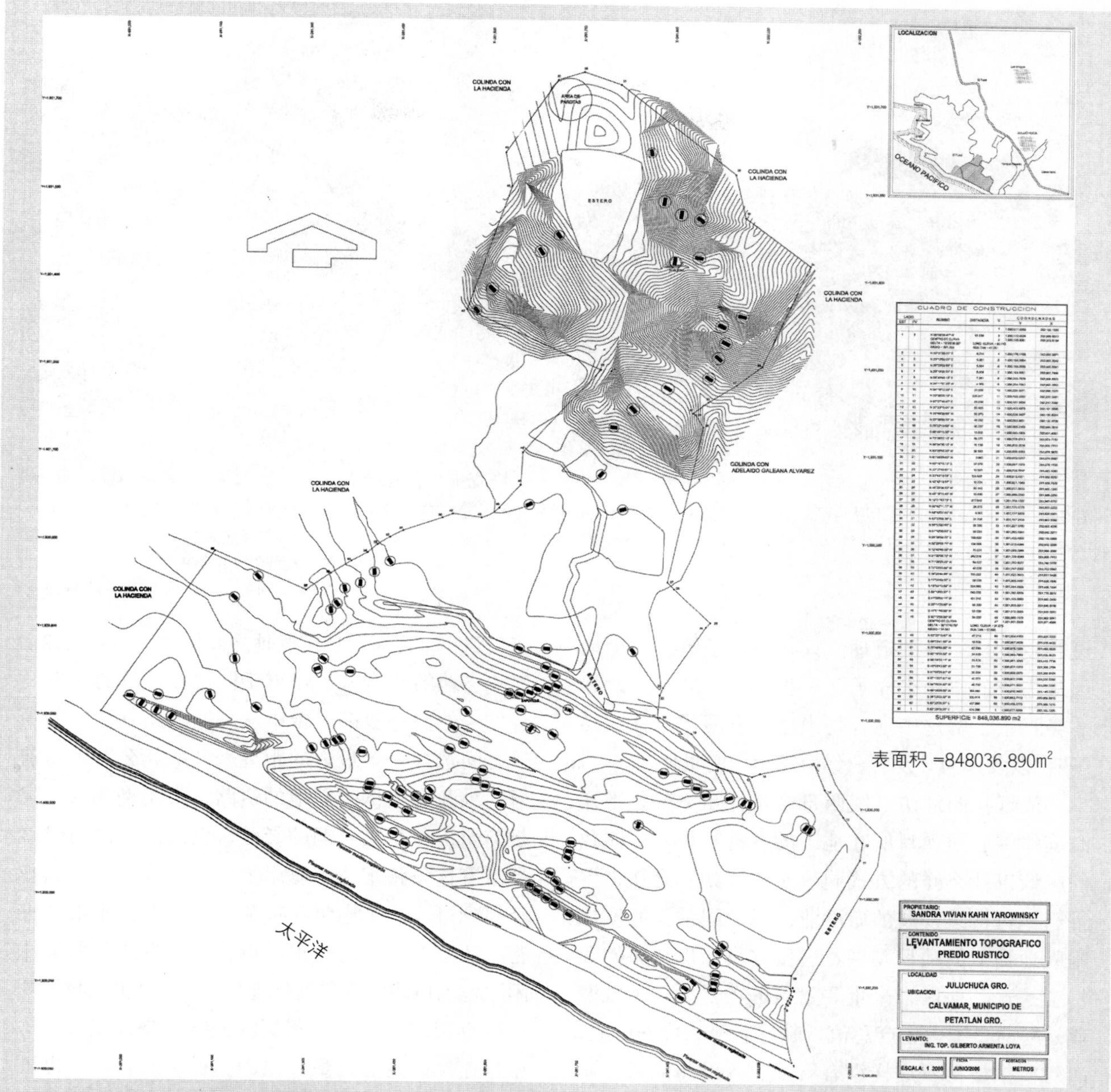

图 9-3 在这幅维瓦海滨休闲胜地的场地地形图中，清晰地显示出过去人类的定居点。注意那些形状规则，均匀而又紧密分布的等高线，这些可能是之前农耕系统的梯田，或是类似于金字塔的构造物（图片由戴维·利文撒尔提供，维瓦海滨休闲胜地相关资料可参阅网站 http：//www.PlayaViva.com）。

图 9–4 维瓦海滨休闲胜地项目场地在开发之前的面貌（图片由戴维·利文撒尔提供，维瓦海滨休闲胜地相关资料可参阅网站 http：//www.PlayaViva.com）。

图 9–5 对维瓦海滨休闲胜地的场地进行考古挖掘，在之前的人类定居点发现了一个大型的水罐（图片由戴维·利文撒尔提供，维瓦海滨休闲胜地相关资料可参阅网站 http：//www.PlayaViva.com）。

设开发也是一样的道理。只有当你了解了一个地区从之前的“什么样子”一步一步发展至今，你才会真正了解这个地区将来应该发展成“什么样子”，以及作为开发者，你应该承担的责任。

最近我们拜访了墨西哥格雷罗州（就是维瓦海滨休闲胜地项目所在地）的主管官员，探讨我们应该以什么样的方式同政府单位相互合作，促进当地可持续发展的旅游业，以及同维瓦海滨休闲胜地类似的项目发展。这位官员认识到旅游业将会是这一地区未来重要发展的项目之一（旅游业是墨西哥国内生产总值贡献位居前三位的产业，而对于像格雷罗这样没有石油收入的州来说，旅游业是政府收入最大的来源）。他询问可以为我们提供怎样的帮助，于是我们决定在格雷罗主要高速公路和维瓦海滨休闲胜地之间修建了一条公路。

当地的政府官员习惯于同比较传统的开发商合作，他们一般都会希望从高速公路到我们的项目之间选择一个最近的距离来开辟新公路。目前通向维瓦海滨休闲胜地的道路，其实是一条修建于前西班牙殖民时期的老路，以前的居民当时就是沿着这条路来往于海岸上下。在前文中我们曾经提到过，这个小镇在很久之前曾经由于洪涝灾害，从考古遗址的位置，也就是靠近维瓦海滨休闲胜地入口的位置向远处迁移了 1.5 公里。我们既可以直接向北开辟一条新的公路，绕开城区，这也是连接高速公路最便捷的路径；或者我们也可以对现有的这条泥泞的小路重新铺面整修，将城区和维瓦海滨休闲胜地连接起来，但是这条路径比较长，还需要从城区中穿过。传统的旅游胜地开发商们，一般都不愿意穿过城区，因为这样的设计会使项目的入口显得“脏乱”；但是对我们来说，这样的设计不仅可以保持真实性，同时也是这个项目的核心价值所在，这个核心价值是通过我们对这个区域历史的追溯研究而慢慢衍生出来的。

经过我们同这个项目团队的成员们通力合作，并仔细研究当地的历史，我们开始对这个项目有了更加深入的认识：维瓦海滨休闲胜地，实际上是连接古代城市 Xuluchucan，也就是考古遗址，和 Juluchuca 河流域新城市之前的纽带。对于这个只有 500 人的小镇来说，我们，以及维瓦海滨休闲胜地，都是连接着过去与未来的文化桥梁。我们帮助这些谦逊的居民们，将他们内心深处所珍藏的价值同现在的生活联系起来，这些价值包括他们高贵的过往以及丰富的自然环境。这条路一定要修建在维瓦海滨休闲胜地和 Juluchuca 之间；并且绝对不能绕开城区。我们在入口处一定要修建一座关于 Xuluchucan 考古遗迹的博物馆，还要展示镇上居民们私人珍藏的手工艺品，为他们提供一个回忆过往辉煌的地方，还要塑造一个将来会令他们引以为傲的地方。

同再生研究小组一起探索这一地区的历史和故事，我们花费了相当多的时间、能源和精力，远远超过了一般开发项目这部分工作的投入。但是通过这样的研究和探索，我们更好地认识到了我们是由哪里来的，以及一个地区自然的发展状况。你所看到的不过是我们针对一小片土地的一部分研究工作，但是通过这一小部分的案例，你可以认识到运用这样的方法可以获得更好的结果，尽管工作进展会相对缓慢，并且需要投入更多的资源。

除了公路，我们的永续发展团队还要将考古遗迹中所发现的古代农耕梯田也保留下来。这片土地的轮廓线形成于一千多年以前，非常容易发现、探究与重建。我们在这个地方培育起了一座苗圃，种植了超过四万株植物和树木，几乎全部都是本土生的物种，是由附近仅存的几座原始森林中移植过来的，我们正在慢慢地恢复着这片土地过去的面貌。我们清除了很多由家畜带来的具有侵略性的物种，并且通过努力使自然的植被在这里慢慢生根。在这个项目中，最令永续发展团队引以为傲的一件事，就是恢复了沿河口边缘分布的一大片红树林。再生工作还需要长期的努力；但是在这个热带环境中，大自然拥有着惊人的恢复与自我修复的能力。随着越来越丰富的生态群的建立，我们已经看到了自己的劳动果实。在小镇老人们口中所描述的令人神往的丰富繁盛的景象，正在慢慢回到维瓦海滨休闲胜地中来。

第五种系统

一旦一种深层次的联系或是关系被人们清楚地感受到，那么这种关系就有可能被改变。关于这一点，我们可以重新回顾一下之前讲过的四个关键的元素，或是称为二级系统——生态群（包括人类与其他生物系统）、水、能源与材料——现在我们又提出第五种系统的概念（源于东方的传统文化）：*人类的意识系统*。我们一直在探索人类同其他生命系统之间的关系，试图揭示出自己在这种关系当中所扮演的角色。随着研究工作的进行，我们在意识方面也开始发生了转变，而这种新的意识萌芽是必须得到培育与发展的。我们每一

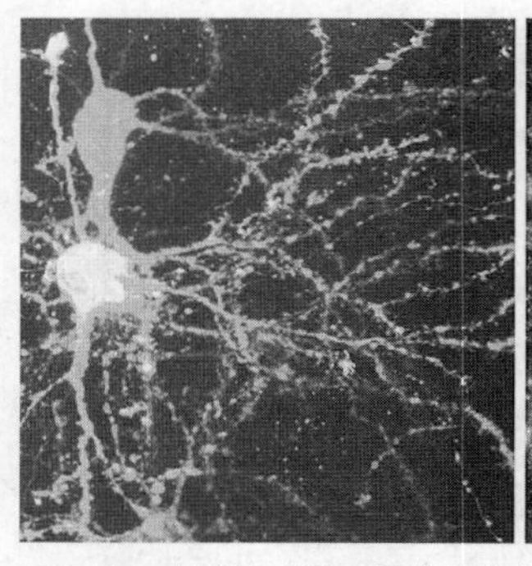
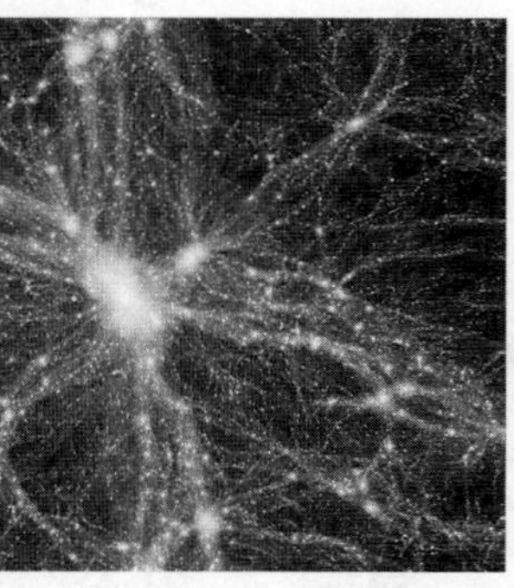

图 9-6 左图是老鼠大脑的染色切片，显示了脑部的神经元以及它们彼此之间的连接，由布兰迪斯大学的学生马克·米勒（Mark Miller）制作。右图看起来同左图有非常类似的结构，而这是利用超级计算机模拟的宇宙图像，由弗戈（Virgo）集团制作（左图由布兰迪斯大学生物学系马克·米勒提供；右图由德国加兴马克斯－普朗克（Max-Planck）天体物理学学会提供）。

个人都必须找到适合自己的发展训练方法，找到最有效的内部杠杆支点，使我们的意识同整体融为一体。

唐纳·梅多斯曾经告诫我们说："想要利用起神奇的杠杆支点可并不是件容易的事，即使我们知道这个支点在哪里，以及应该朝哪个方向推动它们。这里没有什么投机取巧的捷径可言。你必须作出努力，既要对系统进行严谨分析，也要尽力摆脱自己固有的惯性思维，以谦逊的态度承认自己的无知。"

对于我们自身或是我们的文化，我们并不知道这种意识的转变到底会是什么样的。但无论在过去还是现在，我们都在文化领域中看到了整体性意识的实例。几乎在每一种宗教传统当中——甚至是在量子力学理论中——点运行的轨迹都是由单一性的个体到群体再到整体。在科学界，思维模式的转变也是遵循着相同的方向发生的。关于这一点，系统理论学家与科学家欧文·拉斯洛（Ervin Laszlo），在其著作：《科学与阿卡夏领域》（Science and the Akashic Field）中引用了马尔科·比斯科夫（Marco Bischof）的话："量子力学建立了整体不可分割性的关键理论。出于这个原因，新生物物理学的基础必须深刻理解有机体内部，以及有机体之间的基本相互联系，还有有机体*同环境之间*的基本相互联系。"（斜体字部分为比斯科夫原文）*

每一个曾经参与过的项目对我们来说都是一次机会，可以使我们对于这种基本的相互关系产生更进一步的理解和认识，并且使我们自身的关系更加深入——所有的关系。通过一个项目，我们可以得到些什么？当然了，以下的这些东西都是很重要的——研究报告、分析结果、设计图纸，以及实体的建筑物等。但是与这些同样重要的，还有我们更加深入地了解到，如何使我们自己以及项目所在的这个地方变得更加健康。事实上，通过加深我们同我们所研究的地方整体之间相互关系的了解，就可以达成这样的目标。充分运用我们的直觉和本能，而不仅仅是知识，就能够同时发展我们的内部世界和外部世界，并最终达成形成整体的目的——换句话说，即是培养、发展与拓展我们的意识。在发展的道路上，我们可以运用很多种方法和途径，但是其中最重要的一步，就是我们自己必须有意愿这样做——我们要超越目前的惯性思维模式，并且提出问题帮助我们对整体形成新的、更高层次的认识。

要将这种意识转变的发展过程，同建筑设计与开发的实践工作结合在一起，就意味着我们应该不断地提出更加尖锐的问题。这一类的问题要持续性地被提出来，其中我们建议你们提出的一个问题就是：

在什么地方，我们可以停下整合的脚步？

---

* 欧文·拉斯洛（Ervin Laszlo），《科学与阿卡夏领域：万物一体化理论》（Science and the Akashic Field：An Integral Theory of Everything）。

英汉词汇对照

A

accountability　责任
Ackoff，Russell L.　拉塞尔·阿科夫
acoustics　声学
ADA（Americans with Disabilities Act）　美国残疾人法案
addenda　附录
AE（architectural and engineering）firm　建筑与工程公司
Age of Specialization　专业化的时代
AGI32 tool　AGI32 软件
AIA（American Institute of Architects）　美国建筑师学会
air handler　空气处理器
air sampling　空气采样
air-side economizer（ASE）空气侧节能器
air-to-air heat exchanger　空气 - 空气热交换器
Alberobello，Italy　阿尔贝罗贝洛镇，意大利
Alexander，Christopher　亚历山大，克里斯托弗
alignment　一致
　with builder　与施工人员统一思想达成共识
　with client　与业主统一思想达成共识
　creating　产生共识
　of purpose　目标的共识
　of resources　共同资源
　with service-life planning　与使用寿命计划相一致
　of team　团队的共识
　with values　一致的价值观
AMBS（Associated Mennonite Biblical Seminary）library　门诺派神学院图书馆项目
American Institute of Architects（AIA）　美国建筑师学会
American Society of Heating，Refrigerating and Air-Conditioning Engineers（ASHRAE）　美国供暖、制冷与空调工程师学会
Americans with Disabilities Act（ADA）　美国残疾人法案
Anderson，M. Kat　凯特·安德森
Anderson，Ray　雷·安德森
Applewhite，E.J.　阿普尔怀特
Archer，L. Bruce　布鲁斯·阿彻
architect，LEED Project　建筑师，LEED 认证项目
architectural and engineering（AE）firm　建筑和工程公司
ASE（air-side economizer）　空气侧节能器
ASHRAE（American Society of Heating，Refrigerating and

Bunuel’s Law　布努埃尔定律
Burke，Anita　阿尼塔·伯克
buy-in process　投入的方式

C

C values（coefficients of conservatism）　C 值（保守性系数）
CAD（computer-aided design）　计算机辅助设计
Cambria project　坎布里亚项目
Canseco，Victor　维克多·坎塞科
carbon footprinting　碳足迹
carbon neutral　碳中和
CASBEE tool　日本绿色建筑评估工具
Cascading functions　级联效应
Castelmezzano，Italy 卡斯特尔梅扎诺，意大利
cathedral　大教堂
CBECS（Commercial Buildings Energy Consumption Survey）　商业建筑能耗统计资料
CD stage. See construction documents stage　施工图阶段
Ceiling fan　吊扇
Central Park project　中央公园项目
CFD（computational fluid dynamics）　流体动力学计算
chair，thermal comfort　座椅，热舒适性
change order　工程变更
Chartwell School　查特维尔学校
Chartwell School Programming Report，30 September 2002　查特维尔学校规划报告，2002 年 9 月 30 日
checklist　清单
Chesapeake Bay Foundation Headquarters　切萨皮克湾基金会总部
Churchill，Winston　温斯顿·丘吉尔
civil engineer，LEED project　土木工程师，LEED 项目
Clean Water Act of 1972　1972 年净水法案
Clearview Elementary School　小学
clerestories　天窗
client，aligning with　与业主达成共识
climate zone map　气候分区图
CM（Construction Manager）　施工经理
CO_2 balancing　二氧化碳平衡
coefficient of utilization（CU）　利用系数
coefficients of conservatism（C values）　保守性系数（C 值）
colearner　共同学习
collaboration，versus isolation　协作与孤立
comfort parameters　舒适性参数
command-and-control model　命令－控制模式
Commercial Building Energy Consumption Survey（CBECS）　商业建筑能源消耗统计资料
Commissioning（Cx）　调试
　achievement performance targets　达成性能目标
　developing RFP for soliciting services　设计一份征求建议书
　initiating documentation of OPR　最初的业主项目需求文件
　preparing conceptual phase OPR　概念设计阶段的业主项目需求文件
Commissioning Authority（CxA）调试专员
　developing BOD　发展基础性设计
　developing RFP for soliciting services　设计一份征求建议书
　initiating documentation of OPR　最初的业主项目需求文件
　overview　综述
　preparing conceptual phase OPR　准备概念设计阶段的业主项目需求文件
　reviewing design process　检讨设计过程
Commissioning Plan　调试工作计划
commissioning process　调试工作方法
Commissioning report　调试工作报告
Commissioning Submittal review　调试工作提交报告审查
communication　交流
composite master builder　复合的匠师
composting toilet　堆肥式厕所
computational fluid dynamics（CFD）　计算流体动力学

Department of Energy（DOE） 能源部
Department of Environmental Protection（DEP） 环保部门
desalination plant 海水淡化装置
descriptive knowledge 描述性知识
design and construction phase 设计和施工阶段
- bidding and construction phase 投标与施工阶段
- construction documents stage no more designing 施工图阶段，不再进行设计工作
- performance verification and quality control 性能验证和质量控制
- process 过程和方法
- design development stage 深化设计阶段
  - kickoff 开始
  - optimization 优化
  - process 过程和方法
- overview 综述
- schematic design stage 方案设计阶段
  - committing to building form 确定建筑形式
  - kickoff 开始
  - process 过程和方法

design development（DD）stage 深化设计阶段
- kickoff 开始
- optimization 优化
- process 过程和方法

reducing 减少
design gridlock 设计的僵局
design professional，versus construction professional 设计专业人员与施工专业人员
designing the design process 对设计方法进行设计
designing to the tool 设计工具
development，defined 发展，定义
DHW（domestic hot water） 建筑内部热水供应
di Cambio，Arnolfo 阿诺尔福·迪·坎比奥
didactic teaching 说教式的教学
discharge zone 补给区
discovery phase 探索阶段
- alignment 相一致
  - with client 与业主达成共识
  - of purpose 目标的共识
  - of resources 共同的资源
  - of team 团队的共识
  - with values 一致的价值观
- analysis during 分析
- conceptual design 概念性设计
  - exploration 探索
  - testing 检验
- evaluation 评估
- iterative process 一体化的设计方法
- overview 综述
- preparation 准备工作
- questioning assumptions 对假设的状况提出质疑
- redefining success 重新定义成功
- subsystem 二级系统
  - energy 能源
  - habitat 生态群
  - materials 材料
  - overview 综述
  - water 水
- touchstone exercise 试金石训练
- typical scenario for 典型场景

discrete phase 分离的阶段
diversity，project team 多样性，项目团队
DOE（Department of Energy） 能源部
doing stage，learning wheel 执行阶段，学习的车轮
Dolomiti Lucane mountains 多洛米蒂·卢坎山脉
Domestic hot water（DHW） 建筑内部热水供应
Donatello 多那太罗
dosing field 计量领域

J

K

L

M

与健康机构
Owner 业主
Owner's Project Requirements（OPR） 业主项目需求
Ozone hole 臭氧层空洞

P

Papanek，Victor 维克多·帕帕内克
parametric modeling 参数模型
partnering with nature 与自然合作
Patchett，James 詹姆斯·帕切特
Pattern language 模式语言
Penn State 宾夕法尼亚州立大学
Perceptive Pixel，interactive multitouch screen 感知像素，触摸式互动大屏幕
performance feedback 性能反馈
Performance Target 性能目标
perimeter heating 周边供暖
Perrault，J. C. 佩罗
Phipps Conservatory 菲普斯学院
photosensor 光电传感器
piping loops 管道循环
Pirsig，Robert 罗伯特·皮尔西格
Pisano，Giovanni 乔瓦尼·皮萨诺
Pisano，Nicola 尼古拉·皮萨诺
Plant Stewardship Index tool 植物管理指数工具
Playa Viva ecoresort 维瓦海滨休闲胜地
plug-load energy use 插座荷载能源消耗
plumbing engineer，LEED project 给水排水工程师，LEED 项目
POE（Post-Occupancy Evaluation） 使用后评估
Polanyi，Michael 迈克尔·波拉尼
Pollan，Michael 迈克尔·波伦
pollutant scource control 污染源控制
Popp，F. A. 波普
portland cement 波特兰水泥
Post-Occupancy Evaluation（POE） 使用后评估
Pratchett，Terry 特里·帕拉切特
Pre-Bid conference 投标前准备会议
Pre-Contruction conference 施工前准备会议
predesign 初步设计
Prefunctional Checklist 功能测试追踪表
Preparation 准备工作
pressure-temperature（PT）port 压力－温度端口
procedural knowledge 程序性的知识
project teams 项目团队
  aligning 达成共识
  building and sustaining 建造与维护
  colearners 共同学习
  Composite Master Builder 复合的匠师
  interdisciplinary process 跨学科的方法
  learning wheel 学习的车轮
Proposal A-Proposal B approach 提案 A- 提案 B 方法
PT（pressure-temperature）port 压力－温度端口

Q

Qu，Ming 曲明
quality control（QC） 质量控制
  commissioning 调试
  construction documents stage 施工图阶段
  lack of 缺乏
questioning assumptions 对假设的状况提出质疑

R

R & D（research and development） 研究与开发
Radiance program 采光分析程序
rain garden 雨水花园
rainfall 降雨
rainwater harvesting calculations 雨水收集情况计算

S

Ticino，Italy 提契诺，意大利
Toothaker，Jim 吉姆·图塞克
toplighting 顶部采光
Topography and Soils analysis 地形与土壤分析
total suspended solids（TSS） 总悬浮固体物
touchstones exercise 试金石训练
toxic releases 有毒物质释放
TP（Traditional Process） 传统的设计方法
TRACE program 制冷设备分析程序
Tracking Form for Construction Checklists 施工清单追踪表
Tracking Form for Functional Tests 功能性性能测试追踪表
Traditional Process（TP） 传统的设计方法
TRaNsient Systems Simulation（TRNSYS）program 能源模型软件程序
TRNSYS（TRaNsient Systems Simulation）program 能源模型软件程序
True value engineering 真正的价值工程
TSS（total suspended solids） 总悬浮固体物
Turf grass 草皮
Tvis（visible light transmittance） 可见光透射率

U

"unarguable principles" 无可争辩的原则
underfloor air（UFA）system 地板下送风系统
UNESCO World Heritage sites 联合国教科文组织世界文化遗产
Uniformat cost-estimating model 统一格式的预算模型
"urban room" "城市"空间
U. S. Green Building Council（USGBC） 美国绿色建筑协会
use materials stage 使用材料的阶段

V

VAHR（ventilation air heat recovery）system 通风空气热能回收系统
value engineering（VE） 价值工程
values，aligning with 价值，共同的
Van Wijk 范·维克
Variable air volume（VAV）box 变风量空调箱
VCT（vinyl composition tile）乙烯基复合砖
VE（value engineering） 价值工程
ventilation air heat recovery（VAHR）system 通风空气热能回收系统
ventilation analysis 通风分析
ventilation parameters 通风参数
vinyl composition tile（VCT） 乙烯基复合砖
Virtual Network Teams 虚拟网络团队
visible light transmittance（Tvis） 可见光透射率
VisualDOE program 能源模拟程序
Voeikov，V. L. 沃克夫
volatile organic compounds（VOCs） 挥发性有机化合物
voting on nature 对大自然投票表决

W

wall R-value evaluations 墙体材料绝热值评估
water balancing 水资源平衡
water district supply 地区性的水资源供给
water subsystem 水资源二级系统
weak emergence 弱涌现
weighting 衡量
Weiner，James 詹姆斯·韦纳
wetlands，constructed 湿地，建造
wetlands treatment system 湿地处理系统
Wheel of Learning（learning wheel） 学习的车轮
"white" noise "白"噪声
Wiggins，Sandy 桑迪·威金斯
Wilber，Ken 肯·威尔伯
wildlife habitat 野生动物栖息地
Wilhelm，Gerould 杰罗尔德·威廉

Willow School 学校名称
WINDOW software 操作系统软件
windows 窗户
  double-glazed 双层玻璃
  evaluations 评估
  high-performance 高性能
wood 木材
workshops 团队工作会议

Y

Yang，Xiaodi 杨小迪

Z

Zahniser，Max 马克斯·察尼瑟
Zimmerman，Alex 亚历克斯·齐默尔曼